Günter Reinemann (Hrsg.)

Praxiswissen
AutoCAD 14

Günter Reinemann (Hrsg.)
Fred Apel, Holger Düvel, Uwe Galow

Praxiswissen AutoCAD 14

Grundlagen und Anwendungen für
Ingenieure und Informatiker

Mit 343 Abbildungen

Der Herausgeber:

Günter Reinemann, Abteilungsleiter der Gesellschaft für Organisation und Informationsverarbeitung Sachsen-Anhalt, Halle/Saale

Die Autoren:

Günter Reinemann, Gesellschaft für Organisation und Informationsverarbeitung Sachsen-Anhalt, Halle/Saale

Fred Apel, Gesellschaft für Organisation und Informationsverarbeitung Sachsen-Anhalt, Halle/Saale

Holger Düvel, Gesellschaft für Organisation und Informationsverarbeitung Sachsen-Anhalt, Halle/Saale

Uwe Galow, Gesellschaft für Organisation und Informationsverarbeitung Sachsen-Anhalt, Halle/Saale

http://www.vieweg.de

ISBN 978-3-663-11139-9   ISBN 978-3-663-11138-2 (eBook)
DOI 10.1007/978-3-663-11138-2

Vorwort

„AutoCAD 14 für Ingenieure und Informatiker" - wenn Ihnen dieses Buch im Bücherregal aufgefallen ist, sind Sie sehr wahrscheinlich selbst Projektant, Konstrukteur oder Softwareentwickler für CAD-Anwendungen, vielleicht sind Sie aber auch Student an einer Technischen Universität oder Fachhochschule, aber auf jeden Fall einer der potentiellen Leser, für die dieses Buch geschrieben wurde!

Wir, die Autoren, sind selbst Ingenieure bzw. Informatiker und verfügen über langjährige Erfahrungen in der Nutzung, Anpassung und Softwareentwicklung von CAD-Systemen sowie in der Schulung und dem Support von AutoCAD. In diesem Buch vermitteln wir Ihnen neben grundlegenden Darstellungen zur Einordnung von CAD-Systemen insbesondere die Funktionalität, Nutzung und Anwendung von AutoCAD 14. Für die professionellen Softwareentwickler unter Ihnen geben wir eine Einführung in die Programmierumgebungen, mit denen Sie AutoCAD anpassen, ergänzen und verändern können.

Es ist das Anliegen dieses Buches, eine systematische Einführung AutoCAD 14 zu geben. Deshalb wurde das Buch als Arbeitsbuch konzipiert und auch so realisiert, damit es Ihnen als Leitfaden zur Verfügung steht. Es liegt uns sehr am Herzen, das Softwareprodukt „AutoCAD 14" in seinen Strukturen transparent zu machen und an einfachen und komplexen Beispielen seine Leistungsfähigkeit zu verdeutlichen.

Wir wenden uns mit diesem Buch an Projektanten, Konstrukteure und Softwareentwickler in der Praxis, die sich häufig im Selbststudium diese Kenntnisse aneignen müssen. Außerdem ist das Buch so konzipiert und realisiert, daß es als Lehrbuch in vielfältiger Art und Weise eingesetzt werden kann. Eine wichtige Zielgruppe, die mit diesem Buch angesprochen werden soll, sind Studenten der Ingenieur- und Informatik-Fakultäten von Technischen Universitäten und Fachhochschulen, die in diesem Buch eine praxisnahe Ergänzung der im Studium vermittelten Methoden und Verfahren finden. Deshalb ist das Buch so aufgebaut, daß der Umgang und die Handhabung sowie die Programmierumgebungen von AutoCAD Schritt für Schritt erlernt werden können.

Dazu dienen die drei Hauptabschnitte

I   Einführung (Kapitel 1 bis 2)

II   Grundlagenwissen zu AutoCAD 14 (Kapitel 3 bis 10)

III AutoCAD 14 effektiv einsetzen und anpassen (Kapitel 11 bis 24)

Im *ersten* Kapitel wird allgemein die Entwicklung und Einordnung des Produktes AutoCAD 14 behandelt. Im *zweiten* Kapitel werden die neuen Features von AutoCAD 14 vorgestellt. Das betrifft unter anderem die Anzeige von AutoCAD-Dateien im Internet bzw. im Intranet mit Web-Browsern.

Im Kapitel *drei* erhalten Sie Hinweise zur Installation und Konfiguration von AutoCAD 14. Neben den Systemanforderungen an die Hardware sowie der Konfiguration von Bildschirm, Zeigegerät, Drucker, Plotter wird Ihnen vermittelt, wie Sie verschiedene Konfigurationsvarianten parallel nutzen können. Das Kapitel *vier* führt Sie elementar in die Welt von AutoCAD 14 ein. Das Kapitel *fünf* macht Sie mit der Funktionalität des 2D-Modellierers vertraut. Ein wichtiges Fundament eines CAD-Systems ist der Bemaßungsprozessor (Kapitel 6). Im Kapitel *sieben* werden Sie mit allen Möglichkeiten des Schraffierens und Füllens von Objekten vertraut gemacht. Über Kapitel *acht* erfolgt für Sie der Einstieg in die 3D-Welt. Sie lernen die 3D-Darstellungsmöglichkeiten kennen, bevor wir im Kapitel *neun* die Funktionalität des 3D-Modellierers behandeln. Das Beherrschen der Ausgabe von Zeichnungsdateien lernen Sie im Kapitel *zehn* (Drucken und Plotten) kennen. In diesem Kapitel erfahren Sie auch, warum und wie mit dem Modell- und Papierbereich umzugehen ist.

Kapitel *elf* beinhaltet eine Einführung in die effektive AutoCAD-Nutzung und das Erzeugen von AutoCAD-Applikationen. Wichtige Methoden und Möglichkeiten zum effektiven Einsatz von AutoCAD 14 werden in den Kapiteln *zwölf* (Blocktechnik), *dreizehn* (Prototypzeichnungen) und *vierzehn* (externe Referenzen) dargestellt.

Im Kapitel *fünfzehn* werden Dienstprogramme und nützliche Befehle vorgestellt. Die Kapitel *sechzehn* bis *zweiundzwanzig* beinhalten die verschiedenen Softwareumgebungen von AutoCAD 14 zur programmtechnischen Anpassung, Bedienung von Schnittstellen zu anderen Systemen und Erweiterung der Funktionalität.

Im Kapitel *dreiundzwanzig* wird dargestellt, wie Sie zweckmäßigerweise komplexe Projekte verwalten und organisieren.

Das Kapitel *vierundzwanzig* hält das, was es verspricht, nämlich „nice to have".

Im Anhang finden Sie eine Übersicht der in AutoCAD 14 verfügbaren Befehle.

Das Autorenkollektiv

- Dr.-Ing. habil. Günter Reinemann, Abteilungsleiter der Gesellschaft für Organisation und Informationsverarbeitung Sachsen-Anhalt, Halle (Saale); Herausgeber und verantwortlich für die Gesamtredaktion sowie die Kapitel 1 und 2, 4 bis 8 und 15.

- Dipl.-Inf. Fred Apel, Mitarbeiter der Gesellschaft für Organisation und Informationsverarbeitung Sachsen-Anhalt, Halle (Saale); Bearbeiter der Kapitel 16 bis 22,

- Dipl.-Ing. Uwe Galow, Mitarbeiter der Gesellschaft für Organisation und Informationsverarbeitung Sachsen-Anhalt, Halle (Saale); Bearbeiter der Kapitel 3, 10, 11 bis 13.

- Dipl.-Ing. Holger Düvel, Mitarbeiter der Gesellschaft für Organisation und Informationsverarbeitung Sachsen-Anhalt, Halle (Saale); Bearbeiter der Kapitel 9, 14, 23 und 24,

bedankt sich sehr herzlich bei

Herrn Ewald Schmitt vom Vieweg-Verlag für die Anregung zum Schreiben dieses Buches.

Halle (Saale), im Januar 1998　　　　　　　　Das Autorenkollektiv

Inhaltsverzeichnis

1 Entwicklung und Einordnung von AutoCAD 14

Als 1982 die amerikanische Firma Autodesk AutoCAD 1.0 auf den Markt brachte, dachten seine Entwickler sicher noch nicht daran, daß sich das Programm binnen weniger Jahren zum CAD-Marktführer entwickeln würde. Schon 1983 erschien die erste deutsche Programmfassung von AutoCAD. Damit hatte Autodesk den Einstieg in Europa geschafft. Seit 1982 ist eine beachtliche inhaltliche Entwicklung dieser CAD-Grundsoftware zu konstatieren. Insbesondere in den 90er Jahren vollzog sich – parallel zur Entwicklung der Microsoft-Produkte – eine rasante Entwicklung dieses Produktes. Über die Versionen 12 (1992), 12 für Windows (1993) und 13 (1995) hat sie ihren vorläufigen Höhepunkt 1997 mit der Verfügbarkeit der Version 14 erreicht. Die deutsche Version 14 wurde auf der CAD Open ´97 mit einer großen Palette von Branchen-Applikationen der Öffentlichkeit vorgestellt.

Autodesk setzt mit AutoCAD weltweit einen CAD-Standard, aus dem sich eine Reihe von Vorteilen für deren Anwender ergeben. Neben dem Investitionsschutz durch Zukunftssicherheit bietet die ständige Weiterentwicklung von AutoCAD für die Nutzer und Kunden die Gewißheit, auch weiterhin den immer komplexeren Anforderungen gerecht werden zu können.

AutoCAD ist ein komplexes Programmsystem, das - soll es effizient eingesetzt werden - einen soliden Kenntnisstand vom Nutzer verlangt. Ein Programm wie AutoCAD beherrscht man nicht im Handumdrehen. Deshalb muß man sich mit diesem System einige Zeit auseinandersetzen, Beratungen in Anspruch nehmen und Schulungen besuchen.

Zur Historie von Autodesk ist im einzelnen zu sagen, daß die Firma 1982 von 12 Entwicklern in Sausalito/Kalifornien gegründet wurde. Heute ist Autodesk in über 150 Ländern vertreten und zählt drei Millionen Kunden. Der Unternehmensverbund verfügt über elf Entwicklungs- und Produktionszentren, die AutoCAD-Applikationen entwickeln und produzieren. Die Produkte werden über ein eigenes Händlernetz mit autorisierten Distributoren vertrieben und in 18 Sprachen ausgeliefert.

Das europäische Entwicklungs- und Produktionszentrum befindet sich in Neuchatel/Schweiz. Die deutsche Niederlassung – die umsatzstärkste außerhalb der USA – betreut von München und Heusenstamm aus den deutschsprachigen Markt und Osteuropa.

Für das Geschäftsjahr 1997/98 meldet Autodesk, der fünftgrößte Hersteller im PC-Software-Bereich und der einzige unter den ersten zehn, der nicht mit Microsoft im Wettbewerb steht, einen Rekordumsatz mit 39% Umsatzsteigerung für das dritte Geschäftsquartal. Der weltweite Umsatz des dritten Quartals 1997 lag mit ca. 162 Millionen US$ weit über dem Umsatz des dritten Quartals 1996 (ca. 117 Millionen US$). 34 Mio. US$ Umsatz entfielen dabei allein auf Neukunden bzw. Updates auf AutoCAD 14. Der Gewinn konnte mit 21 Mio. US$ (im Vorjahr: 5,9 Mio. US$) sogar um 255% gesteigert werden. Pro Aktie wird der Gewinn mit 0,41 US$ (Vorjahresquartal: 0,13 US$) angegeben. Damit wurde in den ersten neun Monaten des Geschäftsjahres 1997 bereits ein Umsatz von 435 Mio. US$ erwirtschaftet; verglichen mit 382 Mio. US$ in den ersten neun Monaten 1996.

In der DACH-Region (Deutschland, Österreich und Schweiz) betrug der Umsatz im dritten Quartal 1997 26 Mio. DM, verglichen mit 21 Mio. DM Umsatz im Vorjahresquartal. Die gesamte Region Deutschland, Österreich, Schweiz und Osteuropa, die von der Autodesk GmbH Deutschland aus betreut wird, erzielte einen Umsatz von 30 Mio. DM (Vorjahresquartal: 23,7 Mio. DM).

Diese Zahlen spiegeln aber nur einen Teil des Erfolges wider. Berücksichtigt man die indirekten Vertriebskanäle, das Angebot der Branchenlösungen durch Applikationsentwickler, die Hardwareausstattung und die Peripheriegeräte sowie Service- und Beratungsleistungen, so ergibt sich eine Wertschöpfung aus der Autodesk-Welt in Form von CAD- und Multimedia-Lösungen, die das Zehnfache der Autodesk-Umsätze ausmacht.

Autodesk führt den Erfolg auf die konsequente Fokussierung auf einzelne Marktsegmente zurück, die eine ganze Reihe neuer zielgruppengerichteter und professioneller Produkte auf den Markt gebracht hatte, vor allem in den Bereichen Architektur, Mechanik, Design, Geografische Informationssysteme, Film- und Video-Produktion und Tools für die Entwicklung von Web-Inhalten.

Den AutoCAD-Einsatz rund um den Erdball planen und konstruieren Millionen von Menschen an CAD-Arbeitsplätzen. Die Bandbreite der Anwendungen reicht dabei von einfachen Gegenständen wie Tasse und Teller, über komplexe Güter des täglichen Lebens, bis hin zu kompletten Projekten, wie Flughäfen oder Eisenbahntrassen. Und jeder CAD-Anwender stellt dabei ganz individuelle Anforderungen an seine CAD-Lösung!

Doch trotz aller Unterschiedlichkeit gibt es eine gemeinsame Plattform: AutoCAD. Weit mehr als 1,5 Millionen Konstrukteure, Projektanten, Ingenieure oder Architekten, von Feuerland bis Alaska, von den Bermudas bis zum Bismarck-Archipel, setzen auf diesen CAD-Standard. Damit ist Autodesk Marktführer im Bereich der rechnergestützten Lösungen für Konstruktion, Projektierung, Entwurf, ... Mit der Entwicklung des Austauschformates DXF (**D**ata e**X**change **F**ormat), das sich weltweit zum Quasi-Standard etabliert hat, trug Autodesk maßgeblich dazu bei, daß Zeichnungsdaten problemlos zwischen unterschiedlichen CAD-Systemen ausgetauscht werden können.

AutoCAD alleine erfüllt aber nicht alle Anforderungen der unterschiedlichen Anwendungsgebiete. Es stellt eine branchenneutrale Plattform zur Verfügung, die offen ist für anwendungsspezifische Lösungen, die sogenannten AutoCAD-Applikationen. Über 4000 Branchenpakete von unabhängigen Softwarehäusern sind rund um den Globus entstanden, die auf AutoCAD-Basis maßgeschneiderte Lösungen für alle ingenieurtechnischen Anwendungsgebiete bis hin zum künstlerischen Design anbieten. Allein in Deutschland haben über 200 Unternehmen den Status des eingetragenen Applikationsentwicklers. Das bedeutet eine enge Zusammenarbeit in allen technischen Fragen, aber auch Abstimmung bei Vertriebs- und Marketingaktivitäten!

AutoCAD 14 – die neuen Features

2.1 Überblick

In diesem Kapitel wollen wir versuchen, insbesondere für die langjährigen und erfahrenen Nutzer der großen AutoCAD-Gemeinde, einen (Schnell-) Überblick über die neuen Features des Release 14 zu geben. Generell ist dabei festzustellen, daß gegenüber Release 13 keine grundlegend neue Technologie zur Anwendung kommt. Wie bekannt ist, erfüllte Release 13 nicht die Erwartungen der Anwender. Es war einfach zu langsam und instabil. Diese Defizite sind mit dem Release 14 behoben.

AutoCAD 14 besticht durch Sicherheit und Performance. Der Grund dafür ist wohl unter anderem auch darin zu suchen, daß Autodesk eng mit den potentiellen Nutzern und User-Groups zusammenarbeitete und die Produktentwicklung mit einer gründlichen Qualitätssicherung abschloß. AutoCAD 14 verbindet die technologischen Fortschritte von Release 13 mit der Stabilität und Performance von Windows NT- und Windows 95-Plattformen.

Bei Bildschirm- und Zeichnungsoperationen erreicht AutoCAD 14 Geschwindigkeitsvorteile von ca. 50% gegenüber dem Release 13. Ein wichtiger Grund für diese Stabilität ist die Grundsatzentscheidung von Autodesk, sich ab Release 14 auf die Windows-Plattform zu konzentrieren. Das bedeutet, daß sich Autodesk strategisch an der Windows 32 Bit-Technologie ausrichtet und z. B. keine Unix-Versionen mehr unterstützt.

Für die Nutzer hat diese Strategie mehrere Vorteile: Sie befinden sich mit AutoCAD 14 in der ihnen bekannten Microsoft-Office-Umgebung, und außerdem kann die Kommunikation mit anderen Windows-Applikationen durch Nutzung der Technologien OLE und COM erfolgen. OLE (Object linking and embedding) heißt Integration einer Windows-Anwendung (z. B. AutoCAD 14) in eine andere Windows-Anwendung (z. B. Winword). Ändert sich der Inhalt einer Anwendung (z. B. AutoCAD 14), so wird diese Änderung auch in der anderen Anwendung wirksam. Über Active X (ActiveX Automation Component) besteht die Möglichkeit, über „Visual Basic for Applications" Anwendungen miteinander kommunizieren zu lassen. Als praxisrelevantes Beispiel einer solchen „Kommunikation" kann man aus Excel heraus mittels Visual Basic AutoCAD aktivieren und in einer Zeichnung die Attribute von Blöcken lesen, um daraus in Excel eine Stückliste zu generieren.

Durch die Integration von Eigenschaften, die der Windows-Anwender vom Microsoft-Explorer her kennt, stehen nun unter AutoCAD 14 die von Windows 95 bekannten, über die Maustasten abrufbaren Short-Cut-Befehle zur Verfügung. Darüber hinaus wurde die Online-Hilfe dem Windows 95-Standard angepaßt. Release 14 unterstützt auch die Microsoft Intelli-Mouse.

Die wichtigsten neuen Leistungsmerkmale von AutoCAD 14 werden im weiteren thematisch dargestellt.

2.2 Verringerter Speicherbedarf

Grafik

Durch das neue Grafikteilsystem ist die Leistungsfähigkeit von AutoCAD bedeutend verbessert, sind Polylinien und Grenzschraffuren optimiert und die Geschwindigkeit beim Rechnen erhöht worden.

Das AutoCAD ADI-Grafikübertragungssystem ist durch ein neues HEIDI-gestütztes Grafiksystem ersetzt worden. Diese neue Treibertechnologie ist vollständig Windows-orientiert. Der Vorteil: Die meisten heute verkauften PC´s werden mit einer Windows-Beschleunigerkarte ausgeliefert. Dank des neuen Grafiktreibers geht das Zooming und Panning unter Windows schneller als unter DOS. Das macht sich vor allem bei großen Zeichnungen positiv bemerkbar.

Die weiteren Vorteile des neuen Grafiksystems sind:

- Keine speicherintensive Bildwiederholungsdatei.

- Automatische Konfiguration des Bildschirmtreibers.

- Schnelleres Anzeigen von TrueType-Text, bedingt durch den Wegfall des Bitstream-Prozessors.

- Die Bildschirmliste von AutoCAD speichert nunmehr Textstrings statt Vektoren und Polygonen.

- WHIP! ermöglicht Echtzeit-Panning und -Zooming im Papierbereich und in der Plot-Voransicht. Im Papierbereich verhilft das „Echtzeit-Zoomen ohne Regenerieren" dazu, qualitativ hochwertige Fertigungszeichnungen zusammenzustellen und für die Ausgabe aufzubereiten.

Polylinien und Schraffuren	Die optimierten Polylinien stellen nunmehr separate Objekte dar, die weniger Platz in Ihrer Zeichnung einnehmen. Deren Dateigröße verringert sich besonders dann erheblich, wenn Sie häufig Polylinien verwenden.

Schraffurmuster werden als einzelne Objekte gespeichert, so daß diese ebenfalls weniger Platz in Ihrer Zeichnung beanspruchen. Die zum Schraffieren benötigte Zeit hat sich ebenfalls beträchtlich verringert.

Rendering ist eine separate ARX-Anwendung, die je nach Bedarf von AutoCAD 14 automatisch geladen wird. Dadurch verringert sich der Speicherbedarf beim Ausführen von AutoCAD. Weiterhin wurden sowohl die Renderzeit als auch die zur Bildwiedergabe benötigte Zeit verringert. Die Renderfunktionen wurden erweitert und unterstützen jetzt auch fotorealistische Darstellungen. Verantwortlich dafür ist die Integration von AutoVision in AutoCAD 14.

2.3   Verbesserter interaktiver Bildschirm

Die Funktionen Echtzeit-Panning und -Zooming sind miteinander verbunden worden, so daß Sie mit Hilfe eines Cursormenüs zwischen beiden hin- und herschalten können. Die beiden Funktionen können auch in der Plotvoransicht und im Papierbereich verwendet werden (Kapitel 11).

Und noch eine Performance-Verbesserung hält AutoCAD 14 bereit: Im Papierbereich ist jetzt kein Regenerieren mehr notwendig. Die Auslegung von Zeichnungen mit verschiedenen Ansichten, Maßstäben und Detailansichten wird dadurch flüssiger. Man fertigt sein Projekt oder Konstruktion immer im Maßstab 1:1 an und steuert dann über die Ansichten die Maßstäbe und Ausschnitte, die dargestellt werden sollen.

2.4   Schnelles Präzisionszeichnen

AutoCAD 14 verfügt über drei neue automatische Werkzeuge für präzises Zeichnen: AutoSnap, die Schaltfläche „Objektfang" und die Spurfunktion.

Der intelligente Objektfang AutoSnap (s. a. Bild 2.1) erkennt als sensitiver Cursor automatisch die Geometrie und die Absicht des Nutzers und bietet interaktiv durch optische Signale die benötigten Konstruktionspunkte an. Somit wissen Sie als Nutzer bei der Arbeit mit AutoSnap immer, daß Sie mit dem richtigen Objektfang arbeiten und es können auch komplexe Konturen ohne aufwendige Hilfskonstruktionen schneller erzeugt werden. Diese Fangautomatik beschleunigt die Arbeit erheblich, denn in den meisten Fällen können Sie auf die manuelle Eingabe von Objektfängen verzichten.

Bild 2.1:
Dialogfeld „Objektfang" aus dem PD-Menü „Werkzeuge"

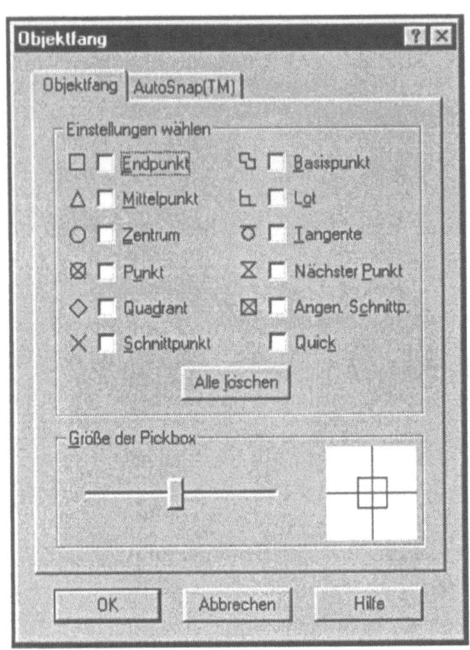

Objektfang

Verbessert wurde im Release 14 auch der Objektfang. So gibt es dort eine sogenannte Objektfang-Override-Funktion, mit der der Anwender festlegen kann, daß die Eingabe von Koordinaten stets den Vorzug hat vor allen eingeschalteten Objektfängen.

Spur

Die Spurfunktion können Sie dazu verwenden, Punkte, die in Bezug zu anderen Punkten in Ihrer Zeichnung stehen, visuell zu kennzeichnen. Die Spurfunktion verbindet die X- und Y-Punktefilter und ermöglicht Ihnen, diese aus dem Stegreif zu nutzen. Mit der Spurfunktion können Sie so zum Beispiel mühelos den Mittelpunkt eines Rechtecks finden.

2.5   Zugriff auf die Objekteigenschaften

Zum schnellen Bearbeiten Ihrer Zeichnung können Sie den Werkzeugkasten „Eigenschaften" und den Befehl „Eigenschaften anpassen" verwenden.

Mittels der Optionsfelder im Werkzeugkasten „Eigenschaften" können Sie Farbe, Layer und Linientyp eines Objekts schnell ändern und überprüfen. Diese Optionsfelder enthalten die für das Ansehen und Bearbeiten von Objekteigenschaften benötigten Befehle. Wenn Sie ein Objekt markieren, ohne einen Befehl markiert zu haben, werden in der Funktionsleiste automatisch Farbe, Layer und Linientyp des Objekts angezeigt.

Bild 2.2:
Dialogfeld „Eigenschaften" aus dem PD-Menü „Ändern"

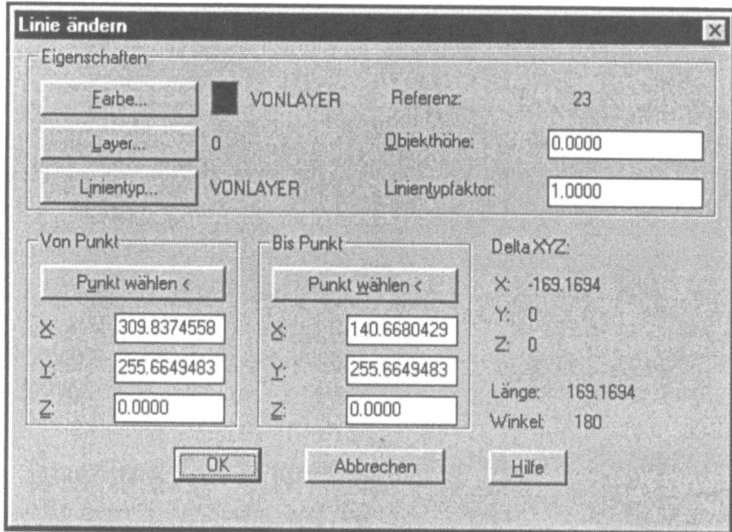

Mit dem Befehl „Eigenschaften anpassen" (Bild 2.2) können Sie die Eigenschaften eines Objekts, wie Farbe, Layer, Linientyp, Linientypfaktor, Objekthöhe, Texteigenschaften, Bemaßungs-, Schraffureigenschaften in ein oder mehrere Objekte kopieren.

2.6   Verbesserungen im 3D-Bereich

In AutoCAD 14 ist, wie im Release 13, der ACIS-Kern als 3D-Modellierer enthalten. ACIS ist ein Dateiformat für Volumenmodelle, mit dem AutoCAD kompakte Objekte als `.sat`-Dateien (im ASCII-Format)speichern kann (Bild 2.3). AutoCAD liest das in der ACIS-Datei gespeicherte Modell und erzeugt Festkörperobjekte, Solids oder Regionen in der AutoCAD-Zeichnung.

Damit bietet AutoCAD 14 leistungsfähige Funktionen für die Modellierung von exakten 3D-Volumenmodellen. Im Unterschied zu Release 13 ist ACIS jetzt als eine DLL (Demand Loadable Library) integriert. Die ACIS-Software wird nur dann zu AutoCAD dazugeladen, wenn sie tatsächlich verwendet wird. Wenn man also nur im 2D-Bereich arbeitet, wird ACIS nicht dazugelinkt.

Bild 2.3:
Dialogfeld „ACIS-Datei wählen" aus dem PD-Menü „Einfügen"

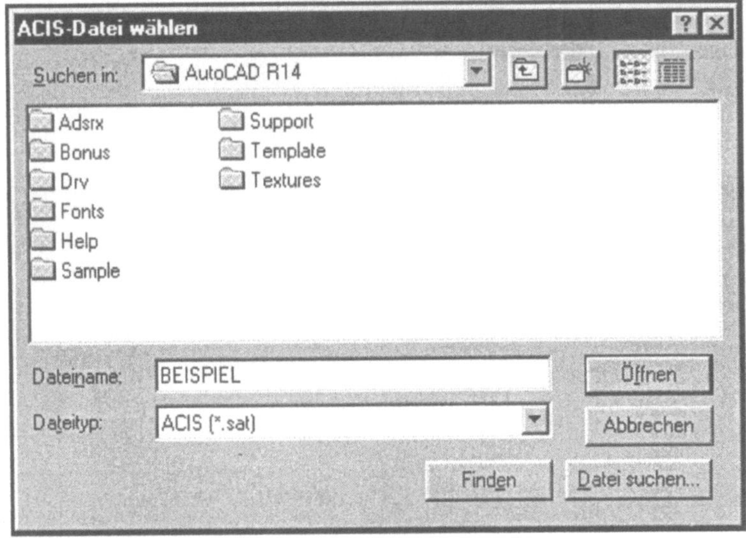

2.7　Integrierte Windows-Benutzeroberfläche

Werkzeugkästen

Das Dialogfeld „Werkzeugkästen" (Bild 2.4) ermöglicht einen schnellen Zugriff auf die einzelnen Werkzeuge. Die Werkzeugkästen lassen sich mit Hilfe der Felder, die sich neben der Bezeichnung des jeweiligen Werkzeugkastens befinden, ein- oder ausblenden. Mit der Option „Anpassen" können Sie sowohl Werkzeugkästen als auch Werkzeugsymbole bearbeiten.

Bild 2.4:
Dialogfeld „Werkzeugkästen" aus dem PD-Menü „Anzeige"

Befehlszeile

Trotz Windows, grafischer Oberfläche und Mauskontrolle über die Konstruktions-Befehle ist und bleibt die Befehlszeile ein wesentlicher Bestandteil von AutoCAD 14. In der Befehlszeile lassen sich die folgenden Windows-Editierbefehle eingeben:

- Kopieren und Einfügen voriger Befehlsfolgen im Textfenster mittels der bekannten Windows-Tastaturfolgen.

- Wiederausgabe vorheriger Befehlsfolgen.

- Bearbeiten von Befehlsfolgen.

- Ausschneiden und Einfügen des AutoLISP-Codes von einem Texteditor.

2.8   Verwaltung von Layern und Linientypen

Im Bereich des Layer-Managements gibt es einige Neuerungen. Das Dialogfeld „Layer- und Linientypeigenschaften" (Bild 2.5) wurde dem Windows-Standard angepaßt und vereinfacht und dient der Verwaltung von bezeichneten Objekten. Dies war bis zum Release 13 nur durch Eingabe mehrerer Befehle und Systemvariablen möglich. Jetzt lassen sich die meisten Layer- und Linientypeigenschaften gebündelt über dieses Dialogfeld ausführen, ohne daß es nötig ist, andere Befehle oder Unterdialoge aufzurufen.

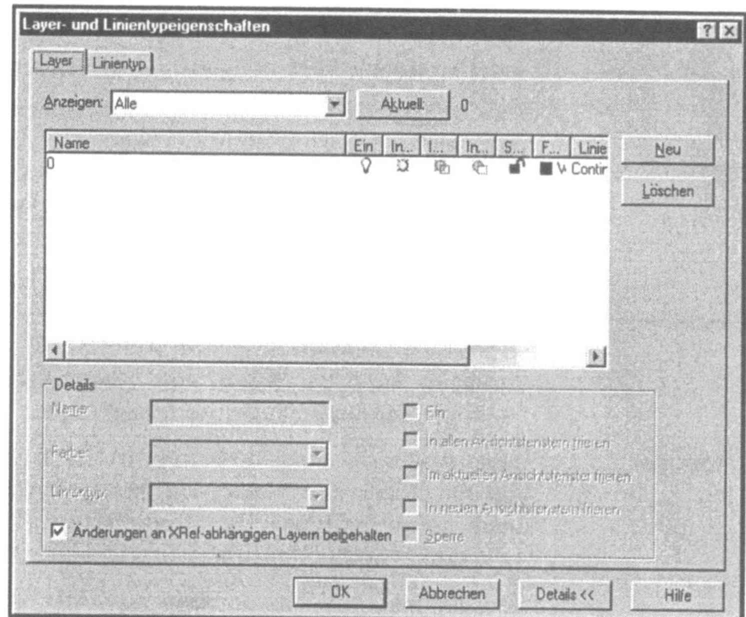

Bild 2.5:
Dialogfeld „Layer- und Linientypeigenschaften" aus dem PD-Menü „Format"

Auch viele Objekteigenschaften können in AutoCAD 14 einfacher manipuliert werden, als es bisher der Fall war. Objekteigenschaften wie Layer, Farbe und Linientyp lassen sich nun über die Toolbar bearbeiten und anzeigen. Layer und Linientypen können Sie je nach Namen oder Eigenschaften sortieren, indem Sie auf die entsprechenden Spaltenüberschriften klicken. Für jeden bezeichneten Objekttyp gilt der gleiche Arbeitsablauf, wie beispielsweise Ansicht und Sortieren, Aktualisieren, Löschen oder Umbenennen. Außerdem stehen Ihnen im Release 14 die Registerkarten Layer und Linientyp im Dialogfeld „Layer- und Linientypeigenschaften" zur Verfügung (Bild 2.5).

Mit dem Symbol „Objektlayer zum aktuellen machen" können Sie einen Objektlayer schnell in den aktuellen Layer umwandeln. Dazu ist zuerst das Symbol aus dem Werkzeugkasten „Eigenschaften" und dann das Objekt, welches Sie aktualisieren möchten, auszuwählen.

2.9 Zeichnungen in Präsentationsqualität

Text

Textverarbeitung und -anzeige, der Befehl BILD (Bild 2.7), die Steuerung der Anzeigenreihenfolge und die Option für die Herstellung der kompakten Füllung helfen Ihnen, Zeichnungen in Präsentationsqualität zu erstellen. Die Funktion zur Flächenfüllung wurde vollständig in AutoCAD 14 integriert. Damit hat das Berechnen von möglichst engen Schraffuren ein Ende, wie es noch in AutoCAD 13 nötig war, wollte man eine Fläche füllen.

Die integrierten TrueType-Fonts geben den Zeichnungen z. B. den letzten Schliff. Wichtig sind aber auch so kleine Details wie die Flächenfüllung. Damit sind beispielsweise Firmenlogos exakt darstellbar, oder Funktionen wie die Reihenfolge der Anzeige von Objekten, um z. B. eine Beschriftung auf eine Fläche zu setzen.

Visualisierung

Außerdem sind die Visualisierungs- und Schattierungsmöglichkeiten von AutoVision jetzt in AutoCAD 14 enthalten. Der Konstrukteur kann 3D-Objekte mit Materialeigenschaften versehen und fotorealistische Bilder berechnen lassen.

Rasterdaten

Eine weitere wichtige Neuerung ist die Darstellung von kombinierten Raster- und Vektor-Zeichnungen. Auf diese Weise kann man gescannte Bilder, Handzeichnungen, Bitmaps oder digitale Fotografien in die Konstruktionszeichnung einbinden.

Diese Funktion beruht auf dem AutoCAD Image Support Module (ISM), einer ARX-Applikation, die es AutoCAD 14 ermöglicht, Rasterdaten einzulesen, zu betrachten und auszudrucken und die die alte RASTERIN-Funktion ersetzt. Unterstützt werden dabei die folgenden Formate: BMP, DIP, FLC, FLI, GIF, GP4, JPG, MIL, PCT, PCX, PNG, RLE, RST, TGA und TIF. Eine Clipping-Funktion macht darüber hinaus das Ausschneiden, Skalieren, Kopieren und Rotieren der importierten Rasterbilder möglich.

Verwendet man Vektor- und Rasterdaten innerhalb einer Zeichnung, so ist es wichtig, bei der Anzeige und beim Plotten die Reihenfolge der Objekte bestimmen zu können. Auch hierfür gibt es in Release 14 einen Befehl, mit dem man beispielsweise steuern kann, daß eine gefüllte Fläche oder ein Rasterbild vor einer Vektorgeometrie gedruckt wird, damit es nicht zu Überschneidungen kommt.

Text

Der Text ist in vielen Zeichnungen ein wichtiges Element. CAD-Programme werden nicht selten an den Funktionen gemessen, die sie im Bereich der Textdarstellung und -bearbeitung bereithalten. Auch dort weist AutoCAD 14 Neuerungen und Verbesserungen auf. Der Text wird in AutoCAD 14 schneller wiedergegeben, und die Textqualität ist verbessert worden. Die Bedienung des Texteditors wurde vereinfacht und an die Vorgaben von Word für Windows 95 angepaßt. Auch wird für den in Ihren Zeichnungen gespeicherten Text weniger Speicherplatz benötigt. Sie können die Textwiedergabe mit Hilfe der Anzeigefelder auf der Registerkarte Leistungsdaten im Dialogfeld „Voreinstellungen" steuern.

Bild 2.6:
Aufruf des Befehls
STIL

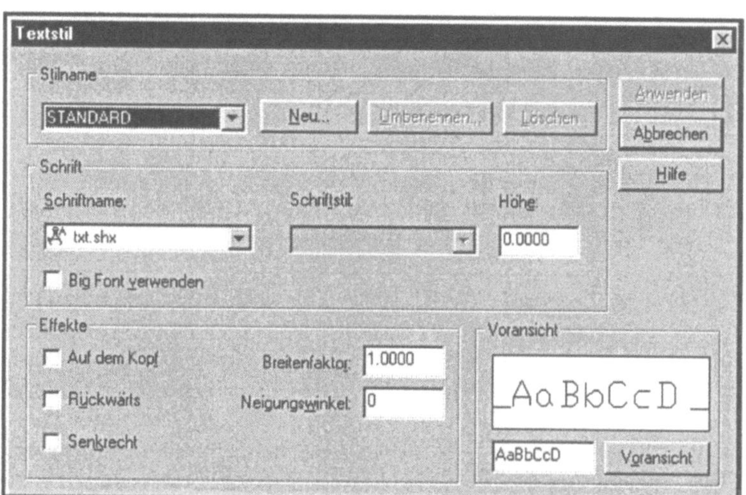

Mit dem Befehl STIL lassen sich Textstile erkennen und bearbeiten. Das Dialogfeld „Textstil" (Bild 2.6) wurde standardisiert, so daß TrueType-Schriften (und neue Formatierungen wie fett, kursiv und unterstrichen) wie in anderen Windows-Anwendungen akzeptiert werden. Im Feld „Schriftname" sind die Bezeichnungen aller eingetragenen und in Ihrem System installierten Schriften aufgelistet. Weiterhin befinden sich darin die Bezeichnungen aller SHX-Font-Dateien des AutoCAD-Font-Verzeichnisses. Im Feld „Schriftstil" sind die Stile mit den Attributen aufgelistet, die von der TrueType-Schrift unterstützt werden. Sie können Textstilen auch Big Fonts zuweisen. Dazu muß das entsprechende Kontrollkästchen gewählt werden.

MText-Editor

Das Dialogfeld „MText-Editor" ist eine logisch aufgebaute und übersichtliche Oberfläche für das Erstellen und Bearbeiten von Texten. Der MText-Editor unterstützt sowohl TrueType-Schriften als auch die SHX-Fonts von AutoCAD. Mit der Registerkarte „Zeichen" können Sie Zeichenattribute hinzufügen, Sonderzeichen einfügen und Text importieren. Mit der Registerkarte „Eigenschaften" können Sie Stil, Ausrichtung, Breite und Drehung des Textes festlegen und mit der Registerkarte „Suchen/Ersetzen" Text suchen und ersetzen.

Bild

Mit Hilfe des Befehls BILD sind Sie in der Lage, eingescannte technische Zeichnungen, Luftaufnahmen und gerenderte Aufnahmen zu importieren und anzusehen (Bild 2.7).

Bild 2.7:
Aufruf des Befehls
BILD

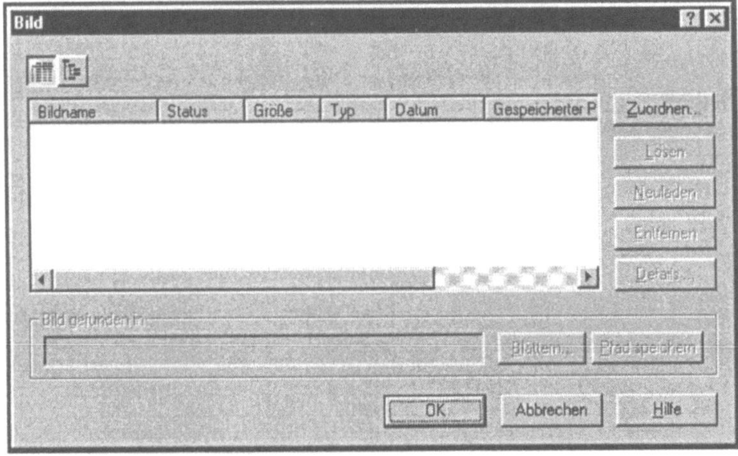

Das Dialogfeld „Bild zuordnen" dient dem Import von Rasterbildern. Texte von Rasterbildern können so zugeschnitten werden, daß nur noch die für Sie interessanten Bereiche angezeigt werden. Nach der Zuweisung können diese Bilder auch kopiert, verschoben oder als Stutzrahmen verwendet werden. Wie XRefs (externe Referenzen) enthält die Zeichnungsdatei nur die Pfadbezeichnung oder die Dokumentidentifikation, über welche sie mit der ausgewählten Datei verknüpft wird.

Reihenfolge
Mit der Option „Zeichenreihenfolge" können Sie die Zeichnungs- und Plotting-Reihenfolge aller Objekte in der AutoCAD-Zeichnungs-Datenbank verändern. Sie können die Option „Zeichenreihenfolge" auch dazu verwenden, eine richtige geometrische Anordnung und einen korrekten Ausdruck von zwei oder mehreren sich überlagernden Objekten zu erreichen.

GSCHRAFF
Mittels des Befehls GSCHRAFF (Kapitel 7) können Sie eine kompakte Füllung herstellen.

2.10 Lernfunktionen

Das Dialogfeld „Start" führt Sie beim Beginn einer Zeichnung durch verschiedene Setup-Optionen, die ausführlich im Kapitel 4 behandelt werden.

Dokumentation
Online können Sie auf die gesamte Dokumentation von Auto-CAD 14 aus zugreifen. Über die Registerkarte Inhalt gelangen Sie an Informationen über Begriffe, Verfahren, Befehle, Systemvariablen, Menüs und Werkzeugkästen in Verbindung mit AutoCAD und erhalten Anweisungen zum Verwenden der Hilfe. Es steht außerdem eine Online-Version der gedruckten Handbücher zur Verfügung.

Lernassisten
Die AutoCAD-Learning Assistance wurde sowohl für Anfänger als auch für den fortgeschrittenen Benutzer entwickelt. Wenn Sie AutoCAD 14 erst kennenlernen, werden Sie durch die Learning Assistance mit dem Programm vertraut gemacht. Sollten Sie schon Erfahrung im Umgang mit AutoCAD haben, bietet Ihnen die Learning Assistance die Möglichkeit, effektiver zu arbeiten und die Qualität Ihrer Zeichnungen zu verbessern.

Die Learning Assistance vermittelt Ihnen die Fähigkeiten, die Ihre Produktivität erhöhen, und es bietet zudem Training direkt an Ihrem Arbeitsplatz. Sie können Ihr erworbenes Wissen in jedem beliebigen Abschnitt des Lernprogramms anwenden. Die Auto-CAD-Learning Assistance ist Ihr ständiger Begleiter und bei Bedarf immer zur Stelle. Nutzen Sie die Hilfe wie einen Privatunterricht, und konsultieren Sie sie bei allen auftauchenden Problemen. Die Learning Assistance beschränkt sich nicht allein auf den Inhalt der mitgelieferten CD-ROM. Weitere Informationen finden Sie auf der Web-Site von Autodesk.

2.11   Verbesserte Benutzeranpassung

OLE

Zusammengesetzte Objekte lassen sich mit Hilfe der Funktion „Objekte verknüpfen und einbetten" erstellen. Mit Hilfe der OLE-Technologie können Sie Informationen zwischen den Anwendungen verschieben oder importieren, wobei Sie die Information weiterhin in der Originalanwendung bearbeiten können. Solch ein zusammengesetztes Dokument kann beispielsweise aus einem Microsoft Word-Dokument und einem AutoCAD-Objekt oder aus einer AutoCAD-Zeichnung, die eine Microsoft Excel-Tabellenkalkulation enthält, bestehen (Bild 2.8).

Bild 2.8:
OLE-Objekte einfügen

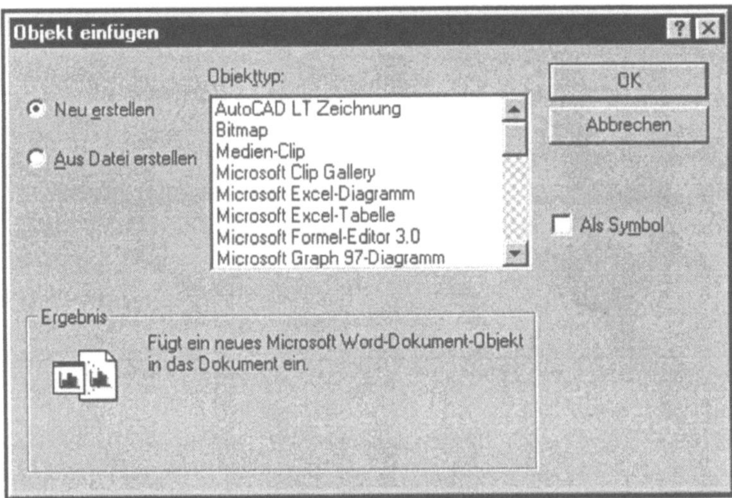

ActiveX

ActiveX-Automation bietet einen benutzerspezifischen Zugriff auf AutoCAD-Objekte, so daß Sie Skripts in Sprachen wie zum Beispiel Visual Basic for Applications schreiben können. Diese ActiveX-Technologie ermöglicht Ihnen die Entwicklung von Skripts, Makros und vollständigen Dritt-Anwendungen mit Hilfe von ActiveX-Automationssprachen, wie beispielsweise Microsoft Visual Basic. Mit der Funktion ActiveX-Automation kann AutoCAD 14 programmierbare Objekte anzeigen, die mit den ActiveX-Steuereinheiten bearbeitet werden können. Die gezeigten Objekte werden als ActiveX-Automationsobjekte bezeichnet. Automationsobjekte zeigen Methoden und Eigenschaften an. Methoden sind Funktionen, mit denen ein Objekt bearbeitet wird. Eigenschaften sind Funktionen, die Informationen über den Zustand eines Objekts bestimmen oder ausgeben. Sich ständig wiederholende Zeichenvorgänge können Sie mit ActiveX-Automation automatisieren.

AutoLISP

Natürlich ist auch die AutoCAD-Programmiersprache AutoLISP weiter Bestandteil von AutoCAD 14 – sogar mit einer zusätzlichen Option: Die AutoLISP-Routinen sind auch nach dem Aufruf einer neuen Zeichnung aktiv, das heißt sie bleiben geladen, was sich vorteilhaft auf die Arbeitsgeschwindigkeit auswirkt. „Persistent AutoLISP" heißt das in der Fachsprache der Programmierer.

2.12 Entwürfe gemeinsam verwenden

Die Leistungsfähigkeit und die Verwaltung von externen referenzen (XREFS) sind verbessert worden (Kapitel 14). Die erweiterte XRef-Funktion optimiert die Verwaltung von externen Referenzen und verbessert ihre Ausführung, wenn Sie in eine Hauptzeichnung geladen werden. Die Dialogfeld-Oberfläche erleichtert die Verständlichkeit, Steuerung und Verwaltung einer XRef.

Außerdem bietet der XRef-Manager mehr Anzeigeoptionen. Diese umfassen Größe, Typ, Datum, Pfad und Status der externen Referenz. Mit der neuen Funktion „Spatial Clipping" lassen sich nur bestimmte Bereiche einer externen Referenz anzeigen.

XRefs können auch beschnitten werden, oder man kann auf einfache Weise bestimmte Layer sichtbar machen. Mit der neuen „Demand loading"-Funktion lassen sich bestimmte Teilbereiche von Baugruppen darstellen – und das bei erheblich vermindertem Speicherbedarf. Denn es wird jetzt nicht mehr die gesamte XRef geladen, sondern nur noch der Bereich, der tatsächlich dargestellt wird.

Auch das temporäre Entladen von XRef-daten ist in Release 14 möglich („Unload"- oder „Entladen"-Funktion). Schließlich kann der Anwender über den neuen Befehl „Objekte Binden" steuern, daß in seiner Zeichnung bereits vorhandene Strukturen beim Einbinden neuer Objekte nicht nochmals angelegt werden. Einen Überblick über XRefs erhalten Sie sowohl als Listen- als auch als Baumansicht.

2.13 Internet-Funktionalität

Mit AutoCAD 14 können Sie sich jetzt auch Zeichnungen im World Wide Web anschauen. Ziel dieser neuen Möglichkeiten ist es, den Austausch von Zeichnungen über das Internet zu erleichtern und damit die Kommunikation der beteiligten Mitarbeiter an einem Projekt zu verbessern.

Browser

Das erreichen Sie mit dem Befehl BROWSER. Durch Auswählen der Option „Verbindung zum Internet" wird der Befehl BROWSER aktiviert (Bild 2.9). Der Befehl BROWSER zeigt Ihren Standard-Internet-Browser an und führt Sie zu dem im Dialogfeld „Voreinstellungen" in der Registerkarte Dateien festgelegten Internetverzeichnis.

Bild 2.9:
Auruf des Befehls BROWSER und Herstellung der Verbindung zum Internet

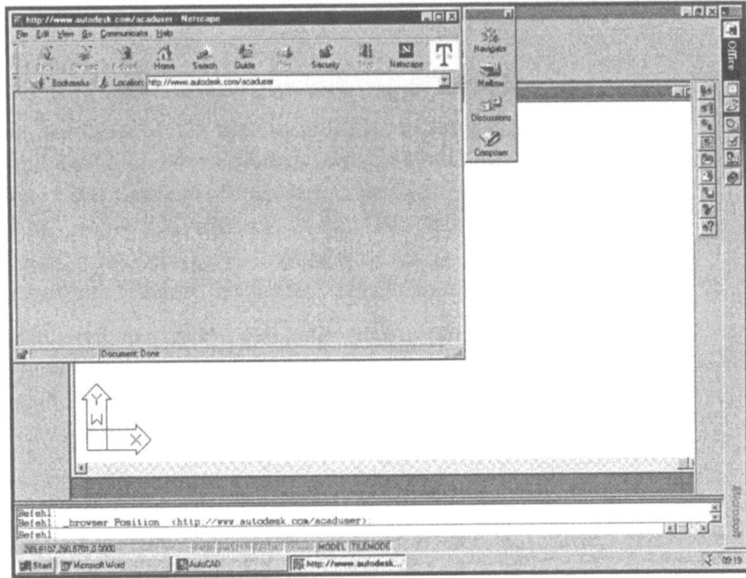

DWF

Wichtig für die Datenübertragung ist ein kompaktes Datenformat, um die Übertragungszeiten zu minimieren. Hierfür wurde von Autodesk das DWF-Format spezifiziert (DWF steht für <u>D</u>rawing <u>W</u>eb <u>F</u>ormat). DWF ist ein kompaktes 2D-Vektorformat, das die Größe einer Zeichnung auf etwa ein Fünftel oder ein Zehntel komprimiert. Damit ist ein schneller Transport via Internet möglich. Diese komprimierten Dateien können über das Internet oder Intranet von einem Konstruktionsteam verfügbar gemacht werden. Anwender, die diese Zeichnung über einen Internet-Browser aufrufen, können in ihr bereits zoomen und panen, noch während die Datei geladen wird. Eine weitere Internet-Funktion ist die Möglichkeit, über die Verknüpfung von URLs (Universal Resource Locator) auf andere Zeichnungen oder Dokumente zu verzweigen. Für die Browser von Netscape und den Microsoft Internet Explorer umfaßt AutoCAD 14 sogenannte Plug-Ins, mit denen Zeichnungen im DWF-Format, einschließlich von Zoom- und Pan-Funktionen, betrachtet werden können.

2.14 Datenaustausch zwischen unterschiedlichen AutoCAD-Versionen

Bild 2.10:
Dialogfeld „Speichern unter"

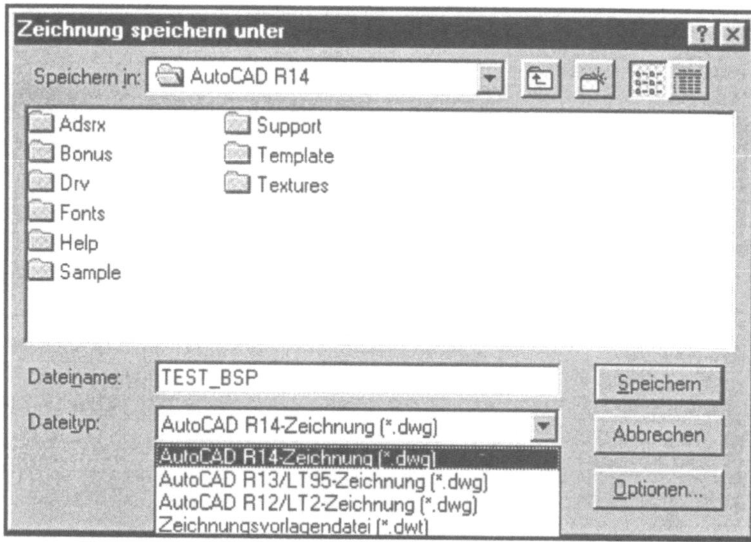

Eine wichtige Anforderung an neue Releases von CAD-Systemen ist deren Funktionalität bezüglich der Möglichkeit, Daten aus dem gleichen Systemumfeld verarbeiten zu können. Auch in dieser Hinsicht ist AutoCAD 14 tadelsfrei. Zeichnungen aus den AutoCAD-Versionen 12 und 13 werden automatisch erkannt und gelesen. Darüber hinaus kann man aus AutoCAD 14 heraus Zeichnungen im 12er- und 13er-Format speichern. Außerdem unterstützt die neue Version den Export der Datenformate DWF, STL und R12- sowie R13-DXF. Schließlich steht ein Dialogfeld „Speichern unter" zur Verfügung (Bild 2.10), mit der man seine Zeichnungen im Format für R12, R13, R14 LT2 oder LT95 als DWG oder DWT speichern kann.

2.15 Arbeiten mit Verwaltungsfunktionen

Voreinstellungen

AutoCAD 14 läßt sich benutzerspezifisch konfigurieren und anpassen. Diese Konfigurationsprozesse lassen sich im Dialogfeld „Voreinstellungen" (Bild 2.11) an einem Ort durchführen. Die Funktion „Voreinstellungen" wird sowohl im Einzelnutzer- als auch im Netzwerkbetrieb ausgeführt. Die von Ihnen vorgenommenen Einstellungen werden in Ihrer Windows-Systemregistrierung gespeichert.

Solche Voreinstellungen betreffen zum Beispiel sogenannte „Templates" (Vorlagen). Sie sind Ihnen vielleicht noch als Prototyp-Zeichnungen bei älteren AutoCAD-Versionen in Erinnerung. AutoCAD 14 bietet 25 vordefinierte Template-Zeichnungen, die sich entweder modifizieren oder durch eigene Zeichnungen ergänzen lassen.

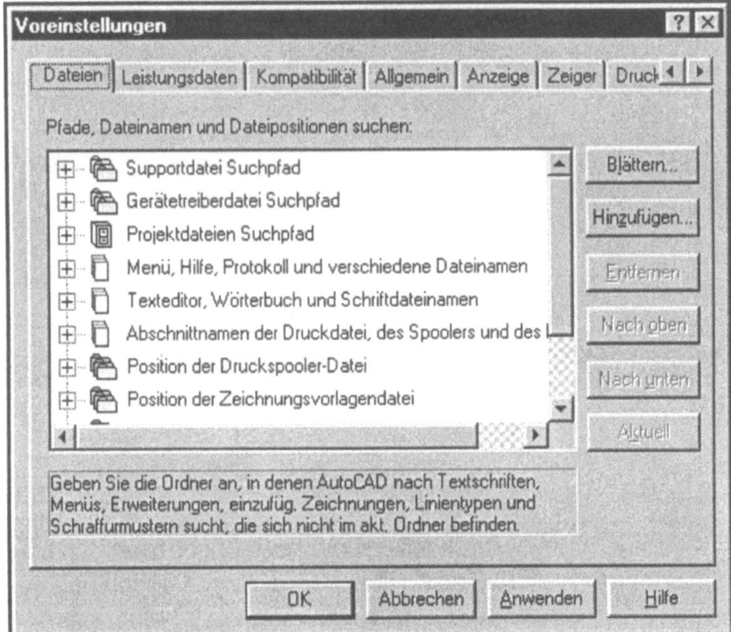

Bild 2.11:
Dialogfeld „Vorein-
stellungen" aus dem PD-
Menü „Werkzeuge"

Die Autodesk-Lizenzverwaltung ist eine dem neuesten Stand der Technik entsprechende Softwarelizenzverwaltung für den Multi-User-Betrieb, reduziert die Installationszeit und ist außerdem benutzerfreundlicher. Die Entwickler von AutoCAD 14 haben dabei an die Netzwerkadministratoren in den Konstruktionsbüros gedacht.

Lizenz-Manager

Das neue Release verfügt über einen Lizenz-Manager, mit dem sich Netzwerklizenzen von AutoCAD via TCP/IP verwalten lassen. Es vereinfacht sich auch die Netzwerk-Installation. So steht dem Anwender ein Netzwerk-Installations-Wizard zur Seite, das ihn Schritt für Schritt durch die Installation führt.

Wenn Sie mit AutoCAD 14 im Netzwerk arbeiten, können Sie

- auf Zeichnungsdateien, Prototyp-Bibliotheken und externe Referenzdateien zugreifen sowie Dateien von einem zentralen Verzeichnis aus unterstützen,

- die Ausnutzung der Festplatte durch Reduzierung überflüssiger Daten optimieren,

- Aufgaben, wie das Installieren und Aktualisieren von Programmdateien, das Sichern von Daten und die Verwaltung von Zeichnungsversionen vereinfachen,

- im Multi-User-Netz gemeinsam miteinander kompatible Zeichnungs- und Referenzdateien nutzen,

- Zeichnungen auf einen Plot-Server im Hintergrund plotten.

2.16 Nutzung alter Zeichnungsbestände

Die Übersicht und Darstellung der wichtigsten neuen Leistungsmerkmale von AutoCAD 14 wäre unvollständig, ohne auf ein Hauptproblem so mancher Firma einzugehen – die Nutzung alter Zeichnungsbestände. In vielen Unternehmen sind heute noch umfangreiche Bestände an Papierzeichnungen vorhanden. Diese Zeichnungen kann man scannen und mit Release 14 die Rasterdaten direkt in AutoCAD 14 darstellen. Auf diese Weise ist es möglich, alte Papierzeichnungen in AutoCAD 14 weiterzubearbeiten. Beispielsweise kann man eine Rasterzeichnung als Vorlage für eine neue Konstruktion verwenden oder Teile einer alten Konstruktion in neue Entwürfe übernehmen.

Installation und Konfiguration von AutoCAD 14

3.1 Systemvoraussetzungen

Betriebssystem

Sie benötigen für die Installation und Anwendung von Auto-CAD 14 das Betriebssystem Microsoft Windows 95 oder Windows NT Version 3.51 bzw. 4.0. Falls Sie Windows NT 3.51 verwenden und die Internet-Dienstprogramme für AutoCAD einsetzen möchten, ist das Service Pack 4 bzw. 5 erforderlich. Achten Sie darauf, daß die Sprachversionen von verwendetem Betriebssystem und AutoCAD möglichst übereinstimmen oder die englische Version des Betriebssystems eingesetzt wird.

Zugriffsrechte

Die Zugriffsrechte für eine Installation müssen mindestens einem Gastaccount entsprechen. Es sind Schreibrechte auf den für AutoCAD vorgesehenen Programmordner, den Windows-Systemordner und die System-Registrierdatenbank erforderlich.

Hardware

Für die Hardwareausstattung Ihres PC's gelten die folgenden Mindestanforderungen:

- Intel 486 Prozessor, empfohlen wird mindestens ein Intel Pentium oder ein dazu kompatibler Prozessor,

- 32 MB RAM,

- ca. 60 MB freier Festplattenspeicher für die zu installierenden Dateien,

- VGA-Bildschirm und hochauflösende Grafikkarte (Bildschirmauflösung von mindestens 1024x768 empfohlen),

- ein CD-ROM-Laufwerk für die Installation,

- Maus oder anderes Zeigegerät und

- paralleler Anschluß (LPT1) für den Anschluß des Dongles bei der Einzelplatz- oder Lernversion.

Für den Betrieb von AutoCAD 14 sind weiterhin 64 MB Festplattenspeicher für die Auslagerungsdateien und ca. 10 MB Festplattenspeicher pro AutoCAD-Sitzung freizuhalten. Als Bildschirm sollten Sie mindestens einen 17"-Monitor einsetzen.

3.2   Installation

Im aktuellen Abschnitt finden Sie eine Beschreibung über die Installation der AutoCAD-Einzelplatzversion. Eine umfassende Abhandlung der Installation und den Betrieb von AutoCAD in einem Netzwerk würde den Rahmen dieses Buches sprengen.

Dongle

Zuerst ist bei der Einzelplatz- oder Lernversion der Hardware Lock (Dongle) am parallelen Port LPT1 zu installieren. Der Dongle für AutoCAD 14 muß beim Einsatz von mehreren Dongles als letzter aufgesteckt werden. Für den Betrieb des Dongles ist der Sentinel Dongle Treiber erforderlich. Dieser Treiber wird vom Setup-Programm automatisch installiert und eingerichtet. Starten Sie dann Windows und beenden Sie ggf. geöffnete Anwendungen.

Setup

Nach dem Einlegen der AutoCAD-Installations-CD startet sich das Setup-Programm selbst. Falls das Setup-Programm nicht automatisch startet (bei Microsoft Windows NT 3.51 oder abgeschalteter Autorun-Option), rufen Sie das Programm SETUP über den Befehl „Ausführen" aus dem Menü „Datei" bzw. über das Startmenü auf.

Wenn Sie die Lizenzbedingungen anerkennen, erscheint das Dialogfeld für die Eingabe von Seriennummer und CD-Key. Diese Angaben finden Sie auf der CD-Hülle.

Bild 3.1:
Eingabe von Seriennummer und CD-Key

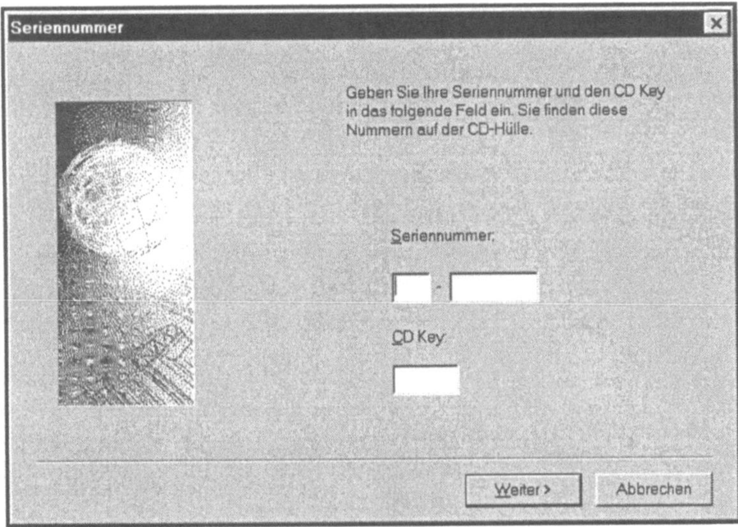

Geben Sie dann Ihre persönlichen Daten ein. Diese Daten können Sie sich später in AutoCAD anzeigen lassen und so z. B. die Telefonnummer Ihres Händlers bei Fragen schnell finden.

Bild 3.2:
Eingabe der persönlichen Daten

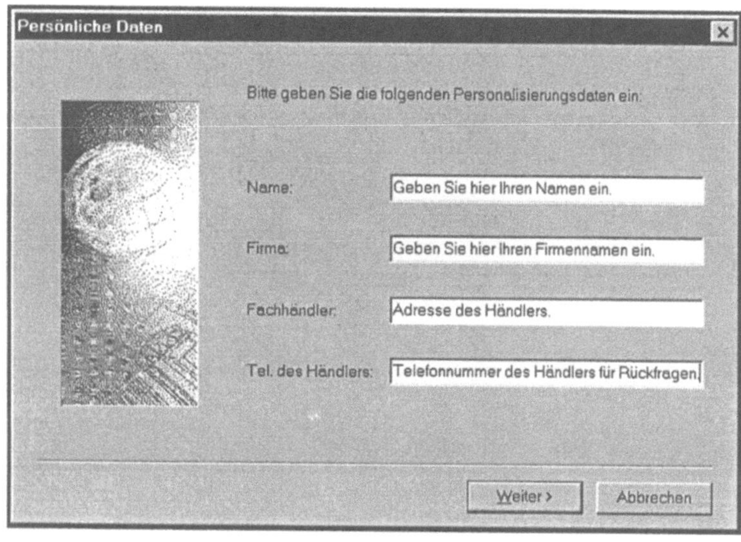

Zielordner

Im folgenden ist die Frage nach dem Zielordner zu beantworten. Der Zielordner ist der Programmordner für die AutoCAD-Programmdateien. Je nach gewählter Installationsart (Standard, Vollständig, Minimal, Benutzer) werden die AutoCAD-Dateien durch das Setup-Programm installiert. Nach der erfolgreichen Installation ist ein Neustart des Computers erforderlich.

Hinweis

Falls Sie nicht alle Komponenten installiert haben, können Sie mit dem Setup-Programm zu jedem späteren Zeitpunkt Ihre Installation um weitere Komponenten erweitern.

3.3   Deinstallation

Sie können einzelne AutoCAD-Komponenten wie z. B. die Bonusdateien wieder entfernen oder auch das komplette Programm deinstallieren.

Für das Deinstallieren einzelner Komponenten rufen Sie das Setup-Programm von der CD erneut auf.

Falls Sie AutoCAD unter Microsoft Windows NT 3.51 komplett deinstallieren möchten, doppelklicken Sie auf das Symbol „AutoCAD deinstallieren".

Unter Microsoft Windows 95 oder Windows NT 4.0 wählen Sie den Eintrag „AutoCAD 14 deinstallieren" im Menü „Programme" des Startmenüs. Weiterhin ist es möglich, das Programm Software aus der Systemsteuerung für die Deinstallation zu verwenden.

Bild 3.3:
Deinstallation von
AutoCAD

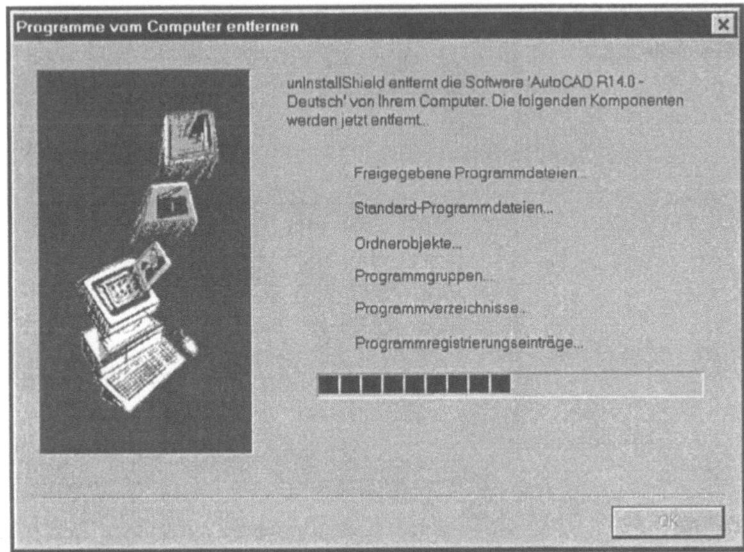

Bei allen Möglichkeiten zur Deinstallation bleiben die Dateien, welche nach der Installation angelegt wurden, wie z. B. Ihre Zeichnungen, erhalten.

Hinweis

Weitergehende Hinweise zur Deinstallation finden Sie im Kapitel „Bekannte Einschränkungen" in der Hilfedatei README.

3.4   Konfiguration

Die AutoCAD-Installation richtet Bildschirmtreiber, Zeigegerät, Plotter und Drucker automatisch ein. Änderungen an dieser Konfiguration von AutoCAD 14 nehmen Sie über das Dialogfeld „Voreinstellungen" vor. Dieses Dialogfeld können Sie über den Menüpunkt „Werkzeuge" oder durch Eingabe von VOREIN-STELLUNGEN (bzw. Befehls-Alias VE) aufrufen.

Über die Registerzungen am oberen Rand des Dialogfelds „Voreinstellungen" wählen Sie den Bereich der AutoCAD-Installation, den Sie konfigurieren möchten. Mit der OK-Schaltfläche speichern Sie die Einstellungen und das Dialogfeld wird geschlossen. „Abbrechen" schließt das Dialogfeld, die vorgenommen Änderungen werden verworfen. Durch das Betätigen der Schaltfläche

„Anwenden" erfolgt das Abspeichern von Einstellungen, aber das Dialogfeld bleibt für eine weitere Anpassung der Konfiguration geöffnet.

Bild 3.4:
Dialogfeld „Vorein-
stellungen"

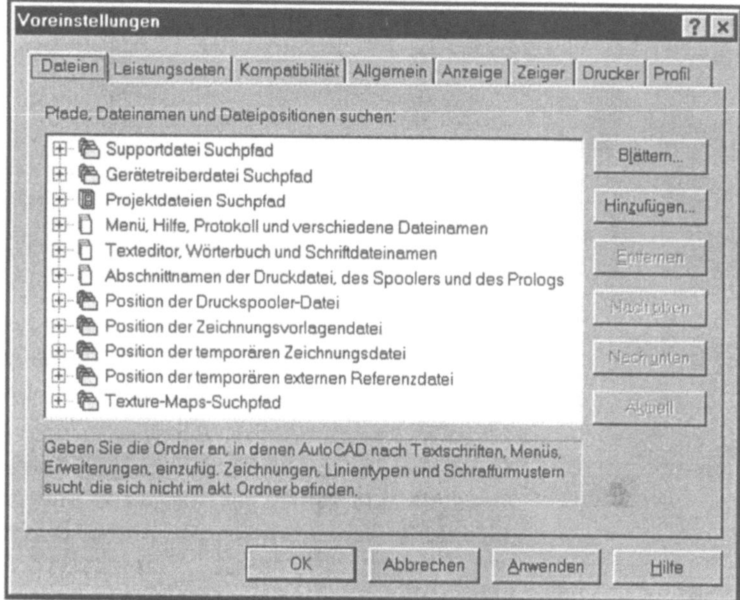

Im folgenden werden die einzelnen Konfigurationsmöglichkeiten, in der Reihenfolge der Registerkartenzungen von links nach rechts, näher erläutert.

3.4.1 Voreinstellungen für Dateien

In dieser Registerkarte (Bild 3.4) legen Sie fest, in welchen Verzeichnissen AutoCAD nach Support-, Treiber-, Menü- und anderen Dateien sucht. Darüber hinaus werden einige optionale, benutzerdefinierte Einstellungen vorgenommen, wie zum Beispiel das für die Rechtschreibprüfung zu verwendende Wörterbuch. Bei der Verwendung von Treibern für AutoCAD, die von Geräteherstellern mitgeliefert wurden, kann es z. B. erforderlich sein, daß Sie den Suchpfad für die Gerätetreiberdateien erweitern müssen. Dafür ist der Installationspfad dieser Treiber dem bisher vorhandenen Pfad hinzuzufügen. Um einen Pfad hinzuzufügen, klicken Sie die Schaltfläche „Hinzufügen" an, anschließend die Schaltfläche „Blättern". Im sich öffnenden Dialogfeld „Ordner suchen", siehe auch Bild 3.5, navigieren Sie zu dem Ordner mit den Treiberdateien und bestätigen Sie Ihre Auswahl durch Anklicken der OK-Schaltfläche.

Bild 3.5:
Dialogfeld „Ordner
suchen"

Dadurch wird der gewählte Pfad dem bisher vorhandenen Pfad hinzugefügt. Bei Bedarf können Sie durch Anklicken der gleichnamigen Schaltflächen Pfade nach oben oder nach unten verschieben, aber auch entfernen.

Hinweis

Testen Sie die gemachten Änderungen durch einen Neustart von AutoCAD und prüfen Sie, ob diese Änderungen wirksam und alle erforderlichen Dateien von AutoCAD gefunden worden sind.

3.4.2   Voreinstellungen für Leistungsdaten

Bild 3.6:
Dialogfeld „Voreinstellungen", Registerkarte Leistungsdaten

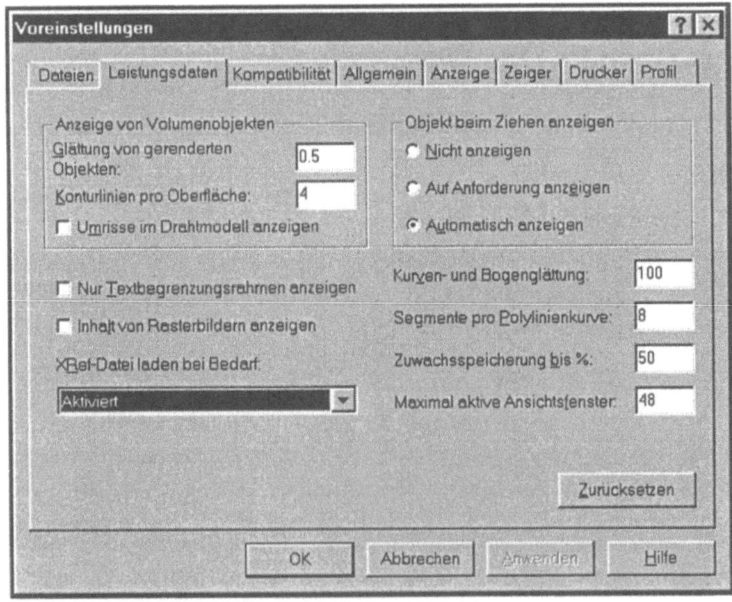

Mit den Voreinstellungen für die Leistungsdaten können Sie Einfluß auf die Performance von AutoCAD nehmen.

Hinweis

Bitte beachten Sie, daß eine Erhöhung der Leistungsdaten für die Anzeigequalität immer einen Performanceverlust bedeutet. Der effektivste Weg zur Performancesteigerung besteht in allen Fällen darin, Ihr System mit mehr physikalischem RAM aufzurüsten.

3.4.3 Voreinstellungen für Kompatibilität

Über die Registerkarte Kompatibilität des Dialogfelds „Voreinstellungen" (Bild 3.7), legen Sie fest, in welchen Fällen sich AutoCAD 14 wie frühere AutoCAD-Versionen verhalten soll.

Bild 3.7:
Dialogfeld „Voreinstellungen", Registerkarte Kompatibilität

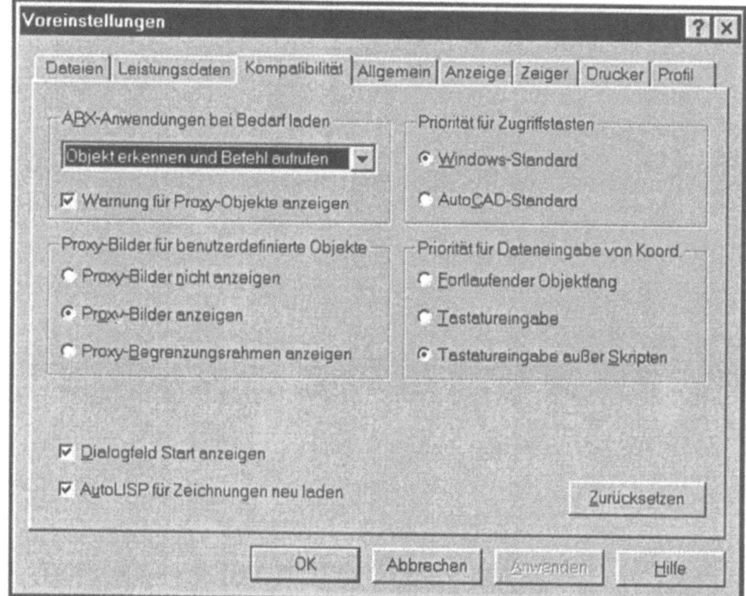

Zugriffstasten

Die Belegung von Funktionstasten und Tastenkombinationen früherer AutoCAD-Versionen kollidiert mit dem Windows-Standard. Beispielsweise diente die Tastenkombination Strg+C in älteren AutoCAD-Versionen dem Abbrechen von Befehlen, unter Microsoft Windows wird mit dieser Tastenkombination kopiert. Falls Sie die frühere AutoCAD-Tastenbelegung während Ihrer AutoCAD-Sitzungen beibehalten möchten, aktivieren Sie die Option „AutoCAD-Standard" im Bereich „Priorität für Zugriffstasten".

Dateneingabe

Mit den Optionen im Bereich „Priorität für Dateneingabe von Koordinaten" stellen Sie ein, wie der AutoCAD-Objektfang auf eingegebene Koordinaten reagieren soll.

Startdialog

Den AutoCAD-Startdialog können Sie in dieser Registerkarte ausschalten, bzw. auch wieder aktivieren.

AutoLISP

Aktivieren Sie die Option „AutoLISP für Zeichnungen neu laden", bleiben die mit AutoLISP-Programmen definierten Funktionen und Variablen nur für die aktuelle Zeichnung gültig.

ARX-Anwendungen

Im Bereich „ARX-Anwendungen bei Bedarf laden" ist einzustellen, ob und wann ARX-Anwendungen geladen werden sollen.

ARX (AutoCAD Runtime Extension) ist eine Programmierumgebung für die Erstellung von AutoCAD-Anwendungen, welche die ADS-Programmierumgebung (AutoCAD Development System) früherer AutoCAD-Versionen ablöst. Mit ARX-Anwendungen ist es möglich, spezifische grafische oder nichtgrafische Objekte zu erzeugen. Enthält eine Zeichnung benutzerspezifische, also mit einer ARX-Anwendung erzeugte, Objekte, muß zur Anzeige und Bearbeitung dieser Objekte die zugehörige ARX-Anwendung zur Verfügung stehen, d. h. geladen sein. Es ist jedoch möglich, daß diese ARX-Anwendung nicht geladen werden kann:

- Sie besitzen keine Lizenz für die mit ARX erstellte Software, haben aber eine Zeichnung, die mit dieser Software erstellt wurde, erhalten.

- Die ARX-Anwendung wurde entladen.

Proxy-Objekte

Ist die ARX-Anwendung, z. B. aus den genannten Gründen, nicht verfügbar, ersetzt AutoCAD die betroffenen benutzerspezifischen Objekte durch die sogenannten Proxy-Objekte. Die Anzeige dieser Proxy-Objekte steuern Sie über den Bereich „Proxy-Bilder für benutzerdefinierte Objekte".

3.4.4   Allgemeine Voreinstellungen

Die Registerkarte Allgemein des Dialogfelds „Voreinstellungen" enthält Einstellungen, welche die Datensicherheit und Bedieneigenschaften betreffen.

Sicherheit

Das automatische Speichern geschieht im von Ihnen eingestellten Minutenintervallen, dabei wird eine Datei mit der Extension .sv\$ in dem Pfad gespeichert, den Sie in der Registerkarte Dateien festgelegt haben. Die bei jedem Speichern erstellte Sicherungskopie hat den Namen der aktuellen Zeichnung und die Extension .bak.

Die Prüfoptionen sind zu aktivieren, falls Sie Probleme mit fehlerhaften Dateien haben. Eine Protokolldatei führen bedeutet, daß der Inhalt des AutoCAD-Textfensters in einer Datei mitprotokolliert wird. Der Name und die Ablage der Protokolldatei ist auf der Registerkarte Dateien einzustellen.

Bild 3.8:
Dialogfeld „Voreinstellungen", Registerkarte Allgemein

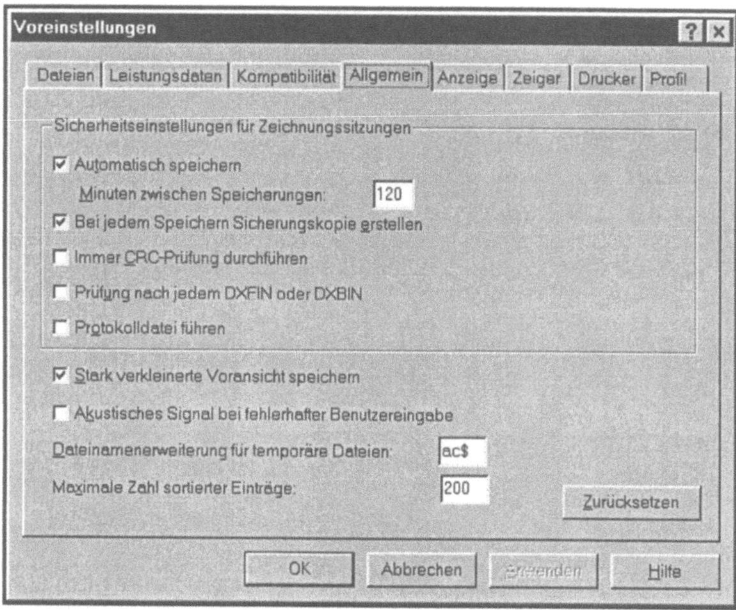

Allgemeines

Eine stark verkleinerte Voransicht einer Zeichnung ist im Auto-CAD-Startdialog und im Dialogfeld „Öffnen" zu sehen, falls beim Abspeichern der betreffenden Zeichnung diese Option aktiviert war.

Bei falschen Eingaben können Sie sich durch einen Signalton warnen lassen, aktivieren Sie dafür die Option „Akustisches Signal bei fehlerhafter Benutzereingabe".

Die Dateinamenserweiterung (Extension) für temporäre Dateien kennzeichnet Plotdateien und andere, nur zeitweilig benötigte Dateien. Einträge wie Layernamen im Dialogfeld der Layersteuerung oder Blocknamen werden sortiert angezeigt, bis die eingestellte Maximalanzahl der Einträge überschritten ist. Ab dann erfolgt die Anzeige in der Reihenfolge der zeitlichen Erstellung.

3.4.5   Voreinstellungen für die Bildschirmanzeige

Nach der Installation von AutoCAD steht Ihnen der AutoCAD-Vorgabebildschirm zur Verfügung. Sie können den Bildschirm nach Ihren Wünschen und Erfordernissen benutzerspezifisch einrichten. Verwenden Sie dazu die Optionen in der Registerkarte

Anzeige im Dialogfeld „Voreinstellungen" (Bild 3.9). Sie können die verwendeten Farben und Schriftarten verändern und verschiedene andere Bildschirmeinstellungen für Zeichen- und Textfenster anpassen.

Bild 3.9:
Dialogfeld „Voreinstellungen", Registerkarte Anzeige

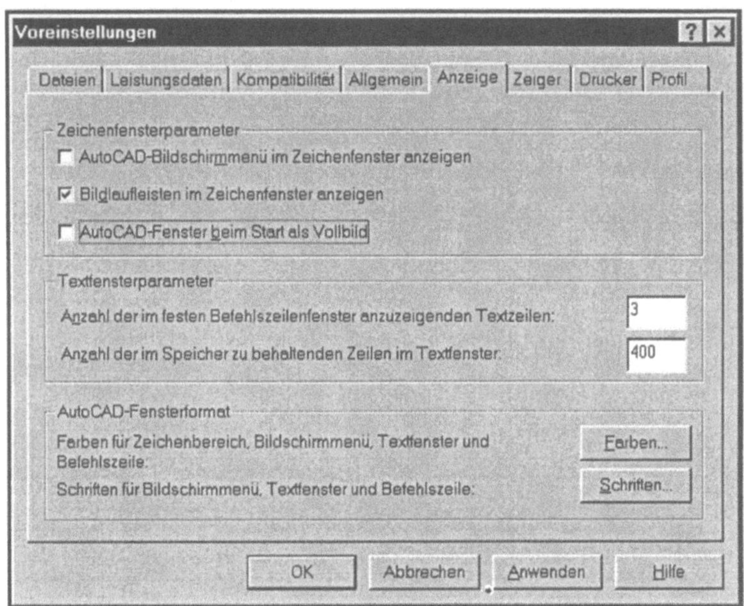

Zeichenfenster

Mit der Option „AutoCAD-Bildschirmmenü im Zeichenfenster anzeigen" aktivieren Sie ein Bildschirmmenü. Es befindet sich rechts vom Zeichenfenster. Dieses Bildschirmmenü ist Ihnen eventuell aus früheren AutoCAD-Versionen bekannt. Die Bildlaufleisten unterhalb und rechts vom Zeichenfenster schalten Sie mit der zweiten Option ein bzw. aus. Eine Aktivierung der Option „AutoCAD-Fenster beim Start als Vollbild" bewirkt, daß beim Start die gesamte Bildschirmgröße Ihres Monitors zur Anzeige des AutoCAD-Fensters verwendet wird.

Textfenster

Im Bereich der Textfensterparameter sind die Anzahl der anzuzeigenden Textzeilen im Befehlszeilenfenster anzugeben. Die im Speicher befindlichen Zeilen des Textfensters können Sie sich mit den Tasten „Pfeil nach oben" bzw. „Pfeil nach unten" aus dem Speicher zurück in die Anzeige des Befehlszeilenfensters holen.

Hinweis

Das feste Befehlszeilenfenster können Sie vom Rand lösen und frei auf dem Bildschirm positionieren oder als festes Fenster am oberen Rand des Zeichenbereiches andocken. Fahren Sie dazu mit der Maus so auf den Rand des Befehlszeilenfensters, daß der Mauszeiger zum Pfeil wird. Bei gedrückter linker Maustaste bewegen Sie das Befehlsfenster zur gewünschten Position. Ein frei positioniertes Befehlszeilenfenster passen Sie durch Anklicken und Ziehen der Ränder an die gewünschte Größe an.

Fensterformat

Im Bereich „AutoCAD-Fensterformat" passen Sie Farben und Schriften der Bildschirmbereiche an. Durch Anklicken von „Farbe" öffnet sich das Dialogfeld „AutoCAD Bildschirmfarben" (Bild 3.10). Wählen Sie aus der Liste den zu ändernden Bildschirmbereich aus. Legen Sie dann die Farbe fest. Sie können eine der Grundfarben anklicken oder durch die Schieberegler bzw. Eingabe von Zahlenwerten die Farbe aus Rot, Grün und Blau mischen.

Bild 3.10:
Dialogfeld „AutoCAD Bildschirmfarben"

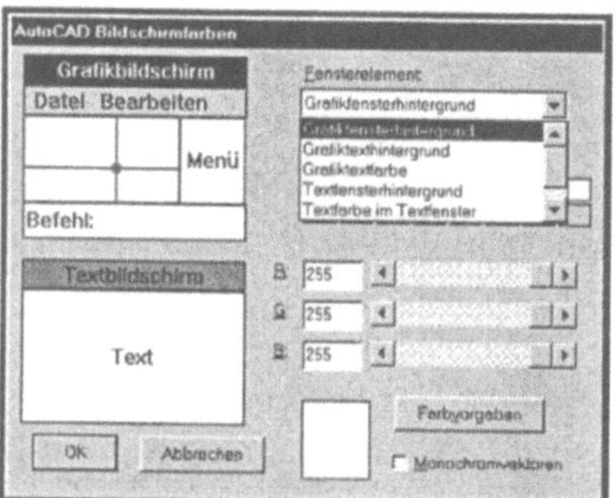

Im linken Teil des Dialogfelds sehen Sie die neue Farbgebung als Vorschau. Wählen Sie die Option „Monochromvektoren", zeichnen Sie alle Elemente in Abhängigkeit vom Grafikfensterhintergrund Schwarz oder Weiß. Die AutoCAD-Farbpalette bietet Ihnen dann außer Schwarz bzw. Weiß und einem Grauton keine weiteren Auswahlmöglichkeiten.

Über die Schaltfläche „Schriften" passen Sie die Schriften in Grafik- und Textfenstern an. Die Schriftart für das Grafikfenster betrifft das Bildschirmmenü, die Schriftart für das Textfenster das Befehlsfenster. Nach dem Anklicken der Schaltfläche „Schriften" öffnet sich ein Dialogfeld. Legen Sie zuerst fest, ob Sie die Schrift im Grafik- oder Textfenster ändern möchten. Wählen Sie aus den angebotenen Schriften die gewünschte aus, legen Sie dann den Stil und die Größe fest. Ein Schriftbeispiel wird als Vorschau angezeigt.

Hinweis

Nachdem Sie die Änderungen an der Bildschirmkonfiguration vorgenommen haben, sollten Sie die neuen Einstellungen testen. Öffnen Sie dazu beispielsweise die Datei chroma.dwg aus dem

AutoCAD-Supportverzeichnis und prüfen Sie, ob Sie alle Zeichnungselemente sehen können.

Das Bild 3.11 zeigt das AutoCAD-Fenster in Maximalgröße, mit aktiviertem Bildschirmmenü und deaktivierten Bildlaufleisten sowie mit 5 Befehlszeilen im festen Befehlszeilenfenster.

Bild 3.11:
Angepaßter Auto-
CAD-Bildschirm

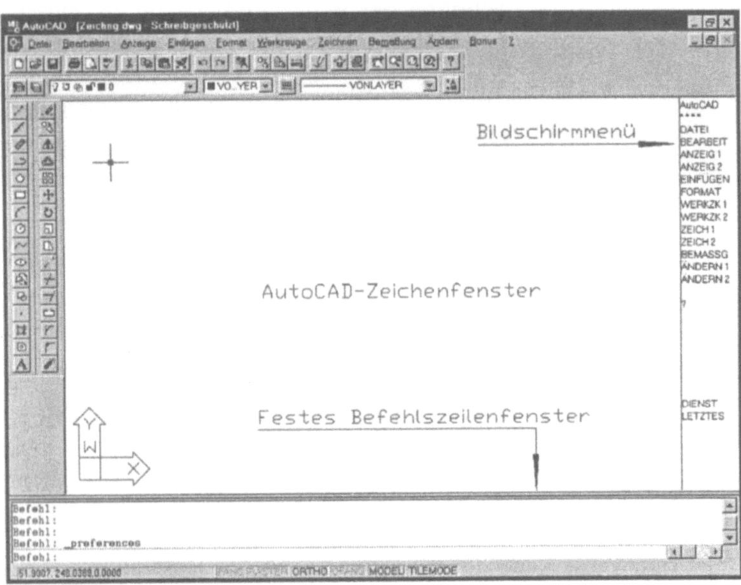

3.4.6	**Voreinstellungen für Zeigegeräte**

Als Zeigegerät wird standardmäßig das aktuelle Systemzeigegerät, im Normalfall die Maus, verwendet. Wollen Sie ein anderes Zeigegerät benutzen, öffnen Sie das Dialogfeld „Voreinstellungen" und wählen die Registerkarte Zeiger.

Aktuelles Zeigegerät

Suchen Sie sich das gewünschte Gerät aus der Liste verfügbarer Geräte aus und klicken anschließend auf die Schaltfläche „Aktuell". Ist das Gerät noch nicht konfiguriert, ist von Ihnen der Konfigurationsdialog abzuarbeiten. In diesem Dialog geben sie an, welches Modell Sie einsetzen, wo das Gerät angeschlossen ist etc. Ggf. müssen Sie noch Schalterstellungen und die Verkabelung prüfen und anpassen. Nähere Angaben zu den einzelnen Geräten stehen in der AutoCAD-Installationsanleitung. Falls Ihr Zeigegerät in der Auswahl nicht direkt aufgeführt wird, informieren Sie sich, zu welchem Gerät der Liste eine Kompatibilität besteht und ob am Gerät entsprechende Einstellungen vorzunehmen sind. Eventuell ist Ihr Zeigegerät auch Wintab-kompatibel und arbeitet mit einem Wintab-Treiber. Wintab ist eine Spezifikation für Digitalisiertabletts, die mit Microsoft Windows benutzt werden sollen. Vor Verwendung eines Wintab-kompatiblen Zeigegerätes ist der erforderliche Treiber für Microsoft Windows zu installieren. Dieser Treiber ist vom Zeigegerät-Hersteller bereitzustellen und kein Bestandteil der AutoCAD-Installation.

Bild 3.12:
Dialogfeld „Voreinstellungen", Registerkarte Zeiger

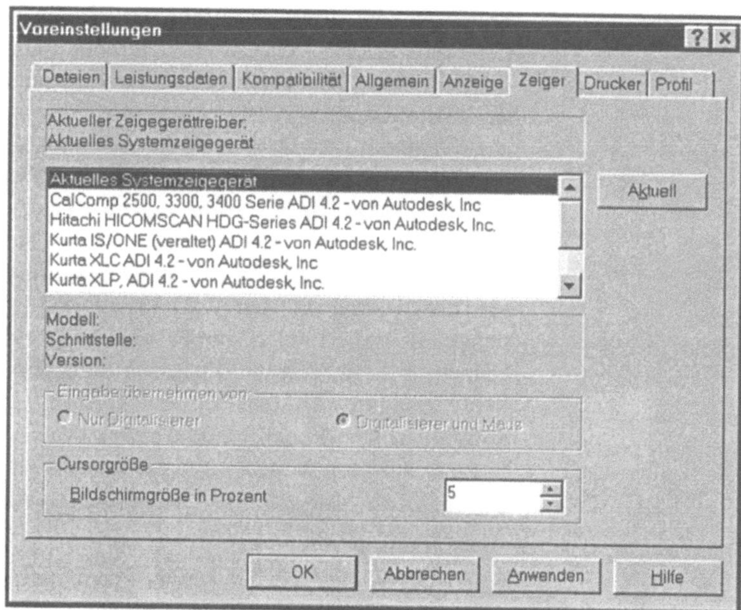

Eingabemodus

Nach der Auswahl eines anderen aktuellen Zeigegerätes als des Systemzeigegerätes können Sie einstellen, ob AutoCAD Eingaben nur vom Digitalisierer oder von Digitalisierer und Maus annimmt. Wählen Sie dazu im Bereich „Eingabe übernehmen von" die gewünschte Option. Bei der Option „Digitalisierer und Maus" gilt die Eingabe des zuletzt benutzten Gerätes.

Die Größe des Zeichencursors (des im AutoCAD-Zeichenfenster angezeigten Fadenkreuzes) ist als Prozentsatz der Bildschirmgröße einzustellen.

Hinweis

Nachdem Sie die Änderungen an der Konfiguration der Zeigegeräte vorgenommen haben, sollten Sie die Einstellungen testen. Öffnen Sie z. B. eine Zeichnung und prüfen Sie, ob Sie Menübefehle ausführen und Zeichnungselemente plazieren können.

3.4.7   Drucker und Plotter konfigurieren

Die Registerkarte Drucker im Dialogfeld „Voreinstellungen" dient dem Verwalten der unter AutoCAD zu verwendenden Drucker und Plotter. Außer dem Befehl VOREINSTELLUNGEN existiert dafür auch der Eintrag „Druckereinrichtung" im Menü „Datei", beide Befehle öffnen das Dialogfeld „Voreinstellungen" (Bild 3.13).

ADI-Treiber

Bevor Sie mit AutoCAD einen Druck oder Plot anfertigen können, müssen die vorhandenen Drucker und Plotter eingerichtet werden. AutoCAD verwendet eigene spezielle Dienstprogramme zur Ansteuerung von Druckern und Plottern sowie anderen Peripheriegeräten, die ADI-Treiber. ADI steht für Autodesk Device Interface, neben den Drucker- und Plottertreibern gibt es z. B. auch die ADI-Treiber zum Anschließen der bereits erwähnten Digitalisiertabletts. Für AutoCAD 14 wurden neue ADI-Treiber entwickelt, diese tragen die Versionsnummer 4.3. Diese Treiber sind Bestandteil der AutoCAD-Installation, aber auch die Gerätehersteller stellen ADI-Treiber zur Verfügung. ADI-Treiber der Version 4.2 für Version 13 lassen sich ebenfalls mit Version 14 benutzen, bei ADI-Treibern für Version 12 kann es Einschränkungen in der Funktionalität geben. ADI-Drucker- und Plottertreiber existieren in den folgenden Kategorien:

- Dateiformattreiber für das Erzeugen von Dateien statt Papierausgaben,

- ADI-Treiber zum Ansteuern von Druckern und Plottern und

- ADI-Systemdruckertreiber für die Nutzung Ihrer bereits unter Microsoft Windows verfügbaren lokalen oder Netzwerkplotter bzw. -drucker.

Als Dateiformate stehen das AutoCAD-Plotdateiformat DXB und die Rasterformate BMP (Bitmap-Bilder), PCX, TGA und TIFF zur Verfügung.

Die AutoCAD-Installation beinhaltet ADI-Treiber für die gängigsten Drucker und Plotter der Firmen CalComp, Hewlett-Packard, Houston Instrument und OCÉ sowie PostScript-Laserdrucker. Falls Ihr Ausgabegerät in der Auswahl nicht aufgeführt ist, informieren Sie sich, zu welchem Gerät der genannten Firmen Kompatibilität besteht und ob dafür entsprechende Einstellungen vorzunehmen sind. Eventuell können Sie auch einen aktuellen ADI-Treiber vom Hersteller erhalten.

Mit dem ADI-Systemdruckertreiber nutzen Sie Ihre unter Microsoft Windows verfügbaren lokalen oder Netzwerkplotter bzw.

-drucker. Diese Drucker werden über die Druckerverwaltung von Microsoft Windows eingerichtet.

Hinweis

Es empfiehlt sich, die ADI-Treiber dem ADI-Systemdruckertreiber vorzuziehen, da bei den ADI-Treibern eine optimale Abstimmung zwischen den Geräten und AutoCAD vorgenommen wurde. Weiterhin ist zu beachten, daß beim Systemdruckertreiber die Plotgröße (im Sinne der zu übermittelnden Datenmenge) auf die Größe des im Plotter oder Drucker eingebauten Speichers begrenzt ist.

Bild 3.13:
Drucker/Plotter einrichten

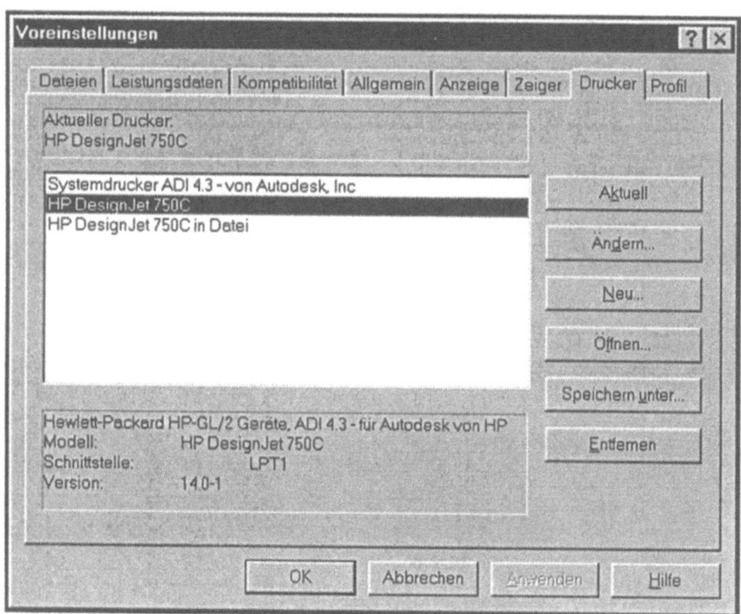

Neues Gerät

Nach dem Anklicken der Schaltfläche „Neu" können Sie den gewünschten Plotter- bzw. Druckertreiber auswählen, nach der Auswahl sind je nach gewähltem Treiber und vorhandenem Plotter oder Drucker verschiedene Fragen nach Modell, Anschlüssen und technischen Parametern zu beantworten. Beim Systemdruckertreiber muß das Ausgabegerät zuerst in der Druckersteuerung von Microsoft Windows eingerichtet werden. Ein Treiber kann auch mehrfach ausgewählt werden, so lassen sich verschiedene Konfigurationen zu einem Ausgabegerät anlegen und speichern. Die getroffenen Einstellungen lassen sich später über die Schaltfläche „Ändern" anpassen bzw. korrigieren.

Aktuelles Gerät

Haben Sie mehrere Drucker bzw. Plotter eingerichtet, können Sie aus den vorhandenen Geräten eines als aktuelles Gerät festlegen.

Markieren Sie dafür den entsprechenden Eintrag in der Liste und klicken Sie dann auf die Schaltfläche „Aktuell". Das aktuelle Gerät wird Ihnen beim Aufrufen des Druck-/Plotbefehls als Vorgabe angeboten.

Ändern

Über die Schaltfläche „Ändern" können Sie die Drucker- bzw. Plotterkonfiguration anpassen. Alle Parameter des bei der Konfiguation verwendeten Treibers lassen sich neu festlegen. Möchten Sie nur die Druckerbeschreibung ändern, die weiteren Parameter aber beibehalten, klicken Sie im Dialogfeld „Drucker rekonfigurieren" nicht die Schaltfläche „Rekonfigurieren", sondern auf „OK".

Speichern und öffnen

Mit der Schaltfläche „Öffnen" können Sie eine gespeicherte Druckerkonfigurationsdatei öffnen. Wählen Sie im sich öffnenden Dialogfeld die gewünschte Datei aus. Die Liste der konfigurierten Drucker und Plotter wird um einen Eintrag erweitert, alle Einstellungen werden aus der Datei ausgelesen.

Bevor Sie eine Druckerkonfigurationsdatei öffnen können, müssen Sie selbstverständlich diese Druckerkonfiguration in einer Datei gespeichert haben. Durch Anklicken der Schaltfläche „Speichern unter" gelangen Sie in den Dialog, um Druckerkonfigurationen abzuspeichern. Standardmäßig haben Druckerkonfigurationsdateien die Extension .pc2.

Entfernen

Die Schaltfläche „Entfernen" löscht den markierten Drucker bzw. Plotter aus der Liste. Die Treiber- und Druckerkonfigurationsdateien bleiben von diesem Löschvorgang unberührt.

Hinweis

Nachdem Sie neue Ausgabegeräte konfiguriert oder die Einstellung für vorhandene Geräte geändert haben, sollten Sie die Einstellungen durch Anfertigen eines Testausdruckes prüfen.

3.4.8   Profile

Außer den Einstellungen für Zeigegeräte, Drucker und Plotter werden die im Dialogfeld „Voreinstellungen" verwalteten Einstellungen in der Windows-Registrierdatenbank gespeichert. Einstellungen für Zeigegeräte, Drucker und Plotter speichert AutoCAD in einer Konfigurationsdatei, standardmäßig in der Datei acad14.cfg. Die Gesamtheit aller in der Windows-Registrierdatenbank gespeicherten Voreinstellungsvariante ist ein Profil.

Vorgabemäßig speichert AutoCAD die Voreinstellungen in einem Profil mit dem Namen „Unbenanntes Profil". Mit den Funktionen in der Registerkarte Profil können Sie verschiedene Profile speichern und aufrufen. Beispielsweise ist es denkbar, daß Sie für bestimmte Aufgaben verschiedene Voreinstellungen benötigen oder mehrere Benutzer mit unterschiedlichen Präferenzen die AutoCAD-Installation nutzen. Speichern Sie also verschiedene Voreinstellungsvariationen als Profile ab und stellen Sie sich die gerade erforderlichen Voreinstellungen ein, indem Sie das entsprechende Profil zum aktuellen Profil machen.

Bild 3.14:
Dialogfeld „Voreinstellungen", Registerkarte Profil

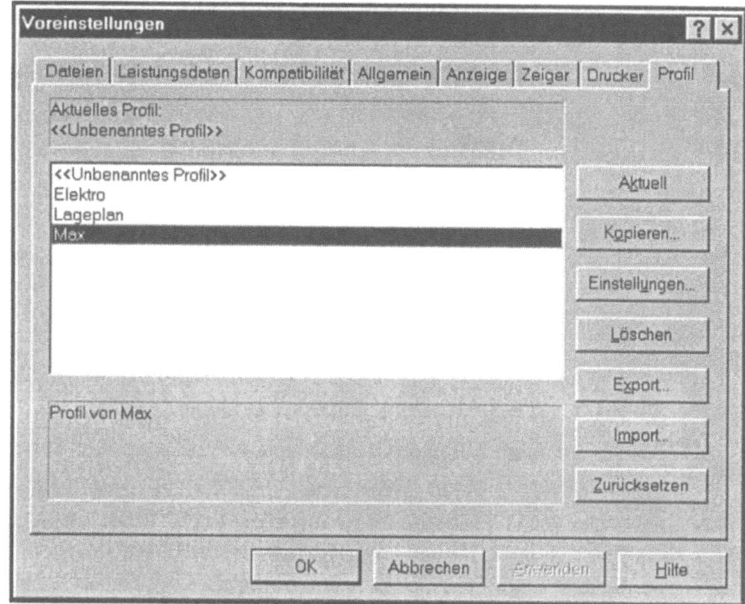

Aktuelles Profil

Die Schaltfläche „Aktuell" erklärt das markierte Profil zum aktuellen Profil. Alle unter diesem Namen gespeicherten Voreinstellungen, außer für Zeigegeräte, Drucker und Plotter, werden wirksam.

Profile editieren

Die Schaltfläche „Kopieren" dupliziert das markierte Profil, Sie werden aufgefordert, den Namen und die Beschreibung für das Duplikat anzugeben. „Einstellungen" öffnet ein Dialogfeld, um Namen und Beschreibung des markierten Profils zu ändern. Das markierte Profil wird entfernt, wenn Sie die Schaltfläche „Löschen" anklicken.

Der „Export" eines Profils schreibt alle Voreinstellungen aus der Registrierdatenbank in eine Datei, deren Namen Sie angeben müssen. Die standardmäßige Extension ist .arg. Über „Import" lesen Sie eine vorher exportierte Datei in die Registrierdatenbank ein. Besteht bereits ein Profil mit dem Namen des zu importierenden Profils, werden Sie gefragt, ob das bestehende Profil zu ersetzen ist. Sie können aber auch dem zu importierenden Profil einen neuen Namen geben. Der Import ist auf dem eigenen und auch auf anderen Computern möglich.

Die Schaltfläche „Zurücksetzen" bewirkt, daß für das markierte Profil wieder die standardmäßigen AutoCAD-Voreinstellungen gelten. Alle von Ihnen geänderten Voreinstellungen sind für dieses Profil nicht mehr wirksam.

3.5 Umgebungsdefinition und Mehrfachkonfiguration

3.5.1 Definition der AutoCAD-Umgebung

Es existieren drei Möglichkeiten, um die AutoCAD-Umgebung einzurichten:

- die Funktionalität des Befehls VOREINSTELLUNGEN,
- Befehlszeilenschalter und
- Umgebungsvariablen.

Diese drei Möglichkeiten besitzen unterschiedliche Prioritäten, was die Gültigkeit der Einstellungen betrifft:

- Befehlszeilenschalter besitzen die höchste Priorität. Wenn Sie also eine Umgebungseinstellung in der Befehlszeile festlegen, wird diese den Voreinstellungen oder dem Wert einer Umgebungsvariablen vorgezogen.

- Ist kein Befehlszeilenschalter eingestellt, wird der entsprechende Wert, den Sie im Dialogfeld „Voreinstellungen" festgelegt haben, verwendet.

- Erst wenn kein Befehlszeilenschalter und kein Wert im Dialogfeld „Voreinstellungen" festgelegt sind, besitzt der Wert der Umgebungsvariablen Gültigkeit.

Befehlszeilenschalter und Umgebungsvariablen werden den Voreinstellungen nur für die aktuelle Sitzung vorgezogen. Sie verändern nicht die Einträge in der Registrierdatenbank Ihres Systems. Einfluß auf die Registrierdatenbank nehmen Sie nur über das Dialogfeld „Voreinstellungen".

Hinweis

Die Einrichtung der AutoCAD-Umgebung sollten Sie vorzugsweise über die Befehlszeile und die Registerkarten des Dialogfelds „Voreinstellungen" realisieren.

Beispiel

Bevor auf die Wirkungsweise der einzelnen Umgebungseinstellungen eingegangen wird, erfolgt am Beispiel des Schalters

/nologo bzw. der Systemvariablen ACADCFG eine Erläuterung, wie Sie Befehlszeilenschalter bzw. Umgebungsvariablen zur Anwendung bringen. Der Befehl VOREINSTELLUNGEN wurde bereits im vorherigen Abschnitt behandelt.

Befehlszeilenschalter

AutoCAD wird durch den Aufruf des Programms acad.exe gestartet. Dieser Aufruf befindet sich in einer Befehlszeile, welche z. B. einem AutoCAD-Symbol auf dem Desktop oder dem Eintrag im Startmenü zugeordnet ist. Ein Befehlszeilenschalter ist ein Parameter, den Sie zur Befehlszeile hinzufügen.

Bild 3.15:
Dialogfeld „Eigenschaften" einer AutoCAD-Verknüpfung

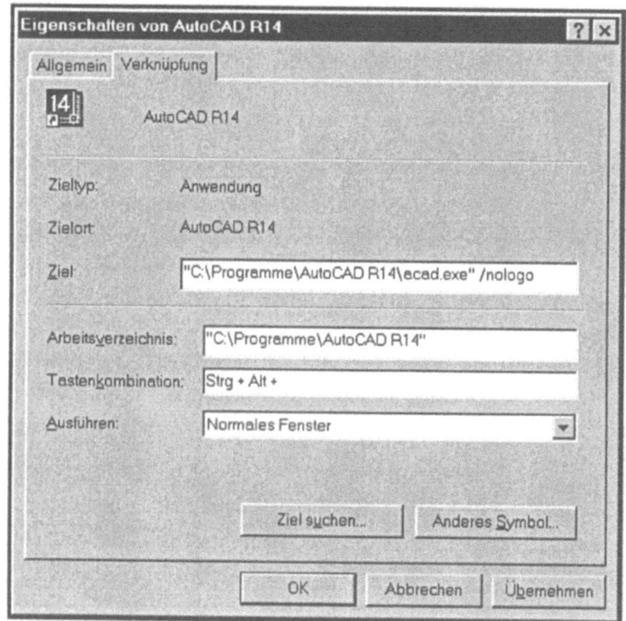

Bei Microsoft Windows NT 4.0 und Microsoft Windows 95 editieren Sie die Befehlszeile, indem Sie mit der rechten Maustaste auf das AutoCAD-Symbol auf dem Desktop klicken. Aus dem sich öffnenden Menü wählen Sie den Eintrag „Eigenschaften". Im Dialogfeld für die Eigenschaften befindet sich auf der Registerkarte Verknüpfung das Feld „Ziel". Der Eintrag im Feld „Ziel" ist die Befehlszeile. Das Bild 3.15 zeigt ein Beispiel für das Eigenschaften-Dialogfeld einer AutoCAD-Verknüpfung auf dem Windows 95-Desktop. Innerhalb der Anführungsstriche befindet sich der Befehl zum AutoCAD-Start. Der Befehlszeilenschalter /nologo ist ein Leerzeichen hinter den Anführungsstrichen einzutragen:

```
"C:\Programme\AutoCAD R14\acad.exe" /nologo
```

Sie können mehrere Schalter in einer Befehlszeile verwenden, zwischen den Schaltern muß sich ein Leerzeichen befinden.

Verknüpfung erstellen

Falls Sie kein AutoCAD-Symbol auf Ihrem Desktop haben oder aber nicht an einem bereits vorhandenen Symbol experimentieren möchten, können Sie sich eine neue Verknüpfung auf dem Desktop erstellen. Klicken Sie dazu mit der rechten Maustaste auf den Desktop, wählen Sie aus dem sich öffnenden Menü den Eintrag „Neu/Verknüpfung". Im Dialogfeld „Verknüpfung erstellen" erstellen Sie die Befehlszeile zum AutoCAD-Aufruf. Verwenden Sie die Schaltfläche „Suchen", um die Datei acad.exe zu finden. Zur Unterscheidung der Verknüpfungen sollten Sie verschiedene Beschreibungen für die Verknüpfungen angeben oder andere Symbole verwenden.

Sie können ebenso den Eintrag zum AutoCAD-Programmaufruf im Windows-Startmenü bearbeiten. Wählen Sie den Befehl „Task-Leiste" in Startmenü/Einstellungen. Auf der Registerkarte „Programme im Menü Start" klicken Sie auf die Schaltfläche „Erweitert". Dadurch öffnen Sie einen Explorer, der alle Einträge des Startmenüs zeigt. Navigieren Sie zum Eintrag für den AutoCAD-Start und bearbeiten Sie dann die Eigenschaften der Verknüpfung. Von der Verknüpfung im Startmenü können Sie vorher eine Kopie im Startmenü oder auf dem Desktop erstellen.

Setzen Sie als Betriebssystem Microsoft Windows NT 3.51 ein, bearbeiten Sie die Befehlszeile folgendermaßen. Öffnen Sie die AutoCAD-Programmgruppe und markieren Sie das AutoCAD-Symbol durch einmaliges Anklicken mit der Maus. Mit der Tastenkombination <ALT>+<ENTER> bzw. dem Befehl „Eigenschaften" aus dem Menü „Datei" des Programmanagers öffnen Sie ein Dialogfeld „Eigenschaften", wo Sie die Befehlszeile bearbeiten können. Fügen Sie den Befehlszeilenschalter nach einem Leerzeichen hinter dem Aufruf von acad.exe an. Vorab können Sie sich auch bei Microsoft Windows NT 3.51 eine Kopie des Programmsymbols anlegen. Zur Unterscheidung der Kopien vergeben Sie über das Dialogfeld „Eigenschaften" verschiedene Beschreibungen oder legen Sie abweichende Symbole fest.

Umgebungsvariable

Eine Umgebungsvariable wird im Betriebssystem gesetzt und ist von einem Anwendungsprogramm wie AutoCAD auswertbar.

Beispiel

Um eine Umgebungsvariable unter Microsoft Windows NT 4.0 zu setzen, führen Sie die folgenden Arbeitsschritte aus:

- Starten Sie die Systemsteuerung und doppelklicken Sie auf das Symbol System.

- Wählen Sie im Dialogfeld „Systemeigenschaften", wie in Bild 3.16 zu sehen, die Registerkarte Umgebung.

- Geben Sie im Feld „Variable" den Namen der Umgebungsvariablen (im Beispiel ACADDRV) ein.

- Im Feld „Wert" tragen Sie den gewünschten Wert der Umgebungsvariable ein. Im Beispiel wurde ein Treiberverzeichnis eingetragen.

- Klicken Sie auf die Schaltfläche „Setzen".

- Verlassen Sie das Dialogfeld „Systemeigenschaften" durch Anklicken der OK-Schaltfläche.

- Beim nächsten AutoCAD-Start wird die Umgebungsvariable ausgewertet.

Damit legen Sie die Umgebungsvariable als Benutzervariable für den aktuell angemeldeten Benutzer, im Beispiel für den Nutzer Administrator, fest. Um die Umgebungsvariable für alle Benutzer, die mit diesem Rechner arbeiten, einzustellen, ist Sie als Systemvariable zu deklarieren. Wählen Sie dafür eine Systemvariable aus der oberen Liste des Dialogfelds und ändern Sie die Werte in den Feldern „Variable" und „Wert" ab. Anschließend ist auf die Schaltfläche „Setzen" zu klicken.

Unter Microsoft Windows NT 3.51 ist analog vorzugehen, um eine Umgebungsvariable zu definieren.

Bild 3.16:
Dialogfeld „Systemeigenschaften"

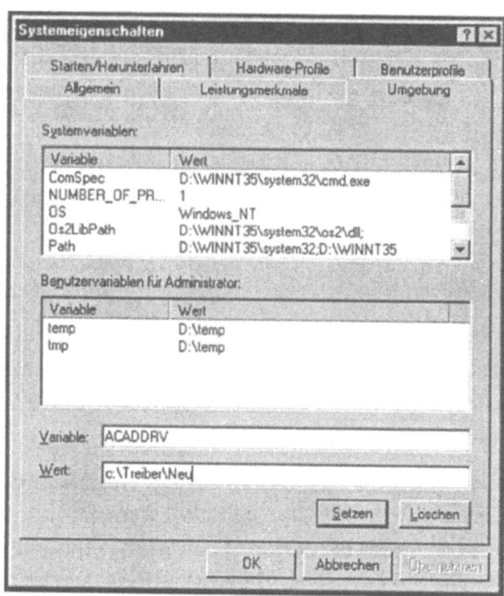

Um in Microsoft Windows 95 eine Umgebungsvariable zu setzen, ist in der Datei `autoexec.bat` der Betriebssystembefehl SET zu verwenden:

```
SET VARIABLE=WERT
```

VARIABLE steht hier für die Umgebungsvariable. WERT bezeichnet den Wert, z. B. Verzeichnisnamen oder einen Zahlenwert. Zu beachten ist, daß nach dem Befehl SET kein weiteres Leerzeichen in der Zeile vorkommen darf. Achten Sie besonders darauf, daß sich hinter dem Wert kein Leerzeichen befindet, sondern unmittelbar ein Zeilenumbruch folgt.

Beispiel

Gehen sie folgendermaßen vor, um eine Umgebungsvariable in Microsoft Windows 95 zu setzen:

- Navigieren Sie im Explorer zur Datei `autoexec.bat`.

- Mit der rechten Maustaste können Sie ein Menü öffnen, wählen Sie den Befehl „Bearbeiten". Dieser Befehl ist auch im Explorermenü unter „Datei" zu finden.

- Geben Sie den SET-Befehl ein, ein Beispiel sehen Sie in Bild 3.17.

- Speichern Sie die Datei `autoexec.bat`.

- Führen Sie einen Neustart des Computers aus.

- Beim nächsten AutoCAD-Start wird die Umgebungsvariable ausgewertet.

Bild 3.17:
Bearbeitung einer
autoexec.bat

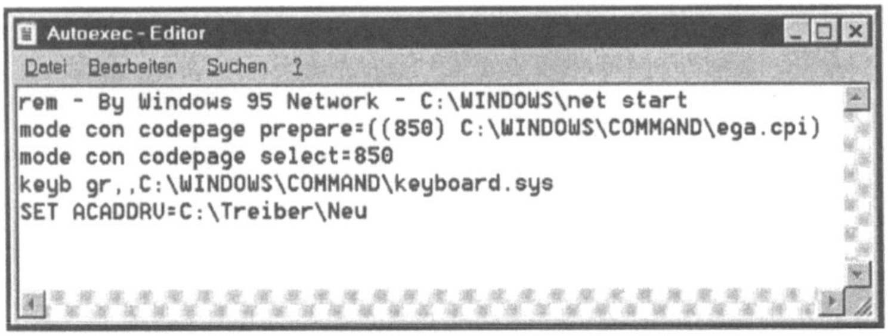

Nachdem in den vorigen Abschnitten erläutert wurde, wie Sie Befehlszeilenschalter und Umgebungsvariablen einsetzen, wird im folgenden auf die Wirkungsweise der einzelnen Umgebungseinstellungen eingegangen.

In der Tabelle 3.1 sehen Sie als Gegenüberstellung die Befehlszeilenschalter, die dem Schalter entsprechende Registerkarte und die korrespondierenden Optionen des Dialogfelds „Voreinstellungen". Der Vollständigkeit halber sind auch die analog zum

Befehlszeilenschalter wirkenden Umgebungsvariablen aufgeführt, mit denen Sie Ihre Umgebungseinstellungen anpassen können.

Hinweis

Wie bereits erwähnt, sollten Sie die Einrichtung der AutoCAD-Umgebung vorzugsweise über die Befehlszeile und das Umgebungsdialogfeld realisieren.

Weitere Erläuterungen und Beispiele zur Bedeutung und Anwendung finden Sie unter der Tabelle. Einstellungen, welche Sie nur über den Befehl VOREINSTELLUNGEN (bzw. Umgebungsvariablen) verändern können, sind nicht aufgeführt. Diese Einstellungen wurden bereits in den vorigen Abschnitten behandelt.

Tabelle 3.1:
AutoCAD-Umgebung

Schalter	Registerkarte und Optionen	Umgebungsvariable
/c	Dateien Eintrag Konfigurationsdatei	ACADCFGW, ACADCFG
/s	Dateien Einträge Supportdatei Suchpfad	ACAD
/d	Dateien Einträge Gerätetreiber Suchpfad	ACADDRV
/b	kein Eintrag	keine Variable
/t	Dateien Position Zeichnungsvorlage	keine Variable
/nologo	kein Eintrag	keine Variable
/v	kein Eintrag	keine Variable
/r	kein Eintrag	keine Variable
/p	Profil aktuelles Profil	keine Variable

Schalter /c

Mit dem Schalter /c geben Sie ein Verzeichnis oder eine Datei für das Speichern einer Hardwarekonfiguration (Voreinstellungen für Zeigegeräte, Drucker und Plotter) an. Konfigurationsdateien besitzen immer die Extension .cfg. Standardmäßig wird die Datei acad14.cfg verwendet. Sie können aber einen beliebigen Dateinamen verwenden. Die Extension .cfg wird automatisch von AutoCAD vergeben und an den Dateinamen angehängt. Wenn die angegebene Datei noch nicht existiert, wird sie von AutoCAD erstellt. In der neu erstellten Datei sind zunächst nur die Standardvorgaben (Systemzeigegerät, kein Drucker bzw. Plotter konfiguriert) vorhanden. Geben Sie das gewünschte Verzeichnis oder die gewünschte Datei ein Leerzeichen nach dem Schalter /c in der Befehlszeile ein.

Ist der Befehlszeilenschalter /c nicht gesetzt, wertet AutoCAD die Umgebungsvariable ACADCFG oder ACADCFGW aus. Ist weder Befehlszeilenschalter noch Umgebungsvariable vorhanden, verwendet AutoCAD den AutoCAD-Programmordner zum Anlegen und Speichern der `acad14.cfg`. Im Dialogfeld „Voreinstellungen" ist die Option „Konfigurationsdatei" schreibgeschützt!

Hinweis

Nach dem Setzen der Umgebungsvariablen ACADCFGW bzw. ACADCFG wird ein Neustart von Windows erforderlich, damit der Wert von AutoCAD sicher ausgewertet werden kann.

Es folgen einige Beispiele für das Setzen des Schalters /c in einer Befehlszeile.

Die Datei `acad14.cfg` soll im Verzeichnis c:\Users\Meier angelegt und gespeichert werden:

```
"C:\AutoCAD R14\acad.exe" /c c:\Users\Meier
```

Die Datei `konfig.cfg` soll im Verzeichnis c:\Users\Meier angelegt und gespeichert werden:

```
"C:\AutoCAD R14\acad.exe" /c c:\Users\Meier\konfig.cfg
```

Die Datei `konfig.cfg` soll im Verzeichnis c:\Users\Meier angelegt und gespeichert werden, beim Starten möchten Sie den Eingangsbildschirm nicht angezeigt bekommen:

```
"C:\AutoCAD R14\acad.exe" /nologo /c
c:\Users\Meier\konfig.cfg
```

Befinden sich Leerzeichen im Verzeichnisnamen, setzen Sie die Verzeichnisnamen in Anführungszeichen!

```
"C:\AutoCAD R14\acad.exe" /nologo /c "c:\Hans Mei-
er\konfig.cfg"
```

Die Umgebungsvariable ACADCFG bzw. ACADFCGW verwenden Sie unter Microsoft Windows 95 gemäß dem folgendem Beispiel. Die Konfigurationsdatei `acad14.cfg` soll sich im Verzeichnis c:\konfig\user1 befinden.

```
SET ACADCFG=C:\konfig\user1
```

Schalter /s

Mit dem Befehlszeilenschalter /s bzw. der Umgebungsvariable ACAD geben Sie Supportverzeichnisse an. In den Supportverzeichnissen sind die Dateien mit Schriftarten, Menüs, AutoLISP-Programme, Linientypen und Schraffurmuster abgelegt. Geben Sie den Schalter /s nicht an, werden die im Dialogfeld „Voreinstellungen" unter der Option „Suchpfad für die Supportdatei" gespeicherten Verzeichnisse nach den Supportdateien durchsucht.

Es sind maximal 15 Verzeichnisse möglich, die Verzeichnisnamen werden durch Semikolons getrennt. Befinden sich Leerzeichen im Verzeichnisnamen, setzen Sie die Verzeichnisnamen in Anführungszeichen! Es folgen je ein Beispiel für den Befehlszeilenschalter /s und die Umgebungsvariable ACAD:

```
"C:\Programme\AutoCAD R14\acad.exe" /nologo /c
c:\users /s d:\support;d:\Lisp;e:\Schraff
```

```
SET ACAD=d:\support;d:\Lisp;e:\Schraff
```

Schalter /d

Mit dem Schalter /d bzw. der Umgebungsvariable ACADDRV bestimmen Sie den Suchpfad (ein oder mehrere zu durchsuchende Verzeichnisse) für ADI-Gerätetreiber. Es ist möglich, mehrere Verzeichnisse anzugeben, diese sind durch Semikolons zu trennen. Befinden sich Leerzeichen im Verzeichnisnamen, setzen Sie die Verzeichnisnamen in Anführungszeichen! Der in der Umgebungsvariable ACADDRV angegebene Suchpfad erweitert den Suchpfad, welcher im Dialogfeld „Voreinstellungen" für die Gerätetreiberdateien angegeben wurde.

Es folgen je ein Beispiel für den Befehlszeilenschalter /d und die Umgebungsvariable ACADDRV:

```
"C:\Programme\AutoCAD R14\acad.exe" /d
"c:\Programme\AutoCAD R14\DRV;c:\tablett"
```

```
SET ACADDRV=C:\tablett\treiber
```

Schalter /b

Mit dem Befehlszeilenschalter /b wird eine Skriptdatei (Kapitel 16) festgelegt, die nach dem Starten von AutoCAD ausgeführt werden soll. In Skriptdateien können Sie eine Folge von AutoCAD-Befehlen angeben, die durch den Aufruf der Datei nacheinander ausgeführt werden. Ein denkbarer Anwendungsfall wäre ein Startskript, daß Parameter wie Limiten, Raster und Fang für eine neue Zeichnung einstellt. Die Skriptdatei muß ein Leerzeichen nach dem Schalter /b in der Befehlszeile angegeben werden. Bei gesetztem Schalter /b wird das AutoCAD-Startdialogfeld nicht angezeigt.

Im folgenden Beispiel lassen Sie das Skript start.scr ablaufen, das z. B. Einstellungen für die neue Zeichnung vornimmt:

```
"C:\Programme\AutoCAD R14\acad.exe" /b start
```

Hinweis	In der Dokumentation von AutoCAD wird fälschlicherweise angegeben, daß Sie in der Befehlszeile vor dem Schalter /b den Namen einer noch nicht existierenden Zeichnung angeben können, um diese Zeichnung anlegen zu lassen.

In der Befehlszeile können Sie aber den Namen (u. U. mit Verzeichnisangabe) einer existierenden Zeichnung angeben, um diese beim Starten automatisch zu öffnen.

Schalter /t

Mit dem Befehlszeilenschalter /t legen Sie fest, welche Vorlage- (Template-) bzw. Prototypzeichnung für eine neue Zeichnung zu verwenden ist. Weisen Sie über die Befehlszeile eine Vorlage- bzw. Prototypzeichnung zu, wird das AutoCAD-Startdialogfeld nicht angezeigt. Im folgenden Beispiel weisen Sie der neuen Zeichnung die Vorlage `iso_a0.dwt` zu:

```
"C:\Programme\AutoCAD R14\acad.exe" /t iso_a0
```

Im folgenden Beispiel weisen Sie der neuen Zeichnung die Vorlagezeichnung `iso_a0.dwt` zu und lassen beim Start das Skript `start.scr` ausführen:

```
"C:\Programme\AutoCAD R14\acad.exe" /t iso_a0 /b start
```

Hinweis

In der Dokumentation von AutoCAD wird fälschlicherweise angegeben, daß Sie in der Befehlszeile vor dem Schalter /t den Namen einer noch nicht existierenden Zeichnung angeben können, um diese Zeichnung anlegen zu lassen. In der Befehlszeile können Sie aber den Namen (u. U. mit Verzeichnisangabe) einer existierenden Zeichnung angeben, um diese beim Starten automatisch zu öffnen. Eine existierende Zeichnung jedoch wertet die Informationen einer mit dem Schalter /t im Nachgang zugewiesenen Vorlagezeichnung nicht aus. Vorlagezeichnungen sind nur für beim Neuanlegen einer Zeichnung relevant.

Schalter /nologo

Mit dem Befehlszeilenschalter /nologo können Sie die Anzeige des AutoCAD-Eingangsbildschirms unterdrücken. Im folgenden Beispiel unterdrücken Sie die Anzeige des AutoCAD-Eingangsbildschirms, weisen der neuen Zeichnung die Vorlagezeichnung `iso_a0.dwt` zu und lassen das Skript `start.scr` ausführen:

```
"C:\Programme\AutoCAD R14\acad.exe" /nologo /t iso_a0
/b start
```

Schalter /v

Mit dem Befehlszeilenschalter /v stellen Sie ein, welche Ansicht (ein benannter Ausschnitt) einer vorhandenen Zeichnung beim Öffnen angezeigt werden soll. Die Ansicht muß natürlich vorher definiert sein.

Im Beispiel wird die Zeichnung `campus.dwg` aus dem Ordner mit Beispielzeichnungen geöffnet und die vorher gespeicherte Ansicht PLOT angezeigt:

```
"C:\Programme\AutoCAD R14\acad.exe"
"C:\Programme\AutoCAD R14\Sample\campus" /v plot
```

Schalter /r

Der Befehlszeilenschalter /r rekonfiguriert AutoCAD, daß wieder die Vorgabekonfiguration für die Hardware gilt (aktuelles Systemzeigegerät und kein Drucker bzw. Plotter konfiguriert). Es wird eine Konfigurationsdatei `acad14.cfg` erstellt, falls nicht ein anderer Optionsschalter (/c) einen Wert vorgibt. Eine bereits vorhandene Konfigurationsdatei `acad14.cfg` wird mit der Extension .bak gesichert.

Das folgende Beispiel einer Befehlszeile rekonfiguriert AutoCAD. Die Datei `acad14.cfg` wird neu erstellt, die vorher verwendete `acad14.cfg` unter `acad14.bak` gesichert:

```
"C:\Programme\AutoCAD R14\acad.exe" /r
```

Das folgende Beispiel einer Befehlszeile rekonfiguriert AutoCAD. Die Datei `konfig.cfg` wird neu erstellt, falls diese Datei bereits existiert, wird sie unter `konfig.bak` gesichert:

```
"C:\Programme\AutoCAD R14\acad.exe" /r /c
"C:\Programme\AutoCAD R14\Mein CAD\konfig"
```

Schalter /p

Mit dem Befehlszeilenschalter /p geben Sie an, welches Profil beim Start von AutoCAD verwendet werden soll. Profile werden mit dem Befehl VOREINSTELLUNGEN erzeugt und verwaltet. Falls das angegebene Profil nicht existiert, wird das als aktuell eingestellte Profil verwendet. Die Vorgabe für das Profil gilt solange während einer AutoCAD-Sitzung, bis Sie ein anderes Profil mit den Voreinstellungen als aktuelles Profil einstellen. Befinden sich Leerzeichen im Profilnamen, setzen Sie den Profilnamen in Anführungszeichen!

In der Beispielsbefehlszeile wird das Profil „Mein Profil" als Vorgabe für die AutoCAD-Sitzung verwendet:

```
"C:\Programme\AutoCAD R14\acad.exe" /p "Mein Profil"
```

3.5.2   Anlegen von Mehrfachkonfigurationen

Das CAD-System AutoCAD findet auf vielen technischen und auch nichttechnischen Gebieten Anwendung. Zu den verschiedenen Anwendungsgebieten kommt hinzu, daß eine AutoCAD-Installation oft von mehreren Benutzern und für mehrere Projekte gleichzeitig verwendet wird.

Da es zu zeitaufwendig ist, beim Beginn einer Editiersitzung die AutoCAD-Installation an die jeweils gültigen Bedingungen anzupassen sowie das Anlegen mehrerer Installationen auf einem PC große Ressourcen beansprucht (und gegen das Urheberrecht verstößt), können Sie mit den Möglichkeiten der Umgebungseinrichtung beliebig viele AutoCAD-Konfigurationen anlegen. Durch diese Mehrfachkonfiguration wird es ermöglicht, die vorhandene Installation mit einer beliebigen Anzahl von Konfigurationsvarianten an verschiedene Aufgaben anzupassen.

Den Start von AutoCAD mit voneinander verschiedenen Konfigurationen können Sie über verschiedene Verknüpfungen auf dem Windows-Desktop oder verschiedene Einträge im Startmenü vornehmen.

Beispiel

Die folgende Anleitung zeigt beispielhaft, wie Sie eine Mehrfachkonfiguration zur Nutzung verschiedener Varianten der Hardwarekonfiguration (z. B. Betrieb mit oder ohne Digitalisiertablett) anlegen:

- Richten Sie je ein Verzeichnis für jede alternative Konfiguration ein. Für dieses Beispiel ist es das Verzeichnis „C:\Programme\AutoCAD R14\ALTCONF“.

- Möchten Sie Ihre Hardware für die alternative Konfiguration nicht noch einmal komplett konfigurieren, kopieren Sie die Datei `acad14.cfg` in diese Verzeichnisse.

- Erstellen Sie eine neue Verknüpfung zu AutoCAD R14, z. B. durch Kopieren einer vorhandenen Verknüpfung auf dem Desktop. (Bei Microsoft Windows NT 3.51 kopieren Sie das Symbol, mit dem AutoCAD gestartet wird.)

- Öffnen Sie das Dialogfeld „Eigenschaften“ für die kopierte Verknüpfung bzw. das kopierte Symbol (rechte Maustaste oder Tastenkombination <ALT>+<ENTER>).

- Setzen Sie den Befehlszeilenschalter /c. Richten Sie sich nach dem Beispiel:
  ```
  "C:\Programme\AutoCAD R14\ACAD.EXE" /c
  "C:\Programme\AutoCAD R14\ALTCONF"
  ```

- Um die Konfigurationen unterscheiden zu können, legen Sie über das Dialogfeld „Eigenschaften“ unterschiedliche Symbole für die Verknüpfungen bzw. Symbole fest und/oder geben Sie verschiedene Bezeichnungen für die Verknüpfungen bzw. Symbole an.

- Rufen Sie nacheinander die unterschiedlichen AutoCAD-Konfigurationen auf, um die korrekte Funktionsweise zu überprüfen.

Sie können eine beliebige Anzahl von Konfigurationen einrichten, dabei braucht jede Konfiguration neben ihrer Verknüpfung ein eigenes Verzeichnis und eine darin abgelegte eigene Konfigurationsdatei. Statt mit verschiedenen Verzeichnissen können Sie natürlich auch mit verschieden benannten Konfigurationsdateien arbeiten. Dazu muß nach dem Schalter /c der Name der jeweiligen Konfigurationsdatei an die Verzeichnisangabe angefügt werden.

Neben unterschiedlichen Hardwarekonfigurationen können Sie auch mehrere Verknüpfungen erstellen, bei der jede Verknüpfung z. B. durch Angabe des Befehlszeilenschalters /p AutoCAD mit einem anderen Profil startet oder bei neuen Zeichnungen die jeweils erforderliche Vorlagezeichnung automatisch verwendet wird. Da Sie die Befehlszeilenschalter zudem kombinieren können, erlaubt Ihnen das Anlegen von Mehrfachkonfigurationen einen schnellen und flexiblen AutoCAD-Einstieg für alle zu erfüllenden Aufgaben.

Start von AutoCAD 14

Beim Starten von AutoCAD 14 aus der grafischen Benuzeroberfläche heraus erscheint das Dialogfeld „Start" (Bild 4.1).

Bild 4.1:
Dialogfeld „Start"

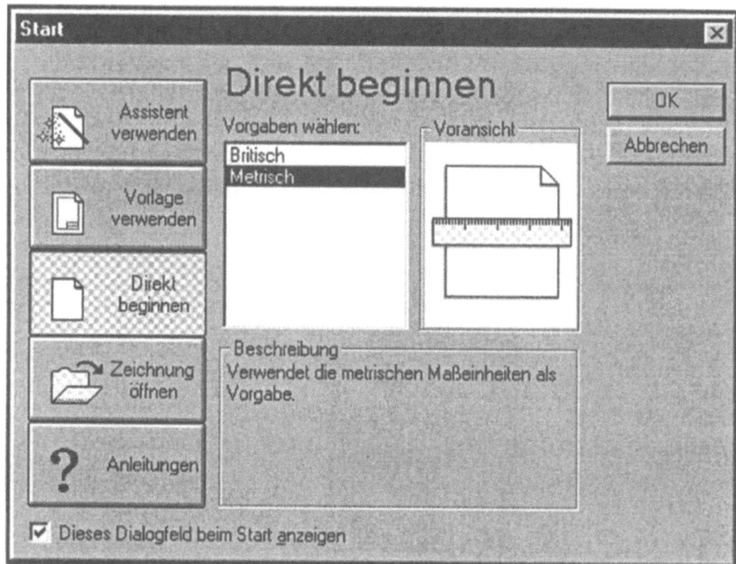

Dieses Dialogfeld vereint die Konfiguration von Maßeinheiten,
Zeichnungsgrenzen und dem Papierbereich. Von dort aus können Sie auch eine Zeichnungsvorlage bestimmen oder eine bereits vorhandene Zeichnung öffnen. Folgende Optionen werden
angeboten:

- *Assistent verwenden:* Sie werden von *„Schnellstart"* aufgefordert, eine Maßeinheit aus der Liste auszuwählen und unter Angabe von ganzen Einheiten einen Zeichnungsbereich
  einzugeben. Die Option *„Benutzerdefiniert"* bietet alle im
  Befehl DDUNITS verfügbaren Optionen im Format einer grafischen Benutzeroberfläche. Sie können weiterhin ein
  Schriftfeld bestimmen und den Papierbereich konfigurieren.

- *Vorlage verwenden:* Sie haben die Möglichkeit, aus einer Liste von AutoCAD-Vorlagen auszuwählen. AutoCAD-Vorlagen tragen die Extension „.dwt" und ersetzen die früher verwendeten Prototypzeichnungen. Sie können auch Ihre eigenen Vorlagen erstellen und sie der Liste hinzufügen (siehe Kapitel 13).

- *Direkt beginnen*: Sie können eine neue Zeichnung entweder mit einer dem britischen oder dem metrischen System entsprechenden Vorlage beginnen.

- *Zeichnung öffnen*: Sie können eine vorhandene AutoCAD-Zeichnung öffnen.

- *Anleitungen*: Diese Option bietet Informationen zur Nutzung des AutoCAD-Dialogfeldes „Start".

4.1 Die Benutzeroberfläche

Bild 4.2:
Die Benutzeroberfläche von AutoCAD 14

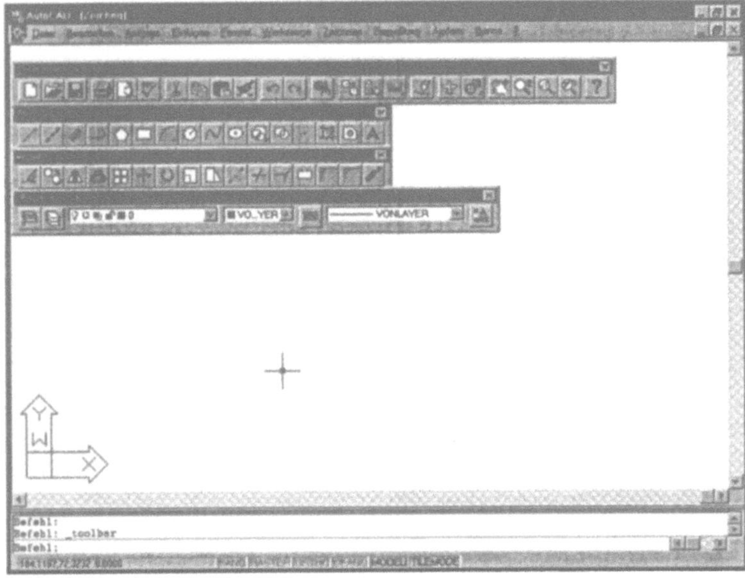

Nach dem Startbild von AutoCAD 14 (Bild 4.1) kommen Sie direkt in den Grafikbereich (Bild 4.2). Auf dem Bildschirm werden angezeigt

- die Menüleiste (im Bild 4.2 ganz oben),
- die Statusleiste (im Bild 4.2 ganz unten),
- das Zeichnungsfenster, auch Zeichnungseditor genannt,
- das Befehlszeilenfenster (über der Statusleiste) zur Eingabe der Befehle über die Tastatur sowie

- die vier Werkzeugkästen „Standard Funktionsleiste", „Eigenschaften", „Zeichnen" und „Ändern". Diese vier Werkzeugkästen wurden im Bild 4.2 in ihrer Lage verändert und im Menü „Ansicht/Werkzeugkästen" wurde die Option zur Anzeige großer Werkzeugsymbole aktiviert, damit sie für Sie besser zu erkennen sind. Nach normalem AutoCAD-Start befinden sich die Werkzeugkästen „Standard Funktionsleiste" und „Eigenschaften" direkt unter der Menüleiste, die Werkzeugkästen „Zeichnen" und „Ändern" am linken Fensterrand (senkrecht angeordnet).

Zeichenfenster

Bei einer neuen Zeichnung befinden Sie sich in einem leeren Blatt, welches AutoCAD unter der Bezeichnung „AutoCAD [Zeichng]" führt. Im AutoCAD-Zeichenfenster modellieren und entwerfen Sie Ihre Zeichnungen.

Mneü- und Statusleiste

Die Menüleiste enthält die wichtigsten Befehle und Optionen. Einen Befehl aktivieren Sie, indem Sie ihn im Pulldown-Menü mit dem Zeigegerät auswählen.

Die Statusleiste informiert Sie über den aktuellen Layer, die Einstellung der Modi „Ortho", „Raster" und „Fang" sowie über die Koordinatenanzeige (ganz links in der Statusleiste).

Hinweis

Das Ihnen vielleicht aus früheren AutoCAD-Versionen bekannte Bildschirmmenü auf der rechten Seite des Bildschirm können Sie über den Befehl VOREINSTELLUNGEN (s. a. Kapitel 3) aktivieren, falls Sie dieses Menü benutzen möchten.

Werkzeugkästen

Der Werkzeugkasten „Standard Funktionsleiste" enthält einen Symbolsatz für Befehle, die häufig angewendet werden. Um einen Befehl auszuführen, klicken Sie auf eines der Symbole. Wenn Sie den Cursor über ein Symbol bewegen, wird eine QuickInfo mit dem Namen des Symbols angezeigt. Gleichzeitig erscheint unten links in der Statuszeile eine Beschreibung der Befehlsfunktion.

Der Werkzeugkasten „Zeichnen" enthält einen Satz mit Symbolen für Befehle, mit deren Hilfe Sie Objekte zeichnen können. Das Ausführen und die Anzeige in der Statuszeile ist analog wie beim Werkzeugkasten „Standard Funktionsleiste" beschrieben.

Der Werkzeugkasten „Ändern" enthält einen Satz mit Symbolen, die für Befehle zur Bearbeitung Ihrer bereits gezeichneten Objekte stehen. Das Ausführen und die Anzeige in der Statuszeile ist analog wie beim Werkzeugkasten „Standard Funktionsleiste" beschrieben.

Im Werkzeugkasten „Eigenschaften" werden der Layer, die Farbe und der Linientyp von ausgewählten Objekten dargestellt. Das Ausführen und die Anzeige in der Statuszeile ist analog wie beim Werkzeugkasten „Standard Funktionsleiste" beschrieben.

Cursormenü
Von großer praktischer Bedeutung ist das in AutoCAD 14 integrierte Cursormenü (Bild 4.3). Das Cursormenü wird an der Cursorposition angezeigt, wenn Sie die <Shift>-Taste gedrückt halten, während Sie die Eingabetaste Ihres Zeigegeräts betätigen. Bei einer Maus mit zwei Tasten ist für gewöhnlich die rechte Taste die Eingabetaste. Bei einer Maus mit drei Tasten zeigen Sie das Cursormenü mit der mittleren Taste an.

Das Vorgabe-Cursormenü listet Objektfang-Modi und die Spurfunktion auf. Wenn Sie die Optionen ändern möchten, können Sie das Cursormenü anpassen.

Bild 4.3:
Cursormenü

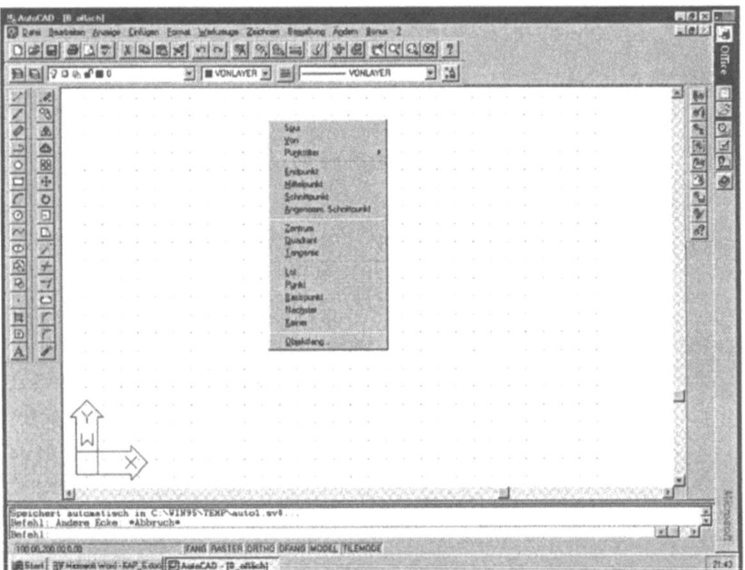

4.2   Befehlseingabe und Menüstrukturen

Sobald Sie einen Befehl über die Tastatur, die Maus oder mit der Lupe eines Tabletts aktiviert haben, verzweigt AutoCAD in den „Operanden-Eingabe-Modus". In diesem Modus werden Sie nach einzugebenden Koordinatendaten, nach Zustandsinformationen oder nach zusätzlichen Informationen gefragt. Damit wird der eingegebene Befehl spezifiziert und kann dann ausgeführt werden. Die Ausführung erfolgt, wenn Sie die Operandeneingabe mit der <ENTER>-Taste abgeschlossen haben.

Pulldown-Menüs

Gegenüber früheren Versionen von AutoCAD liegt nun eine grundlegende strukturelle Veränderung und Erweiterung der Pulldown-Menüleiste vor. Dabei wurde eine Angleichung der Benutzeroberfläche an die Windows-Oberfläche vorgenommen und somit die Einarbeitung und Benutzung erleichtert.

Bild 4.4:
Pulldown-Menü
„Werkzeuge" mit auf-
geklapptem Unter-
menü

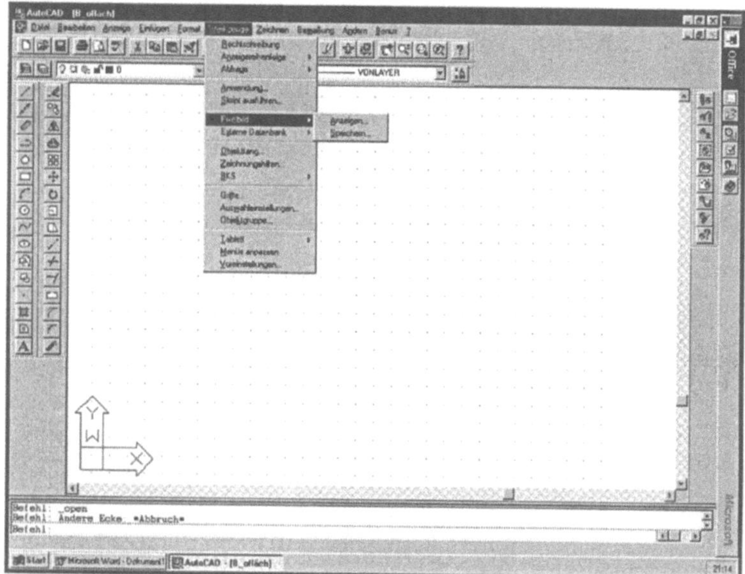

Die Pulldown- und Cursormenüs werden als überlappende Menüs (auch als fließende oder hierarchische Menüs bezeichnet) angezeigt. Sie ermöglichen einen logischen Aufbau von Menüs ohne Austausch von Menübereichen. Das Cursormenü kann schnellen Zugriff auf häufig verwendete Menüoptionen, wie zum Beispiel die Objektfangmodi bieten. Die Optionen der Pulldown- und Cursormenüs ähneln den Elementen der anderen Menüabschnitte, und Sie definieren Menü-Makros in ähnlicher Weise wie Standard-Bildschirm- oder Tablettmenüs.

Ein Pulldown-Menü kann bis zu 999 Menüoptionen enthalten. Ein Cursormenü kann bis zu 499 Menüoptionen enthalten. Beide Grenzen beinhalten sämtliche Menüs eines Menübaums. Wenn Menüoptionen in der Menüdatei diese Grenzen überschreiten, ignoriert AutoCAD diese überzähligen Optionen. Ist ein Pulldown- oder Cursormenü größer als der Grafikbildschirm zuläßt, werden die überzähligen Elemente abgeschnitten.

Pulldown-Menüs werden immer von der Menüleiste heruntergezogen, das Cursormenü wird jedoch immer an oder neben dem Fadenkreuz auf dem Grafikbildschirm angezeigt. Termini mit drei angehängten Punkten, z. B. „Öffnen ..." weisen auf ein nachfolgendes Dialogfeld hin. Ein Dreieck verweist auf ein folgendes Untermenü (Bild 4.4).

Tablettmenü Verfügen Sie über ein Tablett, können bis zu vier Menübereiche auf dem Tablett eingerichtet werden. Zur Eingabe von Befehlen wird die Lupe auf das entsprechende Feld geschoben und der Befehl mit einem Klick aktiviert. Diese Arbeitsweise war vor der Verfügbarkeit der AutoCAD-Windows-Versionen am effektivsten, da Sie die Befehle explizit aufrufen können, ohne einen Menübaum durchlaufen zu müssen. Gegenwärtig ist die Arbeit mit Tabletts noch bei vielen AutoCAD-Applikationen sowie Aufgaben, die das Digitalisieren von Zeichnungen einschließen, zwingend notwendig.

Tastatur Während die Menübereiche Abrollmenü und Tablettmenü den Befehlsvorrat von AutoCAD nicht vollständig enthalten, können Sie aus dem Tastatur-Befehlsbereich heraus die gesamte Funktionalität von AutoCAD 14 aktivieren.

4.3 Neubearbeitung oder Öffnung einer Zeichnung

Die notwendigen Einstellungen zu Beginn einer neuen Zeichnung (Befehl: NEU) bzw. bei Weiterbearbeitung einer vorhandenen Zeichnung (Befehl: ÖFFNEN) nehmen Sie am besten in den Dialogfeldern vor, die im Pulldown-Menü „Datei" aktiviert werden können.

4.3.1 Neue Zeichnungen erstellen

Wie schon dargelegt wurde, kommen Sie mit dem Start von AutoCAD direkt in den Grafikbereich einer neuen, leeren Zeichnung (Bilder 4.1 und 4.2). Während einer Editiersitzung wählen Sie zum Erstellen einer neuen Zeichnung im Menü „Datei" den Menüpunkt „Neu ...", und es erscheint ein Dialogfeld gemäß Bild 4.5, in dem Sie festlegen, ob Sie eine vorhandene Vorlage verwenden oder direkt beginnen wollen. Sie können sich auch vom Assistenten durch die Grundeinstellungen führen lassen!

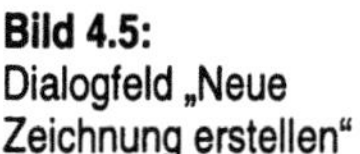

Bild 4.5:
Dialogfeld „Neue
Zeichnung erstellen"

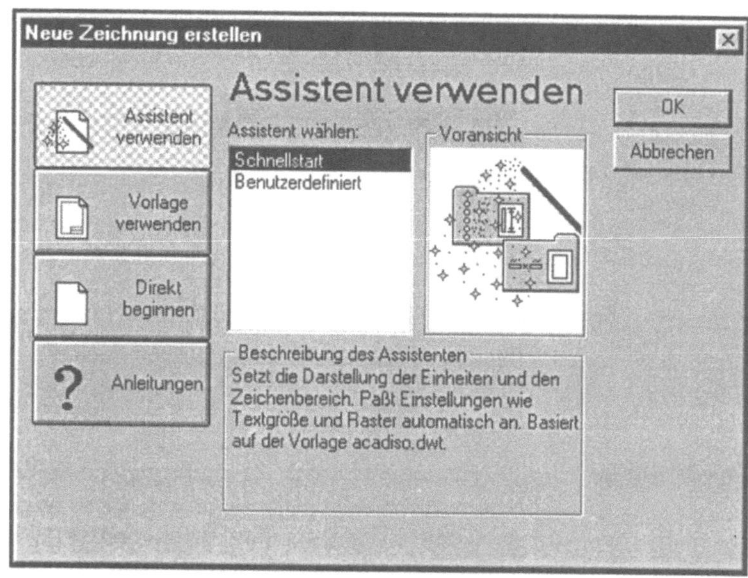

4.3.2   Eine vorhandene Zeichnung öffnen

Dazu wählen Sie im Menü „Datei" den Menüpunkt „Öffnen..."
und es erscheint ein Dialogfeld gemäß Bild 4.6, in der Sie den
Zeichnungsnamen auswählen und weitere Informationen, wie
Laufwerk und Verzeichnisse eingeben können. Ein Klick und die
<ENTER>-Taste oder ein Doppelklick aktiviert die gewünschten
Laufwerke und Verzeichnisse. In der Dateiliste werden die ge-
fundenen Dateien angezeigt. Mit dem Rollbalken kann man die
Liste nach oben oder unten schieben und sich weitere Dateien
anzeigen lassen. Sie brauchen nur den Zeichnungsnamen einzugeben, die Extension .dwg (**DRA**W**IN**G) ergänzt AutoCAD.

Voransicht

Eine neue Funktionen in AutoCAD 14 beim Öffnen von Zeichnungsdateien besteht darin, daß unter Voransicht ein Bitmap der
ausgewählten Datei angezeigt wird. Dieses Fenster bleibt jedoch
leer, wenn keine Datei bzw. eine Datei ausgewählt ist, die nicht
aus der aktuellen Version stammt oder die bei Deaktivierung der
Option „Voransicht erstellen" (Kapitel 3) abgespeichert wurde.

Speichern unter

Sie können die Zeichnung bearbeiten und mit Hilfe des Befehls
„Speichern unter ..." (Tastaturbefehl SICHALS) unter einem anderen Namen speichern.

Suchen

Über die Schaltfläche „Datei suchen" können Sie unter Verwendung bestimmter Suchkriterien mehrere Pfade und Laufwerke

durchsuchen. Wenn Sie auf die Schaltfläche „Datei suchen" klik-
ken, wird das Dialogfeld „Blättern/Suchen" aufgerufen.

Bild 4.6:
Vorhandene Zeich-
nung öffnen

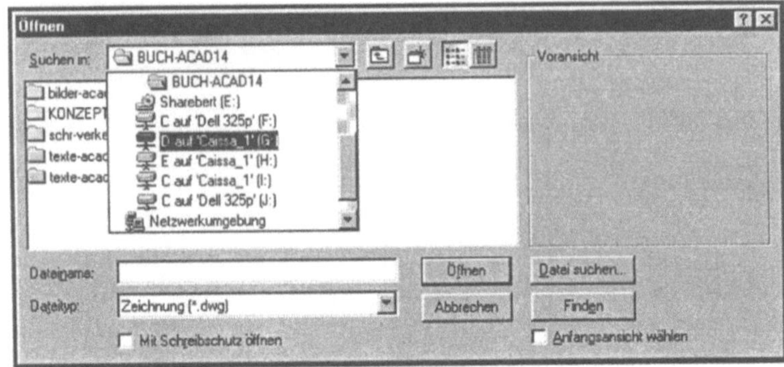

Wiederherstellen

Werden beschädigte Zeichnungen beim Öffnen gefunden, versucht AutoCAD 14 automatisch, diese wiederherzustellen. Den
gleichen Effekt hat der Befehl WHERST bzw. der Menüpunkt
„Dienstprogramme/Wiederherstellen" im Menü „Datei". Beschädigte Zeichnungen früherer Versionen können nicht wiederhergestellt werden.

4.3.3   Kompatibilität von AutoCAD-Zeichnungen

AutoCAD 14 Zeichnungen können nicht direkt in AutoCAD Re-
lease 12 und/oder Release 13 gelesen werden; umgekehrt kann
Release 14 jedoch in Release 13 und früheren Releases erstellte
Zeichnungen lesen.

AutoCAD 14 enthält Optionen zum Speichern im Format von R12
bzw. R13, auf die über den Befehl „Sichern als ..." zugegriffen
wird und dank denen in Release 14 erstellte Zeichnungen in Release 13 und Release 12 angezeigt und bearbeitet werden können. Die Option „Als Release 12-Zeichnung speichern" umfaßt
jedoch eine Umwandlung von Daten, eine Rückwandlung nach
Release 14 wird NICHT unterstützt. Dies bedeutet, daß als Release 12 gespeicherte Zeichnungen keinen Datenverlust erfahren,
die neuen Release 14-Objekte aber nach dem erneuten Öffnen in
Release 14 nicht mehr zur Verfügung stehen. Diese Einschrän-
kung besteht nicht für die Option „Als Release 13-Zeichnung
speichern", wo die Rückwandlung nach Release 14 unterstützt
wird. Beim Speichern einer Release 14-Zeichnung im Format von
Release 12 gehen externe Datenbankverknüpfungen in der konvertierten Zeichnung verloren (in der ursprünglichen Release 14-
Zeichnung werden sie jedoch beibehalten). Zwischen Release 13

und Release 14 ist eine Rückwandlung der externen Datenbankverknüpfungen möglich. Nachdem Sie eine Release 13-Zeichnung in Release 14 geöffnet haben, sollten Sie unbedingt die Verknüpfungen in der Zeichnung abstimmen.

AutoCAD 14-Zeichnunsdateien enthalten folgende neue Objekte:

- Schraffurobjekte (komprimierte Speicherung von Schraffurmustern)
- Polylinien (komprimierte Speicherung von Polylinien)
- Rasterbilder
- zugeschnittene externe Referenzen

Diese Objekte werden alle ohne Datenverlust konvertiert und bei Verwendung von „Als Release 13-Zeichnung speichern" automatisch aus Release 13 konvertiert. Bei Rasterbildern erscheint in Release 13 nur der Bildrahmen, nachdem diese Option verwendet wurde, bei zugeschnittenen externen Referenzen (XRefs) steht in Release 13 die externe Referenz vollständig zur Verfügung, falls im Format von R13 gespeichert wurde. Nach dem Öffnen der Zeichnungen in Release 14 sind aber sowohl die Rasterbilder als auch die externen Referenzen vollständig.

Bei Verwendung von „Als Release 12-Zeichnung speichern" werden zahlreiche Objekte in primitive geometrische Objekte konvertiert (ähnlich dem Befehl R12SICH in Release 13). Eine vollständige Liste aller konvertierten Objekte finden Sie in der Tabelle R12SICH des AutoCAD Release 13 Benutzerhandbuchs. Zusätzlich zu den in der Liste aufgeführten Objekte übergeht Release 14 beim Speichern als R12-Zeichnung auch Rasterbilder und Zuschneide-Umgrenzungen von XRefs. Diese Objekte werden nach dem Öffnen nicht mehr nach Release 14 zurückkonvertiert, weshalb zwischen AutoCAD Release 14 und Release 12 **keine vollständige Datenkompatibilität** besteht.

Hinweis   AutoCAD LT für Windows 95 verwendet das Dateiformat von AutoCAD Release 13!

4.4   Grundeinstellungen zu Sitzungsbeginn

4.4.1   Verwendung von Vorlagen

Wie schon im Zusammenhang mit dem Start von AutoCAD 14
erörtert (Bild 4.1) haben Sie die Möglichkeit, aus einer Liste von
AutoCAD-Vorlagen auszuwählen (Bild 4.7). AutoCAD-Vorlagen
tragen die Extension .dwt und ersetzen die früher verwendeten
Prototypzeichnungen. Vorlagen enthalten bestimmte Grundein-
stellungen für neue Zeichnungen, Sie können auch Ihre eigenen
Vorlagen erstellen und sie der Liste hinzufügen. Nähere Informa-
tionen dazu finden Sie im Kapitel 13. Die Standardvorlage von
AutoCAD ist die Datei acad.dwt. Diese Datei wird bei jedem
Neuanlegen von Zeichnungen herangezogen, falls keine andere
Vorlage angegeben wird.

Bild 4.7:
Dialogfeld "Vorlage
wählen"

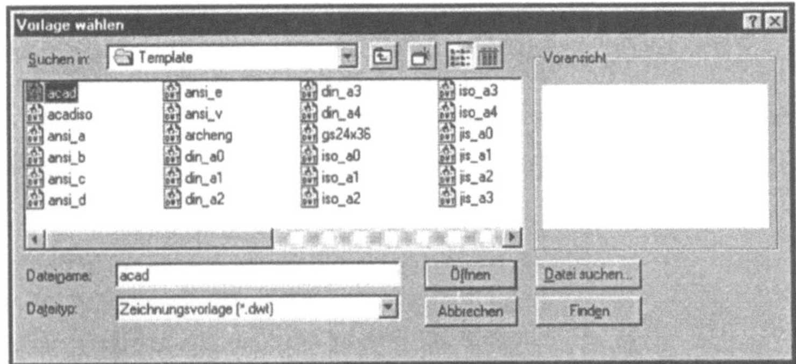

4.4.2   Zeichnungshilfen

Als nächstes sollten Sie sich analog dem herkömmlichen Konstruieren und Zeichnen Klarheit über die Verwendung von
Zeichnungshilfen verschaffen. Das betrifft besonders die Verwendung der Modi Ortho, Fang und Raster. Diese Modi stellen
Sie am besten über das Menü „Werkzeuge", Menüpunkt „Zeichnungshilfen" ein. Es erscheint das Dialogfeld von Bild 4.8.

Raster

Im Dialogfeld können Sie rechts oben den Abstand von Rasterlinien einstellen, die wie bei der herkömmlichen Zeichnungsarbeit
als untergelegtes Millimeterpapier erscheinen und für Sie eine
große Orientierungshilfe im Zeichnungseditor sind. Die Rasterlinien erscheinen nicht auf der Papierausgabe, können jederzeit
verändert und auch ein- und ausgeschaltet werden.

Bild 4.8:
Dialogfeld „Zeich-
nungshilfen"

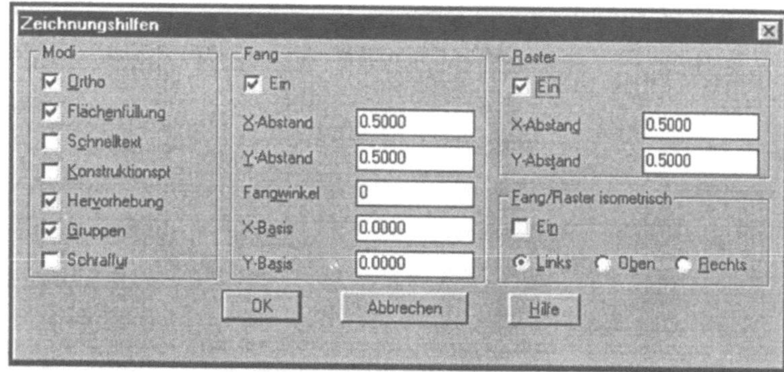

Fang

In der Mitte des Dialogfeldes können Sie den Fangabstand, den Fangwinkel und die Bezugsbasis für das „Fangen" von Punkten einstellen. Sinnvollerweise sollten Raster- und Fangabstand gleich gewählt werden. Auch hier gilt, daß der Fangmodus jederzeit verändert und beliebig ein- und ausgeschaltet werden kann.

Orthogonalmodus

Den Ortho-Modus stellen Sie im Dialogfeld links oben ein oder aus. Er versetzt Sie in die Lage, absolut waagerechte und senkrechte Linien relativ zum Koordinatensystem zu ziehen. Ist der Ortho-Modus eingeschaltet, wird jede Linie, ausgehend vom ersten Punkt, in Richtung des zweiten Punktes gezeichnet. Dieser Endpunkt wird durch den horizontalen und vertikalen Abstand zum zweiten Punkt bestimmt. Ist der vertikale Abstand größer als der horizontale, wird eine vertikale Linie erzeugt; im anderen Fall eine waagerechte.

4.4.3   Funktions- und Kontrolltasten für Zeichnungshilfen

Um eine einfache Handhabung von Zeichnungshilfen zu gewährleisten, sind diese auch über Funktions- und Kontrolltasten aufrufbar. Die folgende Aufstellung zeigt die Belegung der Funktions- und Kontrolltasten:

Taste	**Wirkung**
F1	AutoCAD-Hilfe aufrufen
F2	Umschaltung Text- und Grafikbildschirm
F3 oder STRG+F	Objektfang ein/aus; Dialogfenster „Objektfang"
F4 oder STRG+T	Tablett ein/aus
F5 oder STRG+E	Isometrische Ebene wechseln
F6 oder STRG+D	Koordinatenanzeige ein/aus
F7 oder STRG+G	Rasteranzeige ein/aus
F8 oder STRG+L	Orthomodus ein/aus

F9 oder STRG+B	Fangmodus ein/aus
F10	Statusleiste ein/aus
STRG+A	Gruppenauswahl ein/aus
STRG+C	Objekte in Zwischenablage kopieren
STRG+J oder ENTER	Befehl wiederholen
STRG+K	Objekte zur Auswahl hinzufügen
STRG+N	Dialogfeld „Neu"
STRG+O	Dialogfeld „Öffnen"
STRG+P	Dialogfeld „Druck-/Plotkonfiguration"
STRG+Q	Befehlsablauf protokollieren
STRG+R	Ansichtsfenster wechseln
STRG+S	Dialogfeld „Speichern unter"
STRG+V	Objekte aus Zwischenablage einfügen
STRG+X	Objekte ausschneiden und in Zwischenablage legen
STRG+Y	Befehl ZLÖSCH
STRG+Z	Befehl ZURÜCK
STRG+[oder ESC	Befehl abbrechen

Die Leertaste kann im Zeichnungseditor neben <ENTER> zur Bestätigung und Befehlswiederholung eingesetzt werden.

4.4.4   Weitere Grundeinstellungen zu Sitzungsbeginn

Limiten

Bevor Sie mit der Zeichnungs- und Konstruktionsarbeit beginnen, legen Sie mit dem Befehl LIMITEN den Einheiten-Bereich fest. Damit treffen Sie gewissermassen eine Entscheidung über das Blattformat, obwohl Sie erst später den Einheiten den physikalischen Bezug zuordnen.

Der Befehl LIMITEN ermöglicht die Festsetzung der oberen und unteren Zeichnungsgrenzen sowie das Einschalten der Limitenkontrolle. Durch die Angabe der Koordinaten des linken unteren Punktes und des rechten oberen Punktes legen Sie die Zeichenfläche fest. Den Befehl aktivieren Sie z. B. im Menü „Format", Menüpunkt „Limiten" oder durch Tatatureingabe. Für ein A4-Querformat ist für die linke untere Ecke der Punkt 0,0 und für die obere rechte Ecke der Punkt 297,210 einzugeben.

Zoom

Nach Festlegung der Zeichnungsgrenzen sollten Sie den Befehl ZOOM mit der Option „Alles" aktivieren. Die Wirkung besteht darin, daß Ihre festgelegten Zeichnungsgrenzen voll in den zur

Verfügung stehenden Bildschirmbereich vergrößert werden (Bild 4.9).

Bild 4.9:
Zoom Alles aktivieren

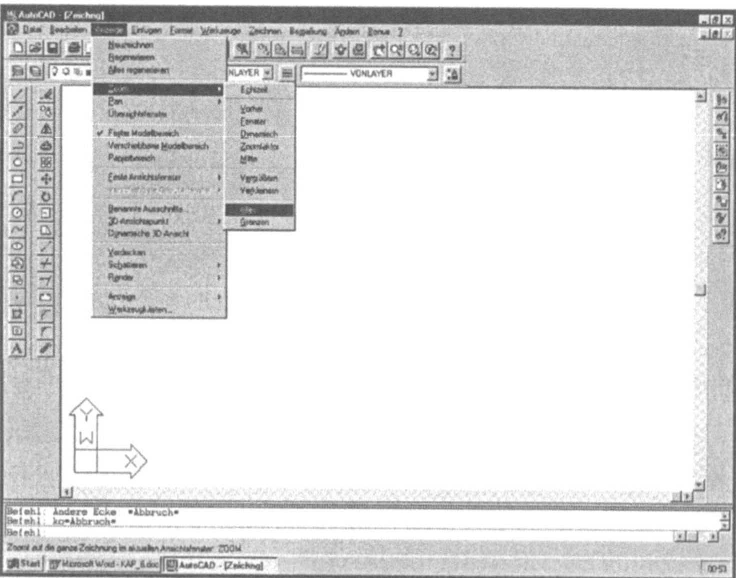

4.5   Zeichnung sichern und AutoCAD-Sitzung beenden

Das Sichern von Zeichnungen gewährleistet, daß Ihre Datei vom „flüchtigen" RAM-Arbeitsspeicher auf die Festplatte gelangt. Sichern heißt auch, eine Datei zwischenzuspeichern, ohne den Zeichnungseditor zu verlassen.

Gehen Sie beim ersten Sichern über das Menü „Datei", Menüpunkt „Speichern unter". Es erscheint das Dialogfeld „Zeichnung speichern unter" (Bild 4.10). In diesem Dialogfenster können Platte, Zielordner und Dateiname eingegeben werden. Die Erweiterung .dwg wird automatisch gesetzt. Für das weitere Speichern der gleichen Zeichnung während der Sitzung empfiehlt sich der Menüpunkt „Speichern" aus dem Menü „Datei". Es wird nicht mehr nach einem neuen Dateinamen gefragt.

Wollen Sie unterschiedliche Arbeitsstände einer Zeichnung speichern, gehen Sie wieder über das Abroll-Menü „Datei", Menüpunkt „Speichern unter" und vergeben unterschiedliche Dateinamen für die Zwischenstände Ihrer Zeichnung.

Bild 4.10:
Zeichnung speichern

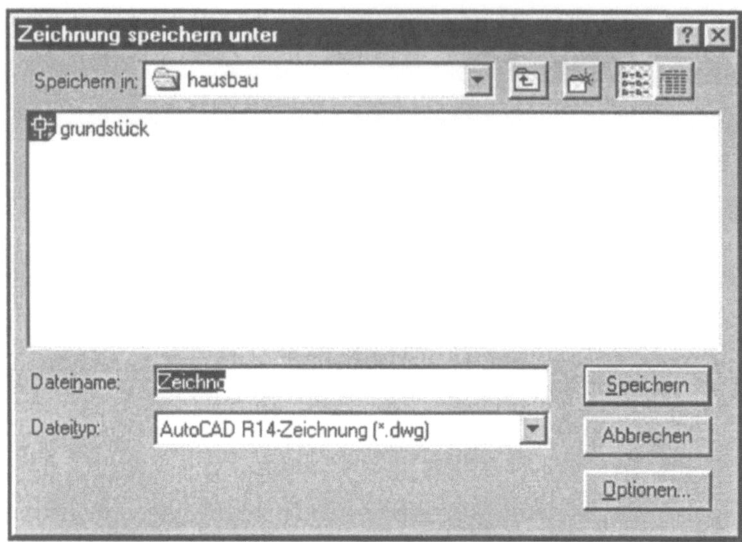

Automatisch spei-
chern

Die Optionen für das automatische Zwischenspeichern von
Zeichnungen legen Sie mit dem Befehl VOREINSTELLUNGEN fest
(Kapitel 3).

Beim Beenden von AutoCAD, z. B. über den Befehl „Beenden"
im Menü „Datei" oder den Tastaturbefehl QUIT, hinterfragt Auto-
CAD bei Bedarf, ob Sie schon gespeichert haben (Bild 4.11).

Bild 4.11:
AutoCAD verlassen

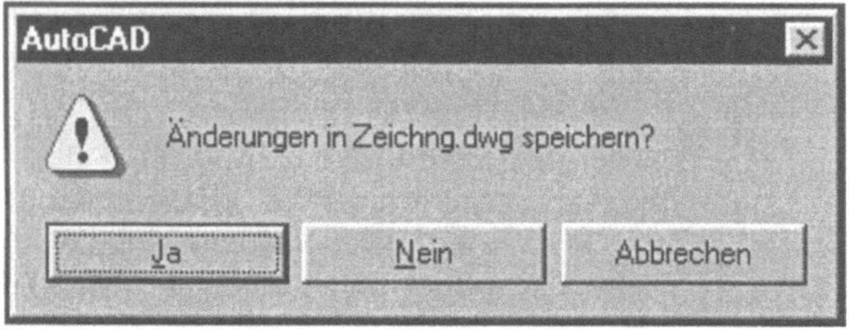

5 Der 2D-Modellierer

5.1 Eingabe von Daten und Koordinaten

5.1.1 Dateneingabe

Zur Spezifizierung eingegebener Befehle sind sehr oft weitere Operandeneingaben in Form einzugebender Daten notwendig. So verlangen bestimmte Befehle die Eingabe von Punkten, z. B. zum Einfügen bzw. zum Schieben von Geometrien, oder numerische Werte für Höhe, Breite oder Winkel. Dabei sind von der Syntax her gesehen für die Eingabe numerischer Werte folgende Zeichen zulässig:

```
+/-  0  1  2  3  4  5  6  7  8  9  E  .  /
```

In bestimmten Fällen, z. B. bei der Abfrage von Spalten oder Zeilen, werden nur ganzzahlige Eingaben akzeptiert. Haben Sie eine nicht erlaubte Dateneingabe vorgenommen, kommen Fehlermeldungen, wie z. B.

```
Ungültiger Punkt,
Ungültiger Optionstitel oder
Benötigt numerischen Abstand o. zwei Punkte.
```

Am häufigsten müssen Punkte zur Befehlsspezifizierung eingegeben werden. Wenn Sie einen solchen eingegeben haben, erscheint ein Konstruktionspunkt auf dem Bildschirm, der beim nächsten Bildaufbau (oder Regenerierung) wieder verschwindet. AutoCAD verfügt über folgende Eingabe-Methoden für Punkte:

- Absolute Koordinateneingabe über die Tastatur

- Relative Koordinateneingabe über die Tastatur

- „Anklicken" eines Punktes auf dem Bildschirm mit dem Zeigegerät

- „Anklicken" eines Punktes auf dem Bildschirm mit den Pfeiltasten

- „Einfangen" eines Punktes mit den sog. Objektfangmodi

- Kombination dieser Methoden mit Filtern, um einen Punkt aus verschiedenen Spezifikationen zusammenzusetzen

5.1.2   Absolute Koordinateneingabe

Die absolute Koordinateneingabe bezieht sich immer auf den Koordinatenursprung des aktuellen Benutzerkoordinatensystems (BKS; lesen Sie dazu auch Kapitel 8.1!). Sie kann in vier Formaten vorgenommen werden:

Kartesische Koordinaten

Bei der kartesischen Koordinateneingabe werden die eigentlichen X-, Y- und Z-Werte (in dezimaler oder wissenschaftlicher Schreibweise oder als Bruch), getrennt durch ein Komma, über die Tastatur eingegeben. Beachten Sie, daß Vor- und Nachkommastellen durch einen Punkt getrennt werden. Soll z. B. der Punkt mit den Koordinaten X=150,55 und Y=60,25 eingegeben werden, ist zu schreiben:

    150.55,60.25

Polarkoordinaten

Bei der Polarkoordinateneingabe wird der Abstand vom Ursprung des aktuellen BKS sowie der Winkel in der XY-Ebene getrennt durch ein "<" eingegeben. Die Angabe

    125.50<60

bedeutet, daß ein Punkt bestimmt ist, der 125.50 Zeichnungseinheiten vom aktuellen BKS entfernt ist und einen Winkel von 60 Grad zur X-Achse des BKS aufweist.

Zylinderkoordinaten

Bei der Zylinderkoordinateneingabe wird der Abstand vom Ursprung des BKS, seinen Winkel in der XY-Ebene und seinen Z-Wert definiert. Abstand und Winkel werden durch < getrennt, Winkel und Z-Wert durch ein Komma, z. B.:

    100<30,50.

Kugelkoordinaten

Bei der Kugelkoordinateneingabe wird der Abstand vom Ursprung des BKS, seinen Winkel in der XY-Ebene und seinen Winkel zur XY-Ebene definiert. Die Werte werden durch < getrennt, z. B.:

    100<30<45.

5.1.3   Relative Koordinateneingabe

Im Gegensatz zur Absolutkoordinateneingabe ist der Bezugspunkt für die relative Koordinateneingabe nicht der Ursprung des aktuellen BKS, sondern die zuletzt vorgenommene Koordinateneingabe. Es werden also nur die Inkremente DELTA_X und DELTA_Y eingegeben. Liegen die zu bestimmenden Punkte vom Bezugspunkt entgegen der positiven X-Achse bzw. Y-Achse wird ein Minuszeichen vor den Abstand gesetzt. Syntaktisch wird die relative Koordinateneingabe dadurch ausgedrückt, daß vor die übrigen Angaben ein „@" gesetzt wird. Angenommen der zuletzt spezifizierte Punkt war (50,75), und es folgt diese Eingabe:

```
@10.5,-20.5
```

wird der Punkt (60.5,54.5) spezifiziert.

In der praktischen Arbeit dominiert die Relativkoordinateneingabe gegenüber der Absolutkoordinateneingabe. Ebenso wird die relative Form der Koordinateneingabe (KE) auch für Polar-, Zylinder- und Kugelkoordinaten favorisiert.

5.1.4   Beispiel für die Koordinateneingabe

Um die Möglichkeiten der Koordinateneingabe (KE) exemplarisch zu demonstrieren, soll folgender Linienzug gezogen werden:

- Linie vom Punkt (20,20) zum Punkt (50,20) absolute KE
- Weiterziehen der Linie zum Punkt (150,20) relative KE
- Weiterziehen der Linie zum Punkt (200,20) absolute KE
- Weiterziehen der Linie zum Punkt (200,150) relative KE
- Weiterziehen der Linie zum Punkt (50,150) relative KE
- Weiterziehen der Linie zum Punkt (20,20) absolute KE
- Weiterziehen der Linie zum Punkt (55,55) relative Polar-KE.

Es entsteht das Bild 5.1:

Bild 5.1:
Demonstration der absoluten und relativen Koordinateneingabe

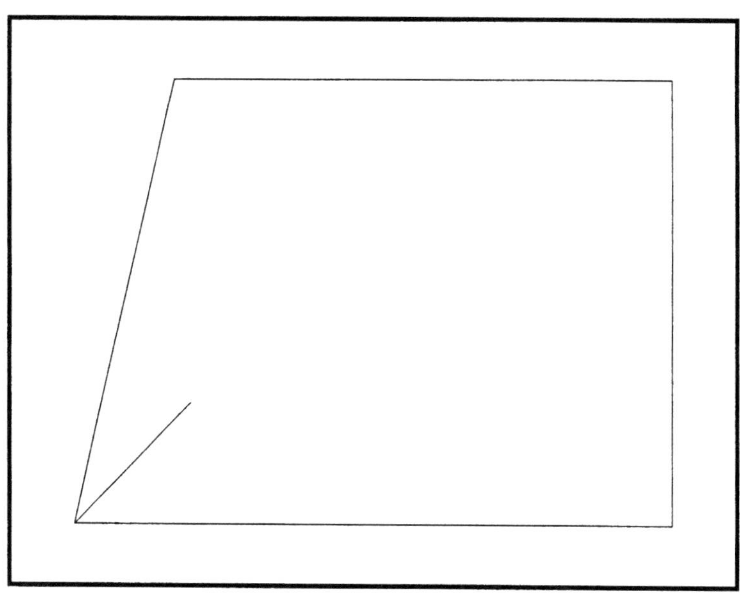

Dazu ist folgender Befehlsablauf zu vermerken:
```
Befehl: LINIE
Von Punkt: 20,20
Nach Punkt: 50,20
Nach Punkt: @100,0
Nach Punkt: 200,20
Nach Punkt: @0,130
Nach Punkt: @-150,0
Nach Punkt: 20,20
Nach Punkt: @49.5<45
Nach Punkt: <ENTER>
```

5.1.5   Weitere Möglichkeiten für die Koordinateneingabe

Weltkoordinaten

Generell werden die Koordinaten in bezug auf das aktuelle BKS eingegeben (Kapitel 8.1). Sie können aber durch eine bestimmte Syntax erreichen, daß die eingegebenen Koordinaten als Weltkoordinaten interpretiert werden. Dazu wird dem X-Wert ein Sternchen „*" vorangestellt. Beispiele:
```
*30,40,50   oder
@*35<90.
```

Letzte Koordinaten

Die alleinige Eingabe des Zeichens „@" bewirkt automatisch die Übernahme der letzten Koordinaten in das System. Das ist möglich, da AutoCAD die 3D-Koordinaten des zuletzt eingegebenen Punktes speichert. War der zuletzt eingegebene Punkt (50,60), würde die Eingabe „@" diesen Punkt erneut spezifizieren.

Koordinateneingabe mit dem Zeigegerät

Diese Eingabemöglichkeit ist die am häufigsten angewendete. Dazu bewegen Sie die Maus oder die Lupe solange, bis der Cursor auf dem Bildschirm den gewünschten Punkt erreicht hat. Dann klicken Sie diesen Punkt an.

X-/Y-/Z-Punktefilter

Falls ein diesbezüglicher Operand bei der Befehlsabarbeitung auswählbar ist, können Sie z. B. die Koordinaten nacheinander eingeben und dabei verschiedene Methoden für die X-/Y-/Z-Koordinaten verwenden. Wenn Sie mit diesen Punktfiltern arbeiten, geben Sie jeweils nur einen Koordinatenwert an, während Sie die anderen vorübergehend außer acht lassen. Im Zusammenhang mit dem Objektfang können Punktfilter Koordinatenwerte aus einem bestehenden Objekt extrahieren, und Sie können dadurch andere Punkte lokalisieren.

Punktfilter

Wenn Sie einen Punktfilter festlegen, wird die darauffolgende Eingabe auf einen einzelnen Koordinatenwert beschränkt, zum Beispiel auf den X- oder den Y-Wert, oder sogar auf einen XY-

Koordinatenwert. Wenn Sie mit einem 3D-Modell arbeiten, können Sie auch einen Z-Wert festlegen. Nachdem Sie den ersten Wert festgelegt haben, werden Sie von AutoCAD aufgefordert, die noch fehlenden Werte einzugeben.

5.2   Objektwahl- und Objektfangmodi

5.2.1   Objektauswahl

Die Objektauswahl bzw. sehr oft verkürzt als Objektwahl abgefragt begleitet Sie in der praktischen Arbeit der Zeichnungsmodellierung auf „Schritt und Tritt". So ist z. B. ein Kennzeichen aller Editierbefehle (Kapitel 5.6), daß bevor die eigentliche Funktionalität des Befehls spezifiziert wird, nach der Objektwahl gefragt wird. Mittels der Objektwahl können also Objekte (Elemente) Ihrer Modelldatei selektiert werden. Man muß generell unterscheiden zwischen

- der Objektauswahl nach Eingabe eines Editierbefehl,

- der Objektauswahl vor der Editierung und

- der Objektauswahl mit sog. Objektgriffen.

Objektauswahl nach Eingabe eines Editierbefehls

Nach Aufruf eines Editierbefehls verlangt dieser zunächst die Objektwahl. Sie können die Objektwahl mit unterschiedlichen Optionen hintereinander vornehmen. Wenn Sie die Objektwahl abgeschlossen haben, müssen Sie dies mit <ENTER> AutoCAD mitteilen. Sie können die Optionen aktivieren, indem Sie über die Tastatur den Befehl WAHL eingeben:

```
Objekte wählen: WAHL
Fenster/Letztes/Kreuzen/BOX/ALLE/Zaun/
FPolygon/KPolygon/Gruppe/Hinzufügen/Ent-
fernen/Mehrere/Vorher/ZUrück/Auto/EInzel
```

Die Optionen können bei jedem Editierbefehl angewendet werden und bedeuten folgendes:

Optionen des Befehls WAHL

ALLE: Auswahl aller Objekte der aktuellen Zeichnung, außer den Objekten auf eingefrorenen Layern.

Hinzufügen: Umschaltung aus dem Entfernungsmodus in den Standardmodus.

Kreuzen: Auswahl aller Objekte, die sich innerhalb eines Fensters befinden oder dies kreuzen; d. h. sich teilweise in diesem befinden.

Zaun:	Auswahl aller Objekte, die von einem Zaun (Polygonzug) geschnitten oder gekreuzt werden. Der Zaun darf sich selbst überschneiden.
Vorher:	AutoCAD speichert den letzten Auswahlsatz, der mit dieser Option wiedergewählt werden kann.
Letztes:	Das als letztes auf dem Bildschirm gezeichnete Objekt wird ausgewählt (betrifft immer nur ein Objekt!).
KPolygon:	Auswahl aller Objekte mit einem Auswahlpolygonzug; die Auswahl erfolgt wie bei der Option Kreuzen.
FPolygon:	Auswahl aller Objekte mit einem Auswahlpolygonzug; die Auswahl erfolgt wie bei Option „Fenster".
Entfernen:	Umschaltung vom Standardmodus in den Modus Entfernen. Die Anfrage "Objekte wählen" wird durch die Frage "Objekte entfernen" ersetzt.
Fenster:	Auswahl aller Objekte, indem ein rechteckiges Fenster um die zu wählenden Objekte gelegt wird. Die Objekte müssen sich vollständig im Fenster befinden!
ZUrück:	Löschen des letzten Objektes aus dem Auswahlsatz.
Filter:	Alle durch den Objektwahlfilter definierten Objekte werden in den Auswahlsatz übernommen.
BOX:	Auswahl aller Objekte mittels eines Fensters, das durch zwei Punkte spezifiziert wird. Befindet sich der zweite Punkt rechts vom ersten, entspricht die Box der Option „Fenster", im anderen Fall der Option „Kreuzen".

In der praktischen Arbeit mit den Editierbefehlen werden die Auswahlfenster „Kreuzen" und „Fenster" am häufigsten verwendet. Dabei können Sie nach der Frage „Objekte wählen" sofort zwei Punkte mit dem Zeigegerät eingeben. Dabei kommt es darauf an, ob Sie das Auswahlfenster von links nach rechts (entspricht „Fenster") oder von rechts nach links (entspricht „Kreuzen") aufspannen. Bild 5.2 soll diese Zusammenhänge verdeutlichen. Zu beachten ist, daß das Kreuzfenster gestrichelt dargestellt wird und daß in diesem Falle die Objekte (Kreis, Bogen, Linien) nur teilweise im Kreuzfenster liegen müssen.

Bild 5.2:
Objektwahl mit den
Methoden „Fenster"
und „Kreuzen"

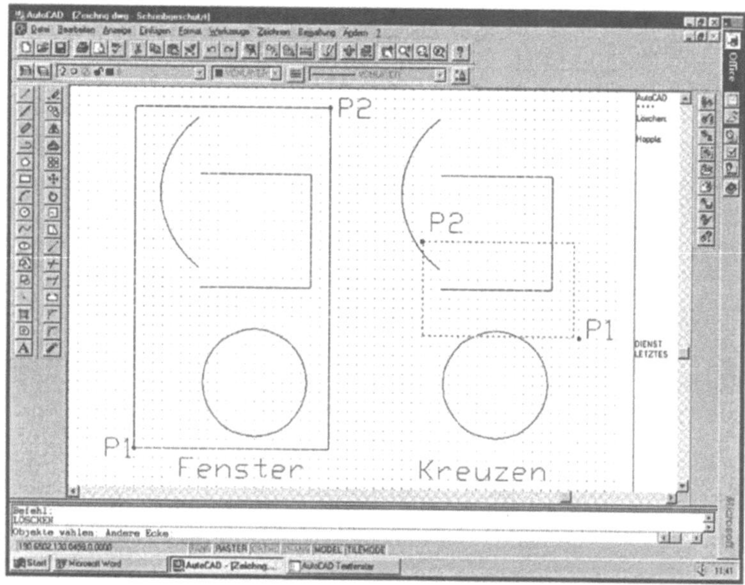

Objektauswahl vor
der Editierung

Mit der Objektauswahl vor der Editierung markiert man zuerst
die gewünschten Objekte und wendet danach den Befehl an
(sog. Objekt-Befehl-Struktur). Nach Auswahl eines Objektes werden an bestimmten Punkten „Griffe" sichtbar. Diese und andere
Einstellungen werden im Dialogfeld „Auswahleinstellungen" vorgenommen (Bild 5.3). Damit wird u. a. auch die Möglichkeit gegeben, mehrere Objekte zum Bearbeiten zusammenzufassen. Das
Dialogfeld aktivieren Sie im Pulldown-Menü „Werkzeuge".

Standard-Auswahleinstellungen sind:

- Objekt vor Befehl,

- Automatisches Fenster und

- Objektgruppe.

In diesem Dialogfeld kann auch die Größe des Wahlfensters eingestellt werden.

Im Bereich Objektsortiermethode können Sie zwischen fünf
Verfahren wählen (Bild 5.4).

Bild 5.3:
Das Dialogfeld „Aus-
wahlein-stellungen"

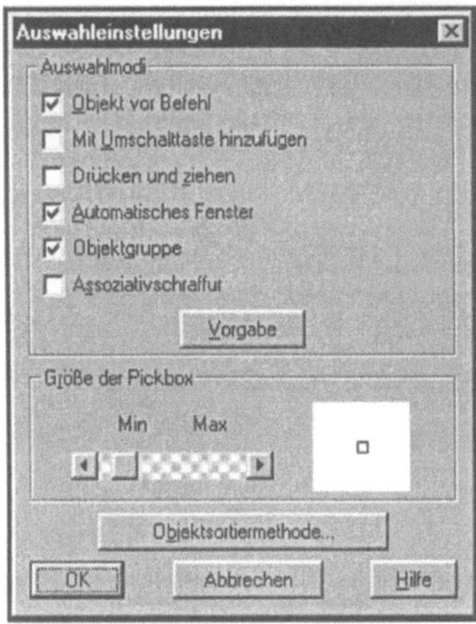

Bild 5.4:
Das Dialogfeld „Ob-
jektsortier-rmethode"

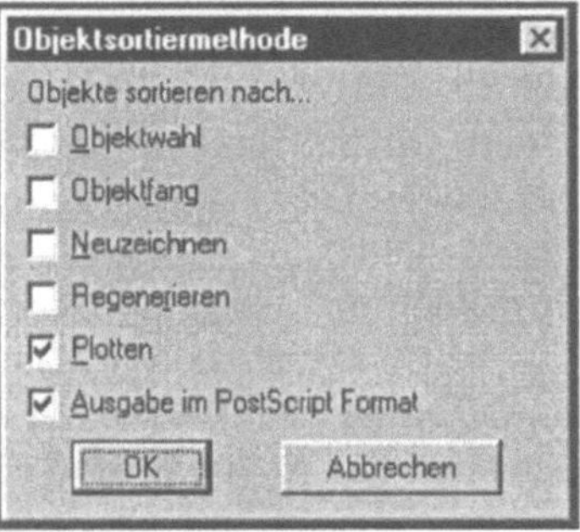

Objektauswahl mit
Objekt-Griffen

Die Objektauswahl mit Objekt-Griffen ist seit der Version 12 möglich. Die neuen Möglichkeiten bestehen nicht nur in der Objektwahl, sondern auch in der sich sofort anschließenden Editiermöglichkeit. Die Griffe erscheinen an den Definitionspunkten der Objekte in Form blauer Punkte. Mit den Griffen können Sie ausgewählte Objekte strecken, verschieben, drehen, skalieren und spiegeln. Die Objekte werden mit den Griffen ausgewählt und mit dem Griffcursor und den Befehlen sowie deren Optionen geändert (Bild 5.5).

Hinweis

Das Entfernen der Griffe erreichen Sie am besten durch zweimaliges Eingeben von <ESC>.

Die Grundeinstellungen nehmen Sie im Dialogfeld „Griffe" (Pulldown-Menü „Werkzeugkasten") vor (Bild 5.6).

Bild 5.5:
Anwendung der Objektgriffe

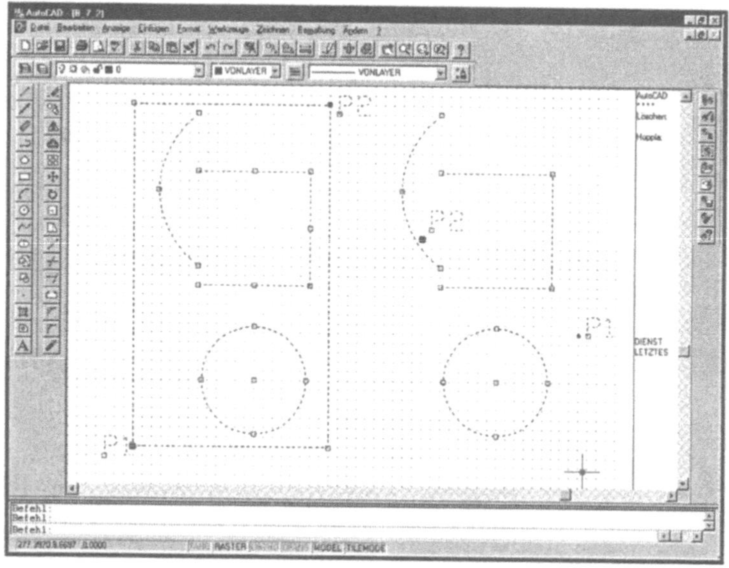

5.2.2

Der Objektfang

Der Objektfang ist ein effizientes Konstruktionshilfsmittel zur Ansteuerung definierter Zeichnungskoordinaten und erleichtert das Auffinden von geometrischen Bezugspunkten bereits modellierter Objekte. Außerdem erreichen Sie durch die Arbeit mit den Objektfangmodi, daß die Koordinaten exakt „eingefangen" werden, da diese aus der AutoCAD-Datenbank ermittelt werden. Um ein sauberes Arbeiten insbesondere im Konstruktionsprozeß zu gewährleisten, sollten Sie sich angewöhnen, konsequent mit diesen Modi zu arbeiten.

Bild 5.6:
Das Dialogfeld „Griffe"

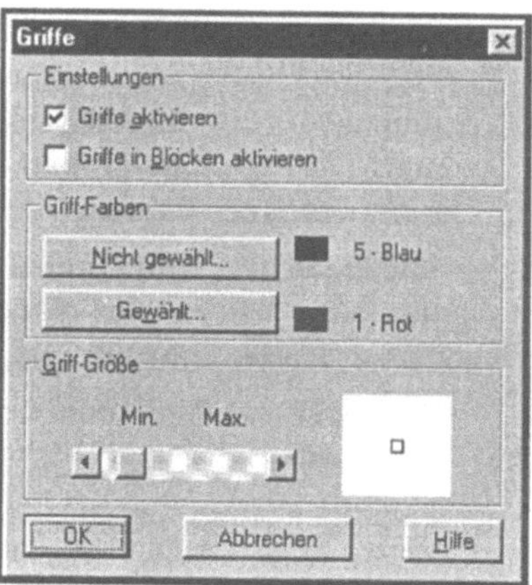

Bild 5.7:
Aufruf der Objekt-
fangmodi aus dem
Pulldown-Menü bzw.
Seitenmenü

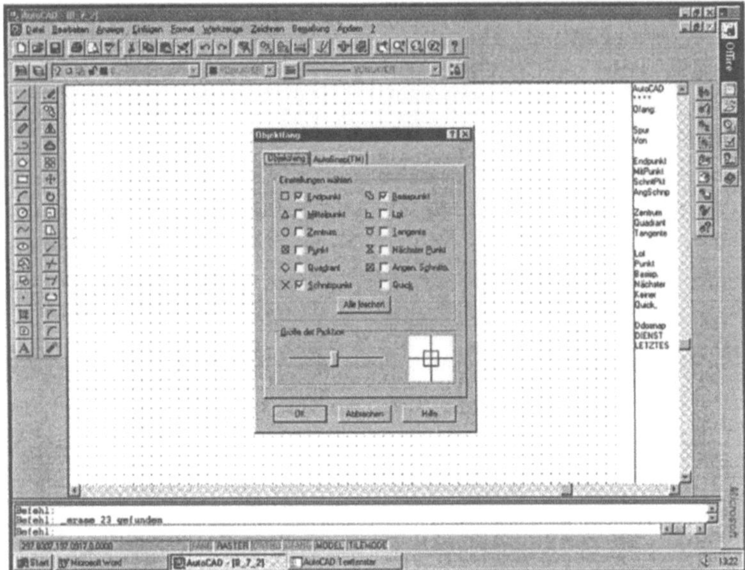

In der praktischen Arbeit mit der Version 14 gibt es verschiedene
Wege, diese Objektfangmodi zu aktivieren. Wenn Sie z. B. im
Seitenmenü die „****"-Zeile und danach „Ofang" bzw. im Pull-
down-Menü „Werkzeuge" den Menüpunkt „Objektfang" anklik-
ken, werden Ihnen die einzelnen Modi zur Auswahl angeboten
(Bild 5.7).

Die Modi bedeuten bzw. bewirken folgendes:

ZENtrum	Einfangen des Zentrums eines Kreises oder Kreisbogens.
ENDpunkt	Einfangen des dem Fadenkreuzschnittpunkt am nächsten liegenden Endpunkt eines Bogens oder einer Linie.
BASispunkt	Einfangen des Einfügepunktes eines Symbols, eines Textes, eines Attributs, einer Attributdefinition oder eines Blockes
SCHnittpunkt	Einfangen des Schnittpunktes zweier Linien, einer Linie mit einem Bogen oder Kreis oder zweier Kreise und/ oder Bogen
MITtelpunkt	Einfangen des Mittelpunktes einer Linie oder eines Bogens
NÄChster	Einfangen eines Punktes auf einer Linie, Kreisbogen oder Kreis, der zum Fadenkreuz am nächsten liegt

PUNkt	Einfangen eines Punktes
LOT	Einfangen des Punktes auf einem Kreis, einem Bogen oder einer Linie, der sich auf einem Lot von diesem Objekt zum letzten Punkt befindet.
QUAdrant	Einfangen des am nächsten gelegenen Quadranten-Punktes eines Kreises oder Kreisbogens. Quadranten-punkte sind definiert bei 0,90,180 und 270 Grad auf dem Umfang des jeweiligen Kreises.
TANgente	Einfangen des Punktes auf einem Kreis oder Bogen, der mit dem letzten Punkt verbunden eine Tangente bildet.
Keiner	Schaltet den Objektfang aus.
Ang. Schnittpkt.	Angenommener Schnittpunkt beinhaltet zwei voneinander getrennte Fangmodi: Angenommener Schnittpunkt und Erweiterter Schnittpunkt. Die Modi Angenommener und Erweiterter Schnittpunkt können auf Kanten von Regionen und Kurven angewendet werden, jedoch nicht auf gekrümmte Kanten oder Ecken von 3D-Volumenkörpern.
QUIck	Mit diesem Modus wird der Fangvorgang beendet, sobald ein Objekt gefunden wir, das mindestens einen Punkt des speziellen Typs enthält.

Neu in AutoCAD 14

Neu in AutoCAD 14 sind der AutoSnap, die Spurfunktion und die Funktion „Objektgruppe".

AutoSnap

Wenn Sie einen Objektfangmodus aktiviert haben, zeigt AutoSnap eine Markierung und einen Fanginfo an, sobald Sie den Cursor über einen Fangpunkt ziehen (Bild 5.8). AutoSnap wird automatisch aktiviert, wenn Sie einen Objektfang in der Befehlszeile eingeben oder Objektfangmodi im Dialogfeld „Objektfang" aktivieren. Nachdem Sie einen Zeichenbefehl eingegeben haben, zeigt AutoSnap die Fangpunkte an, sobald Sie Ihr Zeigegerät über das Objekt bewegen.

Fangauswahl

Mit der Funktion zur Fangauswahl können Sie durch alle verfügbaren Fangpunkte blättern, die für ein bestimmtes Objekt zur Verfügung stehen. Drücken Sie hierzu auf <TAB>. Wenn Sie zum Beispiel <TAB> drücken, während sich die Pickbox auf dem Kreis befindet (Bild 5.8) , würde Ihnen AutoSnap anbieten, zum Quadranten, zum Schnittpunkt und zum Mittelpunkt zu springen.

Voraussetzung ist allerdings, daß Sie einen Zeichenbefehl eingegeben haben.

Bild 5.8:
Zur Wirkungsweise
von AutoSnap

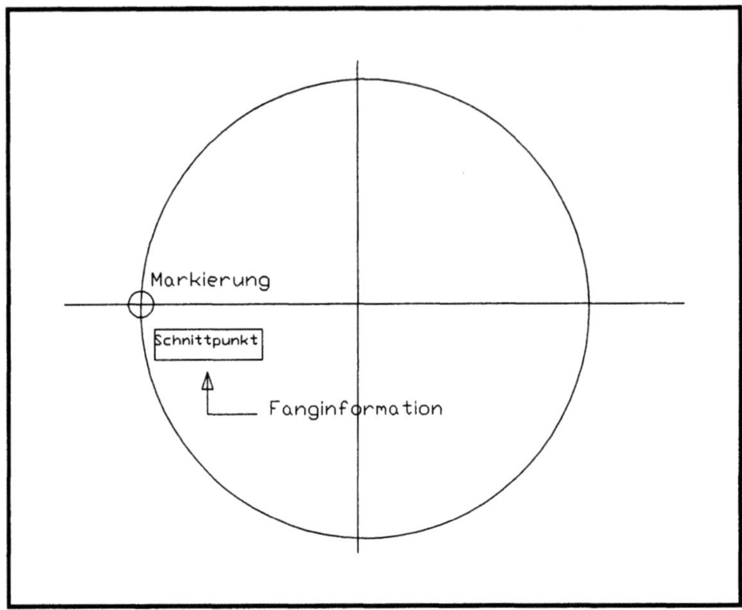

Hinweis

Zusätzlich zu Punktfiltern, können Sie mit der Spurfunktion die Position von Punkten in Relation zu anderen Punkten in Ihrer Zeichnung sichtbar machen. Die Spurfunktion verbindet sowohl X- als auch Y-Punktfilter und kann spontan eingesetzt werden.

Spurfunktion

Sie können die Spurfunktion jedesmal verwenden, wenn Sie von AutoCAD zur Angabe eines Punkts aufgefordert werden. Wenn Sie die Spurfunktion starten und anschließend einen Punkt angeben, schaltet AutoCAD den Orthomodus ein und beschränkt die Auswahl des nächsten Punkts auf einen Pfad, der sich vertikal oder horizontal vom ersten Punkt aus erstreckt. Um den orthogonalen Pfad zu ändern, kehren Sie zu Ihrem letzten mit der Spurfunktion bearbeiteten Punkt zurück und schieben ihn in die gewünschte vertikale oder horizontale Richtung. Voraussetzung ist auch dort, daß Sie einen Befehl eingegeben haben und ein Objektfangmodus eingeschaltet ist.

Der orthogonale Pfad legt fest, welcher X- oder Y-Wert des alten Punktes beibehalten wird und welcher durch den X- oder Y-Wert des neuen Punktes ersetzt wird. Ist die Gummibandlinie auf die Horizontale beschränkt, dann wird der X-Wert ersetzt. Ist die Gummibandlinie auf die Vertikale beschränkt, dann wird der Y-

Wert ersetzt. Wenn Sie einen zweiten Punkt auswählen und
<ENTER> drücken, um die Spurfunktion zu beenden, positioniert
AutoCAD den neuen Punkt an dem Schnittpunkt der imaginären
orthogonalen Linien, die von den ersten beiden Punkten aus-
geht.

Praxistip   Mit Hilfe der Spurfunktion können Sie den Mittelpunkt eines
Rechtecks schnell finden. Um die Spurfunktion zu starten, müssen Sie nach Eingabe des Zeichen- oder Editierbefehls in der
Standard-Funktionsleiste das Werkzeug „Spur" auswählen (oder
als Befehlsoption **Sp** eingeben) und dann die Mittelpunkte der
horizontalen und vertikalen Linien eingeben.

Praxistip   Sie können die Spurfunktion mit der direkten Abstandseingabe
kombinieren, um beispielsweise Text in einem bestimmten Abstand zu einem anderen Objekt einzugeben, Fenster oder Türen
in einem bestimmten Abstand zu Ecken in Wände einzufügen
oder Mauern zu durchbrechen.

Neu in AutoCAD 14   Eine weitere neue Funktionalität beinhaltet das Zusammenfassen
von Objekten zur sogenannten Objektgruppe (Bild 5.9). Gehen
Sie dabei so vor:

- Wählen Sie im Menü „Werkzeuge" die Option „Objektgruppe" oder geben Sie in der Befehlszeile den Befehl GRUPPE
  ein.

- Geben Sie im Dialogfeld „Gruppe" unter Gruppenkenn-
  zeichnung einen Gruppennamen und eine Gruppenbe-
  schreibung ein.

- Wählen Sie dort „Neu".

- Wählen Sie die Objekte aus, die Sie zur Gruppe zusammenfassen wollen.

- Klicken Sie auf „OK".

Eine Zurückführung der Gruppe in den Ausgangszustand ist im
Dialogfeld „Gruppe" mit dem Button „Ursprung" möglich. Sie
haben gesehen, daß Sie im Dialogfeld „Objektfang" die Fangfen-
stergröße variieren können. Sie sollte den geometrischen Gegebenheiten Ihrer Modellzeichnung angepaßt werden. Die Größe
des Fangfensters kann auch mit dem Befehl ÖFFNUNG verändert
werden. Die Standardeinstellung beträgt 10 Pixel. Diese angegebenen Variationsmöglichkeiten für das Fangfenster beziehen sich
nur auf das Fangfenster für die Objektfangmodi. Die Größe des
Fangfensters für die Objektwahl kann nur über die Systemvariable PICKBOX geändert werden.

Bild 5.9:
Das Dialogfeld
„Gruppe"

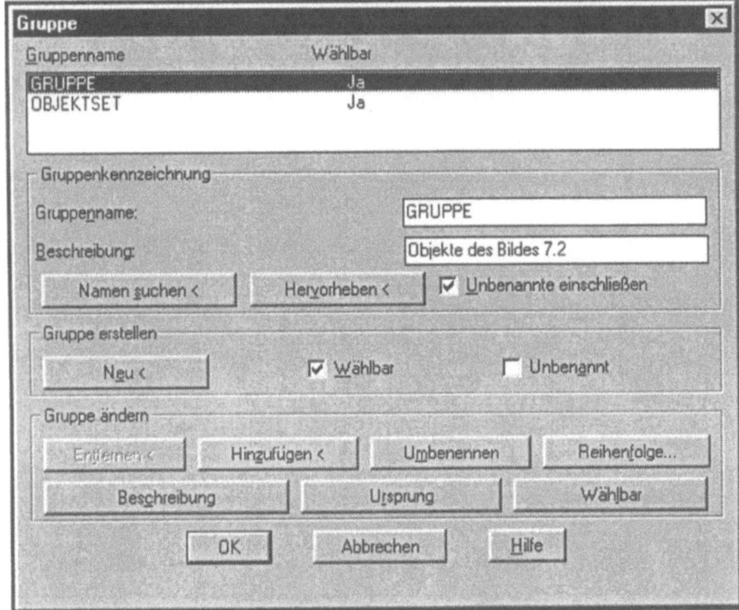

5.3 Anzeige und Darstellung von Zeichnungen im 2D-Bereich

Bild 5.10:
Aufruf der ZOOM-
Befehle

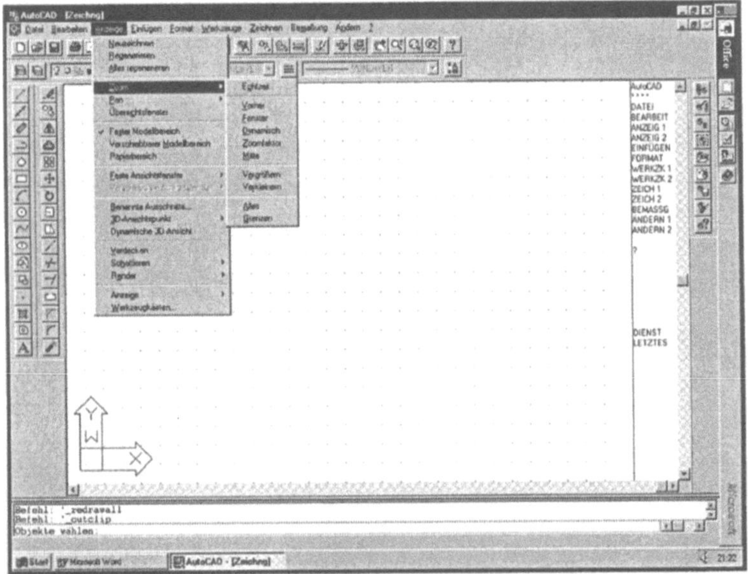

AutoCAD stellt eine Reihe optischer Hilfsmittel zur Anpassung
des Bildschirms an die gewünschte Ansicht bereit. Damit können
Sie selbst bestimmen, wie die bearbeiteten Objekte, z. B. ihre

Größe und Lage, auf dem Bildschirm erscheinen. Diese Befehle erreichen Sie, wenn Sie das Pulldown-Menü „Anzeige" anwählen (Bild 5.10).

5.3.1   Die ZOOM-Befehle

Mit den ZOOM-Befehlen können Sie einen Zeichnungsausschnitt des aktuellen Ansichtsfensters der Zeichnung vergrößern oder verkleinern. Die tatsächliche Größe der Zeichnung und ihrer Objekte bleibt dabei erhalten. Die Wirkung dieser Befehlsgruppe kann man mit dem Zoom-Objektiv einer Kamera vergleichen, d. h. eine scheinbare Vergrößerung der Objekte bedeutet, einen kleineren Ausschnitt der Zeichnung zu sehen.

Der Befehlsaufruf erfolgt über das Pulldown-Menü „Anzeige", das Seitenmenü oder durch Eingabe des Befehls ZOOM über die Tastatur.

Die im Pulldown-Menü bzw. im Tastatur-Dialogbereich des Bildes 5.10 erkennbaren Optionen bewirken folgendes:

Faktor(X/XP):	Mit dieser Option sind drei unterschiedliche Vergrößerungen bzw. Verkleinerungen möglich. Eingabe von „Faktor" (also einer Zahl) bedeutet Zoom relativ zur Gesamtzeichnung. Eingabe von „FaktorX" (also einer Zahl und X) bedeutet Zoom relativ zum aktuellen Bildausschnitt. Eingabe von „FaktorXP" (also einer Zahl und XP) bedeutet Zoom relativ zu den Papierbereichseinheiten (Kapitel 10).
Alles:	Die Wirkung der Option „Alles" wurde schon im Kapitel 4.4.4 behandelt. Damit stellen Sie die vollständige Zeichnung auf dem Bildschirm dar. Sie wirkt auch dann, wenn Sie Zeichnungsobjekte erstellt haben, die außerhalb der Zeichnungslimiten liegen.
Mitte:	Bei Verwendung dieser Option wird zunächst der Mittelpunkt eines neuen Fensters abgefragt. Danach erwartet AutoCAD die Eingabe von Vergrößerung oder Höhe entsprechend der Option „Faktor(X/XP)".
Grenzen:	Bei Auswahl dieser Option erfolgt das Zoomen bis zu den Zeichnungsgrenzen. Das bedeutet, daß der größtmögliche Ausschnitt mit allen Objekten auf dem Bildschirm gezeigt wird.

Links:	Damit ist eine Neubestimmung der Lage des Zoom-Fensters möglich. AutoCAD fragt nach den Koordinaten des linken unteren Eckpunktes des neuen Fensters. Die Eingaben, die sie nun machen, entsprechen der Option „Faktor(X/XP)"
Vorher:	Die praktische Arbeit ist dadurch gekennzeichnet, daß man sehr oft zwischen unterschiedlich gezoomten Darstellungen wechseln muß. Um diesen Vorgang rationell zu gestalten, speichert AutoCAD bis zu 10 Ausschnitte pro Ansichtsfenster. Durch mehrfache Aktivierung von „Vorher" können diese Ausschnitte zurückgeholt werden.
Afmax:	Afmax zoomt auf das Maximum des virtuellen Bildschirms ohne Regenerierung (Kapitel 15).
Dynamisch:	Mit dieser Option können Sie Teile der Zeichnung sowie eine Ansichtsbox, die das Ansichtsfenster darstellt, generieren. Die Ansichtsbox kann vergrößert und verkleinert sowie in der Zeichnung bewegt werden. Die alternativen Darstellungen werden durch verschiedene Farben und Linienarten gekennzeichnet.
Echtzeit:	Zoomt interaktiv bis zu einer logischen Grenze. Mit <ESC> oder <ENTER> beenden oder rechte Maustaste klicken, um das Pop-Up-Menü zu aktivieren. Der Cursor wird zu einer Lupe mit Plus-(+) und Minus-(-) Zeichen. Wenn Sie die Vergrößerungsgrenze erreicht haben, wird das Plus-Zeichen im Cursor ausgeblendet. Dies bedeutet, daß Sie nicht weiter vergrößern können. Wenn Sie die Verkleinerungsgrenze erreicht haben, wird das Minus-Zeichen im Cursor ausgeblendet. Dies bedeutet, daß Sie nicht weiter verkleinern können. Durch Loslassen der Auswahltaste wird der Zoom-Vorgang beendet.
Fenster:	Das ist in der praktischen Arbeit eine der am häufigsten angewendeten Optionen. Damit können Sie selbst den Ausschnitt, d. h. das „Fenster" der Zeichnung, festlegen, der vergrößert angezeigt werden soll. Die Eingabe erfolgt durch Angabe von zwei diagonal liegenden Eckpunkten, wobei die Mitte des Fensters zum Mittelpunkt des Ausschnitts wird.

5.3.2   Der Befehl PAN

Mit diesem Befehl können Sie komfortabel Ausschnitte der Zeichnung in jede beliebige Richtung verschieben. Der Befehl ist besonders dann nützlich, wenn Sie Details Ihrer Zeichnung sehen wollen, die bisher noch außerhalb des Ansichtsfensters liegen. Dabei wird der Maßstab nicht verändert.

Die Wirkung der PAN-Funktion kann man sich so vorstellen, daß man die Zeichnung durch ein festes Fenster betrachtet und die Zeichnung hinter dem Fenster hin- und herbewegt wird. Der Befehl PAN erwartet die Eingabe eines Verschiebungswertes.

Neu in AutoCAD 14

Der Befehlsablauf ist neu in AutoCAD 14 gestaltet:
```
Befehl: PAN
Mit <ESC> oder Eingabetaste beenden oder rechte Maus-
taste klicken, um das Pop-Up-Menü zu aktivieren.
```

Nachdem diese Bildschirmausschrift erschienen ist, wird der Cursor als Hand dargestellt. Während Sie die Auswahltaste Ihres Zeigegeräts gedrückt halten, bleibt der Cursor in seiner aktuellen Position in bezug auf das Koordinatensystem des Ansichtsfensters fixiert. Alle Grafiken innerhalb des Fensters werden in dieselbe Richtung wie der Cursor verschoben.

Wenn Sie auf eine logische Grenze (Kante des Zeichenbereichs) stoßen, wird auf der Seite der Hand, auf der Sie die Grenze erreichen, ein Balken angezeigt. Je nachdem, ob sich die logische Grenze oben, unten oder an der Seite befindet, wird der Balken entweder horizontal (oben bzw. unten) oder vertikal (links bzw. rechts) angezeigt. Wenn Sie die Auswahltaste loslassen, wird der Pan-Modus beendet.

5.3.3   Ausschnitte

Bei ständiger Bearbeitung einer komplexen Zeichnung ist es sinnvoll, die Grenzen von mehrfach benötigten Ausschnitten zu speichern. Damit ist ein wesentlich schnelleres Wiederaufrufen der unterschiedlichen Teilbilder möglich, ohne eine erneute Definition vornehmen zu müssen. Dazu rufen Sie den Befehl AUSSCHNT auf.

Bei Aufruf des Befehls AUSSCHNT ergibt sich folgender Ablauf:
```
Befehl: AUSSCHNT
?/Löschen/Holen/Sichern/Fenster:
Ausschnittname:
```

Die Optionen bedeuten folgendes:

Sichern: Speichern des Ausschnittes für eine evtl. spätere Ver-
          wendung.

Holen: Holt den zuvor gespeicherten Ausschnitt.

Löschen: Löscht den beim Sichern benannten Ausschnitt.

?:   Listet die Ausschnitte auf.

Fenster: Unterteilt das aktuelle Ansichtsfenster in Ausschnitte
          mit Namen.

Eleganter können Sie menügesteuert benannte Ausschnitte über
das Pulldown-Menü „Anzeige", Menüpunkt „Benannte Ausschnitte" bestimmen. Sie kommen dann zum Dialogfeld „Benannte Ausschnitte", wo Sie die entsprechenden Angaben sehen
und machen (Bild 5.11). Es ist auch möglich, Ausschnitte zu
plotten. Wählen Sie dazu nach Aufruf des Befehls PLOT die Option „Ausschnitt" (Kapitel 10).

5.4   Zeichnungsbefehle

In den bisherigen Abschnitten wurden vorrangig die Benutzeroberfläche, die Zeichnungsvorbereitung und Zeichnungs-
hilfsmittel behandelt. Nur bei einem Beispiel (Kapitel 5.1.4) wurde bisher ein Zeichnungsbefehl (LINIE) erwähnt. Für die Erstellung neuer Objekte und Elemente sind aber die Zeichnungsbefehle der Ausgangspunkt, also das „A" und „O", im CAD-Prozeß.
Ein Kennzeichen dieser Befehle ist, daß sie die Eingabe von Koordinaten der Objektposition erwarten. Die dabei möglichen
Methoden der Koordinateneingabe wurden im Kapitel 5.1 be-

handelt. Bevor wir nun zu den eigentlichen Zeichnungsbefehlen kommen, müssen wir uns noch darüber klar werden, wie die Speicherung der eingegebenen Daten erfolgt.

5.4.1   Zeichnungsobjekte

Objektbegriff

AutoCAD arbeitet bei Zeichnungserstellung und –speicherung mit Objekten. Der Objektbegriff ist in AutoCAD so definiert, daß darunter Zeichnungselemente verstanden werden, die mit einem einzigen Befehl in die Zeichnung eingesetzt werden können und natürlich genau so mit einem Befehl wieder aus der Zeichnung entfernt werden können. Jedes Objekt kann auf einer spezifizierten *Erhebung* gezeichnet werden. Unter Erhebung ist dabei der Z-Abstand über oder unter der XY-Ebene des aktuellen Benutzerkoordinatensystems zu verstehen. Zusätzlich kann den meisten Objekten eine *Objekthöhe* zugewiesen werden. Um diesen Betrag können die Objekte an der Z-Achse hochgezogen oder extrudiert werden. *Erhebung* und *Objekthöhe* haben aber nur für den 3D-Bereich Bedeutung, worauf wir im Kapitel 9 zurückkommen. Im Sinne dieser Definition sind AutoCAD-Objekte: Linien, Bögen und Kreise, Punkte, Text, Solids, Symbole, Blöcke, Attribute, Bemaßungen, Polylinien, 3D-Polylinien, 3D-Flächen, 3D-Netze, Vielflächennetze und Ansichtsfenster des Papierbereiches.

Objekteigenschaften

Neben der *Objekthöhe* sind die *Farbe* und der *Linientyp* eines Objektes sowie der *Layer* (Kapitel 5.10), dem das Objekt zugeordnet wurde, typische Objekteigenschaften. Sie können entweder mit dem Befehl EIGÄNDR oder im Pulldown-Menü „Ändern", Menüpunkt „Eigenschaften" modifiziert werden. Nachdem Sie die Objektwahl vorgenommen haben (AutoCAD erkennt selbst, um welchen Objekttyp es sich handelt: im Beispiel zu Bild 5.12 handelt es sich um einen Volumenkörper), erscheint das Dialogfeld „Eigenschaften ändern" (Bild 5.12).

Bild 5.12:
Dialogfeld „Eigenschaften ändern"

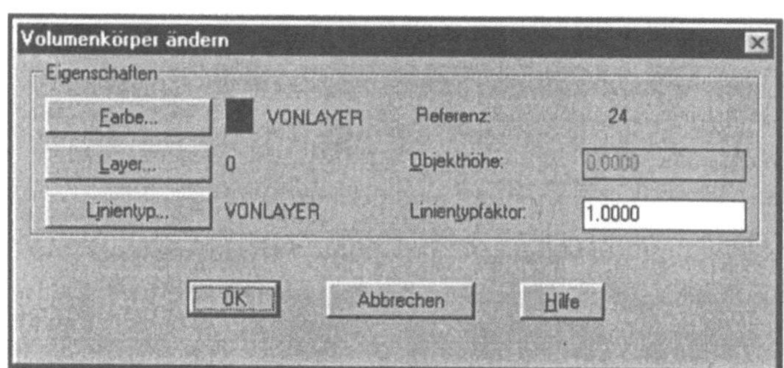

5.4.2   Elementare Zeichnungsbefehle

Unter elementaren Zeichnungsbefehlen werden die Befehle LINIE, PUNKT, KREIS, und BOGEN verstanden. Alle Zeichnungsbefehle rufen Sie am besten aus dem Pulldown-Menü „Zeichnen" heraus auf (Bild 5.13).

LINIE

Der Befehl LINIE erwartet die Spezifikation durch die Eingabe von Punkten, wie mit dem Beispiel im Kapitel 5.1.4 schon gezeigt wurde. AutoCAD geht davon aus, daß Sie einen zusammenhängenden Linienzug zeichnen wollen, der dann aus mehreren Objekten besteht.

Praxistip

Der Befehl LINIE stellt für die praktische Arbeit noch eine andere sehr effiziente Methode zur Verfügung, nämlich das Ansetzen an Linien und Bögen. Wird die Frage „Von Punkt:" mit der <Leertaste> oder <ENTER> beantwortet, setzt diese Linie am Ende der letzten Linie oder des letzten Kreisbogens an. Diese Methode vereinfacht die Konstruktion von tangential verbundenen Linien und Kreisbögen.

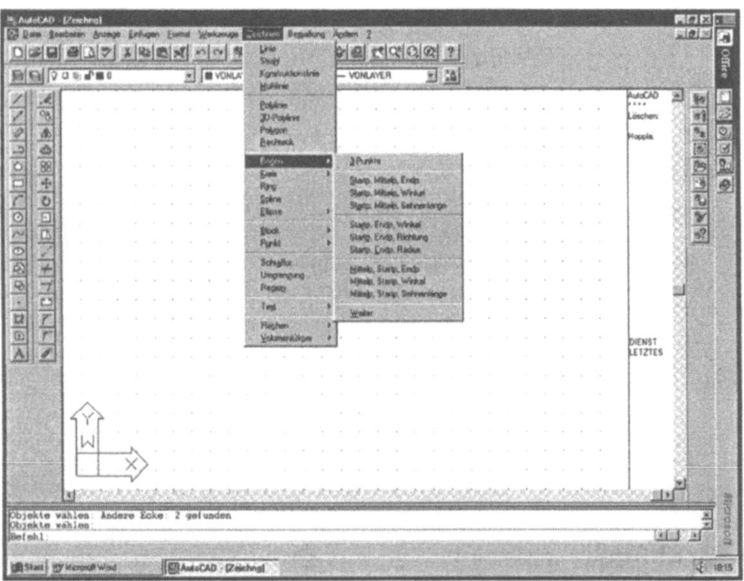

Bild 5.13:
Aufruf der Zeichnungsbefehle, dargestellt am Beispiel des Befehls Bogen

PUNKT

Mit dem Befehl PUNKT lassen sich Punkte in der Zeichnung darstellen. Nach Eingabe des Befehls ist nur eine Koordinatenposition einzugeben:

```
Befehl: Punkt
Punkt: (Koordinateneingabe vornehmen)
```

Praxistip

Das Aussehen und die Größe der Punkte wird über die Systemvariablen (Kapitel 5.11) PDMODE und PDSIZE gesteuert. Nehmen Sie diese Einstellungen vor Befehlsausführung im Dialogfeld „Punktstil" im Menü „Format" vor (Bild 5.14). Beachten Sie, daß bei jedem Neuzeichnen bzw. Regenerieren vorher gezeichnete Punkte mit den neuen Einstellungen nachgeführt werden; alle Punkte nehmen Form und Größe der letzten Einstellung an!

Bild 5.14:
Dialogfeld „Punktstil"

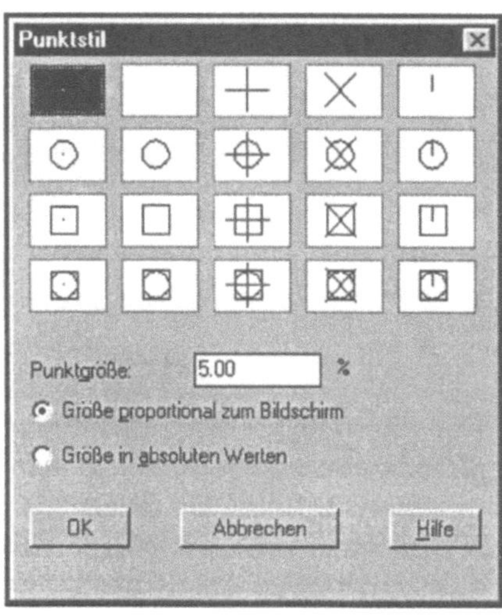

Kreis

Ein Kreis kann auf mehrere Arten konstruiert werden.
```
Befehl: KREIS
3P/2P/TTR/<Mittelpunkt>:
```

Die einzugebenden Optionen bedeuten folgendes:

Mittelpunkt, Radius: Eingabe des Kreismittelpunktes und des Radius durch Zug (Zeigegerät) oder Tastatureingabe.

Mittelpunkt, Durchm.: Eingabe des Kreismittelpunktes und des Durchmessers durch Zug (Zeigegerät) oder Tastatureingabe.

2 Punkte: Eingabe zweier Punkte, deren Abstand zueinander den Kreisdurchmesser ergibt.

3 Punkte: Eingabe dreier Punkte, die auf dem Umfang des zu erzeugenden Kreises liegen.

TTR: Kennzeichnung zweier Linien als Tangente (Anklicken mit Zeigegerät) des zu erzeugenden Kreises mit anschließender Radiuseingabe.

Versuchen Sie nun Ihre Kenntnisse durch Bearbeitung der Übungen in Bild 5.15 anzuwenden!

Bild 5.15:
Übungen zur Kreis-
konstrution

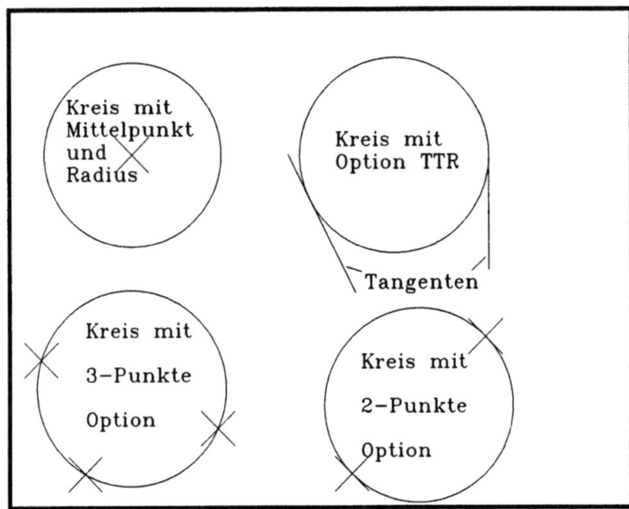

BOGEN

Bögen sind Teilkreise und werden mit dem diesbezüglichen Befehl BOGEN konstruiert. AutoCAD unterstützt verschiedene Methoden zum Generieren von Kreisbögen (Bild 5.13). Die Bögen werden im Gegenuhrzeigersinn (Guz) konstruiert.

Erläuterung der wichtigsten Bogen-Optionen:

3 Punkte: Standardmethode. Der erste und der letzte Punkt sind die beiden Endpunkte des Kreisbogens.

S, M, E: Konstruktion eines Kreisbogens im Gegenuhrzeigersinn vom Startpunkt über Mittelpunkt zum Endpunkt.

S, M, W: Konstruktion eines Kreisbogens im Gegenuhrzeigersinn mit einem definierten Mittelpunkt, einem Startpunkt und einem eingeschlossenen Winkel.

S, M, L: Start und Endpunkt eines Kreisbogens können mittels einer Sehne verbunden werden. Die Länge der Sehne verwendet AutoCAD zur Berechnung des Endwinkels. Da bei gleichem Startwinkel und gleichem Mittelpunkt sowie gleicher Sehne vier verschiedene Kreisbögen erzeugt werden können, wird i.d.R. immer der kleinere Kreisbogen, der weniger als 180 Grad beträgt, im Gegenuhrzeigersinn dargestellt.

S, E, W: Eingabe von Start- und Endpunkt. Positive Winkeleingabe ergibt Bogen im Guz.

S, E, R: Da mit dieser Methode auch vier verschiedene Kreise darstellbar sind, wird immer ein kleiner Kreisbogen im Guz gezeichnet.

S, E, S: Mit dieser Methode wird der Bogen in eine bestimmte Richtung konstruiert. Dient dazu, den Bogen tangential an ein anderes Objekt anzulegen.

Weiter: Weiterhin ist als Sonderfall der Methode SES ein Ansetzen an den letzten Bogen oder an die letzte Linie möglich. Dazu muß auf die erste Frage mit der Leertaste oder <ENTER> geantwortet werden.

Die Kürzel bedeuten:

L: Sehnenlänge

E: Endpunkt

M: Mittelpunkt

W: Winkel

R: Radius

S: Startpunkt (bzw. Startrichtung bei SES)

Führen Sie nun die Übungen von Bild 5.16 aus!

Bild 5.16:
Beispiele zur Anwendung des Befehls
BOGEN

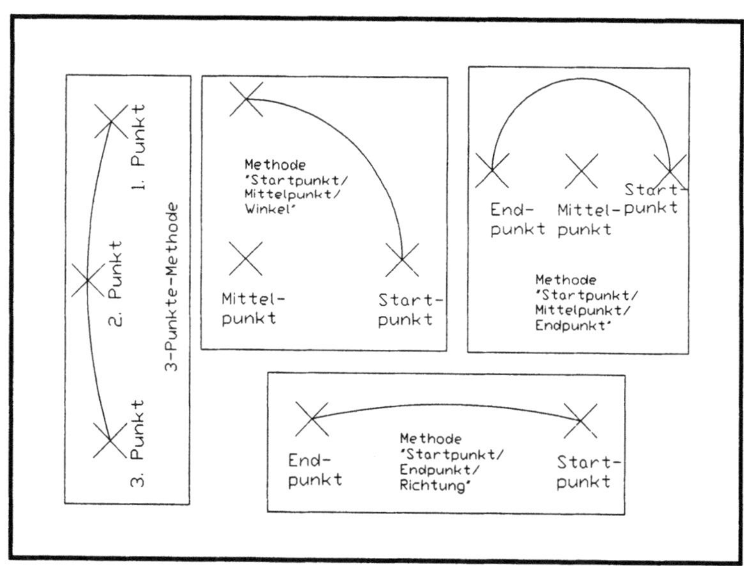

5.4.3　Komplexe Zeichnungsbefehle

Unter komplexen Zeichnungsbefehlen sollen die Befehle POLYLINIE, POLYGON, RECHTECK, RING, SPLINE, ELLIPSE, SKIZZE und SOLID verstanden werden. Damit sind aggregierte Geometrien darstellbar.

Polylinien

Eine 2D-Polylinie besteht aus zusammengesetzten Linien- und Kreisbogensegmenten und wird von AutoCAD als **ein** Objekt behandelt. 2D-Polylinien besitzen gegenüber elementaren Linien folgende zusätzlichen Eigenschaften:

- Einstellung einer endlichen Linienbreite bzw. konische Linienführung durch unterschiedliche Start- und Endbreite.

- Eine breite Polylinie kann einen ausgefüllten Kreis oder Ring bilden

- Polylinien können editiert werden (Befehl: PEDIT). So kann man aus mehreren Linien, Kreisbogen und Polylinien eine Polylinie bilden.

- Durch das Editieren können auch Kontrollpunkte gesetzt werden, mit denen man eine Kurve zeichnen kann.

- Von Polylinien kann die Fläche und der Umfang berechnet werden.

Um eine 2D-Polylinie zu zeichnen, geben Sie den Befehl PLINIE ein:

```
Befehl: PLINIE
Von Punkt:
Aktuelle Linienbreite beträgt 0.00
Kreisbogen/Schliessen/Halbbreite/sehnenLänge/
Zurück/Breite/<Endpunkt der Linie>:
```

Dieser Befehl ist zwar sehr optionsreich - wird auf diese Weise jedoch zu einer leistungsfähigen Funktion.

Üben Sie nun die Anwendung der Optionen des Befehls PLINIE (Bild 5.17).

Bild 5.17:
Übungen zur Anwendung des Befehls
PLINIE

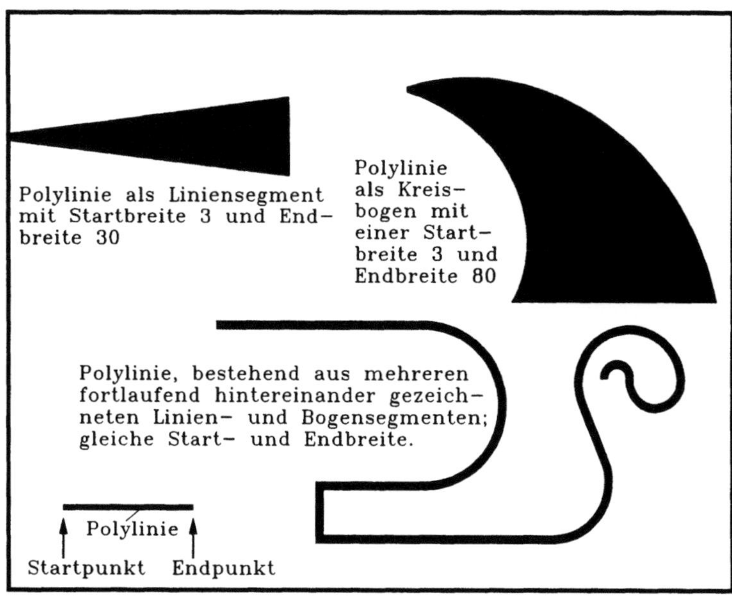

POLYGON

Mit dem Befehl POLYGON können regelmäßige (gleichseitige) Polygone mit bis zu 1024 Seiten gezeichnet werden. Das Polygon kann dabei auf zwei verschiedene Arten konstruiert werden, wobei es prinzipiell durch einen Kreis umschrieben wird. Einer- seits kann der Kreis in das Polygon hineingelegt werden. Die Be- rührungspunkte von Kreis und Polygon liegen bei dieser Kon- struktion jeweils an der Seitenhalbierenden der Polygonseiten. Andererseits kann das Polygon auch in den Kreis hineingelegt werden. Die Berührungspunkte zwischen Kreis und Polygon sind in diesem Fall die Eckpunkte des Polygons. Gezeichnet wird übrigens das Polygon im Gegenuhrzeigersinn!

```
Befehl: POLYGON
Anzahl der Seiten:
Seite/<Polygonmittelpunkt>:
```

Die erste Frage bezieht sich auf die Anzahl der Seiten des Poly- gons. Bei der zweiten Abfrage wird ein einzelner Punkt als Mit- telpunkt des Polygon interpretiert. Die Scheitelpunkte haben alle denselben Abstand zum Mittelpunkt.

```
Umkreis/Inkreis (U/I):
```

Im weiteren orientiert sich das Polygon an einem Kreis. Mit dem Radius legen Sie die Größe des umschreibenden Kreises fest. Die Option Umkreis legt das Polygon in dem virtuellen Kreis hinein, während Inkreis den Kreis in das Polygon legt.

```
Kreisradius: (Radius des virtuellen Kreises eingeben)
```

Wenn Sie am Anfang des Befehlsdialogs die Option Seite eingeben, entwickelt sich die Dateneingabe so:

```
Erster Endpunkt der Seite:
Zweiter Endpunkt der Seite:
```

Nun ist es auch möglich, die Länge einer einzelnen Seite anhand
zweier Punkte vorzugeben.

RECHTECK

Der Befehl RECHTECK wurde in AutoCAD 14 völlig neu gestaltet.
Bisher mußte ein erster Eckpunkt und ein zweiter Eckpunkt eingegeben werden. Nachdem Sie den ersten Eckpunkt eingegeben
hatten, spannte sich schon am Zeigegerät das Rechteck auf. Nun
wurde dieser Befehl leistungsstark mit zusätzlichen Optionen
ausgebaut, die vor Zeichnen der Geometrie eingegeben werden
müssen (Bild 5.18).

```
Befehl: RECHTECK
Fasen/Erhebung/Abrunden/Objekthöhe/Breite/
<Erste Ecke>:
Andere Ecke:
```

Bild 5.18:
RECHTECK mit vorein-
gestellten Optionen

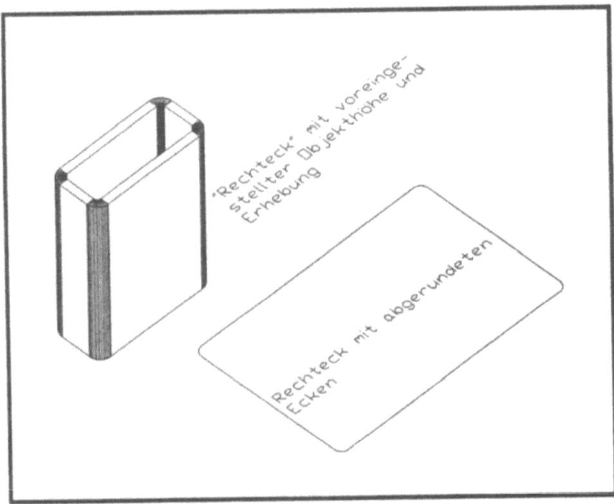

RING

Der Befehl RING eignet sich zum Zeichnen ausgefüllter Ringe
oder Kreise.

```
Befehl: RING
Innendurchmesser <Vorgabe>:
Außendurchmesser <Vorgabe>:
Ringmittelpunkt:
```

<Vorgabe> ist der zuletzt spezifizierte Wert. Mit der Angabe von
Innen- und Außendurchmesser bestimmen Sie die Größe des

Ringes. Legen Sie den Innendurchmesser mit „0" fest wird der Ring zum gefüllten Kreis. Jede Angabe eines Punktes auf dem Display bewirkt die Ausführung eines erneuten RING-Befehls. Mit <ENTER> oder <ESC> brechen Sie das Zeichnen der Ringe ab.

AutoCAD konstruiert einen Ring als eine geschlossene Polylinie, deshalb lassen sich die Befehle des Polylinieneditors PEDIT auch auf Ringe anwenden.

SPLINE   Mit dem Befehl SPLINE können Sie Spline-Objekte erzeugen.
```
Befehl: SPLINE
Objekt/<Erster Punkt>:
```

Auf der Grundlage der eingegebenen Punkte wird der Spline erstellt. Geben Sie so lange Punkte ein, bis Sie den Spline definiert haben. Wenn Sie zwei Punkte eingegeben haben, zeigt AutoCAD die folgende Eingabeaufforderung an:
```
Schliessen/Anpassungstoleranz/<Punkt eingeben>:
```

Wählen Sie einen Punkt, geben Sie eine Option ein, oder drükken Sie <ENTER>. Die Eingabe von Objekt konvertiert quadratische oder kubische 2D- oder 3D-Polylinien, die an einen Spline angepaßt wurden, in Spline-Objekte und löscht die Polylinien.

Falls Sie Tangenten an den beiden Endpunkten des Spline festlegen, können Sie einen Punkt eingeben oder mit den Objektfangmodi Tangente und Lot den Spline tangential oder lotrecht zu vorhandenen Objekten zeichnen. Wenn Sie <ENTER> drükken, berechnet AutoCAD Vorgabetangenten.

ELLIPSE   Der Befehl ELLIPSE zeichnet annähernd eine Ellipse, indem er eine Polylinie zeichnet, die aus kurzen Bogensegmenten zusammengesetzt ist. Desweiteren eignet sich der Befehl zur Konstruktion von Kreisen in Isometrien.

Eine Ellipse wird in AutoCAD wie eine Polylinie behandelt. Das bedeutet, daß alle komplexen Editierbefehle, die auf Polylinien zurückgreifen, zur Bearbeitung der Ellipse herangezogen werden können.

SKIZZE   Der Befehl SKIZZE ermöglicht die Eingabe von Freihandzeichnungen als Teil von AutoCAD-Zeichnungen.
```
Befehl: SKIZZE
Skizziergenauigkeit <Vorgabe>:
Skizze. Feder eXit Quit Speichern Löschen Verbinden
```

Ähnlich dem Befehl BEM (Bemaßungsprozessor, Kapitel 6) versetzen Sie AutoCAD in einen vom „Befehl:"-Modus unabhängigen Zustand, der mit „eXit" wieder verlassen werden kann. Die Option „Feder" organisiert das Heben und Senken des Stiftes zum Zeichnen.

„eXit" veranlaßt die Aufhebung des SKIZZE-Modus', die Skizze wird beendet und alle Linien werden abgespeichert.

Eine Papierskizze würden Sie jetzt zusammenknüllen – „Quit": alles verwerfen.

„Speichern", besser „Zwischenspeichern", danach kann weiter gezeichnet werden.

Durch Aufruf der Option „Löschen" radieren Sie einen Linienzug von einem anzugebenden Punkt bis zum Ende aus.

Die Option „Verbinden" ermöglicht das Zeichnen eines geschlossenen Linienzuges. Der aktuelle Punkt wird mit dem Anfangspunkt verbunden.

Die Funktion des Punktes „." besteht darin, eine Linie vom aktuellen Punkt (Standardeinstellung bei Arbeit mit einem Zeigegerät) zum letzten Endpunkt einer Linie zu ziehen.

SOLID

Als „Solid" wird in AutoCAD ein Polygon mit Flächenfüllung bezeichnet. In früheren Releases waren Solids eine Möglichkeit, eine vollständige Flächenfüllung zu erhalten. Erst seit der Version 14 steht das Schraffurmuster „Solid" zur Verfügung.

```
Befehl: SOLID
Erster Punkt:
Zweiter Punkt:
Dritter Punkt:
Vierter Punkt:
Dritter Punkt: <ENTER>
```

Ein Solid wird nur in der Draufsicht, in der er erstellt wurde, und wenn die Variable FILLMODE den Wert 1 hat, ausgefüllt dargestellt. Die Abfrage nach dem dritten und vierten Punkt wird solange wiederholt, bis der Befehl durch <ENTER> beendet wird. Wird nach dem dritten Punkt der Befehl beendet, entsteht ein Dreieck.

Die Koordinaten eines Solids können einen Z-Wert besitzen. Sie können beim ersten Punkt die Koordinate im Format X,Y,Z eingeben, bei allen weiteren nur noch X- und Y-Werte.

Bild 5.19:
Punktreihenfolge für
Solids

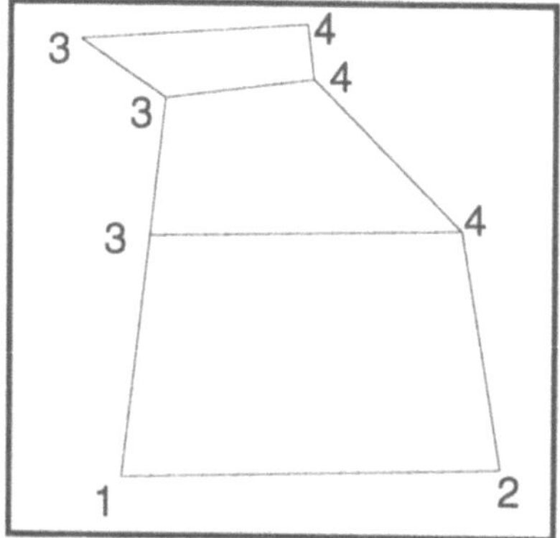

Führen Sie nun die in Bild 5.20 dargestellten Übungen aus! Arbeiten Sie dabei mit ZOOM „Fenster" (Kapitel 5.3.1)!

Bild 5.20:
Beispiele und Übungen

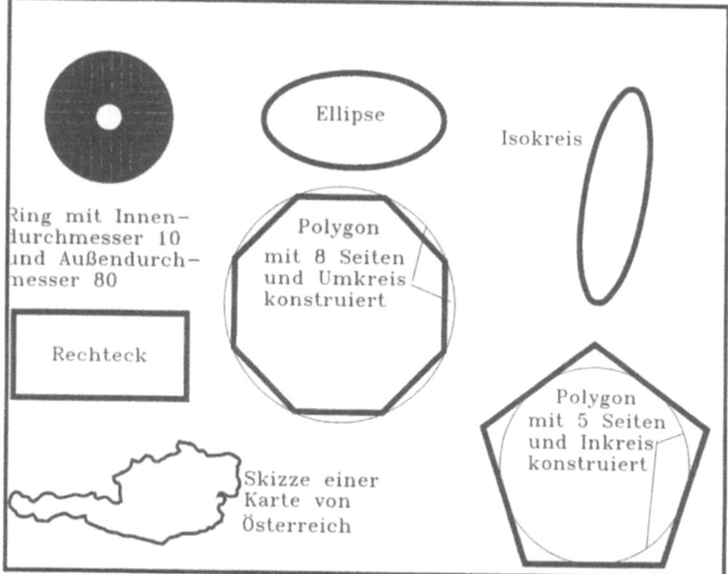

Bei dem Beispiel „Skizze von Österreich" gehen Sie so vor, daß Sie eine tatsächliche Karte auf einer festen Unterlage aufspannen. Dann starten Sie den Befehl SKIZZE mit der Option „Feder unten" und fahren die Landesgrenzen mit dem Zeigegerät ab. Vergessen Sie nicht die eingegebenen Daten zu speichern!

5.4.4 **Neue Zeichnungsbefehle**

Als neue Zeichnungsbefehle finden Sie in AutoCAD 14 die Befehle

- STRAHL: Erstellt eine einseitig unendliche Linie,
- KLINIE: erstellt (unendliche) Konstruktionslinien und
- MLINIE: zeichnet eine Multilinie

STRAHL

Der Befehl STRAHL erstellt an einem Punkt begrenzte Linien, die im allgemeinen als Konstruktionslinien dienen. Ein Strahl hat einen festen Startpunkt und erstreckt sich bis ins Unendliche.

```
Befehl: STRAHL
Von Punkt: Geben Sie einen Punkt (1) ein.
Durch Punkt: Bestimmen Sie einen Punkt (2), durch den
der Strahl verlaufen soll, oder drücken Sie <ENTER>.
```

AutoCAD zeichnet einen Strahl und fordert Sie dann zur Eingabe von Punkten auf, durch die der Strahl verlaufen soll. Drücken Sie <ENTER>, um die Ausführung des Befehls zu beenden.

KLINIE

Mit dem Befehl KLINIE (Eintrag „Konstruktionslinie" im Menü „Zeichnen") lassen sich ebenfalls unendliche Linien erstellen, die oft als Konstruktionslinien verwendet werden.

```
Befehl: KLINIE
HOr/Ver/Win/HAlb/Abstand/<von Punkt>:
(Bestimmen Sie einen Punkt (1), oder geben Sie eine
Option ein.)
von Punkt:
(Legt die Position der unendlichen Linie durch den
Punkt fest, durch den sie verläuft.)
Durch Punkt:
(Bestimmen Sie den Punkt (2), durch den die Konstruk-
tionslinie verlaufen soll, oder <ENTER>, um den Befehl
zu beenden.)
```

Hor: Erstellt eine horizontale Konstruktionslinie, die durch einen ausgewählten Punkt verläuft. AutoCAD positioniert die Konstruktionslinie parallel zur X-Achse.

Ver: Erstellt eine vertikale Konstruktionslinie, die durch einen ausgewählten Punkt verläuft.

Win: Erstellt eine Konstruktionslinie im angegebenen Winkel.

Halb: Erstellt eine Konstruktionslinie, die durch den ausgewählten Scheitelpunkt des Winkels verläuft und die Winkelhalbierende zwischen der ersten und der zweiten Linie bildet.

Bild 5.21
Laden von Multilinien

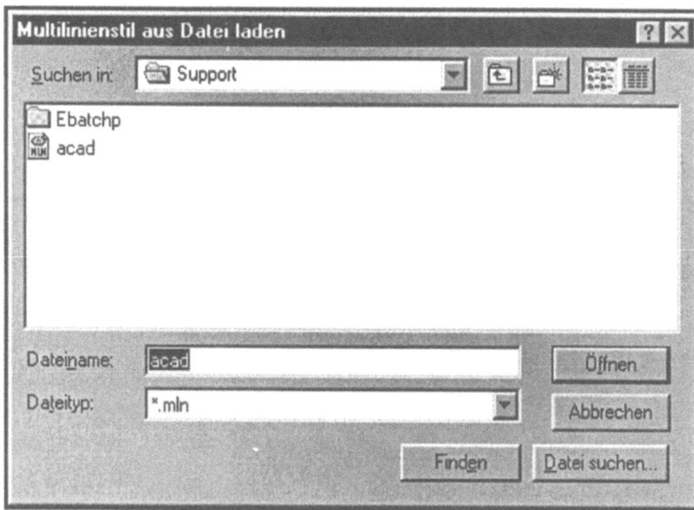

MLINIE

Der Befehl MLINIE (Multilinie) zeichnet mehrere parallele Linien. Wenden Sie ihn folgendermaßen an:

- Wählen Sie aus dem Menü „Zeichnen" den Eintrag „Multilinie".

- Geben Sie an der Eingabeaufforderung „St" ein, um einen Stil auszuwählen.

- Um eine Liste von Stilnamen anzuzeigen, geben Sie den Stilnamen oder „?" ein. Gegebenenfalls müssen Sie dort mit „L" (wie Laden) weitere Multilinien nachladen (Bild 5.21)

- Geben Sie „a" ein, um die Multilinie auszurichten, und wählen Sie zwischen oberer und unterer Ausrichtung oder Nullausrichtung.

- Geben Sie „m" ein, um den Maßstab der Multilinie zu ändern, und geben Sie anschließend einen neuen Maßstab ein.

- Zeichnen Sie jetzt die Multilinie.

- Legen Sie den Startpunkt fest.

- Legen Sie den zweiten Punkt fest.

- Legen Sie den dritten Punkt fest.

- Legen Sie den vierten Punkt fest, oder geben Sie „s" ein, um die Multilinie zu schließen. Drücken Sie <ENTER>, um die Multilinie zu beenden.

5.5 Texteingabe

Generell ist zu vermerken, daß die Möglichkeiten von AutoCAD zur Texterzeugung natürlich nicht adäquat denen eines komfortablen Textverarbeitungssystems sind. Dennoch kann man konstatieren, daß die Textbefehle einen für ein CAD-System beachtlichen Leistungsvorrat haben. So ist selbstverständlich die Erzeugung von ein- und mehrzeiligen Texten mit unterschiedlichen Zeichensätzen möglich. Texte können in beliebige Richtungen geschrieben, gedreht und gespiegelt, in beliebiger Höhe dargestellt und auch gestreckt, komprimiert und abgeschrägt werden.

Es können auch extern erstellte Texte (z. B. mit Word unter Windows) nach AutoCAD übertragen und dort über ein komfortables Dialogfeld editiert werden. Diese und andere neue Möglichkeiten der Texteingabe und –manipulation stellen wir Ihnen im Kapitel 5.5.5 vor!

5.5.1 Der Befehl TEXT

Der Befehl TEXT ist ein „fossiles" Element von AutoCAD. Er steht seit den Urzeiten von AutoCAD zur Verfügung, ist aber nicht sehr nutzerfreundlich. Mit ihm lassen sich vorzugsweise einzeilige Texte erzeugen. Für mehrzeilige Texte wenden Sie DTEXT oder am besten den Befehl MTEXT an. Die Steuerung und verschiedene Optionen der Befehle sind identisch.

```
Befehl: TEXT
Position/Stil/<Startpunkt>:
```

Textoptionen

TEXT hat viele Optionen; AutoCAD kann somit sehr unterschiedlichen Ansprüchen gerecht werden. Wenn Sie die Option „Startpunkt" übernommen haben, geht der Dialog so weiter:

```
Höhe <Vorgabe>:
Drehwinkel <Vorgabe>:
```

Klicken Sie einen Anfangspunkt an, von dort aus wird der Text geschrieben. Höhe und Drehwinkel für den Text sind anzugeben oder die Vorgaben mit <ENTER> zu übernehmen. Nun muß der Text selbst eingegeben werden:

```
Text:
```

Wir wollen dies sofort anwenden. Gehen wir davon aus, daß Sie ein A4Q-Format eingerichtet haben (Limiten: 0,0 bis 297,210) und verschiedene Texte eingeben wollen (Bild 5.22). Nehmen Sie folgende Eingaben vor:

```
Befehl: TEXT
Position/Stil/<Startpunkt>: 20,200
```

```
Höhe <3.5>: 8
Drehwinkel <0>: <ENTER>
Text: Das ist mein erster Text! <ENTER>
```

Das Ergebnis unserer Eingaben erklärt sich selbst aus Bild 5.22.

Bild 5.22:
Beispiele für Texteingaben

Textpositionen

Schauen wir uns nun die weiteren Optionen an, die sich hinter „Position" verbergen.

```
Befehl: TEXT
Position/Stil/<Startpunkt>: P
Ausrichten/Einpassen/Zentrieren/Mitte/Rechts/
OL/OZ/OR/ML/MZ/MR/UL/UZ/UR:
```

Bei Aktivierung der Option „Ausrichten" wird der Text zwischen zwei anzugebende Punkte eingepaßt. Die Punkte kennzeichnen die untere linke bzw. rechte Begrenzung, die Höhe ist variabel. Geben Sie den 2. Punkt bitte rechts vom 1. Punkt an - der Text steht sonst auf dem Kopf.

```
Ausrichten:
Erste Textzeile Punkt:
Zweiter Textzeilenpunkt:
```

Bei der Option „Einpassen" wird der Text zwischen zwei Punkten eingepaßt. Aber jetzt ist die Texthöhe im Gegensatz zur Option „Ausrichten" nicht variabel.

```
Einpassen:
Erste Textzeile Punkt:
Zweiter Textzeilenpunkt:
```

Soll die Ausschrift genau zentriert werden, so bietet sich die Option „Zentrieren" an. Der Text wird auf den Mittelpunkt der Grundlinie aufgesetzt. Der zentrierte Punkt liegt also auf der Textunterkante.

```
Zentrieren:
Zentrieren Punkt:
```

Bei der Option „Mitte" wird der Text vertikal und horizontal zentriert. Unter Mittelpunkt wird der Schwerpunkt des den Text umschreibenden virtuellen Rechtecks verstanden.

```
Mitte:
Mitte Punkt:
```

Der Text wird bei Wahl der Option „Rechts" rechtsbündig geschrieben. Der einzugebende Punkt wird als rechter Endpunkt der Textunterkante verwendet.

```
Rechts:
Ende Punkt:
```

Die zweibuchstabigen Optionen geben den Textfixpunkt an. Die Punkte beziehen sich auf das Rechteck, welches den Text imaginär umschließt (Bild 5.21):

OL: Startpunkt liegt links oben im Textrechteck

OZ: Punkt liegt in der Mitte der oberen Textzeile

OR: Punkt liegt am rechten Rand der oberen Textzeile

ML: Startpunkt liegt links-mittig am Textrechteck

MZ: Punkt entspricht der bisherigen Option Mitte

MR: Punkt liegt mittig am rechten Rand des Textrechtecks

UL: Startpunkt liegt unten links (Standard)

UZ: Punkt liegt in der Mitte der unteren Textzeile

UR: Punkt liegt unten rechts im Textrechteck

Übungen   Üben Sie nun einige dieser Optionen (Bild 5.22):
```
Befehl: TEXT
Position/Stil/<Startpunkt>: P
Ausrichten/Einpassen/Zentrieren/Mitte/Rechts/
OL/OZ/OR/ML/MZ/MR/UL/UZ/UR: A
Erste Textzeile Punkt: 20,170
Zweiter Textzeilenpunkt: 290,170
Text: Das ist ausgerichteter Text! <ENTER>
```

Hinweis

Haben Sie bemerkt, daß keine Texthöhe abgefragt wurde? Und noch ein Hinweis: Gegenüber früheren Versionen können nun alle Texteingaben (nach der Frage „Text:") mit <ENTER> oder der rechten Maustaste abgeschlossen werden!

```
Befehl: TEXT
Position/Stil/<Startpunkt>: P
Ausrichten/Einpassen/Zentrieren/Mitte/Rechts/
OL/OZ/OR/ML/MZ/MR/UL/UZ/UR: E
Erste Textzeile Punkt: 20,150
Zweiter Textzeilenpunkt: 290,150
Höhe <4.00>: 7
Text: Das ist eingepaßter Text! <ENTER>
```

Sie bemerken den Unterschied in der Textdarstellung, der daran liegt, daß die Option „Einpassen" mit der fest eingegebenen Texthöhe schreibt und die Breite der Textzeichen danach ausrichtet.

```
Befehl: TEXT
Position/Stil/<Startpunkt>: P
Ausrichten/Einpassen/Zentrieren/Mitte/Rechts/
OL/OZ/OR/ML/MZ/MR/UL/UZ/UR: Z
Zentrieren Punkt: 140,120
Höhe <5.00>: 6
Drehwinkel <0>: <ENTER>
Text: Das ist zentrierter Text! <ENTER>
```

Option „Stil"

Betrachten wir nun die Option "Stil":

```
Befehl: TEXT
Position/Stil/<Startpunkt>: S
Stilname (oder ?) <Standard>:
```

Die Option „Stil" ist ein Schalter für den aktuellen Schriftstil. AutoCAD verfügt über zahlreiche Schriftstile. Im Initialisierungszustand ist allerdings nur der STANDARD-Schriftstil bekannt. Wird die Frage nach dem Stilnamen mit dem Fragezeichen beantwortet, erhalten Sie ein Listing der bereits in der Zeichnung bekannten Stile.

Befehl STIL

Bevor Sie einen anderen Schriftstil einsetzen können, müssen Sie diesen mit dem Befehl STIL laden (Kapitel 5.5.4). Andernfalls können Sie nur zwischen den bereits in der Zeichnung bekannten Schriftstilen wählen.

Mehrzeiliger Text

Soll mehrzeiliger Text geschrieben werden, ist ein einfacher <ENTER>-Tastendruck zur erneuten Aktivierung des TEXT-Befehls ausreichend. Die vorherigen Einstellungen bleiben erhalten, der Text kann in der nächsten Zeile fortgesetzt werden.

Steuer- und Sonderzeichen

Da nicht alle Zeichen auf der Tastatur existieren bzw. einige Texte von anderen Texten abgehoben werden sollen, wurden Steuerzeichen eingeführt. Die Codes für diese Zeichen variieren von Version zu Version. Für AutoCAD 14 sind folgende Codes anwendbar.

% %u   Schalter unterstreichen ein/aus

% %o   Schalter überstreichen (Strich über dem Text) ein/aus

% %d   Grad-Symbol wird gezeichnet

% %c   zeichnet das Kreisdurchmesserzeichen

Die ersten beiden Steuerzeichen heben sich bei erneuten Auftreten selbst wieder auf, d. h. ungeradzahliges Auftreten schaltet den Modus ein und geradzahliges Auftreten schaltet den Modus wieder aus. Beispiel:

```
Befehl: TEXT
Position/Stil/<Startpunkt>: 20,80
Höhe <6.00>: 4.25
Einfüge-Winkel <0>: 15
Text: %%uunterstrichener Text! <ENTER>
```

Im Kapitel 5.5.5 zeigen wir Ihnen, wie Sie über die Auswahl spezieller Zeichensätze Sonderzeichen aktivieren können.

5.5.2   Der Befehl DTEXT - Dynamischer Text

Dieser Befehl verhält sich in den Details wie der Befehl TEXT. Allerdings haben Sie dort vorteilhaft immer die Textbox im Zeichnungseditor vor sich, Sie sehen also sofort Gestalt und Lage des auszugebenden Textes. Außerdem können Sie mit DTEXT viel einfacher mehrzeiligen Text schreiben (Bild 5.22)!

```
Befehl: DTEXT
Position/Stil/<Startpunkt>: 40,30
Höhe <15.00>: 20
Einfüge-Winkel <0>: <ENTER>
Text: TEXTPOSITIONEN
Text: <ENTER>
```

Im Unterschied zur Arbeit mit TEXT erscheint auf dem Bildschirm ein Rechteck mit den Abmaßen, die das Zeichen haben wird. Dieses Rechteck entspricht dem Cursor eines Textprozessors. Jedes Zeichen wird nach Eingabe sofort auf dem Bildschirm dargestellt. Mit der Rücktaste (Backspace) können Sie Zeichen wieder löschen. Die Optionen sind mit denen von TEXT identisch.

Hinweis

Ein weiterer Unterschied besteht darin, daß mit Abschluß der ersten Textzeile (<ENTER>) AutoCAD fortlaufend in der nächsten Zeile Texteingaben erwartet. Wenn Sie die Texteingabe abschließen wollen, geben Sie nochmals <ENTER> ein.

Den gleichen Befehlsablauf erreichen Sie auch dadurch, daß Sie im Menü „Zeichnen" über die Menüpunkte „Text" und „Einzeiliger Text" gehen.

5.5.3   Der Befehl QTEXT

Der Befehl QTEXT steuert die Darstellung von Texten und Attributen auf dem Bildschirm.

```
Befehl: QTEXT
Ein/Aus <aktuell>:
```

Der Quick-Text-Modus legt die Darstellungsform von Texten auf dem Bildschirm fest. Da die Bildschirmgenerierung bei der Darstellung von Texten mit unterschiedlichen Textstilen zeitintensiv werden kann, wurde ein Schalter eingeführt, der die Textregenerierung durch eine einfache Rechteckdarstellung ersetzt. Texte werden bei eingeschaltetem Modus nur noch durch einen Rechteckrahmen repräsentiert.

Praxistip

Texte, die Sie nach dem Setzen des Modus auf „Ein" mit dem Befehl TEXT schreiben, werden aus Kontrollgründen zunächst vollständig dargestellt. Erst zum Zeitpunkt der nächsten Regeneration wird der QTEXT-Modus aktiv und ersetzt den Text durch ein Rechteck. Bei der Texteingabe mit DTEXT wird im Modus „Ein" sofort nach Befehlsabschluß der Text durch den Rechteckrahmen dargestellt.

Praxistip

Die Option „Ein" aktiviert den Modus, „Aus" hebt ihn wieder auf. Setzen Sie den Schalter in Zeichnungen, in denen viel Text eingetragen werden soll, auf „Ein" und zum Abschluß der Editierarbeit wird dieser Modus wieder ausgeschaltet. Die Zeichnung muß dann noch explizit mit einer Regenerierungsfunktion (Kapitel 15.2.3) auf dem Bildschirm ausgegeben werden. Dadurch können Sie effizient arbeiten und ersparen sich (lange) Wartezeiten bei der Bildschirmgenerierung!

5.5.4

Bild 5.23:
Dialogfeld „Stil"

Der Befehl STIL

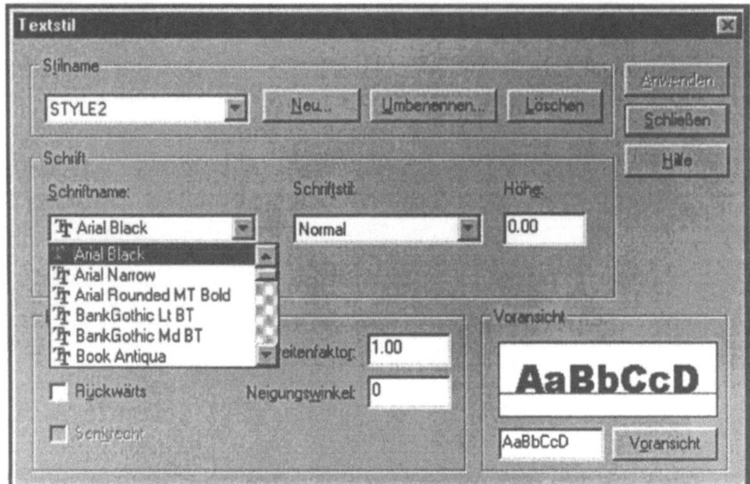

Wie schon erwähnt wurde, bietet AutoCAD neben dem Standard-Zeichensatz für unterschiedliche Anwendungen weitere geeignete Zeichensätze an. Insgesamt sind es ca. 100 Zeichensätze, die aber jederzeit nach oben erweitert werden können. Wollen Sie also diese weiteren Zeichensätze in Ihrer Zeichnung anwenden, müssen diese zuerst aktiviert werden. Dazu gibt es zwei Möglichkeiten. Die eine Möglichkeit stellen wir Ihnen in diesem Kapitel vor, die andere (effizientere) Möglichkeit im nachfolgenden Kapitel 5.5.5.

Bei dieser "herkömmlichen Methode" geben Sie den Befehl STIL ein:

    Befehl: STIL

Praxistip

Danach bietet Ihnen AutoCAD 14 das Dialogfeld „Textstil" an (Bild 5.23). Dort können Sie mit den Feldern „Schriftname", „Schriftstil", „Höhe", „Effekte" Kombinationen verschiedener Zeichensätze erzeugen (Schaltfläche „Neu"!). Den jeweils gewünschten Stil aktualisieren Sie mit der Schaltfläche „Anwenden".

5.5.5

Neu in AutoCAD 14

Der Befehl MTEXT

Am effektivsten arbeiten Sie bei Texteingabe und –manipulation mit den neuen Möglichkeiten von AutoCAD 14. Das betrifft den Befehl MTEXT, den Sie über Tastatur eingeben können oder über das Menü „Zeichnen", Menüpunkte „Text" und „Absatztext" aktivieren.

In jedem Fall vollzieht sich der weitere Dialog mit AutoCAD 14 so:

```
Befehl: MTEXT
Aktueller Textstil: STYLE1. Texthöhe: 10.00
Erste Ecke:
Gegenüberliegende Ecke oder [Höhe/Ausrichten/Drehen
/Stil/Breite]:
```

Nach Festlegung eines (Rechteck-) Bereiches für den Eingabebereich des Textes bzw. der Modifikation der Optionen „Höhe/Ausrichten/Drehen/Stil/Breite" bietet Ihnen AutoCAD 14 das Dialogfeld „Mtext-Editor" an (Bild 2.24).

Bild 5.24:
Dialogfeld „Mtext-Editor"

Dort können Sie mit den Schaltflächen „Zeichen" und „Eigenschaften" die erforderlichen Schriftstile kreieren und sogar im begrenzten Umfang die Funktionalität von Textverarbeitungssystemen nutzen.

Im Dialogfeld „MText-Editor" werden Zeichen angezeigt, die über die Tastatur eingegeben oder aus anderen Dateien importiert wurden. Die Hintergrundfarbe des Dialogfelds entspricht vorgabemäßig der des Grafikbereichs. Wenn Sie jedoch schwarzen Text importieren oder einfügen, ändert sich die Hintergrundfarbe zu weiß. Text, dem in einer anderen Windows-Anwendung das Attribut „Auto" zugewiesen war, wird beim Importieren oder Einfügen in AutoCAD „VONLAYER" zugewiesen.

Textbearbeitung

Wenn Sie im Dialogfeld „MText-Editor" die Eingabetaste Ihres Zeigegeräts drücken, wird ein Cursormenü mit folgenden Optionen angezeigt: Rückgängig, Ausschneiden, Kopieren, Einfügen und Alles auswählen. Zur Textbearbeitung stehen die Optionen „Zeichen", „Eigenschaften", „Suchen/Ersetzen" und „Text importieren" zur Verfügung:

„Zeichen" steuert die Zeichenformatierung von Text, der über die Tastatur eingegeben oder in den Texteditor importiert wird. Um die aktuelle Formatierung zu ändern, können Sie durch Doppelklicken ein einzelnes Wort oder durch Dreifachklicken den gesamten Absatz auswählen. Wählen Sie dann eine der angebotenen Formatierungsoptionen:

„Eigenschaften" steuert die Eigenschaften für das Absatztextobjekt (Stil, Breite, Ausrichtung, Drehung).

„Suchen/Ersetzen" sucht nach der angegebenen Zeichenfolge und ersetzt sie durch neuen Text.

Textimport

Die Schaltfläche „Text importieren" ruft das Dialogfeld „Öffnen" auf (Bild 5.25). Sie können eine beliebige Datei im ASCII- oder RTF-Format wählen. Der eingefügte Text behält die ursprüngliche Zeichenformatierung und die Stileigenschaften bei. Nach Auswahl der zu importierenden Textdatei können Sie angeben, ob der ausgewählte Text bzw. der gesamte Text im Dialogfeld ersetzt werden soll oder ob Sie den eingefügten Text an die aktuelle Auswahl innerhalb der Textumgrenzung anhängen möchten. Der importierte Text darf nicht mehr als 16 KB umfassen.

Bild 5.25:
Dialogfeld zum Textimport

5.5.6   Texte editieren und spiegeln

Zum nachträglichen Ändern von eingegebenen Texten eignet sich besonders der Befehl DDEDIT. Nach Aufruf von DDEDIT und der durchgeführten Objektwahl gelangen Sie wieder zum Dialogfeld „Mtext-Editor" und können dort alle Textänderungen vornehmen (Bild 5.26).

```
Befehl: DDEDIT
<Text oder ATTDEF Objekt wählen>/Zurück:
```

Bild 5.26:
Texte editieren

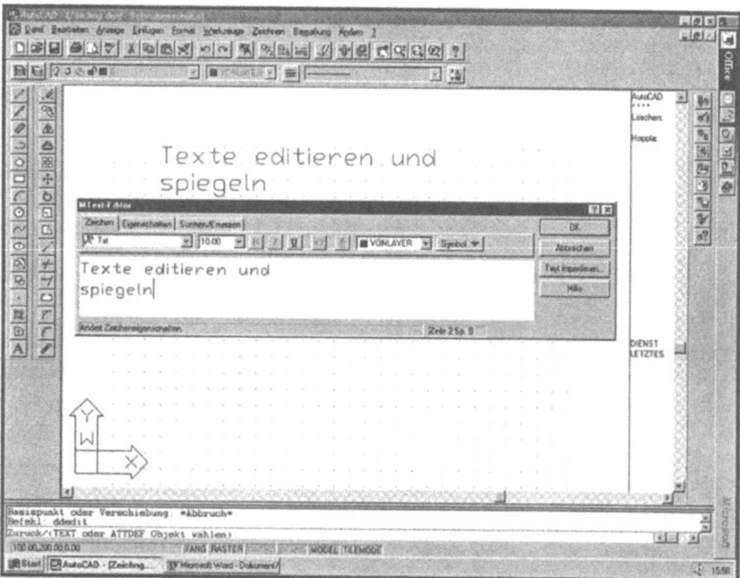

Praxistip

Beim Spiegeln von Text mit Hilfe des Befehls SPIEGELN sind zwei Grundeinstellugen möglich. Diese werden mit der Systemvariablen MIRRTEXT gesteuert. Diese Systemvariable nimmt die Werte „1" oder „0" an:

„1"   Spiegelung des gesamten Textes. Text unlesbar.

„0"   Texte werden bei der Spiegelung nicht berücksichtigt. Sie bleiben lesbar, nur der Texteinfügepunkt wird neu definiert.

Die Systemvariablen werden im Kapitel 5.11 behandelt.

5.5.7 Tips für die Praxis

Für die praktische Arbeit sind folgende Tips nützlich:

1. Überlegen Sie zu Sitzungsbeginn, welche Schriftstile Sie benötigen und legen Sie die diesbezüglichen Stile und Schriftsatzdateien gemäß der beschriebenen Vorgehensweisen von Kapitel 5.5.5 oder 5.5.4 an. Sie können auch Schriftstile bereits in den Vorlagen für Ihre Zeichnungen einstellen (Kapitel 13).

2. Bei den Detailabfragen geben Sie für die Texthöhe „0" vor. Da Sie erst später abschätzen können, wie die Texthöhe sein muß, halten Sie sich damit alles offen. Sie werden bei jeder Texteingabe nach der Höhe gefragt.

3. Denken Sie daran, daß die Texthöhe in Zeichnungseinheiten eingegeben wird.

4.   Arbeiten Sie vorzugsweise mit MTEXT statt mit DTEXT oder TEXT!

5.   Schreibfehler kommen vor und sind mit DDEDIT schnell zu korrigieren!

6.   Denken Sie beim Spiegeln von aggregierten Geometrien, die Textobjekte enthalten, daran, vor dem Spiegeln die Systemvariable MIRRTEXT auf „0" zu setzen!

5.6   Editierbefehle

Objektwahl

Ein generelles Kennzeichen aller Editierbefehle ist die vorherige Objektwahl. Editierbefehle greifen also auf schon eingegebene oder vorhandene Objekte zurück. Zum Verständnis dieser Prozesse ist es wichtig, daß Sie mit dem Objektbegriff, wie ihn AutoCAD verwendet, vertraut sind. Im Zweifelsfall sollten sie noch einmal Kapitel 5.4.1 lesen.

Mit den von AutoCAD bereitgestellten Methoden zum Fangen bzw. Auswählen der Objekte hatten wir uns schon im Kapitel 5.2 beschäftigt. Vergessen Sie nicht, die Objektwahl mit <ENTER> abzuschließen. Die in diesem Kapitel vorgestellten Editierbefehle sind zum größten Teil aus dem Pulldown-Menü „Ändern" heraus aufrufbar. Im Seitenmenü befinden sich die Editierbefehle im Menü „Ändern1" und „Ändern2". Außerdem stehen Ihnen die Befehle über Buttons des Werkzeugkasten „Ändern" zur Verfügung. Wir zeigen Ihnen die Befehlsabarbeitung über Tastatureingabe der Befehle, die mit den anderen Eingabevarianten im wesentlichen übereinstimmt.

5.6.1   Der Befehl LÖSCHEN

Dieser Befehl löscht Objekte in Ihrer Zeichnung. Sie rufen den Befehl aus dem Pulldown-Menü „Ändern", Menüpunkt „Löschen" auf oder geben ihn über Tastatur ein:

```
Befehl: LÖSCHEN
Objekte wählen:
```

Man kann auf alle Formen der Objektauswahl zurückgreifen (Kapitel 5.2.1). Haben Sie versehentlich zuviel gelöscht, kein Problem, mit „HOPPLA" bzw. mit „Z" oder „ZURÜCK" holen Sie das gelöschte Element zurück (Kapitel 5.8). Der Befehl löscht nur ganze Objekte. Soll ein Teil (z. B. der Teil einer Linie) gelöscht werden, muß mit BRUCH (Kapitel 5.6.12) gearbeitet werden.

Hinweis	Einen in die Zeichnung eingefügten Block betrachtet AutoCAD als ein ganzes Element. Klicken Sie eine solche Einfügung an, wird sie vollständig gelöscht.

5.6.2   Der Befehl ÄNDERN

Dieser Befehl gestattet im nachhinein, Objekt-Eigenschaften, wie Farbe, Layer, Linientyp, Erhebung oder Objekthöhe bzw. Positionen von Kreisen, Linien, Blöcken und Texten zu ändern. Sie rufen den Befehl aus dem Pulldown-Menü „Ändern", Menüpunkt „Eigenschaften" auf oder geben ihn über Tastatur ein:

```
Befehl: ÄNDERN
Objekte wählen:
EIgenschaften/<Modifikationspunkt>: EI
```

Den Objekten Ihrer Zeichnung werden mehrere Charakteristika wie Linientyp, Farbe, Layer u. ä. zugeordnet. In der AutoCAD-Terminologie wird dies als Eigenschaft des Objektes bezeichnet.

```
Welche Eigenschaft ändern (Farbe/ERhebung/LAyer
/LTYp/LTFaktor/Objekthöhe) ?
Neue Eigenschaft <aktuell> :
```

Farbe

Haben Sie eine Auswahl von unterschiedlichen Objekten, die unterschiedliche Werte besitzen, wird die obige Zeile geringfügig variiert. Um die Farbe ihres Objekts nachträglich zu verändern, rufen Sie die Option „Farbe" auf und tragen die gewünschte Farbe als Standardfarbname oder Farbnummer aus der Tabelle ein.

```
Neue Farbe <Vorgabe> :
```

Soll das Objekt die Farbe des Layers annehmen, so sollten Sie dies mit „VONLAYER" einstellen. Objekte, die in einen Block eingefügt werden und dessen Farbe erhalten sollen, wird mit „VONBLOCK" die Farbinformation übertragen.

Erhebung

Die nächste Option, „Erhebung", bewirkt die Veränderung der 3D-Erhebung Ihres Objektes; die Basisebene hat die Erhebung Z=0.

```
Neue Erhebung <Vorgabe>:
```

Layer

Damit können Sie Objekte Ihrer Zeichnung in einen anderen (bereits definierten) Layer verschieben. Beachten Sie bitte, daß diese Option nur durch die Eingabe von „LA" signifikant von der nächsten Option unterschieden werden kann.

```
Neuer Layer <Vorgabe>:
```

Linientyp

Mit „LTY" kann dem Objekt ein anderer Linientyp zugeordnet werden. Existiert der Linientyp noch nicht im System, so muß dieser Typ aus der Linientyp-Standardbibliothek acad.lin geladen werden.

    Neuer Linientyp <Vorgabe>:

Linientypfaktor

Mit „LTFaktor" können Sie die relative Länge von strichpunktierten Linientypen bezogen auf eine Zeicheneinheit ändern. Die Änderung des Skalierfaktors für Linientypen bewirkt, daß die Zeichnung regeneriert wird.

Objekthöhe

Mit der Opion „Objekthöhe" können Sie die Höhe des Objektes über der Basisebene ändern.

Modifikationspunkt

Die Standardeinstellung dieses Befehls bezieht sich auf „Modifikationspunkt". Wenn Sie ein Objekt anwählen, betrachtet AutoCAD den angegebenen Punkt als Modifikationspunkt. Die Wirkung des Befehls ist im weiteren vom Typ des angeklickten Objekts abhängig:

Bei Linien wird der nächste Endpunkt der Linie durch diesen Punkt gezogen. Sie ändern also Anstieg und Länge der Geraden. 3D-Linien werden wie 2D-Linien behandelt. Wenn Sie die Z-Koordinate ändern wollen, müssen Sie das explizit angeben.

Der Umfang des Kreises geht nach der Ausführung des Befehls durch diesen Punkt. Der Abstand vom Modifikationspunkt zum Mittelpunkt des Kreises wird zu dessen neuem Radius.

Der Einfügungspunkt von Blöcken wird mit dem Blockinhalt auf den von Ihnen gewünschten Punkt gelegt. Beantworten Sie die Frage nach dem Modifikationspunkt mit <ENTER> wird der Block nicht verschoben. Weiterhin wird Ihnen die Möglichkeit der Drehung des Blockes eingeräumt.

    Neuer Drehwinkel <Vorgabe>:

Dialogorientiertes Ändern

Wenn Sie den Befehlsaufruf über das Pulldown-Menü „Ändern", Menüpunkt „Eigenschaften" vorgenommen haben, können Sie die Eigenschaften der Objekte dialogorientiert ändern (vergleiche Kapitel 5.4.1 und Bild 5.12).

Übertragung von Eigenschaften

Im AutoCAD 14 steht nun auch eine Funktion zur Verfügung, mit der Sie, analog zu Textverarbeitungssystemen, dialogorientiert Eigenschaften von einem Objekt auf ein anderes übertragen können. Wählen Sie im dazu im Pulldown-Menü „Ändern" den Menüpunkt „Eigenschaften anpassen".

5.6.3   Der Befehl EIGÄNDR

Der Befehl EIGÄNDR ist eine Untermenge des Befehls ÄNDERN. Sie können den Eigenschaften Farbe, Linientyp, Linientypfaktor, Layer und Objekthöhe mit diesem Befehl neue Werte zuweisen. Sie geben den Befehl über Tastatur ein:

```
Befehl: EIGÄNDR
Objekte wählen:
Welche Eigenschaft ändern? (Farbe/LAyer/
/LTYp/LTFaktor/Objekthöhe)
```

Hinweis

Da ÄNDERN innerhalb von Benutzerkoordinatensystemen nicht alle Objekte erkennt, wurde diese Befehlssatzerweiterung vorgenommen. Die Auswahlmöglichkeiten unterscheiden sich nicht von denen des Befehl ÄNDERN . EIGÄNDR wirkt bei allen Objekten, unabhängig von Ihrer Objekthöhe und der Orientierungsrichtung im Raum.

5.6.4 Der Befehl KOPIEREN

Objekte und Symbole, die mehrfach in der Zeichnung auftreten, können mit diesem Befehl leicht vervielfältigt werden. Sie rufen den Befehl aus dem Pulldown-Menü „Ändern", Menüpunkt „Kopieren" auf oder geben ihn über Tastatur ein:

```
Befehl: KOPIEREN
Objekte wählen:
Mehrfach/<Basispunkt oder Verschiebung>:
Zweiter Punkt der Verschiebung:
```

Objektauswahl

Die Objektauswahl geht nach den bereits aufgeführten Methoden vonstatten. Wählen Sie bei Aufruf der standardmäßig gesetzten Option (z. B. mit dem Fadenkreuz) einen Basispunkt am zu kopierenden Objekt aus. Sinnvoll kann beispielsweise der linke untere Punkt eines Symbols oder Primitivs sein. Von diesem Punkt geht die Kopie aus. Innerhalb dieser Option wird nur einmal kopiert.

Befehlsoptionen

Die Option „Mehrfach" gestattet die beliebig oft wiederholbare Duplikation des ausgewählten Objektes. Mit einem doppelten <ENTER>-Tastendruck verlassen Sie diesen Modus.

Bei eingeschaltetem ZUG-Modus (Befehl ZUGMODUS) ist die Silhouette der Kopie stets zu sehen; Sie können das Objekt mit dem Fadenkreuz bewegen.

5.6.5 Der Befehl REIHE

Dieser Befehl gestattet eine mehrfache Kopie von Objekten, wobei diese dann rechtwinklig oder polar angeordnet werden können. Sie rufen den Befehl aus dem Pulldown-Menü „Ändern", Menüpunkt „Reihe" auf oder geben ihn über Tastatur ein:

```
Befehl: REIHE
Objekte wählen:
Rechteckige/polare Anordnung (R/P) <R>:
```

Befehlsoptionen

Sie können auf den gesamten AutoCAD-Auswahlstandard zurückgreifen, um die Objekte zu spezifizieren. Bei Aktivierung der Option „Rechteckig" werden die Objekte rechtwinklig, in einer Matrixform zueinander, angeordnet. Die Duplikation der Objekte wird parallel zu den Koordinatenachsen vorgenommen. Stellen Sie sich die Vervielfältigung Ihrer Objekte als eine Matrix vor.

```
Anzahl Zeilen (---) <1>:
```

Als Antwort erwartet AutoCAD die Anzahl der Zeilen, also die Kopien des Originals in Y-Richtung.

```
Anzahl Spalten ( | | | ) <1>:
```

Gemeint ist die Anzahl der Spalten (Kopien des Objektes in X-Richtung).

```
Zelle oder Abstand zwischen den Zeilen (---):
```

Die nächste Frage bezieht sich auf die Größe eines Elements der entstehenden Matrix. Alternativ kann auch der Abstand zwischen den Reihen eingegeben werden.

```
Abstand zwischen den Spalten ( | | | ):
```

Praxistip

Standardmäßig wird angenommen, daß sich das Grundelement in der linken unteren Ecke befindet. Die Matrix entsteht nach rechts und nach oben.

Die zweite Anordnungsform, die REIHE unterstützt, ist die der polaren Anordnung. Betätigen Sie die Taste „P" bei der entsprechenden Abfrage am Anfang und Ihre Objekte werden polar zueinander angeordnet. Zuerst wird der Mittelpunkt der Anordnung erfragt. Dem folgt die Frage nach der Anzahl der Elemente.

```
Mittelpunkt der Anordnung:
Anzahl der Elemente:
```

Geben Sie die Anzahl der Elemente ein, die polar angeordnet werden sollen. Vergessen Sie dabei das Original nicht, da es Bestandteil der Teilung des Kreises ist.

Winkeleingabe

Geben den Winkel an, den Sie mit Ihren Objekten auszufüllen gedenken. AutoCAD schlägt Ihnen als Standardantwort einen Vollkreis vor. An dieser Stelle sei noch eine Anmerkung zum Vorzeichen des Winkels gegeben. Die Abkürzungen "GUZ" und "ZU" beziehen sich auf den Uhrzeigersinn, GUZ bedeutet entgegengesetzter Uhrzeigersinn und UZ heißt Uhrzeigersinn.

```
Auszufüllender Winkel (+=GUZ, -=UZ) <360>:
```

Objekte drehen

Falls die Objekte beim Kopieren entsprechend ihrer Stellung im Kreisbogen gedreht werden sollen, müssen Sie diese Frage bejahen. Andernfalls wird die Zusatzfunktion ausgespart, die Objekte werden ohne zusätzliche Drehung auf dem Blatt plaziert.
Objekte drehen beim Kopieren? <J>:

Beispiel

Die Arbeitsweise mit dem Befehl REIHE soll an einem Beispiel verdeutlicht werden (Bild 5.27). Sie zeichnen einen Kreis mit dem Mittelpunkt bei (255,40) und legen durch den Kreis zwei Linien (horizontal und vertikal). Danach vervielfältigen Sie den Kreis mit REIHE.

Bild 5.27:
Befehl Reihe, polare
Anordnung

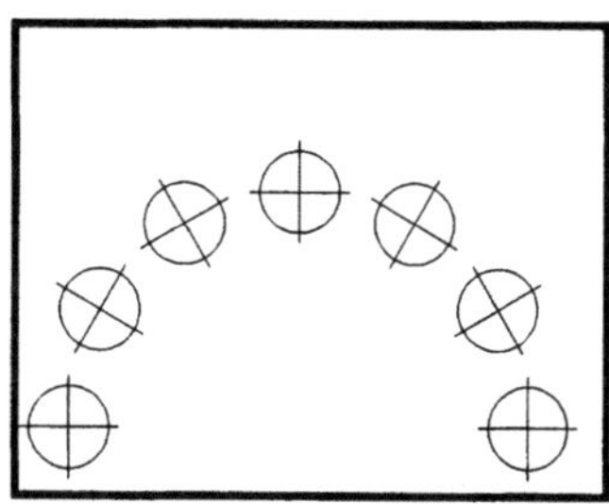

Der vollständige Befehlsablauf, der zur Darstellung von Bild 5.27 führt, ist folgender:

```
Befehl: KREIS
3P/2P/TTR/<Mittelpunkt>: 255,40
Durchmesser/<Radius> <Vorgabe> :20
Befehl: LINIE
Von Punkt: 255,65
Nach Punkt: @0,-50
Nach Punkt: <ENTER>
Befehl: <ENTER>
Linie von Punkt: 230,40
Nach Punkt: @50,0
Nach Punkt: <ENTER>
Befehl: REIHE
Objekte wählen:
(Kreuzfenster um Kreis mit Linien legen!)
Objekte wählen: <ENTER>
Rechteckige oder polare Anordnung (R/P) <R>: P
Mittelpunkt der Anordnung: 140,40
Anzahl Elemente: 7
Auszufüllender Winkel (+=GUZ, -=UZ) <360>: 180
Objekte drehen beim Kopieren? <J> <ENTER>
```

Damit ist das Vervielfältigen abgeschlossen. Das Ergebnis sehen Sie in Bild 5.27. Sie sehen sehr schön, wie die durch den Kreis gehenden Linien mitgedreht wurden.

Beispiel

Die Arbeitsweise mit dem Befehl REIHE soll an einem weiteren Beispiel vertieft werden (Bild 5.28). Sie zeichnen ein Achteck mit dem Mittelpunkt bei (35,40). Danach vervielfältigen Sie das Achteck mit REIHE. Der vollständige Befehlsablauf, der zur Darstellung von Bild 5.28 führt, ist folgender:

```
Befehl: POLYGON
Anzahl Seiten <Vorgabe>: 8
Seite/<Polygonmittelpunkt: 35,40
Umkreis/Inkreis (U/I) <U>: <ENTER>
Kreisradius: 26.93
Befehl: REIHE
Objekte wählen: Achteck anklicken
Objekte wählen: <ENTER>
Rechteckige oder polare Anordnung (R/P) <P>: R
Anzahl Zeilen (---) <1>: 3
Anzahl Spalten ( | | | ) <1>: 4
Auszufüllender Winkel (+=GUZ, -=UZ) <360>: 180
Objekte drehen beim Kopieren? <J> <ENTER>
Zelle oder Abstand zwischen den Zeilen (---): 65
Abstand zwischen den Spalten ( | | | ): 70
```

Damit ist das Vervielfältigen abgeschlossen. Das Ergebnis sehen Sie in Bild 5.28!

Bild 5.28:
Befehl Reihe, rechteckige Anordnung

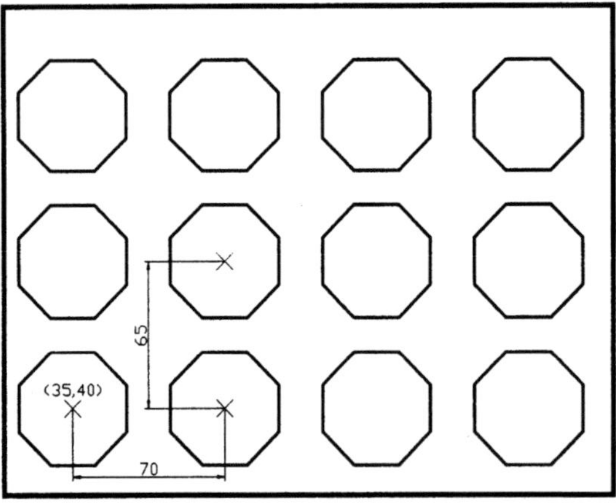

5.6.6 — Der Befehl SCHIEBEN

SCHIEBEN ermöglicht die nachträgliche Positionsänderung eines Objektes. Sie rufen den Befehl aus dem Menü „Ändern", Menüpunkt „Schieben" auf oder geben ihn über Tastatur ein:

```
Befehl: SCHIEBEN
Objekte wählen:
Basispunkt oder Verschiebung:
Zweiter Punkt der Verschiebung: (Neue Position)
```

Befehlsoptionen

Der zweite Punkt der Verschiebung kann ebenfalls über das Fadenkreuz angezeigt werden. Das Abbild wird bei eingeschaltetem ZUG-Modus angezeigt - Sie werden diese Positionierhilfe bestimmt als sinnvolle Serviceleistung betrachten. Die Arbeitsgeschwindigkeit, gemeint ist die Geschwindigkeit der Fadenkreuzbewegung, wird dadurch jedoch etwas vermindert.

5.6.7 — Der Befehl SPIEGELN

Bild 5.29:
Anwendung des Befehls SPIEGELN

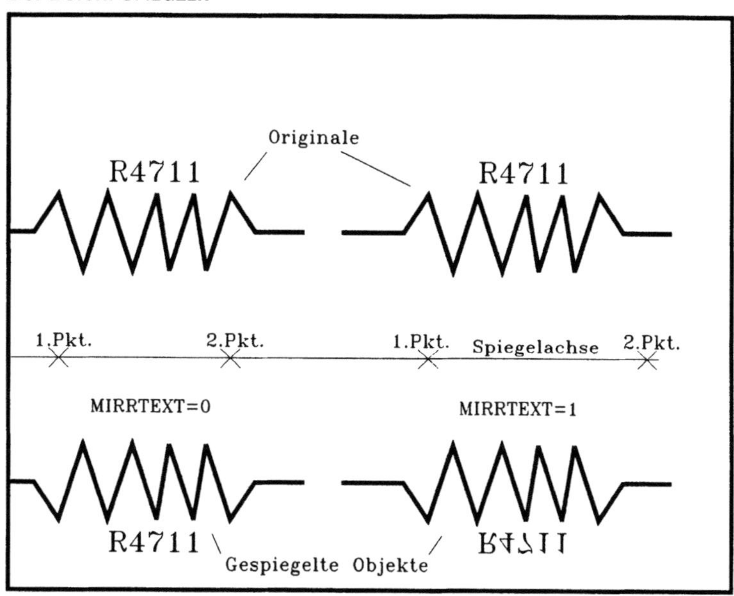

Dieser Befehl ermöglicht Ihnen die Spiegelung von Objekten Ihrer Zeichnung zu jeder beliebigen Spiegelachse. Sie rufen den Befehl aus dem Pulldown-Menü „Ändern", Menüpunkt „Spiegeln" auf oder geben ihn über Tastatur ein:

```
Befehl: SPIEGELN
Objekte wählen:
Erster Punkt der Spiegelachse:
Zweiter Punkt:
```

Befehlsoptionen

Die erste Abfrage bezieht sich auf die Spiegelachse. Zwei Punkte sind anzugeben. Die Verbindungslinie, die sich zwischen den Punkten ziehen läßt, ist die Spiegelachse für Ihre Objekte. Die Spiegelachse darf jeden beliebigen Anstieg haben. Ist dies geschehen, können Sie noch über den Verbleib des Originals entscheiden:

```
Alte Objekte löschen? <N>:
```

Die Standardantwort heißt „Nein", die Ursprungsobjekte werden nicht gelöscht.

Praxistip

Noch eine Bemerkung zum Spiegeln von Text (s. a. Kapitel 5.5.6): Normalerweise erscheint der Text in Spiegelschrift. Setzen Sie die Systemvariable MIRRTEXT=0, so wird der Text nicht gespiegelt, sondern normal, also lesbar, kopiert. Die Werte der Systemvariable MIRRTEXT:

1:   Text wird gespiegelt

0:   Text wird nicht gespiegelt,

Diese Sachverhalte werden in Bild 5.29 demonstriert.

5.6.8   Der Befehl DREHEN

Der Befehl DREHEN ermöglicht Ihnen die nachträgliche Drehung von Symbolen und Objekten in Ihrer Zeichnung. Sie rufen den Befehl aus dem Pulldown-Menü „Ändern", Menüpunkt „Drehen" auf oder geben ihn über Tastatur ein:

```
Befehl: DREHEN
Objekte wählen:
Basispunkt:
Bezug/<Drehwinkel>:
```

Befehlsoptionen

Als Basispunkt geben Sie am besten den Drehpunkt des Objekts an. Um diesen Punkt wird das Symbol gedreht. „Drehwinkel" ist bereits eine Voreinstellung, AutoCAD erwartet die Eingabe eines Winkels. Der Winkel wird in mathematisch positiver Richtung von der Horizontalen aus gemessen, auch dann noch, wenn Sie im Befehl EINHEIT die Richtung des Winkels für 0 Grad anderweitig definiert haben.

Sollten Sie den Winkel nicht genau kennen, so läßt sich AutoCAD in der Option „Bezug" nach Angabe eines Bezugswinkels per Fadenkreuz den von Ihnen gewünschten Winkel zeigen.

| 5.6.9 | **Der Befehl VARIA** |

Mit diesem Befehl können Sie die Größe bereits existierender Objekte ändern. Sie rufen den Befehl aus dem Menü „Ändern", Menüpunkt „Varia" auf oder geben ihn über Tastatur ein:

```
Befehl: VARIA
Objekte wählen:
Basispunkt:
<Skalierfaktor>/Bezug:
```

Befehlsoptionen

Die Objektauswahl geschieht mit den bereits bekannten Möglichkeiten. Der Basispunkt sollte in der Nähe des Grafikelements gewählt werden. Wenn Sie diesen Punkt an eine markante Stelle des Elements legen, so wird die Größenänderung von dort ausgehen, d. h. dieser Punkt bleibt mit seinen Koordinaten erhalten. Ein Größenfaktor größer 1 bewirkt eine entsprechende Vergrößerung. Ein Faktor kleiner 1 vermindert die Größe des Objektes.

Bild 5.30:
Anwendung des Befehls Varia

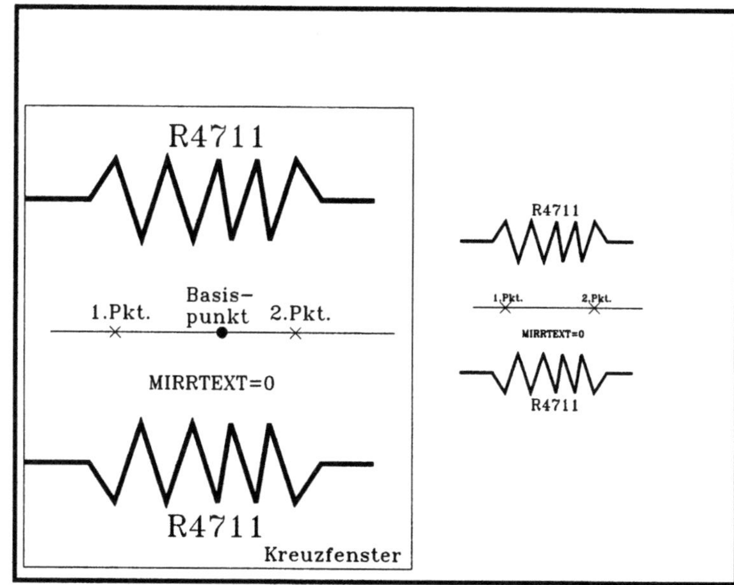

Praxistip

In Ihrer praktischen Arbeit wird Ihnen der Maßstab nicht immer exakt bekannt sein. In diesem Falle kann die Größe des Objektes auch interaktiv vorgegeben werden. Über die Option „Bezug" können Sie mit Ihrem Zeigegerät eine Bezugslänge, an der sich AutoCAD orientiert, vorgeben. Die Referenzlänge ist standardgemäß mit 1 festgelegt.

```
Bezugslänge:
Neue Länge:
```

Wählen Sie eine markante Strecke am Symbol, welcher die Bezugslänge zugeordnet werden soll. Die neue Länge kann nun ebenfalls von dieser Strecke aus eingestellt werden. Bei eingeschaltetem ZUG-Modus ist die Silhouette des Symbols mit den neuen Abmaßen bereits zu sehen.

Bild 5.30 zeigt links die nicht skalierten Objekte und rechts die mit einem Skalierfaktor von 0.5 skalierten Objekte. Dabei wurde so vorgegangen:

```
Befehl: VARIA
Objekte wählen: (Kreuzfenster um die Objekte legen.)
Objekte wählen: <ENTER>
Basispunkt: (Festlegung des Basispunktes etwa in der
Mitte des Kreuzfensters.)
<Skalierfaktor>/Bezug: 0.5
```

5.6.10   Der Befehl STRECKEN

STRECKEN erlaubt Ihnen, Objekte auf dem Bildschirm zu verschieben, ohne daß der Bezug zu peripheren Symbolen verloren geht. Sie rufen den Befehl aus dem Pulldown-Menü "Ändern", Menüpunkt "Strecken" auf oder geben ihn über Tastatur ein:

```
Befehl: STRECKEN
Objekte, die gestreckt werden sollen, mit Kreuzen-
Fenster oder Kreuzen-Polygon wählen. Objekte wählen:
```

Befehlsoptionen

Bei diesem Befehl sollte die Auswahl der Objekte im Kreuzen-Fenster oder Kreuzen-Polygon-Modus erfolgen. Auf diese Weise wird gewährleistet, daß der Bezug des Symbols zu seinen Verbindungslinien vollständig an AutoCAD übergeben wird. Objekte, die vollständig im Fenster liegen, werden wie beim Befehl SCHIEBEN behandelt, während die Objekte, die das Auswahlfenster nur kreuzen, gestreckt werden. Nach der Auswahl der Objekte werden Sie aufgefordert, den Basispunkt oder die Verschiebung einzugeben.

```
Basispunkt oder Verschiebung:
```

Hinweis

Beachten Sie dabei, daß dieser Punkt den Bezug für die Änderung darstellt. Der Basispunkt und der noch zu bestimmende Verschiebungspunkt werden während des Streckens mit einer Gerade verbunden.

```
Zweiter Punkt der Verschiebung:
```

Jetzt kann das Objekt beliebig verschoben werden, die Beziehungen (Verbindungen) zum Umfeld bleiben erhalten. Dieser Befehl behandelt nicht alle Objekte Ihrer Zeichnung gleichermaßen. Linien und Endpunkte von Linien, die innerhalb des Fensters liegen, werden verschoben. Der andere, außerhalb liegende Punkt ändert seine Koordinaten nicht. Der Mittelpunkt von Bogen, sowie der Start- und der Endwinkel werden entsprechend angepaßt.

Wirkung bei Polylinien

Eine Polylinie zerfällt in ihre Segmente, wobei sich diese Liniensegmente wie Linien verhalten. Kreise, Blöcke und Texte werden komplett verschoben, so daß Ihr Objekt vollständig im Fenster liegt. Der Definitionspunkt von Kreisen ist der Mittelpunkt, bei Blöcken ist es der Einfügungspunkt und für Texte gilt der linke, untere Punkt.

Bild 5.31:
Wirkung des Befehls
Strecken

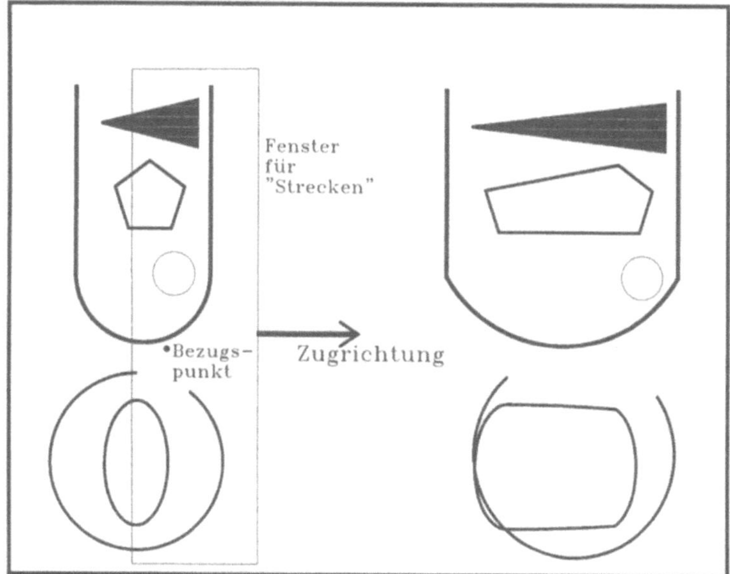

Beispiel

Die dargelegten Dinge sollen vereinfacht am Beispiel demonstriert werden (Bild 5.31). Dort ist links die Ausgangsgeometrie und rechts das Ergebnis nach dem Strecken zu sehen. Zusammengefaßt kann man die Wirkung so charakterisieren:

- Objekte, die vollständig im Fenster liegen werden verschoben (der Kreis in Bild 5.31) und

- Linien, Bogen und Polyliniensegmente, die das Fenster kreuzen, werden gestreckt.

5.6.11

Neue Optionen in
AutoCAD 14

Der Befehl STUTZEN

STUTZEN ist das Gegenkommando zu DEHNEN. Mit diesem Befehl stutzen Sie Objekte in Ihrer Zeichnung, die gewünschte Grenzlinien überschritten haben. Seine Funktionalität wurde in Auto-CAD 14 verbessert. Das betrifft die neuen Optionen „Projektion/Kante/Zurück". Sie rufen den Befehl aus dem Pulldown-Menü „Ändern", Menüpunkt „Stutzen" auf oder geben ihn über Tastatur ein:

```
Befehl: STUTZEN
Schnittkante(n) wählen. (PROJMODE = BKS;  EDGEMODE=
Nichtdehnen)
Objekte wählen:
Projektion/Kante/ZUrück /<Objekt wählen, das gestutzt
werden soll>:
```

Folgende Objekte können gestutzt werden: Bögen, Kreise, Elliptische Bögen, Linien, offene 2D- und 3D-Polylinien, Strahlen und Splines.

Bild 5.32:
Anwendung des Befehls Stutzen

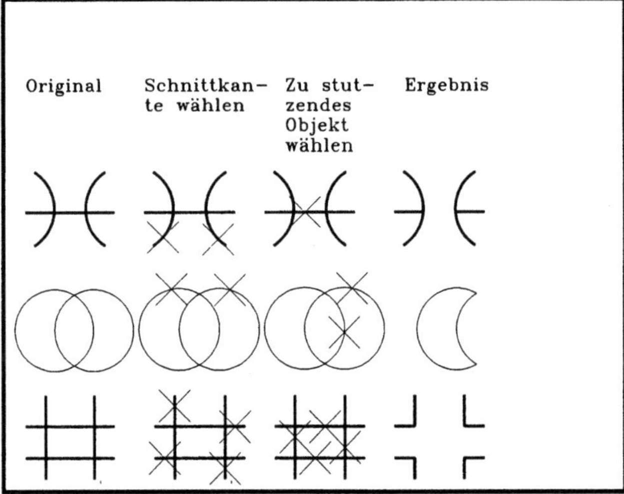

Praxistip

Wählen Sie die Objekte, durch die die Schnittkanten zum Stutzen des Objekts definiert werden sollen oder drücken Sie *<ENTER>*, um alle Objekte als mögliche Schnittkanten auszuwählen. Gültige Schnittkantenobjekte sind: 2D- und 3D-Polylinien, Bögen, Kreise, Ellipsen, Linien, verschiebbare Ansichtsfenster, Strahlen, Regionen, Splines, Text und Konstruktionslinien. Der Befehl STUTZEN projiziert die Schnittkanten und die zu stutzenden Objekte auf die XY-Ebene des aktuellen BKS.

Praxistip

Bestimmen Sie bitte zuerst die Grenzlinie, bis zu der das Objekt gestutzt werden soll und erst danach wählen Sie die zu stutzenden Objekte aus. Empfehlenswert für die Objektanwahl ist die Möglichkeit des Anpickens; aber auch die anderen Methoden lassen sich anwenden.

Die Auswahl der zu stutzenden Objekte wird bis zur Eingabe eines <ENTER>-Tastendrucks, d. h. einer Leereingabe, wiederholt. Texte können nicht gestutzt werden. Durch die Angabe zweier Punkte kann dagegen ein Kreis gestutzt werden. Dabei wird der Kreis in einen Kreisbogen verwandelt. Das Stutzen zweidimensionaler Polylinien erfolgt immer an deren Mittellinie. Breite Polylinien, die Sie im Winkel abschneiden, ragen wegen des rechtwinkligen Schnittendes der Polylinien immer über die Schnittkante hinaus.

Einige Beispiele sollen exemplarisch die Vorgehensweise verdeutlichen (Bild 5.32).

5.6.12   Der Befehl BRUCH

Dieses Kommando hilft Ihnen, Teilstücke von Linien oder Bogen zu löschen bzw. die genannten Elemente zu durchtrennen. Sie rufen den Befehl aus dem Pulldown-Menü „Ändern", Menüpunkt „Bruch" auf oder geben ihn über Tastatur ein:

```
Befehl: BRUCH
Objekte wählen:
Zweiter Punkt (oder E für ersten Punkt):
```

Befehlsoptionen

Mit BRUCH können Sie auf einfache Weise überstehende Linien oder Bögen „abbrechen" oder löschen. Auch ein „Herausbrechen" eines Abschnittes aus einem geschlossenen Linienzug ist möglich. Die Auswahl des Objektes, welches Sie verändern wollen, geschieht mit den üblichen Möglichkeiten: Koordinatenangabe oder einfaches Anpicken.

Erster Punkt

Die Frage nach dem ersten Punkt wurde übersprungen, da der spezifizierte Punkt als Anfangspunkt des Bruchs gewertet wurde. Wenn Sie jedoch ein „E" eintippen, erwartet AutoCAD, daß Sie nun den ersten Punkt, den Beginn des Bruches, anzeigen.

Wirkung bei Linien

Für Linien gilt: Liegen beide Punkte auf dem Linienzug, so wird dieser getrennt, andernfalls, d. h. es befindet sich nur ein Auswahlpunkt auf der Linie, wird die Linie abgeschnitten. Bei den Elementen Bogen und Polylinien wird kein Unterschied zur Linienbehandlung gemacht.

Praxistip

Eventuelle Bedienfehler können Sie mit „Z" leicht wieder beheben. Bei Kreisen hingegen dürfen Sie jedoch die Orientierung der beiden Bruchpunkte nicht außer acht lassen: AutoCAD „denkt" standardgemäß mathematisch positiv. Andernfalls bleibt Ihnen nur der komplementäre Teilbogen erhalten.

5.6.13

Neue Optionen in AutoCAD 14

Der Befehl FASE

Mit diesem Befehl können Sie die scharfe Kante zweier sich schneidender Linien abschrägen. In AutoCAD 14 liegt ein verbesserter Befehl mit leistungsstarken Optionen vor. Die neu aufgenommenen Optionen sind „Winkel", „Stutzen" und „Methode". Sie rufen den Befehl aus dem Pulldown-Menü „Ändern", Menüpunkt „Fase" auf oder geben ihn über Tastatur ein:

```
Befehl: FASE
(STUTZEN-Modus) Gegenwärtiger Fasenabst1 = 0.50, Abst2
= 0.50
Polylinie/Abstand/Winkel/Stutzen/Methode/<erste Linie
wählen>:
Zweite Linie wählen:
```

Befehlsoptionen

Wenn Objekte (Polylinien, Linien u.a.) in Ihrer Zeichnung abgekantet werden sollen, so müssen Sie zuerst die gewünschten Abstände vom Schnittpunkt bis zu den Knickpunkten der Abschrägung angeben. Die Einstellung der Abstände wird über die Option „Abstand" vorgenommen. Numerische Werte sind möglich, Sie können aber auch die Distanzen per Endpunktangabe eingeben.

```
Ersten Fasenabstand eingeben <Vorgabe>:
Zweiten Fasenabstand eingeben <Vorgabe>:
```

Nach dieser Parameterfestlegung geht AutoCAD wieder in den Befehlsmodus über. Sie müssen den Befehl FASE zur Befehlsausführung also nochmals aufrufen. Ein <ENTER>-Tastendruck genügt bereits zum erneuten Aufruf von FASE.

Bei Angabe der Option „Polylinie" können Sie die Polylinie anfasen. Klicken Sie die gewünschte Linie an und AutoCAD wird alle Schnittpunkte im Uhrzeigersinn mit einer Abschrägung versehen. Selbstverständlich können Sie auch die Schnittpunkte von Linien einzeln abschrägen. Wählen Sie dazu nacheinander (z. B. per Anpicken) die erste und zweite Linie an. Als Fasenparameter sind die jeweils zuletzt festgelegten gültig.

Beispiel

Üben Sie nun ein wenig (Bild 5.33). Zeichnen Sie die Polylinie_A. Geben Sie dann folgendes ein:

```
Befehl: FASE
(STUTZEN-Modus) Gegenwärtiger Fasenabst1 = 0.50, Abst2
= 0.50
Polylinie/Abstand/Winkel/Stutzen/Methode/<erste Linie
wählen>: A
Ersten Fasenabstand eingeben <0.50>: 15
Zweiten Fasenabstand eingeben <15.00>: 5
Befehl:<ENTER>
(STUTZEN-Modus) Gegenwärtiger Fasenabst1 = 15.00,
Abst2 = 5.00
Polylinie/Abstand/Winkel/Stutzen/Methode/<erste Linie
wählen>: P
2D Polylinie wählen:
4 Linien wurden gefast.
```

Das Ergebnis sehen Sie in Bild 5.33, oben. Sie erkennen, daß es bei nichtsymmetrischen Fasenabständen unzweckmäßig ist, die Polylinie als Ganzes abzukanten. In einem solchen Fall ist auch die Antastfolge von erster und zweiter Linie nicht egal.

Bild 5.33:
Anfasen und Abrunden von Geometrie

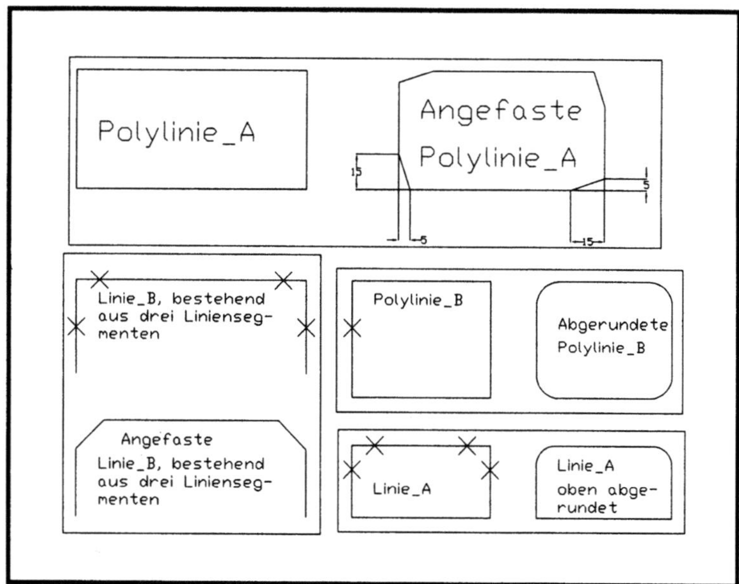

Beispiel

Betrachten wir den nächsten Fall. Zeichnen Sie mit LINIE die Linie_B, bestehend aus drei Liniensegmenten. Geben Sie dann folgendes ein:

```
Befehl: FASE
(STUTZEN-Modus) Gegenwärtiger Fasenabst1 = 15.00,
Abst2 = 5.00
Polylinie/Abstand/Winkel/Stutzen/Methode/<erste Linie
wählen>: A
Ersten Fasenabstand eingeben <15.00>: 12
Zweiten Fasenabstand eingeben <12.00>: <ENTER>
Befehl: <ENTER>
(STUTZEN-Modus) Gegenwärtiger Fasenabst1 = 12.00,
Abst2 = 12.00
Polylinie/Abstand/Winkel/Stutzen/Methode/<erste Linie
wählen>: (Linke Linie anklicken.)
Zweite Linie wählen: (Obere Linie anklicken--→1. Fase
erscheint.)
Befehl: <ENTER>
(STUTZEN-Modus) Gegenwärtiger Fasenabst1 = 12.00,
Abst2 = 12.00
Polylinie/Abstand/Winkel/Stutzen/Methode/<erste Linie
wählen>: (Obere Linie anklicken.)
Zweite Linie wählen: (Rechte Linie anklicken-→2. Fase
erscheint.)
```

Das Ergebnis sehen Sie im Bild 5.33, links unten.

5.6.14   Der Befehl ABRUNDEN

Neue Optionen in
AutoCAD 14

Mit diesem Befehl können Sie eine aus Polylinien bestehende Ecke abrunden bzw. den Berührungspunkt zweier Linienenden durch einen Kreisbogen ersetzen. In AutoCAD 14 liegt ein verbesserter Befehl mit leistungsstarken Optionen vor. Die neu aufgenommene Option ist „Stutzen". Die Nutzung des Befehls ist ähnlich der des Befehls FASE. Sie rufen den Befehl aus dem Pull-down-Menü „Ändern", Menüpunkt „Abrunden" auf oder geben ihn über Tastatur ein:

```
Befehl: ABRUNDEN
(STUTZEN-Modus) Gegenwärtiger Abrundungsradius = 8.00
Polylinie/Radius/Stutzen/<erstes Objekt wählen>:
Zweites Objekt wählen:
```

Befehlsoptionen

Die Option „Polylinie" bewirkt das Abrunden aller Ecken der Polylinie im definierten Radius.

```
Rundungsradius eingeben <aktuell>:
```

Die Option „Radius" läßt Sie den gewünschten Rundungsradius einstellen. Der Radius „0", das ist klar, bewirkt keine Abrundung. Nach der Festlegung des Radius müssen Sie die beiden Objekte, deren Berührungspunkt abgerundet werden soll, nochmals Anpicken.

In der Standardeinstellung werden Sie aufgefordert, die beiden abzurundenden Objekte auszuwählen. Da es beim Abrunden von Kreisbogen und Kreisen mehrere Möglichkeiten des Einsetzens von Kreisbogen gibt, müssen Sie diese Objekte direkt zeigen und können nicht auf die Auswahlunterstützungen durch die Modi „Fenster" oder „Kreuzen" zurückgreifen. Der Rundungsbogen wird hinter den Punkt mit der kürzesten Entfernung zu dem von Ihnen vorgegebenen Punkt eingesetzt.

Betrachten wir dazu ein Beispiel (Bild 5.33). Zeichnen Sie die Polylinie_B. Geben Sie nun folgendes ein:

```
Befehl: ABRUNDEN
(STUTZEN-Modus) Gegenwärtiger Abrundungsradius=12.00
Polylinie/Radius/Stutzen/<erstes Objekt wählen>: R
Rundungsradius eingeben <12.00>: 10
Befehl:<ENTER>
(STUTZEN-Modus) Gegenwärtiger Abrundungsradius=10.00
Polylinie/Radius/Stutzen/<erstes Objekt wählen>: P
2D Polylinie wählen: (Polylinie_B anklicken.)
4 Linien wurden abgerundet
```

Das Ergebnis sehen Sie rechts in der Mitte im Bild 5.33.

Beispiel

Und zu dieser Problematik noch ein letztes Beispiel: Zeichnen Sie mit LINIE das Rechteck „Linie_A" im Bild 5.33. Geben Sie nun folgendes ein:

```
Befehl: ABRUNDEN
(STUTZEN-Modus) Gegenwärtiger Abrundungsradius=10.00
Polylinie/Radius/Stutzen/<erstes Objekt wählen>: R
Rundungsradius eingeben <10.00>: 8
Befehl: <ENTER>
(STUTZEN-Modus) Gegenwärtiger Abrundungsradius=8.00
Polylinie/Radius/Stutzen/<erstes Objekt wählen>:
(Linke Linie anklicken)
Zweites Objekt wählen: (Obere Linie anklicken.)
----> 1. Abrundung
Befehl: <ENTER>
(STUTZEN-Modus) Gegenwärtiger Abrundungsradius=8.00
Polylinie/Radius/Stutzen/<erstes Objekt wählen>:
(Obere Linie anklicken.)
```

```
Zweites Objekt wählen: (Rechte Linie anklicken.)     -
--> 2. Abrundung
```

5.6.15   Der Befehl TEILEN

Dieser Befehl ermöglicht es, an einem Objekt Ihrer Zeichnung Markierungen im gleichen Abstand anzubringen, die für die weiteren Konstruktions- und Zeichnungsarbeiten hilfreich sein können. Sie rufen den Befehl aus dem Pulldown-Menü „Zeichnen", Menüpunkt „Punkt", Menüpunkt „Teilen" auf oder geben ihn über Tastatur ein:

```
Befehl: TEILEN
Objekt wählen, das geteilt werden soll:
Block/<Anzahl Segmente>:
```

Befehlsoptionen

Zulässige Objekte, an denen AutoCAD Markierungen anbringen kann, sind Polylinien, Bögen, Kreise und Linien. Antworten Sie auf die erste Frage mit einem „B", so können Sie bestimmen, welche Markierungen einzufügen sind. Die Markierung muß von Ihnen vorher als BLOCK innerhalb der aktuellen Zeichnung definiert oder eingeladen worden sein.

```
Name des einzufügenden Blocks:
```

Tragen Sie als Antwort den Namen des Blocks ein, der in Ihrer Zeichnung eingefügt werden soll.

```
Anzahl der Segmente:
```

AutoCAD erwartet die Anzahl der Segmente, in die das Objekt geteilt werden soll. Geben Sie beispielsweise eine „3" an, um das Objekt durch die Einfügungen zu dritteln. Bei einer Blockeinfügung werden n-1 (für unser Beispiel wären das zwei) Blöcke gezeichnet werden.

```
Soll der Block mit dem Objekt ausgerichtet werden?
<J>:
```

Soll der (einzufügende) Block mit dem (zu teilenden) Objekt ausgerichtet werden? Ihre Markierungen können parallel zur x- bzw. y-Achse bzw. rechtwinklig zum Objekt gezeichnet werden.

Praxistip

Falls Sie keine Blöcke einfügen wollen, so geben Sie nach der Objektauswahl „Anzahl Segmente" sofort die gewünschte Segmentanzahl ein. Das Markierungssymbol ist nun der Punkt. Achtung: Vorher den Punktmodus (Pulldown-Menü „Format", Menüpunkt „Punktstil") so einstellen, daß die Punkte auch sichtbar werden (Bild 5.34).

Bild 5.34:
Festlegung des
Punktstils

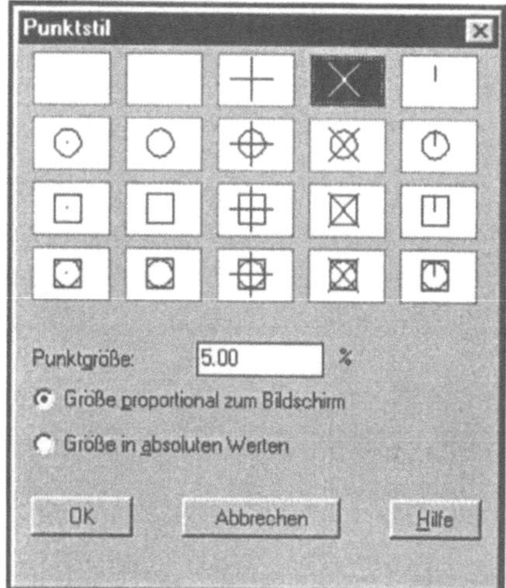

Beispiel

Hilfreich kann dieses Kommando bei vielen Konstruktionen im Maschinen- und Apparatebau sein, z. B. Teilung eines Zahnrades. Das Kommando teilt das Objekt nicht real, es werden lediglich Markierungen (z. B. Hilfspunkte) angebracht, die Ihnen die Orientierung erleichtern. Eine in 5 Segmente geteilte Linien sehen Sie im Bild 5.35, oben. Es werden vier Markierungen angebracht.

5.6.16   Der Befehl MESSEN

Mit diesem Befehl können Sie Markierungen in festen numerischen Abständen auf ein Objekt setzen lassen. Sie rufen den Befehl aus dem Menü „Zeichnen", Menüpunkt „Punkt", Menüpunkt „Messen" auf oder geben ihn über Tastatur ein:

```
Befehl: MESSEN
Objekt wählen, das gemessen werden soll:
Block/<Segmentlänge>: B
Name des einzufügenden Blocks:
Soll der Block mit dem Objekt ausgerichtet werden? <J>
Anzahl der Segmente:
```

Befehlsoptionen

Die Dialogführung unterscheidet sich von der des Befehls TEILEN lediglich durch die explizite Angabe der Länge eines Segments. Die Optionen und der Gültigkeitsbereich sind ansonsten mit denen des Befehls TEILEN identisch.

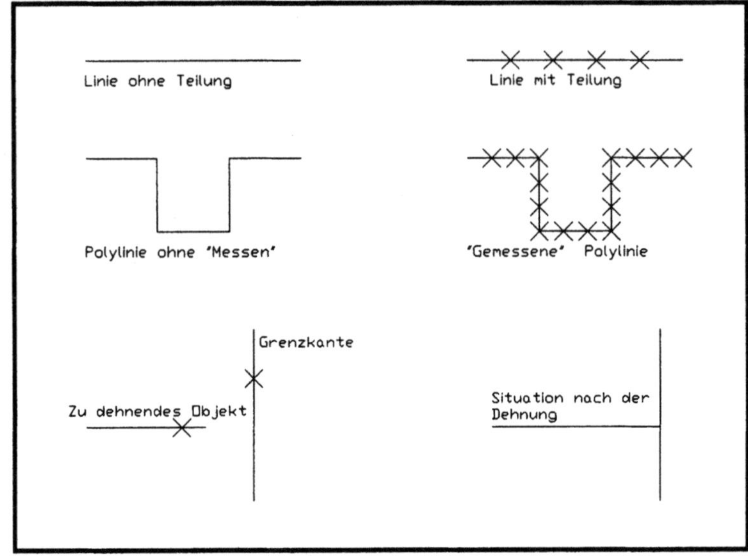

Bild 5.35:
Messen, Teilen und Dehnen von Objekten

Praxistip

Dieser Befehl wurde im AutoCAD eingesetzt, um Konstrukteure bei der Erarbeitung von Teilungen zu unterstützen. Für den Fall, daß auf einer durch konstruktive Restriktionen vorgegebenen Baueinheit keine ganzzahlige Teilung vorgenommen werden kann, muß mit MESSEN gearbeitet werden, da dieser Befehl die Teilung des Objektes nicht berechnet, sondern auf die von Ihnen vorgegebene Segmentlänge zurückgreift.

Beispiel

In Bild 5.35 sehen Sie in der Mitte einen Polylinienzug, der im Abstand von 10 Einheiten „gemessen" wurde:

```
Befehl: MESSEN
Objekt wählen, das gemessen werden soll: (Polylinien-
zug anklicken)
Block/<Segmentlänge>: 10
```

Wirkung: Aller 10 Einheiten wird eine Markierung auf die Polylinie gebracht (insgesamt 15 Markierungen).

5.6.17   Der Befehl DEHNEN

Dieser Befehl ergänzt den beschriebenen Befehl STUTZEN (Kapitel 5.6.11). Sie können damit Objekte verlängern, so daß sie genau an Grenzkanten enden. Das ist von großem praktischen Nutzen. Sie rufen den Befehl aus dem Pulldown-Menü „Ändern", Menüpunkt „Dehnen" auf oder geben ihn über Tastatur ein:

```
Befehl: DEHNEN
```

```
Grenzkanten wählen: (PROJMODE=BKS; EDGEMODE= Nichtdeh-
nen)
Objekte wählen:
Projektion/Kante/ZUrück/<Objekt wählen, das gedehnt
werden soll>:
```

Dehnbare Objekte

Folgende Objekte können gedehnt werden: elliptische Bögen, Linien, offene 2D- und 3D-Polylinien und Strahlen.

Wählen Sie die Objekte, die die Grenzkanten festlegen, zu denen Sie ein Objekt dehnen möchten, oder drücken Sie <ENTER>, um alle Objekte als mögliche Grenzen auszuwählen. Gültige Grenzkantenobjekte sind: 2D- und 3D-Polylinien, Bögen, Kreise, Ellipsen, verschiebbare Ansichtsfenster, Linien, Strahlen, Regionen, Splines, Text und KLinien. Wenn Sie eine 2D-Polylinie als Grenzobjekt auswählen, ignoriert AutoCAD die Breite und dehnt Objekte bis zur Mittellinie der Polylinie.

Praxistip

Wenn Sie eine an einen Spline angeglichene Polylinie dehnen, wird ein neuer Kontrollpunkt zum Steuerrahmen der Polylinie hinzugefügt. Wenn Sie ein verjüngtes Poliniensegment dehnen, korrigiert AutoCAD die Breite des gedehnten Endes, so daß die ursprüngliche Verjüngung bis zum neuen Endpunkt fortgeführt wird. Wenn dies dazu führt, daß das Segment eine negative Endbreite erhält, wird die Endbreite auf Null gesetzt.

Beispiel

Sobald alle Grenzkanten gewählt worden sind, drücken Sie <ENTER> und klicken dann das Objekt an, das gedehnt werden soll. Betrachten Sie dazu das Beispiel in Bild 5.35, unten. Die waagerechte Linie soll bis zur vertikalen Linie gedehnt werden.

```
Befehl: DEHNEN
Grenzkanten wählen: (PROJMODE=BKS; EDGEMODE= Nichtdeh-
nen)
Objekte wählen: 1 gefunden (Grenzkante anklicken.)
Objekte wählen: <ENTER> (Objektwahl abschließen)
Projektion/Kante/ZUrück/<Objekt wählen, das gedehnt
werden soll>: (zu dehnende Linie anklicken)
Projektion/Kante/ZUrück/<Objekt wählen, das gedehnt
werden soll>: (Objektwahl abschließen)
```

Das Ergebnis der Dehnung sehen Sie rechts unten in Bild 5.35.

5.6.18 **Der Befehl VERSETZ**

Mit diesem Befehl können Objekte parallel zu einem anderen im gewünschten Abstand oder durch einen spezifizierten Punkt konstruiert werden. Sie rufen den Befehl aus dem Menü „Ändern", Eintrag „Versetzen" auf oder geben ihn ein:

```
Befehl: VERSETZ
Abstand oder durch Punkt <durch Punkt>:
Zweiter Punkt:
Objekt wählen, das versetzt werden soll:
Seite auf die versetzt werden soll:
Durch Punkt:
```

Befehlsoptionen

Von den beiden letzten Abfragen

```
Seite auf die versetzt werden soll:
Durch Punkt:
```

erscheint immer nur eine. Dies ist davon abhängig, ob vorher Abstand oder Punkt gewählt wurde. Betrachten wir dazu Bild 5.36, oben. Sie sehen links das Original, um das parallel Äquidisdanten gelegt werden sollen. Das Original wurde mit PLINIE gezeichnet, das Ergebnis sehen Sie in Bild 5.36, oben links:

```
Befehl: VERSETZ
Abstand oder durch Punkt <durch Punkt>: 5
Objekt das versetzt werden soll: Original anklicken.
Seite auf die versetzt werden soll: Punkt außerhalb
anklicken.
Objekt das versetzt werden soll: Original anklicken.
Seite auf die versetzt werden soll: (Punkt innerhalb
anklicken.
```

Bild 5.36:
Versetzen und Editieren von Objekten

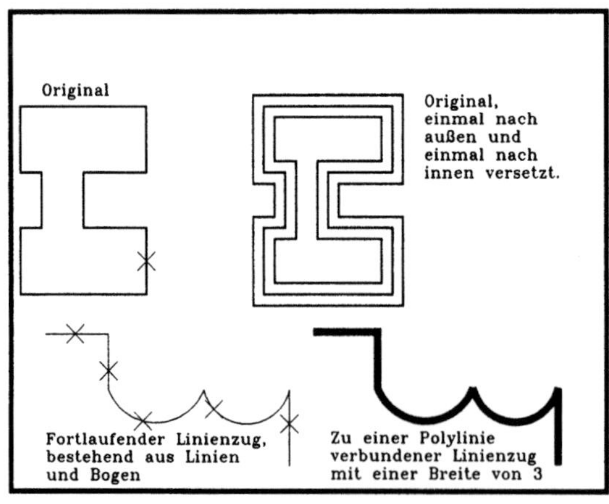

5.6.19	**Der Befehl PEDIT**

Mit dem Befehl PEDIT können Sie Polylinien und dreidimensionale Polygonnetze bearbeiten. Je nachdem, ob Sie eine 2D- oder 3D-Polylinie oder ein 3D-Netz ausgewählt haben, zeigt AutoCAD unterschiedliche Eingabeaufforderungen an. Sie rufen den Befehl aus dem Pulldown-Menü „Ändern", Untermenü „Objekt", „Polylinien bearbeiten" auf oder geben ihn über Tastatur ein:

```
Befehl: PEDIT
Polylinie wählen:
Schliessen/Verbinden/Breite/BEarbeiten/kurve Anglei-
chen/Kurvenlinie/kurve LÖschen/LInientyp/Zurück/eXit
<X>:
```

Keine Polylinie

Zum Wählen der Polylinie verwenden Sie eine Objektwahlmethode. Ist das ausgewählte Objekt eine Linie oder ein Bogen, zeigt AutoCAD die folgende Eingabeaufforderung an:

```
Das gewählte Objekt ist keine Polylinie.
Soll es in eine Polylinie verwandelt werden? <J>:
Geben Sie j oder n ein, oder drücken Sie die
EINGABETASTE.
```

Wenn Sie „J" eingeben, wird das Objekt in eine aus einem einzelnen Segment bestehende 2D-Polylinie verwandelt, die Sie bearbeiten können. Auf diese Weise können Sie Linien und Bogen zu einer Polylinie verbinden.

2D-Polylinie

Wenn Sie eine 2D-Polylinie auswählen, zeigt AutoCAD folgende Eingabeaufforderung an:

```
Schliessen/Verbinden/BReite/BEarbeiten/kurve Anglei-
chen /Kurvenlinie/kurve LÖschen/LInientp/Zurück/eXit
<X>: Geben Sie eine Option ein, oder drücken Sie die
EINGABETASTE.
```

Ist die von Ihnen gewählte Polylinie geschlossen, erscheint „Öffnen" anstelle von „Schliessen". Sie können eine 2D-Polylinie bearbeiten, wenn ihre Hochzugsrichtung parallel zur Z-Achse des aktuellen BKS liegt.

3D-Polylinie

Wenn Sie eine 3D-Polylinie ausgewählt haben, zeigt AutoCAD folgende Eingabeaufforderung an:

```
Schliessen/Editieren/Kurvenlinie/kurve Löschen/Zurück
/eXit <X>: Geben Sie eine Option ein, oder drücken Sie
die EINGABETASTE.
```

Ist die von Ihnen gewählte Polylinie geschlossen, erscheint „Öffnen" anstelle von „Schliessen".

3D-Polygonnetz

Wenn Sie ein 3D-Polygonnetz ausgewählt haben, werden folgende Optionen angezeigt:

```
Editieren/Oberfläche glätten/Glättung löschen/
Mschliessen/Nschliessen/Zurück/eXit <X>: Geben Sie ei-
ne Option ein, oder drücken Sie die EINGABETASTE.
```

„Mschliessen" und „Nschliessen" werden durch „Möffnen" und „Nöffnen" ersetzt, wenn das Polygonnetz momentan in M- oder N-Richtung geschlossen ist.

Beispiel

Ein Beispiel für die Anwendung von PEDIT sehen Sie in Bild 5.36, unten.

5.6.20

Multilinien bearbeiten (Befehl MLEDIT)

Bild 5.37:
Befehl MLEDIT

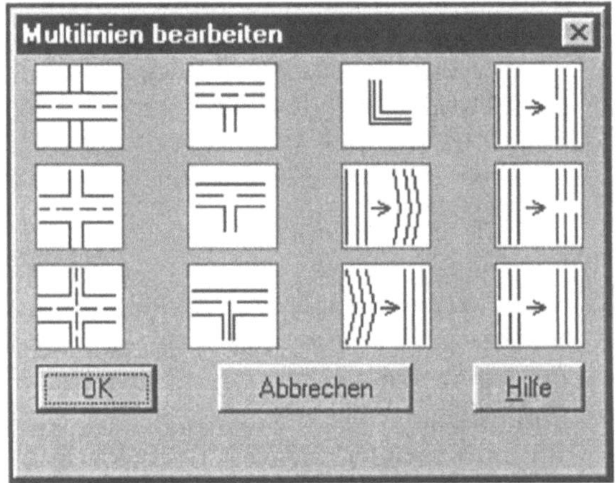

Gruppen mehrerer paralleler Linien werden Multilinien genannt. Durch den Befehl MLEDIT wird das Dialogfeld „Multilinien bearbeiten" aufgerufen, in dem Sie die Schnittpunkte von Multilinien festlegen können. Die erste Spalte bezieht sich auf Multilinien, die sich schneiden, die zweite auf Multilinien, die einen T-förmigen Schnittpunkt bilden, die dritte auf Eckverbindungen sowie Kontrollpunkte und die vierte Spalte auf zu trennende oder zu verbindende Multilinien. Sie rufen den Befehl aus dem Pulldown-Menü „Ändern", Untermenü „Objekt", „Multilinie bearbeiten" auf oder geben ihn über Tastatur ein:

```
Befehl: MLEDIT
```

Danach verzweigt die Befehlsabarbeitung in das Dialogfeld „Multilinien bearbeiten" und Sie können dort auswählen, welche neue Form Sie einer vorhandenen Multilinie geben wollen (Bild 5.37).

Bild 5.38:
Beispiele zur Anwendung des Befehls MLEDIT

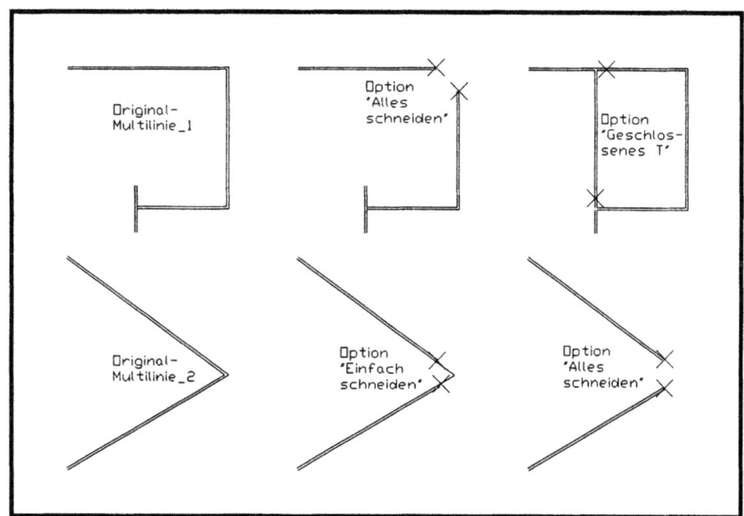

Einfache Beispiele, die die Anwendung demonstrieren, sehen Sie in Bild 5.38.

5.6.21   Splines bearbeiten (Befehl SPLINEEDIT)

Die Bearbeitung von Splines aktivieren Sie aus dem Pulldown-Menü „Ändern", Untermenü „Objekt", „Spline bearbeiten" oder geben den Befehl SPLINEEDIT über Tastatur ein:

```
BefehL: SPLINEEDIT
```

Befehlsoptionen

Bei der Auswahl eines Spline, der mit dem Befehl SPLINE erstellt wurde, werden die Anpassungspunkte in der Griff-Farbe angezeigt. Bei der Auswahl eines Spline, der mit dem Befehl PLINIE erstellt wurde, werden die Kontrollpunkte in der Griff-Farbe angezeigt (Bild 5.39).

```
Anpassungsdaten/Schliessen/scheitelPunkte verschieben
/vErfeinern/Richtung wechseln/Zurück/eXit <X>:
Geben Sie eine Option ein, oder drücken Sie <ENTER>.
```

Wenn der ausgewählte Spline geschlossen ist, ändert sich die Option „Schliessen" in „Öffnen". Besitzt der ausgewählte Spline keine Anpassungsdaten, ist die Option „Anpassungsdaten" nicht verfügbar. Anpassungsdaten sind alle Anpassungspunkte, die Anpassungstoleranz und die Tangenten, die den mit dem Befehl SPLINE erstellten Splines zugewiesen wurden.

Bild 5.39:
Bearbeitung von
Splines mit
SPLINEEDIT

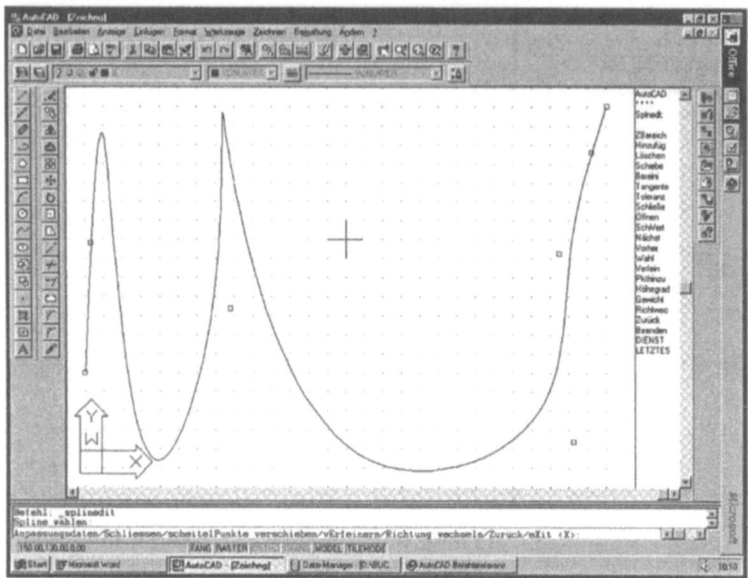

Ein Spline kann seine Anpassungsdaten verlieren, wenn Sie

- die Option „Bereinigen" während der Bearbeitung von Anpassungsdaten verwenden,

- den Spline verfeinern,

- den Spline an eine Toleranz anpassen und seine Kontrollpunkte verschieben,

- den Spline an eine Toleranz anpassen und ihn öffnen oder schließen.

SPLINEEDIT konvertiert Spline-angepaßte Polylinien automatisch in Spline-Objekte. Eine Polylinie wird auch dann konvertiert, wenn Sie nach deren Auswahl sofort SPLINEEDIT beenden.

5.6.22   Der Befehl WAHL

Dieser Befehl ermöglicht Ihnen eine Vorauswahl für Objekte, die mit (zumeist komplexen) Editierfunktionen bearbeitet werden sollen, zu einem Set zusammenzufassen.

```
Befehl: WAHL
Objekte wählen:
```

Befehlsoptionen

Sie wählen die für eine Verarbeitung vorgesehenen Objekte Ihrer Zeichnung und können diese Gruppe dann bei einer nachfolgenden Aufforderung zur Objektwahl über die Option „Vorher" ansprechen. Mit <ENTER> wird die Objektauswahl beendet.

```
Objekte wählen: Vorher
```

Die Elemente dieser Gruppe bleiben bis zum nächsten Aufruf von WAHL als ein solcher logischer Verbund bestehen. Es sei denn, Sie löschen diese Objekte.

5.7   Die erste Zeichnung

Nachdem Sie nun mit den wichtigsten Zeichnungs- und Editierbefehlen sowie anderem Rüstzeug vertraut sind, sollen Sie nun Ihre erste eigene Zeichnung weitgehend selbständig anfertigen! Wir vertrauen Ihnen, daß Sie bei Schwierigkeiten oder auftretenden Fragen auf den relevanten Seiten zuvor nachschauen bzw. nachlesen. Hilfestellung geben wir Ihnen insofern, daß die wichtigsten strategischen Schritte besprochen und dokumentiert werden.

Versuchen Sie zunächst den ganzen Ablauf zu durchdenken und gehen Sie dann an die Arbeit, indem Sie AutoCAD 14 starten. Es lohnt sich immer, sich zunächst grundsätzliche Klarheit über die Vorgehensweise zu verschaffen und erst danach ins Detail zu gehen. Wie generell in der Ingenieurarbeit, gilt auch für die CAD-Arbeit: eine gründliche Konzeption und Strategie beugt späterem Änderungsdienst vor!

5.7.1   Aufgabenstellung

Bild 5.40:
Grobentwurf der Visitenkarte

Ihre erste Zeichnung soll Ihre ganz persönliche Visitenkarte werden! Dabei sollen Sie so vorgehen, daß zunächst die Visitenkarte sehr grob modelliert wird (Bild 5.40) und dann später den Feinschliff erhält (Bild 5.44).

5.7.2   Grundsätzliche Vorgehensweise

- Start von AutoCAD 14. Wählen Sie im Dialogfeld „Start" „Assistent verwenden" und aktivieren Sie dort „Schnellstart". Sie erhalten Bild 5.41.

Bild 5.41:
Dialogfeld „Schnell-
start"

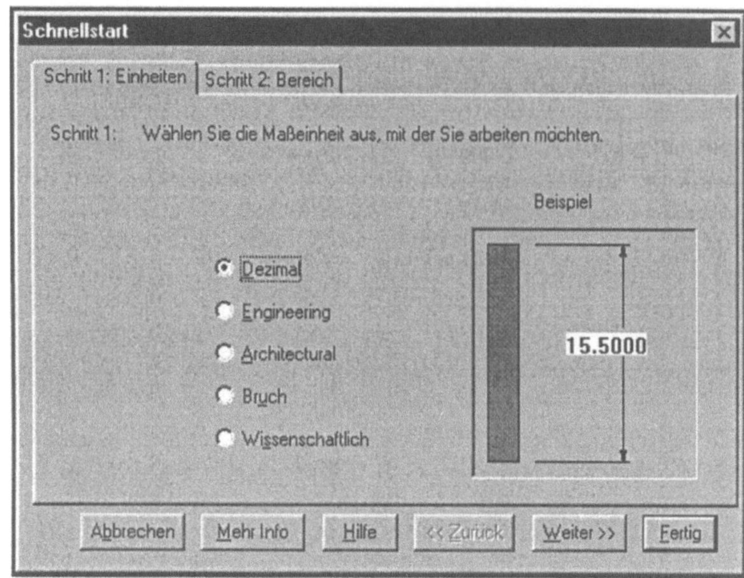

Dort wählen Sie „Dezimal" und gehen auf den Button
„Weiter". Sie gelangen zum Bild 5.42. Dort wählen Sie für
Breite=297 und für Höhe=210 und gehen auf den Button
„Fertig". Damit haben Sie eine Vorlage verwendet, die mit
einem Format DIN A4 Quer und voreingestellten Raster-
und Fangwerten von 7 Einheiten arbeitet. Schalten Sie nun
noch den Fangmodus mit <F9> ein.

- Im nächsten Schritt folgt das Zeichnen eines Rechtecks mit
  dem Befehl RECHTECK:

  Linke untere Ecke (50,50)

  Zeichnungseinheiten ΔX=150 und ΔY=100
  ```
  Befehl: RECHTECK
  Fasen/Erhebung/Abrunden/Objekthöhe/Breite/<Erste Ek-
     ke>: 50,50
  Andere Ecke: @150,100
  ```

- Rechteck mit ZOOM, Option „Fenster" möglichst groß in den
  Bildschirm zoomen!

- Eingabe des Textes mit Standard-Text-Stil und Befehl DTEXT:
  Jede Textzeile einzeln eingeben. Verwenden Sie für die
  Texthöhe des Namens 6, die Straße 8, Ortsteil 10 und den
  Ort 12 Einheiten. Falls die Texte noch nicht so zentriert wie
  in Bild 5.40 stehen, schieben Sie sie mit Schieben in die ge-
  wünschte Lage.

- Unterstreichen des Namens mit PLINIE und Breite =6

- Speichern Sie den bisherigen Zwischenstand mit dem Namen
  "VISI-KA".

Bild 5.42:
Dialogfeld „Schnell-
start"

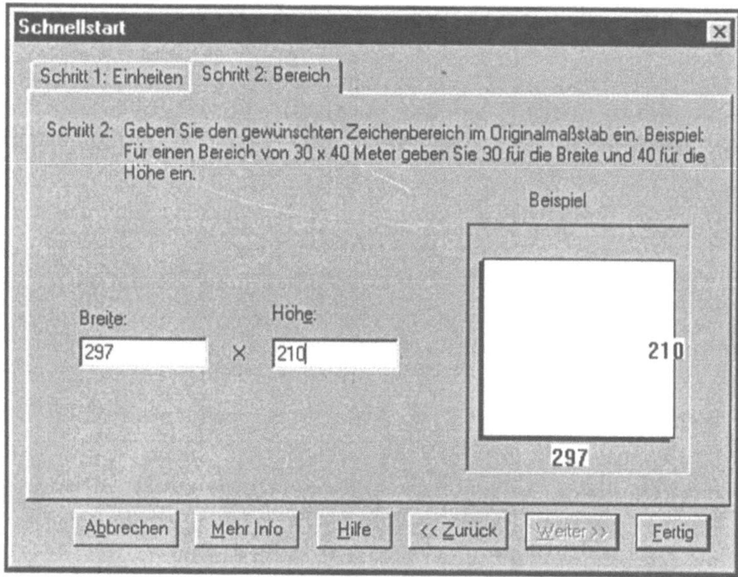

5.7.3   Ändern (Verfeinern) der Visitenkarte

- Abrunden der Ecken des Rechtecks mit dem Befehl
  ABRUNDEN; Rundungsradius eingeben (z. B. 10).
  ```
  Befehl: ABRUNDEN
  (STUTZEN-Modus) Gegenwärtiger Abrundungsradius=7.0707
  Polylinie/Radius/Stutzen/<erstes Objekt wählen>: R
  Rundungsradius eingeben <7.0707>:10
  Befehl: ABRUNDEN
  (STUTZEN-Modus) Gegenwärtiger Abrundungsradius=10.0000
  Polylinie/Radius/Stutzen/<erstes Objekt wählen>: P
  2D Polylinie wählen: <Fang aus>
  4 Linien wurden abgerundet
  ```

Haben Sie sich an Kapitel 5.6.14 erinnert und den Hinweis, daß
mit dem Befehl ABRUNDEN zuerst der Rundungsradius einzustellen ist und erst danach abgerundet wird? Das Abrunden aller vier
Ecken kann auf einmal mit der Option „P" durchgeführt werden.

- Generieren Sie nun 4 unterschiedliche Textstile, wie im Kapitel 5.5.4 (Bild 5.23) beschrieben.

- Ändern Sie nun die bisher geschriebenen Texte (Pulldown-
  Menü „Ändern", Menüpunkt „Eigenschaften", Bild 5.43).

- Ändern Sie die Breite des begrenzenden Rechtecks auf den Wert 1.5! Befehl: PEDIT; Polylinie wählen: Umgrenzung der Visitenkarte anklicken; es erscheinen die Optionen des Befehls PEDIT; „BR" eingeben und die Abfrage nach neuer Breite für alle Segmente mit 1.5 beantworten.

- Versuchen Sie alle Texte mit dem Befehl SCHIEBEN zu zentrieren!

Als Ergebnis der Verfeinerung erhalten Sie Bild 5.44.

Bild 5.43:
Ändern der Textstile

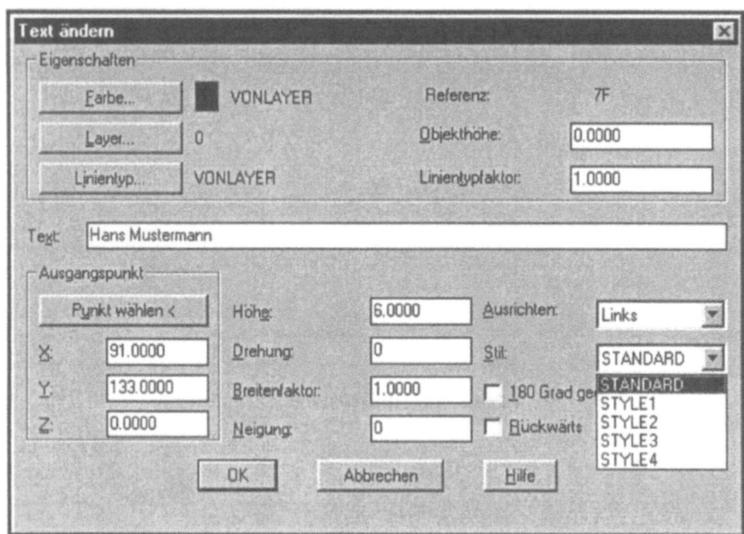

5.7.4   Speichern der Visitenkarte

Bild 5.44:
Verfeinerte Visiten-
karte

Abschließend wird die Zeichnung gespeichert und AutoCAD beendet.

5.8   Rückgängigmachen von Operationen

In unseren Beispielen haben Sie sich sicher schon bei Fehleingaben gefragt, wie komme ich an die Stelle zurück, wo noch alles in meiner Zeichnung stimmte. Bisher haben wir zu diesem Problem, nämlich zum Löschen von Objekten nur den gleichnamigen Befehl (Kapitel 5.6.1) kennengelernt.

Weitere und andere Möglichkeiten bieten die Befehle Z, ZURÜCK, ZLÖSCH und HOPPLA. Sie rufen sie am schnellsten über die Tastatur auf. Partiell finden Sie die Befehle aber auch in der Standard-Funktionsleiste.

Z

Mit dem Befehl Z ist ein Rückgängigmachen des letzten Befehls mit Anzeige des Befehlsnamens möglich. Durch eine beliebige Wiederholung von Z können Sie z. B. alles zurücksetzen, was Sie modelliert haben, bis Sie wieder am Anfang Ihres leeren Zeichnungseditors sind. Die Anwendung des Befehls Z entspricht „ZURÜCK 1". Eingabe über Tastatur:

```
Befehl: Z
```

Externe Operationen (außerhalb der aktuellen Zeichnung), wie zum Beispiel das Plotten oder das Schreiben in eine Datei, können nicht rückgängig gemacht werden.

Hinweis

Wenn Sie einen Schritt rückgängig machen, bei dem Modusschalter oder transparente Befehle verwendet wurden, wird die Wirkung dieser Befehle zusammen mit ihrem Hauptbefehl rückgängig gemacht.

ZLÖSCH

Der Befehl ZLÖSCH macht eine versehentliche Löschung rückgängig; löscht also ein ZURÜCK oder Z. Er muß unmittelbar nach ZURÜCK oder Z eingegeben werden. Der Aufruf des Befehls erfolgt aus der Standard-Funktionsleiste oder aus der Befehlszeile:

```
Befehl: ZLÖSCH
```

ZURÜCK

Wesentlich mächtiger im Zurücksetzen ist der Befehl ZURÜCK. Mit ihm können u. a. mehrere Befehle rückgängig gemacht werden:

```
Befehl: ZURÜCK
Auto/Steuern/Beginn/Ende/Markierung/Rück/<Zahl>:
Geben Sie eine Option oder eine positive Zahl ein,
oder drücken Sie <ENTER>.
```

ZURÜCK zeigt den Namen des Befehls oder der Systemvariablen in der Befehlszeile an, um Ihnen zu signalisieren, daß Sie über den Punkt hinausgegangen sind, an dem der betreffende Befehl verwendet wurde.

Im folgenden werden die Optionen von ZURÜCK vorgestellt:

Auto
„Auto" macht eine Menüauswahl in einem Schritt durch einen Aufruf von Z rückgängig. ZURÜCK „Auto" fügt ein ZURÜCK „Beginn" am Anfang jedes Menüpunktes ein, falls dieser nicht schon aktiv ist. Beim Verlassen des Menüpunktes wird ZURÜCK „Ende" eingefügt. ZURÜCK „Auto" ist nicht verfügbar, falls mit der Option „Steuern" die Funktion ZURÜCK ausgeschaltet oder eingeschränkt wurde.

Steuern
Die Option „Steuern" schränkt den Befehl ZURÜCK ein oder schaltet ihn aus.

Beginn
Durch die Option „Beginn" wird eine Folge von Operationen gruppiert. Alle nachfolgenden Operationen werden in die Gruppe aufgenommen, bis Sie die Gruppierung mit „Ende" beenden. ZURÜCK und Z behandeln gruppierte Operationen als eine einzige Operation.

Wenn Sie ZURÜCK „Beginn" eingeben, während eine Gruppe bereits aktiv ist, wird die aktuelle Gruppe beendet und eine neue Gruppe beginnt. Wenn Sie ZURÜCK "Beginn" ohne die Option ZURÜCK "Ende" eingeben, macht der Befehl ZURÜCK nnn die angegebene Anzahl von Befehlen in einem Schritt rückgängig, aber nur bis zum Startpunkt der ZURÜCK-Gruppierung. ZURÜCK nnn verlangt ein ZURÜCK "Ende" auch dann, wenn die Gruppe leer ist. Dasselbe gilt auch für Z.

Markierung
„Markierung" setzt eine Markierung in die Rückgängig-Informationen. Nehmen Sie die Änderungen schrittweise zurück, informiert Sie AutoCAD, sobald die Markierung erreicht ist. Eine Markierung in einer „Beginn"- und „Ende"-Gruppe geht verloren. Eine Markierung beendet mehrere ZURÜCK-Operationen, wenn die eingegebene Anzahl größer ist als die Anzahl der Operationen hinter der Markierung.

Rück
Die Option „Rück" nimmt die seit der Markierung vorgenommenen Änderungen zurück. Sie können beliebig viele Markierungen setzen. „Rück" geht dabei schrittweise alle Markierungen an und entfernt diese. Wenn keine Markierung mehr gefunden wird, zeigt AutoCAD folgende Eingabeaufforderung an:
```
Dies macht alles rückgängig. OK? <J>: Geben Sie j oder
n ein, oder drücken Sie <ENTER>.
```
Wenn Sie "J" eingeben, werden alle in der aktuellen Zeichnung vorgenommenen Änderungen zurückgenommen. Bei Eingabe von „N" wird die Option „Rück" übergangen.

Zahl	„Zahl" macht die angegebene Anzahl von vorangegangenen Operationen rückgängig. Diese Option bewirkt dasselbe wie der mehrfache Aufruf von Z, allerdings wird die Zeichnung nicht bei jedem Schritt regeneriert.
Hoppla	Direkt nach Verwendung des Befehls LÖSCHEN kann das gelöschte Objekt durch HOPPLA oder ZURÜCK wiederhergestellt werden. HOPPLA kann aber auch zu einem späteren Zeitpunkt eingesetzt werden (solange keine anderen Objekte gelöscht wurden). ZURÜCK arbeitet immer streng in umgekehrter Reihenfolge. Nach dem Befehl BLOCK haben HOPPLA und ZURÜCK sehr unterschiedliche Wirkungen: Zwar stellen beide Befehle die gelöschten Objekte wieder her, ZURÜCK entfernt aber auch die neue Blockdefinition.

Durch mehrfache Verwendung von ZURÜCK (mit der Option „Rück", mit einer Zahl oder beim Rückgängigmachen einer Gruppe) können Sie gegebenenfalls eine Zeichnung regenerieren oder neu zeichnen. Dies geschieht am Ende des Befehls. ZURÜCK 5 bewirkt daher höchstens eine Regenerierung, während Z Z Z Z Z fünf Regenerierungen bewirken kann.

Zurück als Befehlsoption	Einige Befehle (wie LINIE, BEM, STUTZEN und DEHNEN) verfügen über eigene Rückgängig-Optionen. Dabei wird jeweils nur ein Befehlsschritt rückgängig gemacht. Sobald Sie den Befehl aber beendet haben, können Sie mit Z den gesamten Befehl rückgängig machen. Wenn der Befehl PEDIT mit der Konvertierung einer Linie oder eines Bogens in eine Polylinie begonnen hat, so macht die Option „Zurück" von PEDIT dies nicht rückgängig. Um dies zu erreichen, müssen Sie PEDIT verlassen und z eingeben.
Praxistips	1. Rückgängigmachen ist nicht zwangsläufig mit Löschen der Objekte verbunden; dies hängt von den vorherigen Befehlen ab. 2. Verschiedene Befehle können nicht rückgängig gemacht werden. Es sind dies u. a.: NEU, ÖFFNEN, ENDE, SICHERN, SICHALS, QUIT, PLOT, NEUZEICH, NEUZALL, REGEN, REGENALL, LISTE, ATTEXT, DBLISTE, ID, ABSTAND, FLÄCHE, STATUS, VERDECKT, SHADE. 3. Rückgängigmachen ist nicht mit Austragen aus der Datenbank verbunden! Die einmal in der Datenbank gespeicherten Objekte müssen mit anderen Methoden von dort eliminiert werden (Kapitel 5.12, Befehl BEREINIG).

5.9

Vorteile der Block-
technik

Die Blocktechnik

Block- und Layertechnik (Kapitel 5.10) bieten effiziente Methoden zum rationellen Erstellen von Zeichnungsmodellen an. Ein fortgeschrittener Nutzer kommt ohne die Anwendung dieser Methoden nicht aus. Beide Methoden dienen der Strukturierung der Zeichnungsarbeit und ergänzen sich dabei auch.

Durch die Definition und das Arbeiten mit Blöcken verkürzt sich die Bearbeitungszeit von Zeichnungen. Das ist besonders bei komplexen Zeichnungen vorteilhaft, wo identische Geometrien mehrfach vorkommen (z. B. DIN-Symbole). Einmal definierte Blöcke lassen sich in der gleichen, aber auch in anderen Zeichnungen einfügen und weiter bearbeiten. Sie sparen Zeit, weil mehrmals vorkommende Teile nur einmal gezeichnet werden müssen.

Bilbliothek

Blöcke können auch in einer Bibliothek gespeichert werden, die Sie entsprechend Ihrer Anwenderanforderungen zusammenstellen können. In Kombination mit eigenen Menüs läßt sich damit eine komplette persönliche Arbeitsumgebung schaffen! Vorhandene Blöcke lassen sich auch jederzeit neu definieren.

Zum Teil läßt sich auch mit den definierten Blöcken Platz in der AutoCAD-Datenbank sparen, da der Block dort nur einmal komplett gespeichert wird und beim mehrfachen Einfügen ein- und desselben Blockes nur Blockreferenzen in der Datenbank hinterlegt werden.

Attribute

Ein wichtiges Feature der Blocktechnik ist, daß Blöcken Attribute zugeordnet werden können. Diese Attribute sind Textinformationen, die in der Zeichnung sichtbar oder unsichtbar mitgeführt werden können. Aus diesen Attributen kann eine Stückliste erzeugt werden (Kapitel 12).

Blöcke dienen dazu, mehrere Objekte zu einer Gruppe zusammenzufassen. Dadurch entstehen zusammengesetzte Objekte, die beliebig oft dargestellt werden können. Man kann auch einen neuen Block aus schon vorhandenen Blöcken erzeugen. Blöcke werden beim Erzeugen folgende Merkmale zugeordnet:

- Blöcke erhalten einen Blocknamen.
- Es muß ein sog. „Basispunkt der Einfügung" festgelegt werden, der dazu verwendet wird, den Block beim späteren Einfügen an andere Stellen der Zeichnungsdatei definiert einzufügen.

AutoCAD behandelt den so erzeugten Block als **ein** Objekt. Damit kann er als Ganzes mit den Editierbefehlen behandelt werden, indem bei der Objektwahl der Objekte einfach der Block an einer Stelle angeklickt wird. Zum Definieren und Bearbeiten von Blöcken stehen die sechs Befehle BLOCK, DDINSERT, EINFÜGE, MEINFÜG, URSPRUNG, BASIS und WBLOCK zur Verfügung.

5.9.1   Blöcke erzeugen

Blöcke werden mit dem Befehl BLOCK erzeugt. Es werden folgende Informationen abgefragt:

```
Block: BLOCK
Blockname (oder ?):
Einfügebasispunkt:
Objekte wählen:
```

Blockname
Der Blockname benennt den Block. Der Name eines Blocks darf bis zu 31 Zeichen lang sein und Buchstaben, Zahlen und die Sonderzeichen Dollar ($), Bindestrich (-) und Unterstrich (_) enthalten. AutoCAD konvertiert Buchstaben in Großbuchstaben. Geben Sie den Namen eines vorhandenen Blocks ein, so zeigt AutoCAD die folgende Eingabeaufforderung an:

```
Neu definieren? <N>
```

Geben Sie "J" oder "N" ein, oder drücken Sie <ENTER>.

Neudefinition
Durch die Neudefinition eines Blocks werden automatisch alle Referenzen auf diesen Block aktualisiert. Attributinformationen gehen verloren (verwenden Sie ATTREDEF, um Blöcke neu zu definieren, die Attribute enthalten).

Einfügebasispunkt
Der angegebene Punkt wird als Basispunkt bei nachfolgenden Einfügungen des Blocks verwendet. Üblicherweise ist der Basispunkt der Zentrumspunkt oder die linke untere Ecke des Blocks. Der Basispunkt ist auch der Punkt, um den der Block beim Einfügen gedreht werden kann. Geben Sie einen 3D-Punkt ein, wird der Block mit der angegebenen Erhebung eingefügt. Wird kein Z-Wert für die Koordinate eingegeben, kommt die aktuelle Höhe zur Anwendung.

Objektwahl
Zur Objektwahl verwenden Sie eine Objektwahlmethode. AutoCAD definiert einen Block anhand der ausgewählten Objekte, des Einfügebasispunktes und des angegebenen Namens und löscht den Block anschließend aus der Zeichnung. Sie können gelöschte Blöcke wiederherstellen, indem Sie unmittelbar nach dem Befehl BLOCK den Befehl HOPPLA eingeben.

Koordinatensystem

Der Einfügebasispunkt wird zum Ursprung des Koordinatensystems des Blocks; dieses Koordinatensystem liegt parallel zum BKS, das aktiv war, als der Block definiert wurde. Wenn der Block in eine Zeichnung eingefügt wird, wird sein Koordinatensystem parallel zum aktuellen BKS ausgerichtet. Sie können also einen Block in jeder gewünschten räumlichen Orientierung einfügen, indem Sie das BKS vorher entsprechend einstellen.

Liste definierter Blöcke

Die Eingabe des Fragezeichens führt zum Auflisten bereits definierter Blöcke

```
Blockname (oder ?): ?
Aufzulistende(r) Block/Blöcke <*>:
```

Geben Sie eine Namenliste ein, oder drücken Sie <ENTER>.

AutoCAD listet die Blocknamen im Textfenster auf. Externe Referenzen (XRefs) werden mit der Bezeichnung XRef angegeben: Extern abhängige Blöcke (Blöcke in XRefs) werden mit der Anmerkung Xdef:XREFNAME versehen, wobei XREFNAME der Name einer extern referenzierten Zeichnung ist. Folgende Informationen sind in der Liste enthalten:

- Benutzerblöcke
- Externe Referenz
- Abhängige Blöcke
- Unbenannte Blöcke

Bild 5.45:
Dialogorientiertes
Erzeugen eines
Blockes

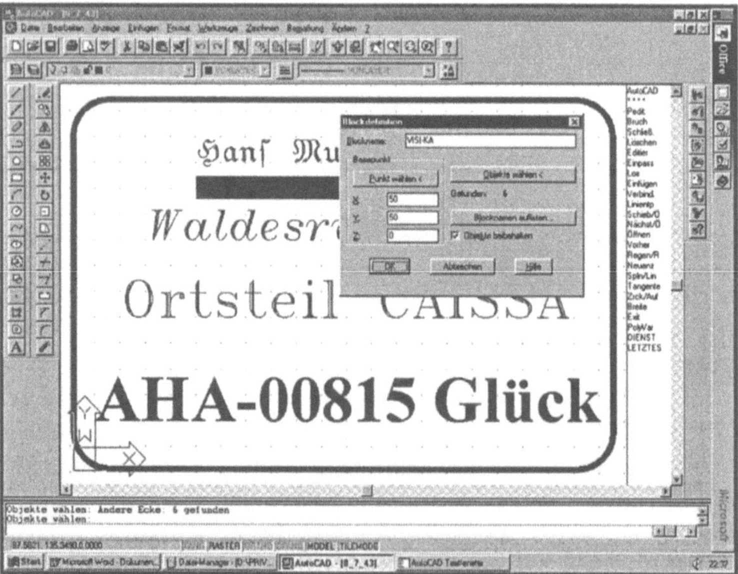

Beispiel	Wir wollen die in Bild 5.44 erzeugte Visitenkarte als Block mit dem Namen VISI-KA speichern. Laden Sie dazu Ihre gespeicherte Datei „VISI-KA.DWG". Eine Variante für das Erzeugen des Blokkes ist die Eingabe der Befehle über die Tastatur:

```
Befehl: BLOCK
Blockname (oder ?): VISI-KA
Einfügebasispunkt: 50,50
Objekte wählen: Andere Ecke: 6 gefunden
Objekte wählen: <ENTER>
```

Praxistip

Erschrecken Sie nicht, wenn Ihre Visitenkarte vom Bildschirm verschwunden ist. Das ist ein gutes Zeichen, Ihre Blockdefinition hat geklappt! Mit HOPPLA können Sie die Objekte, nicht aber den Block, übrigens wieder sofort auf den Bildschirm zurückholen. Die 6 Objekte, die mit dem Kreuzfenster „gefangen" wurden, sind folgende: eine abgerundete Plinie, 4 Textzeilen sowie die Plinie, die Sie mit der Breite von 6 Einheiten gezeichnet haben.

Dilaogorientiertes Erzeugen von Blökken

Dialogorientiert können Sie Blöcke nutzerfreundlicher erzeugen, indem Sie das Pulldown-Menü „Zeichnen", Menüpunkt „Block", Untermenüpunkt „Erstellen" wählen. Sie gelangen zum Dialogfeld „Blockdefinition". Dort können Sie entweder Eingaben direkt vornehmen oder werden dialogorientiert weiter geführt (Bild 5.45).

Beachten Sie, daß Blöcke immer nur in der Zeichnung eingefügt werden können, in der sie angelegt wurden!

5.9.2   Wiederhol-Blöcke erzeugen

Wiederhol-Blöcke werden mit dem Befehl WBLOCK erzeugt. Im Unterschied zum Block, der nur in der Zeichnungsdatei verfügbar, in der er erzeugt wurde, stehen Wiederhol-Blöcke beliebigen Zeichnungsdateien zur Verfügung. Es werden folgende Informationen abgefragt:

```
Befehl: WBLOCK
```

Danach erscheint das Dialogfeld „Zeichnungsdatei erstellen" (Bild 5.46).

Dieses Dialogfeld entspricht im Grundaufbau dem Bild 6.6. Sie legen im Feld „Dateiname" den Namen des Wiederholblockes fest (für das Beispiel: WVISI-KA). Er wird als Datei in einem Verzeichnis auf Ihrem Datenträger mit der Extension „.dwg" angelegt.

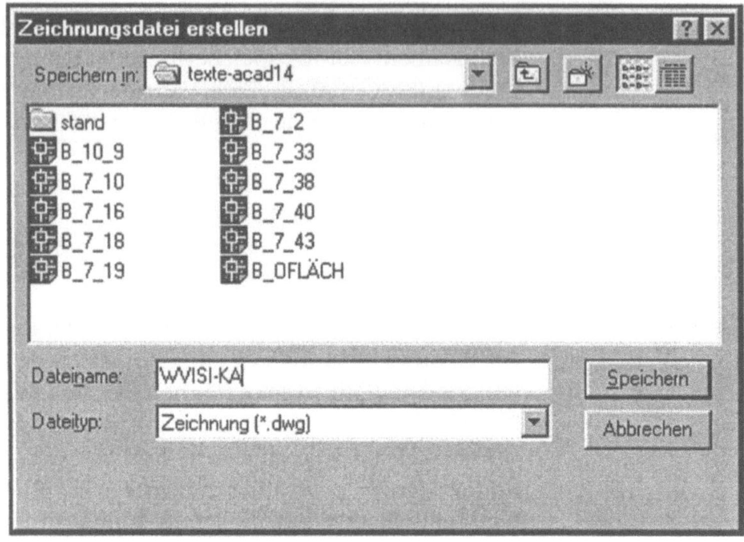

Praxistip

Um möglichen Fehlreferenzierungen aus dem Weg zu gehen, empfehlen wir Ihnen, von vornherein unterschiedliche Namen für den Block und für den Wiederholblock zu verwenden. Am einfachsten unterscheiden Sie das, wenn Sie für den Wiederholblocknamen einfach ein „W" vor den Blocknamen setzen! Das setzt voraus, daß Sie für den Blocknamen maximal 7 Zeichen verwenden.

Der Dialog mit dem Rechner geht so weiter:

Blockname

Geben Sie dort den Namen eines vorhandenen Blocks, "=" oder "*" ein, oder drücken Sie <ENTER>.
    Blockname: VISI-KA

Wenn Sie den Namen eines vorhandenen Blocks eingeben (in unserem Fall VISI-KA), wird dieser Block in eine Datei geschrieben. Es ist nicht möglich, den Namen einer externen Referenz (XRef) oder eines von ihr abhängigen Blocks einzugeben.

Durch die Eingabe eines Gleichheitszeichens (=) wird festgelegt, daß der vorhandene Block und die Ausgabedatei denselben Namen haben. Wenn in der Zeichnung kein Block mit dem Namen vorhanden ist, zeigt AutoCAD die Eingabeaufforderung für den Blocknamen erneut an. Wenn Sie ein Sternchen (*) eingeben, wird die gesamte Zeichnung in die neue Ausgabedatei geschrieben. Davon ausgenommen sind Symbole ohne Referenzen. AutoCAD schreibt Modellbereichsobjekte in den Modellbereich und Papierbereichsobjekte in den Papierbereich.

Wenn Sie an der Eingabeaufforderung „Blockname" <ENTER> drücken, fordert AutoCAD Sie auf, einen Basispunkt einzugeben, an dem der Block eingefügt werden soll. Anschließend wählen Sie die Objekte, die in eine Datei geschrieben werden sollen.

In unserem Beispiel ist mit der Eingabe des Blocknamens „VISI-KA" die Definition des Wiederholblockes abgeschlossen. Er steht als Datei auf Ihrem Datenträger zum Einfügen in beliebig andere Dateien zur Verfügung.

Hoppla

Sobald AutoCAD die Datei erstellt hat, werden die ausgewählten Objekte aus der Zeichnung gelöscht. Mit dem Befehl HOPPLA können Sie die Objekte gegebenenfalls wiederherstellen.

5.9.3   Ändern des Einfügebasispunktes

Wenn Sie eine ganze Zeichnung in eine andere einfügen, ist standardmäßig der Punkt (0,0,0) der Einfügepunkt. Mit dem Befehl BASIS können Sie diesen neu festsetzen:

```
Befehl: BASIS
Basispunkt <0.00,0.00,0.00>:
```

Der Befehl kann auch aus dem Pulldown-Menü „Zeichnen", Menüpunkt „Block", Untermenüpunkt „Basis" aktiviert werden.

5.9.4   Einfügen von Blöcken

Das Einfügen von Dateien, Wiederholblöcken und Blöcken können Sie mit dem Befehl EINFÜGE vornehmen oder über das Pulldown-Menü „Einfügen", Menüpunkt „Block" gehen.

EINFÜGE

Verwenden Sie den Befehl EINFÜGE, werden Sie, nachdem Sie den Namen des Blockes oder Wiederholblockes eingegeben haben, nach dem Einfügepunkt, nach Skalierfaktoren für die Achsen (Sie können die Blöcke als Ganzes in Richtung der Achsen vergrößern oder verkleinern) und nach einem Drehwinkel gefragt. Exemplarisch zeigt dies nachstehender Befehlsdialog:

```
Befehl: EINFÜGE
Blockname (oder ?): VISI-KA
Einfügepunkt: 50,50
X Faktor <1> / Ecke/ XYZ:
Y Faktor (Vorgabe=X):
Drehwinkel <0>:
```

Dialogfeld

Wählen Sie zum Einfügen nicht den Befehl EINFÜGE, sondern gehen Sie über das Pulldown-Menü „Einfügen", Menüpunkt „Block", so erscheint Bild 5.47.

Dort können Sie die gleichen Informationen übersichtlicher eingeben. Beachten Sie folgendes:

- Blöcke werden im Feld „Block..." eingetragen, durch Anklicken des Feldes können Sie auch von vorhandenen Blöcken auswählen (es erscheint das Dialogfeld „Definierte Blöcke").

- Dateien und Wiederholblöcke können im Feld „Datei..." eingegeben werden. Anklicken dieses Feldes führt zum Dialogfeld „Zeichnungsdatei auswählen".

- Wenn Sie den Einfügepunkt, die Skalierfaktoren und den Drehwinkel am Bildschirm bestimmen wollen, lassen Sie das Kreuz im Feld „Bestimmen Sie die Parameter am Bildschirm", ansonsten deaktivieren Sie die Option und tragen die Parameter in die entsprechenden Felder ein.

- Wollen Sie einen Block in seinen Ursprung zerlegen (Kapitel 5.9.6), klicken Sie das Feld „Ursprung" an.

Bild 5.47:
Dialogfeld „Einfügen"

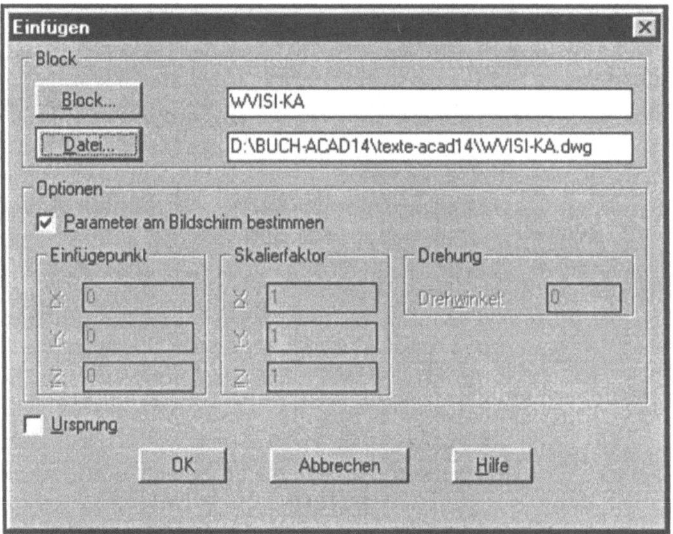

5.9.5   Mehrfaches Einfügen von Blöcken

Dazu steht der Befehl MEINFÜG zur Verfügung. Zunächst werden die gleichen Parameter wie beim Einfügen mit EINFÜGE abgefragt. Zusätzlich werden dann noch Angaben wie beim Vervielfältigen mit REIHE (Kapitel 5.6.5) gefragt, d. h. die Vervielfältigung kann in Form von angegebenen Zeilen und Spalten erfolgen.

5.9.6   Blöcke in ihren Ursprung zerlegen

Dazu steht der Befehl URSPRUNG zur Verfügung. Er erfordert nur die Objektwahl:

```
Befehl: URSPRUNG
Objekte wählen:
```

Sie finden den Befehl URSPRUNG auch im Pulldown-Menü „Ändern".

Wenn Sie Blöcke in ihren Ursprung zerlegen, zerlegen Sie einzelne Objekte in ihre Bestandteile, ohne daß dies jedoch sichtbar wäre. Das Auflösen von Objekten macht beispielsweise aus Polylinien, Rechtecken, Ringen und Polygonen einfache Linien und Bögen. Es ersetzt eine Blockreferenz oder Assoziativbemaßung durch Kopien der einfachen Objekte, aus denen der Block oder die Bemaßung zusammengesetzt ist. Gruppen werden in ihre Einzelobjekte oder in andere Gruppen aufgelöst. Ein aufgelöstes Objekt sieht zwar nicht anders aus als zuvor, aber aufgrund von variablen Farben, Layern und Linientypen können sich die Farben und Linientypen verändern.

Praxistip

Wenn Sie eine Polylinie auflösen, löscht AutoCAD die damit verknüpften Informationen über die Breite. Die sich daraus ergebenden Linien und Bögen folgen der Mitte der Polylinie. Wenn Sie einen Block auflösen, der eine Polylinie enthält, müssen Sie die Polylinie separat auflösen. Ein nicht einheitlich skalierter Block kann während eines Einfügevorgangs aufgelöst werden. Wenn Sie einen Ring auflösen, wird seine Breite Null.

Hinweis

Mit ungleichen X-, Y- und Z-Skalierfaktoren eingefügte Blöcke können sich in unerwartete Objekte auflösen. Externe Referenzen und von ihnen abhängige Blöcke können nicht aufgelöst werden. Wenn Sie einen Block mit Attributen auflösen (Kap. 14), werden die Attribute gelöscht, aber die Attributdefinitionen, mit denen sie erstellt worden sind, bleiben erhalten. Die Attributwerte sowie jegliche Änderungen, die über die Befehle ATTEDIT oder DDATTE vorgenommen worden sind, gehen verloren.

5.10   Die Layertechnik

Dank der Layertechnik können Sie Zeichnungsteile, die zusammen gehören, separat anzeigen und plotten. Layer wurden in Anlehnung an eine herkömmliche Methode der Zeichnungserstellung definiert, sie entsprechen nämlich übereinandergelegten Transparent-Folien, auf denen jeweils zusammengehörende Teile einer Zeichnung liegen. Neben dem Layernamen haben die Layer zwei Grundeigenschaften, nämlich

- Farbe und

- Linientyp.

Über die Farbe und ihre Zuordnung zu den Plotterstiften wird die Linienstärke der Zeichnung gesteuert. Wird in der Standardeinstellung (Zuordnung der Option VONLAYER zu Farbe und Linientyp) die Farbe oder der Linientyp auf einem Layer geändert, nehmen alle Objekte des Layers die neuen Eigenschaften an.

5.10.1   Die Layersteuerung

Gegenüber der Version 12 gibt es ein neues Dialogfeld zum generellen Einstellen der Grundeigenschaften und anderer Optionen des Layer-Befehls (Bild 5.48). Sie können sie aufrufen, indem Sie die Befehle LAYER oder DDLMODI eingeben oder im Pulldown-Menü „Format" den Menüpunkt „Layer..." anwählen.

Bild 5.48:
Dialogfeld „Layer- und Linientypeigenschaften", Registerkarte Layer

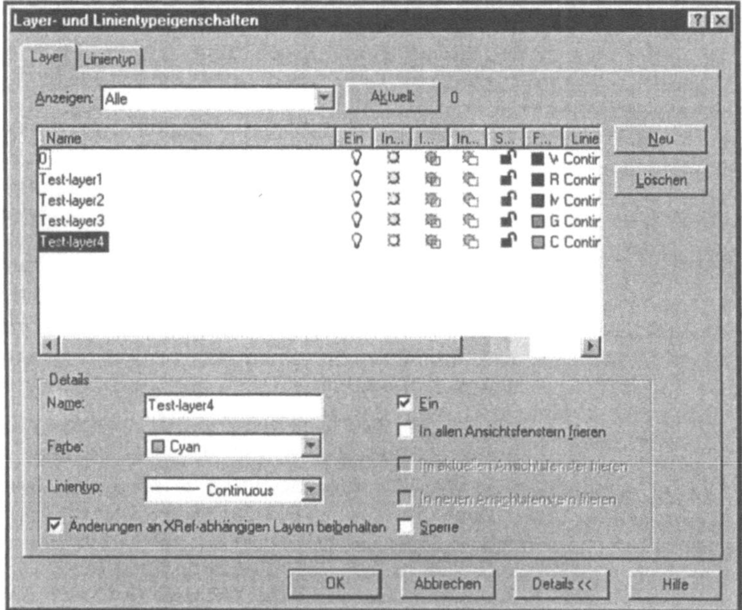

Dieses Dialogfeld enthält in der Registerkarte „Layer" alle Optionen des Befehls LAYER. Es zeigt den Layerstatus tabellarisch an und erlaubt Ihnen, durch die angelegten Layer der Zeichnung zu blättern.

Neue Layer	Um einen neuen Layer hinzuzufügen, klicken Sie das Feld „Neu" an. Es wird sofort ein neuer Layer mit dem Standard-Namen „Layer_n" („_n" steht für einen numerischen Wert) mit den zuletzt verwendeten Eigenschaften für „Farbe" und „Linientyp" erzeugt. Sie können nun aber in den Feldern unten links „Name", „Farbe" und „Linientyp" modifizieren. Damit wird die Layerliste im mittleren Bereich des Dialogfelds um den neuen Namen ergänzt.

Aktueller Layer

Wenn Sie eine Zeile im mittleren Bereich mit dem Eintrag für „Layername" anklicken, werden die gleichen Felder aktiv, in denen Sie jetzt Veränderungen bezogen auf „Name", „Farbe" und „Linientyp" vornehmen können. Von besonderer Bedeutung ist das Feld „Aktuell". Dort stellen Sie den sogenannten aktuellen Layer ein. In der Zeichnung ist von mehreren angelegten Layern immer nur einer aktuell. Er wird auch in der Statuszeile des Zeichnungseditors mit der festgelegten Farbe geführt. Auf diesem aktuellen Layer zeichnen Sie. Sollen die Objekte auf einem anderen Layer dargestellt werden, müssen Sie den anderen zum aktuellen Layer machen.

Befehlsoptionen

Stellen Sie sich einen Layer vereinfacht als eine Klarsichtfolie vor. Die Layer werden wie Folien exakt übereinandergelegt und ergeben so die Zeichnung. Mit der Funktion LAYER erleichtern Sie sich die logische Strukturierung Ihrer Zeichnung, also die Zusammenfassung von Objekten, die in einer beliebigen Verbindung stehen. Diese Flexibilität und Variabilität erreichen Sie durch Anwendung und Nutzung aller Optionen des Befehls. Einem Layer können die nachstehenden Optionen zugeordnet werden. Sie verändern sie durch Anklicken der Icons „Ein", „In allen Ansichtsfenstern frieren", „Im aktuellen Ansichtsfenster frieren", „In neuen Ansichtsfenstern frieren", „Sperre", „Farbe" und "Linientyp"

Ein/Aus

Legt fest, ob Layer ein- oder ausgeschaltet sind. Der Zustand der Sichtbarkeit (Ein oder Aus) wird von allen Ausgabefunktionen beachtet. Sie verfügen mit dieser Option über eine leistungsfähige Einstellung der Repräsentation Ihrer Zeichnung auf allen Ausgabegeräten wie Bildschirm, Plotter und Drucker. Durch Ein- und Ausschalten der Sichtbarkeit der Layer können Sie Ihre Zeichnung gezielt verändern, z. B. Bemaßung wegnehmen und durch Beschriftung ersetzen, Elemente ein- und austragen u. a.

Frieren/Tauen

Legt fest, ob Layer gefroren oder aufgetaut sind. Die Option „Frieren" schaltet nicht nur Sichtbarkeit aus, sondern grenzt Layer direkt aus der internen Berechnung der Zeichnung aus. Die „eingefrorenen" Ebenen werden nicht mit angezeigt, geplottet oder durch Befehle wie ZOOM, PAN, REGEN, APUNKT, AUSSCHNT und VERDECKT während Ihrer Tätigkeit behandelt. Sie können somit in diesen Layern auch keine Veränderungen vornehmen.

Praxistip
Der Unterschied zwischen LAYER „Aus" und LAYER „Frieren" liegt in der Effizienz. Erstere Option unterdrückt nur die Ausgabe der Daten des Layers auf dem Bildschirm, veranlaßt jedoch die interne Verwaltung zur steten Aktualisierung, während letztere Option auch die Aktualisierung ausschaltet.

Das Einfrieren von Layern ist dann zu empfehlen, wenn die Bearbeitung in diesem Layer abgeschlossen bzw. längerfristig nicht vorgenommen wird. Layer, die häufiger aktiviert werden, sollten nur für die Zeit ihrer Bearbeitung eingeschaltet werden. Sie verkürzen sich auf diese Weise Zwangspausen, die durch die Regenerierung der Zeichnung hervorgerufen werden.

Eingefrorene Layer werden mit Hilfe der Option „Tauen" wieder in die interne Verwaltung einbezogen. Sie heben die Wirkung der Option „Frieren" wieder auf.

Die Optionen „Frieren/Tauen im aktuellen bzw. neuen Ansichtsfenster" legen fest, ob Layer im aktuellen oder bei neuen Ansichtsfenstern vorgabemäßig gefroren bzw. getaut sind.

Sperren/Entsperren
Über die Option „Sperren/Entsperren" legen Sie fest, ob Layer gesperrt oder entsperrt sind. Mit diesen Optionen lassen sich Teile der Zeichnung sperren, um nicht darauf gezeichnete Objekte selektiert bearbeiten zu können.

Farbe
Die Option „Farbe" legt die Layer-Farben fest, die gefiltert werden sollen. Die Farben werden als Zahlen im Bereich 1 bis 255 verschlüsselt bzw. als Namen der Standardfarben angeben:

Standardfarbe	Standardnummer
Rot	1
Gelb	2
Grün	3
Cyan	4
Blau	5
Magenta	6
Weiß	7

Die Farbe wird automatisch in die Layertabelle eingetragen.

Linientyp
Die Option „Linientyp" legt die Layer-Linientypen fest. Jedem Layer kann ein beliebiger (verfügbarer) Linientyp zugeordnet werden. Unter Linientyp verstehen Sie in diesem Zusammenhang bitte ein Muster aus Strichen, Punkten und Leerzeichen, die als Referenztyp in einer Linientyp-Bibliothek definiert sind. Entsprechend dem Muster werden die Objektlinien generiert. Die Option „Linientyp" weist einem Layer einen Linientyp zu.

Layeranzahl
AutoCAD beschränkt die Anzahl der Layer nicht. Sie können also eine unbegrenzte Anzahl von Layern definieren. Auch die Anzahl der in einem Layer enthaltenen Objekte unterliegt keinerlei Restriktion.

Standardwerte
Ein neuer Layer wird vorerst mit Standardwerten für Farbnummer (7 - weiß) und Linientyp (CONTINUOUS) versehen. Über die Optionen „Farbe" und „Linientyp" kann dem Layer eine andere Farbe und ein anderer Linientyp zugeordnet werden.

Praxistip
Sie können jeweils nur im aktuellen Layer editieren. Wollen Sie in einem anderen Layer weiterarbeiten, so müssen Sie diesen vorher einschalten. Der aktuelle Layer kann in der Statuszeile oben links mit allen Voreinstellungen auf dem Bildschirm abgelesen werden. Dort können Sie auch in allen Layern die Voreinstellungen ändern. Wenig sinnvoll ist das Ausschalten des aktuellen Layers.

5.10.2   Der Befehl Farbe

Mit dem Befehl FARBE legen Sie die Farbe für die Objekte Ihrer Zeichnung fest. Der Befehl FARBE hängt eng mit der Layer-Steuerung zusammen. Über die Farbe steuern Sie die Linienstärke beim Plotten, da beim Konfigurieren des Plotters Zuordnungen zwischen Farbe und Plotterstiften vorgenommen werden. Sie wählen den Befehl aus dem Pulldown-Menü „Format", Menüpunkt „Farbe" oder geben ihn über Tastatur ein:

```
Befehl: FARBE
Neue Objektfarbe <Vorgabe>:
```

Befehlsoptionen
Ihnen stehen 255 Standardfarben zur Verfügung. Die ersten sieben Farben können Sie über den Standardnamen oder die zugehörige Nummer ansprechen. Haben Sie einmal eine Farbe definiert, werden alle neu gezeichneten Objekte unabhängig vom Farbwert des aktuellen Layers in dieser Farbe auf dem Bildschirm repräsentiert. AutoCAD versteht neben der Eingabe des Stan-

dardfarbnamens bzw. der Standardfarbnummer noch zwei weitere Optionen.

Option „VONLAYER"   Alle Objekte werden in der Farbe des aktuellen Layers gezeichnet. Die Farbe des Layers ist in der Layertabelle vermerkt.

Option „VONBLOCK"   Das zweite gültige Eingabewort heißt VONBLOCK. Die Objekte werden zunächst in weißer Farbe dargestellt. Werden die Objekte dann zu einem Block zusammengefaßt, wird diesem Block bei jeder neuen Einfügung die Farbe des Layers zugeordnet.

Praxistip   Um unvorhersehbaren Farbeffekten bei der Blockeinfügung aus dem Wege zu gehen, sollten Sie sich für einen Arbeitsstil, entweder für VONBLOCK oder am besten für VONLAYER, entscheiden.

5.10.3   Veränderung der Linientypen

Veränderungen der Linientypeinstellungen erreichen Sie mit der Eingabe des Befehls LINIENTP oder durch Aufruf des Pulldown-Menüs „Format", Menüpunkt „Linientyp". In beiden Fällen kommen Sie zum Bild 5.49.

Bild 5.49:
Dialogfeld „Layer-und Linientypeigenschaften", Registerkarte „Linientyp"

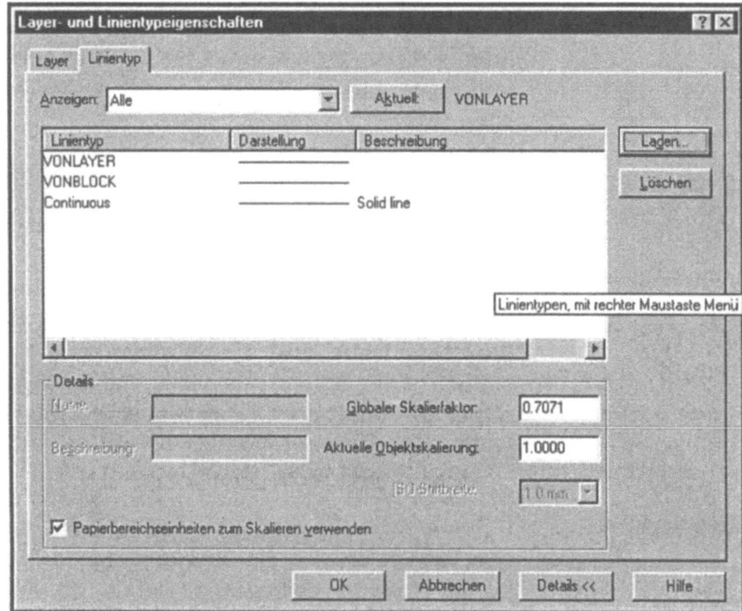

In diesem Dialogfeld sehen Sie die drei geladenen Voreinstellungen „VONLAYER", „VONBLOCK" und „Continuous". Mit der Schaltfläche „Aktuell" variieren Sie die gewünschte Option. Mit der Schaltfläche „Laden" können Sie weitere Linientypen aus einer Linientypdatei „*name*.lin" nachladen. AutoCAD hat seine Standardlinientypen in der Linientypbibliothek acadiso.lin abgelegt. Exemplarisch sehen Sie im Bild 5.50 einen Ausschnitt dieser vordefinierten Linientypen nach Aufruf von „Laden".

Bild 5.50:
Vordefinierte Linientypen

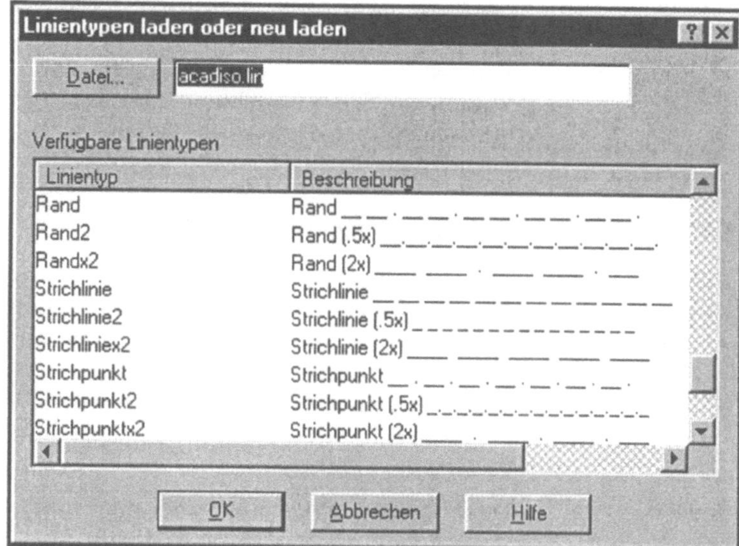

Die Optionen „VONLAYER" und „VONBLOCK" wirken analog, wie schon unter Kapitel 5.10.2 beschrieben.

VONLAYER

Sie veranlassen AutoCAD, nun den Linientyp des aktuellen Layers als allgemeingültigen Linientyp für alle Elemente einzusetzen.

VONBLOCK

Erst nachdem die zu einem Block zusammengefaßten Elemente wieder in die Zeichnung eingefügt werden, erhält der Block den ihm zugewiesenen Linientyp. Vorher wird unabhängig vom definierten Linientyp mit dem Typ CONTINUOUS gezeichnet. Dieser Umstand kann irritierend wirken, da die direkte interaktive Rückkopplung, die Sie sonst erwarten, fehlt.

5.10.4   Der Befehl LTFAKTOR

Mit diesem Befehl können Sie den Linienlängenfaktor für alle Linientypen setzen.

```
Befehl: LTFAKTOR
Neuer Faktor <Vorgabe>:
```

Hinweis

Dieser Faktor paßt die Linienlängen der Linientypen an die konkrete Größe Ihrer Zeichnung an. Bedenken Sie dabei, daß dieser

Faktor nur einmal in einer Zeichnung eingestellt werden kann. Bei jeder Konstruktion von Elementen mit einem beliebigen Linientyp wird dieser Faktor zur Bestimmung der Strichlänge herangezogen. Die Änderung des Skalierfaktors für Linientypen bewirkt, daß die Zeichnung regeneriert wird.

Praxistip

Nach der Neueingabe des Faktors wird Ihre Zeichnung neu berechnet und alle bereits verwendeten Linientypen werden mit dem neuen Faktor multipliziert. Der Faktor für die Linientypen wird in der Systemvariable LTSCALE abgelegt. Aus diesem Grunde wird empfohlen, sich diesen Faktor zu Beginn der Editierarbeit einzustellen.

5.11   AutoCAD-Systemvariable

Durch viele AutoCAD-Befehle und auch Befehle des Bemaßungsprozessors (Kapitel 8) werden verschiedene Schalter, Zustandsvariable, Modi und andere Parameter gesetzt, die so lange aktiv bleiben, bis sie geändert werden. Von AutoCAD werden diese Einstellungen als sog. Systemvariable gespeichert. Es ist aber möglich, diese Variablen jederzeit zu überprüfen und direkt zu ändern.

SETVAR

Diese Überprüfung und Änderung erfolgt über den Befehl SETVAR. Es ergibt sich folgender Dialog:

```
Befehl: SETVAR
Variablenname oder ?: ?
Aufzulistende Variable(n) <*>:
```

Geben Sie bei der Abfrage

```
Variablenname oder ?: ?
```

ein und bei

```
Aufzulistende Variable(n) <*>: <ENTER>
```

schaltet der Bildschirm in den Text-Modus um, und es werden auf 13 Bildschirmseiten die Einstellungen aller Systemvariablen aufgelistet. Exemplarisch folgt anschließend ein Auszug aus dem Listing dieser Systemvariablen

```
LIMMAX          297.00,210.00
LIMMIN          0.00,0.00
LTSCALE         1.0000
LUNITS          2
LUPREC          2
MIRRTEXT        1
ORTHOMODE       0
OSMODE          0
```

```
OSNAPCOORD      2
PDMODE          0
PDSIZE          0.00
PSLTSCALE       0
```

Sie erkennen z. B. die Systemvariablen LIMMAX und LIMMIN, die die Einstellungen des Befehls LIMITEN speichern. Auch die Variablen MIRRTEXT (Kapitel 5.6.7) und PDMODE und PDSIZE (Kapitel 5.4.2) dürften Ihnen etwas sagen.

Wollen Sie nun eine Variable direkt ändern, geben Sie bei der Abfrage des Variablennamens den Namen ein und erhalten dann im Dialog die Möglichkeit, den Variablenwert zu ändern.

Beispiel

Im Zusammenhang mit der Linientypskalierung (Befehl: LTFAKTOR, Kapitel 5.6.2) wurde ab Version 12 eine neue Systemvariable PSLTSCALE eingeführt, die bei unterschiedlichen Maßstäben im Papierbereich die Darstellung der verwendeten Linientypen (z. B. STRICHPUNKT) aufeinander anpaßt. PSLTSCALE auf „1" bedeutet, daß die gestrichelten Linien immer gleichförmig dargestellt werden. PSLTSCALE auf „0" behält die frühere Anpassung.

5.12 Hilfs- und Dienstbefehle

Neben den Hilfs- und Dienstbefehlen ENDE, QUIT, SICHERN, die bereits im Kapitel 6.5 behandelt wurden, sollen in diesem Kapitel die Optionen der Befehle HILFE, LIMITEN, EINHEIT, PRÜFUNG, WHERST, NOCHMAL, SHELL, SH, UMBENENN, FÜLLEN und BEREINIG behandelt werden.

HILFE

Der Befehl HILFE liefert Ihnen während der Editierarbeit eine Soforthilfe zu jedem Befehl und dessem Format und gibt Ihnen einen kurzen Verweis auf die Einordnung im Handbuch. Sie aktivieren die Hilfe entweder über Tastatur

```
Befehl: HILFE oder ?
```

oder aus dem Pulldown-Menü heraus. In jedem Fall erscheint das Dialogbild „Hilfethemen. AutoCAD-Hilfe" (Bild 5.51). Dort können Sie die Befehle direkt auswählen

Bild 5.51:
AutoCAD-Hilfe

Die Hilfsinformationen sind in der Datei `acad.hlp` abgelegt und können nach Belieben erweitert oder verändert werden.

LIMITEN

Der Befehl LIMITEN wurde schon im Kapitel 6.4.4 erwähnt, als wir über die Grundeinstellungen für eine Zeichnung zu Sitzungsbeginn sprachen. Er ermöglicht die Festsetzung der oberen und unteren Zeichnungsgrenzen. Weiterhin kann mit diesem Befehl die stete Limitenkontrolle eingeschaltet werden.

```
Befehl: LIMITEN
Modellbereich Limiten zurücksetzen:
Ein/Aus/<linke untere Ecke> <0.00,0.00>: 0,0
obere rechte Ecke <297.00,210.00>:
```

Die Wirkung dieses Befehls besteht in der Festlegung der Grenzen Ihrer Zeichnung. Durch Angabe der Koordinaten des linken unteren Punktes und des rechten oberen Punktes legen Sie die Größe der Zeichenfläche in Einheiten fest. Der Befehl ZOOM bezieht sich mit in der Option „Alles" auf die eingestellten Werte (Bild 6.9).

Die erste Option „Ein" schaltet die kontinuierliche Überprüfung der Limiten ein. Damit vermeiden Sie die Überschreitung der Zeichnungsgrenzen und zeichnen nicht „auf dem Tisch" weiter. Falls Sie das exakte Format Ihrer Zeichnung noch nicht genau kennen sollten, empfiehlt es sich, mit der Option „Aus" die Kontrolle der Grenzüberschreitung auszuschalten.

Sie können die Limiten auch jederzeit während der Editiertätigkeit neu festlegen und verändern. Die aktuellen Werte sind von den Einstellungen in der Vorgabezeichnung (Standardprototypzeichnung: `acad.dwt` – Kapitel 13) abhängig.

Bild 5.52:
Dialogfeld „Einheitensteuerung"

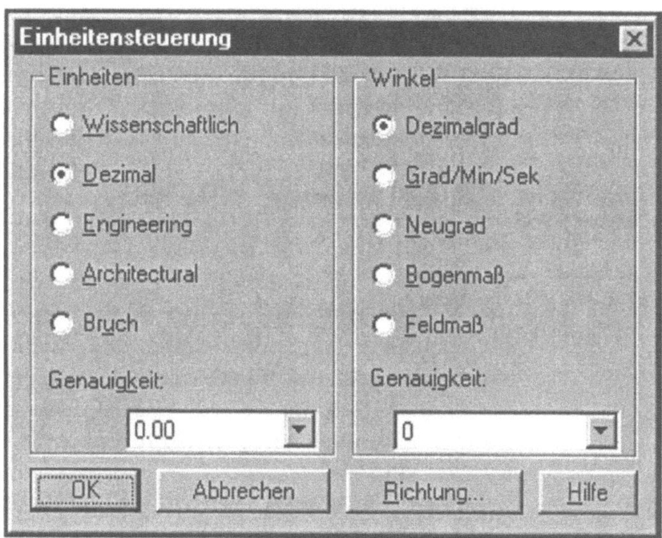

EINHEIT und Einheitensysteme

Mit dem Befehl EINHEIT wählen Sie entsprechend Ihrem Aufgabenbereich ein Maßsystem für die Ein- und Ausgabe von Längen und Winkeln. Sie aktivieren die Befehlsoptionen aus dem Pulldown-Menü „Format", Menüpunkt „Einheiten" (Bild 5.52) oder geben den Befehl über Tastatur ein. Sie können eines der folgenden Maßeinheitensysteme für Koordinaten und Distanzen wählen:

```
Befehl: EINHEIT
Einheitensysteme:        (Beispiele)
   1.  Wissenschaftlich  1.55E+01
   2.  Dezimal           15.50
   3.  Engineering       1'-3.50"
   4.  Architectural     1'-3 1/2"
   5.  Bruch             15 1/2
```

Mit Ausnahme von Engineering und Architectural können diese Formate mit allen Grundmaßeinheiten verwendet werden. Zum Beispiel eignet sich der Dezimalmodus gut für metrische und britische Dezimaleinheiten.

```
Auswahl eingeben, 1 bis 5 <2>:
```

Die Standardvorgabe unterstützt die Arbeit im Dezimalsystem.

```
Anzahl Dezimalstellen (0 bis 8) <2>:
```

Winkel

Desweiteren können Sie die Länge der Mantisse oder den kleinsten Bruchteil eines Zolls bestimmen. Für die numerische Darstellung von Winkeln und die Eingabe existieren die Formate:

```
Winkelmaßeinheiten:          (Beispiele)
   1.  Dezimalgrad            45.0000
   2.  Grad/Minuten/Sekunden  45d0'0"
   3.  Neugrad                50.0000g
   4.  Bogenmaß               0.7854r
   5.  Feldmaß                N 45d0'0" O
Auswahl eingeben, 1 bis 5 <1>:
```

Die obige Liste zeigt Ihnen die Darstellung der Winkel in den verfügbaren Einheitensystemen. Wegen der Darstellungsprobleme der Maßsymbole auf dem Bildschirm wurde ein „g" an die numerische Neugraddarstellung bei Winkeln angehängt. Um Winkelminuten und Winkelsekunden mit einem Einheitensymbol versehen zu können, wurde das Hochkomma ' zur Kennzeichnung der Minuten und die „Anführungsstriche oben" für die Sekunden verwendet.

```
Anzahl Dezimalstellen für anzuzeigenden Winkel (0 bis
8) <0>:
```

Dezimalstellen

Die Anzahl der Dezimalstellen hat keinen Einfluß auf die Genauigkeit Ihrer Zeichnung. AutoCAD rechnet intern mit der maximal vom Rechner realisierbaren Genauigkeit. Durch Ihre Eingabe bestimmen Sie lediglich die Darstellung des Formates des numerischen Wertes in der Koordinatenanzeige.

Winkelrichtung

Die Bezugslinie für den Null-Grad-Winkel liegt standardmäßig in der Horizontalen. Diesen Bezug können Sie, falls Ihre Aufgabe dies erfordert, auch (in 90-Grad-Stufungen) wechseln.

```
Winkelrichtung 0:
   Osten     3 Uhr  =  0
   Norden   12 Uhr  =  90
   Westen    9 Uhr  =  180
   Süden     6 Uhr  =  270
Winkelrichtung eingeben 0 <0>:
```

Wird die folgende Frage bejaht, so werden alle Winkel mathematisch negativ, andernfalls mathematisch positiv gemessen. Als Ingenieur werden Sie sich sehr wahrscheinlich für die mathematisch positive Winkelmessung entscheiden. Bei einer interaktiven Arbeitsweise am Bildschirm, bei der Sie bei Zuhilfenahme eines Zeigegerätes Koordinaten und Winkel zeigen können, tritt die Bedeutung des Vorzeichens der Winkelrichtung ohnehin in den Hintergrund.

```
Sollen Winkel im Uhrzeigersinn gemessen werden? <N>
```

Systemvariablen

Der Befehl EINHEIT beeinflußt die Systemvariablen LUNITS, LUPREC, AUNITS, AUPREC, ANGBASE, ANGDIR.

PRÜFUNG

Der Befehl PRÜFUNG untersucht die aktuelle Datei auf Fehler und nimmt ggf. die Fehlerbehandlung vor.

```
Befehl: PRÜFUNG
Gefundene Fehler beheben? <N> J
0         Blöcke geprüft
Durchgang 1 5         Objekte geprüft
Durchgang 2 5         Objekte geprüft
0 Fehler gefunden, 0 behoben
```

Reportdatei

Wird diese Frage mit „J" beantwortet, werden vorhandene Fehler in der Datei gemeldet und korrigiert. Wenn die Systemvariable „AUDITCTL" auf „Ein" gesetzt ist, legt PRÜFUNG eine ASCII-Datei an, die die Beschreibung der Probleme und der ausgeführten Schritte enthält. Die Reportdatei wird in demselben Verzeichnis wie die aktuelle Datei abgelegt und hat die Extension .adt.

WHERST

Wenn eine Zeichnung Fehler enthält, die PRÜFUNG nicht identifizieren kann, verwenden Sie den Befehl WHERST, um die Zeichnung wiederherzustellen und die Fehler zu beheben. Es wird eine ASCII-Reportdatei mit der Extension .adt angelegt, in der die Problemschreibung und die ergriffenen Maßnahmen stehen.

NOCHMAL

Der Parameter des Befehls NOCHMAL ist der Name eines Auto-CAD-Befehls, welcher dann gespeichert und automatisch bis zum Abbruch mit <ESC> wiederholt wird.

```
Befehl: NOCHMAL BEFEHL
```

Beispiel

Der Befehl NOCHMAL verzweigt nicht wieder in den "Befehl:"-Modus, sondern startet den Befehl, der ihm in der Kommandozeile übergeben wurde, erneut. Er automatisiert also nur den Start des Befehls, die Parameter werden bei jedem einzelnen Befehlsaufruf übergeben.

Die Eingabe von
    Befehl: Nochmal Kreis

bewirkt, daß AutoCAD ständig Kreise zeichnen will. Sie können
die Optionen-Abfrage des Befehls KREIS nur mit <ESC> beenden.

SHELL oder SH

Mit Eingabe der Befehle SHELL oder SH schaltet der Bildschirm
auf den alphanumerischen Modus um und erwartet die Eingabe
eines MS-DOS-Befehls, ohne dabei AutoCAD zu verlassen. Mit
SHELL haben Sie Zugriff auf alle DOS-Befehle, mit SH nur auf die
internen DOS-Kommandos.
    Befehl: SHELL
    OS Befehl:

SHELL bzw. SH haben keine zusätzlichen Optionen. Mit diesen
Funktionen können interne und externe DOS-Befehle aufgerufen
werden. Nach dem Aufruf meldet sich ein modifzierter Prompter.
Sie können nun den gewünschten MS-DOS-Befehl direkt eingeben, z. B.:
    DOS-Befehl: DIR *.DOC

oder nochmals die <ENTER>-Taste drücken. Dies hat zur Folge,
daß unter dem Betriebssystem MS-DOS erneut der Kommandointerpreter command.com gestartet wird (Bild 5.53).

Bild 5.53:
Dialogbild „AutoCAD
Shell Active"

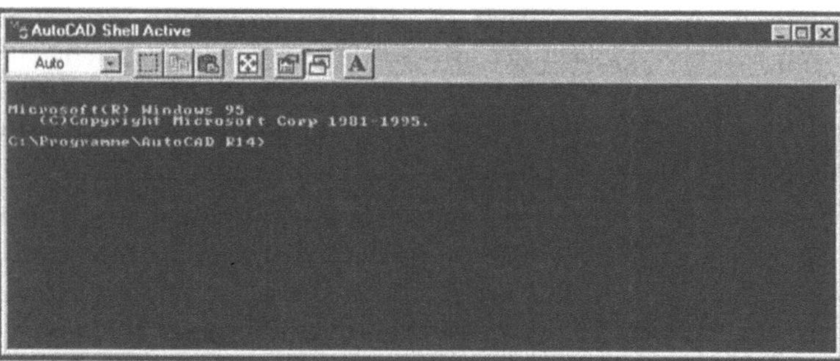

EXIT

Sie haben nun die Möglichkeit, mehrere Betriebssystemkommandos oder auch eigene Programme aufzurufen. Wenn Sie die Arbeit auf der Betriebssystemebene beenden und in den AutoCAD-
Editor zurückkehren wollen, geben Sie den Befehl „EXIT" ein.
Damit wird der Kommandointerpreter deaktiviert und AutoCAD
meldet sich wieder.

Falls Programme, die über das SHELL-Kommando gestartet wur-
den, auf AutoCAD-Speicherbereiche zugegriffen und so Ihre
Zeichnung scheinbar zerstört haben, so kann dieser Fehler mit
NEUZEICH oder NEUZALL behoben werden.

Starten Sie vom SHELL-Befehl aus keinesfalls die Festplatten-prüfroutine CHKDSK. AutoCAD arbeitet noch mit geöffneten Dateien, die nun irrtümlich als Dateireste erkannt werden. Starten Sie auch keine speicherresidenten Programme, wie beispielsweise MODE, DOSEDIT, PRINT o. ä. Programme dieser Art sollten vor der Arbeit mit AutoCAD in den Speicher eingeladen werden.

Der Befehl SH arbeitet analog dem Befehl SHELL. Wenn das Dienstprogramm beendet ist, können Sie weiter im AutoCAD-Editor arbeiten. Dieser Befehl wurde ins AutoCAD übernommen, um auch bei sehr wenig freiem Speicherplatz im Rechner noch einen Zugriff auf die Betriebssystemkommandos möglich zu machen.

UMBENENN

Mit dem Befehl UMBENENN können Sie benannte Objekte umbenennen.

```
Befehl: UMBENENN
BLock/BEmstil/LAyer/LTyp/Textstil/BKS/AUsschnitt/
AFenster:
```

Dieser Befehl ermöglicht Ihnen das Umbenennen von Objekttypen wie Blöcken, Bemaßungsstilen, Layern, Linientypen, Schriftstilen, Ausschnitten, Ansichtsfenstern und Koordinatensystemen. In der Befehlsausführung aktualisiert AutoCAD den Begriff „Objekt" durch den umzubenennenden Objekttyp. Anhand der signifikanten Buchstaben können Sie den gewünschten Objekttyp zum Umbenennen auswählen. Dem folgt die Frage nach dem alten und dem neuen Namen des Objekts.

Bis auf den Standardlayer 0 und den Linientyp „CONTINUOUS" (AUSGEZOGEN) können Sie alles umbenennen.

```
Alter (Objekt) Name:
Neuer (Objekt) Name:
```

Ein gültiger Name darf nicht länger als 31 Buchstaben sein. Buchstaben und Sonderzeichen können Bestandteil des Objektnamens sein.

FÜLLEN

Der Befehl FÜLLEN schaltet die automatische Füllung von Flächen aus und ein.

```
Befehl: FÜLLEN
Ein/Aus <aktuell>:
```

Da der Zeitaufwand zur Darstellung gefüllter Flächen wegen des größeren Rechenaufwandes recht groß werden kann, hat man auch hierfür einen Schalter eingeführt. Die Wirkung betrifft alle peripheren Ausgabegeräte. Bei FÜLLEN gilt der eingestellte Zustand nicht nur für den Bildschirm, sondern auch für Plotter und Drucker. Mit der Option „Aus" wird der Füll-Modus deaktiviert, d. h. gefüllte Flächen werden nur noch als Rahmen auf allen Ausgabegeräten dargestellt. Durch die Option „Ein" werden gefüllte Flächen auch als solche dargestellt.

BEREINIG

Analog dem Befehl UMBENENN, mit dem Objekte umbenannt werden können, lassen sich mit BEREINIG Objekte aus der Zeichnung und damit auch aus der Datenbank entfernen. Allerdings ist dabei ein festes Ablaufschema zu beachten:

- Die zu entfernenden Objekte dürfen in der Zeichnung nicht mehr auftreten.

- Standardobjekte, z. B. Layer 0 oder Linientyp „CONTINUOUS" (AUSGEZOGEN) lassen sich nicht bereinigen!

- BEREINIG entfernt immer nur eine Referenzebene, d. h. evtl. muß der Befehl mehrfach durchgeführt werden.

Neu in AutoCAD 14

Der Befehl BEREINIG kann seit Release 14 jederzeit während einer Zeichensitzung verwendet werden.

5.13 Übung „Einrichten eines Badezimmers"

Bild 5.54:
Fertiges Badezimmer

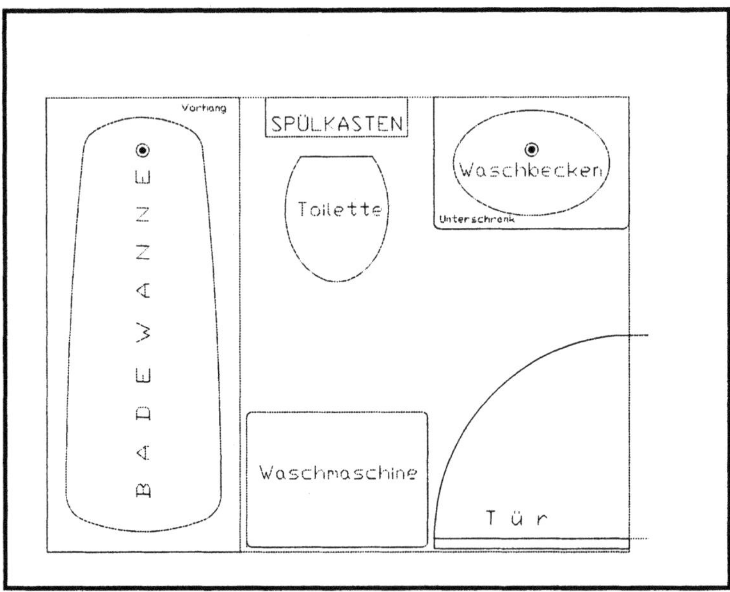

Sie sollen nun Ihre erworbenen Kenntnisse zur Blockdefinition und zur Layertechnik an einem komplexen Beispiel des Einrichtens eines Badezimmers anwenden und dabei auch Ihren Kenntnisstand zum Arbeiten mit den Zeichnungs- und Editierbefehlen nachweisen. Am Ende soll eine Zeichnung entstehen, wie Sie in Bild 5.54 zu sehen ist.

Wie kommen Sie nun zu diesem Ergebnis? Im folgenden werden die wichtigsten Schritte dargelegt und auch die Methoden zur Überwindung bestimmter Schwierigkeiten aufgezeigt. Allerdings gehen wir auch davon aus, daß Sie einen bestimmten Kenntnisstand erreicht haben und wir deshalb nicht mehr jeden Befehl im einzelnen zu dokumentieren brauchen.

5.13.1 Voreinstellungen

Zunächst treffen Sie die grundsätzlichen immer notwendigen Voreinstellungen:

- Dateinamen festlegen: „BAD"

- Limiten festlegen: Ausgehend von der Größe eines typisch ostdeutschen Plattenbau-Badezimmers von Länge=2970 mm und Breite=2100 mm legen Sie den Limiten-Bereich mit (0,0) bis (2970, 2100) fest. Das entspricht einem A4Q-Format mit dem Faktor 10.

- Raster- und Fangwert festlegen: Auf Grund des 10fachen Limiten-Bereiches sind als Startwert für RASTER und FANG 100 Einheiten zu empfehlen.

- Und zuletzt ZOOM „ALLES" nicht vergessen!

Zeichnung strukturieren

Als nächstes müssen Sie überlegen, wie die Zeichnung zu strukturieren ist, d. h. welche Layer anzulegen sind und welche Zeichnungsinhalte sachlich zu Blöcken zusammenzufassen sind. Als Variante für die Layer und anzulegenden Blöcke schlagen wir Ihnen vor, Blöcke für die Badewanne, Toilette mit Spülkasten, Waschbecken, Unterschrank und Waschmaschine zunächst auf dem Layer „0" zu definieren und später auf dem Layer „Install" einzufügen.

Die Tür legen Sie ebenfalls auf dem Layer „0" als Block an und fügen Sie auf dem Layer „Tür" ein. Wand und Duschvorhang zeichnen Sie auf den Layern „Wand" bzw. „Schiene". Daraus ergibt sich folgender Vorschlag für die Layerstruktur.

Layername	Farbe	Linientyp
0	weiß	CONTINUOUS
INSTALL	blau	CONTINUOUS
TÜR	rot	CONTINUOUS
WAND	gelb	CONTINUOUS
SCHIENE	cyan	STRICHPUNKT

Die mit der „Layersteuerung" angelegte Layerstruktur ist in Bild 5.55 zu sehen.

Bild 5.55:
Layerstruktur für die
Übung „Badezimmer"

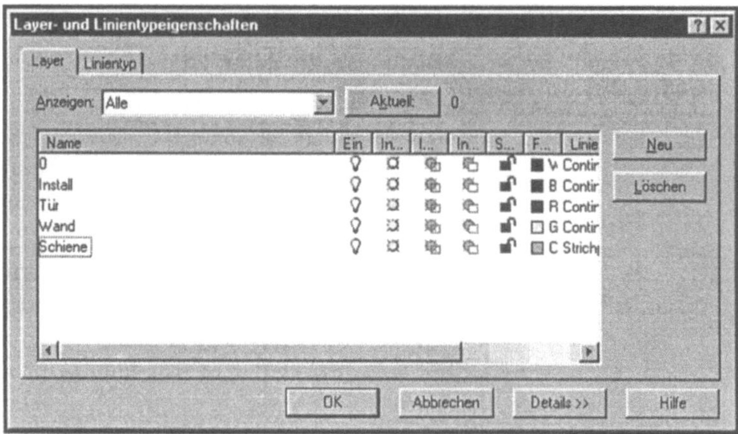

5.13.2   **Blockdefinitionen**

Zeichnen Sie auf dem Layer „0" folgende Geometrien und definieren Sie sie zum Block:

Geometrie	Abmessung	Blockname
Badewanne	750 x 1700 mm	WANNE
Toilette mit Spül-kasten	550 x 650 mm	WC
Unterschrank	750 x 500 mm	UNTERSCHR
Waschbecken	frei wählbar	WASCHBE
Waschmaschine	700 x 500 mm	WASCHMA
Tür	Türradius: 750 mm	TÜR

5.13.3

Badewanne

Hinweise zum Zeichnen der Geometrien

- Hilfslinien für die Konstruktion der Wanneninnenseite erzeugen (mit Befehl VERSETZ)!
- Kleine Bögen am Kopf und Fuß der Wanne mit BOGEN (3-Punkte) konstruieren.
- Langen Bogen an der Wannenseite mit BOGEN (Option „SES") konstruieren.
- Langen Bogen auf die andere Wannenseite spiegeln.
- Kurze und lange Bogen abrunden! Mit ZOOM „Fenster" arbeiten.

Bild 5.56:
Einzelheiten zur
Konstruktion von
Badewanne und
Toilette

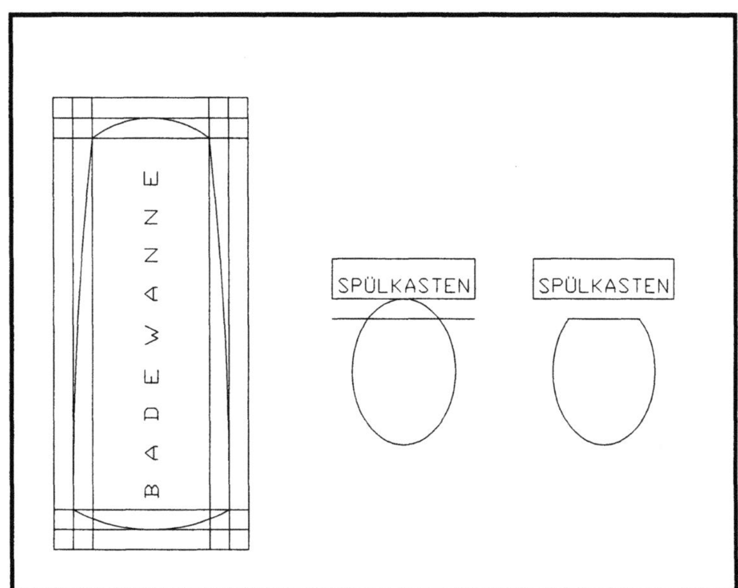

Toilette mit Spülkasten

- Spülkasten: 550 x 150 mm
- Toilette mit ELLIPSE konstruieren und dann mit BRUCH brechen.

Waschbecken

- Ellipse (600 x 400 mm), Kreis und Ring (für Abfluß) mit Radius von 25 mm.

5.13.4

Erzeugung von Wiederholblöcken

- WWanne
- WWC
- WTÜR
- WWASCHBE (einschließlich Unterschrank)

5.13.5. Zeichnen der Wand

Zeichnen Sie nun auf dem Layer „Wand" (aktuellen Layer wechseln!) die Innenwand des Badezimmers (1700 x 2250). Berücksichtigen Sie, daß die Wand an der Stelle, wo die Tür eingesetzt wird, durchbrochen sein muß.

5.13.6 Zuordnung von Layern

Fügen Sie mit EINFÜGE oder DDINSERT die auf dem Layer 0 angelegten Blöcke ein:

- Blöcke WANNE, WC, UNTERSCHR, WASCHBE und WASCHMA auf dem Layer „INSTALL" (aktuellen Layer wechseln!).

- Block TÜR auf dem Layer „TÜR" (vorher erneut aktuellen Layer wechseln!).

5.13.7 Layer „SCHIENE"

Zeichnen Sie einen Duschvorhang auf dem Layer „SCHIENE".

5.13.8 Zusammenfassung

Wenn Sie alles richtig gemacht haben, müßten Sie nun in etwa eine Zeichnung haben, die der in Bild 5.54 sehr nahe kommt. Wichtig ist, daß Sie bei der Modellierungsarbeit alle Hilfsmittel von AutoCAD eingesetzt haben, z. B.:

- die ZOOM-Befehle, um Einzelheiten besser erkennen und behandeln zu können,

- Anpassung von RASTER und FANG an den ZOOM-Modus,

- die Objektfangmodi zum Einfangen von Punkten,

- die Arbeit mit den Blöcken und

- das Wechseln der Layer.

Probieren Sie nun das Ein- und Ausschalten von Layern.

Der Bemaßungsprozessor

6.1 Übersicht

Das Bemaßen von Objekten ist in der ingenieurtechnischen Arbeit eine ständig auftretende Aufgabe. Deshalb bieten auch alle CAD-Systeme komfortable Möglichkeiten zum Bemaßen. Die Vorgehensweise beim Bemaßen mit AutoCAD 14 erfolgt dabei grundsätzlich so, daß zunächst die Objekte gezeichnet werden und dann in einem weiteren Schritt der Bemaßungsprozessor gestartet und die Bemaßung vorgenommen wird. Die Arbeit mit dem Bemaßungsprozessor ist so organisiert, daß sich dieser nach Anklicken der relevanten Punkte bzw. Objekte die geometrischen Informationen für die Bemaßung selbständig aus der AutoCAD-Datenbank holt, die Abstände automatisiert berechnet und die Bemaßungsobjekte in die Zeichnung einträgt.

Bild 6.1:
Grundtypen der
Bemaßung

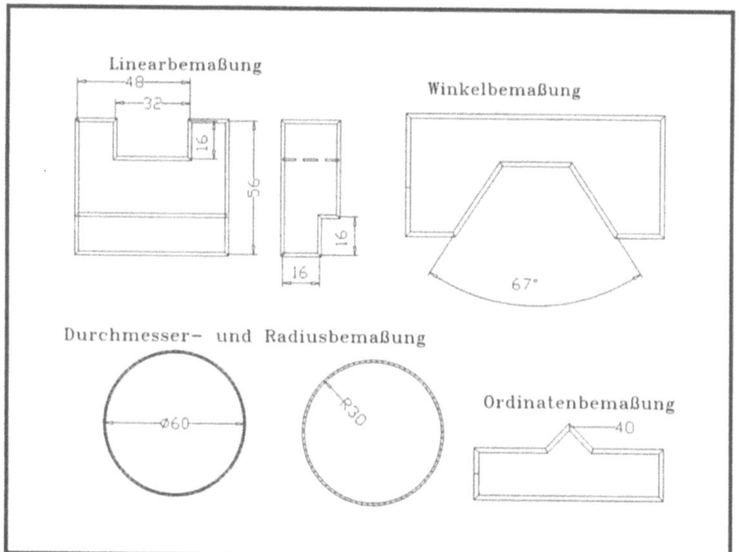

Der Nutzer steuert die Form der Bemaßung. Er gibt an, welcher Grundtyp für die Bemaßung gewählt wird und in welcher Art und Weise dieser Grundtyp modifiziert wird. Diese Steuerung der

Form der Bemaßung wird über Operanden der Bemaßungsbefehle und über sog. Bemaßungsvariable vorgenommen, die eine ähnliche Funktion für die Bemaßung wie die Systemvariablen (Kapitel 5.11) für die AutoCAD-Befehle haben.

AutoCAD 14 stellt folgende fünf Grundtypen für die Bemaßung zur Verfügung (Bild 6.1):

- Linearbemaßung,

- Winkelbemaßung,

- Durchmesserbemaßung,

- Radiusbemaßung und

- Ordinatenbemaßung.

Der Aufruf der Bemaßungsbefehle erfolgt entweder über das Pulldown-Menü „Bemaßung", usw., usf. oder über das Seitenmenü „BEMASSG" (Bild 6.2).

Bild 6.2:
Aufruf des Bemassungsprozessors

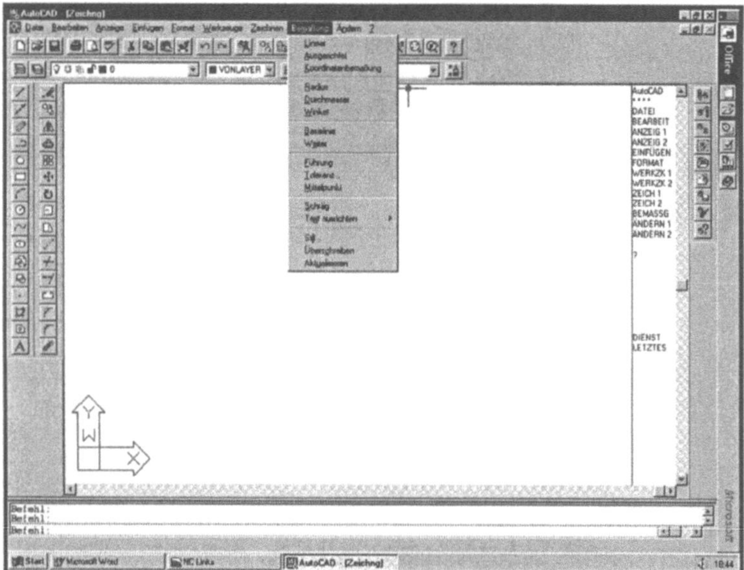

6.2   Terminologie

Bevor wir die wichtigsten Befehle vorstellen, sollen zunächst einige Termini, die im Zusammenhang mit der Bemaßung von Bedeutung sind, erläutert werden (Bild 6.3):

Hilfslinien

Hilfslinien dienen der Bemaßung von Linien und Winkeln außerhalb des gemessenen Objektes. Sie werden oft auch Führungslinien genannt und werden vom zu bemassenden Objekt senkrecht zur Maßlinie gezeichnet. Mit dem Befehl SCHRÄG lassen sie sich auch schräg stellen. Da sie manchmal nicht gezeichnet werden, lassen sie sich durch bestimmte Bemaßungsvariable unterdrücken.

Bild 6.3:
Zur Terminologie von Bemaßungen

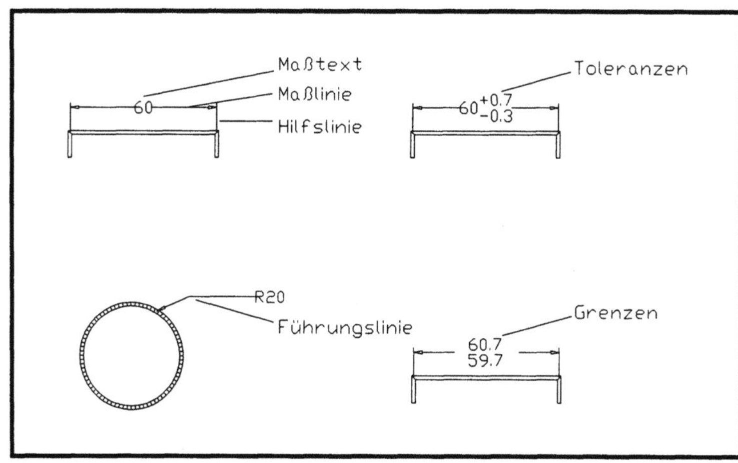

Maßlinie

Unter Maßlinie versteht man eine Linie mit Pfeilen an beiden Enden. Normalerweise wird der Maßtext entlang dieser Linie geschrieben, was auch dazu führt, daß die Maßlinie in zwei Linien geteilt wird. Für Winkelbemaßungen ist die Maßlinie ein Bogen.

Pfeile

Durch unterschiedliche Länder- und Firmenstandards kann das Abschlußsymbol einer Maßlinie u. U. beträchtlich variieren. AutoCAD 14 ist dafür sehr flexibel und erlaubt Pfeile, Schrägstriche oder Pfeilblöcke Ihrer Wahl. Die Größe des Abschlußsymbols kann ebenfalls variiert werden.

Schrägstriche werden durch die Schnittpunkte von Maß- und Hilfslinie gezogen und stehen in einem Winkel von 45 Grad zur Maßlinie.

Maßtext

Der Maßtext beinhaltet die eigentliche Bemaßung. AutoCAD errechnet automatisiert diesen Maßtext aus den gespeicherten Datenbankangaben und bietet Ihnen diesen zur Bestätigung an, d. h. Sie können den Maßtext auch noch verändern oder gänzlich unterdrücken. Außerdem können Sie dem Maßtext Grad (°)-, Durchmesser (Ø)- und Plus-/Minus-Symbole (±) voran- bzw. nachstellen. Diese Zeichen müssen mit einer bestimmten Steuerzeichenfolge, beginnend mit %%, generiert werden. Das betrifft natürlich nicht die Durchmesser- bzw. Winkelbemaßung, wo diese Symbole automatisiert erzeugt werden. Der Maßtext wird im aktuellen Textstil dargestellt.

Toleranzen

Maßtoleranzen sind Plus-/Minuswerte, die AutoCAD automatisiert den Maßtexten hinzufügt. Die entsprechenden numerischen Werte müssen vorher in die Bemaßungsvariablen BEMTP und BEMTM geschrieben werden.

Grenzen

Toleranzen können auch absolut dargestellt werden. Der vorgegebene Maßtext besteht dann aus Größt- und Kleinstmaß anstatt des Nennmaßes mit Toleranzen.

Führungslinie

Wenn Maßtexte nicht in das zugehörige Objekt passen, wird der Text daneben geschrieben und eine Führungslinie vom Text zum Objekt gezogen.

Bemaßungsvariable

Wie schon im Kap. 6.1 dargelegt wurde, steuern diese Variablen das Zeichnen von Bemaßungen. Die entsprechenden Werte können jederzeit verändert und der Bemaßungsaufgabe angepaßt werden. Die Variablen sind einfache Ein/Aus-Schalter, numerische Werte oder beinhalten Texteinträge.

Bemaßungsstile

Die Bemaßungsstile beinhalten eine bestimmte Kombination von Werten für verschiedene Bemaßungsvariable, die unter einem Namen gespeichert werden können. Dadurch haben Sie die Möglichkeit, Entwurfsstandards für Zeichnungen festzulegen und anzuwenden.

Assoziativität

Bei aktivierter assoziativer Bemaßung (das ist der Standardfall) werden sämtliche Linien, Pfeile, Bögen und Texte, aus denen eine Bemaßung besteht, als **ein** Bemaßungsobjekt betrachtet. Diese assoziative Bemaßung wird durch die Bemaßungsvariable BEMASSO gesteuert, die standardmäßig aktiviert ist. Mit dem Befehl URSPRUNG kann die assoziative Bemaßung in ihre Einzelteile zerlegt werden.

Die assoziative Bemaßung ist von großem Vorteil, da sich die Bemaßungsobjekte bei Veränderungen in ihrer Gesamtheit den neuen Bedingungen anpassen.

Definitionspunkte

Definitionspunkte werden an den Stellen gezeichnet, an denen ein assoziatives Bemaßungsobjekt erstellt werden soll. Diese Punkte werden auf einem speziellen Layer mit dem Namen **DEFPOINTS** gezeichnet. Objekte, die sich auf dem Layer DEFPOINTS befinden, werden von AutoCAD nicht geplottet!

6.3 Linearbemaßung

Zu Beginn des Bemaßungsprozesses muß AutoCAD 14 mitgeteilt werden, welche Bemaßungsart der möglichen fünf Grundtypen (Kapitel 6.1) verwendet werden soll. Das lineare Bemaßen von Strecken und Abständen wird danach mit den Befehlen HO-RIZONTAL, VERTIKAL, AUSGERICHTET und DREHEN vorgenommen. Der Unterschied in der Ausführung dieser Befehle besteht im Winkel, unter dem die Maßlinie gezeichnet wird. Bild 6.4 zeigt exemplarisch die Anwendung dieser Befehle.

Bild 6.4:
Anwendung der Linearbemaßung

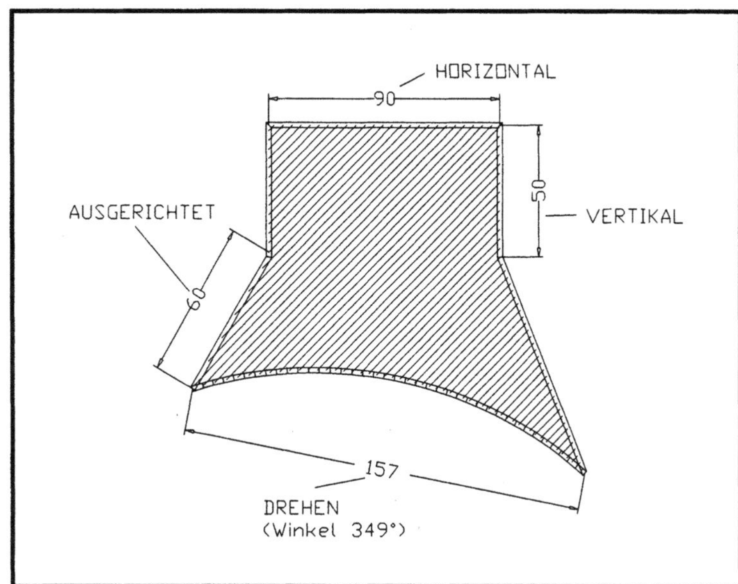

Der dazugehörige Befehlsdialog ist folgender:

```
Befehl: BEM
Bem: BEMNZ
Aktueller Wert <8> Neuer Wert: 8
Bem: BEMTXT
Aktueller Wert <3.50> Neuer Wert: 3.5
Bem: BEMPLG
Aktueller Wert <3.50> Neuer Wert: 3.5
Bem: BEMTIH
Aktueller Wert <Aus> Neuer Wert: AUS
Bem: HORIZONTAL
Anfangspunkt der ersten Hilfslinie oder Eingabetaste
für Auswahl drücken:
Anfangspunkt der zweiten Hilfslinie:
```

```
Position der Maßlinie (Text/Winkel):
Maßtext <90>:
```

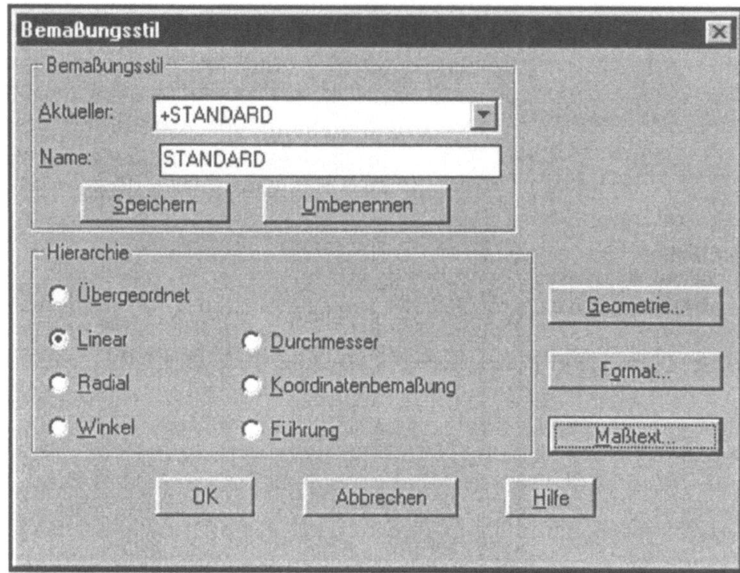

Bild 6.5:
Dialogfeld „Bemaßungsstil"

```
Bem: VERTIKAL
Anfangspunkt der ersten Hilfslinie oder Eingabetaste
für Auswahl drücken:
Anfangspunkt der zweiten Hilfslinie:
Position der Maßlinie (Text/Winkel):
Maßtext <50>:


Bem: AUSGERICHTET
Anfangspunkt der ersten Hilfslinie oder Eingabetaste
für Auswahl drücken:
Anfangspunkt der zweiten Hilfslinie:
Position der Maßlinie (Text/Winkel):
Maßtext <60>:


Bem: DREHEN
Winkel der Bemaßungslinie <0>: 349
Anfangspunkt der ersten Hilfslinie oder Eingabetaste
für Auswahl drücken:
Anfangspunkt der zweiten Hilfslinie:   <Fang aus>
Position der Maßlinie (Text/Winkel):
Maßtext <157>:
```

Voreinstellungen

Wie Sie dem Eingabedialog entnommen haben, wurden zuerst mit den Bemaßungsvariablen BEMNZ, BEMTXT, BEMPLG und BEMTIH einige Voreinstellungen realisiert. Mit der Einstellung BEMNZ=8 wurde die Ausgabe von Nachkomma-Nullen unterdrückt. BEMTXT=3.5 diente der Einstellung der Texthöhe des Maßtextes, BEMPLG=3.5 für die Größe der Maßpfeile und BEMTIH=Aus stellt ein, daß bei der Vertikalbemaßung der Maßtext parallel zur Konturlinie dargestellt wird.

Befehlseingaben

Nach der Befehlseingabe HORIZONTAL wird meist gleich nach dem Anfangspunkt der ersten bzw. zweiten Hilfslinie gefragt. „Fangen“ Sie diese Punkte mit den entsprechenden Objektfangmodi (Kap. 5.2.2.), z. B. „SCHNITTPUNKT“.

Bei Verwendung des Befehls DREHEN wird nach dem Winkel der Maßlinie gefragt. Die anderen linearen Bemaßungsbefehle kann man auch als Sonderfälle des Befehls DREHEN auffassen. HORIZONTAL entspricht DREHEN mit einem Winkel von Null Grad und bei VERTIKAL wird ein Winkel von 90 Grad zugrundegelegt, d. h. eine senkrechte Maßlinie gezogen. AUSGERICHTET zeichnet eine Maßlinie im Winkel zwischen den Anfangspunkten der Hilfslinien.

Die verschiedenen Bemaßungsoptionen können Sie dialoggesteuert aus dem Pulldown-Menü „Format“, Menüpunkt „Bemaßungsstil...“ aktivieren (Bild 6.5).

Von diesem Dialogfeld „Bemaßungsstil“ können Sie über die Schaltflächen

- Geometrie...,
- Format... und
- Maßtext...

weitere Untermenüs aufrufen und damit Form und Aussehen der Bemaßungsobjekte steuern.

Dialogorientierte Einstellung von BEMNZ

Die Einstellung BEMNZ=8, die die Ausgabe von Nachkomma-Nullen unterdrückt, erreichen Sie z. B. aus dem Dialogfeld „Bemaßungsstil“, Button „Maßtext“, der zum Dialogfeld „Maßtext“ führt, und dort Button „Einheiten“ wählen, was zum Dialogfeld „Primäreinheiten“ führt (Bild 6.6). Dort nehmen Sie die erforderlichen Einstellungen vor. In den anderen Dialogfeldern, ausgehend vom Dialogfeld „Bemaßungsstil“, finden Sie die weiteren Einstellungsmöglichkeiten für die Bemaßungsvariablen.

Bild 6.6:
Dialogfeld „Primäreinheiten"

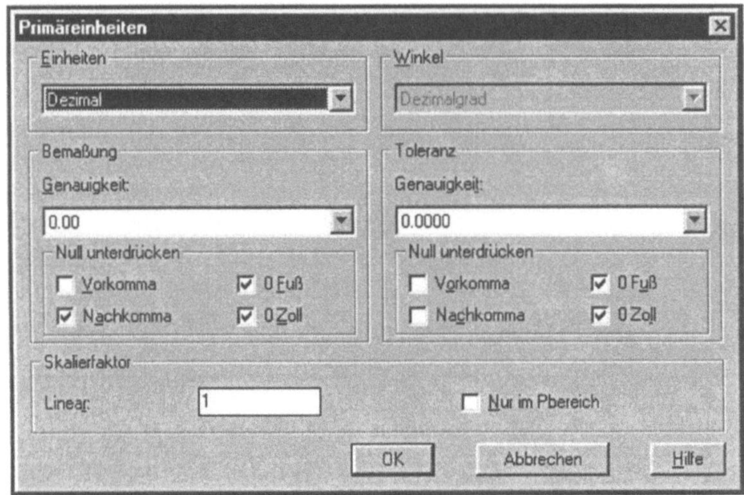

Bezugs- und Kettenbemaßung

Eine große praktische Bedeutung haben bei der Bemaßung von Objekten die Bezugs- und Kettenbemaßung. Diese Formen der Bemaßung werden bei zueinander in Beziehung stehenden Bemaßungen angewendet. Solche Fälle entstehen, wenn mehrere Bemaßungen von derselben Bezugslinie (Basislinie) ausgehen bzw. eine Maßlinie in mehrere Segmente gesplittet wird (Kettenbemaßung).

Für die Bezugsbemaßung steht der Befehl BASISLINIE und für die Kettenbemassung der Befehl WEITER zur Verfügung. In Bild 6.7 wird die Anwendung dieser Befehle, einschließlich des Befehlsdialogs, verdeutlicht. Die Befehlsabarbeitung verläuft dabei so, daß nach Eingabe der ersten Angaben (Position von Hilfs- und Maßlinie sowie Maßtext) diese vom Programm als Bezug für die weitere Bemaßung verwendet werden.

Sie brauchen als nur noch die zusätzlichen Angaben einzugeben. AutoCAD berechnet selbst den Abstand der nächsten Maßlinie vom Objekt, ohne daß sich die Maßzahlen überschneiden. Dieser Abstand wird in der Bemaßungsvariablen (Kap. 6.10) BEMIML festgelegt.

Der Befehlsdialog für die Kettenbemaßung in Bild 6.7 lautet:
```
Bem: HORIZONTAL
Anfangspunkt der ersten Hilfslinie oder Eingabetaste
für Auswahl drücken:
Anfangspunkt der zweiten Hilfslinie:
Position der Maßlinie (Text/Winkel):
Maßtext <50>:
```

Bild 6.7:
Bezugs- und
Kettenbemaßung

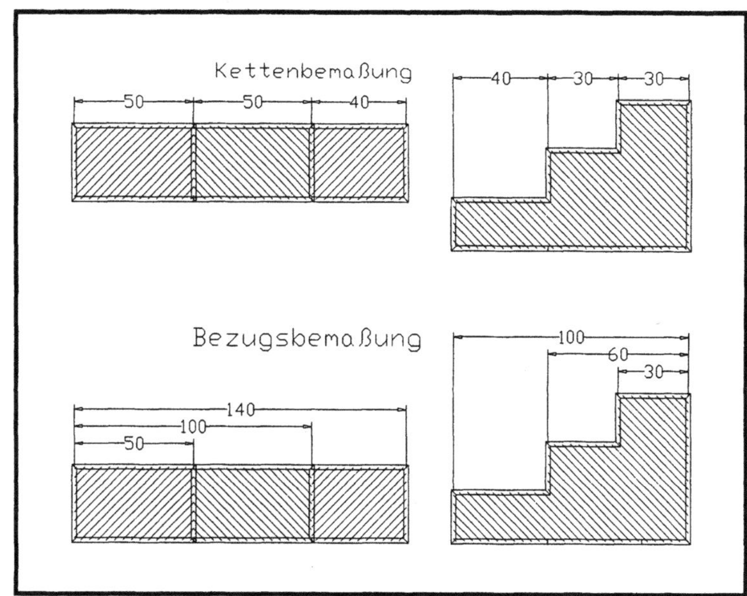

Bem: WEITER
Anfangspunkt einer zweiten Hilfslinie angeben oder
Eingabetaste für Auswahl drücken:
Maßtext <50>:
Bem: WEITER
Anfangspunkt einer zweiten Hilfslinie angeben oder
Eingabetaste für Auswahl drücken:
Maßtext <40>:

Bem: HORIZONTAL
Anfangspunkt der ersten Hilfslinie oder Eingabetaste
für Auswahl drücken:
Anfangspunkt der zweiten Hilfslinie:
Position der Maßlinie (Text/Winkel):
Maßtext <40>:
Bem: WEITER
Anfangspunkt einer zweiten Hilfslinie angeben oder
Eingabetaste für Auswahl drücken:
Maßtext <30>:
Bem: WEITER
Anfangspunkt einer zweiten Hilfslinie angeben oder
Eingabetaste für Auswahl drücken:
Maßtext <30>:

Der Befehlsdialog für die Bezugsbemaßung in Bild 6.7 lautet:
```
Bem: HORIZONTAL
Anfangspunkt der ersten Hilfslinie oder Eingabetaste
für Auswahl drücken:
Anfangspunkt der zweiten Hilfslinie:
Position der Maßlinie (Text/Winkel):
Maßtext <50>:
Bem: BASISLINIE
Anfangspunkt einer zweiten Hilfslinie angeben oder
Eingabetaste für Auswahl drücken:
Maßtext <100>:
Bem: BASISLINIE
Anfangspunkt einer zweiten Hilfslinie angeben oder
Eingabetaste für Auswahl drücken:
Maßtext <140>:


Bem: HORIZONTAL
Anfangspunkt der ersten Hilfslinie oder Eingabetaste
für Auswahl drücken:
Anfangspunkt der zweiten Hilfslinie:
Position der Maßlinie (Text/Winkel):
Maßtext <30>:
Bem: BASISLINIE
Anfangspunkt einer zweiten Hilfslinie angeben oder
Eingabetaste für Auswahl drücken:
Maßtext <60>:
Bem: BASISLINIE
Anfangspunkt einer zweiten Hilfslinie angeben oder
Eingabetaste für Auswahl drücken:
Maßtext <100>:
```

Praxistip

Überprüfen Sie vor Ausführen des obigen Befehlsdialoges die Einstellung von BEMIML. Sie sollte den Wert „7" haben:
```
Befehl: BEM
Bem: BEMIML
Aktueller Wert <0.38> Neuer Wert: 7
```

6.4   Winkelbemaßung

Die Winkelbemaßung (Bild 6.8) wird mit dem Bemaßungsbefehl WINKEL durchgeführt. Sie können ihn über Tastatur eingeben oder aus dem Pulldown-Menü „Bemaßung", Menüpunkt „Winkel" aufrufen. Die Winkelbemaßung besteht ebenfalls aus dem

Maßtext, dem Maßbogen und ggf. aus Hilfslinien. Die Hilfslinien werden automatisch radial gezeichnet.

Die Bemaßung in Form von Winkelangaben ist für folgende Objektkombinationen realisierbar:

- Zwei gerade, nichtparallele Linien,
- einen Bogen,
- einen Kreis und
- drei Punkte.

Bild 6.8:
Winkelbemaßung

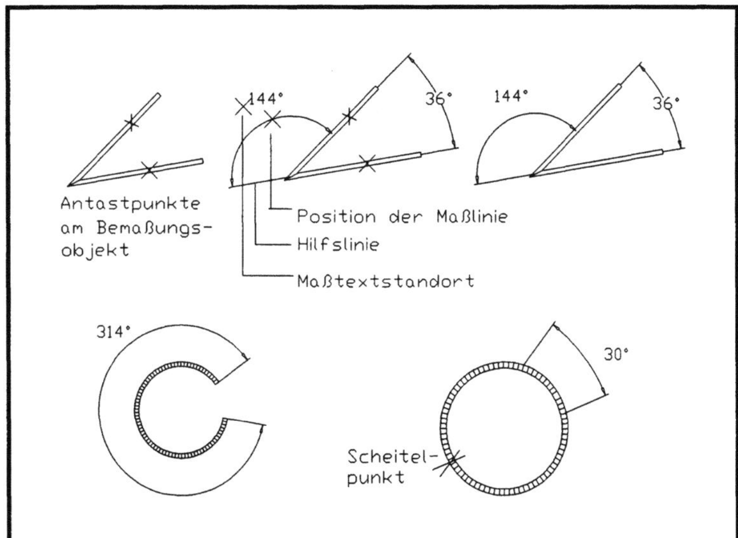

Sobald Sie den Befehl WINKEL eingeben, fragt AutoCAD:
```
Bem: Winkel
Bogen, Kreis, Linie oder Eingabetaste wählen:
```

Falls Sie nun eine auf Linien beruhende Winkelbemaßung durchführen wollen, wählen Sie zuerst die erste und dann die zweite Linie (Bild 6.8). Danach werden Sie nach der Position des Maßbogens gefragt:
```
Zweite Linie:
Position des Maßbogens (Text/Winkel):
```

Nun müssen Sie einen Punkt für den Standort des Maßbogens anklicken, den Text anpassen oder einen Winkel für den Maßtext eingeben. Der erste Fall ist der Regelfall. AutoCAD zeichnet dann den Bogen so, daß er durch den spezifizierten Punkt geht. Sollte der Bogen die zu bemaßende Linie nicht schneiden, wird automatisch eine Hilfslinie gezeichnet.

Danach werden Sie nach dem Maßtext gefragt, der mit einem gemessenen Winkel als Vorgabe versehen ist. Wie bei der Linearbemaßung können Sie an dieser Stelle den Maßtext spezifizieren oder die Vorgabe mit <ENTER> übernehmen. Nun müssen Sie noch den Standort des Textes fixieren:

```
Maßtext <90>:
Textposition eingeben (oder Eingabetaste drücken):
```

Entweder Sie klicken jetzt einen Standort an oder geben <ENTER> ein. Bei <ENTER> verwendet AutoCAD einen vorgegebenen Standort.

Wenn Sie nach der Anfrage

```
Bogen, Kreis, Linie oder Eingabetaste wählen:
```

einen Bogen anklicken, wird direkt nach der Position des Maßbogens gefragt. AutoCAD erkennt sofort, um welches Objekt es sich handelt.

Haben Sie einen Kreis als Objekt angewählt, fragt das Programm nach dem zweiten Winkelendpunkt. Nachdem Sie diesen angeklickt haben, kommen die bekannten Abfragen nach dem Standort des Bogens, dem Maßtext und der Textposition.

Wenn Sie nach der Anfrage

```
Bogen, Kreis, Linie oder Eingabetaste wählen:
```

keine Objektwahl vornehmen, sondern <ENTER> eingeben, fragt AutoCAD nach dem Scheitel des Winkels. Nun können Sie für die Winkelbemaßung einen beliebigen Scheitelpunkt angeben. Anschließend müssen Sie den ersten und zweiten Winkelendpunkt eingeben und werden abschließend wieder nach dem Maßtext und seinem Standort gefragt. Mit dieser Option können Sie also Winkelbemaßungen über drei Punkte generieren.

6.5   Durchmesser- und Radiusbemaßung

Beide Bemaßungsarten sind insofern adäquat, daß mit ihnen Bögen oder Kreise bemaßt werden. Durchmesserbemaßungen werden mit dem Befehl DURCHMESSER und Radiusbemaßungen mit dem Befehl RADIUS vorgenommen. Sie aktivieren die Befehle auch aus dem Pulldown-Menü „Bemaßung", Menüpunkte „Radius" bzw. „Durchmesser".

Bei der Durchmesserbemaßung sind drei Varianten (Bild 6.9, oben) in Abhängigkeit von der Voreinstellung der Bemaßungsvariablen BEMTIL und BEMTAL möglich.

Bild 6.9:
Durchmesser- und
Radiusbemaßung

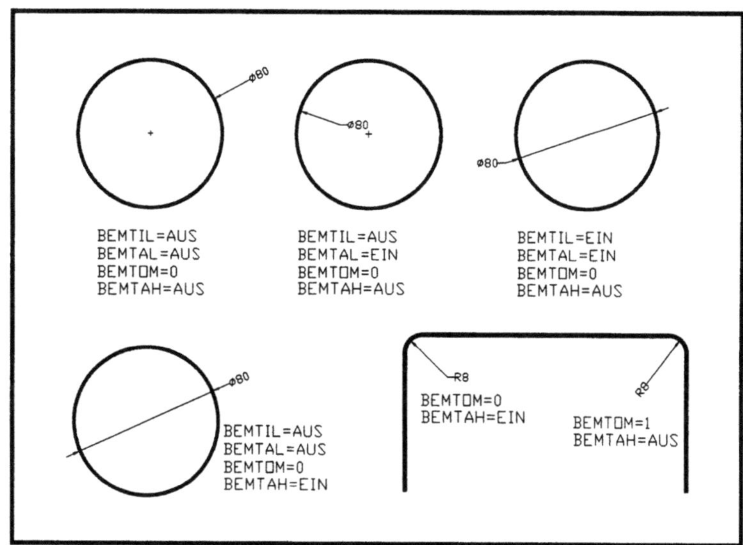

Diese drei Varianten sind im oberen Teil des Bildes 6.9 dargestellt. Oben links plaziert AutoCAD den Text außerhalb des Kreises, zieht eine Führungslinie vom Text zum Rand des Kreises
und zeichnet in der Kreismitte einen Zentrumspunkt. Wenn der
Wert für die Größe des Zentrumspunktes Null ist (BEMZEN=0),
wird kein Zentrumspunkt gezeichnet. Bei der zweiten Variante
oben in der Mitte besteht der Unterschied zur ersten Variante
darin, daß die Maßlinie mit Pfeil im Inneren des Kreises gezeichnet wird. Der Zentrumspunkt wird angezeigt. In der dritten Variante unten links zeichnet AutoCAD die Maßlinie, den Maßtext
und die Pfeile außerhalb und innerhalb des Kreises.

Ist der Winkel der Durchmesserlinie größer als 15 Grad und wird
der Maßtext außerhalb der Hilfslinien horizontal gezeichnet
(BEMTAH=EIN), wird eine zusätzliche kurze waagerechte Führungslinie (eine Pfeillänge) neben den Maßtext gezeichnet (Bild
6.9, rechts oben).

Beispiel Durchmes-
serbemaßung

Der Nutzerdialog für die Durchmesserbemaßung sieht so aus
(Beispiel: Bild 6.9, unten links):
```
Befehl: BEM
Bem: DURCHMESSER
Bogen oder Kreis wählen: (Kreis anklicken.)
Maßtext <80>: <ENTER>
Maßlinienposition eingeben(Text/Winkel): (Punkt an-
klicken.)
```

Radiusbemaßung

Die Radiusbemaßung wird mit dem Befehl RADIUS ausgeführt. Der Befehlsablauf entspricht im wesentlichen dem der Durchmesserbemaßung. Anstelle einer Durchmesserlinie wird eine Radiuslinie gezogen, die vom Mittelpunkt des Kreisbogens zur Peripherie weist (Bild 6.9, unten rechts). Außerdem generiert Auto-CAD automatisch bei der Frage nach dem Maßtext vor diesem den Buchstaben „R" für „Radius".

Der Nutzerdialog für die Radiusbemaßung sieht so aus (Bild 6.9, unten rechts):
```
Befehl: BEM
Bem: RADIUS
Bogen oder Kreis wählen: (Bogen anklicken.)
Maßtext <8>: <ENTER>
Maßlinienposition eingeben(Text/Winkel): (Punkt an-
klicken.)
Bem:
```

Zentrumspunkt setzen

Wollen Sie explizit einen Zentrumspunkt für ein Bemaßungsobjekt Kreis oder Bogen generieren, ist dies mit dem Befehl MITTELPUNKT möglich. Vorausgesetzt, die Bemaßungsvariable BEMZEN hat einen positiven Wert und ist nicht Null, wird ein solcher Zentrumspunkt nach Anklicken des Kreises oder Bogens gezeichnet:
```
Befehl: BEM
Bem: MITTELPUNKT
Bogen oder Kreis wählen: Bogen oder Kreis anklicken!
Bem:
```

6.6   Ordinatenbemaßung

Die Ordinatenbemaßung ist eigentlich eine Koordinatenbemaßung, denn sie ermöglicht die Bemaßung eines Punktes mit seinen X- **oder** Y-Koordinaten. Der Begriff Ordinatenbemaßung rührt daher, daß diese Bemaßungsart mit dem Befehl ORDINATE erzeugt wird.

Der Nutzerdialog für die Ordinatenbemaßung sieht so aus:
```
Befehl: BEM
Bem: ORDINATE
Zu bemaßender Punkt wählen: (Punkt anklicken.)
Endpunkt der Führungslinie (Xdaten/Ydaten/Text): (X
oder Y eingeben.)
Maßtext <gemessener Koordinatenwert>: <ENTER>
Bem:
```

| Praxistip | Bei dieser Bemaßungsart ist es zweckmäßig, mit eingeschaltetem „Ortho-Modus" zu arbeiten. Dann können die Maßlinien nur waagerecht oder senkrecht in X- bzw. Y-Richtung gezeichnet werden. Ein Beispiel für diese Bemaßungsart finden Sie in Bild 6.1. |

6.7   Bemaßungsstile

Zu der Befehlsgruppe „Bemaßungsstile" gehören die Befehle ÜBERSCHR, HOLEN, SICHERN, VARIABLE und ~STILNAME.

| ÜBERSCHR | Mit dem Befehl ÜBERSCHR lassen sich Werte von Bemaßungsvariablen überschreiben. Die Ausführung dieses Befehls verändert nicht die aktuellen Variablenwerte. Befehlsablauf am Beispiel des Überschreibens von BEMTOM: |

```
Befehl: BEM
Bem: ÜBERSCHR
Zu überschreibende Bemaßungsvariable (oder Löschen, um
Überschreiben zu deaktivieren): Bemtom
Aktueller Wert <1> Neuer Wert: 0
Zu überschreibende Bemaßungsvariable: <ENTER>
Objekte wählen: 1 gefunden (Bemaßungsobjekt anklik-
ken.)
Objekte wählen: <ENTER>
```

Enthält ein Bemaßungsobjekt eine Referenz auf einen benannten Bemaßungsstil, verlangt AutoCAD noch folgende Eingaben:

```
Bemaßungsstil ändern „(Name des Stils)"? <N>
```

| HOLEN | Der Befehl HOLEN ändert die Werte von Bemaßungsvariablen, indem neue Werte aus bestehenden Bemaßungsstilen „geholt" werden: |

```
Bem: HOLEN
Bemaßungsstil: STANDARD
```

Die Ausschrift besagt, daß der aktuelle Bemaßungsstil-Name „STANDARD" ist. Anschließend werden die dort verwendeten Bemaßungsvariablen gelistet:

```
Bemaßungsstil überschreibt:
        BEMPLG    3.50
        BEMZEN    1.00
        BEMPASS   4
        BEMTOM    1
        BEMTIL    Ein
        BEMTAL    Ein
        BEMTAH    Aus
```

```
BEMTXT    3.50
BEMBTXT   Ein
BEMNZ     8
```

```
?/Bemaßungsstilname eingeben oder Bemaßung durch Drük-
ken der Eingabetaste wählen:
```

Der geholte Bemaßungsstil wird zum aktuellen Bemaßungsstil
und bleibt solange aktuell, wie keine der im Stil enthaltenen Variablen geändert wird bzw. bis kein anderer Stil geholt wird.

```
Bemaßung wählen: Bemaßungsstil: STANDARD
Bemaßungsstil überschreibt:
          BEMPLG    3.50
          BEMTIL    Ein
          BEMTAL    Ein
          BEMTAH    Aus
          BEMTXT    3.50
          BEMNZ     8
```

Wenn Sie mit „?" antworten, erscheint folgende Meldung:

```
Zu listende(r) Bemaßungsstil(e) <*>:
```

Eingabe von <ENTER> bewirkt die Ausgabe aller Bemaßungsstile
in der aktuellen Zeichnung.

SICHERN

Mit SICHERN werden die Werte von Bemaßungsvariablen in einem
Bemaßungsstil gesichert:

```
Befehl: BEM
Bem: SICHERN
?/Name des neuen Bemaßungsstils: (Namen eingeben!)
```

Der gespeicherte Bemaßungsstil wird zum aktuellen Bemaßungsstil und bleibt solange aktuell, wie keine der im Stil enthaltenen
Variablen geändert bzw. bis kein anderer Stil geholt wird.

VARIABLE

Mit diesem Befehl können die Werte der Bemaßungsvariablen
eines Bemaßungsstils gelistet werden, ohne die aktuellen Werte
zu verändern:

```
Bem: VARIABLE
Bemaßungsstil: TEST
?/Bemaßungsstilname eingeben oder Bemaßung durch Drük-
ken der Eingabetaste wählen: Standard
```

Der aktuelle Bemaßungsstil ist „TEST". Die Ausgabe der Bemaßungsvariablen eines Bemaßungsstils kann entweder über den
Namen (im Beispiel „Standard") oder durch die Wahl einer Be-

maßung, die sich auf ihn bezieht, gewählt werden. Im letzteren Fall erscheint noch die Ausschrift:

```
Bemaßung wählen
```

~Stilname

Wenn Sie sich darüber informieren wollen, wodurch sich Ihr aktueller Bemaßungsstil von einem anderen benannten Bemaßungsstil unterscheidet, arbeiten Sie z. B. mit dem Befehl HOLEN und geben vor dem Namen des anderen Bemaßungsstils eine Tilde (~) ein:

```
Befehl: BEM
Bem: HOLEN
Bemaßungsstil: (Name des aktuellen Stils)
?/Bemaßungsstilname eingeben oder Bemaßung durch Drük-
ken der Eingabetaste wählen: ~Name
```

AutoCAD zeigt alle Bemaßungsvariablen an, deren Einstellungen für den benannten Stil sich von den aktuellen Werten unterscheiden. Dies soll am Beispiel des Vergleichs der Bemaßungsstile „TEST" und „Standard" demonstriert werden:

```
Bem: HOLEN
Bemaßungsstil: TEST
?/Bemaßungsstilname eingeben oder Bemaßung durch Drük-
ken der Eingabetaste wählen: ~Standard

Unterschiede zwischen STANDARD und den aktuellen Wer-
ten:
          STANDARD              Aktueller Wert
BEMPLG    0.18                  3.50
BEMTIL    Aus                   Ein
BEMTAL    Aus                   Ein
BEMTAH    Ein                   Aus
BEMTXT    0.18                  3.50
BEMNZ     0                     8
```

6.8   Editieren von Bemaßungen

Zur Befehlsgruppe „Editieren von Bemaßungen" gehören HOMETEXT, NEUTEXT, SCHRÄG, TEDIT, TDREHEN und UPDATE.

HOMETEXT

Mit dem Befehl HOMETEXT läßt wird der Text eines bestehenden Bemaßungsobjektes in seine Ausgangsstellung (Home-Position) zurückgesetzt. Der Maßtext muß natürlich vorher von seiner Ursprungsstellung zu einer anderen Position plaziert worden sein.

```
Befehl: BEM
Bem: HOMETEXT
Objekte wählen: (Bemaßungsobjekte anklicken!)
```

NEUTEXT

Beim Neuzeichnen werden die Variableneinstellungen des Bemaßungsstils bzw. die aktuellen Werte der Bemaßungsvariablen benutzt. Mit diesem Befehl läßt sich der Text eines bestehenden Bemaßungsobjektes ändern.

```
Befehl: Bem
Bem: NEUTEXT
Maßtext <0>: (Neuen Maßtext eingeben.)
Objekte wählen: (Bemaßungsobjekte anklicken.)
Objekte wählen: <ENTER>
```

Beim Neuzeichnen werden die Variableneinstellungen des Bemaßungsstils bzw. die aktuellen Werte der Bemaßungsvariablen benutzt.

SCHRÄG

Wie Sie bei der Behandlung der Linearbemaßung gesehen haben (Kapitel 6.3), stehen die erzeugten Hilfslinien senkrecht zur Maßlinie. Mit dem Befehl SCHRÄG können die Hilfslinien von einem oder mehreren bestehenden Bemaßungsobjekten geändert werden.

Der Umgang mit dem Befehl SCHRÄG soll am Beispiel verdeutlicht werden. Öffnen Sie dazu die Datei zu Bild 6.4! Vollziehen Sie dort nachstehenden Befehlsablauf:

```
Befehl: BEM
Bem: SCHRÄG
Objekte wählen: (Bemaßungsobjekt VERTIKAL anklicken.)
Objekte wählen: <ENTER>
Neigungswinkel eingeben (Eingabetaste drücken, wenn
keiner): 30

Bem: SCHRÄG
Objekte wählen: (Bemaßungsobjekt HORIZONTAL anklik-
ken.)
Objekte wählen: <ENTER>
Neigungswinkel eingeben (Eingabetaste drücken, wenn
keiner): 135

Bem: SCHRÄG
Objekte wählen: (Bemaßungsobjekt AUSGERICHTET anklik-
ken.)
Objekte wählen: <ENTER>
Neigungswinkel eingeben (Eingabetaste drücken, wenn
keiner): -60
```

```
Bem: SCHRÄG
Objekte wählen: (Bemaßungsobjekt DREHEN anklicken.)
Objekte wählen: <ENTER>
Neigungswinkel eingeben (Eingabetaste drücken, wenn
keiner): -90
```

Als Ergebnis erhalten Sie eine Darstellung, die der von Bild 6.10 entspricht. AutoCAD behält den schrägen Winkel auch bei, wenn die Bemaßung nach anderen Editieroperationen, z. B. mit dem Befehl UPDATE, neu gezeichnet wird.

Bild 6.10
Wirkungsweise des
Befehls SCHRÄG

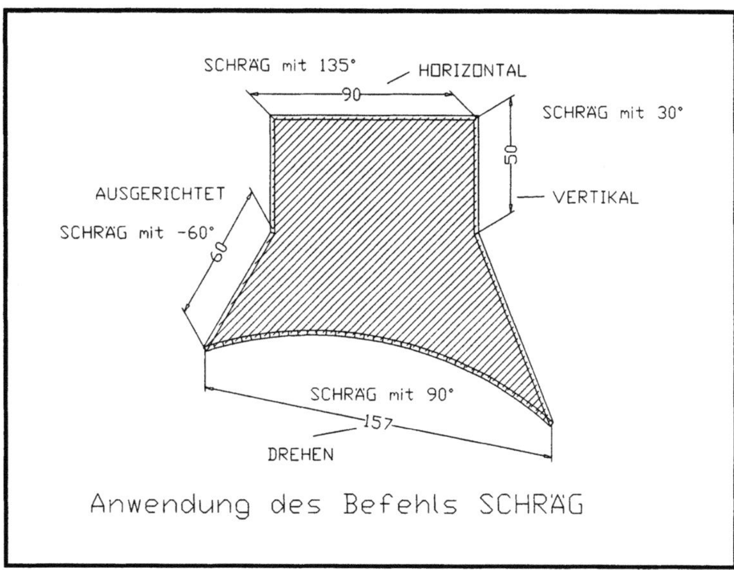

TEDIT

Mit dem Befehl TEDIT kann die Position eines Maßtextes kontrolliert und geändert werden. Dabei gehen Sie so vor, daß Sie zunächst eine assoziative Bemaßung wählen und dann das Zeigegerät verschieben. Bei Verschiebung des Kursors verschiebt sich der Maßtext der gewählten Bemaßung mit. Befehlsablauf:

```
Befehl: BEM
Bem: TEDIT
Bemaßung wählen: (Bemaßungsobjekt anklicken.)
Textposition eingeben (Links/Rechts/Ausgangsposition/
Winkel):
```

Die Optionen „Links" und „Rechts" können nur in Linear-, Radius- und Durchmesserbemaßungen verwendet werden. Bei Anwendung dieser Optionen wird der Text der Maßlinie entlang links- oder rechtsbündig gezeichnet.

Die Option „Ausgangsposition" setzt den Text an die Vorgabeposition; dies entspricht dem Befehl HOMETEXT.

Die Option „Winkel" fragt nach dem Textwinkel. Der Text wird im eingebenen Winkel ausgerichtet, wobei der Mittelpunkt des Textes erhalten bleibt:

```
Textwinkel eingeben:
```

TDREHEN   Mit dem Befehl TDREHEN kann die Position eines Maßtextes kontrolliert und gedreht werden. TDREHEN unterscheidet sich von der Option WINKEL des Befehls TEDIT einzig dadurch, daß mehrere Bemaßungen auf einmal bearbeitet werden können. Befehlsablauf:

```
Befehl: BEM
Bem: TDREHEN
Textwinkel eingeben :
Objekte wählen: (Bemaßungsobjekt(e) anklicken.)
```

UPDATE   Mit dem Befehl UPDATE kann man bestehenden Bemaßungsobjekten die aktuellen Werte der Bemaßungsvariablen, des Bemaßungsstils, den aktuellen Textstil (Bild 6.5.) sowie die aktuellen Werte des Befehls EINHEIT zuordnen. Dieser Vorgang wird Nachführen oder Aktualisieren des Bemaßungsobjektes genannt.

```
Befehl: BEM
Bem: UPDATE
Objekte wählen: (Bemaßungsobjekt(e) anklicken.)
Objekte wählen: <ENTER>
```

Mit der Ausführung dieses Befehls gehen sämtliche Referenzen auf eventuell in den gewählten Bemaßungen enthaltene Bemaßungsstile verloren.

6.9   Bemaßungshilfen

Zu der Befehlsgruppe „Bemaßungshilfen" gehören die Befehle EXIT, FÜHRUNG, NEUZEICH, STATUS, STIL und ZURÜCK.

EXIT   Mit dem Befehl EXIT wird der Bemaßungsprozessor verlassen und in den Zeichnungseditor von AutoCAD zurückgekehrt. Natürlich können Sie auch die gleiche Wirkung erzielen, wenn Sie <ESC> eingeben.

```
Befehl: BEM
Bem: EXIT
Befehl:
```

FÜHRUNG   Mit FÜHRUNG lassen sich vom Maßtext zum bemaßten Objekt. Führungslinien ziehen. Obwohl die Befehle DURCHMESSER und

RADIUS für einfache Fälle schon automatisiert Führungslinien bereitstellen (Bild 6.9, oben rechts), muß man bei komplexeren Sachverhalten auf den Befehl FÜHRUNG zurückgreifen.

Dazu wird bspw. bei einer Durchmesserbemaßung anstelle des Maßtextes eine Leerantwort (Leertaste und <ENTER>) und anschließend der Befehl FÜHRUNG eingegeben. Nach der Eingabe des Anfangspunktes der Führungslinie beantworten Sie die Frage „Nach Punkt:" analog den Eingaben des Befehls Linie (Kapitel 5.4.2). Wenn der Punkt erreicht ist, an dem der Maßtext gezeichnet werden soll, geben Sie auf die Frage „Nach Punkt:" eine Leerantwort (Leertaste und <ENTER>) ein. Zuletzt bietet Ihnen AutoCAD noch den ermittelten Maßtext an, den Sie mit <ENTER> übernehmen oder durch eine andere Eingabe modifizieren können. Ist das erste Segment der Führungslinie größer als zwei Pfeillängen, setzt AutoCAD am ersten eingegebenen Punkt einen Pfeil an. Andernfalls wird nur eine Linie gezogen.

```
Befehl: BEM
Bem: FÜHRUNG
Start Führungslinie:
Nach Punkt:
Nach Punkt:
Maßtext <Vorgabe>: <ENTER>
Bem:
```

NEUZEICH

Mit dem Befehl NEUZEICH wird das aktuelle Ansichtsfenster neu gezeichnet; Konstruktionspunkte werden gelöscht. Dieser Bemaßungsbefehl entspricht dem AutoCAD-Befehl NEUZEICH.

```
Befehl: BEM
Bem: NEUZEICH
Bem:
```

STATUS

Der Befehl STATUS listet sämtliche Bemaßungsvariablen (Kapitel 6.10) und deren aktuelle Werte bildschirmseitenweise auf.

```
Befehl: BEM
Bem: STATUS
Bem:
```

STIL

Generell wird der Maßtext im aktuellen Textstil gezeichnet. Mit dem Befehl STIL können Sie den Textstil ändern. Der neue Textstil muß natürlich geladen sein!

```
Befehl: BEM
Bem: STIL
Neuer Textstil <aktueller Textstil>: Neuen Textstil-
namen eingeben!
```

Zurück

Die Befehle ZURÜCK oder Z setzen die mit dem letzten Bemaßungsbefehl vorgenommenen Änderungen zurück (Kapitel 5.8). Damit können Sie schrittweise bis zum Beginn Ihrer Bemaßungsarbeit (aber nicht weiter!) zurücksetzen, d. h. alles löschen, was Sie an Bemaßungen vorgenommen haben. Haben Sie jedoch den Bemaßungsmodus verlassen, setzen ZURÜCK oder Z die Wirkungen des gesamten Bemaßungsarbeitsganges zurück!

```
Befehl: BEM
Bem: ZURÜCK oder Z
```

6.10   Bemaßungsvariable

6.10.1   Grundsätzliche Bemerkungen

Schon im Kapitel 6.1 wurde darauf hingewiesen, daß über die Bemaßungsvariablen die Form der Bemaßung gesteuert wird. Einige dieser Variablen sind ganz einfache Ein/Aus-Schalter. Andere sind Distanzen, Skalierfaktoren, Ganzzahlen oder Texte. Für Variable, die die Eingabe eines Abstandes verlangen, können Sie den entsprechenden Abstand entweder explizit eingeben oder zwei Punkte anklicken.

Praxistip

Für den Einsteiger ist es sehr schwer, sich die sowohl die Namen als auch die Wirkung der einzelnen Bemaßungsvariablen zu merken. Deshalb empfehlen wir Ihnen folgendes:

- Wollen Sie sich über Namen und Wirkung der Variablen **informieren**, arbeiten Sie mit dem Bemaßungsbefehl STATUS. Er listet die Variablen, ihre aktuellen Werte und eine Erläuterung aus.

- Wollen Sie Variablenwerte **verändern**, geben Sie im Bemaßungs-Modus den Variablennamen ein und verändern ihren Wert. Denken Sie daran, daß Sie mit dem Bemaßungsbefehl SICHERN einen Satz von Voreinstellungen mit einem von ihnen gewählten Bemaßungsstilnamen speichern können. Denken Sie daran, diese Einstellungen in einer Vorgabe-(Template-)Datei zu speichern, um diese Einstellungen auch für die Arbeit mit anderen Dateien verfügbar zu machen.

Im Anhang sind die Bemaßungsvariablen mit Kommentar aufgelistet. Üben Sie in bemaßten Zeichnungen den Umgang mit diesen Variablen! Das geschieht am besten so, daß Sie Variablenwerte verändern und anschließend Bemaßungsobjekte mit dem Befehl UPDATE aktualisieren. Gefällt Ihnen die Wirkung nicht, können Sie immer (wieder) mit ZURÜCK zurücksetzen.

6.10.2	**Beispiele zur Verwendung der Bemaßungsvariablen**

Im Bild 6.9 wurde am Beispiel der Durchmesser- und Radiusbemaßung schon exemplarisch die Anwendung der Bemaßungsvariablen demonstriert. Dies soll mit einigen wenigen Beispielen von Bild 6.11 noch etwas vertieft werden.

In der oberen Reihe der Beispiele des Bildes 6.11 wird das Zusammenwirken der Variablen BEMMAHU und BEMTIL demonstriert. BEMMAHU=EIN verhindert, daß AutoCAD Maßlinien außerhalb der Hilfslinien zieht. Wenn normalerweise die Maßlinien außerhalb der Hilfslinien gezeichnet würden und BEMTIL=EIN ist, unterdrückt das Setzen von BEMMAHU die Maßlinie gänzlich. Wenn BEMTIL ausgeschaltet ist, besitzt BEMMAHU keine Wirkung.

Im Beispiel rechts oben ist BEMTOM=1 und BEMABST=5 d. h. der Maßtext wird oberhalb der Maßlinie mit einem Abstand von 5 Einheiten geschrieben.

Bild 6.11:
Anwendung der Bemaßungsvariablen

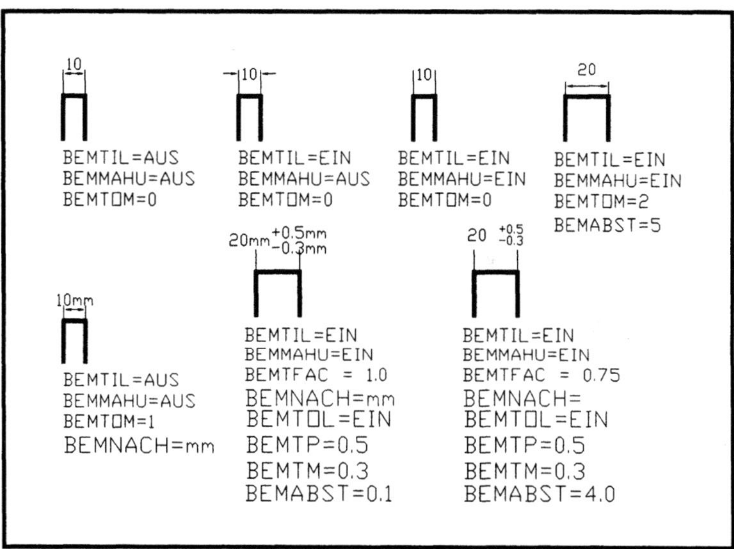

In der unteren Reihe der Beispiele des Bildes 6.11 wird das Zeichnen von Toleranzmaßen (BEMTOL, BEMTP, BEMTM), das Setzen eines Suffix (BEMNACH) für den Maßtext und die Skalierung von Toleranzwerten (BEMTFAC) demonstriert.

6.11 Dialoggestützter Zugriff auf die Bemaßungsbefehle und -variablen

In den bisherigen Darstellungen und Beispielen dieses Kapitels wurde zugrundegelegt, daß die Aufrufe der Bemaßungsbefehle und –variablen über die Befehlszeile, also durch Tastatureingabe erfolgen. Natürlich stehen Ihnen dafür auch Dialogfelder zur Verfügung.

Diese Dialogfelder werden entweder über den Befehl DBEM, das Seitenmenü BEMASSG/DBEM oder über das Pulldown-Menü „Bemaßung" aktiviert. In Bild 6.12 ist der Aufruf der Bemaßungsbefehle aus dem Pulldown-Menü „Bemaßung" dargestellt.

Vom Dialogfeld „Bemaßung/Stil" aus sind über weitere Dialogfelder alle Bemaßungsvariablen aus steuerbar. Hinter den in Bild 6.13 sichtbaren weiteren Dialogfeldern verbergen sich die weiteren Möglichkeiten der Einstellung.

Bild 6.12:
Bemaßungsbefehle
im Pulldown-Menü

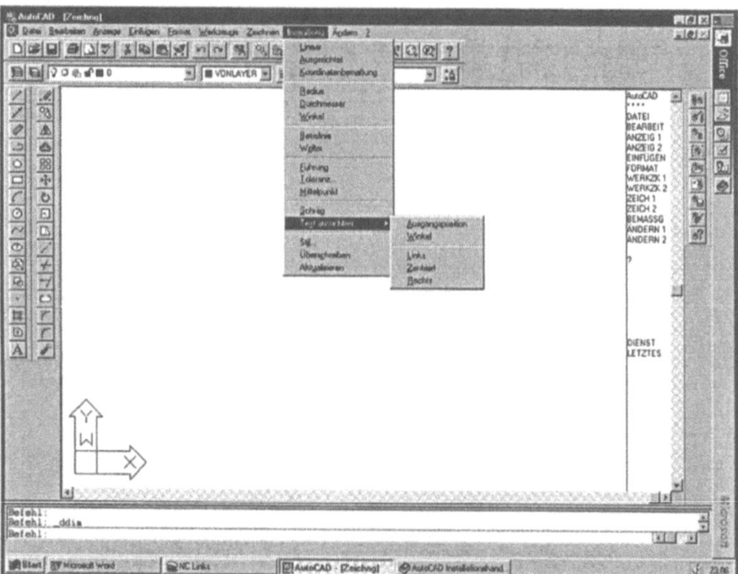

Bild 6.13:
Dialoggestützter Zugriff auf Bemaßungseinstellungen

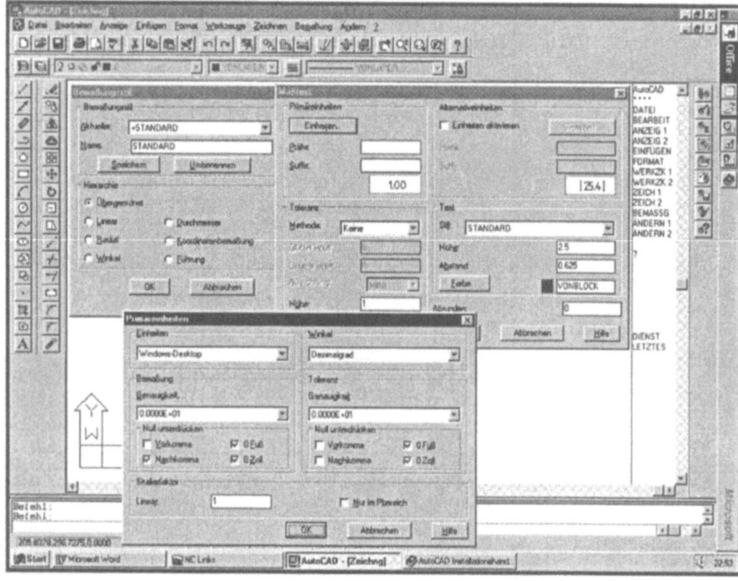

6.12 Übung „Drehzapfen"

Nachdem Sie nun auch mit dem Bemaßen von Objekten vertraut sind, sollen mit dieser Übung Ihre Fertigkeiten vertieft werden. Als Ergebnis der Übung soll ein bemaßter Drehzapfen, wie in Bild 6.14 dargestellt, gezeichnet werden. Bevor Sie mit der Zeichnungsarbeit beginnen, sind wieder einige grundsätzliche Überlegungen notwendig:

- Festlegung der Zeichnungsgrenzen: Format DIN A4, Hochformat.

- Gesonderte Layer für Kontur- und Mittellinien sowie Bemaßungsobjekte anlegen.

Nachdem Sie den Limitenbereich festgelegt und die Layer angelegt haben, ist folgende Vorgehensweise zur empfehlen:

1. Zeichnen des Zapfens ohne Fase.

2. Anfasen des Drehzapfens.

   - Ausschnittsvergrößerung vornehmen!

   - Arbeit mit dem Befehl FASE.

3. Zeichnen der Mittellinie.

   - Strichpunktierten Linientyp laden und setzen.

4. Bemaßung des Werkstückes.

   - Fazit: Änderung von Voreinstellungen notwendig.

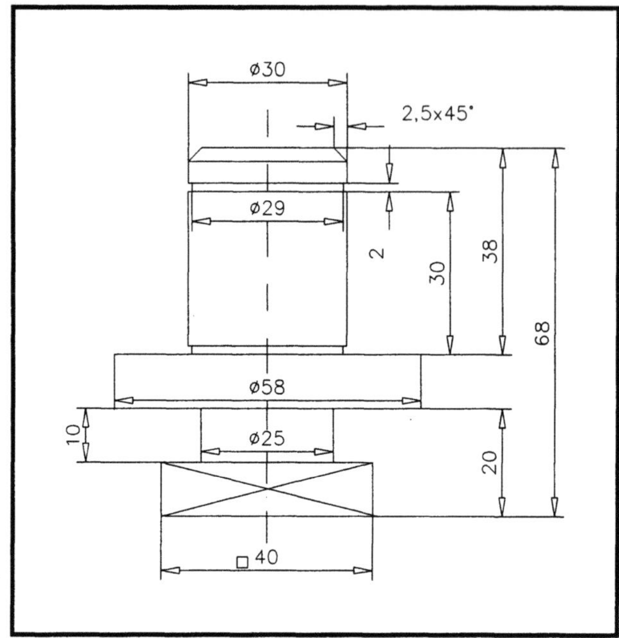

5. Änderung von Voreinstellungen:

- Ändern der angezeigten Dezimalstellen mit dem Befehl EINHEIT.

- Bemaßen mit neu eingestellten Bemaßungsvariablen und anschließender Anwendung des Bemaßungsbefehls UPDATE.

- Erzeugen des Durchmesserzeichens für die Linearbemaßung:

  - Steuerzeichen „%%C" für Durchmesserzeichen

  Bsp.: %%C25 bedeutet Maßzahl 25 mit Durchmesserzeichen

  - Steuerzeichen „%%d" für Gradzeichen

  Bsp: 2,5x45%%d bedeutet Maßzahl 2,5x45 mit Gradzeichen

6. Zeichnen des Quadrats vor der Bemaßung „40" mit dem Befehl LINIE.

7. Unterbrechen und Verändern der Mittellinie:

- Verändern der Strichlänge mit LTFAKTOR (25->10).

- Überzeichnen des Textes mit Bruch rückgängig machen.

Schraffieren und Füllen von Objekten

7.1 (Neue) Verfahren und Termini

In technischen Zeichnungen und bei vielen 3D-Anwendungen ist das Schraffieren und Füllen von Objekten notwendig. Bisher wurde der AutoCAD-Nutzer dabei vor eine Reihe von Problemen gestellt, die mit der Version 14 weitestgehend behoben sind. Insbesondere ist nun eine assoziative Definition der Schraffur möglich.

Neu in AutoCAD 14

Neu ist weiterhin, daß im Release 14 Schraffurobjekte erst auf das neue Datenbankformat aktualisiert werden, wenn die Objekte bearbeitet werden und nicht, wenn die Zeichnung geöffnet wird. Schraffurobjekte des Release 12 bleiben im Release 14 nichtassoziative Schraffurblöcke. Assoziativschraffurobjekte des Release 13 werden erst auf das neue Datenbankformat aktualisiert, wenn die Schraffurumgrenzung im Release 14 bearbeitet wird und nicht schon beim Öffnen der Zeichnung. Im Release 14 können Sie mit dem Befehl KONVERT alle Schraffurobjekte auf einmal aktualisieren.

Methodisch werden beim Schraffieren

- Schraffurmuster und
- Schraffurstil

voneinander unterschieden.

7.1.1 Schraffurmuster

Eigenschaften

Unter Schraffurmuster versteht man, mit welchem Font die Objekte gefüllt werden, also gewissermaßen das „was" der Schraffur. Die Schraffurmuster sind aus einer oder mehreren Schraffurlinien zusammengesetzt, die im spezifizierten Winkel und in einem bestimmten Abstand zueinander liegen.

Die Musterlinien werden von AutoCAD zu einem intern generierten Block aggregiert. Damit kann das Schraffurmuster mit dem Befehl LÖSCHEN sehr einfach durch Anklicken einer einzigen Schraffurlinie wieder gelöscht werden.

AutoCAD 14 wird mit einer Standardschraffurbibliothek, es ist die Datei `acad.pat`, geliefert. Diese enthält 68 Schraffurmuster für alle ingenieurtechnischen Anwendungen. AutoCAD enthält außerdem 14 Schraffurmuster, die der ISO-Norm entsprechen und in der Datei `acadiso.pat` definiert sind. Sie können aber auch in kürzester Zeit eigene, sogenannte benutzerspezifische Muster definieren. Dies wird Ihnen in diesem Kapitel unter dem Punkt 7.2.3 gezeigt.

7.1.2   Schraffurstil

Das „wie" der Schraffur.

Unter Schraffurstil versteht man, in welcher Art und Weise die Objekte gefüllt werden, also gewissermaßen das „wie" der Schraffur. Es werden drei Schraffurstile voneinander unterschieden:

- Normal,
- Äußere und
- Ignorieren.

Funktion und Anwendung der drei Stile werden unter Punkt 7.2.1 beschrieben.

7.1.3   Schraffurabgrenzungen

In diesem Abschnitt wird auf bekannte Einschränkungen beim Arbeiten mit Schraffuren eingegangen.

Einschränkungen!

Diese Einschränkungen betreffen u. a. das Bearbeiten von Release 14-Schraffurgrenzen, die in Release 12-Zeichnungen, bzw. Release 13-Zeichnungen gespeichert wurden. Falls Sie im Release 12 oder Release 13 eine Grenze einer in Release 14 erstellten kompakten Schraffur bearbeiten, wird die Schraffur nicht aktualisiert, da in diesen Releases assoziative kompakte Schraffuren nicht unterstützt wurden. Die Assoziativität bleibt jedoch vorhanden und wird beim Bearbeiten der Grenze in Release 14 aktualisiert.

Konvertierung

AutoCAD konvertiert Schraffuren oder Polylinien, die mit dem Befehl DXFOUT im Release 13-Format gespeichert wurden, nicht automatisch, wenn die Datei in Release 14 eingelesen wird. Verwenden Sie den Befehl KONVERT, um diesen Objekten wieder ihr Release 14-Format zurückzugeben!

Falls Sie in Release 13 eine Schraffur erstellen und mehrere Basispunkte (interne Auswahlpunkte) verwenden, wird nur die Information über den ersten Basispunkt gespeichert, nicht jedoch die Informationen über die weiteren Basispunkte. Das Aussehen der konvertierten Schraffur in Release 14 kann sich daher vom Aussehen in Release 13 unterscheiden.

GSCHRAFF und Proxy-Objekte

AutoCAD bietet Anwendungsentwicklern die Möglichkeit, benutzerspezifische grafische bzw. nicht-grafische Objekte zu erstellen. Da benutzerspezifische Objekte mit Hilfe von ARX-Anwendungen (Kapitel 22) erstellt werden, müssen diese Anwendungen in AutoCAD zur Verfügung stehen, wenn das benutzerspezifische Objekt angezeigt bzw. verwendet werden soll. Ist die Anwendung, mit der ein benutzerspezifisches Objekt erstellt wird, nicht verfügbar, ersetzt AutoCAD dieses Objekt durch ein Proxy-Objekt. Wird die Anwendung AutoCAD zur Verfügung gestellt, wird das Proxy-Objekt durch das benutzerspezifische Objekt ersetzt. Der Befehl GSCHRAFF funktioniert nicht mit Proxy-Objekten.

Praxistip

GSCHRAFF-Schraffurfüllung ist nicht sehr genau, wenn die Schraffur fern des BKS-Ursprungspunktes ausgeführt wird. Dies umgehen Sie, indem Sie Ihr aktuelles BKS nahe des zu schraffierenden Bereichs neu festlegen.

Beim Bearbeiten der Umgrenzung einer Assoziativschraffur in Release 13, die in Release 14 (mit einem Wert von 1 für die Bemaßungsvariable und unter Verwendung von „Direkt beginnen/Metrisch" oder metrischen Vorlagen) erstellt wurde, wird die Schraffur mit einem dichteren Schraffurmuster aktualisiert. Die Musterskalierung scheint kleiner zu sein, da Release 14 die Musterdefinitionen aus der Datei `acadiso.pat` verwendet, die 25.4 mal größer sind als die entsprechenden Werte in der Datei `acad.pat`.

Hinweis

Fällt der Begrenzungsrahmen für Text oder Attributtext mit einer inneren Schraffurumgrenzung zusammen, können unter Umständen unerwartete Effekte auftreten.

Praxistip

Umgrenzungen für kompakte Füllungen erscheinen gegebenenfalls bei der Ausgabe an den Systemdrucker ungleichmäßig, was durch eine andere Farbe für die Umgrenzung der kompakten Füllung als für die Füllung bedingt ist. Sie beheben das Problem, indem Sie über den Befehl ZEICHREIHENF die Umgrenzung auf „Unten" setzen.

Gegenüber früheren Versionen von AutoCAD werden mit der Version 14, neben den bisher üblichen, wesentlich einfachere Methoden zur Auswahl der zu schraffierenden Objekte bereitgestellt. Schraffiert werden Flächen, die von Linien, Bögen, Kreisen,

2D- oder 3D-Polylinien, 3D-Flächen und Ansichtsfensterobjekten abgegrenzt sind. AutoCAD bestimmt den zu schraffierenden Bereich, indem es die von Ihnen gewählten Grenzkanten in die XY-Ebene des aktuellen Benutzerkoordinatensystems projiziert.

7.2   Praxis des Schraffierens

7.2.1   Die Funktion GSCHRAFF

Auswahl des
Schraffurgebietes

Mußten bis zu früheren Versionen die Grenzkanten des Schraffurbereiches a) eineindeutig geschlossen sein und b) einzeln angeklickt werden, vereinfacht sich die Arbeit im Release 14 dadurch, daß eine durch eine geschlossene Kurve umgrenzte Fläche schraffiert wird, indem eine Stelle innerhalb der Fläche angeklickt wird. Falls sich im Schraffurgebiet andere Objekte, z. B. Textobjekte befinden, können Sie diese Objekte nach Aufruf des Befehls GSCHRAFF dem Auswahlsatz hinzufügen. Wie mit anderen Dialogfeldern schon demonstriert, kann man sich auch die Schraffur im voraus anschauen und die Schraffurdefinition anpassen, ohne von vorne beginnen zu müssen.

Bild 7.1:
Dialogfeld „Schraffur"

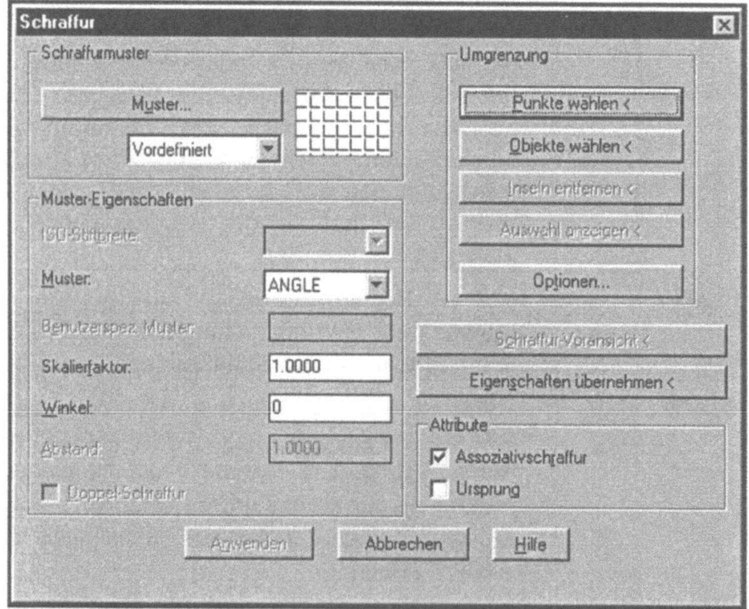

Den Schraffurvorgang starten Sie durch Eingabe des Befehls über Tastatur:

    Befehl: GSCHRAFF

oder über das Pulldown-Menü „Zeichnen", Menüpunkt „Schraffur". Es erscheint Bild 7.1. Schauen wir uns nun die weiteren Dialogfelder im einzelnen an.

Schraffurmuster

Über den Button „Muster..." können Sie vordefinierte Muster aus dem Dialogfeld „Schraffurmusterpalette" (Bild 7.2) auswählen.

Sie finden dort 68 Schraffurmuster, die in der Datei `acad.pat` abgelegt sind. Mit den Schaltflächen „Nächster" und „Vorher" blättern Sie bildschirmseitenweise die Muster durch. Nach der Auswahl und Bestätigung mit „OK" gelangen Sie wieder in das Dialogfeld „Schraffur".

Bild 7.2:
Dialogfeld „Schraffur-
musterpalette"

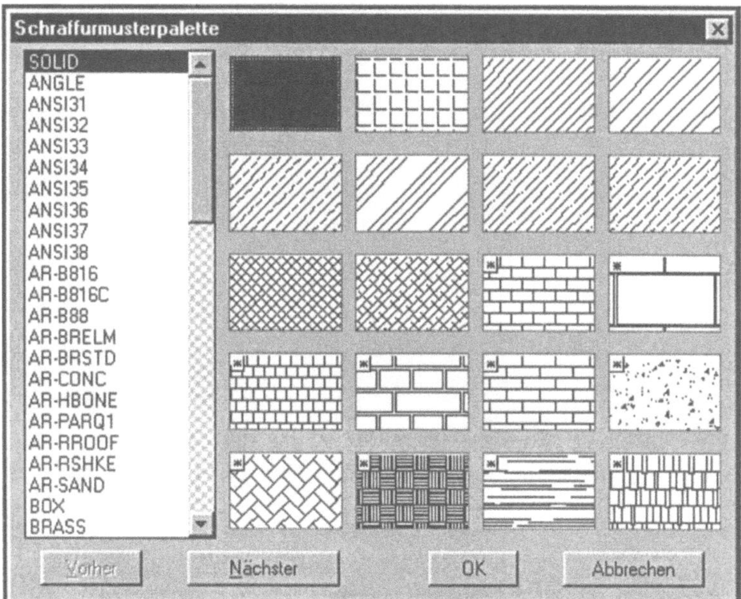

Skalierfaktor und
Winkel

Dort können Sie die gewählten Schraffurmuster mit den Optionen „Skalierfaktor" und „Winkel" modifizieren. Die Schraffurmuster sind mit einer festen Anfangsgröße und einem Drehwinkel von 0 Grad vordefiniert. Durch eingegebene Werte für „Skalierfaktor" und „Winkel" können die Muster verkleinert oder vergrößert werden oder in bezug auf die X-Achse des aktuellen Benutzerkoordinatensystems gedreht werden.

Benutzerdefinierte
Muster

Wenn Sie unter dem Button „Muster..." in der Klappbox „Benutzerdef." auswählen, können Sie mit den dann aktiv werdenden Optionen „Winkel", „Abstand" und „Doppelschraffur" eigene Muster definieren.

Diese Optionen bedeuten:

- Winkel: Winkel der Schraffurlinien relativ zur X-Achse des aktuellen Benutzerkoordinatensystems.

- Abstand: Abstand der Schraffurlinien in Einheiten.

- Doppelschraffur: Es wird ein 2. Satz Linien im Winkel von 90 Grad zu den Originallinien gezeichnet.

Schraffuroptionen

Nach Einstellung der Schraffurmuster stellen Sie über den Button „Optionen" die Schraffuroptionen ein. Es erscheint das Unterdialogfeld „Optionen" (Bild 7.3):

Bild 7.3:
Unterdialogfeld (Schraffur-) „Optionen"

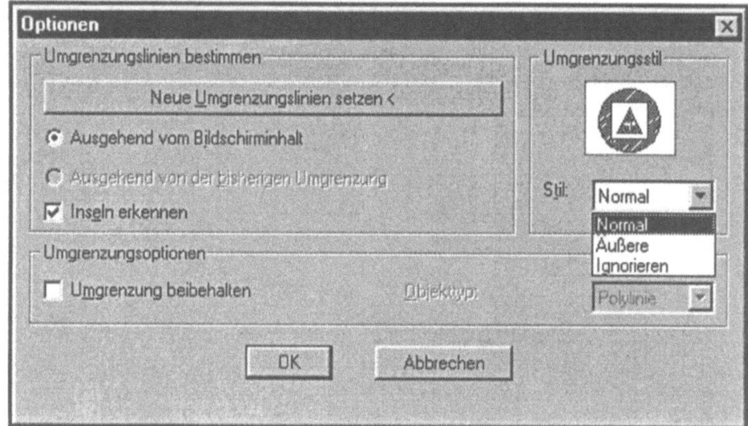

Schraffurstil

Dort legen Sie rechts den Schraffurstil fest. Wie schon im Punkt 7.1.2 dargelegt, stehen drei Schraffurstile zur Verfügung, die im Unterdialogfeld „Optionen" ausgewählt werden können. Die Unterschiede dieser Stile sollen an Hand einer Gruppe verschachtelter Objekte (Kreis, Polygonzug, Rechteck und Text) dargelegt werden:

Normal: Wurden alle Objekte ausgewählt bzw. durch einen internen Punkt festgelegt, wird nach „Anwenden" das Schraffieren so ausgeführt, daß von außen nach innen schraffiert wird. Dabei werden die relevanten Flächen von außen nach innen schraffiert/nicht schraffiert/schraffiert/nicht schraffiert usw. usf. (Bild 7.4).

Äußere: Es wird wieder von außen nach innen schraffiert, mit dem Unterschied, daß die Schraffur aufhört, sobald ein interner Schnittpunkt bzw. das nächste Objekt ermittelt wird (Bild 7.4).

Ignorieren: Bei diesem Stil werden alle eingeschlossenen Objekte schraffiert (Bild 7.4).

Bild 7.4:
Wirkung der Schraffurstile „Normal", „Äußere" und „Ignorieren"

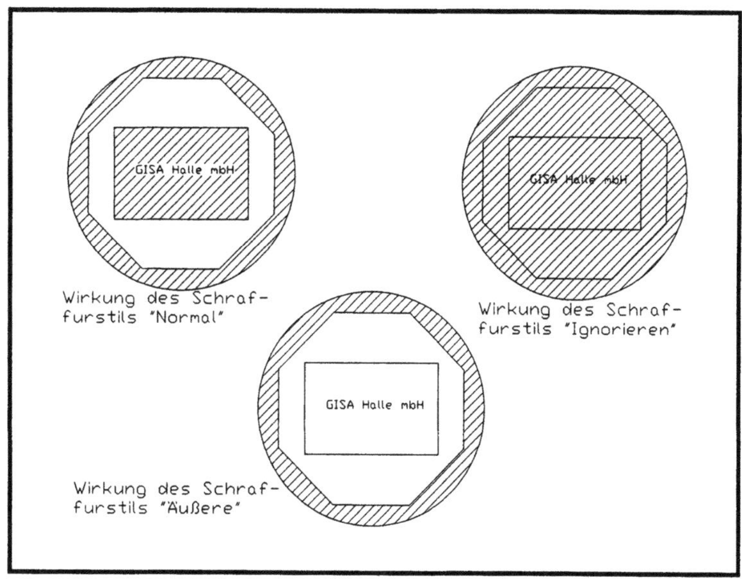

Neue Umgrenzungslinien

Mit der Option „Neue Umgrenzungslinien setzen" berechnet GSCHRAFF zuerst die Umgrenzung einer Region oder Polylinie aus Objekten, die eine umgrenzte Fläche bilden. Anschließend erzeugt es als Option die Umgrenzung und füllt diese mit einem Schraffurmuster oder einer einzigen Farbe aus. GSCHRAFF erzeugt eine Assoziativschraffur, die aktualisiert wird, wenn ihre Umgrenzungen geändert werden, oder eine nichtassoziative Schraffur, die von ihren Umgrenzungen unabhängig ist.

Ausgehend vom Bildschirminhalt

Die Option „Ausgehend vom Bildschirminhalt" erstellt einen Grenzsatz von allen sichtbaren Objekten auf dem Bildschirm.

Inseln erkennen

Mit der Option „Inseln erkennen" legen Sie fest, ob Objekte innerhalb der äußersten Umgrenzung als Grenzobjekte verwendet werden. Diese internen Objekte werden auch als Inseln bezeichnet.

Ursprung

Kommen wir zurück zum Dialogfeld „Schraffur" (Bild 7.1) und den dort weiter angebotenen Optionen, zunächst zu „Ursprung": Die mit dem Befehl GSCHRAFF erzeugten Schraffurlinien bilden einen Block, der durch Anklicken dieses Feldes in einzelne Linienelemente zerlegt wird. Das gleiche Ergebnis würden Sie mit Anwendung des Befehles URSPRUNG erreichen. Es ist klar, daß sich die Optionen „Assoziativschraffur" und „Ursprung" gegenseitig ausschließen.

Eigenschaften übernehmen

Wenn Sie die Schaltfläche „Eigenschaften übernehmen" im Dialogfeld „Schraffur" anklicken, erscheint folgender Befehlsaufruf:
```
Objekte wählen: Schraffurmuster wählen
Objekte wählen: <ENTER>
```

Das gewählte Muster ist nun das aktuelle Schraffurmuster und es erscheint wieder das Unterdialogfeld „Schraffur".

Schraffurbereich festlegen

Für die Festlegung des Schraffurbereiches gehen Sie vom Dialogfeld „Schraffur" aus (Bild 7.1) und haben dort zwei generelle Methoden zur Auswahl:

- Punkte wählen<

- Objekte wählen<

Punkte wählen<

AutoCAD fragt Sie nach einem internen Punkt in der zu schraffierenden Geometrie:
```
Internen Punkt wählen: Alles wird gewählt...
Alles Sichtbare wird gewählt...
Ausgewählte Daten werden analysiert...<ENTER>
```

Beispiel

In dem uns von der Geometrie her schon bekannten Beispiel (Bild 7.4) soll nur der Bereich zwischen Achteck und Rechteck schraffiert werden. Dazu muß nur ein Punkt innerhalb des Achtecks gewählt werden, der möglichst nahe an den Grenzen des Polygonzuges liegt.

Soll das Rechteck, nicht aber der Text schraffiert werden, gehen Sie so vor, daß Sie einen Punkt innerhalb des Rechtecks anklicken und den Text über „Objekte wählen" auswählen.

Bild 7.5:
Dialogfeld „Fehler bei Grenzbestimmung"

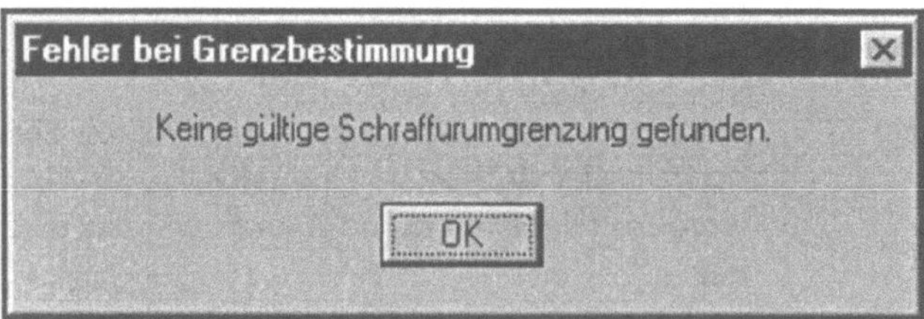

Ist die Abgrenzung nicht geschlossen oder liegt der angeklickte Punkt nicht innerhalb der Abgrenzung, erscheint das Unterdialogfeld „Fehler bei Grenzbestimmung" (Bild 7.5). Die Ursachen für eine solche Meldung sind fehlerabhängig.

Objekte wählen

Um zu schraffierende Objekte kennzeichnen zu können, klicken Sie das Feld „Objekte wählen" im Dialogfeld „Schraffur" an. Nach der Befehlsaufforderung „Objekte wählen:" verwenden Sie Standardmethoden der Objektwahl (besonders geeignet: „Fenster", „Fpolygon", „Kpolygon" und „Zaun").

Auswahl anzeigen

Über das Feld „Auswahl anzeigen" im Dialogfeld „Schraffur" können Sie sich alle gewählten Objekte und alle Abgrenzungen anzeigen lassen.

Voransicht

Nach Anklicken des Feldes „Schraffur-Voransicht" kann man sich vorab die Schraffur ansehen. Bei ordnungsgemäßem Verlauf erscheint Bild 7.6.

Bild 7.6:
Dialogfeld
„Fließschraffur"

Geben Sie <ENTER> ein, erscheint das Dialogfeld „Schraffur" erneut, so daß Sie dort evtl. Änderungen vornehmen können.

Nach Anklicken des Feldes „Anwenden" wird das Schraffieren im Schraffurgebiet ausgeführt.

7.2.2   **Die Funktion UMGRENZUNG**

Die Funktion „Umgrenzung" starten Sie durch Eingabe des gleichnamigen Befehls über Tastatur oder aus dem Abrollmenü „Zeichnen", Menüpunkt „Umgrenzung". Es erscheint das Dialogfeld „Umgrenzung" (Bild 7.7).

Neue Umgrenzungslinien setzen

Der Befehl UMGRENZUNG legt eine Polylinien- oder Regionenumgrenzung von internen Flächen an. Sie können diese Funktionalität auch mit dem Befehl GSCHRAFF zur Änderung der Schraffureinstellungen aus aktivieren. In diesem Fall aktivieren Sie aus dem Dialogfeld „Optionen" (Bild 7.3) den Button „Neue Umgrenzungslinien setzen".

Im Zusammenwirken mit dem Anlegen von Regionen (Kapitel 9) erzeugt der Befehl UMGRENZUNG Umgrenzungen von Polylinien, bei denen es sich um zusammengesetzte Regionen aus sich schneidenden Objekten handelt, gleichgültig, ob sie gemeinsame Endpunkte haben oder nicht.

Bild 7.7:
Dialogfeld „Um-
grenzung"

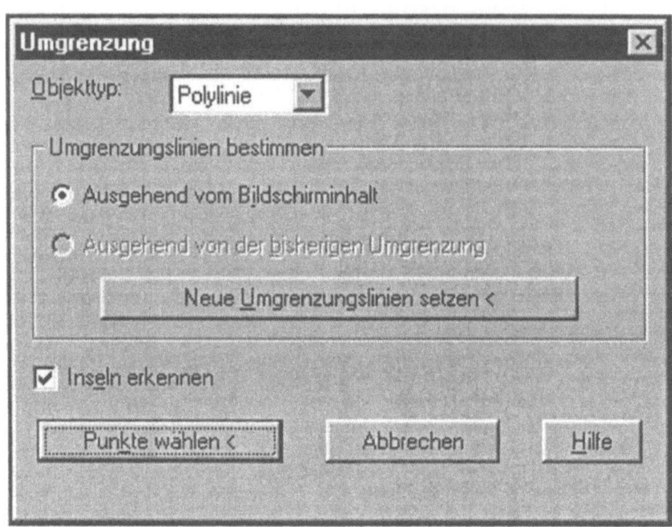

7.2.3   Schraffur-Systemvariablen

Die mit dem Befehl GSCHRAFF vorgenommenen Schraffurspezifi-
kationen werden in folgende Systemvariablen gespeichert:

Hpang: Winkel für das Schraffurmuster oder die Schraffurli-
             nien

Hpbound: Wirkung im Zusammenhang mit dem Befehl Um-
             grenzung:

             – Hpbound=0 erzeugt Region;

             – Hpbound=1 erzeugt Polylinie

Hpdouble: Doppelschraffur, 0=Nein, 1=Ja

Hpname: Schraffurmustername

Hpscale: Maßstab für das Schraffurmuster

Hpspace: Abstand zwischen den Schraffurlinien

7.2.4   Schraffieren mit einzelnen Linien

Der Befehl GSCHRAFF erzeugt Schraffurlinien, die als Block gespeichert werden. Wenn einzelne Linienelemente erzeugt werden
sollen, muß im Dialogfeld „Schraffur" die Option „Ursprung" aktiviert und die Option „Assoziativschraffur" deaktiviert werden.
Nach Erzeugen einer Assoziativschraffur können Sie später mit
dem Befehl URSPRUNG den Schraffurblock in einzelne Linienelemente zerlegen.

7.2.5   Praxistips für effizientes Schraffieren

- Vergrößern Sie die zu schraffierenden Objektbereiche mit dem Befehl ZOOM! Damit erreichen Sie eine größere Genauigkeit bei der Festlegung und Auswahl der Optionen!

- Bevor Sie das Schraffieren ausführen (Anwenden), speichern Sie unbedingt noch einmal Ihre Datei! Da alle Schraffurlinien vektororientiert gespeichert werden, kommt es bei Fehleinschätzung der Schraffuroptionen (betrifft bes. den Schraffurlinienabstand) leicht zu riesigen Dateien und gewaltigem Ressourcenbedarf. Sie erkennen dies daran, daß dann der Speichervorgang ungewöhnlich lange dauert und die Dateigröße einige Megabyte annimmt.

- Darstellungen auf Layern, die zum Schraffieren nicht benötigt werden, sollten durch Einfrieren der entsprechenden Layer „weggedrückt" werden.

- Im Papierbereich können Sie die Ränder von Ansichtsfenstern als Schraffurgrenzen verwenden.

- Eingefügte und verschachtelte Blöcke werden korrekt schraffiert, wenn alle Objekte einheitlich skaliert wurden.

7.3   Beispiele und Übungen

7.3.1   Schraffieren von einfachen Geometrien

Im weiteren wollen wir zunächst einige wenige Beispiele kommentieren, um Sie dann mit Beispielen zu konfrontieren, die Sie selbständig bearbeiten sollen.

Im Bild 7.8 sehen Sie links oben, links mittig und links unten die gleiche Ausgangsgeometrie, die unterschiedlich schraffiert werden soll. Zeichnen Sie diese grafischen Objekte auf einem eingerichteten A4Q-Format. Sie brauchen die Ausgangsgeometrie nur einmal zu zeichnen und können Sie dann mit dem Befehl KOPIEREN kopieren.

Bild 7.8:
Einfache Schraffur-
beispiele

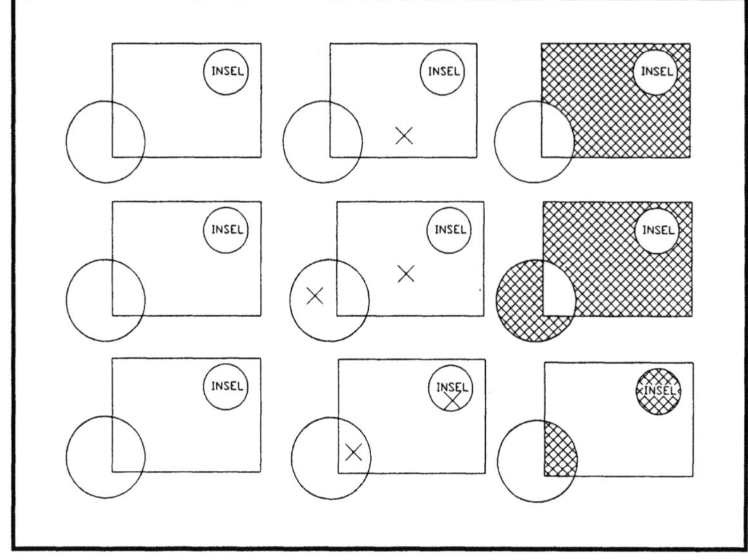

Anschließend starten Sie den Befehl GSCHRAFF und stellen im
Dialogfeld „Schraffur" eine benutzerdefinierte Schraffur mit den
Eigenschaften Winkel=45 grd, Abstand=3 Einheiten und Doppelschraffur ein. Im Dialogfeld „Optionen" stellen Sie den Schraffurstil „Normal" sowie die Attribute „Ausgehend vom Bildschirminhalt" und „Inseln erkennen" aktiv ein. Die Auswahl des Schraffurgebietes nehmen Sie im Dialogfeld „Schraffur" mit der Methode „Punkte wählen" vor. Sie sehen jeweils in der Mitte von Bild
7.8, an welchem Punkt bzw. Punkten das Schraffurgebiet gekennzeichnet wurde.

Die jeweiligen Ergebnisse, nach Auslösen von „Anwenden", sehen Sie im Bild 7.8 rechts oben, rechts mittig und rechts unten.
Sie erkennen recht gut, daß die gewählte Methode „Punkte
wählen<" zur Identifikation des Schraffurgebietes ausgehend von
dem oder den gewählten Punkten die Grenzen des Schraffurgebietes ermittelt.

Üben Sie nun und eignen Sie sich Grundfertigkeiten beim
Schraffieren der im Bild 7.9 dargestellten einfachen Geometrien
an.

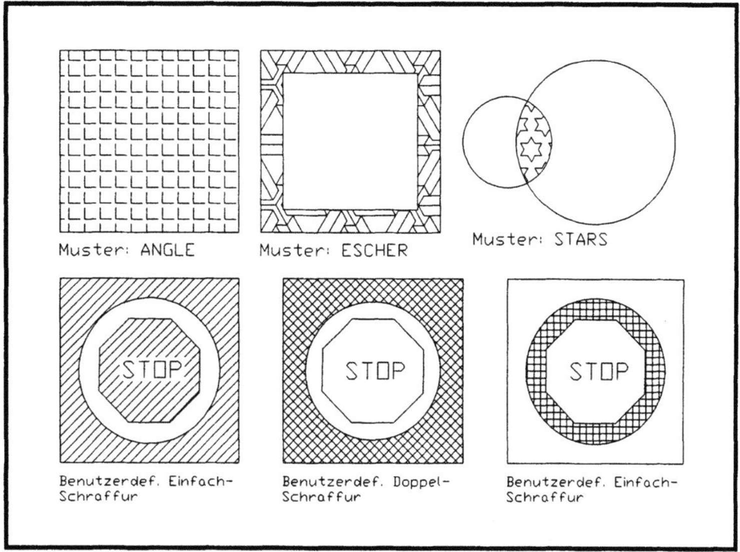

Bild 7.9:
Einfache Schraf-
furübungen

7.3.2

Schraffieren von Schnittflächen

Üben Sie und eignen Sie sich Grundfertigkeiten beim Schraffieren der im Bild 7.10 dargestellten Schnittflächen an. Nach dem Zeichnen der Schnittflächen mit den Zeichnungs- und Editierbefehlen (mindestens zwei Layer anlegen; auf dem einen die Mittellinien und auf dem anderen die Konturlinien zeichnen!) zoomen Sie am besten vor dem Schraffieren die zu schraffierenden Bereiche mit dem Befehl ZOOM, Option „Fenster".

Bild 7.10:
Übung „Schraffieren
von Schnittflächen"

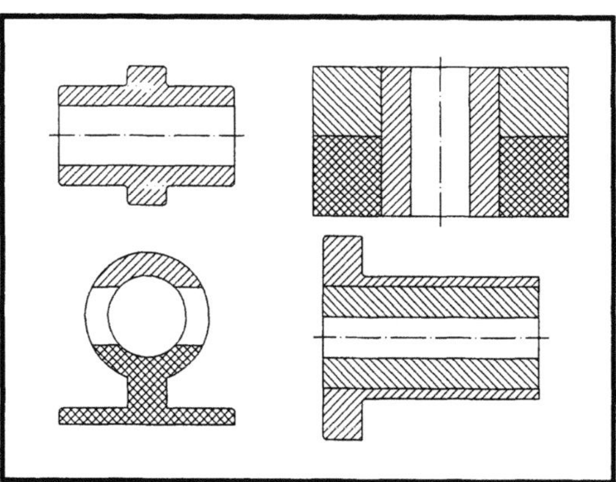

7.3.3   **Schraffieren eines Balkendiagrammes**

Vertiefen Sie Ihre Kenntnisse zum Schraffieren durch das Zeichnen und Schraffieren des Balkendiagrammes gemäß Bild 7.11.

Bild 7.11:
Übung „Balkendiagramm"

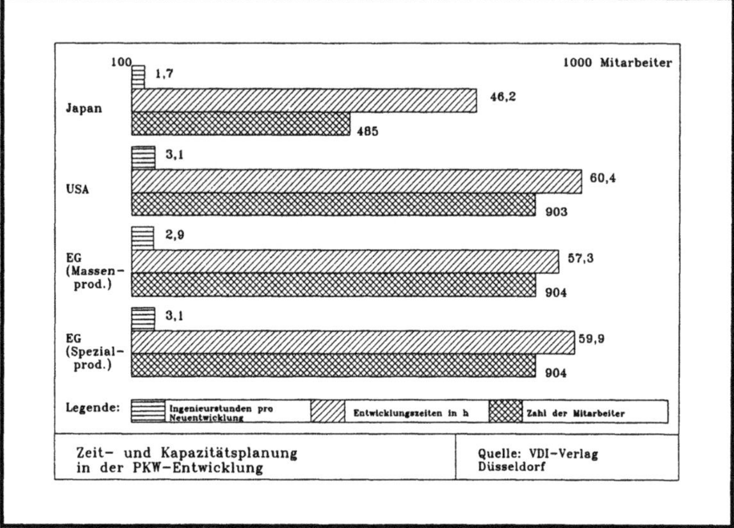

Gehen Sie dabei so vor:

1. Layerstruktur festlegen (Layer für Text, nicht gefüllte Balken sowie Schraffur anlegen).

2. Blattformat A4Q festlegen (LIMITEN, ZOOM!).

3. Rahmen zeichnen (PLINIE, Breite 0.25), Schriftfelder mit Stil „RomanT" und Texthöhe 4 bzw. 3,5 Einheiten schreiben.

4. Überlegungen zur Darstellung und Normierung der Balken vornehmen, z. B. 200 Einheiten in x-Richtung entsprechen 1000 Mitarbeitern bzw. 60 Stunden.

5. Referenzbalken der Ausprägung 1*1 Einheiten zunächst mit LINIE als Quadrat mit der Seitenlänge „1" zeichnen und dann als Block definieren.

6. Einfügen des 1. Referenzbalkens am Punkt (45,55) vornehmen; wie folgt skalieren: x-Faktor=180,8 Einheiten (904*0.2) und y-Faktor=10.

7. Nächsten Balken einfügen (Objektfang „Schnittpunkt" einstellen!); wie folgt skalieren: x-Faktor=198,33 Einheiten (59,5*3.3333) und y-Faktor=10.

8. Nächsten Balken; wie folgt skalieren: x-Faktor=10,33 Einheiten (3,1*3.3333) und y-Faktor=10.

9. Nächsten Balken einfügen am Punkt (45,90); wie folgt skalieren: x-Fak-tor=180,8 Einheiten (904*0.2) und y-Faktor=10.

10. Nächsten Balken einfügen; wie folgt skalieren: x-Faktor=190,998 Einheiten (57,3*3.3333) und y-Faktor=10.

11. Nächsten Balken einfügen; wie folgt skalieren: x-Faktor=9,666 Einheiten (2,9*3.3333) und y-Faktor=10.

12. Nächsten Balken einfügen am Punkt (45,125); wie folgt skalieren: x-Fak-tor=180,6 Einheiten (903*0.2) und y-Faktor=10.

13. Nächsten Balken einfügen; wie folgt skalieren: x-Faktor=201,33 Einheiten (60,4*3.3333) und y-Faktor=10.

14. Nächsten Balken einfügen; wie folgt skalieren: x-Faktor=10,33 Einheiten (3,1*3.3333) und y-Faktor=10.

15. Nächsten Balken einfügen am Punkt (45,160); wie folgt skalieren: x-Fak-tor=97 Einheiten (485*0.2) und y-Faktor=10.

16. Nächsten Balken einfügen; wie folgt skalieren: x-Faktor=153,998 Einheiten (46,2*3.3333) und y-Faktor=10.

17. Nächsten Balken einfügen; wie folgt skalieren: x-Faktor=5,6666 Einheiten (1,7*3.3333) und y-Faktor=10.

18. Befehl GSCHRAFF starten, Schraffuroptionen, „Benutzerdefi-niertes Muster" (Stil: Normal, Winkel: 0 grd, Abstand: 2), , „Punkte wählen", die vier Schraffurbereiche für „Ingenieur-h pro Neuentw." anklicken, Schraffur „Anwenden".

19. Befehl GSCHRAFF erneut starten, Schraffuroptionen, „Benut-zerdefiniertes Muster" (Stil: Normal, Winkel: 45 grd, Ab-stand: 2), „Punkte wählen", die vier Schraffurbereiche für „Entwicklungszeit in h" anklicken, Schraffur „Anwenden".

20. Befehl GSCHRAFF noch einmal starten, Schraffuroptionen, „Benutzerdefiniertes Muster" (Stil: Normal, Winkel:45 grd, Doppelschraffur, Abstand: 2), „Punkte wählen", die vier Schraffurbereiche für „Zahl der Mitarbeiter" anklicken, Schraffur „Anwenden".

21. Beschriftung der Balken vornehmen.

7.3.4 Übung "Lageplan"

Nachdem Sie nun auch mit dem Schraffieren vertraut sind, sollen mit der folgenden komplexen Übung Ihre Fertigkeiten

- in der Anwendung der Zeichnungs- und Editierbefehle,

- in der Anwendung der Block- und Layertechnik,

- im Schraffieren und
- im Bearbeiten eines DIN-gerechten Schriftfeldes

vertieft werden.

Informationsgehalt von Lageplänen

Zunächst wollen wir Sie aber noch mit dem grundsätzlichen Anliegen von Lageplänen vertraut machen. In einem Lageplan wird der Grundriß eines interessierenden Geländes, im wesentlichen vereinfacht, dargestellt. Durch die Draufsicht auf die dreidimensionalen Objekte und deren zweidimensionale Darstellung entsteht der Lageplan. Natürliche Gegebenheiten, wie Flußverläufe, Unebenheiten, Wälder, Wiesen und Raine werden mit einer eindeutigen Symbolik dargestellt. Gebäude, Straßen, Wege, Gleisanlagen, Wirtschaftsbauten u. ä. werden ebenfalls in der Draufsicht gezeichnet, wobei sich deren symbolische Darstellung an der Gestalt bzw. am Verlauf orientiert.

Wechselwirkung mit dem Umfeld

Ein Lageplan muß die Einordnung der technischen Anlage in die Umgebung, die Gestalt des zur Verfügung stehenden Platzes und die Beschaffenheit des Untergrundes widerspiegeln. Zum Informationsgehalt des Lageplanes gehört auch die infrastrukturelle Darstellung des Umfeldes, also bereits bestehende Wege und Straßen, Energiezuführungen, Telefonleitungen, Wasser-, Abwasser- und Kanalisationssysteme, existierende Anlagenkomplexe und Wohngebiete sowie Wälder, Naturschutzgebiete und vorhandene Biotope.

Integration in die Gesamtplanung

Zu Beginn der Erstellungsarbeiten für Pläne muß ein solcher Lageplan erstellt werden, da aus ihm die Randbedingungen für die Aufstellungskonzeption hervorgehen. Aus dem Lageplan leiten sich Restriktionen für die Gestaltung der künftigen Anlage ab, die in der konkreten Beschaffenheit des zur Verfügung stehenden Geländes begründet sind.

Aktualisierung

Mit Beendigung der Aufbauarbeiten der technischen Anlage muß der Lageplan überarbeitet bzw. aktualisiert werden. Zum einen wurden in der Bauzeit die Infrastruktur, im allgemeinen auch die Infrastruktur der Umgebung, erweitert und verändert. Andererseits wurde das Gebiet durch den Bau der Anlage verändert. Da aus dem als Draufsicht dargestellten Lageplan die Infrastruktur des interessierenden Gebietes und die des Umfeldes hervorgehen soll, kann dieser Plan als eine zweidimensionale Zeichnung entwickelt werden.

Bild 7.12:
Grundabmessungen
eines DIN-gerechten
Schriftfeldes

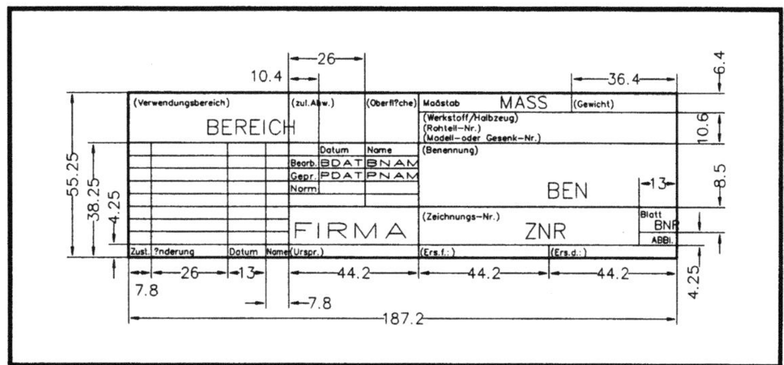

DIN 6774

Der Bezug Ihrer Arbeit zur DIN-Norm für die Erstellung von Plänen bezieht sich im wesentlichen auf die DIN-Norm DIN 6774. Diese Norm beinhaltet die Regeln zur Ausführung Technischer Zeichnungen. Sie beschreibt desweiteren, wie Technische Zeichnungen anzulegen sind, die vervielfältigt werden sollen.

DIN 30

Eine zweite Norm, die DIN-Norm DIN 30 bezieht sich ebenfalls auf Technische Zeichnungen. Diese Norm regelt die Vereinfachung von Darstellungen in Technischen Zeichnungen und beschreibt, auf welche Weise Vereinfachungen vorzunehmen sind.

Ihre Aufgabe soll nun darin bestehen, einen realen Lageplan (Bild 7.13) mit DIN-gerechtem Schriftfeld (Bild 7.12) zu zeichnen. Beginnen Sie mit dem Schriftfeld. Wie gehen Sie dabei vor?

Schriftfeld nach DIN 6771

Zeichnen Sie zunächst das Schriftfeld gemäß der DIN 6771. Die Abmessungen der Felder können Sie aus (Bild 7.12) entnehmen. Legen Sie dabei immer das Raster so unter, daß Sie auf den Rasterlinien zeichnen können. Mit RASTER, Option ASPECT läßt sich das Raster in X- und Y-Richtung unterschiedlich einstellen!

Genormte Linienstärken

Die Linien können Sie mit PLINIE und unterschiedlicher Linienstärke zeichnen. Laut DIN sind dabei folgende Breiten zu verwenden: Begrenzung des Schriftfeldes 0,7 mm, Begrenzung der Hauptfelder 0,35 mm und übrige Linien 0,18 mm.

Attribute

Wahrscheinlich haben Sie sich schon gefragt, was die Bezeichnungen BEREICH, MASS, BDAT, BNAM, PDAT; PNAM, BEN, FIRMA, ZNR, BNR und ABL im Bild 7.12 bedeuten? Das sind Vorschläge für Attributsbezeichnungen der entsprechenden Felder. Sie können den Feldern Attribute zuweisen, die im Zusammenhang mit der Definition von Blöcken eingesetzt werden können und dann ein servicefreundliches Aktualisieren dieser Felder ermöglichen. Aber mit diesen Techniken werden wir Sie im Kapitel 12 vertraut machen.

Block und Wblock erzeugen

Wenn Sie mit dem Zeichnen des Schriftfeldes fertig sind, erzeugen Sie aus dem Schriftfeld einen Block und Wiederholblock. Verwenden Sie unterschiedliche Namen! Beginnen Sie nun eine neue Zeichnung und fügen Sie den Wiederholblock „Schriftfeld" ein. Überprüfen Sie die Richtigkeit der Darstellung!

Bild 7.13:
Lageplan

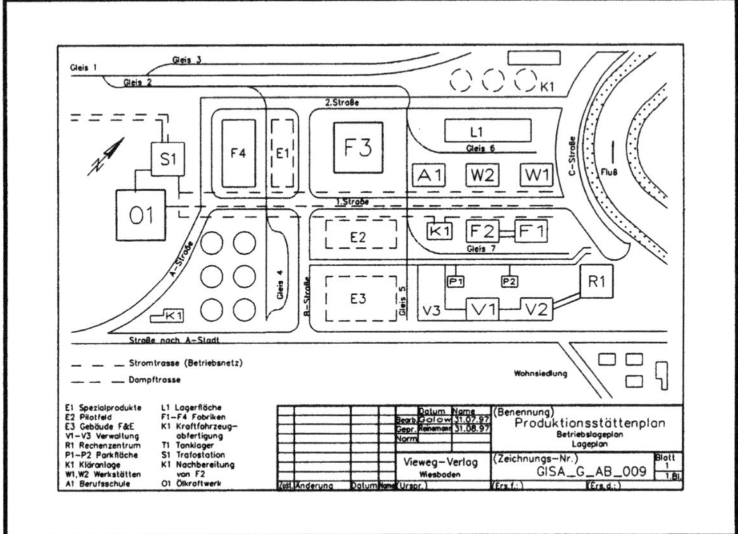

Modellierung des Lageplanes

Wie gehen Sie nun bei der rechnergestützten Modellierung des Lageplanes (Bild 7.13) mit AutoCAD 14 vor?

1. Sie beginnen eine neue Zeichnung und geben ihr den Namen „LAGEPLAN".

2. In diese neue Zeichnung fügen Sie den oben erzeugten Wiederholblock „Schriftfeld" ein.

3. Überlegen Sie nun, wie Sie die Zeichnung am besten strukturieren können, d. h. welche Layer anzulegen sind und welche Geometrien als Block zusammengefaßt werden. Für die Layerstruktur machen wir Ihnen den folgenden Vorschlag:

Layername	Farbe	Linientyp	Agenda
Gleise	Rot	CONTINUOUS	Gleise
Fluß	Blau	CONTINUOUS	Fluß
Straße	Gelb	CONTINUOUS	Alle Straßen
Trasse_S	Cyan	STRICHPUNKT	Stromtrasse

Trasse_D	Cyan	RAND	Dampftrasse
Gebäude_E1	Magenta	CONTINUOUS	Gebäude
Gebäude_E2	Magenta	GESTRICHELT	Gebäude
Siedlung	Grün	CONTINUOUS	Wohnsiedlung
Legende	Weiß	CONTINUOUS	Legende und Text

4. Bestimmen Sie durch Abmessen die Lage der einzelnen Geometrien. Legen Sie dazu signifikante Punkte des Ausgangslageplans fest!

5. Beginnen Sie nun mit der Eingabe der Zeichnung. Dabei wechseln Sie am besten zuerst auf den Layer „Straße" und zeichnen die Straßen. Als nächstes wechseln Sie auf den Layer „Gleise" und geben die Gleise ein. Die Gleise sollten Sie mit dem Befehl PLINIE zeichnen, da Sie mit diesem Befehl abwechselnd Linien und Bögen darstellen können. Anschließend zeichnen Sie auf dem Layer „Fluß" das Flußbett mit Böschung. Als Zeichnungsbefehl empfiehlt sich SKIZZE oder BOGEN. Die Schraffur der Böschung führen Sie mit dem Schraffurmuster „GRASS" aus. Wenn Sie das alles im Rechner haben, sind Sie schon ein gutes Stück vorangekommen! Im weiteren sollten Sie die mehrfach vorkommenden Geometrien als Block auf dem Layer 0 definieren und dann mit EINFÜGE in die Zeichnung einfügen. Vor dem Einfügen müssen Sie sich vergewissern, daß Sie auf dem richtigen Layer sind. Als letzte Aktivität sollten Sie die Eingabe des Textes und der Legende auf dem Layer „Legende" vornehmen. Generell müssen Sie natürlich permanent den Raster- und Fangwert der aktuellen Ansicht der Zeichnung anpassen und ständig die Details des Lageplanes mit ZOOM zoomen!

8   Die 3D-Ansichtssteuerung

8.1   Koordinatensysteme

In AutoCAD sind qualitativ zwei verschiedene Koordinatensysteme definiert:

- das Weltkoordinatensystem (Standard) und
- das Benutzerkoordinatensystem.

Zu Beginn Ihrer Editiersitzung befinden Sie sich grundsätzlich im Weltkoordinatensystem (WKS). Bei der 3D-Modellierung wären Sie mit diesem einen Koordinatensystem ziemlich eingeschränkt. AutoCAD bietet Ihnen deshalb die Möglichkeit, quantitativ beliebig viele weitere Koordinatensysteme zu erzeugen. Solche Koordinatensysteme werden als Benutzerkoordinatensysteme (BKS) bezeichnet. Der Ursprung eines neu definierten BKS kann sich irgendwo im WKS befinden. Die Anzahl der Benutzerkoordinatensysteme ist unbeschränkt.

Bild 8.1:
Koordinatensystem-
Symbole

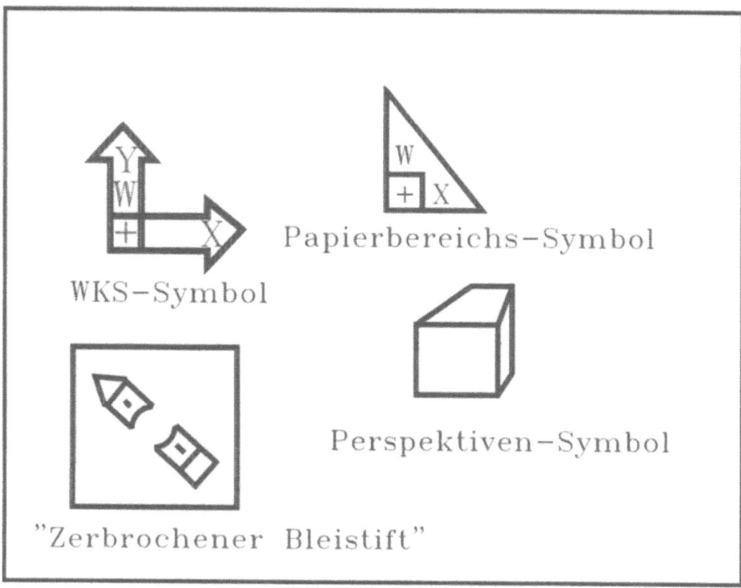

BKS sind sowohl bei zweidimensionalen als auch bei dreidimensionalen Anwendungen sehr nützlich. Man kann leicht die Konstruktionsebene wechseln, und 3D-Punkte können leicht lokalisiert werden. In der AutoCAD-Datenbank werden alle im BKS eingegebenen geometrischen Daten auf das WKS transformiert und gespeichert.

Um die Arbeit mit verschiedenen Koordinatensystemen in einer Zeichnung zu erleichtern, wurde das Koordinatensystem-Symbol kreiert. Das Symbol zeigt die Orientierung des aktuellen Koordinatensystems, indem es die positiven Richtungen seiner X- und Y-Achsen bezeichnet. Dieses Symbol ist als visuelle Hilfe und Orientierung sehr nützlich.

Koordinatensystem-Symbole

In AutoCAD 14 finden folgende Symbole (Bild 8.1) Verwendung:

- WKS-Symbol: Das „W" im Y-Balken des Symbols zeigt an, daß das gegenwärtige BKS das WKS ist. Ein „+" am Fuß des Symbols bedeutet, daß sich das Symbol im Ursprung des aktuellen BKS befindet. In der Ansicht von oben sehen Sie am Fuß des Symbols ein „Quadrat", welches in der Ansicht von unten verschwindet.

- „Zerbrochener Bleistift": Das Koordinatensystem-Symbol wird durch einen „zerbrochenen Bleistift" ersetzt, falls die Ansichtsrichtung parallel zum aktuellen BKS liegt. In einem solchen Fall wird signalisiert, daß eine Punkteingabe über ein Zeigegerät unsinnig ist.

- Papierbereichssysmbol: Dieses Symbol zeigt Ihnen an, daß Sie sich im Papierbereich befinden (Kapitel 10).

- Perspektivensymbol: Weil bestimmte Befehle in der perspektivischen Ansicht nicht benutzt werden können, erscheint zur Erinnerung dieses Symbol.

8.1.1   Der Befehl BKS

Alle Einstellungen im Zusammenhang mit den Koordinatensystemen nehmen Sie am besten über das Menü „Werkzeuge", Menüpunkt „BKS" (Bild 8.2) vor. Dort folgen weitere Untermenüpunkte mit entsprechenden Optionen. Zu den gleichen Optionen gelangen Sie aber auch durch Eingabe des Befehls BKS:

```
Befehl: BKS
Ursprung/zACHse/3Punkt/Objekt/ANsicht/X/Y/Z/Vorher/
Holen/Sichern/Löschen/?/<Welt>:
```

Bild 8.2:
Aufruf von BKS aus
dem Menü „Werk-
zeuge"

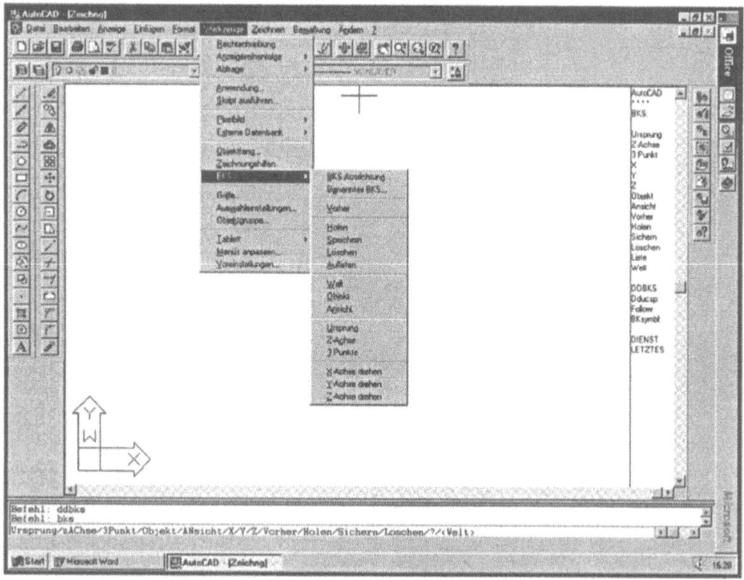

Befehlsoptionen

Die Option „Ursprung" definiert ein neues BKS durch Verschieben des Ursprungs des aktuellen Benutzerkoordinatensystems.
Die Richtungen der X-, Y- und Z-Achsen bleiben unverändert.

Mit der Option „zACHse" können Sie das aktuelle BKS um einen
bestimmten Betrag in Z-Richtung verschieben.

Die Option „3Punkt" gestattet die Ausrichtung des aktuellen Benutzerkoordinatensystems nach der „Rechte-Hand-Regel" durch
Spezifikation des Ursprungs und der X- und Y-Richtungen.

Möchten Sie das aktuelle BKS mit einem Objekt Ihrer Zeichnung
ausrichten, verwenden Sie die Option „Objekt". Die Z-Achse entspricht der Hochzugsrichtung des gewählten Objekts.

Die Option „ANsicht" definiert ein neues BKS so, daß dessen XY-
Ebene senkrecht zur Ansichtsrichtung des aktuellen Ansichtsfensters liegt.

Die Optionen „X", „Y" und „Z" drehen das aktuelle Benutzerkoordinatensystem um die entsprechende Achse.

Mit der Option „Vorher" können Sie schrittweise bis zu zehn Benutzerkoordinatensysteme zurückholen.

Die Option „Holen" macht durch Eingabe eines Namens ein gesichertes BKS zum aktuellen Koordinatensystem. Zum Abspeichern des aktuellen BKS benutzen Sie die Option „Sichern". Einen Namen können Sie frei wählen. Die Option „Löschen" ent-

fernt ein gesichertes BKS. Durch Eingabe des Fragezeichens erhalten Sie die Liste der gesicherten Benutzerkoordinatensysteme.

Standardmäßig wird Ihnen die Option „Welt" angeboten, die zum WKS zurückführt.

8.1.2   Der Befehl DDBKS

Eine weitere Möglichkeit zur Information und Manipulation der Benutzerkoordinatensysteme bietet der Befehl DDBKS. Wenn Sie diesen Befehl über die Tastatur eingegeben haben, erscheint das Dialogfeld „Benanntes BKS". Dort können Sie sich auf einen Blick über alle definierten Koordinatensysteme informieren und das aktuelle Koordinatensystem wechseln bzw. sich die Lage/Daten der Systeme anzeigen lassen (Bild 8.3).

Bild 8.3:
Dialogfeld nach Eingabe von DDBKS

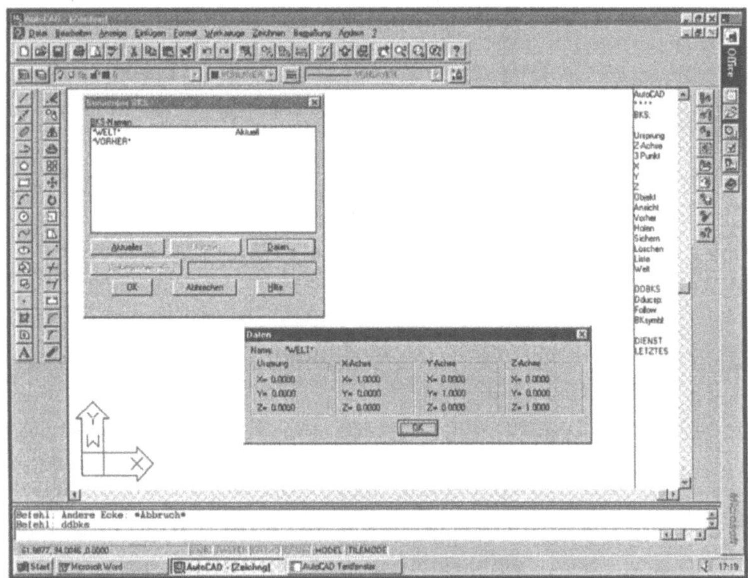

8.1.3   Der Befehl BKSYMBOL

Dieser Befehl ermöglicht Ihnen, das Koordinatensystem-Symbol des aktuellen Ansichtsfensters zu steuern.

```
Befehl: BKSYMBOL
Ein/AUs/ALles/Keinursprung/Ursprung <Ein>:
```

Der Befehl BKSYMBOL beeinflußt nur das aktuelle Ansichtsfenster.

8.2   Darstellung von Ansichten

Bisher haben wir fast ausschließlich 2D-Bildschirmdarstellungen betrachtet. Bevor mit dem Kapitel 9 die 3D-Modellierung behandelt wird, müssen Sie sich mit den 3D-Darstellungsmöglichkeiten vertraut machen. Diese 3D-Ansichtssteuerung zeichnet sich dadurch aus, daß Sie das Modell Ihrer Zeichnung von jedem beliebigen Punkt aus betrachten und bearbeiten können. Von einem gewählten Ansichtspunkt aus können neue Objekte hinzugefügt und editiert werden oder eine Ansicht mit verdeckten Linien generiert werden.

Zur Darstellung von Ansichten stehen die 3D-Ansichtsbefehle APUNKT, DANSICHT und DRSICHT zur Verfügung. Sie können nur im Modellbereich angewendet werden. Bild 8.4 zeigt, wie Sie die Befehle im Abrollmenü „Anzeige" anwählen.

Bild 8.4:
Aufruf der 3D-
Ansichtsbefehle

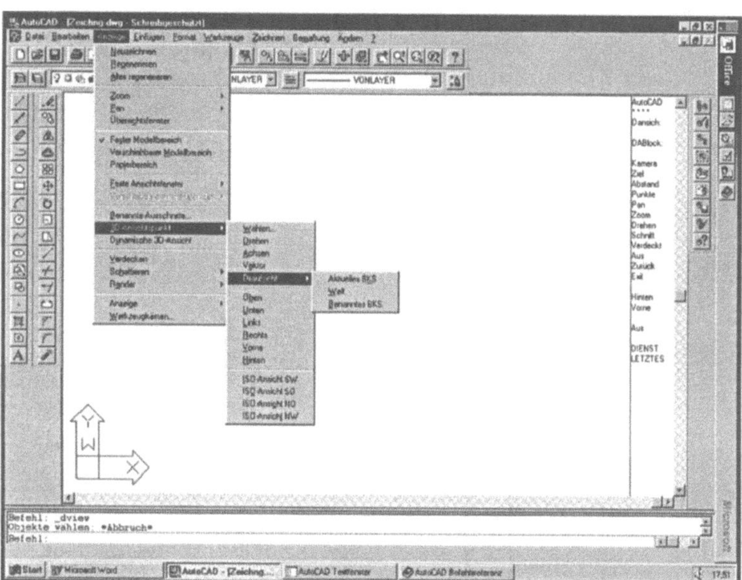

8.2.1   Der Befehl APUNKT

Dieser Befehl legt die Blickrichtung für eine dreidimensionale Visualisierung der Zeichnung fest. Mit dem Befehl APUNKT kann der Betrachter eine Zeichnung so anzeigen, als ob er den Ursprung (0,0,0) von einem gewählten Punkt aus betrachten würde. Im Papierbereich kann der Befehl nicht verwendet werden.

```
Befehl: APUNKT
Drehen/<Ansichtspunkt> <aktueller Punkt>:
```

Nach dieser Optionen-Ausschrift gibt es drei Varianten für die weitere Befehlsabarbeitung:

Vorgabe aktueller Punkt

Die Vorgabe stellt das aktuelle Ansichtsfenster dar (i.d.R. der Punkt (0,0,1)). Durch Eingabe eines neuen Punktes wird die Zeichnung regeneriert und das Modell so dargestellt, wie Sie es vom spezifizierten Ansichtspunkt aus sehen würden.

Drehen

Die zweite Variante aktivieren Sie mit der Option „Drehen". Sie können den Ansichtspunkt durch Eingabe von zwei Winkeln bestimmen. Der erste Winkel bezieht sich auf die X-Achse und der zweite auf die Z-Achse.

Es erscheint folgende Anfrage:

```
Winkel in XY-Ebene von der X-Achse aus eingeben <Vor-
gabe>:
Winkel von der XY-Ebene eingeben <Vorgabe>:
```

Nach Eingabe der beiden Winkel wird die Zeichnung ebenfalls regeneriert und das Modell im Zeichnungseditor so dargestellt, wie Sie es von diesem Ansichtspunkt aus sehen würden. Zur Verdeutlichung sind die betreffenden Winkel und der Ansichtspunkt in Bild 8.5 schematisch dargestellt.

Bild 8.5:
Schematische Darstellung von Winkel und Ansichtspunkt

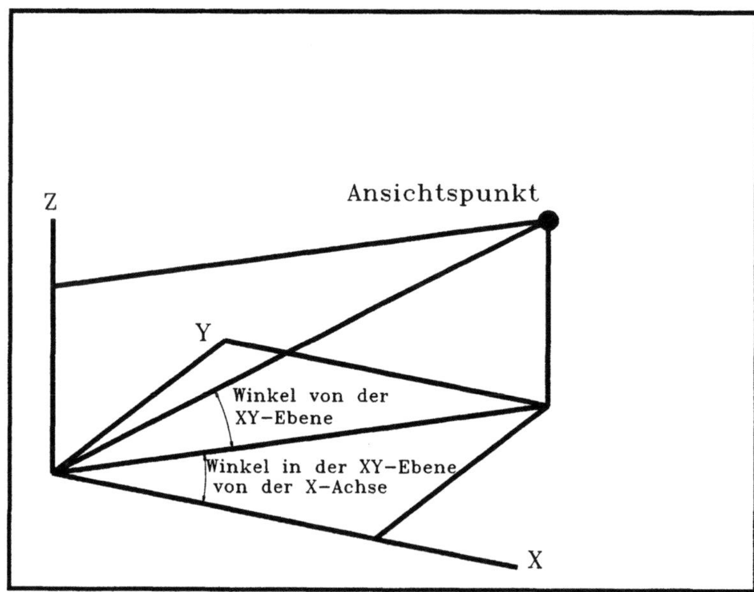

Ansichtspunkt

Die dritte Option „Ansichtspunkt" aktivieren Sie durch Eingabe von <ENTER>. Es erscheint ein Kompaß und ein Achsendreibein (Bild 8.6).

Bild 8.6:
Aufruf des Befehls
APUNKT, Variante
„Kompaß/Achsen-
dreibein"

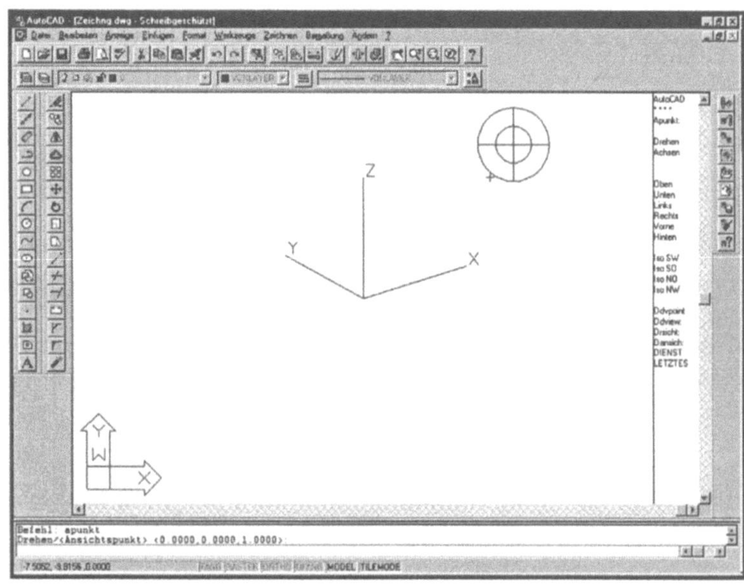

Mit dem Zeigegerät können Sie nun beliebige Ansichten festlegen. Dabei entspricht der Kompaß der zweidimensionalen Darstellung eines Globus, wobei

- der Mittelpunkt der Nordpol ist (Punkt: 0,0,1),

- der innere Kreis der Äquator ist (Punkt: n,n,0) und

- der äußere Kreis für den Südpol (Punkt: 0,0,-1) steht.

Außerdem erkennen Sie ein kleines Fadenkreuz, das auf jedem Punkt des Globus positioniert werden kann. Wenn Sie das Fadenkreuz bewegen, verändert sich auch die Darstellung des Achsendreibeins. Ist die von Ihnen gewünschte Stellung des Dreibeins erreicht, klicken Sie mit dem Zeigegerät. Nun werden die auf dem Bildschirm befindlichen Objekte in der entsprechenden Ansicht dargestellt.

Beachten Sie bitte noch folgendes:

- Der Nutzerstandort ist immer gegenüber dem Zielpunkt. Vorgabezielpunkt ist der Ursprung (Punkt: 0,0,0).

- Es wird immer nur der Ansichtswinkel bestimmt und nicht der Ansichtsabstand.

- Die Zeichnung wird so skaliert, daß sie in ihrer aktuellen Größe auf dem Bildschirm Platz hat.

- Details der Zeichnung sind zoombar; allerdings nur bei der Parallelprojektion.

Die Darstellung von Bild 8.6 erreichen Sie auch über das Pulldown-Menü „Anzeige". Im Menü „Anzeige" wird Ihnen eine weitere Möglichkeit zur Bestimmung des Ansichtspunktes gegeben. Wählen Sie hier die Menüpunkte „3D-Ansichtspunkt" und „Wählen". Sie gelangen zum Dialogfeld „Ansichtspunkt-Vorgaben". Dort können Sie interaktiv den Ansichtspunkt auswählen (Bild 8.7).

Bild 8.7:
Dialogfeld „Ansichtspunkt-Vorgaben"

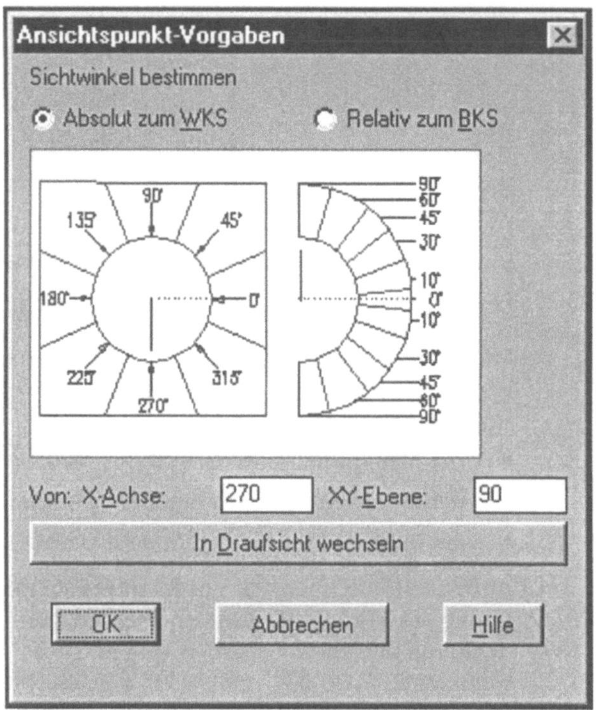

Nachfolgend sind die wichtigsten Koordinatenspezifikationen zusammengestellt, wie sie vom Befehl APUNKT verwendet werden:

Ansichtspunkt aus Richtung	Koordinatenspezifikation
rechts, vorne, oben	1,-1, 1
links, vorne, oben	-1,-1, 1
rechts, hinten, oben	1, 1, 1
links, hinten, oben	-1, 1, 1
rechts, vorne, unten	1,-1,-1
links, vorne, unten	-1,-1,-1
rechts, hinten, unten	1, 1,-1

links, hinten, unten	-1, 1,-1
Ansicht von oben (Draufsicht)	0, 0, 1
Ansicht von unten	0, 0,-1
Ansicht von rechts	1, 0, 0
Ansicht von links	-1, 0, 0
Ansicht von vorne	0,-1, 0
Ansicht von hinten	0, 1, 0

8.2.2 Der Befehl DRSICHT

Mit diesem Befehl kann die Zeichnung aus der Ansicht von oben (Ansichtspunkt 0,0,1) betrachtet werden. Dadurch wird die Perspektive und die Schnittflächen-Funktion ausgeschaltet.

```
Befehl: DRSICHT
<Aktuelles BKS>/BKS/Welt:
```

Durch die Option „Aktuelles BKS" wird die Zeichnung regeneriert und die Draufsicht für das aktuelle BKS angezeigt. Dies erfolgt so, daß der Modellbereich in das Ansichtsfenster paßt.

Die Option „BKS" wechselt in die Draufsicht eines zuvor gespeicherten Benutzerkoordinatensystems und regeneriert die Anzeige. AutoCAD fragt nach dem Namen des Benutzerkoordinatensystems.

Die Option „Welt" regeneriert die Anzeige zu einer Draufsicht des Weltkoordinatensystems.

8.2.3 Der Befehl DANSICHT

Mit diesem leistungsstarken AutoCAD-Befehl lassen sich dynamische 3D- und perspektivische Ansichten erzeugen. Der Befehl wird am besten über die Tastatur oder über das Menü „Anzeige", Menüpunkt „Dynamische 3D-Ansicht" aktiviert. Er verlangt zunächst die Objektwahl und bietet dann seine Optionen an:

```
Befehl: DANSICHT
Objekte wählen:
Kamera/ZIel/ABstand/PUnkte/PAn/ZOom/Drehen/Schnitt/
Verdeckt/AUs/ZUrück/<eXit>:
```

Wichtige Optionen sind „Kamera" und „Ziel". Die Linie zwischen diesen beiden Punkten ist die Ansichtsrichtung. Man kann dié Kamera, das Ziel oder beides bewegen. Mit dem Perspektiv-Modus können Sie weiter von der Kamera entfernte Objekte kleiner erscheinen lassen als jene, die sich näher beim Objektiv der Kamera befinden.

Zur Erstellung von Schnittansichten von Zeichnungen generieren Sie innerhalb dieser Option Schnittflächen, die die Sichtbarkeit von Objekten auf Grund ihres Abstandes von der Kamera steuern.

Befehlsoptionen

Die Option „Kamera" dreht die Kamera (Ihren Blickpunkt) um den Zielpunkt herum. Weiterhin sind zwei Winkel festzulegen, die zur Positionierung der Kamera bezogen auf den Zielpunkt erforderlich sind.

Die Option „ZIel" rotiert den Zielpunkt (den Punkt, auf den Sie blicken) um die Kamera herum. Weiterhin sind zwei Winkel festzulegen, die zur Positionierung des Ziels bezogen auf die Kamera erforderlich sind.

Die Option „ABstand" bewegt die Kamera entlang der Ziellinie relativ zum Ziel nach innen oder nach außen. Außerdem wird die perspektivische Ansicht eingeschaltet. Ein Schieberegler vergrößert bzw. verkleinert den Abstand zwischen Kamera und Ziel.

Mit der Option „PUnkte" lassen sich Kamera- und Zielpunkt dynamisch mit Hilfe des Zeigegerätes lokalisieren. Bezugspunkte für die dynamische Festlegung der Positionen sind für die Zielposition der Mittelpunkt der aktuellen Zeichnungsebene und für die Kameraposition der vorher definierte Zielpunkt.

Durch die Option „PAn" wird das Bild ohne Änderung des Skalierfaktors geschoben. Die Option „ZOom" hat zwei Modi: Bei ausgeschalteter Perspektive wirkt die Option wie der Befehl ZOOM „Mitte". Bei eingeschalteter Perspektive kann die Brennweite der Kamera eingestellt werden (Vorgabe ist 50 mm). Eine Verminderung der Brennweite erweitert den Horizont wie ein Weitwinkelobjektiv.

Die Option „Drehen" bewirkt eine Drehung der Ansicht um die Ziellinie, das heißt Rotieren der Zeichnung um die Verbindungslinie von Kamera und Ziel.

Mit der Option „Schnitt" können Sie sich vordere und hintere Schnittflächen ausgeben lassen. Es können zwei Schnittebenen bestimmt werden. AutoCAD kann nun alle Objekte hinter der vorderen, alle Objekte vor der hinteren und alle Objekte zwischen den beiden als Schnittflächen darstellen.

Die Option „Verdeckt" entfernt die verdeckten Linien und regeneriert die Zeichnung.

Durch die Option „AUs" wird die Perspektive ausgeschaltet. Die Perspektive wird von der Option Abstand aktiviert.

Die Option „ZUrück" hebt die Wirkung der Befehlsoperation auf und regeneriert die Zeichnung.

Der Befehl DANSICHT wird mit der Option „eXit" verlassen.

8.3   Bildschirmteilung in der 3D-Modellierung

8.3.1   Ansichtsfenster

Feste Ansichtsfenster im Modellbereich

Im Modellbereich können Sie mehrere sich nicht überlappende (feste) Ansichtsfenster definieren. In jedem Ansichtsfenster befindet sich das gleiche Objekt, und Veränderungen am Objekt in einem Ansichtsfenster werden auch in den anderen Ansichtsfenstern wirksam. Das Zeichnungsmodell bleibt konsistent.

Warum dann aber Ansichtsfenster? Die Frage ist ganz einfach zu beantworten. Im 3D-Bereich können Sie in den unterschiedlichen Ansichtsfenstern unterschiedliche Sichten auf das Objekt vornehmen, z. B. Draufsicht, Vorderansicht bzw. Seitenansicht.

Die Lage und Auswahl von Ansichtsfenstern bestimmen Sie am besten über das Pulldown-Menü „Anzeige", Menüpunkt „Feste Ansichtsfenster", Untermenüpunkt „Layout" (Bild 8.8).

Bild 8.8:
Aufruf der Ansichtsfenster im Modellbereich

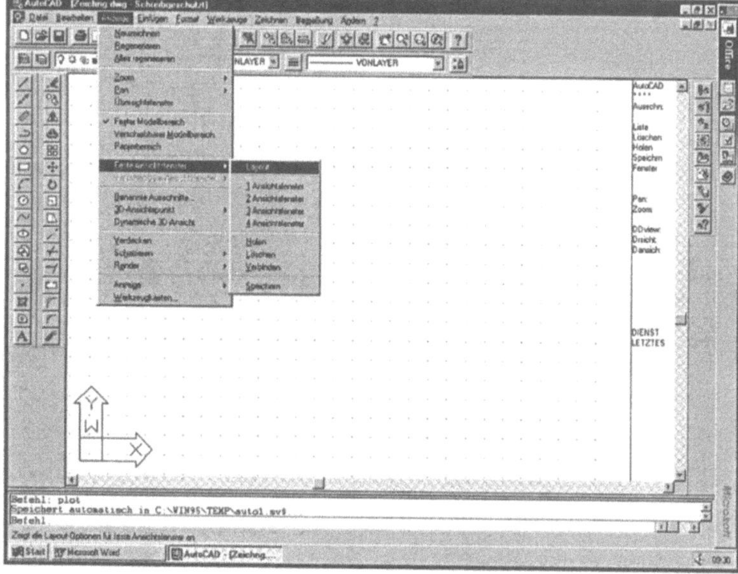

Afenster

Sie kommen dann direkt zum Dialogfenster „Layout der festen Ansichtsfenster" (Bild 8.9) und können die gewünschte Ansichtsfensterteilung aktivieren. Sie können auch direkt mit dem Befehl AFENSTER arbeiten. Es erscheint folgende Meldung:

```
Befehl: AFENSTER
Sichern/Holen/Löschen/Verbinden/Einzeln/?/2/<3>/4:
```

Befehlsoptionen

Die Optionen bedeuten folgendes:

Sichern: Speichern der aktuellen Ansichtsfenster-Konfiguration für eine evtl. spätere Verwendung.

Holen: Holt die zuvor gespeicherte Ansichtsfenster-Konfiguration.

Löschen: Löscht eine beim Sichern benannte Ansichtsfenster-Konfiguration.

Verbinden: Verbindet zwei nebeneinander liegende Ansichtsfenster zu einem größeren Ansichtsfenster.

Einzeln: Rückkehr zur Konfiguration mit einem Ansichtsfenster.

?: Zeigt die Nummern und Position der aktiven Ansichtsfenster an.

<Zahl>: Unterteilt das aktuelle Ansichtsfenster in zwei, drei oder vier Ansichtsfenster.

Zum Wechseln des aktuellen Ansichtsfensters plazieren Sie den Pfeilcursor im gewünschten Ansichtsfenster und klicken es an.

Verschiebbare Ansichtsfenster im Papierbereich

Für den Papierbereich (Kapitel 10) gibt es den Befehl MANSFEN zur Steuerung des verschiebbaren Ansichtsfenster.

```
Befehl: MANSFEN
Ein/Aus/Verdplot/Zbereich/2/3/4/Holen/<erster Punkt>:
```

Befehlsoptionen

Die Optionen bedeuten folgendes:

Ein: Schaltet ein Ansichtsfenster ein und macht dessen Objekte sichtbar.

Aus: Schaltet ein Ansichtsfenster aus.

Verdplot: Entfernt während des Plottens verdeckte Linien aus einem Ansichtsfenster.

Zbereich: Erstellt ein Ansichtsfenster, das den verfügbaren Anzeigebereich des Bildschirmes nutzt. Die tatsächliche Größe des Fensters hängt von den Limiten des Papierbereiches ab.

Holen: Wandelt Ansichtsfensterkonfigurationen, die mit AFENSTER gespeichert wurden, in einzelne Ansichtsfensterobjekte im Papierbereich um.

2/3/4/:   Teilt den angegebenen Bereich auf 2, 3 oder 4 Fenster auf. Bei Auswahl von 2 und 3 Fenstern ist noch die Anordnung (vertikal/horizontal usw.) festzulegen.

<erster Punkt>:   Mit dieser Option können Sie mit Hilfe der Objektauswahlmethode FENSTER die Größe und Position neuer Ansichtsfenster festlegen.

Praxistip

In den Papierbereich gelangen Sie durch Setzen der Systemvariablen TILEMODE auf „0". Vergessen Sie nicht, daß der Papierbereich eigene Zeichnungslimiten hat! D. h., nach Wechsel in den Papierbereich müssen Sie zuerst mit LIMITEN und ZOOM „Alles" diese Einstellungen für den Papierbereich vornehmen.

8.3.2   Beispiel für die praktische Arbeit

Zur besseren Übersicht teilt man bei der Arbeit mit 3D-Modellen den Bildschirm in vier Ansichtsfenster auf:

- Draufsicht,

- Vorderansicht,

- Seitenansicht und

- perspektivische Ansicht

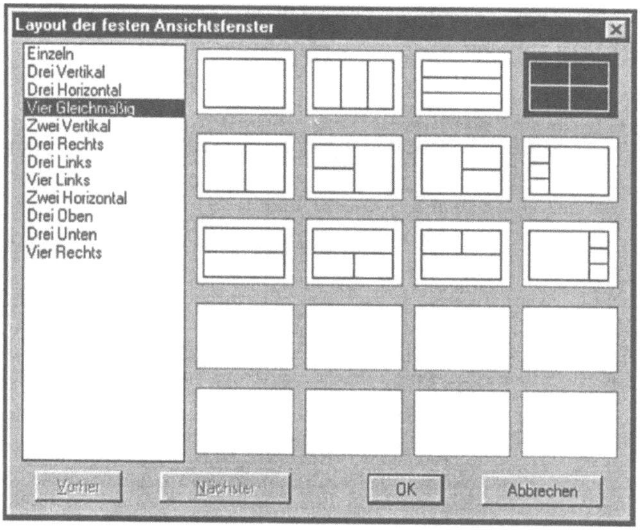

Bild 8.9:
Dialogfeld „Layout der festen Ansichtsfenster"

Dazu gehen Sie folgendermaßen vor:

1. Laden Sie aus dem Menü „Anzeige/Feste Ansichtsfenster" das Dialogfeld „Layout" (Bild 8.9) und wählen Sie dort die Option „Vier gleichmäßig".

2. Stellen Sie nun DIN-gerecht in jedem Ansichtsfenster mit dem Befehl APUNKT, Option „Drehen" die Ansichten, wie in nachstehender Befehlsfolge angegeben, ein.

Ansichtsfenster links unten   *Draufsicht:*
```
Befehl: APUNKT
Drehen/<Ansichtspunkt> <0.0000,0.0000,1.0000>: d
Winkel in XY-Ebene von der X-Achse aus eingeben <270>:
270
Winkel von der XY-Ebene eingeben <90>: 90
```

Ansichtsfenster links oben   *Vorderansicht:*
```
Befehl: APUNKT
Drehen/<Ansichtspunkt> <0.0000,0.0000,1.0000>: d
Winkel in XY-Ebene von der X-Achse aus eingeben <270>:
270
Winkel von der XY-Ebene eingeben <90>: 0
```

Ansichtsfenster rechts oben   *Seitenansicht:*
```
Befehl: APUNKT
Drehen/<Ansichtspunkt> <0.0000,0.0000,1.0000>: d
Winkel in XY-Ebene von der X-Achse aus eingeben <270>:
0
Winkel von der XY-Ebene eingeben <90>: 0
```

Ansichtsfenster rechts unten   *Perspektivische Ansicht:*
```
Befehl: APUNKT
Drehen/<Ansichtspunkt> <0.0000,0.0000,1.0000>: d
Winkel in XY-Ebene von der X-Achse aus eingeben <270>:
45
Winkel von der XY-Ebene eingeben <90>: 45
```

3. Zeichnen Sie nun im Ansichtsfenster mit der eingestellten Draufsicht (Ansichtsfenster links unten) einen Quader. Sie werden bemerken, daß sich das Modell des Quaders zugleich in allen Ansichtsfenstern (aber aus unterschiedlicher Sicht) aufbaut. Für die Arbeit an einem komplexen 3D-

Modell heißt dies, daß Sie sich für die Modellierung das Fenster wählen, in dem Sie am besten modellieren bzw. konstruieren können. Das Ergebnis unserer Modellierung sehen Sie im Bild 8.10.

Bild 8.10:
Bildschirmteilung mit
vier Ansichtsfenstern

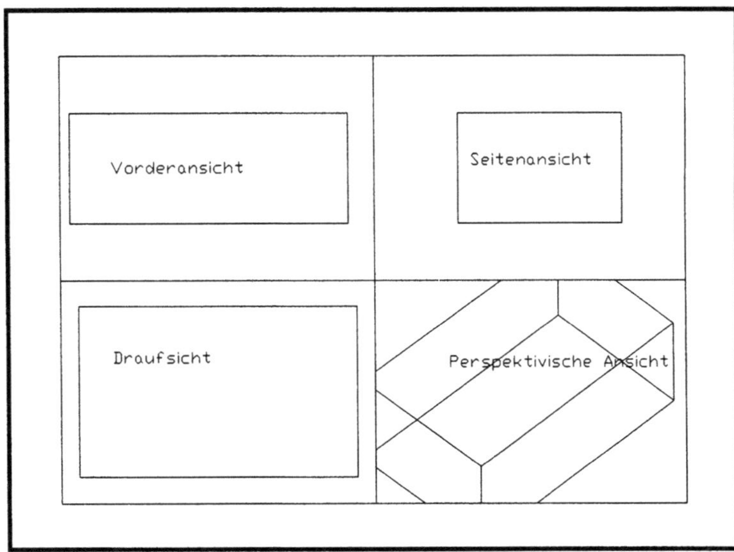

9 Funktionalität des 3D-Modellierers

Der grundsätzliche Unterschied zwischen der 2D- und 3D-Modellierung besteht in der beim 3D-Modellieren hinzukommenden dritten Dimension, der Z-Koordinate. Bei der dreidimensionalen Modellierung werden die Darstellungsmöglichkeiten wesentlich erweitert. Das Modell steht an zentraler Stelle, einzelne Zeichnungen werden vom 3D-Modell abgeleitet. Während die 2D-Modellierung eher dem Zeichnen oder Konstruieren auf einem Reißbrett entspricht, steht die 3D-Modellierung dem Modellbau näher. Beispielsweise kann ein Gebäudemodell dreidimensional erstellt werden, die Seitenansichten Grundrisse und Schnitte lassen sich aus dem Modell ableiten. Die Erstellung eines Modells ist meist zeitaufwendiger als die Erstellung einer 2D-Zeichnung. Aber zur vollständigen Darstellung beispielsweise eines Gebäudes gehören mehrere Zeichnungen, die sich alle aus einem 3D-Modell ableiten lassen. Bestimmte Informationen wie fotorealistische Darstellungen lassen sich nur aus 3D-Modellen erzeugen. Aber auch Kollisionsprüfungen etc. können nicht oder nur mit unvertretbar hohem Aufwand an 2D-Modellen durchgeführt werden.

Bild 9.1:
X-, Y- und Z-
Koordinate

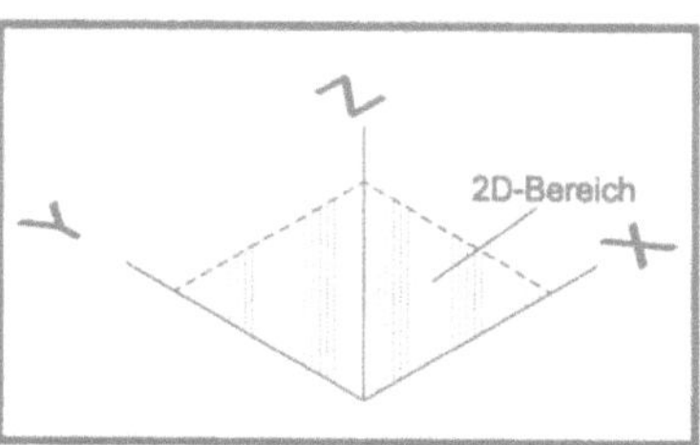

Bereits im Release 2.5 stellte Autodesk erstmals 3D-Ansätze vor und entwickelte diese ständig weiter. Die Volumenmodellierung wurde mit dem AME-Modellierer erstmals im Release 12 möglich. Mit dem Release 13 wurde der AME-Modellierer durch den ACIS-Kern ersetzt. Innerhalb von Release 13 wechselte die ACIS-Version von Version 15 zu 16. Im Release 14 arbeiten Sie mit der ACIS-Version 16. In der 3D-Modellierung wurde keine Erweiterung der 3D-Funktionalität gegenüber dem Release 13 vorgenommen, da der identische Modellierer zum Einsatz kommt.

Es gibt bei AutoCAD keine formalen Unterschiede zwischen 2D-
und 3D-Zeichnungen. Eine 2D-Zeichnung ist eine Zeichnung mit
Elementen ohne Z-Koordinaten, den Elementen ist die Z-
Koordinate 0 zugeordnet. 2D-Zeichnungen kann man also auch
als spezielle Form der 3D-Zeichnung oder eine Untermenge der
3D-Zeichnung ansehen.

9.1   3D-Modelle

Dreidimensionale Modelle von Körpern lassen sich in drei
Grundtypen klassifizieren, die Drahtkanten-, Flächen- und Volumenmodelle.

Drahtkantenmodell

Das Drahtkantenmodell ist durch folgende Eigenschaften gekennzeichnet:

- Die Objekte bestehen aus Punkten und Polygonen.
- Vorteilhaft ist die einfache und effiziente Darstellung.
- Die Nachteile von Drahtkantenmodellen bestehen darin,
  daß keine Visibilisierung möglich ist, keine korrekten Kör-
  perschnitte erzeugt werden können und Konsistenzprüfungen schwierig zu realisieren sind. Weiterhin sind relativ
  viele Objekte für die Darstellung des 3D-Modells zu erzeugen.

Flächenmodell

Bei einem Flächenmodell wird ein Körper durch seine begrenzenden Flächen dargestellt:

- Grundelemente sind Polygon-, Kreis- und Ellipsenflächen
  sowie andere mathematisch definierbare bzw. interpolierba-
  re allgemeine Flächen.
- Die Vorteile von Flächenmodellen bestehen in der Visibilisierung, der Möglichkeit von Konsistenzprüfungen (mit al-
  gorithmischem Aufwand) und der Ableitbarkeit aus anderen
  Darstellungen.
- Nachteilig wirken sich aus, daß keine korrekten Körper-
  schnitte erzeugbar sind und die Eingabe komplexer Strukturen relativ langwierig ist.

Volumenmodell

Ein Volumenmodell setzt sich aus primitiven Grundkörpern wie
Quader, Kugel, Pyramide, Zylinder etc. zusammen und ist die
Modellierungsmethode mit der höchsten Realitätsnähe:

- Vorteilhaft für Volumenmodelle ist, daß die Grundkörper
  per Definition konsistent sind und durch die Modellierung
  aus Grundkörpern immer konsistente Körper mit eindeuti-

gen Visibilitätskriterien entstehen. Schnittdarstellungen von Körpern sind eindeutig und leicht zu realisieren.

- Die Nachteile von Volumenmodellen bestehen im hohen Grundaufwand für die Implementierung und im Aufwand für die Eingabe komplexer Strukturen.

Mit AutoCAD sind Sie in der Lage, alle genannten dreidimensionalen Modelle zu erzeugen. Bereits an einem einfachen Beispiel, dem Würfel, haben Sie die Möglichkeit, diese drei Methoden für die Erzeugung dreidimensionaler Modelle zu vergleichen. Das Bild 9.2 zeigt drei Würfel:

- das Drahtkantenmodell eines Würfels, die Kanten des Würfels wurden mit dem Befehl LINIE plaziert,

- einen Würfel im Flächenmodell, erzeugt mit dem Menübefehl „3D-Flächenkörper" und

- das Volumenmodell eines Würfel, plaziert mit dem Befehl QUADER.

Sie werden beim Plazieren bemerken, daß das Drahtkantenmodell die meisten Eingaben erfordert. Nach dem Plazieren ist zunächst kein Unterschied zwischen den Würfeln zu sehen. Der Befehl VERDECKT (Bild 9.2) zeigt jedoch, daß für das Drahtkantenmodell keine unsichtbaren Linien existieren.

Bild 9.2:
3D-Modelle eines Würfels

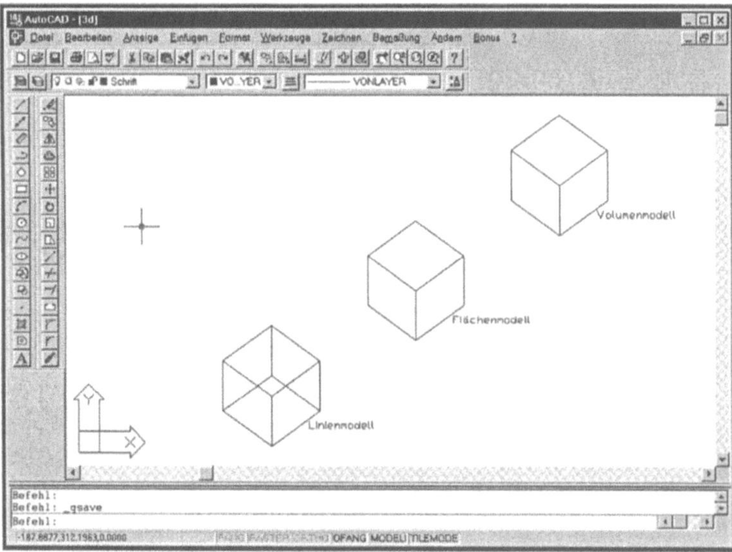

Der Unterschied zwischen Flächen- und Volumenmodell wird deutlich, wenn Sie versuchen, den Befehl „Masseneigenschaften" aus dem Menü „Werkzeuge/Abfrage" auf die Modelle anzuwenden. Sie werden feststellen, daß dieser Befehl nur für Volumenmodelle gültig ist.

Zur weiteren Unterscheidung der drei Modelle wurde im Bild 9.3 ein Schnitt durch die Würfel simuliert und wieder der Befehl VERDECKT ausgeführt. Das Ergebnis des Schnittes für das Flächenmodell zeigt, daß dieser Würfel „hohl" ist (bei einer Wanddicke=0), nur der Schnitt durch das Volumenmodell ergibt realitätsgetreue Teile eines Würfels.

Bild 9.3:
Schnitt durch 3D-Modelle

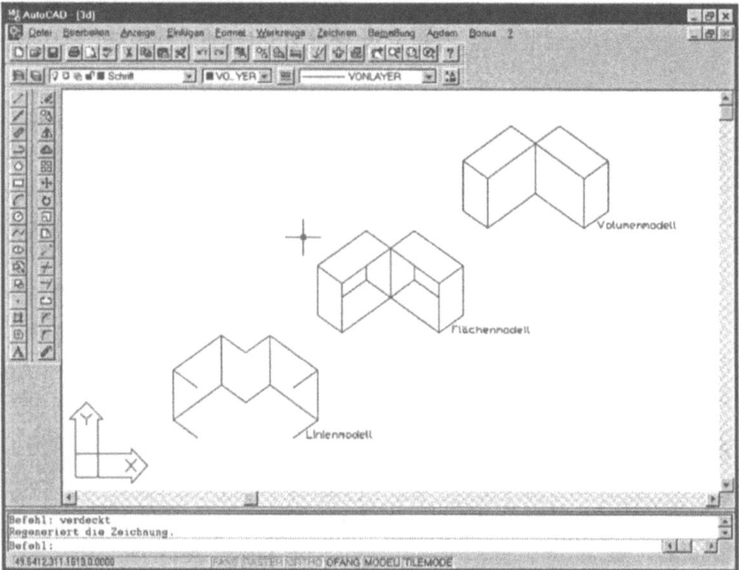

Als Entscheidungskriterien für die Auswahl von Linien-, Flächen- oder Volumenmodell zum Erzeugen dreidimensionaler Körper dienen beispielsweise:

- verfügbare Rechnerressourcen und erforderliche Rechenzeiten,

- Abschätzung des zeitlichen Aufwandes,

- gewünschte Ergebnisse der grafischen Aufbereitung (ob z. B. Verdecktdarstellung, Renderbilder, Schnitte oder Profildarstellungen, Explosionszeichnungen etc. erforderlich sind).

9.2 Einstieg in die 3D-Modellierung und Drahtkantenmodelle

Um ein Gefühl für dreidimensionale Koordinatensysteme und die verschiedenen Modelle zu entwickeln, beginnen wir mit der Darstellung eines Quaders aus Linien. Aus dem Bild 9.4 können Sie die notwendigen Koordinaten entnehmen.

Bild 9.4:
Zeichnen eines Quaders aus Linien

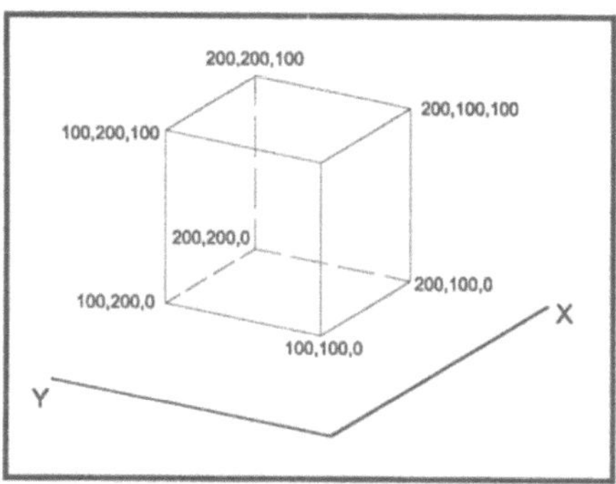

Sie zeichnen zuerst ein Quadrat in der XY-Ebene:

```
Befehl: LINIE von Punkt: 100,100,0
Nach Punkt: @100,0
Nach Punkt: @0,100
Nach Punkt: @-100,0
Nach Punkt: s (für Schließen)
```

Bild 9.5:
Quadrat

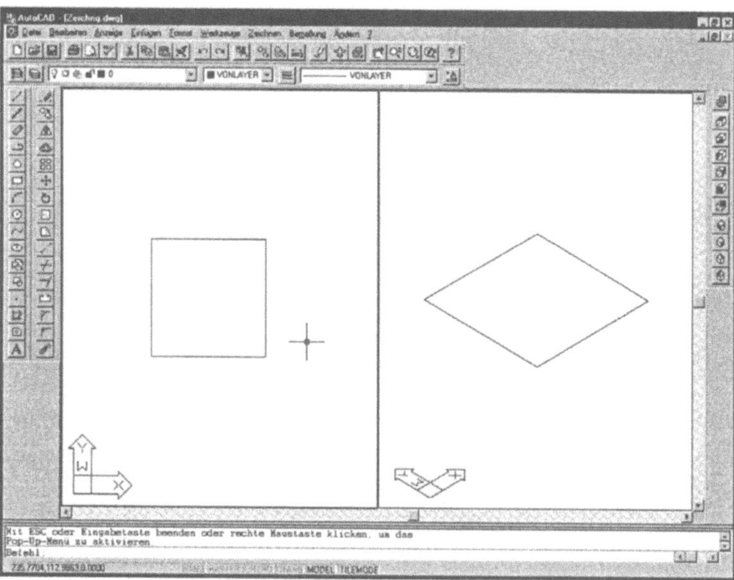

In der isometrischen Ansicht von Südwest wird die Lage des Quadrats deutlich (Bild 9.5).

In den dreidimensionalen Bereich gelangen Sie dadurch, daß den Elementen eine Z-Koordinate zugeordnet wird. Die nächste Linie beginnt am Ausgangspunkt mit den Koordinaten 100,100 (Z=0) und wird relativ zu den Koordinaten 100,100,100 gezeichnet. Da dann der aktuelle Z-Wert 100 ist, kann bei der weiteren Koordinateneingabe auf eine Angabe der Z-Koordinaten verzichtet werden.

```
Befehl: LINIE von Punkt: 100,100
Nach Punkt: @0,0,100
Nach Punkt: @100,0
Nach Punkt: @0,100
Nach Punkt: @-100,0
Nach Punkt: @0,-100
```

Bild 9.6:
Unterer und oberer
Teil des Würfels

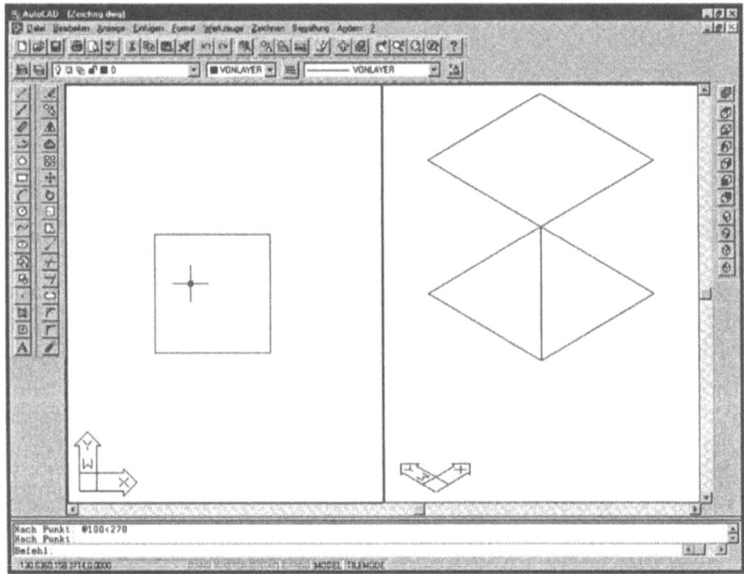

Die Endpunkte der Quadrate können mit dem Befehl LINIE und dem Objektfang „Endpunkt" wie in Bild 9.7 verbunden werden.

Der entstandene Quader ist ein Drahtmodell, das System hat keine Informationen über die Flächen und kann somit auch die verdeckten Linien nicht berechnen.

Bild 9.7:
Zeichnen der fehlenden Kanten

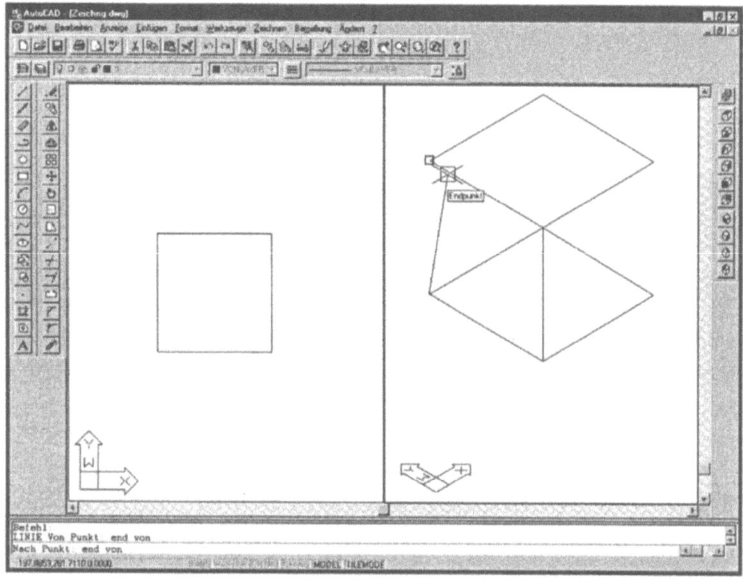

Erhebung und Objekthöhe

Schon im Release 2.5 enthielt AutoCAD zwei Befehle, die das Erzeugen einfacher 3D-Modelle ermöglichte und mit denen Quasi-3D-Flächen erzeugt werden konnten (Bild 9.8). Diese 3D-Befehle stehen Ihnen auch in den LT-Versionen von AutoCAD zur Verfügung.

Bild 9.8:
Erhebung und Objekthöhe

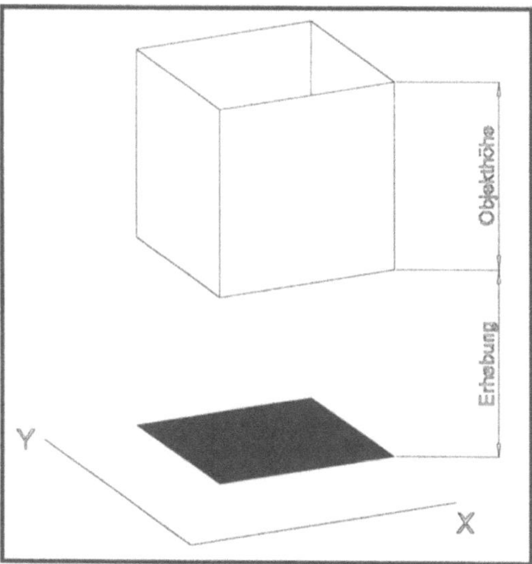

Die Erhebung ist der Wert der Z-Koordinate, der verwendet wird, wenn nur X- und Y-Koordinate für ein Element eingegeben werden. Die Erhebung kann auch negative Werte annehmen. Die Werte werden in der Systemvariablen ELEVATION gespeichert.

Ist der Wert für die Objekthöhe ungleich 0, werden Objekte um diesen Betrag in Z-Richtung extrudiert. Die Richtung der Extrusion können Sie mit Hilfe des BKS beeinflussen. In der Systemvariablen THICKNESS ist der Wert für die Objekthöhe gespeichert.

Die so erzeugten Flächen sind keine „richtigen" 3D-Flächen. Da jedem Element nur eine Objekthöhe zugewiesen werden kann, können beispielsweise keine dreieckigen oder trapezförmigen Flächen wie in Bild 9.9 erzeugt werden. Um solche Flächen darzustellen, benötigen Sie zu jedem einzelnen Punkt eine Definitionsmöglichkeit für die Objekthöhe.

Bild 9.9:
Objekthöhen

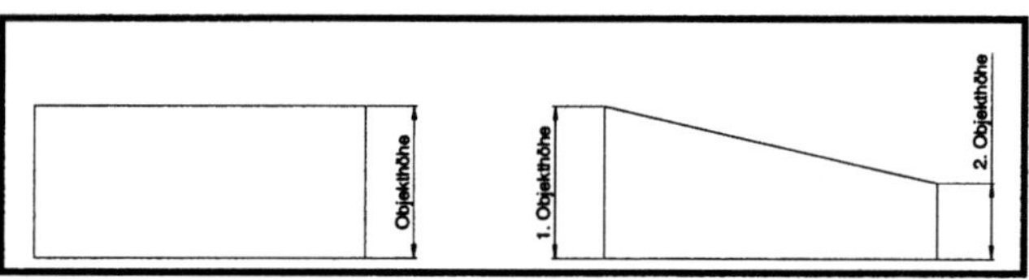

Beispiel

Generieren Sie einen Quader mit den Befehlen OBJEKTHÖHE und ERHEBUNG.

```
Befehl: ERHEBUNG
Neue aktuelle Erhebung <0.0000>: 100
Neue aktuelle Objekthöhe <0.0000>: 100
```

Die nötigen Voreinstellungen für die Erhebung sind getroffen. Im Gegensatz zum oben gezeichneten Quadrat werden Polarkoordinaten genutzt.

```
Befehl: LINIE Von Punkt: 100,100
Nach Punkt: @100<0
Nach Punkt: @100<90
Nach Punkt: @-100<0
Nach Punkt: s
```

Der Befehl VERDECKT im Menü „Ansicht" verdeutlicht die Arbeitsweise der Objekthöhe. Die obere und untere Seite des Würfels sind geöffnet. Mit dem Befehl OBJEKTHÖHE lassen sich diese Seiten nur schließen, wenn man das Koordinatensystem um die X- oder die Y-Achse um 90 Grad dreht.

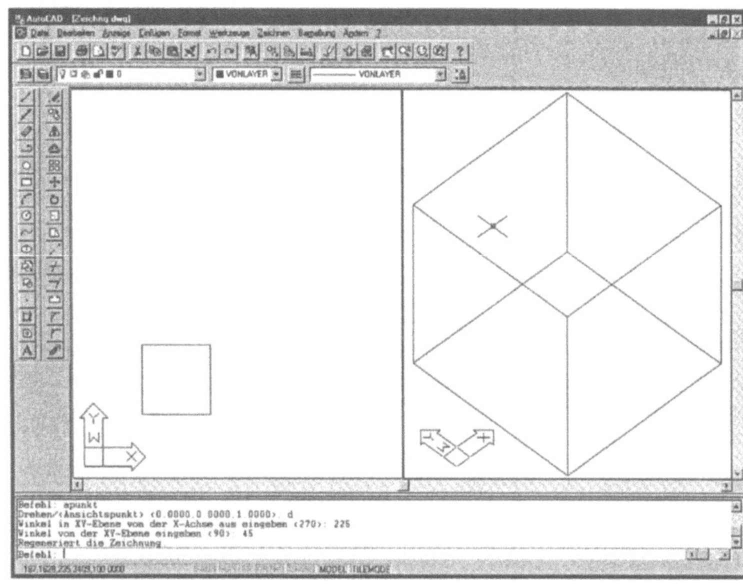

Mit dem Befehl BKS und der Option „3Punkte" kann das Koordinatensystem frei definiert werden.

```
Befehl: BKS
Ursprung/zACHse/3Punkt/.../?/<Welt>: 3p
Ursprung <0,0,0>: End von
Punkt auf der positiven X-Achse
<1.0000,0.0000,0.0000>: End von
Punkt mit positiven Y-Wert in der XY-Ebene des BKS
<0.0000,1.0000,0.0000>: End von
```

Die zu wählenden Endpunkte entnehmen Sie bitte der Abbildung 9.12. Das BKS-Symbol muß sich wie in Bild 9.11 dargestellt ausrichten.

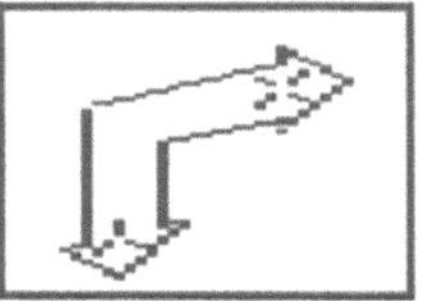

Mit einer Linie vom definierten Ursprungspunkt zu dem definierten Punkt auf der positiven X-Achse lt. Bild 9.12 wird die obere Fläche des Würfels geschlossen. Analog wird die untere Fläche geschlossen. Das Koordinatensystem kann dabei beibehalten werden. Eine verdeckte Ansicht bringt das in Bild 9.13 dargestellte Ergebnis.

Bild 9.12:
Ausrichtung des BKS
am Würfel

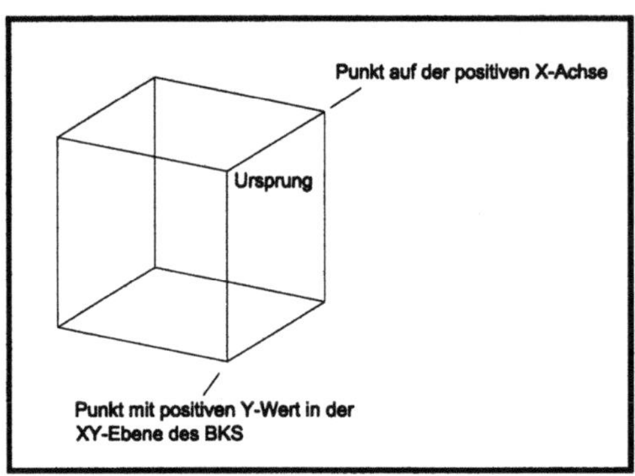

Bild 9.13:
Ansicht mit verdeck-
ten Kanten

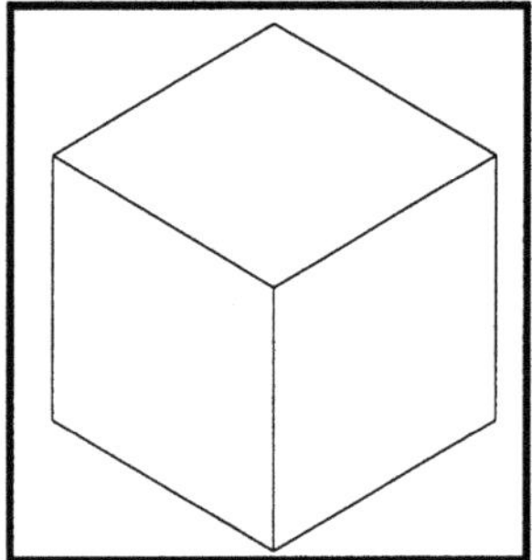

In unserem Beispiel wurde ein Quader aus „hochgezogenen Linien" erzeugt. Das entstandene Gebilde (Bild 9.13) sieht wie ein
Quader aus, besteht aber aus einzelnen Elementen. Auf diese
Weise lassen sich bei weitem nicht alle 3D-Gebilde erzeugen und
selbst dieses einfache Modell hat viel Aufwand erfordert.

3DPOLY

Der Befehl 3DPOLY (Menü „Zeichnen/3D-Polylinie") ist eine Erweiterung des Funktionsumfangs, der das Zeichnen dreidimensionaler Polylinien erlaubt.

```
Befehl: 3DPOLY
Erster Punkt:
Schliessen/Zurück/<Endpunkt der Linie>:
```

Die Standardeinstellung interpretiert die Spezifikation eines weiteren Punktes als Endpunkt eines 3D-Polyliniensegmentes. die
Eingabe von dreidimensionalen Punkten wird im Format X,Y,Z
erwartet. Durch eine Leereingabe wird 3DPOLY beendet. Die Option „Schliessen" verbindet den zuletzt eingegebenen Punkt mit
dem Startpunkt der Polylinie. Fehler, die z. B. durch falsche Koordinateneingabe entstanden sind, können Sie mit einem „Z" für
ZURÜCK wieder bereinigen. Der Polylinieneditor „Polylinien bearbeiten" (PEDIT) bearbeitet auch die mit 3DPOLY erzeugten Polylinien.

9.3 3D-Flächenmodelle

Flächenkörper

Im Menü „Zeichnen/Flächen" finden Sie alle Befehle zur Erzeugung von Flächenmodellen. Mit Hilfe des Dialogfelds „3D-Objekte", welches Sie mit dem Menüeintrag „3D-Flächenkörper..." aufrufen, lassen sich verschiedene primitive Grundkörper zur Plazierung auswählen (Bild 9.14). Durch Eingabe des Tastaturbefehls 3D lassen sich diese Primitive ohne Dialogfeld erstellen.

```
Befehl: 3D
    Quader/KEGel/Schale/KUPpel/Netz/Pyramide/KUGel/Torus/KEIl:
```

Bild 9.14:
Dialogfeld „3D-Objekte"

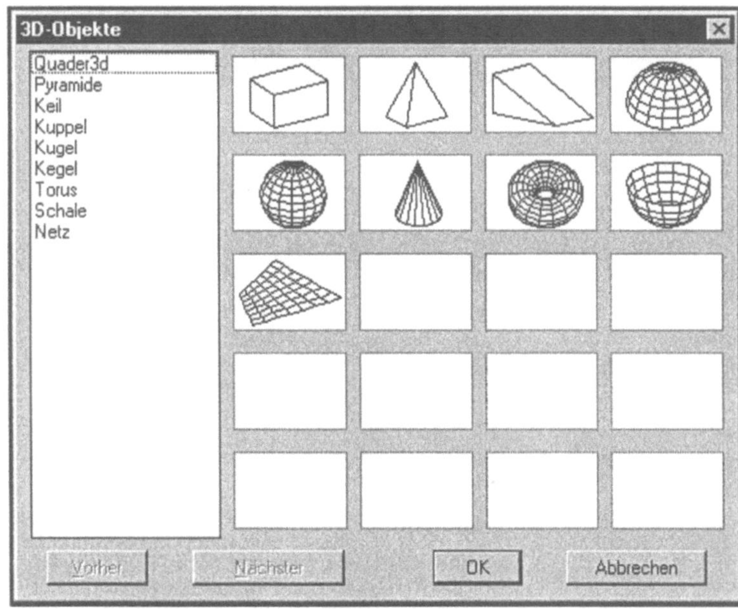

Beispiel

Falls sie einen Quader aus dem Dialogfeld oder den Befehlszeilenoptionen auswählen, ist der folgende Dialog abzuarbeiten:

```
Ecke des Quaders: 100,100
Länge: 100
Würfel/<Breite>: 100
Höhe: 100
Drehwinkel um die Z-Achse: 0
```

Äußerlich unterscheidet sich das Modell nicht vom Quader aus „hochgezogenen Linien" des Abschnitts 9.2. Die Erstellung des Elements ist aber wesentlich einfacher und es ist ein Einzelelement, das z. B. beim Editieren einzeln angesprochen wird. Die Erzeugung von Primitiven an sich stellt keine Schwierigkeiten dar, komplizierter ist die Plazierung an der gewünschten Position

Beispiel

und in der richtigen Ausrichtung. Bei Körpern spielt die Ausrichtung des Koordinatensystems eine entscheidende Rolle, da sich die Höhe immer auf die Z-Koordinate bezieht.

Erzeugen Sie die in Bild 9.15 dargestellte Konstruktion aus Quader und Pyramide. Der Quader hat eine Kantenlänge von 100. Die Grundfläche der Pyramide können Sie mit dem Objektfang „Endpunkt" auf die obere Fläche des Quaders plazieren. Die Scheitelpunktkoordinate setzt sich aus X-Koordinate des Mittel- -punktes einer Kante, Y-Koordinate des Mittelpunktes einer dazu orthogonalen Kante und einem Z-Wert von 200 zusammen. Die Technik der Koordinatenfilter wird im Kapitel 15 vorgestellt.

Bild 9.15:
3D-Flächen-
konstruktion

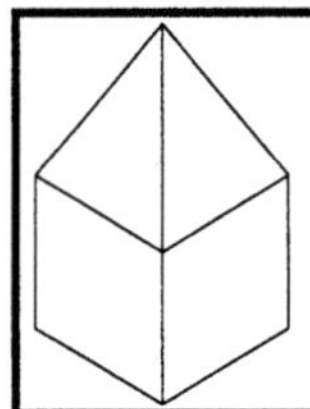

Zeichnen Sie den Quader mit Kantenlänge 100. Die Befehlsfolge zur Erstellung der Pyramide auf dem Quader lautet:

```
Befehl: 3D
Quader/.../Pyramide/.../KEI1: P (für Pyramide)
Erster Basispunkt: End von
(Endpunkte Quaderoberfläche fangen)
Zweiter Basispunkt: End von
Dritter Basispunkt: End von
Tetraeder/<Vierter Basispunkt>: End von
Kante/Oberseite/<Scheitelpunkt>: .x
von mit (Mittelpunkt einer Kante)
von (benötigt YZ): .y
von mit (Mittelpunkt orthogonaler Kante)
von (benötigt Z): 200 (z=200)
```

Bild 9.16:
Koordinatenfilter

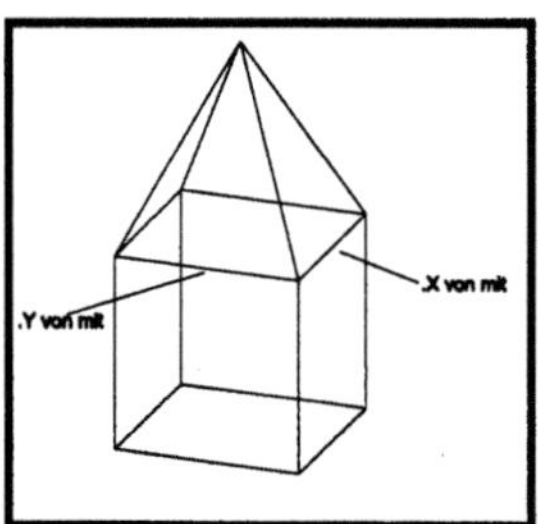

3D-Fläche

Der Befehl 3DFLÄCHE generiert dreidimensionale Elemente, die den durch SOLID erzeugten Elementen ähneln. Im Gegensatz zum Befehl SOLID kann für jeden Eckpunkt eine Z-Koordinate angegeben werden.

```
Befehl: 3DFLÄCHE
Erster Punkt: (Punkt anklicken)
Zweiter Punkt: @100,0
Dritter Punkt: @0,100
Vierter Punkt: @-100,0
Dritter Punkt: <ENTER>
```

Die Eingabereihenfolge der Punkte entspricht nicht vollständig der des Befehls SOLID. Die Eckpunkteingabe für 3D-Flächen geschieht im Uhrzeigersinn. 3DFLÄCHE hat noch eine zusätzliche Eigenschaft: Sie können neben der Koordinateneingabe die Sichtbarkeit der Kanten durch die Eingabe eines „U" vor den Koordinaten des ersten Punktes bestimmen. Beispiel für eine Spezifikation unsichtbarer Kanten:

```
Erster Punkt: Ux,y
```

Die 3D-Flächen werden als Drahtmodelle *dargestellt* (s. a. Abschnitt 9.4). Da sie bereits im dreidimensionalen Raum angeordnet sind, können sie nicht „hochgezogen werden".

Kante

Um den Befehl „Kante" mit der Tastatur zu aktivieren, müssen Sie EDGE eingeben. Die Sichtbarkeit der 3D-Flächenkanten können Sie mit EDGE steuern.

```
Befehl: EDGE
Anzeigen/<Kante auswählen>:
```

Bild 9.17:
Ausgeblendete Kante
von 3D-Flächen

Die Option „Anzeigen" zeigt alle unsichtbaren Kanten, damit sie wieder eingeschaltet werden können. Wählen Sie eine sichtbare Kante, wird diese ausgeblendet. Im Bild 9.17 sind zwei identische 3D-Flächen dargestellt. Die mittlere Kante ist in der rechten Darstellung ausgeblendet.

3D-Netz

Mit dem Befehl „3D-Netz" können Sie ein dreidimensionales Netz definieren, indem Sie dessen Größe (mit Eingabe von M und N für die Anzahl der Zeilen und Spalten) und die Position jedes Kontrollpunktes spezifizieren.

```
Befehl: 3DNETZ
M-Wert des Netzes:
N-Wert des Netzes:
```

Eine abzubildende dreidimensionale Fläche wird durch eine Polygonfläche (auch Polygonnetz genannt) dargestellt. Von der realen Fläche werden an diskreten Punkten (den Scheitelpunkten) die dreidimensionalen Koordinaten bestimmt. Das Polygonnetz wird als eine Matrix mit M x N Scheitelpunkten definiert. Durch Verbindung der Scheitelpunkte mit Geraden wird die reale Fläche approximiert.

Die Richtungszuordnung des Koordinatensystems, in dem Ihre Fläche liegt, auf die M- und N-Richtung der Matrix können Sie selbst festlegen. Das Produkt aus M und N ergibt die Anzahl der Scheitelpunkte des Polygonnetzes. Die Maximalgröße für M und N darf 256 nicht überschreiten. Eine Zahl kleiner als 2 verwandelt die Matrix in einen Vektor, d.h. Sie würden nur noch eine 3D-Polylinie zeichnen und dies wird von 3DPOLY übernommen.

```
Kontrollpunkt (m,n):
```

Tragen Sie nach dieser Abfrage die 3D-Koordinaten des jeweiligen Scheitelpunktes ein. AutoCAD zählt stets für einen konstanten M-Wert den gesamten N-Bereich ab. Ist dies geschehen, wird M um eins erhöht. Nach der Eingabe aller Koordinaten wird die Fläche auf dem Bildschirm ausgegeben.

Rotationsoberfläche

Der Befehl „Rotationsoberfläche" (Tastaturbefehl ROTOB) generiert aus der vorzugebenden Kontur und einer zugeordneten Rotationsachse eine Oberfläche.

Bild 9.18:
Erzeugen von Rotationsoberflächen

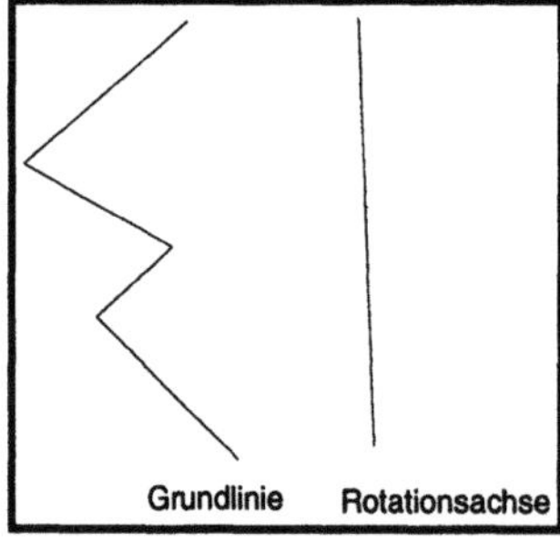

In unserem Beispiel besteht die Grundlinie aus einer Polylinie, die Rotationsachse aus einer Linie.

```
Befehl: ROTOB
Grundlinie wählen:
Rotationsachse wählen:
Startwinkel <0>:
Eingeschlossener Winkel (+=guz, -=uz) <Vollkreis>:
```

Entsprechend der AutoCAD-Eingabephilosophie wird zuerst das zu bearbeitende Objekt spezifiziert. Wählen Sie also zu Beginn der Befehlsausführung die Grundlinie (Kontur, Profil ...) aus, die um eine Rotationsachse gedreht werden soll. Linien, Bogen, Polylinien (2D oder 3D) und Kreise können von ROTOB als Grundlinien verarbeitet werden. Anders als bei der Objektwahl darf die Wahl der Grundlinie nicht mit <ENTER> abgeschlossen werden (<ENTER> beendet den Befehl). Durch diese Verfahrensweise kann die Grundlinie nur ein Element sein. Nach der Bestimmung der Grundlinie muß die Rotationsachse vorgegeben werden. Dies kann eine Linie oder eine geradlinige Polylinie sein. Strenggenommen können Sie auch nichtgerade Polylinien als Rotationsachse angeben. Intern wird aber der Vektor zwischen Anfangspunkt und Endpunkt der Polylinie berechnet und zur Rotationsachse gemacht. Falls die Rotationsfläche nicht für einen Vollkreis berechnet werden soll, kann mit der Eingabe des Startwinkels der Rotationsfläche ein definierter Anfangspunkt zugewiesen werden.

Die nächste Eingabe bezieht sich ebenfalls auf die Umfangsbeschränkung bei der Berechnung. Wird ein kleinerer Winkelbetrag als der des Vollkreises eingegeben, wird eine offene Regeloberfläche erzeugt. Die Fläche wird in Abhängigkeit vom Auswahlpunkt berechnet. Sind die Standardeinstellungen für das Koordinatensystem beibehalten worden, beginnt die Flächengenerierung parallel zur X-Achse, die den Winkel 0 Grad besitzt.

Um Profilringe zu erzeugen, muß die Rotationsachse neben dem zweidimensionalen Profilquerschnitt angeordnet werden. Ein 3D-Kreisring wird beispielsweise aus einem Kreis (Profilquerschnitt) und einer außerhalb des Kreises liegenden Rotationsachse generiert. Der kürzeste Abstand zwischen Achse und Kreisumfang ist der Innendurchmesser des Kreisringes.

Bild 9.19:
Erzeugte Rotati-
onsoberfläche

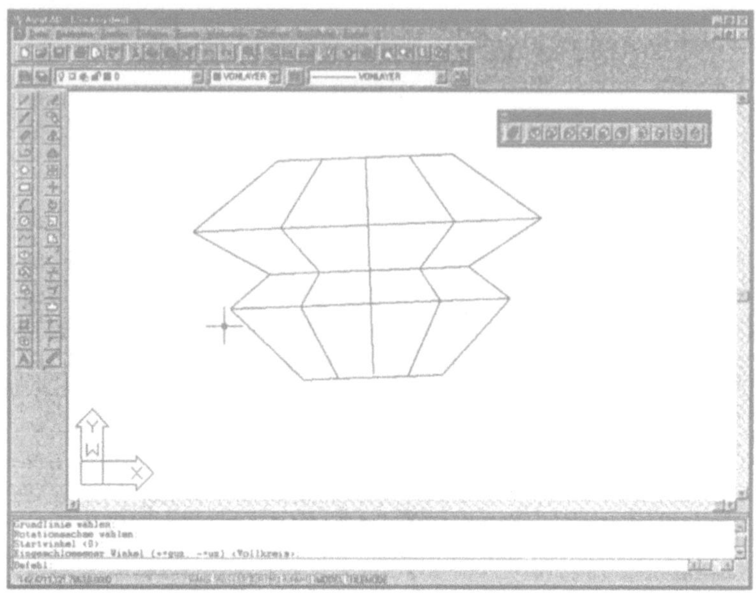

Tabellarische Ober-
fläche

Der Befehl „Tabellarische Oberfläche" (Tastaturbefehl TABOB) erzeugt aus einer Grundlinie, welche die Kontur vorgibt, und einem Richtungsvektor, der die Orientierungsrichtung und den
Betrag der Länge bestimmt, eine tabellarische Oberfläche. In unserem einfachem Beispiel wird eine Polylinie (Bild 9.20) gezeichnet. Den Richtungsvektor erzeugen Sie durch eine Linie in
Z-Richtung:

```
Befehl: LINIE Von Punkt:
Nach Punkt: @0,0,300
```

In der Ansicht von oben ist die Linie nur als Punkt zu erkennen.
Besser zu erkennen ist das Ergebnis in einer isometrischen Ansicht (Abb. 9.21).

Die Grundlinie kennzeichnet die Form der tabellarischen Oberfläche. Dieser Befehl erzeugt beispielsweise aus einem Kreis
(Grundlinie) und einer senkrechten Linie (Richtungsvektor) eine
Säule. Mathematisch betrachtet wird der Richtungsvektor entlang
der Grundlinie bewegt und erzeugt damit die tabellarische Oberfläche. Wie bei der Rotationsoberfläche wird die Richtung durch
den Auswahlpunkt am Richtungsvektor bestimmt.

Bild 9.20:
Erzeugen einer tabellarischen Oberfläche

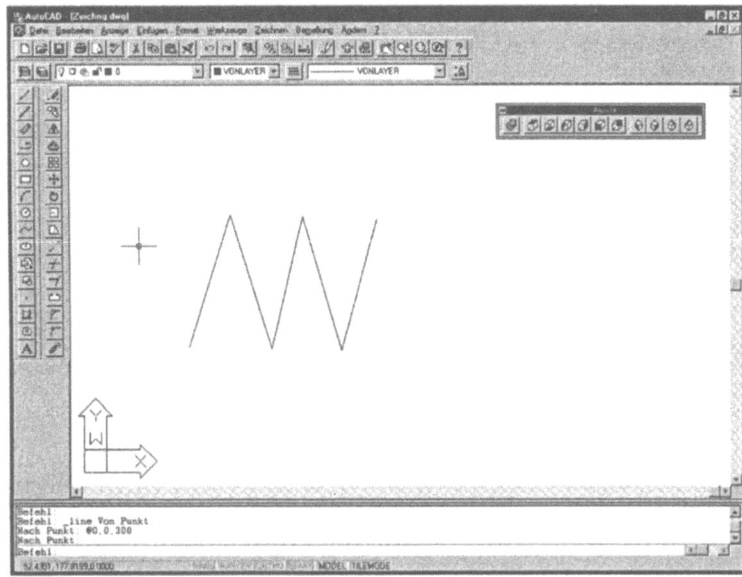

Bild 9.21:
Isometrische Ansicht

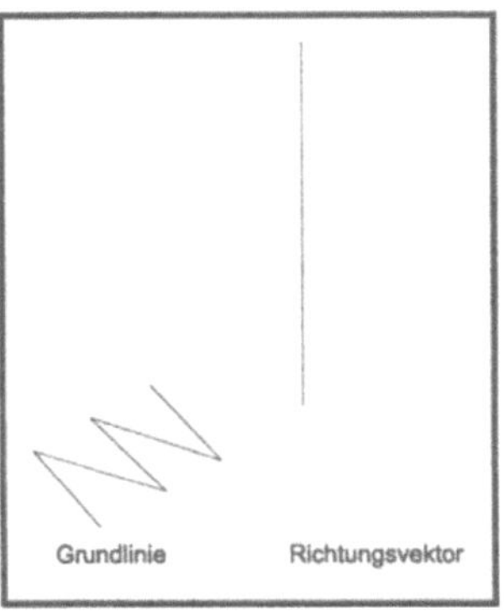

Die Systemvariable SURFTAB1 enthält die Anzahl der Verbindungslinien, die zwischen Grundlinie und ihrer Kopie gezogen werden. Als Richtungsvektor können Sie eine Linie, eine Polylinie (2D oder 3D) oder auch einen Kreisbogen spezifizieren. Richtung und Betrag (Länge) des Vektors entscheiden über die Orientierung und die Ausdehnung im Raum, während die Grundlinie die Form der tabellarischen Fläche bestimmt.

Der in diesem Befehl verwendete Algorithmus verdoppelt die Scheitelpunkte der Grundlinie und ordnet sie entsprechend den Komponentenwerten des Vektors erneut an. Der originale Scheitelpunkt und der kopierte Scheitelpunkt werden mit Linien verbunden.

Bild 9.22:
Tabob mit Rich-
tungsvektor

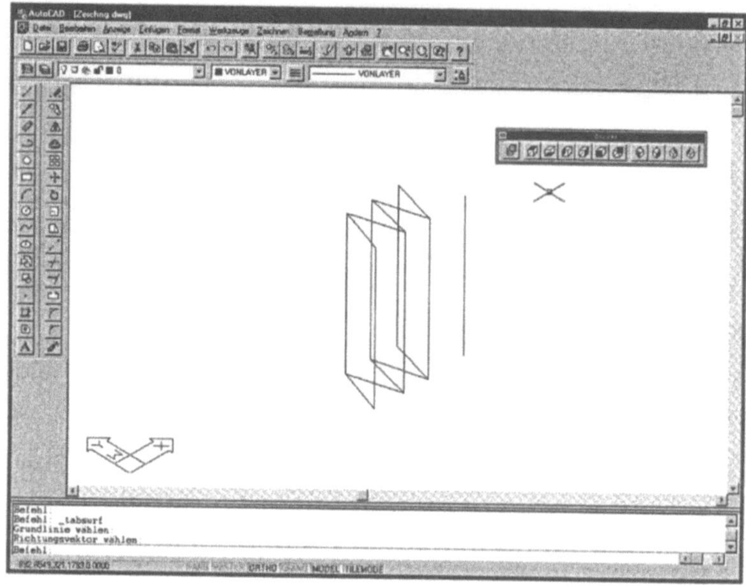

Abbildung 9.22 zeigt die tabellarische Oberfläche mit dem Richtungsvektor. Die Verfahrensweise der Objektwahl ist analog der
beim Befehl ROTOB.

Bild 9.23:
Tabob-Grundfläche

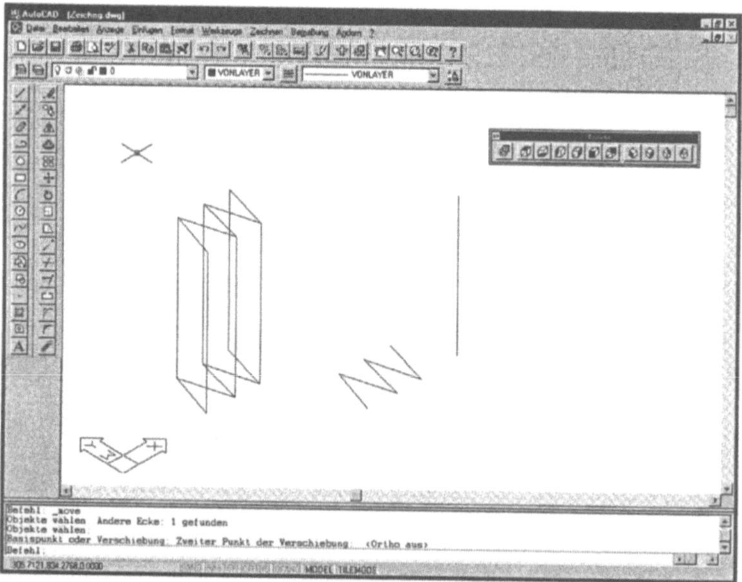

Zu beachten ist, daß nicht die Grundlinie in eine Fläche umge-
wandelt wird, sondern daß aus der Grundlinie eine Fläche gene-

riert wird. Das heißt, wenn die Fläche gelöscht oder verschoben wird, bleibt die Grundlinie stehen, wie in Bild 9.23 zu erkennen ist. Aus der tabellarischen Oberfläche, wie auch aus Rotationsoberflächen, werden nach dem Befehl URSPRUNG einzelne 3D-Flächen.

Regeloberfläche

Durch den Befehl „Regeloberflächen" (REGELOB) wird die Regeloberfläche zwischen zwei Kanten durch Erzeugen eines 2xN-Netzes erzeugt. Sie bestimmen zwei bereits vorhandene Grenzkanten. Sie können Linien, Punkte, Kreise, Bögen, 2D- oder 3D-Polylinien und Splines wählen. Ein Objekt darf ein Punkt sein. Ist das erste Objekt geschlossen (z. B. Kreis), muß auch das zweite geschlossen sein.

```
Befehl: REGELOB
Erste Definitionslinie wählen:
Zweite Definitionslinie wählen:
```

Bei offenen Grenzobjekten beginnt AutoCAD an einem Endpunkt des gewählten Objektes mit der Generierung. Welcher Endpunkt das ist, hängt von der Anwahl des Grenzobjektes ab (der dem Auswahlpunkt am nächsten liegende Endpunkt). Auf jeder Definitionslinie werden gleich viel Netzkontrollpunkte plaziert. Die Anzahl der Abstände zwischen ihnen wird von der Systemvariablen SURFTAB1 bestimmt. Haben die beiden Definitionslinien unterschiedliche Längen, unterscheiden sich dementsprechend auch die Abstände.

Bei geschlossenen Objekten entstehen geschlossene Netze (N=SURFTAB1). Sind die Objekte offen, ist N=SURFTAB1+1.

Bild 9.24 zeigt eine Regeloberfläche, die aus zwei Splines der linken Abbildung erzeugt wurde.

Bild 9.24:
Regeloberfläche

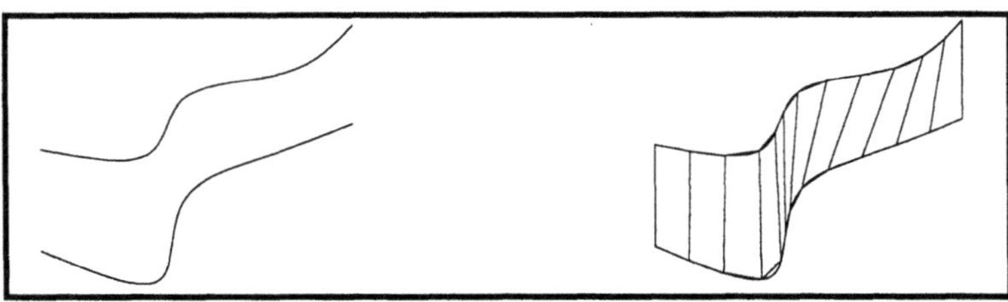

Sie erkennen, daß die generierten Kanten nicht mit den Eckpunkten der Splines übereinstimmen. AutoCAD nähert die Oberflächen in Abhängigkeit von der Anzahl der Netzelemente (SURFTAB1) an.

Kantendefinierte Flä-
che

Der Befehl „Kantendefinierte Fläche" (Tastaturbefehl KANTOB)
generiert aus vier miteinander verbundenen Kanten eine Oberfläche, die durch Interpolation zwischen den Kanten entsteht.
Die vier Kurven können Linien, Bögen, Splines, offene 2D- oder
3D-Polylinien sein.

Die Reihenfolge der Kurvenwahl ist beliebig. Die Systemvariable
SURFTAB1 steuert die Anzahl der Netzteilungen in Richtung der
ersten gewählten Kurve und SURFTAB2 die Netzteilung in der
anderen Richtung. Dieser Befehl eignet sich besonders um Ge-
ländeprofile zu erzeugen. In Bild 9.25 sind vier Polylinien dargestellt, aus denen mit Kantob eine Oberfläche erzeugt wurde.

```
Befehl: KANTOB
Kante 1 wählen:
Kante 2 wählen:
Kante 3 wählen:
Kante 4 wählen:
```

Bild 9.25:
Kantendefinierte Flä-
che

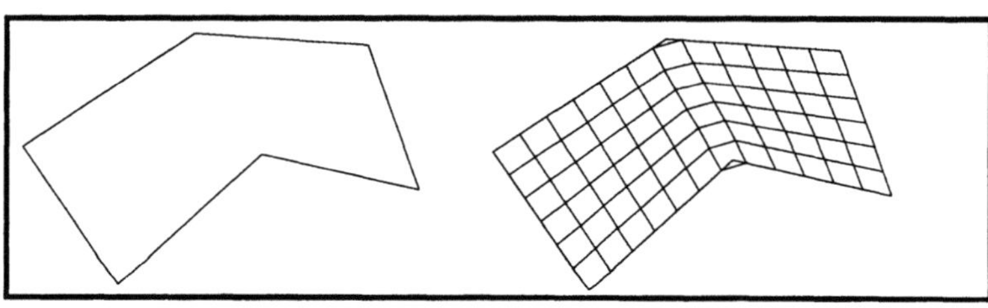

Hinweis

Wollen Sie mehrere kantendefinierte Oberflächen nebeneinander
positionieren (Bild 9.26), kommt es zu Schwierigkeiten bei der
Objektwahl, nachdem die erste Oberfläche erzeugt wurde. Bei
der Wahl der nächsten vier Kanten haben Sie Probleme bei der
Kante, die schon an eine Fläche grenzt. Durch Drücken von
<STRG>+linke Maustaste setzt AutoCAD „<Springen ein>", das
heißt das andere Objekt an dieser Stelle kann gewählt werden.

```
Befehl: KANTOB
Kante 1 wählen: Kein Objekt zum Definieren einer Flä-
che. (AutoCAD wählt Fläche statt geklickter Kante.)
Kante 1 wählen: <Springen ein>
(<STRG>+linke Maustaste, Kante wird gewählt.)
Kante 2 wählen:
Kante 3 wählen:
Kante 4 wählen:
```

Bei der Objektwahl der anderen Kanten können Sie analog vorgehen.

Bild 9.26:
Objektwahl bei
KANTOB

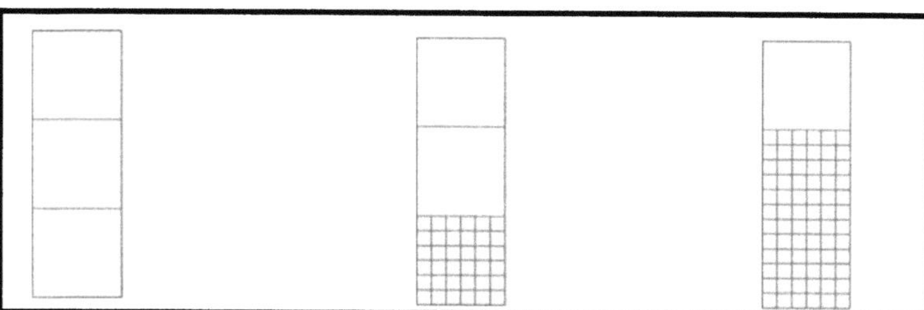

Bild 9.27:
Kantendefinierte Fläche in perspektivischer Darstellung

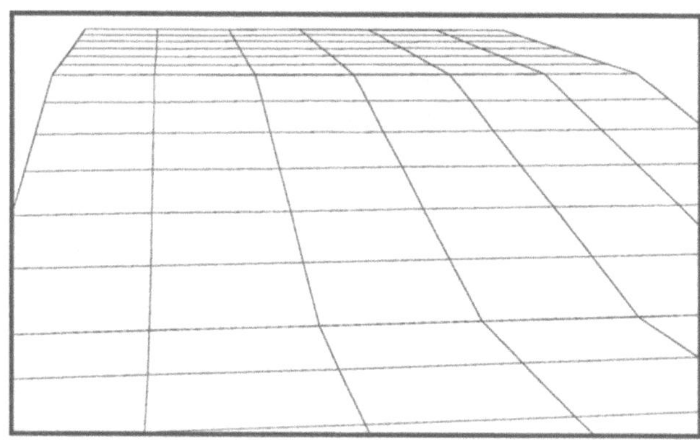

9.4   3D-Volumenmodelle

9.4.1   Volumenkörper erstellen

Die Befehle zum Erzeugen von Volumenkörpern finden Sie im
Menü „Zeichnen/Volumenkörper" oder im Werkzeugkasten „Volumenkörper".

Bild 9.28:
Werkzeugkasten
„Volumenkörper"

Wie schon in Abschnitt 9.1 erläutert, bietet die Volumenmodellierung die besten Möglichkeiten, realitätsnahe Modelle zu erzeugen.

Primitive

Die ersten sechs Menüpunkte (Quader, Kugel, Zylinder, Kegel,
Keil und Torus) entsprechen in der Bedienung den Primitiven
bei der Flächenmodellierung. Bis zum Ausführen der Befehle
zum Verdecken, Schattieren oder Rendern werden die Volumenkörper als Drahtmodelle angezeigt. Im folgenden werden die
weiteren Befehle zum Erzeugen von Volumenkörpern vorgestellt.

Extrusion

Die Extrusion entspricht der Wirkungsweise des Befehls TABOB bei der Flächenmodellierung, das Ergebnis ist aber ein entsprechender Volumenkörper. Extrudieren können Sie geschlossene Polylinien, Polygone, Kreise, Ellipsen, geschlossene Splines, Ringe und Regionen. Elemente in einem Block oder sich schneidende Elemente zum Beispiel bei Polylinien oder Splines können nicht extrudiert werden. In unserem kurzen Beispiel wird ein Kreis zu einem Zylinder extrudiert.

```
Befehl: EXTRUSION
Objekte wählen: 1 gefunden (Kreis gewählt)
Objekte wählen: <ENTER>
Pfad/<Extrusionshöhe>: 250
Extrusions-Verjüngungswinkel <0>:
```

Bild 9.29 zeigt einen extrudierten Kreis in verdeckter Darstellung sowie als Drahtmodell. Mit Hilfe der Option „Pfad" wird die Extrusion durch einen Vektor, wie beim Befehl TABOB bestimmt. Im Gegensatz zur tabellarischen Oberfläche hat der Auswahlpunkt keine Auswirkung auf die Richtung, nur der Anfangs- oder Endpunkt des Vektors.

Bild 9.29:
Extrudierter Zylinder

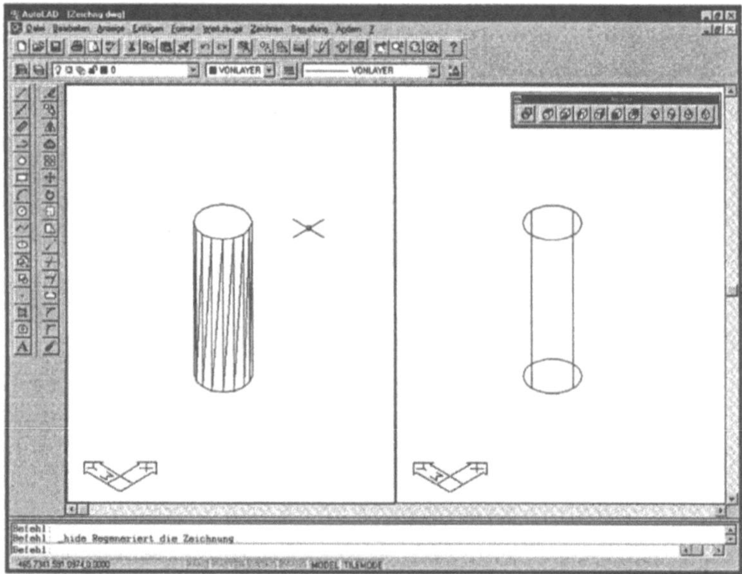

Beim Befehl TABOB bleibt die „Grundlinie", in diesem Fall der Kreis, erhalten. Bei der Volumenkörperextrusion wird der Kreis zum Zylinder. Sie haben die Möglichkeit, einen Extrusions-Verjüngungswinkel anzugeben. Dadurch können Sie beispielsweise aus einem Kreis einen Kegel generieren.

Rotation

Die Rotation entspricht dem Befehl ROTOB bei der Flächenmodellierung. Angewendet kann die Rotation nur auf geschlossene Polylinien und Splines, Polygone, Kreise, Ellipsen, Ringe und Regionen. In unserem kurzem Beispiel wird aus einer geschlossenen Polylinie ein Rotationsvolumenkörper erzeugt.

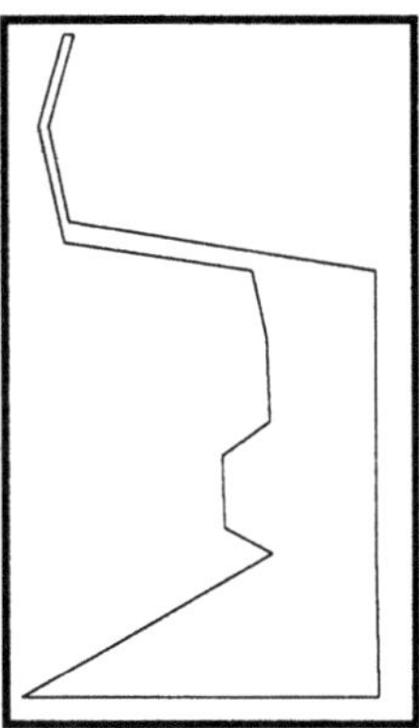

Bild 9.30:
Polylinie für Rotation

Im Bild 9.31 ist das Ergebnis nach der Rotation als Drahtmodell und mit verdeckten Kanten in einer 3D-Ansicht dargestellt.

Die Rotationsachse legen Sie in diesem Beispiel über zwei Punkte an der vertikalen Linie fest. Die Option „Objekt" erlaubt es, eine Linie oder Polylinie als Rotationsachse festzulegen. Mit den Optionen „X" oder „Y" wird die jeweilige positive Achse des aktuellen BKS als Rotationachse verwendet. Diese Optionen sind in Verbindung mit dem Befehl BKS sinnvoll, um die Richtung von X- oder Y- Achse des BKS auf den erforderlichen Wert einzustellen. In unserem Beispiel wurde bei der Festlegung des Rotationswinkels die Vorgabe Vollkreis (= 360) verwendet. Die Angabe eines Winkels ermöglicht eine Teilrotation, die Richtung kann durch ein Vorzeichen bei der Winkeleingabe bestimmt werden.

```
Befehl: ROTATION
Objekte wählen: 1 gefunden (Objekt wählen)
Objekte wählen: <ENTER>
Rotationsachse-Objekt/X/Y/<Startpunkt der Achse>: end
von (unteren rechten Endpunkt wählen)
<Endpunkt der Achse>: <Ortho ein>
(mit Ortho oberhalb des letzten Punktes klicken)
Rotationswinkel <Vollkreis>: <ENTER>
```

Bild 9.31:
Rotationsergebnis

Kappen

Mit dem Befehl „Kappen" können Sie Volumenkörper mit einer Ebene schneiden. Im folgenden Beispiel soll aus einem Torus ein Rohrbogen (Bild 9.32 rechts) erzeugt werden. Zeichnen Sie den Torus (Menü „Zeichnen/Volumenkörper"), wie in Bild 9.32 auf der linken Seite zu sehen. Durch zweimaliges Kappen wird der Rohrbogen erzeugt.

Bild 9.32:
Torus und Rohrbogen

Der erste Schritt besteht in der Bestimmung der Kappebene. Die Kappebene kann auf verschiedene Weise festgelegt werden. In unserem Beispiel bietet sich die Option „ZA" für Z-Achse an Diese Ebene wird durch eine Punkt auf der Ebene, in unserem Fall der Zentrumspunkt des Torus und der Flächennormalen, definiert. Die Flächennormale ist ein Vektor, der senkrecht auf der Fläche steht (Bild 9.33).

Bild 9.33:
Flächennormale

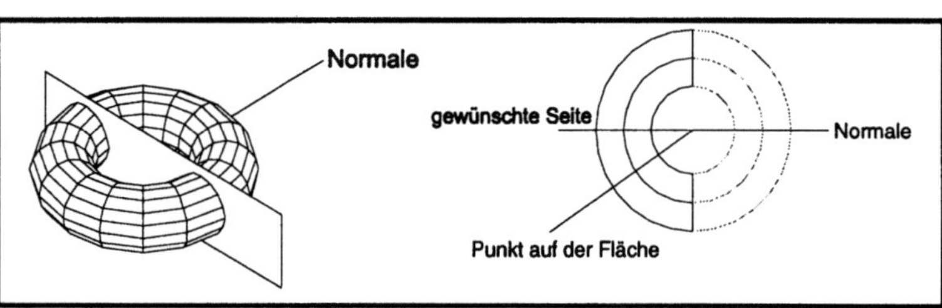


```
Befehl: KAPPEN
Objekte wählen: 1 gefunden (Torus anwählen)
Objekte wählen: <ENTER>
Kappebene von Objekt/ZAchse/.../ZX/<3Punkte>: za
Punkt auf Ebene: zen von (Zentrum des Torus)
```

Punkt auf Z-Achse (Normale) zur Ebene: <Ortho ein>
(mit Ortho rechts neben den Torus klicken)
Beide seiten/<Punkt auf der gewünschten Seite der Ebe-
ne>: (links neben den Torus klicken)

Bild 9.34:
Gekappter Torus

Das zweite Kappen wird analog zum ersten Kappen ausgeführt:
Befehl: KAPPEN
Objekte wählen: 1 gefunden (Torus wählen)
Objekte wählen: <ENTER>
Kappebene von Objekt/ZAchse/.../ZX/<3Punkte>: za
Punkt auf Ebene: zen von (Zentrum des Torus)
Punkt auf Z-Achse (Normale) zur Ebene: <Ortho ein>
(orthogonal nach unten klicken)
Beide seiten/<Punkt auf der gewünschten Seite der Ebe-
ne>: (oberhalb des Torus klicken)

Das Ergebnis ist in Bild 9.35 dargestellt.

Bild 9.35:
2fach gekappter To-
rus

In unserem Beispiel haben wir die Kappebene durch die Option
„Z-Achse" bestimmt. Eine andere Möglichkeit bietet die Option
„Objekt". Die Schnittebene kann durch einen Kreis, eine Ellipse,
einen Bogen oder durch ein Polyliniensegment beschrieben
werden. Die Option „Ansicht" schneidet das gewählte Element
mit der Ansichtsebene. Die Lage der Ebene wird durch einen
Punkt definiert. Die Schnittebene ist in dem folgendem Beispiel
(Bild 9.36) die Ansicht von Südwest. Die Lage der Ebene wird
durch den Zentrumspunkt des Torus bestimmt.
Befehl: KAPPEN
Objekte wählen: 1 gefunden (Torus wählen)
Objekte wählen: <ENTER>
Kappebene von .../Ansicht/.../<3Punkte>: a (Ansicht)
Punkt auf Ansichtsebene <0,0,0>: zen
von (Zentrum des Torus)

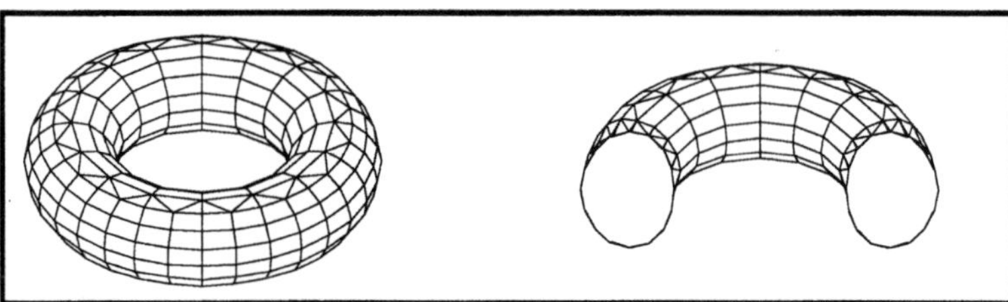

Bild 9.36:
Kappen an Ansichts-
ebene

Die Optionen „XY", „YZ" und „ZX" nutzen die jeweilige Ebene
des aktuellen BKS. Die Lage der Ebene wird wie bei der Option
„Ansicht" durch einen Punkt definiert. Bei der Vorgabeoption
„3Punkte" wird die Schnittebene durch die Fläche, welche durch
die drei anzugebenden Punkte definiert wird, festgelegt.

Querschnitt

Die Funktion „Querschnitt" erstellt eine Region, die dem Querschnitt eines Volumenkörpers an einer bestimmten Ebene entspricht. Diese Region wird auf dem aktuellen Layer an der Position des Querschnittes erstellt (Bild 9.37).

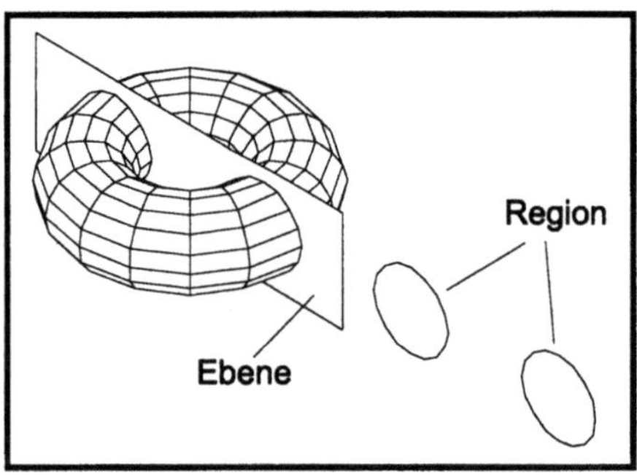

Bild 9.37:
Querschnitt eines
Torus

In unserem Beispiel soll von einem Torus ein Querschnitt erzeugt werden. Konstruieren Sie dazu einen Torus in der Draufsicht (wie in Bild 9.32). Rufen Sie dann die Funktion „Querschnitt" aus dem Menü „Zeichnen/Volumenkörper" auf.

```
Befehl: QUERSCHNITT
Objekte wählen: 1 gefunden (Torus wählen)
Objekte wählen: <ENTER>
Schnittebene .../ZAchse/...<3Punkte>: za (Z-Achse)
Punkt auf Ebene: zen
von (Zentrum vom Torus)
Punkt auf Z-Achse (Normale) zur Ebene: <Ortho ein>
(rechts neben den Torus klicken)
```

Da die Region genau auf den Tesselationslinien des Torus liegt, ist sie nicht zu erkennen. In Bild 9.38 wurde der Torus in einer isometrischen Ansicht verschoben, die erzeugte Region wird sichtbar. Da die Region immer auf dem aktuellen Layer erzeugt wird, ist es günstig, vor der Verwendung dieser Funktion einen speziellen Layer einzurichten und diesen zum aktuellen Layer zu machen.

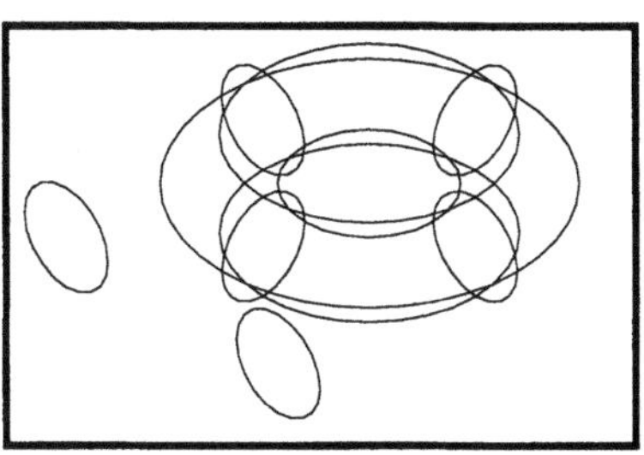

Bild 9.38:
Querschnittsregion
eines Torus

Die Optionen zur Bestimmung der Schnittebene sind identisch mit denen beim Befehl KAPPEN.

Überlagerung

Der Befehl „Überlagerung" erzeugt mittels Boolescher Algebra einen 3D-Körper aus dem gemeinsamen Volumen mehrerer Körper. Im Bild 9.39 sind zwei Quader dargestellt, die sich an einer Ecke überlagern. Der Befehl „Überlagerung" erkennt diese Stelle und erzeugt auf dem aktuellen Layer einen Volumenkörper, in diesem Fall ebenfalls einen Quader (Abb. 9.40).

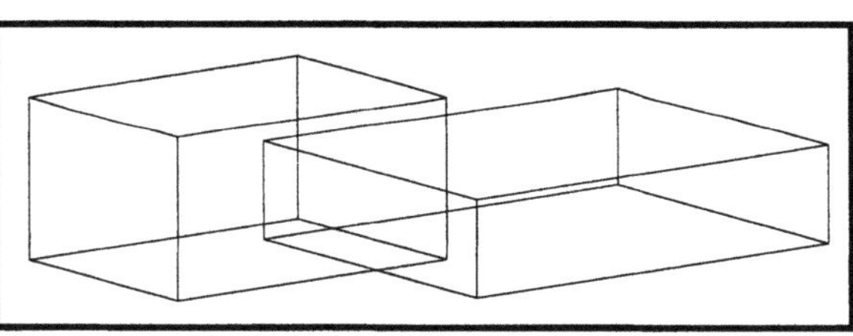

Bild 9.39:
2 sich überlagernde
Quader

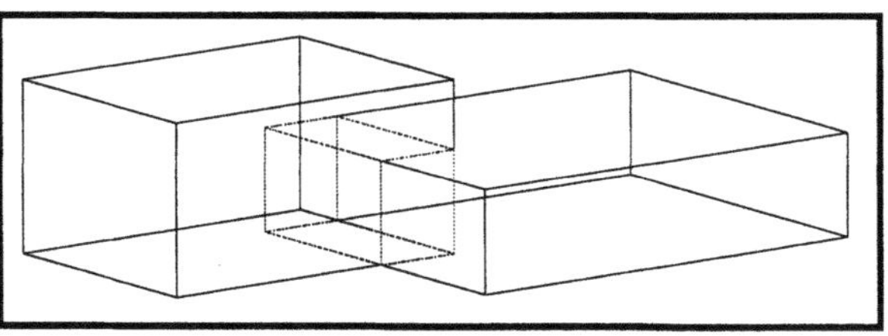

Bild 9.40:
Überlagerung

Zeichnen Sie zwei sich überlagernde Quader (Bild 9.39). Rufen Sie den Befehl „Überlagerung" aus dem Menü „Zeichnen/Volumenkörper" auf.

```
Befehl: ÜBERLAG
Ersten Satz Volumenkörper wählen:
(beide Quader mit Kreuzen-Fenster wählen)
Objekte wählen: Andere Ecke: 2 gefunden
Objekte wählen:
Zweiten Satz Volumenkörper wählen: <ENTER>
(zum Abschluß der Objektwahl)
Objekte wählen:
Keine Volumenkörper gewählt.
Vergleicht 2 Volumenkörper miteinander.
Sich überlagernde Volumenkörper: 2
Sich überlagernde Paare : 1
Sich überlagernde Volumenkörper erstellen? <N>: j (zum
Erstellen des Körpers)
```

Es ist vorteilhaft, aus Gründen der Übersicht, die aus der Überlagerung resultierenden Körper auf einem gesonderten Layer abzulegen.

Auswahlsätze für Überlagerung

In unserem Beispieldialog haben Sie einen Auswahlsatz mit der Objektwahlmethode „Kreuzen" gewählt. AutoCAD erkennt den Auswahlsatz, vergleicht alle Körper des Auswahlsatzes miteinander und berechnet den Überlagerungskörper. Bei der Zuordnung von Objekten zu zwei verschiedenen Auswahlsätzen vergleicht AutoCAD die Körper des ersten Auswahlsatzes mit den Objekten im zweiten Auswahlsatz. Sind mehr als zwei Körper im Auswahlsatz, wird nicht die Überlagerung aller Körper berechnet, sondern die Überlagerung der einzelnen Paare, d.h. bei drei Körpern entstehen drei Überlagerungskörper. Die gebildeten Paare können Sie sich hervorheben lassen.

Im Bild 9.41 sind zwei Zylinder und zwei Quader dargestellt. In den ersten Auswahlsatz werden die Zylinder aufgenommen, der zweite Auswahlsatz enthält die Quader. Die errechneten Körper entstehen aus den jeweiligen Paaren aus Quader und Zylinder.

Bild 9.41:
Überlagerung bei
Paaren

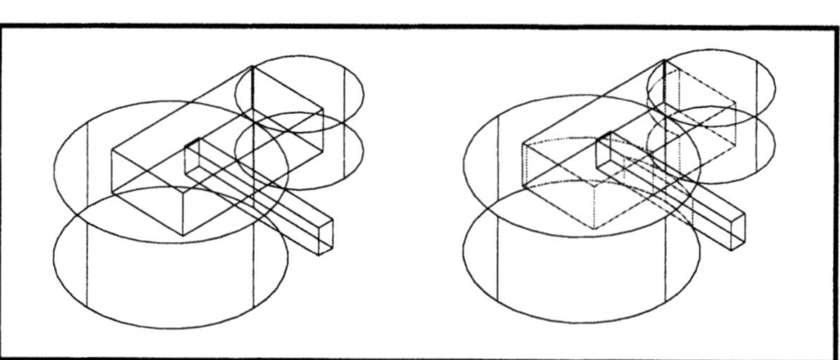

```
Befehl: ÜBERLAG
Ersten Satz Volumenkörper wählen:
Objekte wählen: 1 gefunden (erster Zylinder)
Objekte wählen: 1 gefunden (zweiter Zylinder)
Objekte wählen: <ENTER>
Zweiten Satz Volumenkörper wählen:
Objekte wählen: 1 gefunden (erster Quader)
Objekte wählen: 1 gefunden (zweiter Quader)
Objekte wählen: <ENTER>
Vergleicht 2 Volumenkörper mit 2 Volumenkörper.
Sich überlagernde Volumenkörper (erster Satz): 2
(zweiter Satz): 2
Sich überlagernde Paare: 3
Sich überlagernde Volumenkörper erstellen? <N>: j
Paare sich überlagernder Volumenk. hervorheben? <N>:
```

9.4.2 Boolesche Operationen

Komplexe Volumenkörper können durch die Booleschen Operationen Addition (Vereinigung), Subtraktion (Differenz) oder durch die Schnittmengenbildung erzeugt werden. Diese Befehle finden Sie im Menü unter „Ändern/ Boolesche Operationen" oder im Werkzeugkasten „Ändern II" (Bild 9.42).

Bild 9.42:
Werkzeugkasten
„Ändern II"

In der Übung „Gabelkopf" (Kapitel 9.5) wird an einem Anwendungsbeispiel mit Booleschen Operationen gearbeitet.

Vereinigung

Mit dem Befehl „Vereinigung" können Sie aus mindestens zwei Körpern einen neuen Volumenkörper erzeugen. Diese Körper müssen sich nicht überlappen, d.h. eine Vereinigung kann auch dann durchgeführt werden, wenn diese Körper räumlich voneinander getrennt sind. In diesem Fall ändert sich an der Grafik nach der Vereinigung nicht. Wendet man einen Befehl auf diesen Körper an, z. B. SCHIEBEN, erkennen Sie schon bei der Objektwahl, daß diese Körper vereinigt sind.

Anhand eines kleinen Beispiels, der Vereinigung eines Quaders mit einem Zylinder (Bild 9.43), soll die Vereinigung näher erläutert werden. Im Bild 9.44 ist das Ergebnis in der Draufsicht und in der Ansicht von Südwest mit verdeckten Kanten dargestellt.

```
Befehl: VEREINIG
Objekte wählen: Andere Ecke: 2 gefunden
(mit Kreuzen-Fenster beide Objekte gewählt)
Objekte wählen: <ENTER>
```

Bild 9.43:
Quader und Zylinder

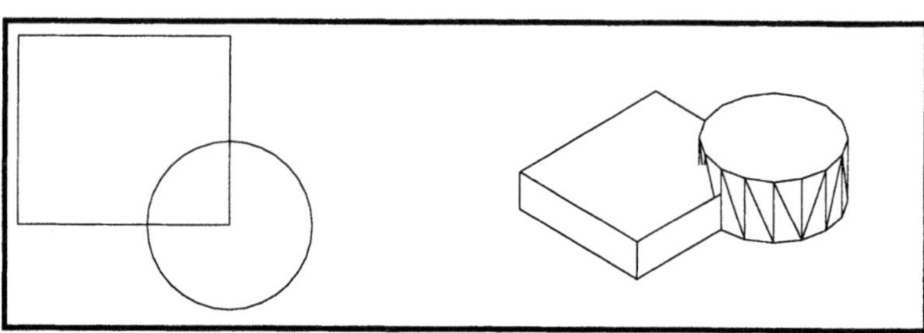

Bild 9.44:
Vereinigte Körper

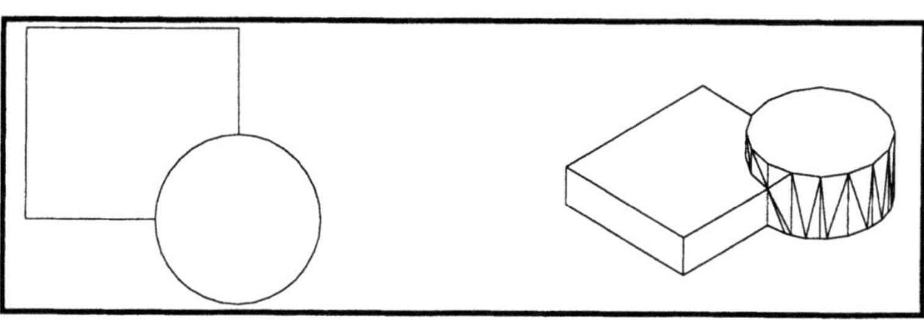

Differenz

Mit dem Befehl „Differenz" können Sie Körper voneinander subtrahieren. In unserem kurzen Beispiel verwenden wir einen Quader und einen Zylinder, wie sie in Bild 9.43 dargestellt sind. Das Ergebnis sehen Sie in Bild 9.45.

```
Befehl: DIFFERENZ
Volumenkörper und Regionen, von denen subtrahiert wer-
den soll, wählen...
Objekte wählen: 1 gefunden
(Quader gewählt, Subtrahend)
Objekte wählen: <ENTER>
Volumenkörper und Regionen für Subtraktion wählen...
Objekte wählen: 1 gefunden
(Zylinder gewählt, Minuend)
Objekte wählen: <ENTER>
```

Bild 9.45:
Ergebnis von Differenz

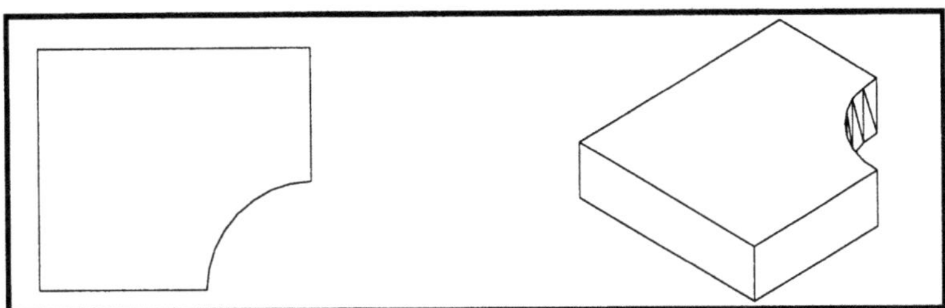

Vertauschen Sie bei der Objektwahl Subtrahend und Minuend, wird der Quader vom Zylinder abgezogen (Bild 9.46).

Bild 9.46:
Ergebnis von Differenz

Das nächste Beispiel zeigt die Anwendung von „Differenz" zur Erzeugung von Bohrlöchern. Praktische Anwendung findet dieses Beispiel bei der Darstellung von Bohrlöchern. Bild 9.47 zeigt links eine Platte (einen flachen Quader) und einen Zylinder, auf der rechten Seite wurde der Zylinder von der Platte abgezogen. Es ist für die Erzeugung des Loches egal, wie weit der Zylinder über den Quader übersteht.

Bild 9.47:
Platte und Zylinder

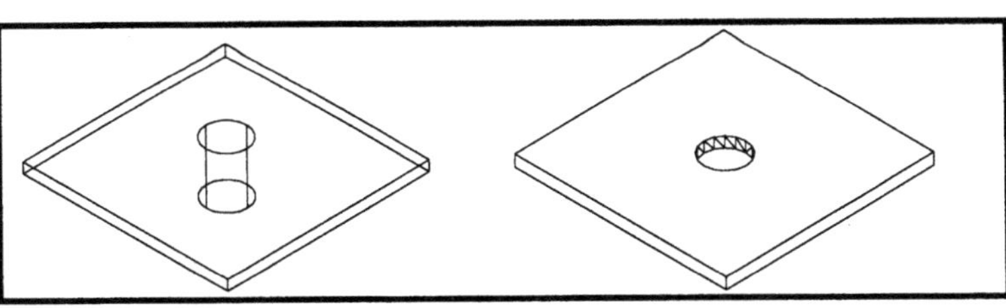

Hinweis

Wenn der Subtrahend im Minuend enthalten ist, erhalten Sie die Meldung:

```
Kein Volumenkörper erstellt - gelöscht
```

AutoCAD löscht beide Körper, da bei dieser Operation ein negativer Körper entstehen würde.

Schnittmenge

Der Befehl „Schnittmenge" erzeugt einen Körper, der den überlagerten Bereich zweier oder mehrerer Volumenkörper darstellt. In Bild 9.48 sehen Sie links einen Zylinder und Quader, auf der rechten Seite befindet sich die Schnittmenge der Körper.

Bild 9.48:
Erzeugen von
Schnittmengen

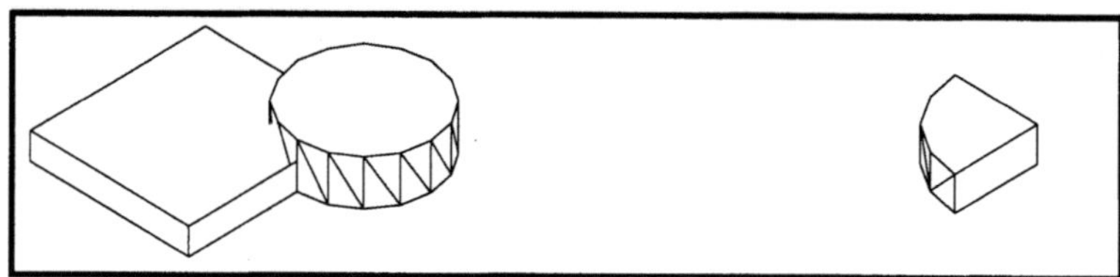

```
Befehl: SCHNITTMENGE
Objekte wählen: Andere Ecke: 2 gefunden
(Zylinder und Quader gewählt)
Objekte wählen: <ENTER>-Taste
```

Im Gegensatz zur Überlagerung wird kein weiterer Körper erzeugt, sondern aus den sich überlappenden Körpern wird ein neuer berechnet. Der Befehl arbeitet analog bei mehreren Körpern. Beachten Sie, daß sich die Körper wirklich überlappen, sonst werden sie gelöscht und es kommt die Meldung:

```
Kein Volumenkörper erstellt - gelöscht
```

Es folgen einige allgemeine Hinweise, die Sie beim Arbeiten mit Volumenkörpern beachten sollten.

Speicherprobleme

Autodesk gibt an, daß es zu Speicherproblemen bis hin zum Absturz kommen kann, wenn Volumenmodellierungen mit der <ESC>-Taste bzw. der Tastenkombination <STRG>+<C> abgebrochen werden. Es ist deshalb ratsam, diese Operationen immer bis zum Ende auszuführen und bei Bedarf mit ZURÜCK rückgängig zu machen.

URSPRUNG

Der Befehl URSPRUNG zerlegt Volumenkörper in Regionen und Körper. Körper ist ein AutoCAD-Elementtyp der beliebig geformte Nurbs-Oberflächen darstellt. Aus einem Zylinder entsteht z. B. ein Körper und zwei Regionen (Bild 9.49). Eine Kugel kann nicht aufgelöst werden.

Bild 9.49:
Zerlegter Zylinder

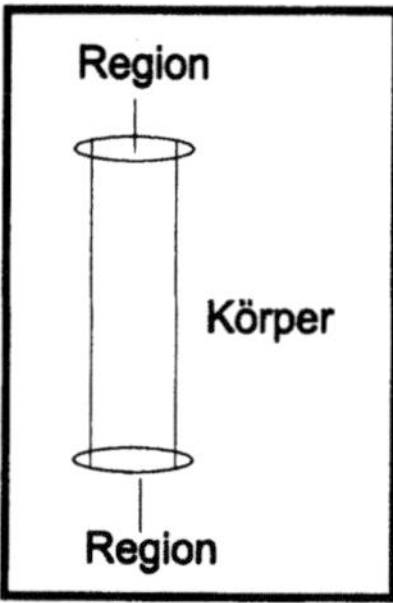

ISOLINES

Die Systemvariable ISOLINES steuert die Anzahl der Tesselationslinien im Drahtmodell. Im Bild 9.50 ist derselbe Zylinder mit dem Wert 4 (links) und dem Wert 10 (rechts) für ISOLINES dargestellt. Der Wert kann jederzeit geändert werden, nach einer Regenerierung der Zeichnung wird der Unterschied sichtbar. Die Variable kann Werte zwischen 0 und 2047 annehmen.

Bild 9.50:
Zylinderdarstellung

FACETRES und AUFLÖS

Die Glätte von schattierten oder verdeckten Linien bei Volumenkörpern hängt vom eingestellten Wert der Variablen FACETRES ab. Der Wert von FACETRES liegt zwischen 0.01 und 10, der Standardwert ist 0.5. In Bild 9.51 wurde ein Zylinder mit verdeckten Linien dargestellt, der Wert für FACETRES ist links 0.5, rechts 10. Die Bearbeitungszeit zum Darstellen der verdeckten Linien steigt bei großen Werten. FACETRES ist ein Faktor, der von den Einstellungen von AUFLÖS abhängig ist. Die Variable AUFLÖS steuert durch Kurvenvektoren die Darstellung von gekrümmten Elementen. Die Werte für AUFLÖS liegen zwischen 1 und 20.000. der Standardwert ist 100. Stellen Sie für FACETRES den Wert 10 ein, dann ist die Glättung 10 mal größer als der Wert, der für AUFLÖS angegeben wurde.

Bild 9.51:
Zylinder nach
VERDECKT

FACETRATIO

Die Systemvariable FACETRATIO steuert das Verhältnis zwischen zylindrischen und konischen Flächen beim Rendern, Schattieren bzw. Verdecken. FACETRATIO kann den Wert 0 oder 1 haben. Mit dem Wert 1 sind bessere Ergebnisse möglich. der Standardwert ist 0. Im Bild 9.52 ist links der Wert 0 und rechts der Wert 1 für FACETRATIO eingestellt.

Enventuell kann es zu Fehlern in der Anzeige kommen, wenn FACETRES ein hohen Wert hat und FACETRATIO auf 0 steht.

9.4.3 3D-Operationen

3DReihe

Ähnlich zum Befehl REIHE im 2D-Bereich (Anordnung von Objekten in Zeilen und Spalten) können Sie Ihre Objekte mit 3DReihe im Raum (in Zeilen, Spalten und Ebenen) anordnen. Den Befehl finden Sie im Menü „Ändern/3D-Operationen/3DReihe", die Tastatureingabe ist 3DARRAY. Im Beispiel (Bild 9.53) ist eine Kugel mit 3D-Reihe in drei Zeilen, drei Spalten und drei Ebenen vervielfältigt worden.

```
Befehl: 3DARRAY
Objekte wählen: 1 gefunden (Kugel gewählt.)
Objekte wählen: <ENTER>
Rechteckige oder polare Anordnung (R/P): r
Zeilenanzahl (---) <1>: 3
Spaltenanzahl (|||) <1>: 3
Ebenenanzahl (...) <1>: 3
Zeilenabstand (---):  100:
Spaltenabstand (|||):  100:
Ebenenabstand (...):  100
```

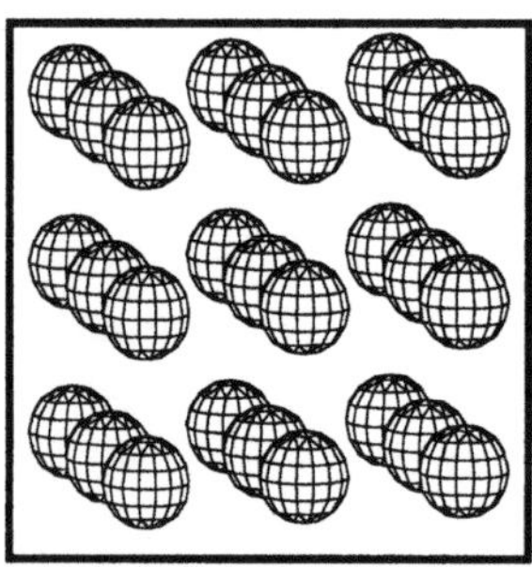

Die polare Anordnung einer 3D-Reihe ist ähnlich der polaren Anordnung beim Befehl REIHE zu definieren. Zur Festlegung einer Drehachse sind aber, im Gegensatz zum Drehpunkt für den Befehl REIHE, zwei Punkte erforderlich.

3D Spiegeln

Den Befehl „3DSpiegeln" finden Sie im Menü „Ändern/3D-Operationen". Im Gegensatz zum zweidimensionalen Spiegeln werden die Objekte nicht an einer Achse, sondern an einer Fläche gespiegelt. Im Bild 9.54 ist ein Keil an einer seiner Flächen gespiegelt worden. Die Spiegelfläche ist schwarz dargestellt.

```
Befehl: 3DSpiegeln
Objekte wählen: 1 gefunden (Keil gewählt.)
Objekte wählen: <ENTER>
Ebene .../ZX/<3Punkte>: <ENTER>
Erster Punkt auf der Ebene: end von
Zweiter Punkt auf der Ebene: end von
Dritter Punkt auf der Ebene: end von
Alte Objekte löschen? <N>
```

Nach der Objektwahl werden Ihnen verschiedene Methoden zur Bestimmung der Spiegelfläche angeboten. Diese Methoden wurden bereits anhand Befehl BKS erläutert (Kapitel 8). Im Beispiel wurde die Vorgabe „3Punkte" genutzt und mit dem Objektfang „Endpunkt" die Fläche bestimmt.

Bild 9.54:
Spiegeln eines Keils

Statt 3DSPIEGELN ist für das Spiegeln von 3D-Objekten auch der Befehl SPIEGELN verwendbar. Im Beispiel kann der Befehl SPIEGELN in der Ansicht von vorn angewendet werden, wenn Sie das BKS an der Ansicht ausrichten und die Spiegelachse entsprechend Bild 9.55 wählen. Eine ähnliche Situation wird im Übungsbeispiel „Rohrbogen" behandelt.

Bild 9.55:
Spiegeln des Keils

3DDrehen

Mit 3DDREHEN können Sie Objekte um eine Achse drehen. Den Befehl finden Sie im Menü unter „Ändern/3D-Operationen". Im Bild 9.56 ist ein Keil dargestellt, die Drehachse für das Beispiel ist hervorgehoben. Als Drehwinkel wurde 90 Grad gewählt. Zur Bestimmung der Drehachse bietet AutoCAD verschiedene Methoden an. Das Beispiel zeigt die Verwendung der Vorgabe „2Punkte", diese sind mit dem Objektfang „Endpunkt" zu fangen.

```
Befehl: 3DDrehen
Objekte wählen: 1 gefunden (Keil gewählt.)
Objekte wählen: <ENTER>
Achse von .../Z-Achse/<2Punkte>: end
von
Zweiter Achsenpunkt:end
von
<Drehwinkel>/Bezug: 90
```

Bild 9.56:
3DDrehen

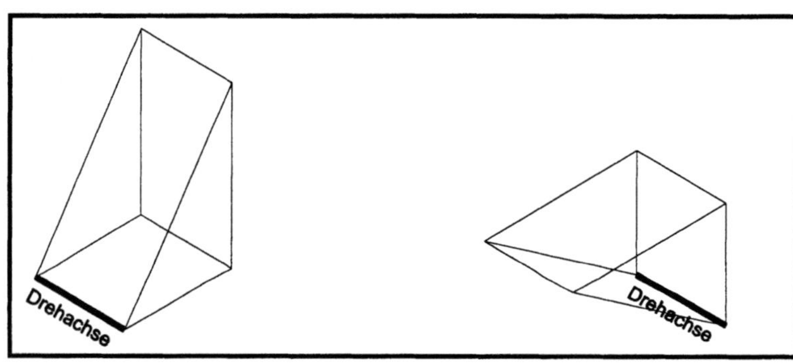

Ausrichten

Mit AUSRICHTEN können Sie ein Objekt zwei- oder dreidimensional durch Zuordnung von Ursprungs- und Zielpunkten ausrichten. Sie können ein, zwei oder drei Punktepaar(e) benutzen. Die Benutzung eines Punktepaares entspricht einer Verschiebung. Im Bild 9.57 sind ein Zylinder und eine Linie dargestellt. Die Linie verläuft schräg im Raum.

```
Befehl: AUSRICHTEN
Objekte wählen: 1 gefunden (Zylinder gewählt.)
Objekte wählen: <ENTER>
Ersten Ursprungspunkt angeben: zen
Ersten Zielpunkt angeben: end
von (Endpunkt der Linie wählen.)
Zweiten Ursprungspunkt angeben: <ENTER>
```

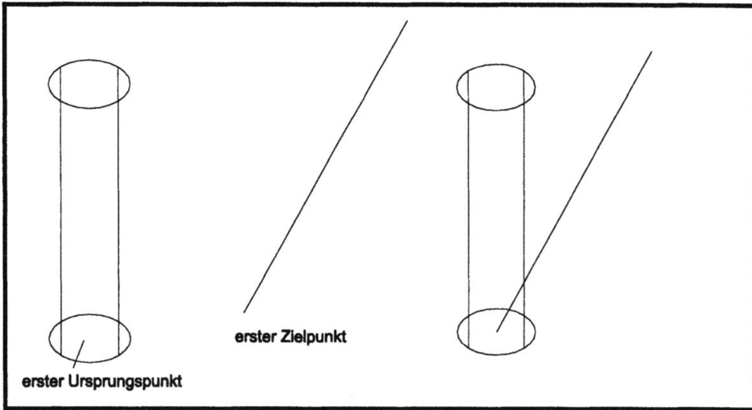

Bild 9.57:
Ausrichten mit einem Punktepaar

Verwenden Sie zwei Punktepaare, entspricht der Vorgang einer Verschiebung mit Drehung und AutoCAD bietet Ihnen an, das gewählte Objekt zu skalieren. Bild 9.58 zeigt die Zuordnung der Punktepaare und das Ergebnis ohne und mit Skalierung.

```
Befehl: AUSRICHTEN
Objekte wählen: 1 gefunden (Zylinder gewählt.)
Objekte wählen: <ENTER>
Ersten Ursprungspunkt angeben: zen von
Ersten Zielpunkt angeben: end von
Zweiten Ursprungspunkt angeben: zen von
Zweiten Zielpunkt angeben: end von
Dritten Ursprungspunkt angeben oder <weiter>:<ENTER>
Objekte nach Ausrichtep. skalieren? [Ja/Nein] <Nein>:
```

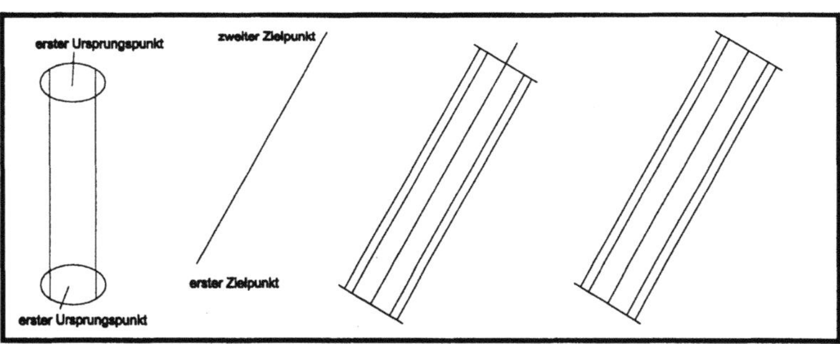

Bild 9.58:
Ausrichten mit zwei Punktepaaren

Verwenden Sie drei Punktepaare, entspricht die Drehung dem Befehl 3DDREHEN, da die Drehung nicht auf einen Punkt, sondern auf eine Fläche bezogen wird. Richten Sie ein Objekt mit zwei Punktepaaren aus, entspricht die Drehung dem Befehl DREHEN und ist somit von der Ausrichtung des Koordinatensystems abhängig.

9.5 Übungsbeispiel Gabelkopf

Bild 9.59:
Gabelkopf

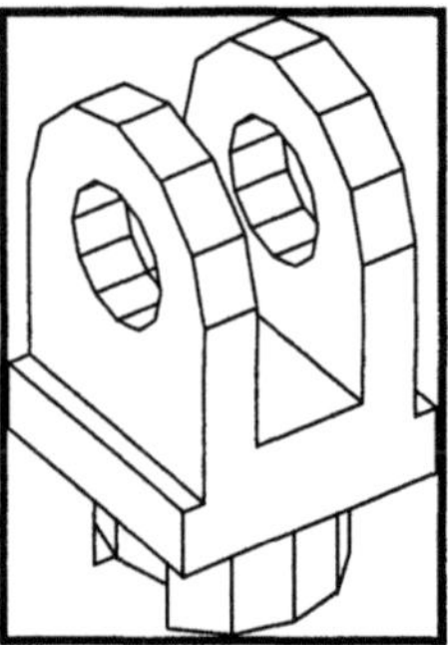

Aufgabe

Erstellen Sie das dreidimensionale Modell eines Gabelkopfes. Die Maße entnehmen Sie den folgenden Abbildungen 9.60 und 9.61. Verwenden Sie die Funktionen zur Volumenmodellierung mit AutoCAD.

Bei Operationen wie SCHIEBEN ist es hilfreich, während der Operationen die Ansichtsfenster durch Hineinklicken zu wechseln.

Bild 9.60:
Maße des Gabel-
kopfes I

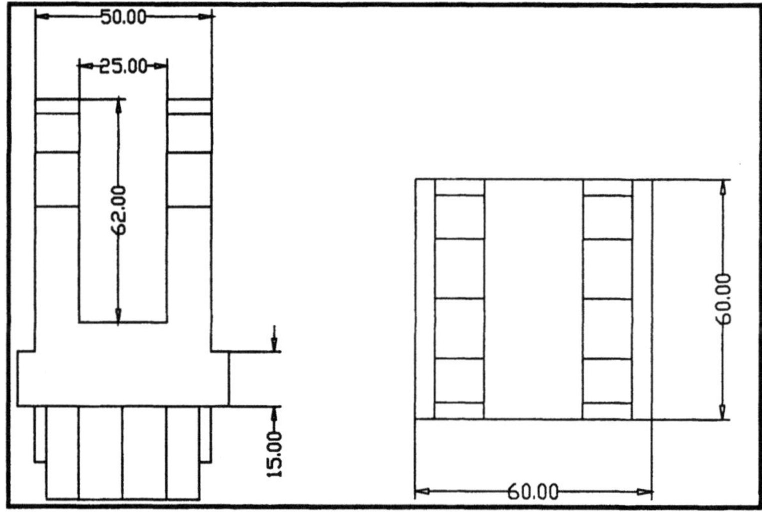

Bild 9.61:
Maße des Gabel-
kopfes II

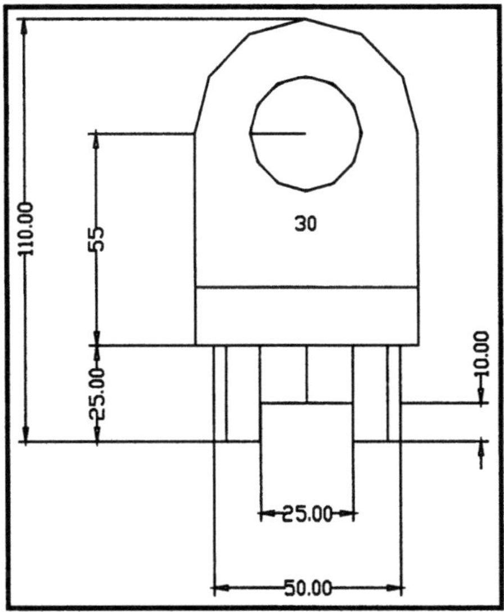

Lösungsvorschlag

Der Gabelkopf läßt sich aus den vorgegebenen Primitiven zur Volumenmodellierung erzeugen. Die Körper werden vereinigt bzw. voneinander abgezogen. Durch die Funktion „Abfasen" wird die obere Rundung erzeugt. Zur Verbesserung der Visualisierung können Sie unter „Voreinstellungen/Leistungsdaten" den Wert für die Konturlinien pro Oberfläche z. B. auf den Wert 12 erhöhen.

Ansichtsfenster

Für die Bearbeitung ist es günstig, mit mehreren festen Ansichtsfenstern zu arbeiten. In einem Fenster verwenden Sie die „normale" Ansicht, diese dient als Draufsicht. Es wird eine isometrische Ansicht benötigt (im Lösungsbeispiel die Ansicht von Südwest), sowie eine Ansicht von rechts und eine von vorn. Richten Sie Ihre Ansichtsfenster ein. Für die Ansicht von vorn und von rechts verwenden Sie einen Ansichtspunkt (Befehl APUNKT) von 0,-1,0 bzw. von 1,0,0, die Ansicht von Südwest hat den Ansichtspunkt -1,-1,1.

Quader

Zeichnen Sie einen Quader mit den Maßen 60x60 und einer Höhe von 85 in der „normalen" Ansicht.

```
Befehl: QUADER
Mittelpunkt/<Ecke des Quaders> <0,0,0>: 20,20,0
Würfel/Länge/<Andere Ecke>: 1 (für Länge)
Länge: 60
Breite: 60
Höhe: 85
```

Zylinder

Um einen Zylinder am unteren Ende anzubringen, wird eine Hilfslinie gezeichnet. Da diese Linie einen Z-Wert von 0 besitzt, können Sie in der Draufsicht mit dem Objektfang „MITtelpunkt" arbeiten. Die Linie liegt dann am Boden des Quaders. Erzeugen Sie nun einen Zylinder mit dem Radius 25 und einer Höhe von -25, als Mittelpunkt des Zylinders dient der Mittelpunkt der Hilfslinie. Die negative Höheneingabe bewirkt, daß der Zylinder nach unten gezeichnet wird, und sich so nach der Erzeugung in seiner richtigen Lage befindet.

```
Befehl: ZYLINDER
Elliptisch/<Mittelpunkt> <0,0,0>: mit
von (Mittelpunkt der Hilfslinie anklicken)
Durchmesser/<Radius>: 25
Mittelpunkt vom anderen Ende/<Höhe>: -25
```

Mit dem Befehl „Vereinigung" im Menü „Ändern/Boolesche Operationen" wird der Quader mit dem Zylinder verbunden.

Bild 9.62:
Quader, Hilfslinie und
Zylinder

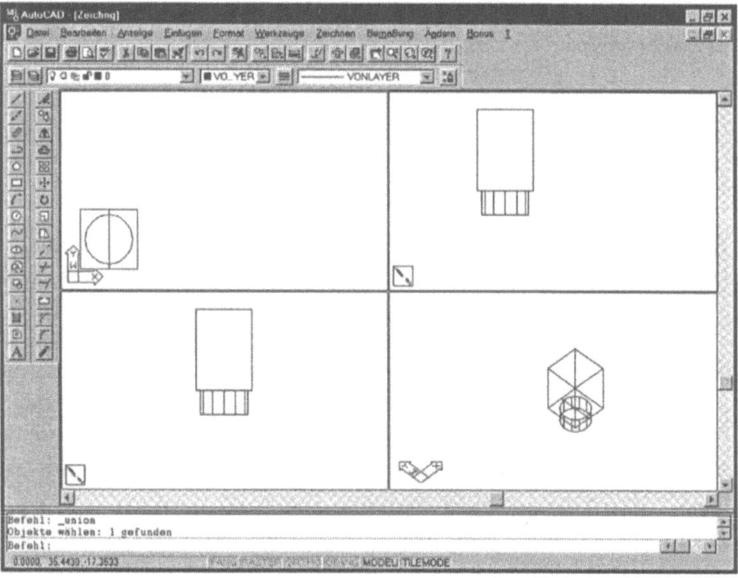

Weitere Quader

Als nächstes sind zwei Quader zu erzeugen. Die erste Ecke des Quaders soll die Koordinaten der vorderen linken oberen Ecke des großen Quaders haben. Die andere Ecke liegt relativ davon im Punkt 5,60,0. Der Quader hat eine Höhe von -70.

```
Befehl: QUADER
Mittelpunkt/<Ecke des Quaders> <0,0,0>: end von
```

```
(Ecke vorn oben links des großen Quaders in der ISO-
Ansicht anklicken.)
Würfel/Länge/<Andere Ecke>: @5,60,0
Höhe: -70
```

Dieser Quader wird auf die andere Seite des großen Quaders kopiert. Nutzen Sie den Objektfang „Endpunkt". Das Ergebnis in der isometrischen Ansicht sehen Sie in Bild 9.63.

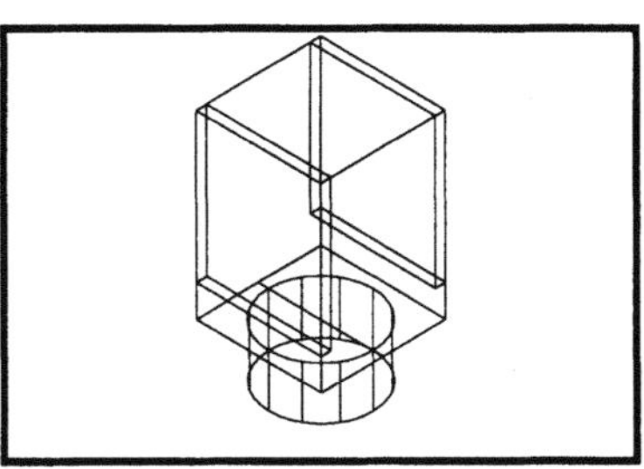

Bild 9.63:
Isometrische Ansicht mit kopiertem Quader

Die zwei kleinen Quader werden vom großen Quader mit dem Zylinder abgezogen. Wählen Sie dazu den Befehl „Differenz" aus den Booleschen Operationen.

```
Befehl: DIFFERENZ
Volumenkörper und Regionen, von denen subtrahiert wer-
den soll, wählen...
Objekte wählen: 1 gefunden
(Großen Quader gewählt.)
Objekte wählen: <ENTER>
Volumenkörper und Regionen für Subtraktion wählen...
Objekte wählen: 1 gefunden
(Ersten kleinen Quader gewählt.)
Objekte wählen: 1 gefunden
(Zweiten kleinen Quader gewählt.)
Objekte wählen: <ENTER>
```

Bild 9.64 zeigt den jetzigen Bearbeitungsstand.

Bild 9.64:
Körper mit abgezogenen Quadern

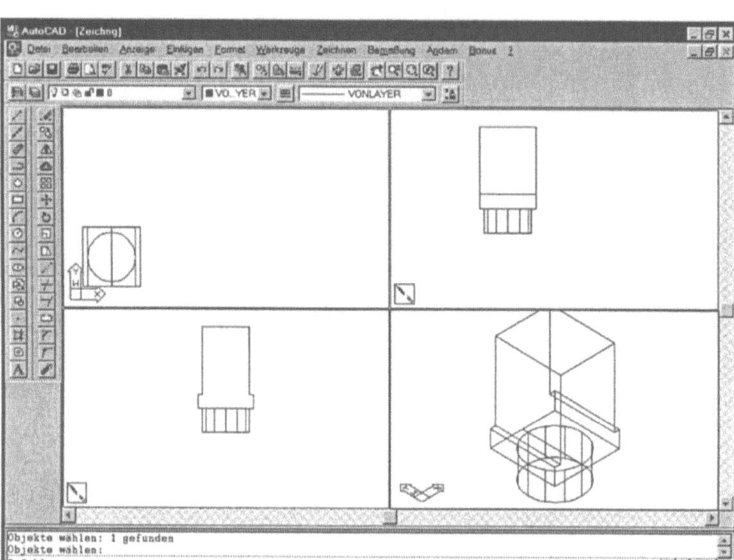

Als nächstes ist die Bohrung zu erzeugen. Es ist sinnvoll, eine Hilfslinie zu zeichnen, um den Zylinder gleich an der richtigen Stelle zu plazieren. Dazu richten Sie sich ein entsprechendes Koordinatensystem (Befehl BKS mit der Option Ansicht) in der Ansicht von rechts ein. Mit dem Objektfang „MITtelpunkt" fangen Sie den Anfangspunkt der Linie an der oberen Kante des Körpers. Der zweite Punkt ergibt sich durch die relative Koordinateneingabe @30<-90. Die Bohrung wird durch einen Zylinder mit dem Radius 15 und der Höhe 50 dargestellt. Der Mittelpunkt des Zylinders ist der Endpunkt der eben erzeugten Hilfslinie. Um die Bohrung fertigzustellen, ziehen Sie den Zylinder von dem gesamten Gebilde ab (Bild 9.65).

```
Befehl: BKS
Ursprung/.../ANsicht/.../?/<Welt>: an (Ansicht)
Befehl: LINIE
Von Punkt: mit
von (Mittelpunkt der oberen Kante anklicken.)
Nach Punkt: @30<-90
Nach Punkt: <ENTER>
Befehl: ZYLINDER
Elliptisch/<Mittelpunkt> <0,0,0>: end
von (Endpunkt der Hilfslinie wählen)
```

```
Durchmesser/<Radius>: 15
Mittelpunkt vom anderen Ende/<Höhe>: 50
Befehl: DIFFERENZ
Volumenkörper und Regionen, von denen subtrahiert wer-
den soll, wählen...
Objekte wählen: 1 gefunden (Quader gewählt.)
Objekte wählen: <ENTER>
Volumenkörper und Regionen für Subtraktion wählen...
Objekte wählen: 1 gefunden (Zylinder gewählt.)
Objekte wählen: <ENTER>
```

Bild 9.65:
Körper mit Bohrung

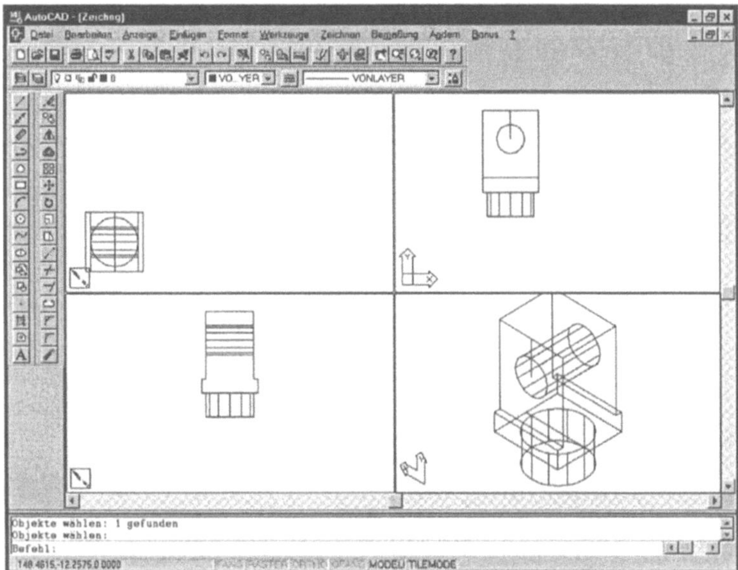

Um die Abrundung zu erzeugen, wählen Sie im Menü „Werkzeuge" die Funktion „Abrunden" und klicken Sie die vordere und hintere Oberkante an. Der Radius der Rundung beträgt 30. Das Bild 9.66 zeigt die isometrische Ansicht mit der Abrundung.

Bild 9.66:
Körper mit Abrundung

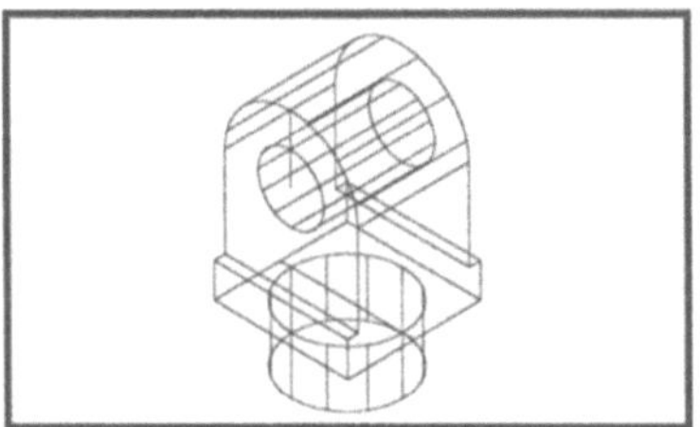

Gabelspalt

Für den Spalt der Gabel konstruieren Sie einen Quader. Schalten Sie dazu wieder das Weltkoordinatensystem ein. In der isometrischen Ansicht zeichnen Sie eine Hilfslinie, die den Scheitel der Abrundung markiert. Verwenden Sie möglichst eine andere Farbe für diese Hilfslinie, um sie besser identifizieren zu können.

In der Draufsicht zeichnen Sie den Quader mit den Abmessungen 25,60 und der Höhe -62. Schieben Sie jetzt den Quader an die richtige Position. Dabei ist die Funktion „Spur" sehr hilfreich, um den Mittelpunkt der oberen Quaderfläche als ersten Bezugspunkt für die Verschiebung zu fangen. Der zweite Punkt der Verschiebung ist der Mittelpunkt der Hilfslinie, welche den Scheitel der Abrundung markiert.

```
Befehl: BKS
Ursprung/.../?/<Welt>: <ENTER>
Befehl: LINIE
Von Punkt: mit
von (Linke obere Kante wählen.)
Nach Punkt: mit
von (Rechte obere Kante wählen.)
Nach Punkt: <ENTER>
Befehl: QUADER
Mittelpunkt/<Ecke des Quaders> <0,0,0>:
Würfel/Länge/<Andere Ecke>: 25,60
Höhe: -62
Befehl: SCHIEBEN
Objekte wählen: 1 (für letztes Objekt)
1 gefunden
Objekte wählen: <ENTER>
Basispunkt oder Verschiebung: SPUR
Erster Punkt für Spur: mit
von (Eine Oberkante des Quaders wählen.)
Nächster Punkt (EINGABETASTE drücken, um Spur zu been-
den): mit
von (Andere Oberkante des Quaders wählen, Bezugspunkt
ist jetzt Mittelpunkt der oberen Quaderfläche.)
Nächster Punkt (EINGABETASTE drücken, um Spur zu been-
den): <ENTER>
Zweiter Punkt der Verschiebung: mit
von (Mittelpunkt der letzten Hilfslinie wählen.)
```

Das Bild 9.67 zeigt den Gabelkopf mit verschobenem Quader für den Spalt.

Bild 9.67:
Gabelkopf mit Quader für den Spalt

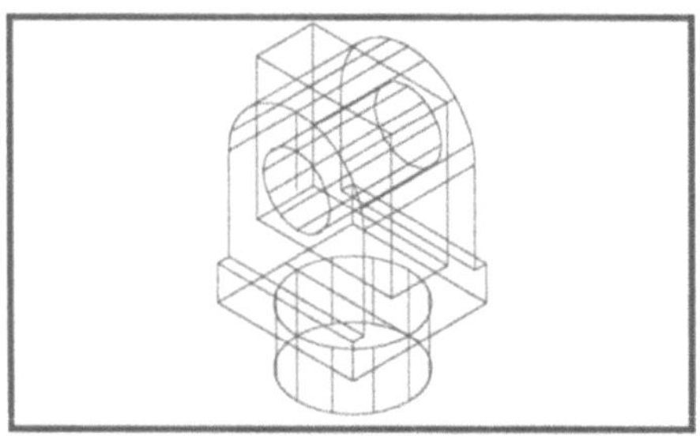

Ziehen Sie den Quader vom Gabelkopf ab. Als Grundlage für die Nut am unteren Ende des Gabelkopfzylinders dient wieder ein Quader. Die Abmaße für die Draufsicht sind 50x25. Die Höhe beträgt 10. Nach dem Erzeugen schieben Sie den Quader an die richtige Stelle. Verwenden Sie zum Schieben des Quaders beispielsweise als ersten Bezugspunkt den Mittelpunkt einer unteren schmalen Kante (z. B. in der Ansicht von rechts bei eingeschaltetem Weltkoordinatensystem zu wählen) des Quaders. Der zweite Bezugspunkt für die Verschiebung ist dann mit dem Objektfang „QUAdrant" an der Unterkante des Zylinders in der isometrischen Ansicht zu fangen. Ziehen Sie abschließend den Quader vom Gabelkopf ab.

Nach dem Löschen aller Hilfslinien ist die Übung beendet.

Bild 9.68:
Erzeugter Gabelkopf in vier Ansichtsfenstern

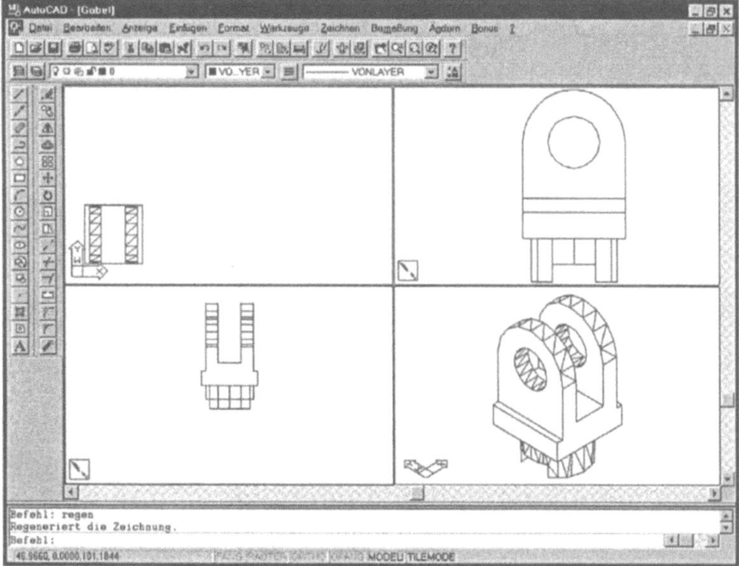

9.6   Übungsbeispiel 3D-Rohrbogen

Es soll ein 90 Grad-Rohrbogen mit zylindrischem Ansatz erstellt werden. Die Maße können Sie Bild 9.69 entnehmen. Nutzen Sie dazu die Befehle zur Volumenmodellierung!

Bild 9.69:
Rohrbogen

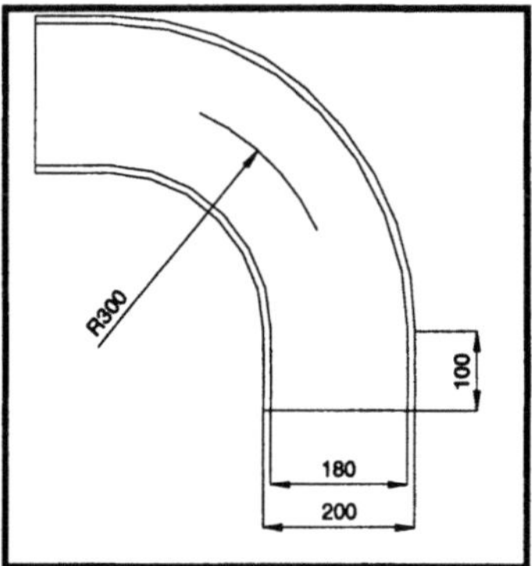

Bild 9.70:
Verdeckt-Darstellung
des Rohrbogens

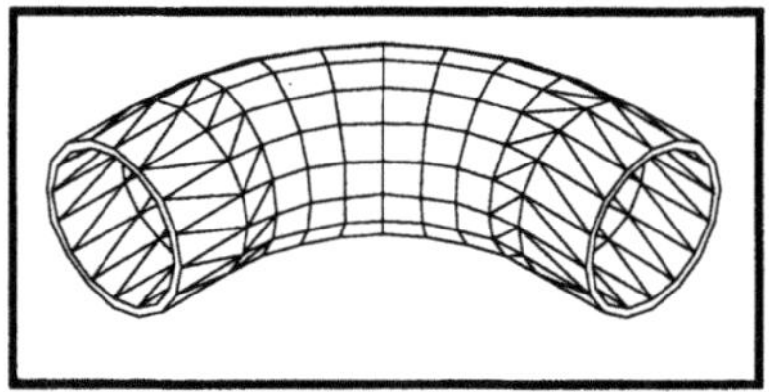

Zum Zeichnen des 3D-Rohrbogens eignet sich der 3D-Grundkörper Torus. Zeichnen Sie den Torus mit dem gleichnamigen Befehl aus dem Menü „Zeichnen/Volumenkörper".

```
Befehl: TORUS
Mittelpunkt des Torus <0,0,0>:
Durchmesser/<Radius> des Torus: 300
Durchmesser/<Radius> des Rohrs: 100
```

Bild 9.71:
Torus

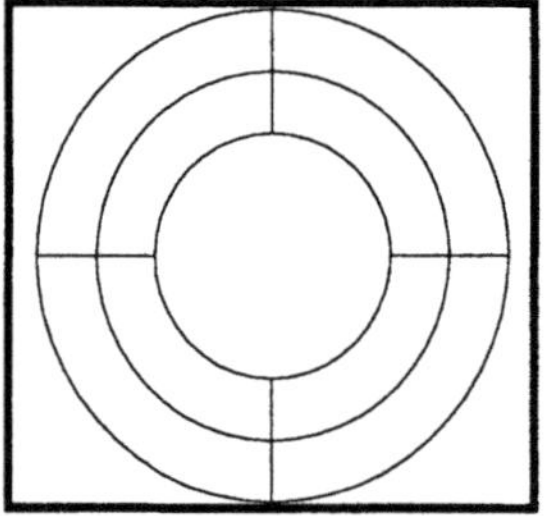

Zeichnen Sie einen zweiten Torus, der denselben Zentrumspunkt besitzt wie der erste Torus.

```
Befehl: TORUS
Mittelpunkt des Torus <0,0,0>:zen
von (Torus wählen.)
Durchmesser/<Radius> des Torus: 300
Durchmesser/<Radius> des Rohrs: 90
```

Bild 9.72:
Zweiter Torus

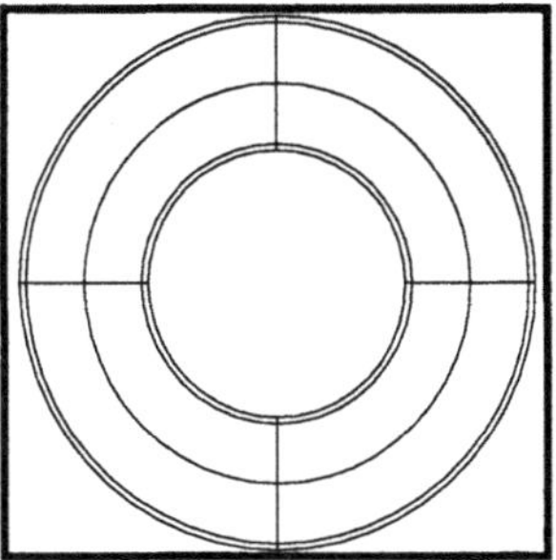

Mit Hilfe der Booleschen Operation „Differenz" (Menü „Ändern/Boolesche Operationen") ziehen sie den kleineren vom größeren Torus ab.

```
Befehl: DIFFERENZ Volumenkörper...wählen...
Objekte wählen: 1 gefunden (Größeren Torus gewählt.)
Objekte wählen: <ENTER>
Volumenkörper...für Subtraktion wählen...
Objekte wählen: 1 gefunden (Kleineren Torus gewählt.)
Objekte wählen: <ENTER>
```

Sie erhalten durch diese Operation einen hohlen Torus mit der Wandstärke 10.

Im Übungsbeispiel zum Befehl KAPPEN wurde bereits auf die weitere Verfahrensweise eingegangen. Kappen Sie in zwei Schritten den Torus, um einen 90 Grad-Bogen zu erhalten. Den Befehl „Kappen" finden Sie im Menü „Zeichnen/Volumenkörper".

```
Befehl: KAPPEN
Objekte wählen: 1 gefunden (Torus gewählt.)
Objekte wählen: <ENTER>
Kappebene von Objekt/ZAchse/.../ZX/<3Punkte>: za
Punkt auf Ebene: zen von (Torus)
Punkt auf Z-Achse (Normale) zur Ebene: <Ortho ein>
(Rechts neben den Torus klicken.)
Beide seiten/<Punkt ... der Ebene>: (Rechts neben den
Torus klicken.)
```

Sie erhalten eine Hälfte des Torus. Im nächsten Schritt wird der Torus nochmals gekappt.

```
Befehl: KAPPEN
Objekte wählen: 1 gefunden (Torus gewählt.)
Objekte wählen: <ENTER>
Kappebene von Objekt/ZAchse/.../ZX/<3Punkte>: za
Punkt auf Ebene: zen von (Torus wählen.)
Punkt auf Z-Achse (Normale) zur Ebene: (Orthogonal
nach unten klicken.)
Beide seiten/<Punkt ...der Ebene>: (Oberhalb des Torus
klicken.)
```

Bild 9.73:
Gekappter Torus

Nun erzeugen Sie die zylindrischen Ansätze. Dafür ist es erforderlich, das Koordinatensystem anzupassen, da die Zylinderbasis sich immer in der XY-Ebene des aktuellen BKS befindet. Nutzen Sie eine isometrische Ansicht, z. B. die Ansicht von Südwest. Richten Sie das Koordinatensystem auf einer der Schnittflächen aus. Eine Möglichkeit wird in Bild 9.74 dargestellt. Der Ursprung des BKS liegt im Zentrum der Schnittfläche. Einen Punkt auf der positiven X-Achse können Sie mit dem Objektfang „QUAdrant" auf dem Umkreis der Schnittfläche fangen. Diesen Objektfang können Sie auch zum Fangen des Punktes auf der positiven Y-Achse einsetzen.

Die Befehlsabfolge lautet wie folgt:

```
Befehl: BKS
Ursprung/zAChse/3Punkt/.../?/<Welt>: 3p
Ursprung <0,0,0>: zen von (der Schnittfläche)
Punkt auf der positiven X-Achse <...>: qua
von (Kreis wählen.)
Punkt mit positiven Y-Wert in der XY-Ebene des BKS
<212.3480,448.9817,0.0000>: qua
von (Kreis wählen.)
```

Bild 9.74:
BKS-Ausrichtung

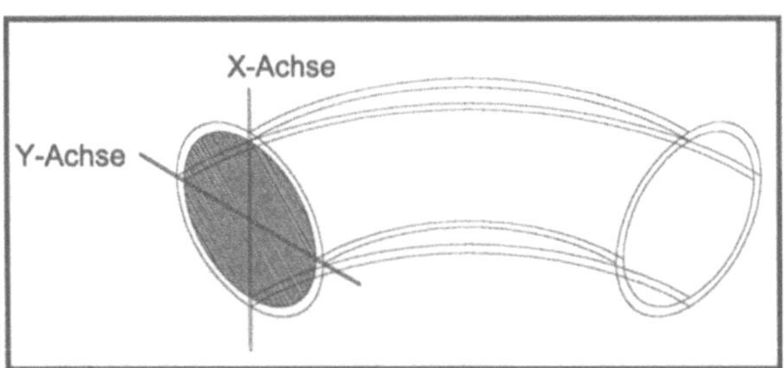

Ihr BKS-Symbol sollte wie in Bild 9.75 dargestellt aussehen.

Bild 9.75:
Ausgerichtetes BKS

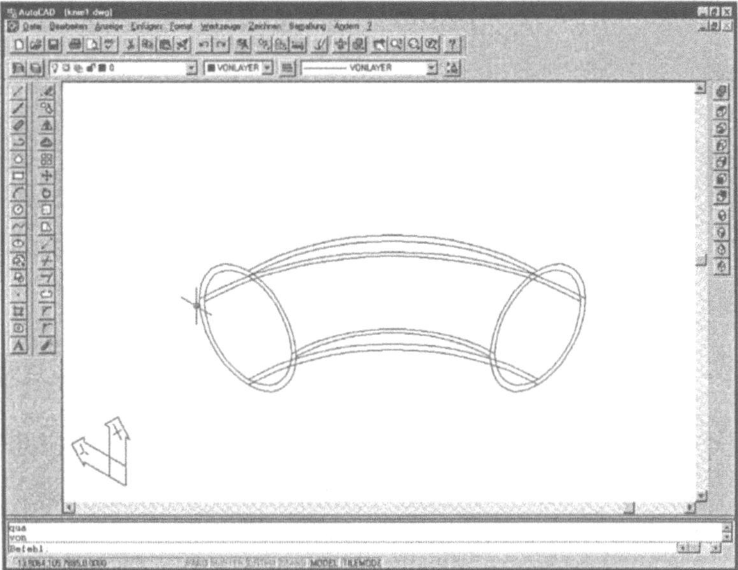

Nun kann der zylindrische Ansatz erzeugt werden. Den Befehl
ZYLINDER finden Sie im Menü „Zeichnen/Volumenkörper". Entsprechend den Vorgaben müssen die Werte für Radius und Höhe
jeweils 100 betragen.

```
Befehl: ZYLINDER
Elliptisch/<Mittelpunkt> <0,0,0>: <ENTER>
Durchmesser/<Radius>: 100
Mittelpunkt vom anderen Ende/<Höhe>: 100
```

Da sich der Ursprung des Koordinatensystems im Zentrum der
Schnittfläche befindet, kann die Vorgabe für den Mittelpunkt des
Zylinders (0,0,0) bestätigt werden.

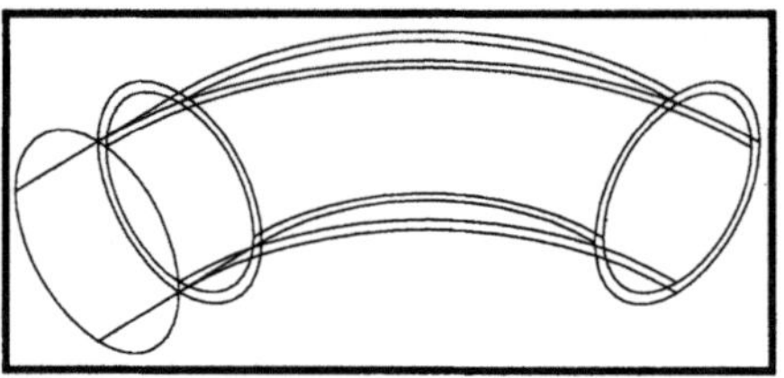

Bild 9.76:
Rohrbogen mit Zylinder

Da aus dem Zylinder ein Rohr erzeugt werden soll, wird ein weiterer Zylinder benötigt. Der Mittelpunkt ist wieder 0,0,0 der Radius 90 und die Höhe 100.

```
Befehl: ZYLINDER
Elliptisch/<Mittelpunkt> <0,0,0>: <ENTER>
Durchmesser/<Radius>: 90
Mittelpunkt vom anderen Ende/<Höhe>: 100
```

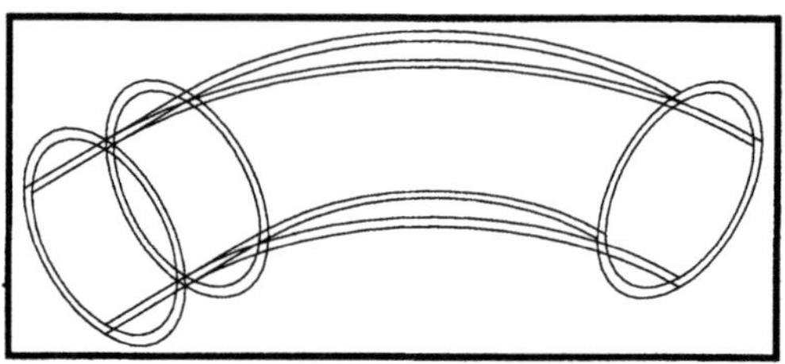

Bild 9.77:
Innerer Zylinderansatz

Ziehen Sie den inneren vom äußeren Zylinder mit Hilfe der Booleschen Operation DIFFERENZ ab.

```
Befehl: DIFFERENZ Volumenkörper ...subtrahiert werden
soll, wählen...
Objekte wählen: 1 gefunden (Äußeren Zylinder gewählt.)
Objekte wählen: <ENTER>
Volumenkörper ...Subtraktion wählen...
Objekte wählen: 1 gefunden (Inneren Zylinder gewählt.)
Objekte wählen: <ENTER>
```

Den anderen zylindrischen Ansatz können Sie analog erzeugen. Es macht sich dabei erforderlich, das Koordinatensystem wieder anzupassen. Außerdem ist es möglich, den erzeugten Zylinder zu spiegeln, diese Variante ist effektiver.

Wechseln Sie dazu in die Draufsicht und nutzen Sie das Weltkoordinatensystem.

```
Befehl: BKS
Ursprung/.../<Welt>: <ENTER>
```

Die Spiegelachse verläuft im Winkel von 45 Grad vom Zentrumspunkt des Torus (Bild. 9.78). Der zweite Punkt kann mit relativen Koordinaten angegeben werden. Wenn die Werte für X und Y gleich sind, entsteht ein Winkel von 45 Grad.

Bild 9.78:
Darstellung der Spiegelachse

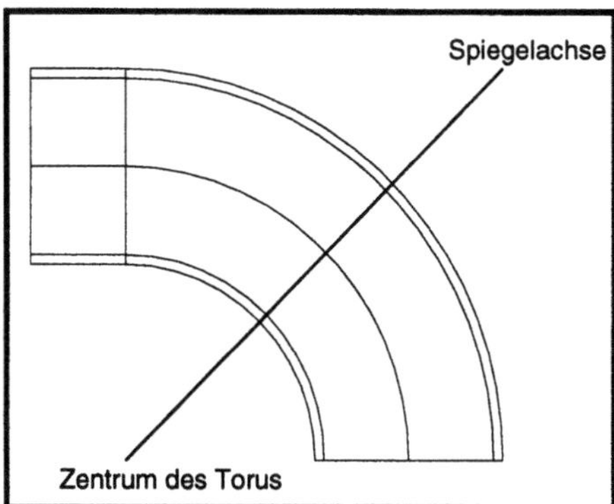


```
Befehl: SPIEGELN
Objekte wählen: 1 gefunden (Zylinder gewählt.)
Objekte wählen: <ENTER>
Erster Punkt der Spiegelachse: zen
von (Torus gewählt.)
Zweiter Punkt: @100,100
Alte Objekte löschen? <N> <ENTER>
```

Sie müssen nun die drei Körper vereinigen. Nutzen Sie dazu die Boolesche Operation Vereinigung (Menü „Ändern/Boolesche Operationen").

```
Befehl: VEREINIGUNG
Objekte wählen: Andere Ecke: 3 gefunden
Objekte wählen: <ENTER>
```

Bild 9.79:
Fertiger Rohrbogen

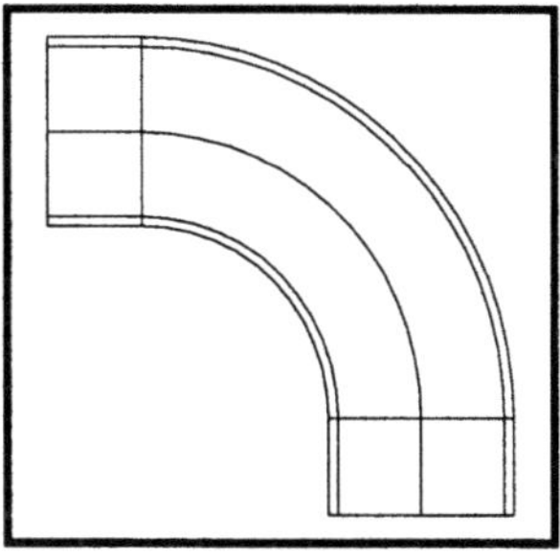

Kontrollieren Sie in einer geeigneten Ansicht das Endergebnis.

9.7 Rendering

Durch das Rendering erhalten Sie realistische Abbildungen von 3D-Modellen. Als Ergänzung der Funktionalität von AutoCAD 14 existieren auch spezielle Anwendungen von Drittanbietern. Die technische Aussage einer Zeichnung erhöht sich durch das Rendering nicht, es ist eine wesentlich bessere Präsentation der Zeichnung möglich.

Bild: 9.80:
Dialogfeld „Render" aus dem Menü „Anzeige"

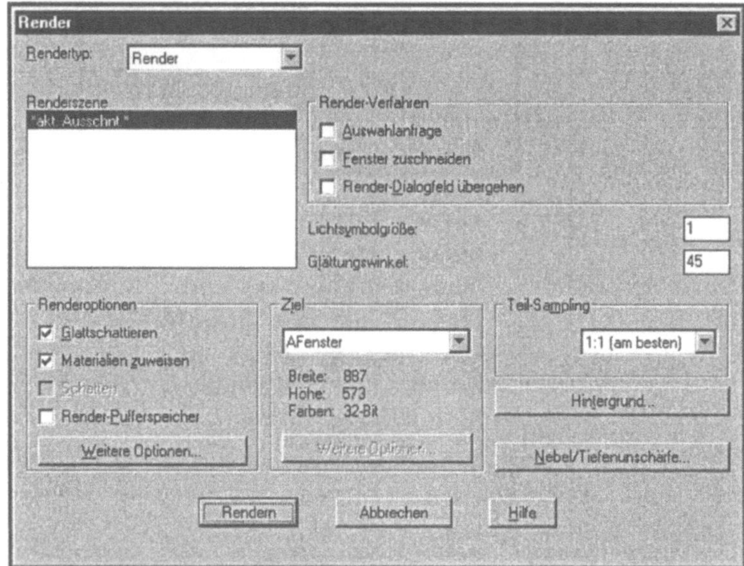

Für das Rendering sind renderfähige Elemente der Zeichnung erforderlich. Renderfähig sind alle Objekte der Flächen- und der Volumenmodellierung. Im Bild 9.81 ist eine Kugel des Volumenmodellierers als Drahtmodell und in gerenderter Form dargestellt. Zeichnen Sie dazu eine Kugel, rufen Sie „Render" auf und klicken Sie auf die Schaltfläche „Render".

Bild 9.81:
Kugel als Drahtmodell und in gerenderter Darstellung

Rendertypen

Im Renderdialogfeld können Sie den Rendertyp festlegen. Auto-CAD bietet die Typen Render, Photo Real und Photo Raytrace an. Die Rendertypen Photo Real und Photo Raytrace besitzen die Option „Schatten". Wird dieser Schalter aktiviert, werden Schatten in Abhängigkeit der Lichtquellen berechnet.

Renderoptionen

Die Schaltfläche „Weitere Optionen" bietet verschiedene Einstellungsmöglichkeiten in Abhängigkeit vom gewählten Rendertyp.

Bild 9.82:
Renderoptionen des
Rendertyps „Render"

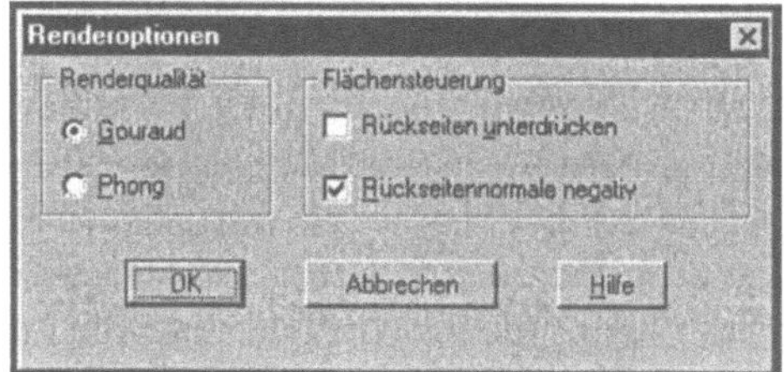

Die Renderoptionen beim Rendertyp Render lassen Sie zwischen der Renderqualität Gouraud und Phong wählen. Gouraud errechnet die Lichtintensität für bestimmte Kontrollpunkte, alle anderen Pixel werden interpoliert, Phong errechnet die Intensität aller Pixel. „Rückseiten unterdrücken" bewirkt, daß verdeckte Flächen von Volumenkörpern nicht entfernt, sondern nur unsichtbar gemacht werden. Der Prozeß wird dadurch beschleunigt. Die Option „Rückseitennormale negativ" vertauscht Rück- und Vorderseite der Flächen.

Bild 9.83:
Renderoptionen des
Rendertyps „Photo
Real"

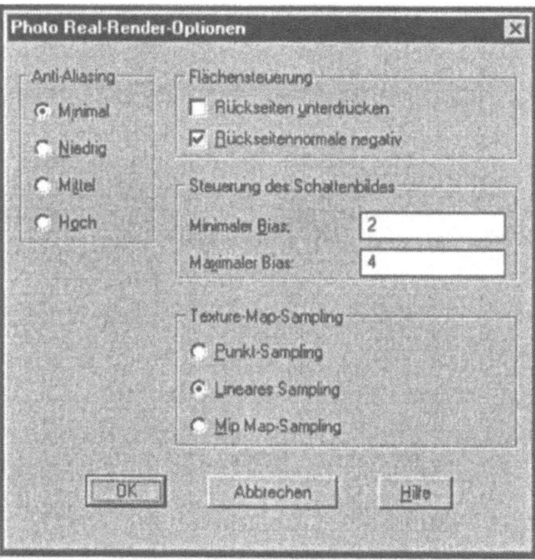

Antialiasing mindert durch schattierte Darstellung der benachbarten Pixel die Stufendarstellung von nicht orthogonalen Linien und Kurvendarstellungen. Im Bild 9.84 ist der Aliasingeffekt dargestellt.

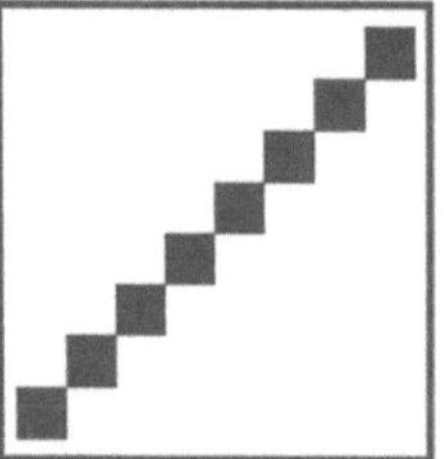

Bild 9.84:
Aliasingeffekt

Mit den Einstellungen von Minimal bis Hoch steuern Sie Schattierungsmuster pro Pixel, wobei der Zeitaufwand des Renderns mit der Anzahl der Muster steigt. Die Flächensteuerung entspricht, wie auch beim Rendertyp Photo Raytrace, den Einstellungen des Rendertyps Render.

Mehr Einstellungsmöglichkeiten des Antialiasing haben Sie beim Rendertyp Photo Raytrace durch das Adaptive Sampling. Dabei überlassen Sie dem System, nach Auswahl eines Schwellenwertes die Optimierung zwischen Rendergeschwindigkeit und Qualität. Das Feld „Adaptives Sampling" ist nur aktiv, wenn Anti-Aliasing mindestens auf Niedrig steht.

Die Raytrace-Tiefe ist ein Wert für die Genauigkeit zur Bestimmung von reflektierenden Strahlen. Ein Grenzwert zwischen Null und Eins gibt an, wieviel sich die Schattierung des Pixels ändern muß, um einen weiteren Berechnungsvorgang durchzuführen.

Bild 9.85:
Renderoptionen beim
Rendertyp Photo
Raytrace

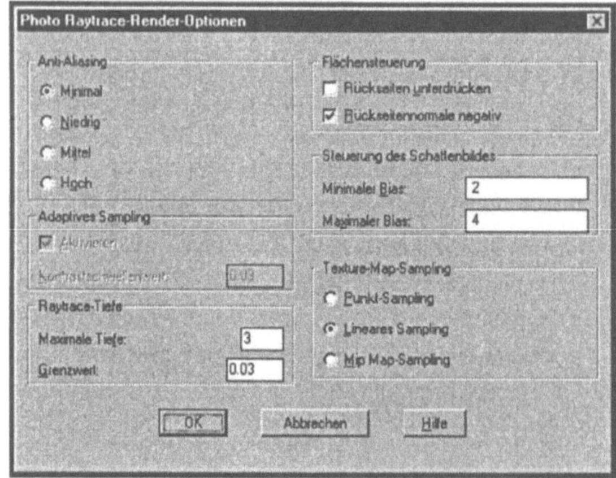

Die Renderoptionen „Glattschattieren", „Material zuweisen" und „Renderpufferpeicher" sind unabhängig vom Rendertyp.

Ein Glattschattieren bewirkt, daß die Farben vielflächiger Oberflächen angeglichen werden, um ein zu kantiges Aussehen zu vermeiden. Links im Bild 9.86 wurde die Option „Glattschattieren" deaktiviert. Die unterschiedlichen Flächen der Kugel werden deutlich sichtbar. Rechts ist Glattschattieren aktiviert.

Bild 9.86:
Auswirkung der Option „Glattschattieren"

Materialien

Sie können 3D-Objekten Materialien zur Renderdarstellung zuweisen. Diese Zuweisungen werden nur verwendet, wenn die Option „Materialien zuweisen" aktiv ist und der Rendertyp nicht Render ist. Die Materialienzuweisung wird beim Befehl „Material" (MAT) behandelt.

Pufferdatei

Sie können eine Pufferdatei für das Rendern erzeugen lassen, wenn das Feld „Render-Pufferspeicher" aktiv ist. In dieser Datei werden Information über den Rendervorgang gesichert. Die Berechnung der Tesselationslinien entfällt, wenn sich die Geometrie oder die Ansicht nicht geändert hat.

Renderverfahren

Sie haben im Dialogfeld „Render" drei Möglichkeiten zur Festlegung des Renderverfahrens.

- Aktivieren Sie das Feld „Auswahlanfrage", werden Sie vor dem Rendern aufgefordert, die zu rendernden Objekte zu wählen.

- Sie können mit „Fenster zuschneiden" einen Renderbereich im aktuellem Ansichtsfenster festlegen. Diese Option ist nur aktiv, wenn Sie als Renderziel das Ansichtsfenster festgelegt haben.

- Aktivieren Sie das Feld „Render-Dialogfeld übergehen", werden beim nächsten Aufruf von Render immer die aktuellen Voreinstellungen genutzt, und es wird sofort gerendert. Über den Menüpunkt „Anzeige/Render/Voreinstellungen" kann diese Option wieder deaktiviert werden.

Renderziele

Drei Renderziele können für die Ausgabe festlegt werden:

- Die Option „Ansichtsfenster" erstellt das Bild im aktuellem Ansichtsfenster.

- Das Renderfenster ist ein Viewer, der geöffnet wird, wenn Sie diese Option aktivieren und das Bild dargestellt wird. Sie können aus dem Renderfenster die Darstellung speichern oder ausdrucken. Hinweis: Der Befehl DRUCK/PLOT erzeugt keinen gerenderten Ausdruck.

- Als drittes Renderziel ist die Ausgabe in eine Datei möglich. Aktivieren Sie dieses Ziel, wird die Schaltfläche „Weitere Optionen" aktiv. Sie können dann entsprechend dem Dateityp verschiedene Optionen einstellen.

Bild 9.87:
Darstellung im Renderfenster

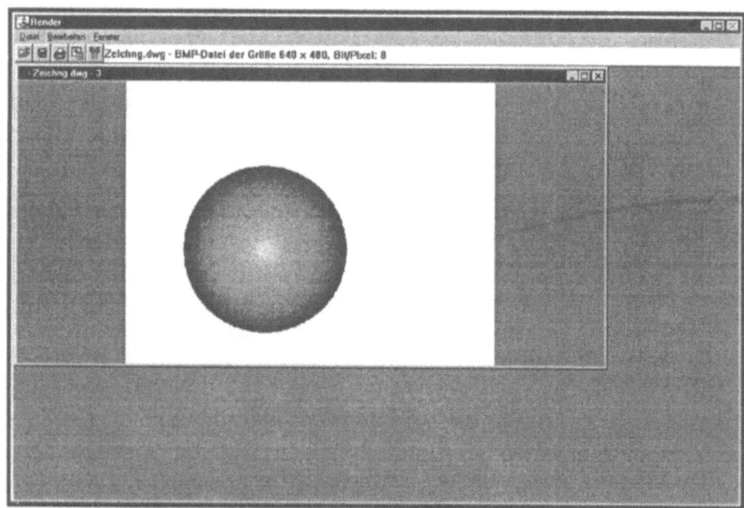

Renderfenster

Die Darstellung (Größe, Auflösung, Farbtiefe) im Renderfenster steuern Sie über das Dialogfeld „Datei/Optionen" (Bild 9.88).

Hinweis: Sie können mit der Windows-Tastenkombination <ALT>+<TABULATOR> oder dem Taskmanager wechseln zwischen Renderfenster und anderen Programmen. Beenden Sie Render im Task-Manager, wird AutoCAD ebenfalls geschlossen!

Bild 9.88:
Optionen des Ren-
derfensters

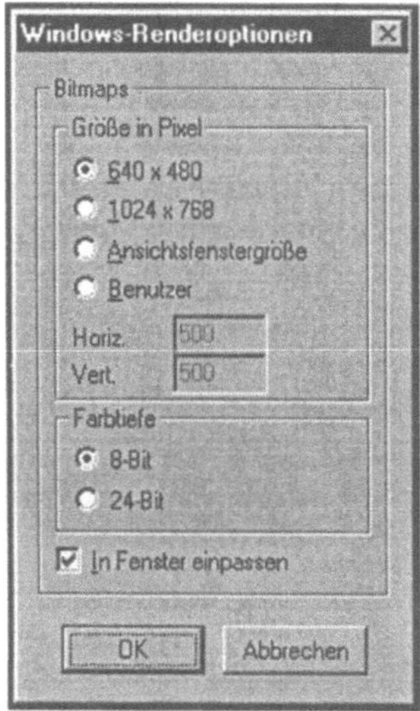

Teil-Sampling

Im Dialogfenster „Render" wählen Sie unter Teil-Sampling ein
Verhältnis. Sie können dadurch die zu berechnenden Pixel einstellen. Jede Reduzierung bringt einen Zeitgewinn bei der Berechnung auf Kosten der Qualität.

Hintergrund

Durch Anklicken von „Hintergrund" erhalten Sie ein Dialogfeld,
in dem Sie alle Einstellungen für den Hintergrund des Rendering
vornehmen können. Die Standardeinstellungen sind „Solid", und
die Option „AutoCAD-Hintergrund" ist aktiviert (Bild 9.89).

„Solid" verwendet eine Farbe als Hintergrund. Deaktivieren Sie
das Feld „AutoCAD-Hintergrund", können Sie mit Hilfe der Farb-
einstellungen eine Hintergrundfarbe wählen.

An der rechten Seite des Fensters befindet sich die Voransicht,
die jedoch nur aktualisiert wird, wenn Sie die entsprechende
Schaltfläche betätigen. Wenn Sie die Option „Abstufung" aktivieren, können Sie Gradientenhintergründe erzeugen.

Die Option „Bild" ermöglicht Ihnen, eine Datei als Hintergrund
zu verwenden. Im Bild 9.90 wurde das Bild winnt.bmp als Hintergrund gewählt. Sie können noch weitere Einstellungen an diesen Bildern, wie beispielsweise „Zuschneiden" oder „Kacheln"
vornehmen. Das Dialogfeld „Hintergrund" finden sie auch im
Menü „Anzeige/Render" oder als Befehl BACKGROUND.

Bild 9.89:
Dialogfeld „Hintergrund"

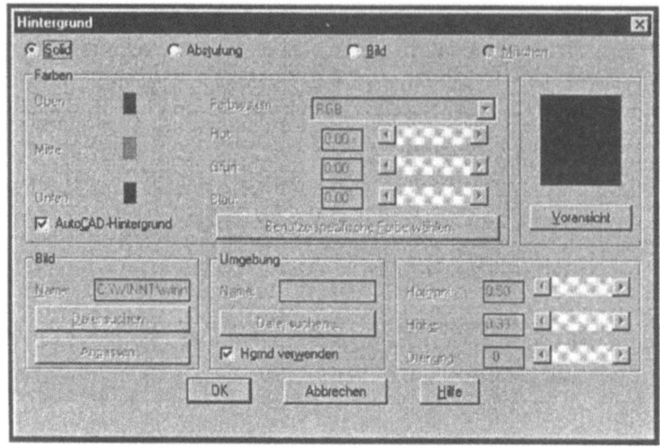

Bild 9.90:
Rendering mit Hintergrundbild

Nebel

Durch die Nebel/Tiefenunschärfe-Einstellungen können Sie die Sichtbarkeit von nahen oder entfernten Objekten steuern. Sie erreichen dieses Dialogfeld auch unter „Anzeige/Render/Nebel" oder als Befehl FOG.

Lichtsymbole

Die Lichtsymbolgröße ist ein Skalierfaktor für die Darstellung der Lichtsymbolblöcke. Sie können in Ihrer Zeichnung Lichtquellen mit bestimmten Eigenschaften definieren. Wir behandeln diese Technik beim Befehl LICHT. Diese Lichtquellen werden in der Zeichnung mit dieser Größeneinstellung angezeigt. Auf das Renderergebnis hat diese Einstellung keine Auswirkung.

Glättungswinkel

Der Glättungswinkel ist der Grenzwert, bei dem eine Kante beim Rendering erzeugt wird.

Im Fenster „Renderszene" sind alle Szenen der Zeichnung aufgeführt, Sie können eine Szene auswählen. Eine Szene ist ein Ausschnitt der Zeichnung, bei dem bestimmte Lichtquellen eingestellt sind. Wir behandeln diese Technik beim Befehl SZENE.

Existiert keine Szene in der Zeichnung, steht in der Auswahl nur der aktuelle Ausschnitt.

Alle Einstellungen, die Sie in diesem Dialogfenster treffen, überschreiben die Einstellungen des Dialogfensters „Rendervoreinstellungen". Mit den Rendervoreinstellungen können Sie analog dem Dialogfeld „Render" alle Optionen einstellen. Rendervoreinstellungen finden Sie unter „Anzeige/Render".

9.7.1 Der Befehl Licht

Den Befehl „Licht" finden Sie im Menü „Anzeige/Render/Lichtquellen" oder im Werkzeugkasten „Render". Durch verschiedene Lichtquellen können Sie das Renderergebnis entscheidend beeinflussen. Nach Aufruf des Befehls „Licht" erhalten Sie das Dialogfeld „Lichtquellen". Es werden Ihnen alle gesetzten Lichtquellen der Zeichnung aufgelistet. Diese Lichtquellen werden beim Rendern berücksichtigt. Haben Sie keine Lichtquelle definiert, wird beim Rendern eine voreingestellte Lichtquelle benutzt, die hinter dem Betrachter steht.

Wenn Sie eine Lichtquelle definieren möchten, wählen Sie in der Klappbox (Bild 9.91) zwischen Punktlicht, Parallellicht oder Spotlicht und betätigen Sie den Button „Neu". In Abhängigkeit vom gewählten Lichttyp erscheint das nächste Dialogfeld.

Bild 9.91:
Dialogfeld „Lichtquellen"

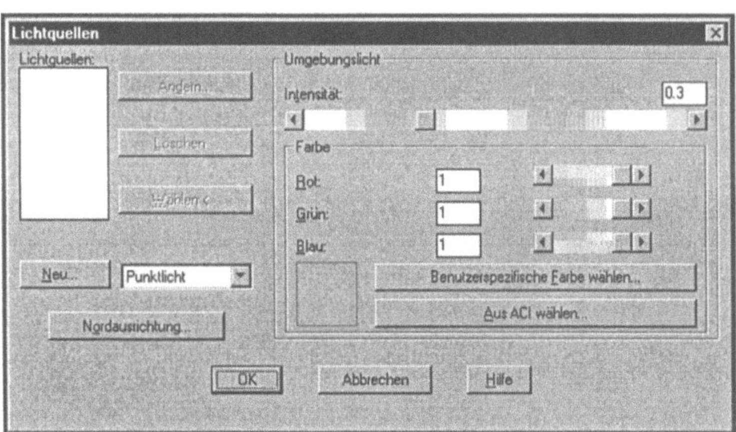

Haben Sie die Option „Punktlicht" gewählt und „Neu" angeklickt, öffnet sich das Dialogfeld „Neues Punktlicht" (Bild 9.92). Sie werden aufgefordert, einen Namen für die neue Lichtquelle einzugeben. Die einzustellende Intensität ist abhängig von der Wahl des Intensitätsverlustes. Sie können wählen zwischen keinem

Intensitätsverlust, Inverslinear oder Inversquadratisch. Kein Intensitätverlust bedeutet, daß alle Objekte gleich hell ausgeleuchtet werden, d. h. der Abstand der Objekte von der Lichtquelle wird nicht berücksichtigt. Inversliniear und -quadratisch sind verschiedene Methoden zur Berechnung des Verlustes in Abhängigkeit des Abstandes der Objekte von der Lichtquelle. Eine Intensität von Null bedeutet, die Lichtquelle wird deaktiviert.

Bild 9.92:
Dialogfeld „Punktlicht"

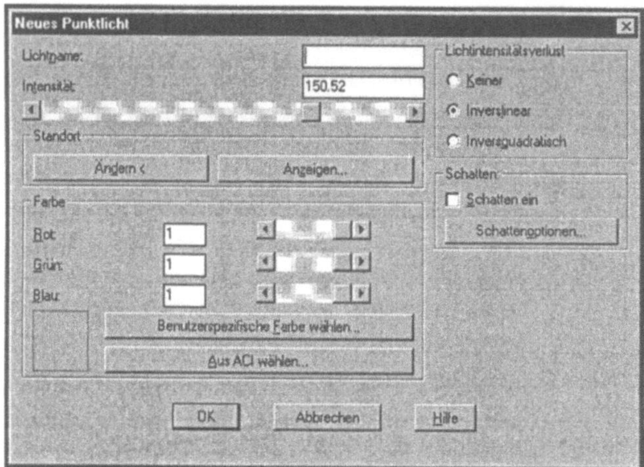

Sie können sich den aktuellen Standort der Lichtquelle in Koordinatenform anzeigen lassen bzw. den Standort definieren durch Betätigung von „Ändern". Die Änderung des Standortes einer Lichtquelle können Sie aber auch in der Zeichnung mit Hilfe des Befehls SCHIEBEN durchführen.

Die Farbe der Lichtquelle können Sie durch die Schieberegler Rot, Grün und Blau festlegen oder aus einer Farbtabelle entnehmen und ändern.

Aktivieren Sie das Feld „Schatten", ist diese Lichtquelle in der Lage, Schatten zu erzeugen. Dazu haben Sie noch weitere Einstellungsmöglichkeiten, die das Aussehen des Schattens beeinflussen.

Beispiel Punktlicht

Es wurde eine Kugel mit einem Radius von 80 Einheiten erstellt, deren Mittelpunkt die Koordinaten 200,150,0 besitzt. Dazu erfolgte die Definition eines Punktlichts, welches keinen Intensitätsverlust aufweist, die Intensität gleich Eins ist. Dem Standort der Lichtquelle wurden die Koordinaten 250,50,250 zugewiesen. Der Lichtsymbolgröße ist in den Rendervoreinstellungen der Wert 30 zugewiesen worden, die Lichtquelle ist auf der Zeichnung im Bild 9.93 zu erkennen. Die gerenderte Darstellung ist ebenfalls in Bild 9.93 (rechts) dargestellt.

Bild 9.93:
Kugel mit Punktlicht

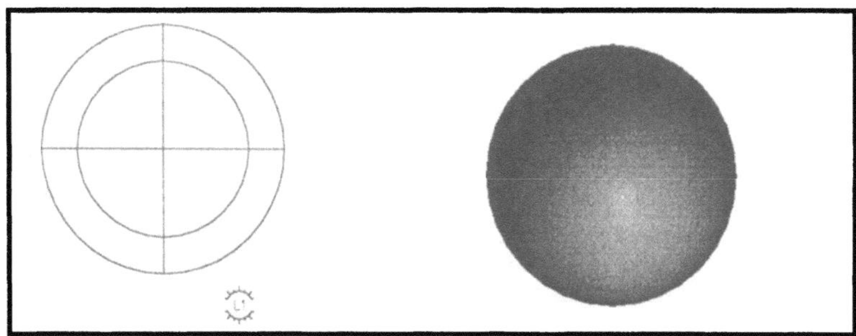

Parallellicht

Zur Definition eines Parallellichtes wählen Sie den entsprechenden Eintrag in der Klappbox des Dialogfeldes „Lichtquellen" und klicken Sie dann auf „Neu". Sie erhalten das Dialogfeld „Neues Parallellicht" (Bild 9.94). Sie werden aufgefordert, einen Namen für die neue Lichtquelle einzugeben. Durch einen Schieberegler können Sie die Intensität der Lichtquelle einstellen. Einem Parallellicht können Sie keinen Intensitätsverlust zuordnen. Die Farbe und die Schattenoptionen des Parallellichtes werden analog dem Punktlicht definiert.

Bild 9.94:
Dialogfeld „Neues Parallellicht"

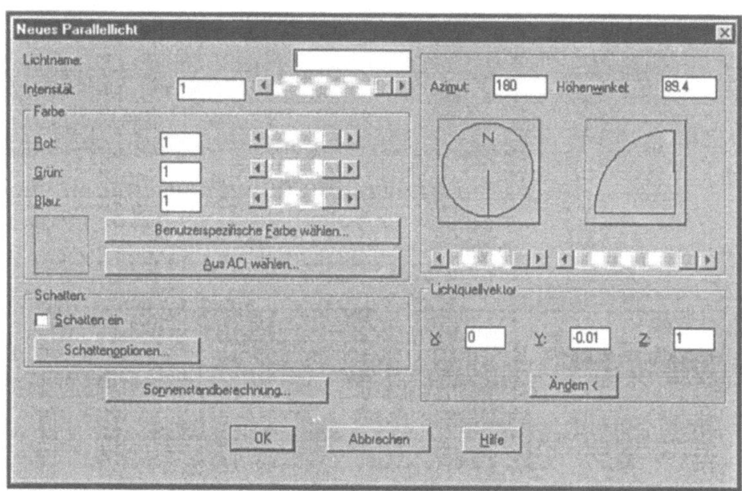

Zur Positionseingabe Ihres Lichtes haben Sie mehrere Möglichkeiten. Zum einem können Sie den „Azimut" und den „Höhenwinkel" in den entsprechenden Feldern eingeben bzw. Sie ändern die Richtung des Pfeils in den darunterliegenden Darstellungen oder Sie geben die Position in Form eines Vektors ein,

Sonnenlicht

den Sie auch über das Feld „Ändern" am Bildschirm bestimmen können.

Da unserer Sonnenlicht durch eine Parallellichtquelle dargestellt werden kann, bietet AutoCAD die Möglichkeit, die Lichtquelle in Abhängigkeit von Ihrem geografischen Standort, des Datums und der Zeit zu positionieren. Sie können damit z. B. die Lichtverhältnisse an einem Gebäude in Berlin am 31.12. simulieren. Betätigen Sie dazu die Schaltfläche „Sonnenstandsberechnung". Im Dialogfeld „Sonnenstandsberechnung" (Bild 9.95) können Sie Datum, Uhrzeit, Zeitzone, Breiten- und Längengrad und die Hemisphären Norden/Süden bzw. Osten/Westen einstellen, Sie erhalten dadurch den Azimut und den Höhenwinkel.

Bild 9.95:
Sonnenstandsberechnung

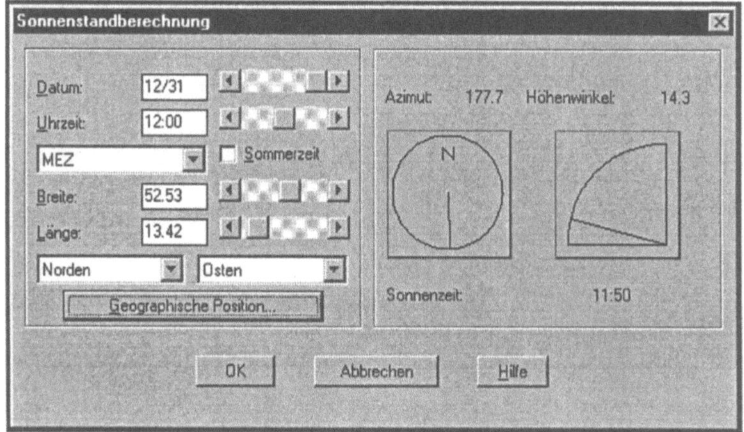

Die Einstellungen für den Breiten- und Längengrad und die Hemisphären erhalten Sie auch über die geografische Position. (Bild 9.96)

Bild 9.96:
Geografische Position

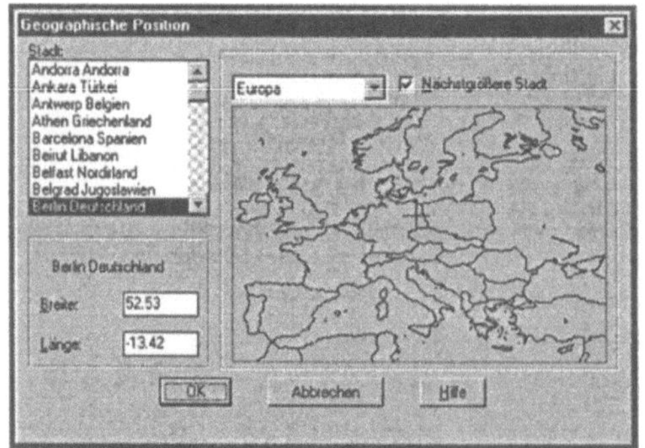

Nachdem Sie Ihre Einstellungen für den Azimut und den Höhenwinkel festgelegt und alle Dialogfenster mit „OK" bestätigt haben, ist die Definition des Parallellichtes beendet

Im Bild 9.97 ist eine Kugel mit dem Radius 80 und den Mittelpunktkoordinaten 250,50,0 dargestellt. Die Einstellungen für das Parallellicht entsprechen dem Sonnenstand am 31.12. um 12.00 Uhr MEZ in Berlin. Das Ergebnis des Renderns ist in der Mitte des Bildes dargestellt. Abhängig ist das Ergebnis auch von der aktuellen Ansicht. Auf der rechten Seite der Abbildung sehen Sie eine isometrische Ansicht von Südwest auf die gerenderte Kugel.

Bild 9.97:
Gerenderte Kugel mit Parallellicht

Spotlicht

Der dritte Lichtquellentyp ist das Spotlicht. Ein Spotlicht gibt Licht in einem definierten Kegel aus. Lichtname, Intensität, Intensitätsverlust, Schattenoptionen und die Farbe des Lichtes sind analog zum Punktlicht zu definieren. Neu in diesem Dialogfeld (Bild 9.98) sind der maximale und der minimale Lichthelligkeitsbereich.

Bild 9.98:
Dialogfeld „Neues Spotlicht"

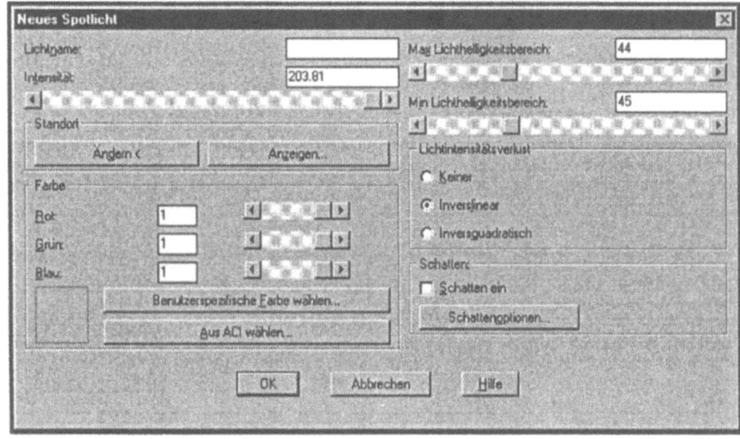

Mit dem maximalen Lichthelligkeitsbereich bestimmen Sie den voll ausgeleuchteten Bereich. Der minimale Lichthelligkeitsbereich beschreibt den gesamten Kegel. Im Bild 9.99 ist das Prinzip der Lichthelligkeitsbereiche dargestellt.

Bild 9.99:
Helligkeitsbereiche

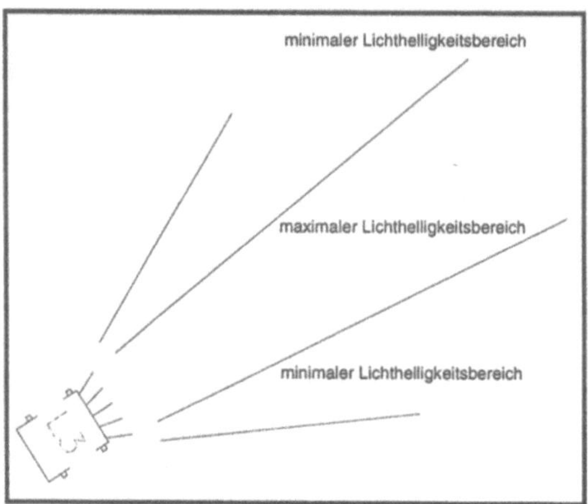

Im Gegensatz zum Punktlicht müssen Sie für den Standort Licht-ziel und Quelle angeben. Beim Punktlicht ist das Ziel nicht rele-vant, da das Licht in alle Richtungen gestrahlt wird.

Im Bild 9.100 ist die Kugel mit einem Spotlicht als Lichtquelle gerendert.

Bild 9.100:
Kugel mit Spotlicht
gerendert

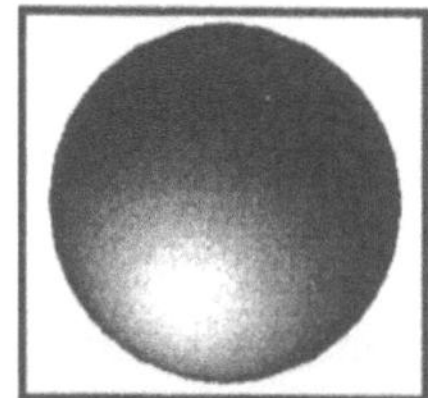

Umgebungslicht

Im Dialogfeld „Lichtquellen" können Sie außer der Definition der Lichtquellen Punktlicht, Parallellicht und Spotlicht auch das Um-gebungslicht einstellen. Das Umgebungslicht wirkt sich auf alle Flächen gleichmäßig aus. Sie können die Intensität und die Farbe des Umgebungslichtes einstellen.

Nordrichtung

Mit der Option „Nordrichtung" wird voreingestellt, in welcher Richtung der Norden liegt. Standard ist die positive Y-Achse des Weltkoordinatensystems. Im Dialogfeld werden Ihnen die gesi-cherten Koordinatensysteme (BKS, engl. UCS) zur Einstellung der Ausrichtung angeboten. Sie können auch die Nordausrichtung durch einen Winkel festlegen (Bild 9.101).

Bild 9.101:
Dialogfeld „Nordaus-
richtung"

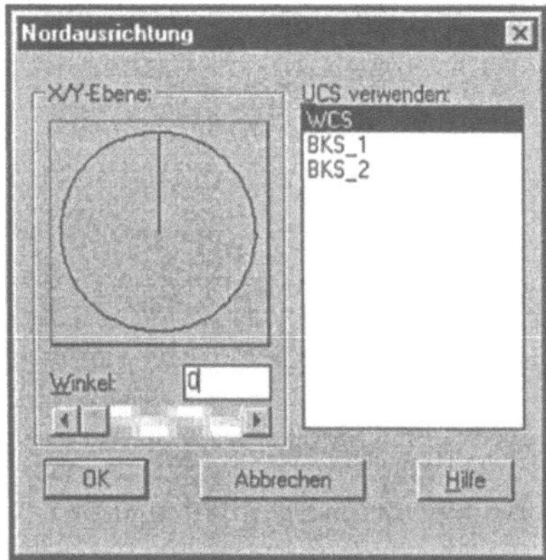

9.7.2   Szene

Eine Szene ist ein Ausschnitt einer Zeichnung mit oder ohne zugeordnete Lichtquellen. Szenen finden Sie im Menü „Anzeige/Render" unter „Szenen" oder im Werkzeugkasten „Render".

Beispiel

In unserem Beispiel haben wir drei Lichtquellen, ein Punktlicht,
ein Parallellicht und ein Spotlicht durch den Befehl LICHT definiert.

Einen Zeichnungsausschnitt definieren Sie unter „Anzeige/Benannte Ausschnitte" (Bild 9.102).

Bild 9.102:
Dialogfeld „Benannte
Ausschnitte"

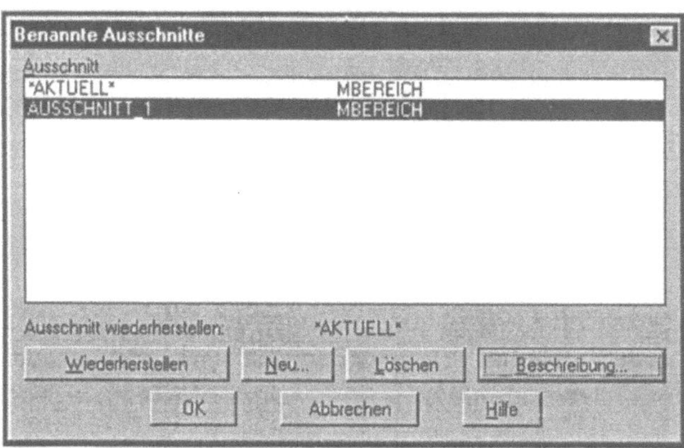

Im Bild 9.103 ist der als Ausschnitt_1 gesicherte Ausschnitt der
Zeichnung dargestellt.

Bild 9.103:
Ansicht des gesichertem Ausschnittes

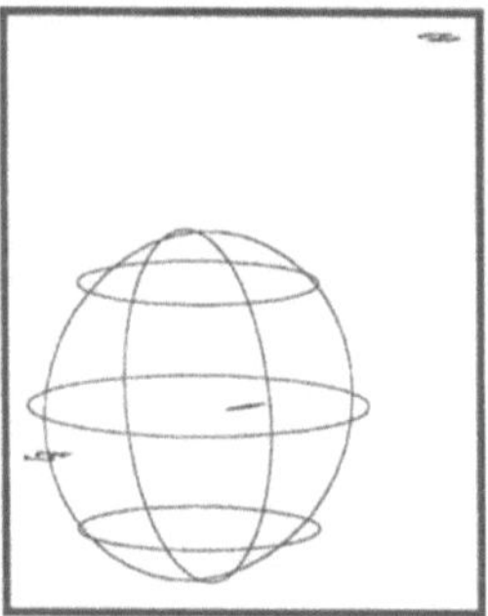

Die Drahtmodelldarstellung mit den Lichtquellen und die gerenderte Darstellung ist in Bild 9.104 zu sehen.

Bild 9.104:
Drahtmodell mit Rendering

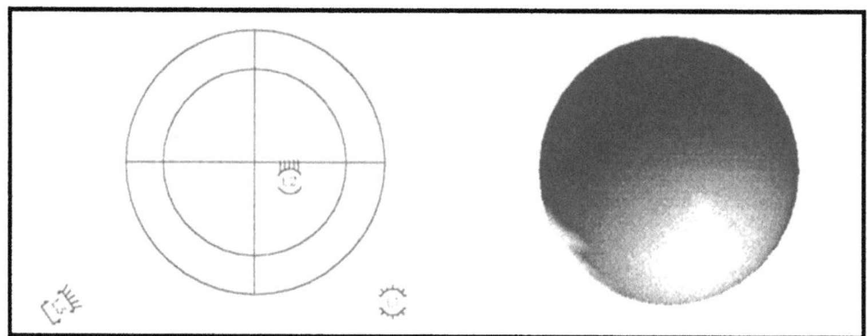

Im Dialogfeld „Szenen" werden Ihnen die Szenen der Zeichnung aufgelistet. Durch Anklicken von „Neu" öffnen Sie das Dialogfeld „Neue Szene" (Bild 9.105). Sie werden aufgefordert, einen Szenennamen einzugeben, die gesicherten Ausschnitte der Zeichnung und die definierten Lichtquellen werden Ihnen aufgelistet.

Bild 9.105:
Dialogfeld „Neue Szene"

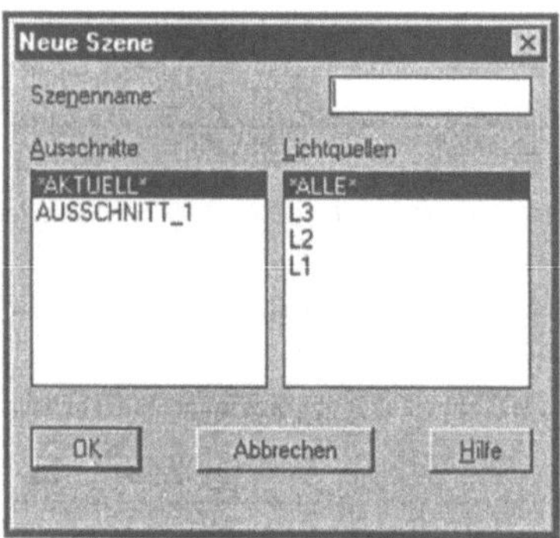

In der Szene L1_L3 ordnen wir dem Ausschnitt die Lichtquellen L1 und L2 zu. Rufen Sie nun „Render" auf, wird Ihnen die gesicherte Szene angezeigt (Bilder 9.106 und 9.107).

Bild 9.106:
Renderdialogfeld mit
Szene

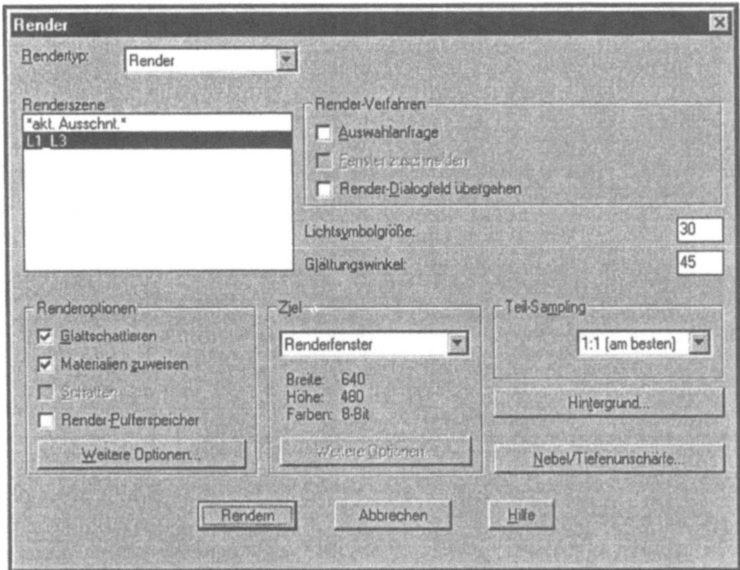

Bild 9.107:
Rendering der Szene
L1_L3

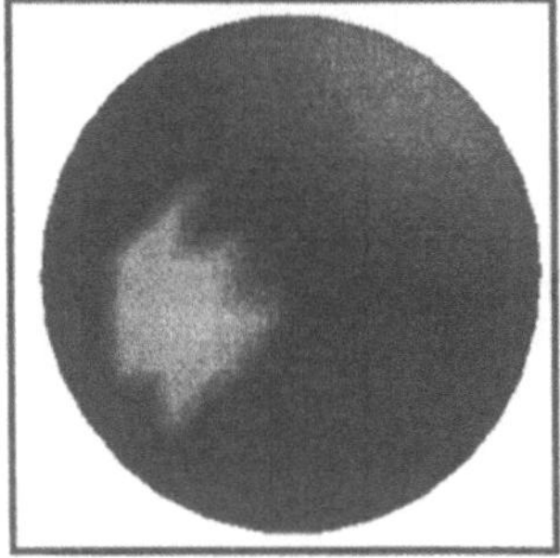

9.7.3 Materialien

Den Befehl „Materialien" (MAT) finden Sie im Menü unter „An-
zeige/Render" oder im Werkzeugkasten „Render".

Im Dialogfeld „Materialien" werden Ihnen die geladenen Materialien angezeigt. Sie können ein Material auswählen und in der
Voransicht als Kugel oder Würfel betrachten (Bild 9.108).

Bild 9.108:
Dialogfeld „Materialien"

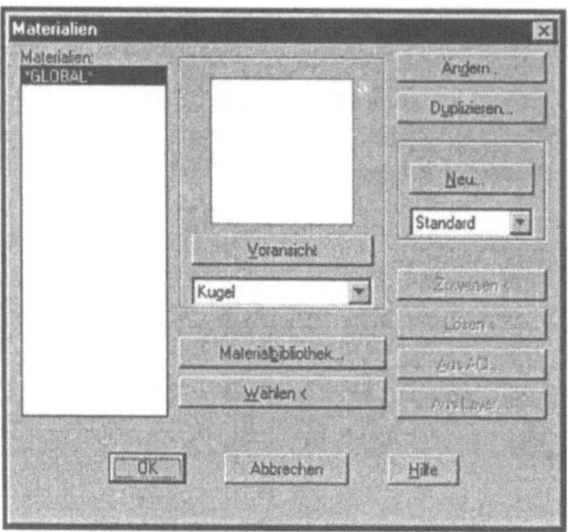

Durch Betätigung von „Materialbibliothek" erhalten Sie das entsprechende Dialogfeld (Bild 9.109).

Bild 9.109:
Dialogfeld „Materialbibliothek"

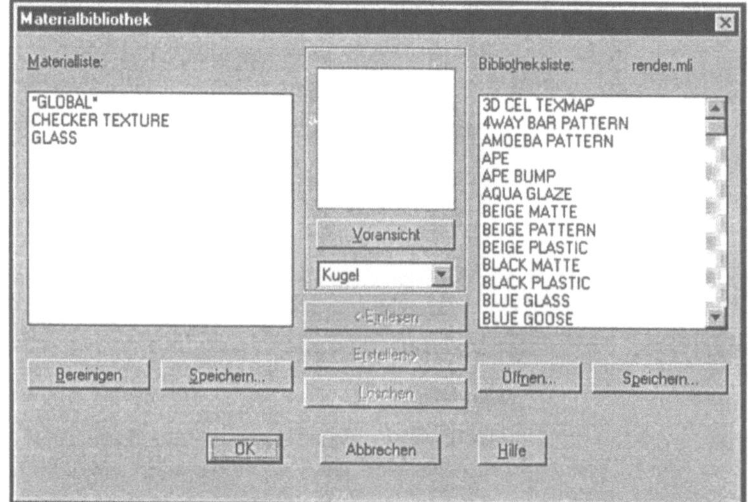

Sie können ein Material auswählen und in der Voransicht als Kugel oder Würfel betrachten.

Materialbibliothek

Auf der rechten Seite des Dialogfeldes werden Ihnen die Materialien der Standardbibliothek render.mli angezeigt. Mit dem Button „Öffnen" können Sie eine andere Bibliothek wählen. Im Lieferumfang ist nur die render.mli enthalten. Sie können auch neue Materialien erzeugen und in die Bibliothek aufnehmen. Dafür dient die Schaltfläche „Speichern". Diese Technik werden wir noch mit einem kurzen Beispiel behandeln.

Durch Einlesen werden diese Materialien in der Zeichnung verfügbar. Im Beispiel wurden die Materialien CHECKER, TEXTURE und GLASS eingelesen (Bild 9.109). Ihre Materialliste können Sie ebenfalls als *.mli-Datei speichern. Diese kann auch als Bibliotheksliste eingelesen werden.

Bereinigen

Alle Materialien, die keinem Objekt zugewiesen sind, können aus der Materialliste durch „Bereinigen" entfernt werden.

Zuweisen

Bestätigen Sie durch „OK" Ihre Materialliste. Im Dialogfeld „Materialien" werden Ihnen nun die eingelesenen Materialien angezeigt. Wählen Sie ein Material aus und weisen Sie dieses einem 3D-Objekt durch Betätigung von „Zuweisen" zu. Klicken Sie anschließend auf „OK". Wenn Sie jetzt die aktuelle Szene rendern, wird das Objekt mit dem entsprechenden Material angezeigt, vorausgesetzt, Sie haben „Material zuweisen" im Dialogfeld „Render" aktiviert und als Rendertyp Photo Real bzw. Photo Raytrace gewählt. Im Bild 9.110 ist eine gerenderte Kugel mit der Materialzuweisung CHECKER TEXTURE dargestellt.

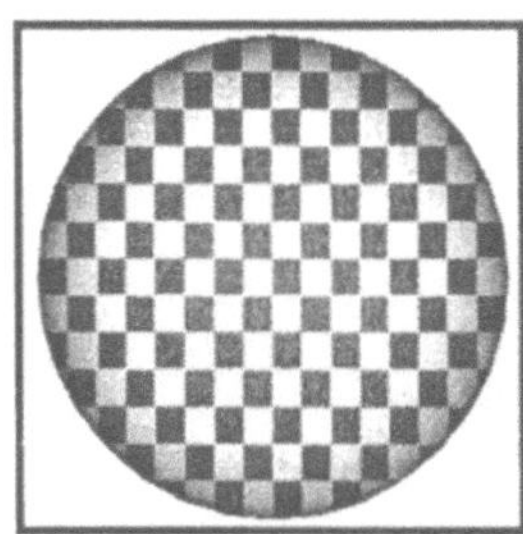

Bild 9.110:
Gerenderte Kugel

Weitere Befehle des Dialogfeldes „Materialien"

Mit „Wählen" können Sie sich das zugewiesene Material eines Objektes anzeigen lassen. Durch „Lösen" wird die Materialzuweisung an einem Objekt entfernt. Das Objekt erhält die Standard Materialzuweisung *GLOBAL*.

Mit der Schaltfläche „Aus ACI-wählen" können Sie einem Auto-CAD-Farbindex ein Material zuweisen, d. h. alle Elemente dieser Farbe werden mit diesen Materialeigenschaften gerendert. Im Bild 9.111 ist das Dialogfeld „AutoCAD-Farbindex" dargestellt. Sie erkennen, daß der Farbe Zyan das Material CHECKER TEXTURE und der Farbe Magenta das Material GLASS zugeordnet ist. Sie wählen dazu auf der linken Seite das Material, auf der rechten Seite die Farbe und klicken „Zuweisen" an. Durch „Lösen" können Sie die Zuweisung wieder entfernen.

Bild 9.111:
AutoCAD Farbindex

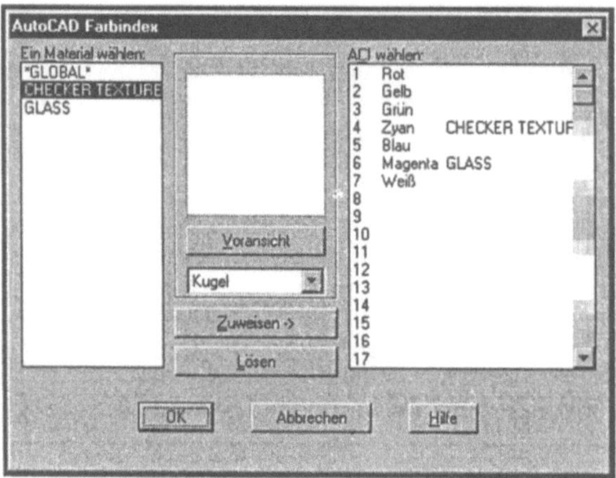

Analog den Farben können Sie auch Layern ein Material zuweisen. Dazu betätigen Sie im Dialogfeld „Materialien" die Schaltfläche „Aus Layer". Im Bild 9.112 ist das Dialogfeld „Nach Layer zuweisen" dargestellt.

Bild 9.112:
Dialogfeld „Aus Layer zuweisen"

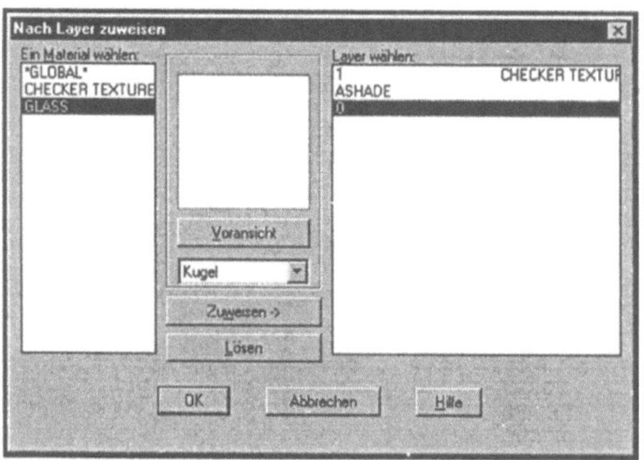

Neue Materialien

Um ein neues Material zu erzeugen, klicken Sie die Schaltfläche „Neu" im Dialogfeld „Materialien" an. In der sich öffnenden Klappbox können Sie aus vier Grundtypen wählen (Standard, Granit, Marmor oder Holz). Das folgende Dialogfeld ist abhängig von der Vorauswahl des Grundtyps, im folgenden wird ein Beispiel für die Materialdefinition gegeben.

Beispiel

Wählen Sie in der Klappbox „Standard" und betätigen Sie die Schaltfläche „Neu". Sie werden aufgefordert, einen Materialnamen einzugeben. Im Beispiel ist das der Name MAT_1. Durch Anklicken von „Voransicht" wird Ihnen die Voransicht des Materials *GLOBAL* angezeigt. Sie haben die Möglichkeit, über „Attribute" einzelne Komponenten der Materialdefinition anzupassen.

Nach Wahl eines Attributes werden die Einstellungsmöglichkeiten aktiviert bzw. deaktiviert. Einige Attribute haben nur Einfluß auf einen bestimmten Rendertyp. Das erste Attribut ist Farbe/Muster. Bei diesem Attribut ist die Option „Aus ACI" aktiv, d. h., daß ein Objekt mit der Farbe gerendert wird, mit der es gezeichnet wurde. Deaktivieren Sie diese Option, können Sie für dieses Material mit Hilfe der Schieberegler oder durch Mausklick auf das Farbkästchen hinter der Einstellung des Farbsystems eine Renderfarbe vorgeben. Sie können auch den entsprechenden Attributen eine Datei zuweisen, die beim Rendern verwendet werden soll. Als Beispiel wurde die Datei winnt.bmp verwendet. Betätigen Sie dazu die Schaltfläche „Datei suchen" und wählen Sie die entsprechende Datei.

Bild 9.113:
Dialogfeld „Neues Vorgabematerial"

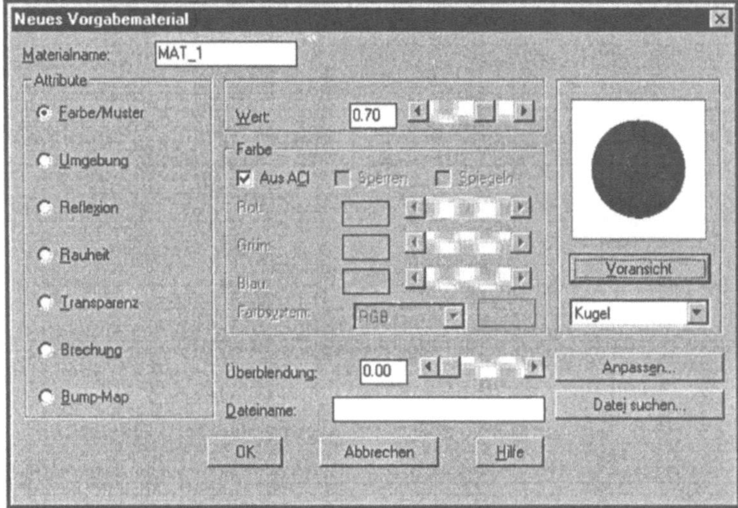

Sie müssen das neu erstellte Material nun einem Objekt zuweisen und dann die Szene rendern. Das Ergebnis, eine Kugel in isometrischer Ansicht, ist im Bild 9.114 dargestellt.

In Ihrer Liste der Materialien ist das erzeugte Material mit aufgenommen. Im Dialogfeld „Materialbibliothek" können Sie durch Anklicken von „Erstellen" dieses Material in die Bibliothek mit aufnehmen. So steht es Ihnen in jeder Zeichnung zur Verfügung.

Bild 9.114:
Kugel mit erstelltem
Material

Hinweis

Verwenden Sie eine Datei in der Materialdefinition, müssen Sie
diese Datei in den voreingestellten Suchpfad (Texture-Maps-
Suchpfad) kopieren bzw. den Suchpfad um diesen Pfad erweitern, da in der Bibliothek nur ein Verweis auf diese Datei besteht.

Bild 9.115:
Dialogfeld „Material-
bibliothek" mit er-
stelltem Material

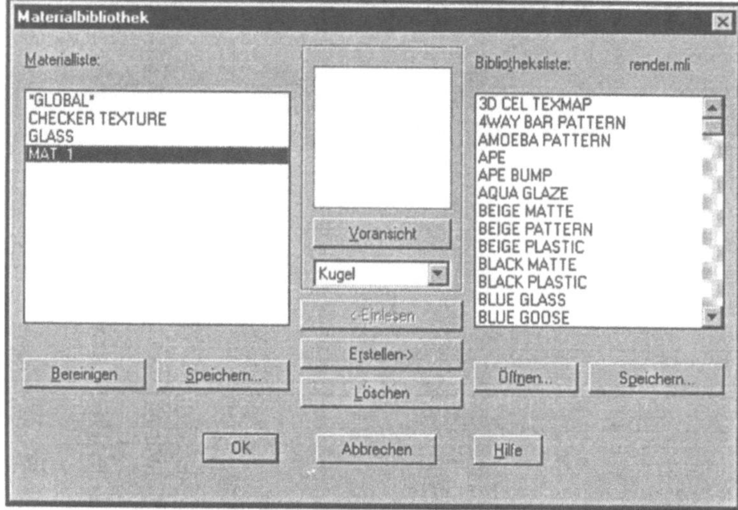

Zum Ändern der Materialeigenschaften eines vorhandenen Materials betätigen Sie „Ändern" im Dialogfeld „Materialien", nachdem
Sie in der Materialienliste das Material ausgesucht haben.

Mit „Duplizieren" können Sie ein vorhandenes Material kopieren.

9.7.4   Weitere Rendermöglichkeiten

Mapping

Mit „Mapping" können Sie Materialien einer Geometrie zuordnen.
Im Bild 9.116 wurde einem Quader ein Material zugeordnet. Das
Material wird auf der oberen Seite des Quaders dargestellt. Durch
Mappingkoordinaten haben wir dem Material (mittig und rechts
im Bild 9.116) zwei verschiedene Ebenen der Geometrie zuge-
ordnet.

Bild 9.116:
Gerenderter Quader
vor und nach dem
Mapping

Landschaften

Im Lieferumfang von AutoCAD ist die Landschaftsbibliothek `render.lli` enthalten. In dieser Bibliothek sind Elemente wie Bäume, Büsche und Menschen enthalten, die Sie Ihrer Zeichnung für ein realistisches Bild hinzufügen können. Diese Elemente vermitteln zwar einen räumlichen Eindruck, sind aber nur zweidimensionale Bilder und somit von der Ansicht abhängig. Im Bild 9.117 ist unsere Kugel umgeben von verschiedenen Landschaftsobjekten im Drahtmodell und in gerenderter Form dargestellt. Sie können die Landschaftsobjekte editieren oder neue Elemente in die Bibliothek aufnehmen.

Bild 9.117:
Rendering mit Landschaftsobjekten

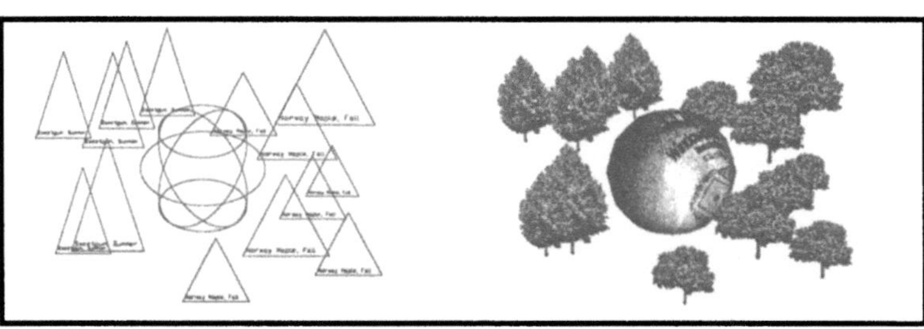

10 Drucken und Plotten

10.1 Modell- und Papierbereich

Vor dem Behandeln des Themas Druck- und Plotausgabe ist es sinnvoll, daß Sie sich mit den Möglichkeiten vertraut machen, welche Ihnen der AutoCAD-Papierbereich eröffnet. Seit der Version 11 von AutoCAD steht Ihnen neben dem Modellbereich eine zweite Bearbeitungsebene, nämlich der Papierbereich, zur Verfügung.

Modellbereich

Der Modellbereich repräsentiert den normalen Arbeitsbereich für die Lösung der konstruktiven und zeichnerischen Aufgaben. Mit dem Befehl „Feste Ansichtsfenster/Layout" im Menü „Anzeige" erzeugen Sie sich mehrere Ansichtsfenster im Modellbereich.

Wählen Sie aus dem in Bild 10.1 gezeigten Dialogfeld „Layout der festen Ansichtsfenster" die gewünschte Bildschirmaufteilung.

Bild 10.1:
Dialogfeld „Feste Ansichtsfenster"

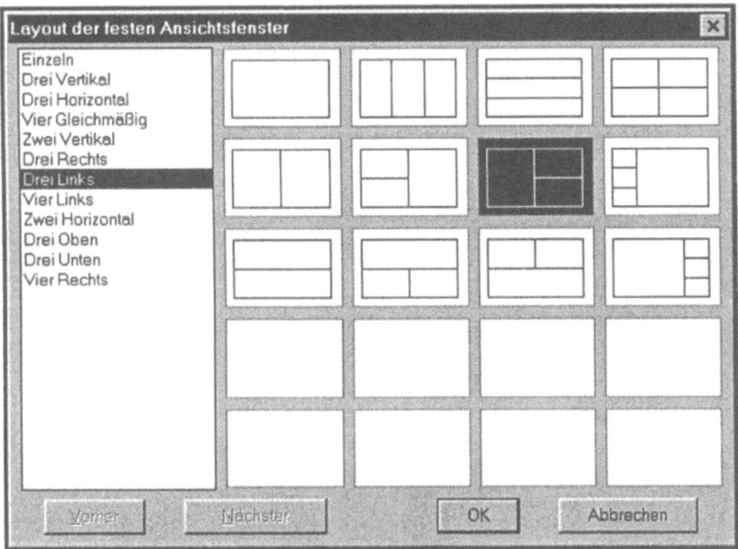

Feste Ansichtsfenster

Unter dem Eintrag „Feste Ansichtsfenster" im Menü „Anzeige" lassen sich neben „Layout" die folgenden Befehle auswählen:

- 1, 2, 3 und 4 Ansichtsfenster,
- Holen,
- Löschen,
- Verbinden und
- Speichern.

Der Befehl „Layout" öffnet das in Bild 10.1 gezeigte Dialogfeld zur Bildschirmaufteilung.

Befehle

Mit dem Befehl „1 Ansichtsfenster" werden alle nicht aktiven festen Ansichtsfenster geschlossen, das aktuelle feste Ansichtsfenster wird maximal vergrößert. Die Befehle „2, 3 bzw. 4 Ansichtsfenster" teilen das aktuelle feste Ansichtsfenster in zwei, drei bzw. vier Teile. Mit dem Befehl „Holen" wird eine gespeicherte Ansichtsfensterkonfiguration (Anzahl und Anordnung der festen Ansichtsfenster) wiederhergestellt. Der Befehl „Löschen" entfernt eine gespeicherte Ansichtsfensterkonfiguration. Mit „Verbinden" können Sie zwei nebeneinander liegende feste Ansichtsfenster zu einem größeren Ansichtsfenster zusammensetzen. Sie werden zuerst nach dem dominanten Ansichtsfenster gefragt, als Vorgabe wird das aktuelle feste Ansichtsfenster angeboten. Als nächstes ist das zu verbindende feste Ansichtsfenster zu wählen. Das neue große Ansichtsfenster übernimmt die Einstellungen des als dominant ausgewählten festen Ansichtsfensters. Der Befehl „Speichern" sichert die aktuelle Ansichtsfensterkonfiguration unter dem von Ihnen einzugebenden Namen.

Hinweis

Als Befehlsoption steht Ihnen beim Holen, Löschen und Speichern auch die Eingabe eines Fragezeichens für die Auflistung der gespeicherten Konfigurationen zur Verfügung.

AFENSTER

Die Steuerung der festen Ansichtsfenster können Sie auch über den Tastaturbefehl AFENSTER vornehmen. Bis auf die Möglichkeit, sich die Layoutmöglichkeiten aus einem Dialogfeld wählen zu können, haben alle Befehle unter dem Menüpunkt „Feste Ansichtsfenster" eine Entsprechung als Option des Tastaturbefehls.

Ansichtsfenster-Eigenschaften

Jedes Ansichtsfenster kann abweichende Einstellungen für den Zoom, die Ansichtspunkte sowie Raster- und Fangeinstellungen haben. Mehrere feste Ansichtsfenster mit verschiedenen Sichten auf Ihr Modell sind besonders im Bereich der dreidimensionalen Modellierung unerläßlich (Bild 10.2).

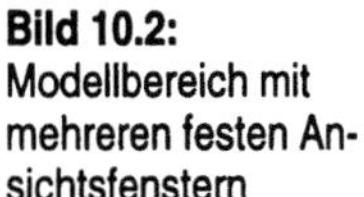

Bild 10.2:
Modellbereich mit
mehreren festen An-
sichtsfenstern

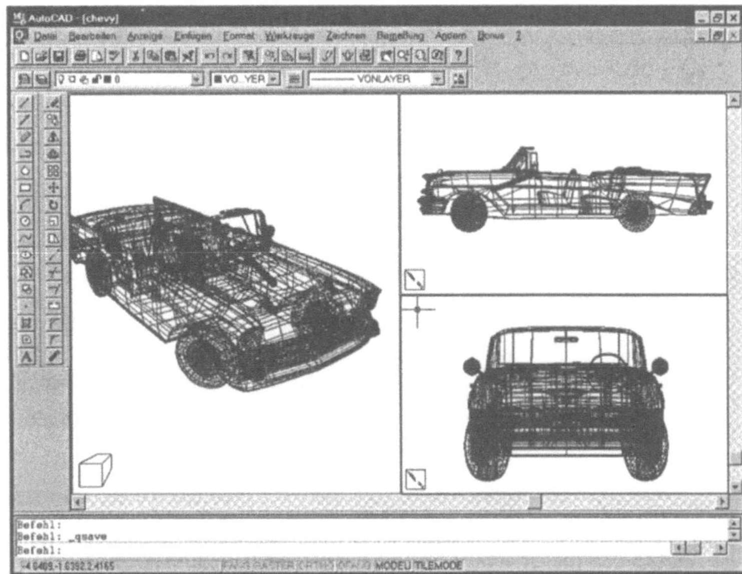

Diese festen Ansichtsfenster im Modellbereich sind außerdem durch folgende Eigenschaften gekennzeichnet:

- Es gibt immer nur ein aktives Ansichtsfenster, erkennbar am dickeren Rahmen und am Mauszeiger. Inaktive Ansichtsfenster haben einen dünneren Rahmen, der Mauszeiger ist kein Kreuz, sonder ein nach Nordwest zeigender Pfeil.

- Die Bearbeitung von Objekten ist nur im aktiven festen Ansichtsfenster möglich.

- Eine Manipulation von Objekten in einem festen Ansichtsfenster aktualisiert die Ausgabe in allen anderen festen Ansichtsfenstern.

Der Wechsel zu einem anderen festen Ansichtsfenster als aktives Ansichtsfenster erfolgt durch Hineinklicken mit der Maus. Das Wechseln des aktiven festen Ansichtsfenster ist auch während eines Zeichenbefehls möglich.

Papierbereich

Der Papierbereich wurde vornehmlich dafür entwickelt, die Papierausgabe Ihres Modells zu gestalten. Die Bearbeitung des Papierbereiches hat keinen Einfluß auf das Modell.

Im Papierbereich sind verschiebbare Ansichtsfenster zu erstellen. In den verschiebbaren Ansichtsfenstern können Sie verschiedene Details und verschiedene Sichten auf Körper einer Zeichnung in unterschiedlichen Maßstäben auf einem Blatt darstellen. Die verschiebbaren Ansichtsfenster des Papierbereiches werden, im Gegensatz zu den festen Ansichtsfenstern des Modellbereiches, als Objekte betrachtet und können auch nur so (in Gänze) bearbeitet werden. Die Fenster lassen sich in ihrer Lage und Größe verändern, sie können sich sogar gegenseitig überlappen. Man muß sich den Papierbereich wie eine Plakatwand vorstellen, auf der Plakate (in diesem Fall sind es die Ansichtsfenster des Papierbereiches) an den verschiedenen Stellen der Wand an- und abgeheftet werden. Mittels der Layertechnik lassen sich einzelne Layer für gewählte Ansichtsfenster einfrieren.

Weiterhin sind im Papierbereich Schriftfelder, Zeichnungsrahmen und Anmerkungen zu plazieren. Die Beschriftung und Bemaßung von Objekten sollte vorzugsweise im Papierbereich vorgenommen werden. Damit bleibt das Modell der Zeichnung unverfälscht von derartigen Angaben.

Diese Vorgehensweise eröffnet Ihnen die folgenden Vorteile:

- Aktivieren Sie im Papierbereich unterschiedliche Layer in jeder Ansicht und jedem Ausschnitt.

- Erstellen Sie verschiedene 3D- und Detailansichten.

- Die verschiebbaren Ansichtsfenster des Papierbereiches können wie andere AutoCAD-Objekte behandelt werden, auch Überlappungen sind möglich.

- Der Modellbereich bleibt frei von Zeichnungsrahmen, Beschriftungen, Anmerkungen etc.

Zusammenfassung

Zusammenfassend läßt sich die Arbeit in den beiden Bereichen so charakterisieren:

- Bearbeiten Sie die konstruktiven und zeichnerischen Aufgaben im Modellbereich.

- Erstellen Sie das Layout der Papierausgabe durch Bearbeitung verschiedener Ansichten und Ausschnitte sowie Beschriftung im Papierbereich. Die Druck- bzw. Plotausgabe erfolgt auch aus dem Papierbereich heraus.

Befehle im Papierbereich

Nach diesen einleitenden Worten zum grundlegenden Verständnis folgen die Erläuterungen zu den papierbereichsspezifischen Befehlen. In den Papierbereich gelangen Sie durch Auswählen des Befehls „Papierbereich" im Menü „Ansicht". Eine weitere Möglichkeit ist das Umstellen der AutoCAD-Systemvariablen TILEMODE auf den Wert 0. Diese Systemvariable kann den Wert 0 (Papierbereich) oder 1 (Modellbereich) haben.

```
Befehl: TILEMODE
Neuer Wert für TILEMODE <1>: 0
```

Weiterhin ist es möglich, den Papierbereich durch Doppelklick auf die Ausschrift MODELL in der Statusleiste am unteren Bildschirmrand einzuschalten. Die Ausschrift zeigt im Papierbereich PAPIER an. Daß Sie sich im Papierbereich befinden, erkennen Sie am geänderten BKS-Symbol in der linken unteren Ecke des Bildschirms und der Ausschrift PAPIER in der Statusleiste.

Hinweis

Bitte beachten Sie, daß der Papierbereich seine eigenen Limiten besitzt. Sie können die Limiten des Modellbereichs oder z.B. die Limiten des gewünschten Papierformates verwenden. Außerdem ist es Ihnen möglich, die Zeichnungshilfen Raster und Fang im Papierbereich mit anderen Einstellungen als im Modellbereich zu nutzen.

Verschiebbare Ansichtsfenster

Beim ersten Wechseln in den Papierbereich sehen Sie eine leere Zeichenfläche. Um Ihr Modell zu sehen, müssen Sie zunächst mindestens ein verschiebbares Ansichtsfenster plazieren. Während die festen Ansichtsfenster des Modellbereichs mit AFENSTER bzw. dem Menübefehl „Feste Ansichtsfenster" erzeugt werden, gilt im Papierbereich der Tastaturbefehl MANSFEN bzw. der Menübefehl „Verschiebbare Ansichtsfenster". Die verschiebbaren Ansichtsfenster des Papierbereiches weisen folgende Eigenschaften auf:

- Sie sind wie AutoCAD-Objekte editierbar, d.h. sie können mit Befehlen wie SCHIEBEN, KOPIEREN, VARIA und LÖSCHEN manipuliert werden.

- Verschiebbare Ansichtsfenster zeigen Teile des Modellbereichs an.

- Die verschiebbaren Ansichtsfenster dürfen sich überlappen.

- Es werden maximal 48 Ansichtsfenster angezeigt, aber es können beliebig viele plaziert werden.

- Verschiebbare Ansichtsfenster können ein- und ausgeschaltet werden.

Befehle

Das Untermenü des Menübefehls „Verschiebbare Ansichtsfenster" bietet folgende Befehle an:

- 1, 2, 3, oder 4 Ansichtsfenster

- Holen

- Ansichtsfenster ein

- Ansichtsfenster aus

- Verdplot

Mit den Befehlen „1, 2, 3, oder 4 Ansichtsfenster" erzeugen Sie die gewünschte Anzahl verschiebbarer Ansichtsfenster. Der Befehl „1 Ansichtsfenster" fordert Sie auf, durch die Eingabe von zwei Punkten die gegenüberliegenden Ecken des Ansichtsfensters zu bestimmen. Wählen Sie die Option „z" für ZBEREICH, wird das Ansichtsfenster automatisch so plaziert, daß der aktuelle Grafikbereich komplett genutzt wird. Bei den Befehlen „2 bzw. 3 Ansichtsfenster" ist vor der Festlegung der gegenüberliegenden Eckpunkte das Layout der Fensteranordnung zu bestimmen.

Mit dem Befehl „Holen" wird eine gespeicherte bzw. die aktuell aktive Ansichtsfensterkonfiguration des Modellbereichs auf den Papierbereich übertragen.

Die Befehle „Ansichtsfenster ein" bzw. „Ansichtsfenster aus" schalten die Anzeige von Objekten in den von Ihnen zu wählenden Ansichtsfenstern ein bzw. aus. Bei ausgeschaltetem Ansichtsfenster bleibt der entsprechende Bildschirmbereich leer, aber der Ansichtsfenster-Rahmen sichtbar.

Durch die Optionen „Ein" oder „Aus" des Befehls „Verdplot" legen Sie fest, ob für die gewählten verschiebbaren Ansichtsfenster die verdeckten Linien geplottet werden oder nicht.

MANSFEN

Der entsprechende Tastaturbefehl für die Steuerung verschiebbarer Ansichtsfenster lautet MANSFEN.

Hinweis

Es ist sinnvoll, die verschiebbaren Ansichtsfenster auf einen separaten Layer zu legen. Durch Ausschalten des Layers vor dem Plotten können Sie so das Ausplotten der Rahmen unterdrücken.

Ansichten einstellen

Nachdem die verschiebbaren Ansichtsfenster plaziert wurden, sind die gewünschten Ansichten des Modells einzustellen. Um Zoom- und Panoperationen in einem verschiebbaren Ansichtsfenster vornehmen zu können, müssen Sie vom Papierbereich aus über das verschiebbare Ansichtsfenster auf das Modell zugreifen. Dazu ist der Befehl „Verschiebbarer Modellbereich" aus dem Menü „Anzeige" aufzurufen bzw. der Tastaturbefehl MBEREICH einzugeben. Dabei behält die Systemvariable TILEMODE den Wert 0, da Sie sich noch im Papierbereich befinden.

Innerhalb des aktiven verschiebbaren Ansichtsfensters können Sie Manipulationen am Modell vornehmen und z.B. Zoom- und Panbefehle anwenden. Das aktive verschiebbare Ansichtsfenster erkennen Sie daran, daß der Rahmen dicker dargestellt und der Cursor innerhalb des Rahmens zum Fadenkreuz wird. Außerhalb des aktiven verschiebbaren Ansichtsfenster ist der Cursor ein

Pfeil in Richtung Nordwest. Zwischen den aktiven Ansichtsfenstern wechseln Sie durch Hineinklicken.

Hinweis

Bei sich überlagernden Ansichtsfenstern (Fenster innerhalb eines Fensters) wechseln Sie das aktuelle Ansichtsfenster mit der Tastenkombination <STRG>+<R>.

Aus dem verschiebbaren Modellbereich in den Papierbereich zurück gelangen Sie durch den Befehl „Papierbereich" im Menü „Anzeige" bzw. durch Eingabe von PBEREICH.

Bild 10.3:
Papierbereich mit
drei verschiebbaren
Ansichtsfenstern

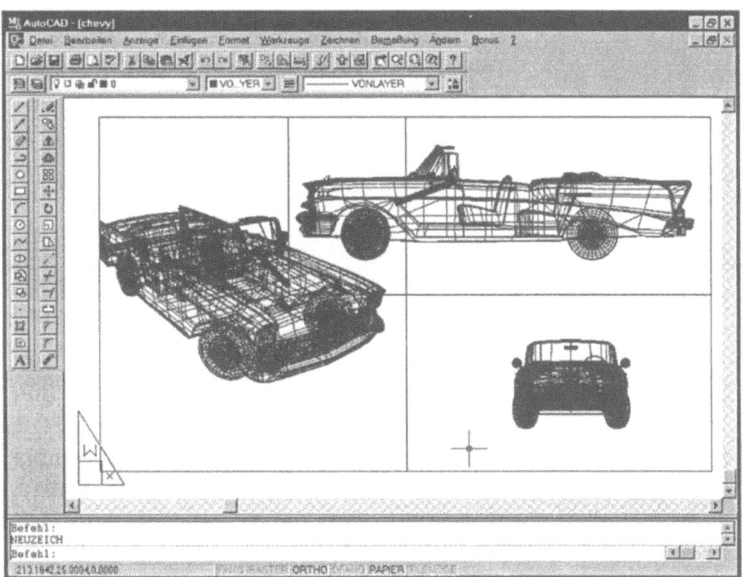

Das Bild 10.3 zeigt den Papierbereich mit drei verschiebbaren Ansichtsfenstern, wobei sich zwei Ansichtsfenster überlappen. Der Layer für die Ansichtsfenster ist eingeschaltet, daher sind die Rahmen noch zu sehen.

Hinweis

Der Befehl „Verschiebbarer Modellbereich" kann auch angewendet werden, wenn Sie sich noch im Modellbereich befinden, also die Variable TILEMODE auf 1 steht. AutoCAD wechselt in den Papierbereich und aktiviert ein verschiebbares Ansichtsfenster. Existieren keine verschiebbaren Ansichtsfenster, werden Sie zur Plazierung eines verschiebbaren Ansichtsfensters aufgefordert.

AFLAYER

Eine Erweiterung der Layertechnik innerhalb des Papierbereiches stellt der Befehl AFLAYER dar. Mit diesem Befehl steuern Sie, welche Layer in einem oder mehreren verschiebbaren Ansichtsfenstern sichtbar bzw. unsichtbar sind.

Die zu schaltenden Layer müssen innerhalb der Layersteuerung aufgetaut und global eingeschaltet sein.

```
Befehlszeile: AFLAYER
?/Frieren/Tauen/Rücksetz/Neufrier/Afsvorg:
```

Die Optionen haben folgende Bedeutung:

?: Zeigt eine Liste der gefrorenen Layer für ein zu wählendes Ansichtsfenster an.

Frieren: Einfrieren von Layern in einem oder mehreren Ansichtsfenstern. Gefrorene Layer werden nicht angezeigt, regeneriert oder geplottet.

Tauen: Auftauen von Layern in einem oder mehreren Ansichtsfenstern.

Rücksetz: Die Layereinstellungen für ein oder mehrere Ansichtsfenster werden auf die Vorgaben zurückgesetzt.

Neufrier: Damit erstellen Sie neue Layer, die in allen Ansichtsfenstern gefroren sind.

Afsvorg Vorgabewert „a" für aufgetaut oder „g" für gefroren einstellen. Alle neuen Ansichtsfenster werten diesen Vorgabewert für ihre Layeranzeige aus.

Neben dem Befehl AFLAYER besteht für die Layersteuerung im Papierbereich auch im Dialogfeld „Layereigenschaften" die Möglichkeit, zumindest das Frieren und Tauen für das aktuelle Ansichtsfenster und die Vorgabe für neue Ansichtsfenster einzustellen.

Zoomfaktor Bei den Zoomoperationen steht Ihnen bei der Option FAKTOR das Suffix xp zur Verfügung. Die Eingabe von xp nach dem Faktor bedeutet, daß der Zoom, z.B. innerhalb eines verschiebbaren Ansichtsfensters, relativ zu den Papierbereichseinheiten durchgeführt wird.

Beispiel Das folgende Beispiel zoomt die Größe der Zeichnung im Ansichtsfenster fünfmal so groß wie die Papierbereichseinheiten.

```
Befehl: ZOOM
Alles/Mitte/Dynamisch/Grenzen/Vorher/FAktor(X/XP)/
Fenster/<Echtzeit>: fa
Skalierungsfaktor eingeben: 5xp
```

Ein Zoomfaktor von 0.25xp würde die Ansicht auf ein Viertel der Größe der Papierbereichseinheiten verkleinern.

In den Modellbereich mit seinen festen Ansichtsfenstern gelangen Sie zurück, indem Sie im Menü „Anzeige" den Befehl „Fester Modellbereich" ausführen oder die Systemvariable TILEMODE auf den Wert 1 setzen.

```
Befehl: TILEMODE
Neuer Wert für TILEMODE <0>: 1
```

Zur Unterscheidung zwischen der Arbeit im Modellbereich und des Zugriffs auf den Modellbereich aus dem Papierbereich heraus sind die Menübefehle im Menü „Ansicht" als:

- Fester Modellbereich (TILEMODE=1, feste Ansichtsfenster) und

- Verschiebbarer Modellbereich (TILEMODE=0, verschiebbare Ansichtsfenster, entspricht Zugriff mit MBEREICH, Verlassen mit PBEREICH oder „Papierbereich")

bezeichnet. Beim Öffnen des Pulldown-Menüs „Ansicht" ist der aktuell gültige Zustand mit einem Häkchen gekennzeichnet.

Beispiel

Wie gehen Sie nun konkret vor, wenn Sie eine Zeichnung aus dem Papierbereich heraus plotten wollen? Als Hilfe soll Ihnen nachfolgende Checkliste dienen:

- Zeichnung (Modell) im Modellbereich zeichnen.

- In den Papierbereich wechseln (TILEMODE=0).

- Zuerst Ansichtsfensterlayer anlegen.

- Limiten des Papierbereiches prüfen und ggf. neu festlegen.

- Verschiebbare Ansichtsfenster anlegen (z.B. MANSFEN).

- In Abhängigkeit von der gewünschten Visualisierung Layer in verschiedenen Ansichtsfenstern mit AFLAYER frieren.

- Maßstab in den Ansichtsfenstern einstellen (ZOOM XP). Dazu greifen Sie aus dem Papierbereich über die verschiebbaren Ansichtsfenster auf den Modellbereich zu (Verschiebbarer Modellbereich bzw. MBEREICH).

- Fenster zum Modellbereich schließen (PBEREICH).

- Rahmen des Ansichtsfensters durch Frieren des Ansichtsfensterlayers ausschalten und Plotten bzw. Drucken vornehmen.

10.2   Druck- und Plotausgabe

Vor der Ausgabe Ihrer Zeichnungen auf Plotter oder Drucker müssen Sie Ihr Ausgabegerät für AutoCAD konfiguriert haben. Dazu verwenden Sie den Befehl „Druckereinrichtung" im Menü „Datei" oder „Voreinstellungen" im Menü „Werkzeuge" gemäß Kapitel 3.

Voransicht

Der Befehl „Voransicht" im Menü „Datei" zeigt Ihnen eine zunächst ganzseitige Voransicht des Plots (Bild 10.4). Dabei werden die Einstellungen berücksichtigt, welche für den Befehl PLOT (Eintrag „Druck/Plot..." im Menü „Datei") aktuell gültig sind. In der Voransicht können Sie durch Drücken der linken Maustaste bei gleichzeitigen Auf- oder Abbewegen des Mauszeigers dynamisch zoomen. Die rechte Maustaste öffnet ein Popup-Menü, über das Sie die Voransicht beenden können. Weiterhin bietet das Menü die Möglichkeit, die angezeigte Zeichnung sofort zu plotten, vom Zoom- auf den Panmodus umzuschalten oder einen anderen Zoom einzustellen (Fenster oder Vorher).

Bild 10.4:
Voransicht eines
Plots

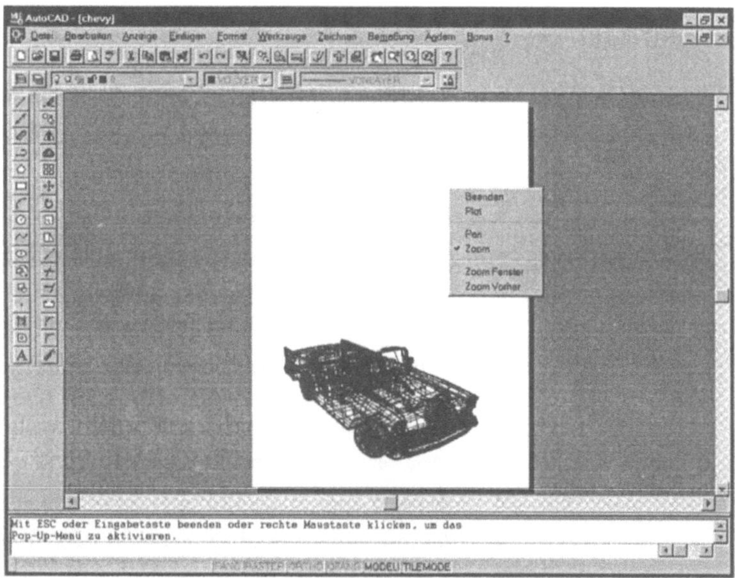

Druck/Plot

Mit dem Befehl „Druck/Plot..." im Menü „Datei" bzw. Eingeben von PLOT an der Befehlszeile öffnen Sie das Dialogfeld „Druck-/Plotkonfiguration" (Bild 10.5).

Geräteinformationen

Wenn Sie dort die Schaltfläche „Geräte- und Vorgabenwahl..." anklicken, kommen Sie in ein gleichnamiges Unterdialogfeld, wo

Sie die konfigurierten Geräte sehen und das für die aktuelle Ausgabe gewünschte Gerät auswählen sowie:

- die Vorgaben in eine Datei speichern können,

- Vorgaben aus einer Datei laden können,

- sich Eigenschaften (Geräteanforderungen) des angeklickten Gerätes zeigen lassen und

- Eigenschaften (Geräteanforderungen) des angeklickten Gerätes ändern können.

Bild 10.5:
Dialogfeld „Druck-
/Plotkonfiguration"

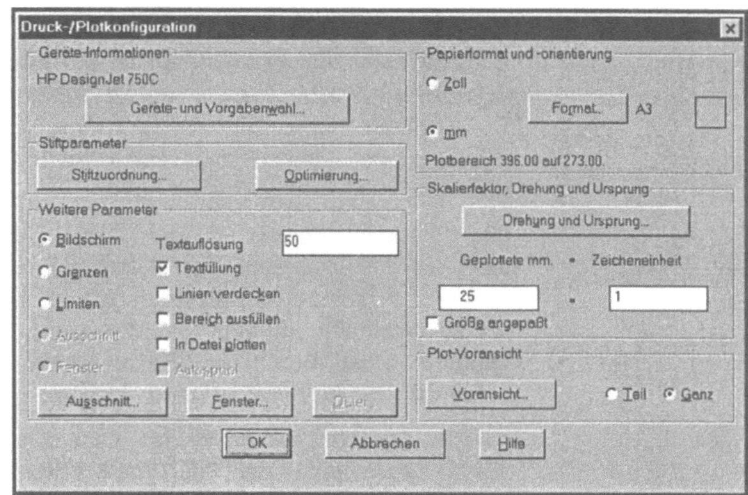

Stiftparameter

Die Stiftparameter legen Sie über die Schaltflächen „Stiftzuordnung" und „Optimierung" fest. Stiftparameter sind Hardware-Linientyp, die Stiftbreite und bei einigen Geräten die Stiftgeschwindigkeit. Jedes Objekt in einer Zeichnung besitzt die Eigenschaft Farbe. In Abhängigkeit vom Plottertyp kann jede Farbe mit einem anderen Stift, Linientyp und Stiftbreite sowie, sofern der Plotter diese Möglichkeit unterstützt, auch mit einer anderen Geschwindigkeit geplottet werden. Nicht nur Mehrfachstiftplotter, sondern z.B. auch Lasergeräte, welche eigentlich keine Stifte verwenden, können die eingestellten Stiftparameter auswerten und dadurch Linien von verschiedener Breite plotten.

Hardware-Linientypen (im Plotter „eingebaute" Linientypen) sind nur für Objekte zu verwenden, die mit dem AutoCAD-Linientyp CONTINUOUS gezeichnet werden. Hardware-Linientypen sind nicht mit den AutoCAD-Linientypen zu vermischen.

Die Möglichkeiten der Plotoptimierung sind vom jeweiligen Plottermodell abhängig. Ziel der Optimierung ist es, unnötige Stiftbewegungen zu vermeiden und dadurch die Plotzeit zu verkürzen.

Weitere Parameter

Im Bereich der weiteren Parameter legen Sie u.a. fest, welcher rechteckige Ausschnitt der Zeichnung geplottet wird.

Plotausschnitt

Die Option „Bildschirm" plottet das aktuelle Ansichtsfenster, wenn Sie sich im Modellbereich befinden. Im Papierbereich wird der Bereich der aktuell sichtbaren Bildschirmanzeige geplottet.

Mit der Option „Grenzen" plotten Sie nur den Teil des Zeichnungsbereichs, der Objekte enthält und Ihnen beispielsweise mit dem Befehl „Zoom Grenzen" auf dem Bildschirm angezeigt wird. Die Grenzen können Sie sich auch über den Befehl „Status" anzeigen lassen. „Limiten" plottet den durch die Zeichnungslimiten definierten Zeichnungsbereich aus.

Die Optionen „Ausschnitt" und „Fenster" sind verfügbar, wenn Sie über die entsprechenden Schaltflächen eine Ansicht ausgewählt bzw. ein Fenster definiert haben. Mit der Option „Ausschnitt" wird eine mit dem Befehl AUSSCHNT gespeicherte Ansicht geplottet. Über die Option „Fenster" geben Sie ein durch zwei Eckpunkte definierten Teil der Zeichnung aus.

Text

Mit der Option „Textauflösung" steuern Sie die Auflösung (in dpi, dots per inch) der TrueType-Schriften beim Plotten, beim Export mit PSOUT und beim Rendern. Niedrigere Werte verringern die Auflösung und erhöhen die Plotgeschwindigkeit, höhere Werte bewirken den umgekehrten Effekt. Die Option „Textfüllung" bezieht sich ebenfalls auf TrueType-Schriften. Ist sie deaktiviert, wird beim Plotten, beim Exportieren mit PSOUT und beim Rendern Text nur als Kontur ausgegeben.

Linien verdecken

Wenn Sie im Modellbereich Zeichnungen ausgeben, lassen sich mit der Option „Linien verdecken" die verdeckten Linien beim Plotten ausblenden. Beim Plotten vom Papierbereich aus gilt für die Behandlung verdeckter Linien die Einstellung für „Verdplot" der einzelnen Ansichtsfenster.

Stiftstärke

Zum Anpassen der Stiftstärke beim Plotten von ausgefüllten Bändern, breiten Polylinien, Flächen und Volumenkörpern klicken Sie die Option „Bereich ausfüllen" an. AutoCAD zieht die Grenzen des gefüllten Bereichs eine halbe Stiftstärke nach innen. Diese Option wird benötigt, wenn die Plotgenauigkeit bei einer halben Strichstärke liegen muß (z. B. Leiterplattenentwürfe).

Dateiplot

Über die Option „In Datei plotten" erfolgt der Plot nicht auf Papier, sondern in eine Datei. Das bedeutet, alle Plotbefehle an das aktuelle Ausgabegerät werden in eine Datei geschrieben statt an das Gerät geschickt. Die Vorgabe für den Dateinamen ist der Zeichnungsname mit der Extension .plt. Soll ein anderer Name für die Datei vergeben werden, wählen Sie die Schaltfläche „Datei". Nicht alle Plotter unterstützen das Plotten in Dateien!

Papierformat und Orientierung

Im Bereich „Papierformat und -orientierung" stellen Sie die Maßeinheiten (Zoll oder Millimeter) für alle Plotformate ein. Weiterhin wählen Sie das zu verwendende Papierformat aus. AutoCAD listet im sich öffnenden Dialogfeld für das Papierformat die vom aktuellen Plotter unterstützten Formate auf (Bild 10.6).

Bild 10.6:
Dialogfeld „Papierformat"

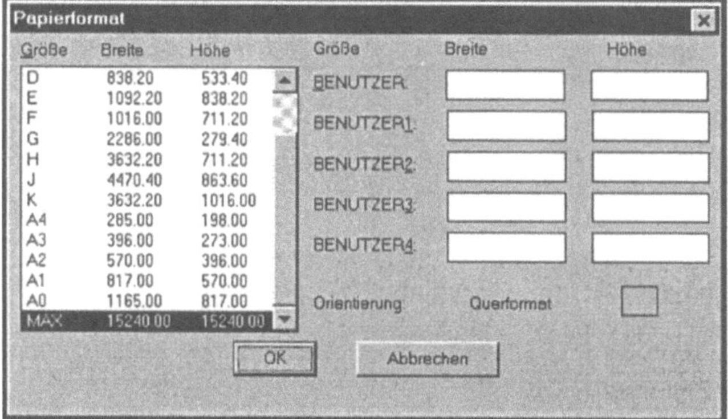

Skalierfaktor, Drehung und Ursprung

Im Bereich „Skalierfaktor, Drehung und Ursprung" legen Sie den Plotmaßstab, die Drehung und den Ursprung fest. Besonders wichtig ist die Angabe, wieviel Einheiten auf dem Papier Limiteneinheiten der Zeichnung entsprechen. Je nachdem, ob als Einheiten für die Papiergröße Millimeter oder Zoll angegeben wurden, zeigt das Dialogfeld die Ausschrift „Geplottete mm = Zeicheneinheit" oder „Geplott. Zoll = Zeicheneinheit" an. Ein Eintrag unter dieser Ausschrift ist nur möglich, wenn die Option „Größe angepaßt" deaktiviert ist. Bei Aktivierung letztgenannter Option erfolgt der Plot in der Größe, daß der zu plottende Bereich das angegebene Papierformat optimal ausnutzt. Es wird die dadurch entstehende Skalierung angezeigt. Maßstäbliche Plotausgaben erhalten Sie, wenn Sie die Option „Größe angepaßt" deaktivieren und über die Einträge unter der Ausschrift „Geplottete Einheiten = Zeicheneinheit" die gewünschte Skalierung zwischen Papierausgabe und Zeichnungseinheiten eingeben.

Haben Sie zum Beispiel mit AutoCAD eine Karte erzeugt, als Papiereinheit Millimeter und als Zeicheneinheit Kilometer gewählt, bedeuten die Einträge 2.5=1, daß 2.5 geplottete Millimeter auf dem Papier genau einem gezeichneten Kilometer in der AutoCAD-Zeichnung entsprechen.

Hinweis

Perspektivische Ausschnitte können nicht mit einem bestimmten Skalierfaktor geplottet werden. Bei solchen Ausgaben steuern Sie die Gesamtgröße des Plots mit den Einstellungen für das Papierformat.

Mit der Schaltfläche „Drehung und Ursprung" öffnen Sie ein Dialogfeld zur Einstellung von Plotdrehung und -ursprung auf dem Papier. Die Drehung des Plots erfolgt im Uhrzeigersinn. Ein Plot beginnt normalerweise in der linken unteren Ecke des Papiers. Falls Sie den Plot auf dem Papier an einer anderen Stelle plazieren möchten, geben Sie in den Feldern „X-Ursprung" und „Y-Ursprung" die gewünschten Startkoordinaten ein.

Plotvoransicht

Die Schaltfläche „Plotvoransicht" zeigt eine Vorschau auf den Plot. Ist die Option „Ganz" aktiviert, zeigt die Vorschau den Plot auf dem Bildschirm, wie Sie es bereits von der Voransicht kennen. Im Gegensatz zum Befehl „Voransicht" können Sie aus dieser Vorschau nicht direkt plotten. Alle weiteren Eigenschaften dieser Vorschau sind mit der oben beschriebenen Voransicht identisch. Bei Aktivierung der Option „Teil" sehen Sie die Umrisse von Plotbereich und Papierformat und eine Warnung, wenn Plotbereich und Papierformat nicht zueinander passen.

Haben Sie alle Einstellungen festgelegt, wird das Drucken bzw. Plotten durch Anklicken der OK-Schaltfläche gestartet.

10.3   Drucken von Renderbildern

Gerenderte Bilder können sowohl im Renderfenster als auch aus einem Ansichtsfenster heraus abgespeichert werden. Natürlich ist es jederzeit möglich, das Ausdrucken dieser Bilder mit beliebigen Grafikprogrammen vorzunehmen.

Möchten Sie gerenderte Bilder von 3D-Modellen aus AutoCAD heraus ausdrucken, ist als Ziel für das Rendering das Renderfenster anzugeben. Nach dem Abschluß des Rendervorgangs können Sie unter dem Menüpunkt „Datei" im Renderfenster den Befehl „Druck/Plot" ausführen (Bild 10.7).

Das gerenderte Bild wird auf den aktuellen Windows-Systemdrucker gedruckt. Alle erforderlichen Einstellungen, wie Papiergröße und –ausrichtung, sowie den aktuellen Drucker legen Sie in der Windows-Druckersteuerung fest.

Bild 10.7:
Renderfenster mit
ausgewähltem Befehl
„Druck/Plot"

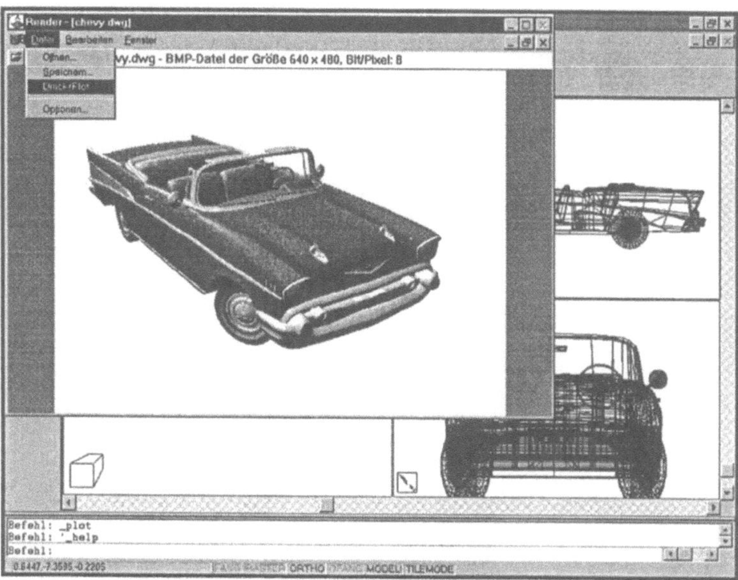

Einführung in die AutoCAD-Anpassung

Die folgenden Kapitel 12 bis 23 befassen sich mit dem effektiven Einsatz und der benutzerspezifischen Anpassung von Auto-CAD 14. Die Kapitelanordnung entspricht der zunehmenden Komplexität der verschiedenen Möglichkeiten, um Ihre Aufgaben rationeller erledigen zu können. Unabhängig von der Branche; ob beispielsweise:

- Maschinenbau,

- Elektrotechnik/Elektronik,

- Bauwesen,

- Verfahrenstechnik und Apparatebau,

- Heizung/Lüftung/Sanitär,

- Landschaftsplanung etc.,

lassen sich auch bei Ihnen alle AutoCAD-Anpassungs- und Rationalisierungstechniken einsetzen. Als Einsteiger werden Sie selbstverständlich noch nicht alle Features nutzen. Aber von Anfang an versuchen Sie natürlich, unnötige Arbeitsschritte zu vermeiden und Routineaufgaben automatisiert zu erfüllen.

Versuchen Sie, die bei Ihnen anfallenden Zeichnungs- und Konstruktionstätigkeiten zu analysieren und mögliche Rationalisierungseffekte zu erkennen. Dabei soll Ihnen die folgende Aufstellung helfen. Arbeiten Sie sich schrittweise in die vorgestellten Anpassungs- und Rationalisierungsmöglichkeiten ein und setzen Sie Ihre Kenntnisse von Beginn an in der täglichen Praxis ein.

Blocktechnik

Sie werden bemerken, daß bestimmte Geometrien wie Bauteile oder Symbole immer wieder in Ihren Zeichnungen vorkommen. Erzeugen Sie sich Blockdateien, um in beliebig vielen Zeichnungen vorgefertigte Geometrien schnell einzufügen. Im Kapitel 12 lernen Sie, diese Blöcke mit nichtgrafischen Daten (Attributen) zu versehen. Diese Attribute können Sie aus der Zeichnung extrahieren und die Extraktdateien beispielsweise in Textverarbeitungs-, Tabellenkalkulations- oder Datenbankprogrammen importieren. Dadurch erreichen Sie einen durchgängigen Datenfluß und Sie rationalisieren z. B. das Ausfüllen von Stücklisten, Bestellformularen etc.

Vorlagen und Prototypzeichnungen

Im Kapitel 13 wird Ihnen der Umgang mit AutoCAD-Vorlagedateien (Prototypzeichnungen) vorgestellt. Erstellen Sie sich eigene Vorlagen, in denen die für Sie gültigen Einstellungen bezüglich Papierformat, Text- und Bemaßungsstile, Zeichnungsrahmen usw. bereits festgelegt sind. Einerseits wird dadurch die Einrichtung neuer Zeichnungen beschleunigt, andererseits gewährleisten Sie das Einhalten von Normen wie DIN-Normen oder Werksvorschriften für Ihre Zeichnungsgestaltung.

Externe Referenzen

Beruht Ihre planerische oder zeichnerische Tätigkeit auf vorhandenen Zeichnungen oder grafischen Informationen von Kollegen oder Dienstleistern, die Ihnen zugearbeitet werden? Das können z. B. Lagepläne oder Planungsentwürfe sein. Diese Informationen können Sie sich referenzieren, also an Ihre aktuelle Zeichnung anhängen. Es ist auch möglich, externe Referenzen in gemeinsamen Dateiablagen abzulegen und somit mehreren Nutzern gleichzeitig zur Verfügung zu stellen. Hinweise dazu finden Sie in den Kapiteln 14 und 23.

Dienstprogramme und nützliche Befehle

Das Kapitel 15 stellt Ihnen nützliche Funktionen vor, die Ihre zeichnerische Arbeit erleichtern sollen.

Scripttechnik

Mit der im Kapitel 16 erläuterten Scripttechnik ist es Ihnen möglich, häufig wiederkehrende Befehlsfolgen abzuspeichern und beliebig oft zu verwenden. Im Prinzip können Sie sich also Befehlsmakros erzeugen. Häufig angewendet werden Scripts, um Zeichnungseinstellungen vornehmen zu lassen. Aber auch Abläufe von Zeichnungsbefehlen können Sie mit der Scripttechnik automatisieren.

Menüanpassung

Es sind mehrere Gründe möglich, die eine Menüanpassung (Kapitel 17) sinnvoll erscheinen lassen. Neben dem Erzeugen eigener Menüs, die z. B. eine andere Gliederung der Funktionen anbieten, ist es möglich, Ihre Blockdateien zum Einfügen über ein Dialogfeld mit Vorschau auszuwählen oder Scriptaufrufe in das Menü zu integrieren. Außerdem können Sie eigene kleine Makros im Menü hinterlegen.

AutoLISP

AutoLISP ist eine Programmierschnittstelle von AutoCAD. Sie wird Ihnen im Kapitel 18 vorgestellt. AutoLISP-Programme werden von AutoCAD interpretiert, es ist also kein Compiler erforderlich. Sie können sogar AutoLISP-Befehle direkt am AutoCAD-Befehlsprompt eingeben. Mit AutoLISP sind Sie in der Lage, in kurzer Zeit eigene Programme zur Steuerung von AutoCAD zu schreiben. Ein AutoLISP-Programm kann beispielsweise Eingaben vom Nutzer abfragen, Berechnungen ausführen und AutoCAD-

Befehle aufrufen und den Befehlen abgefragte, berechnete oder vorgegebene Parameter übergeben. Mit AutoLISP können Sie quasi eigene Befehle beliebiger Komplexität (wie Dienstprogramme für Konstruktionshilfen oder für das Erzeugen von Elementen nach bestimmten Kriterien) erstellen. Neben der Erzeugung eigener AutoLISP-Programme und der Verwendung für Sie nützlicher Programme aus den Bonus- und Sampleordnern von AutoCAD können Sie auf einen großen Bestand an Anwendungen von Drittanbietern zurückgreifen.

DCL

Mit der Dialog Control Language (DCL) erzeugen Sie Dialogfelder, in denen Sie Eingaben für AutoLISP- oder ARX-Anwendungen komfortabel vornehmen können. Im Kapitel 19 werden Ihnen die Grundlagen von DCL vermittelt.

Actve X

Mit Active X (früher als OLE-Automation bezeichnet) verknüpfen Sie alle Anwendungen, die diese Technik unterstützen. Über Active X erstellen Sie Anwendungsprogramme (z. B. mit Visual Basic) zur Steuerung von AutoCAD. Ein möglicher Anwendungsfall ist die Verbindung einer Tabellenkalkulation mit AutoCAD. In der Tabellenkalkulation berechnen Sie z. B. die Parameter für ein Bauteil. Diese Parameter werden an AutoCAD übergeben und für die automatische Bauteilkonstruktion verwendet.

ARX

Die AutoCAD Runtime Extension (ARX, Kapitel 21) ist eine weitere Programmierschnittstelle von AutoCAD. ARX-Programme sind compilierte Anwendungen und kommen vor allem zum Einsatz, wenn sehr spezielle und komplexe Anwendungen zu erstellen sind. Beispielsweise nutzen Softwareentwickler ARX, um branchenspezifische Applikationen wie Geografische Informationssysteme, Anlagenplanungsprogramme oder Architekturprogramme mit der Programmiersprache C bzw. C++ zu erzeugen.

Datenbanken

Liegen nichtgrafische Informationen in einer Datenbank wie ORACLE, Microsoft Access oder dBASE vor, müssen Sie diese Daten nicht noch einmal (z. B. über Attribute) in AutoCAD eingeben, sondern Sie können AutoCAD-Objekte mit den Datenbankinformationen verknüpfen (Kapitel 22). Durch diese Verknüpfung ergeben sich mehrere Vorteile, u. a. vermeiden Sie Mehrfacheingaben von Daten und verringern das Risiko inkonsistenter Datenbestände, da die Daten nur an einer Stelle gespeichert werden.

12 Blocktechnik mit Attributierung

Den im Kapitel 5 behandelten Blöcken bzw. Blockdateien (mit WBLOCK erzeugten Dateien zur Einfügung in beliebige Zeichnungen) können Sie neben den grafischen auch nichtgrafische Informationen zuordnen. Diese nichtgrafischen Attribute sind Textinformationen, die in der Zeichnung sichtbar oder unsichtbar mitgeführt werden. Aus diesen Attributen kann auch eine Datei, wie z. B. eine Stückliste, zur Weiterverarbeitung in beliebigen Textverarbeitungs- und Datenbankprogrammen erzeugt werden. Hauptkomponenten eines Attributs sind (vergleichbar mit einer Variablen) seine Attributbezeichnung und der Attributwert. Die Aussagen dieses Kapitels gelten sowohl für die Blöcke einer Zeichnung als auch für die Blockdateien.

12.1 Attribute definieren

Zur Definition eines Attributes wählen Sie den Befehl „Attribute" aus dem Menü „Zeichnen/Block" oder geben DDATTDEF am AutoCAD-Befehlsprompt ein. Die Optionen des Dialogfelds „Attribute definieren" (Bild 12.1) steuern die im folgenden näher erläuterten Attributeigenschaften.

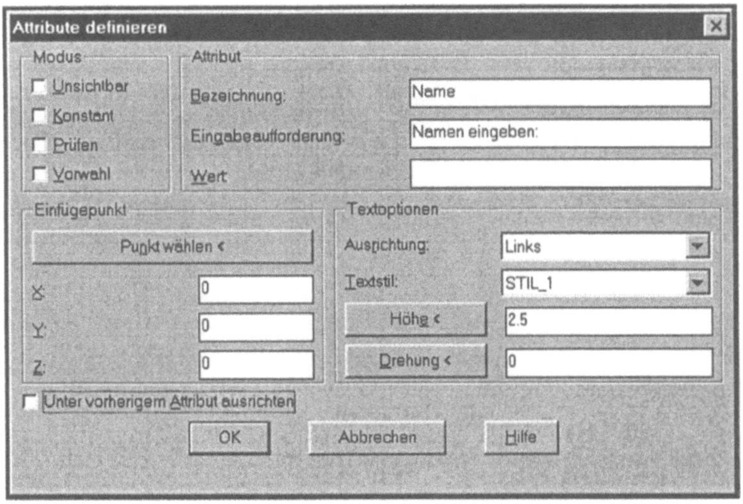

Bild 12.1:
Dialogfeld „Attribute
definieren"

Modus

Im Bereich „Modus" stellen Sie für das Attribut ein:

- Mit der Option „Unsichtbar" schalten Sie zwischen unsichtbar und sichtbar um. Die Sichtbarkeit bezieht sich nur auf die Darstellung auf der Zeichnung. In der Datenbank sind natürlich alle Informationen gespeichert. Unsichtbare Attribute können Sie sichtbar machen, wenn Sie den Wert der Systemvariablen ATTMODE, z. B. über den Befehl ATTZEIG oder den Menüpunkt „Anzeige/Anzeige/Attributanzeige" auf „Ein" stellen.

- Durch Aktivierung der Option „Konstant" können Sie einen konstanten Attributwert festlegen, die für alle Einfügungen des Blockes gilt. Damit wird auch die Attributanfrage unterdrückt.

- Mit „Prüfen" können Sie eine Überprüfung des Attributes beim Einfügen anordnen.

- „Vorwahl" bietet für das Attribut den festgelegten Wert als Vorgabewert bei der Einfügung an.

Attribut

Definieren Sie im Bereich „Attribut"

- die (formale) Attributbezeichnung,

- die Attributanfrage nach dem Attributwert (falls keine Anfrage eingegeben wird, erfolgt die Anfrage durch Anzeige der Attributbezeichnung) und

- einen Wert als Vorgabe- bzw. Konstantwert.

Textoptionen

Geben Sie weiterhin an, mit welchen Textoptionen das Attribut auf der Zeichnung dargestellt werden soll. Die Textoptionen betreffen die Ausrichtung für den Attributwert, den Stil (die Liste zeigt alle definierten Stile der Zeichnung) sowie Texthöhe und Drehung.

Einfügepunkt

Durch Anklicken der Schaltfläche „Punkt wählen <" legen Sie den Einfügepunkt für das Attribut interaktiv durch Anklicken mit dem Zeigegerät fest. Sie können auch Koordinaten in den einzelnen Feldern eingeben. Die Option „Unter vorherigem Attribut ausrichten" setzt die aktuelle Attributbezeichnung direkt unter das zuvor definierte Attribut und übernimmt auch dessen Textoptionen. Bei der ersten Attributsdefinition ist diese Option nicht verfügbar.

Schließen Sie das Dialogfeld „Attribute definieren" durch Anklicken der OK-Schaltfläche, erscheint die Attributbezeichnung in der Zeichnung am festgelegten Einfügepunkt mit den eingestellten Textoptionen.

ATTDEF

Mit dem Tastaturbefehl ATTDEF erstellen Sie Attributsdefinitionen am Befehlsprompt, die Optionen des Tastaturbefehls entsprechen in der Wirkungsweise den Optionen des Dialogfelds.

Attributsdefinition editieren

Bevor Sie ein Attribut einem Block zuordnen, erlaubt Ihnen der Befehl „Eigenschaften" aus dem Menü „Ändern" (Tastaturbefehl DDMODIFY) das Ändern sämtlicher Eigenschaften des gewählten Attributes. Dazu steht Ihnen das Dialogfeld „Attributsbezeichnung ändern" (Bild 12.2) nach Auswahl des zu editierenden Attributes zur Verfügung.

Bild 12.2:
Dialogfeld „Attributsbezeichnung ändern"

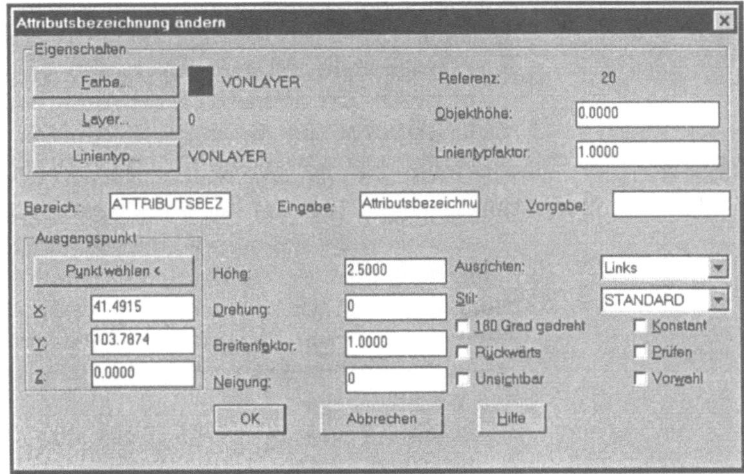

Falls Sie lediglich Attributbezeichnung, Attributanfrage oder die Vorgabe ändern möchten, wählen Sie den Befehl „Objekt/Text bearbeiten ..." aus dem Menü „Ändern" bzw. den Tastaturbefehl DDEDIT (Bild 12.3).

Bild 12.3:
Attributsdefinition bearbeiten

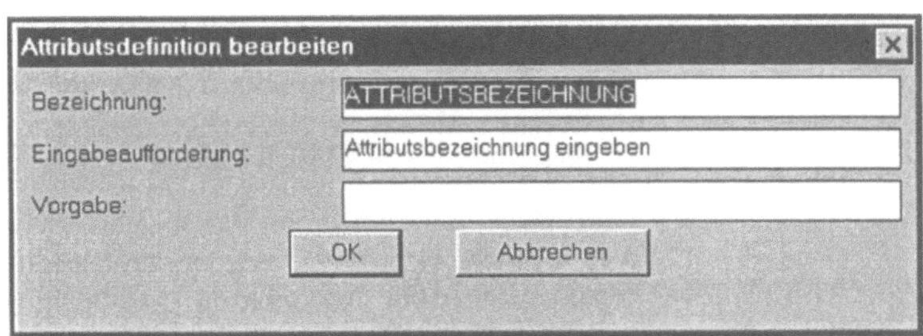

Nachdem Sie die Attributsdefinitionen erstellt und ggf. editiert haben, fügen Sie die definierten Attribute einem Block oder einer Blockdatei (siehe Befehl WBLOCK) zu.

Block erstellen

Beziehen Sie dazu bei der Objektauswahl während der Blockdefinition oder -neudefinition die Attributsdefinitionen ein. Die einem Block zugefügten Attributsdefinitionen werden bei jeder Einfügung des Blockes nach einem Wert abgefragt bzw. bei konstanten Attributwerten mit dem eingestellten Wert belegt. Entsprechend der Reihenfolge der Attributauswahl während der Blockdefinition erfolgt die Sortierung der Attributanfragen bei der Blockeinfügung. Der Tastaturbefehl ATTREDEF definiert einen bestehenden Block neu und aktualisiert die zugeordneten Attributsdefinitionen. Neu hinzukommende Attribute werden auf die Vorgabewerte gesetzt. Die bereits vorhandenen Attributsdefinitionen in der neuen Blockdefinition behalten ihre Werte bei. Bereits vorhandene Attributsdefinitionen im Block, die Sie aber nicht wieder der neuen Blockdefinition zuordnen, werden auch nicht Bestandteil der neuen Blockdefinition.

Block einfügen

Bei der Blockeinfügung werden Sie nach dem Wert für das Attribut gefragt, falls es sich nicht um ein konstantes Attribut handelt. Dazu wird in der Befehlszeile die von Ihnen festgelegte Eingabeaufforderung (Attributanfrage) eingeblendet. Bei Definition eines Vorgabewertes wird die Vorgabe ebenfalls eingeblendet, die Vorgabe bestätigen Sie mit der Enter-Taste. Haben Sie keine Aufforderung festgelegt, erfolgt die Abfrage durch Einblenden der Attributanzeige.

```
Befehl: EINFÜGE
Blockname (oder ?): Blockname
Einfügepunkt: X Faktor <1> / Ecke/ XYZ:
Y Faktor (Vorgabe=X):
Drehwinkel <0>:
Attributwerte eingeben
Attributwert eingeben: <Vorgabewert>:
```

Hinweis

Soll die Eingabe der Attributwerte über ein Dialogfeld erfolgen, stellen Sie die Systemvariable ATTDIA auf den Wert 1.

```
Befehl: ATTDIA
Neuer Wert für ATTDIA <0>: 1
```

Nach dem Einfügen eines Blocks mit Attributsdefinitionen zeigt AutoCAD die von Ihnen vergebenen Attributwerte mit denselben Textoptionen (Stil, Ausrichtung und Position) wie die Attributsdefinition im Block an.

12.2   Attributwerte editieren und anzeigen

12.2.1   Attributwerte editieren

DDATTE

Mit dem Befehl „Ändern/Objekt/Attribute/Bearbeiten ..." bzw. den Tastaturbefehl DDATTE editieren Sie die Attributwerte für den gewählten Block. Im eingeblendeten Dialogfeld (siehe Bild 12.4) sehen Sie die Attributanfragen sowie die vergebenen und änderbaren Attributwerte.

Bild 12.4:
Attributwerte ändern

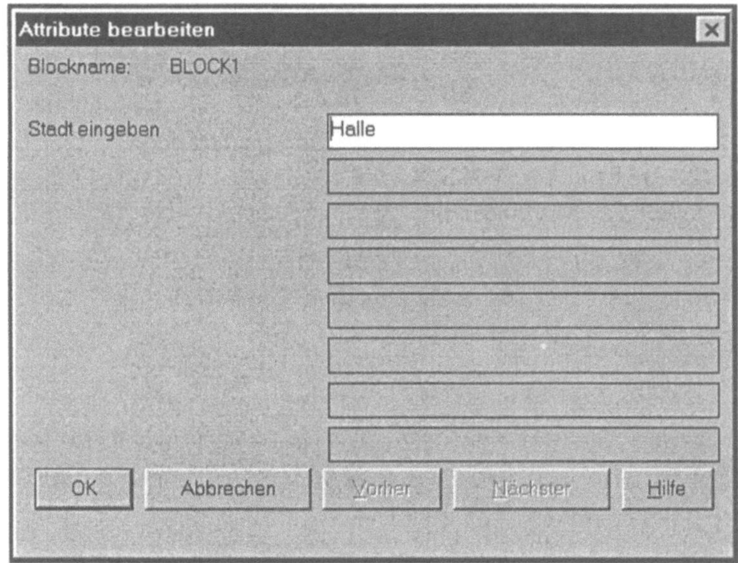

Sie sehen Bild 12.4, daß der Blockname „Block1" ist, daß die (formale) Attributbezeichnung STADT lautet und daß als Attributanfrage „Stadt eingeben" formuliert wurde. Der änderbare Attributwert ist „Halle".

ATTEDIT

Durch den Tastaturbefehl ATTEDIT bzw. den Menübefehl „Ändern/Objekt/Attribute/Global bearbeiten..." ist ein nachträgliches Verändern und Editieren von Attributen bezüglich der Attributwerte und der Attributeigenschaften wie Einfügepunkt, Texthöhe etc. (einzeln oder global) unabhängig von der vorgenommenen Blockdefinition möglich. Eine Auswahl der Möglichkeiten zum späteren Verändern von Attributen zeigt der nachstehende Befehlsauszug:

```
Befehl: ATTEDIT
Attribute einzeln editieren? <J> <ENTER>
Blockname Spezifikation <*>: <ENTER>
```

```
Attributsbezeichnung Spezifikation <*>: <ENTER>
Attributwert Spezifikation <*>: <ENTER>
Attribute wählen: 1 gefunden
Attribute wählen: <ENTER>
1 Attribute gewählt..
WErt/Position/Höhe/WInkel/Stil/Layer/Farbe/
Nächstes<N>: P (für Position)
Eingabe des Texteinfügepunktes: (neuer Wert)
WErt/Position/Höhe/WInkel/Stil/Layer/Farbe/
Nächstes<N>: WI (für Winkel)
Neuer Drehwinkel <0>: 45
WErt/Position/Höhe/WInkel/Stil/Layer/Farbe/
Nächstes<N>: <ENTER>
```

Hinweis

Falls Sie lediglich die Position eines Attributwertes ändern möchten, können Sie auch durch Anklicken des eingefügten Blockes und Auswählen des Griffes am Attributwert diesen verschieben.

12.2.2   Anzeigesteuerung für Attribute

Mit dem Tastaturbefehl ATTZEIG bzw. dem Menübefehl „Anzeige/Anzeige/Attributanzeige" wird die Sichtbarkeit der Attributwerte global gesteuert. Standardmäßig werden die Attributwerte so dargestellt, wie sie definiert wurden. Das entspricht der Option „Normal". „Ein" macht alle Attributwerte sichtbar, die Option „Aus" unterdrückt die Anzeige.

12.3   Attributwerte extrahieren

Bei einer Blockeinfügung weisen Sie den formalen Attributen reale Attributwerte zu. Diese Attributwerte können Sie aus der Zeichnung extrahieren und beispielsweise so eine Stücklistendatei erzeugen. Diese Stücklistendatei kann in einem Textverarbeitungs- oder Datenbankprogramm weiterverarbeitet, aber auch z. B. als Legende wieder auf die Zeichnung zurückgeschrieben werden.

Dateischablone

Zur Ausgabe von Attributen in eine Datei benötigen Sie eine Schablone. Diese Dateischablone enthält die Struktur der Daten und ihre Darstellung:

- Attributbezeichnungen und ihre Reihenfolge sowie

- Anzahl der Zeichen und

- Anzahl der Dezimalstellen.

In den Dateischablonen geben Sie durch Eintrag von Attributbezeichnungen an, welche Attribute extrahiert und welche Formatierungen dabei verwendet werden sollen. Haben Sie beispielsweise ihren Blöcken/Blockdateien Attribute mit den Bezeichnungen Typ, Bestellnummer und Nennleistung zugeordnet, sind auch diese Bezeichnungen für eine Extraktion der Attributwerte in der Dateischablone mit der gewünschten Formatierung anzugeben (in der Reihenfolge Attributbezeichnung, alphanumerisches (C) oder numerisches (N) Feld, dreistellig die maximale Feldlänge und dreistellig die Dezimalstellen).

Beispiel

```
Typ              C020000
Bestellnummer    C030000
Nennleistung     N005002
```

Jede Zeile der Dateischablone gibt ein Feld an, das in die Datei geschrieben werden soll. Die Reihenfolge wird ebenfalls durch die Dateischablone festgelegt. Die folgende Liste zeigt die möglichen Felder in einer Schablone, in Klammern gesetzt sind Kommentare zu den Feldern. Kursiv geschrieben sind die von Ihnen zu vergebenen Attributbezeichnungen:

```
BL:LEVEL      Nwww000    (Schachtelungsebene)
BL:NAME       Cwww000    (Blockname)
BL:X          Nwwwddd    (X-Wert Blockeinfü
                          gung)
BL:Y          Nwwwddd    (Y-Wert)
BL:Z          Nwwwddd    (Z-Wert)
BL:NUMBER     Nwww000    (Blockzähler)
BL:HANDLE     Cwww000    (Blockreferenz)
BL:LAYER      Cwww000    (Layername)
BL:ORIENT     Nwwwddd    (Blockdrehwinkel)
BL:XSCALE     Nwwwddd    (X-Skalierfaktor)
BL:YSCALE     Nwwwddd    (Y-Skalierfaktor)
BL:ZSCALE     Nwwwddd    (Z-Skalierfaktor)
BL:XEXTRUDE   Nwwwddd    (X-Komponente der Ex
                          trusionsrichtung)
BL:YEXTRUDE   Nwwwddd    (Y-Komponente)
BL:ZEXTRUDE   Nwwwddd    (Z-Komponente)
Bezeichnung   Cwww000    (Alphanumerische At
                          tributbezeichnung)
Nummer        Nwwwddd    (Numerische Attribut
                          bezeichnung)
```

Feldlänge und die Dezimalstellen sind dem „w" und „d" in einem FORTRAN „Fw.d"-Format adäquat. Setzen Sie in Ihrer Schablone für „www" die Feldlänge (z. B. 006, 010 oder 112 für 6, 10 oder 112 Zeichen) ein, „ddd" bezeichnet die Zahl der Dezimalstellen. Bei numerischen Feldern zählen das Komma und die Nachkommastellen bei der Feldlänge mit (N006002 ergibt z. B. die Feldlänge 999,99).

Eine Dateischablone muß mindestens ein Feld für eine Attributbezeichnung enthalten. Jedes Feld darf nur einmal vorkommen. Kommentare sind in Dateischablonen nicht erlaubt. Die in der Schablone aufgeführten Attributbezeichnungen legen fest, welche Attribute sich in der extrahierten Datei befinden. Dadurch bestimmen Sie auch die für den Extrakt auszuwertenden Blöcke. Besitzt ein Block nicht alle der angegebenen Attribute, werden die fehlenden Werte mit Leerstellen für Zeichen bzw. Nullen für Zahlen ergänzt. Blockeinfügungen, die keine der angegebenen Attribute aufweisen, werden von der Extraktion nicht berücksichtigt! Dateischablonen sollen die Extension .txt besitzen.

Hinweis

Verwenden Sie keine Tabulatoren bei der Erstellung von Dateischablonen, sondern nutzen Sie zur Spaltenausrichtung ausschließlich Leerzeichen.

Extraktion

Zur Extraktion der Attributwerte rufen Sie den Befehl DDATTEXT (zeigt das Dialogfeld in Bild 12.5 für die Extraktion) oder ATTEXT über die Tastatur auf. Ein Attribut wird extrahiert, wenn seine Attributbezeichnung in der Dateischablone (als Feldname in der ersten Spalte) angegeben ist.

Bild 12.5:
Dialogfeld „Attribut-
extraktion"

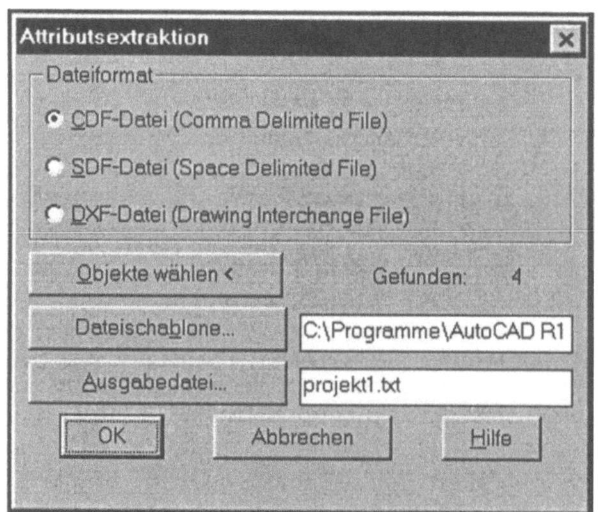

Dateiformate

Als Dateiformate stehen Ihnen für die Extraktion die folgenden Formate zur Verfügung:

- CDF-Format (Comma-Delimited File), die Felder eines Datensatzes werden durch Kommas getrennt. Alle Zeichenfelder sind in Hochkommas eingeschlossen. Dieses Format ist besonders für den Import in Datenbankanwendungen oder Anwendungsprogrammen geeignet.

- SDF-Format (Space-Delimited File), die Felder eines Datensatzes werden durch Leerzeichen getrennt. Diese Formatierung ist besonders für den Import in Textverarbeitungsprogrammen geeignet.

- DXF-Format (Drawing Interchange File), die Extraktdatei enthält Blockreferenzen, Attribute und Sequenzendobjekte im AutoCAD-DXF-Format. Bei der Extraktion in das DXF-Format werden keine Schablonendateien benutzt! Die Datei besitzt die Extension .dxx zur Unterscheidung von normalen DXF-Dateien und eignet sich für den Datenaustausch zwischen CAD-Systemen oder Anwendungsprogrammen.

Objekte wählen

Mit der Schaltfläche „Objekte wählen" schränken Sie durch Auswahl von eingefügten Blöcken die Extraktion von Daten auf die gewählten Blöcke ein. Standardmäßig werden alle Blöcke bei der Extraktion berücksichtigt.

Schablonen- und Ausgabedatei wählen

Die Schaltläche „Dateischablone auswählen" öffnet bei Auswahl des CDF- bzw. SDF-Formates ein Standarddialogfeld zur Dateiauswahl. Navigieren Sie in diesem Fenster zur gewünschten Dateischablone, bestätigen Sie Ihre Auswahl im Dialogfeld „Schablonendatei" durch Anklicken der Schaltfläche „Öffnen". Im Feld „Ausgabedatei" wird Ihnen angeboten, für die Stücklistendatei den gleichen Namen wie für die Zeichnungsdatei zu verwenden, allerdings mit der Extension .txt. Sie können die Vorgabe auch im Feld überschreiben. Durch Anklicken der Schaltfläche „Ausgabedatei" öffnen Sie ein Standarddialogfeld zur Dateiauswahl. Navigieren Sie zu einer vorhandenen Datei, diese wird durch die aktuelle Extraktion überschrieben, oder legen Sie eine neue Datei in einem beliebigen Verzeichnis an.

Nach dem Einstellen der Optionen klicken Sie die OK-Schaltfläche an. Ihre Stücklistendatei wird erzeugt und es erscheint eine Ausschrift in der AutoCAD-Befehlszeile:

```
xx Sätze in Ausgabedatei
```

<table>
<tr><td>

12.4

</td><td>

Übung „Attribute extrahieren"

In der folgenden Übung sollen die Attributsdefinition und das Erzeugen einer Stückliste am Beispiel eines Absperrschiebers vertieft werden. Es sollen für den Absperrschieber folgende Attribute vereinbart werden:

</td></tr>
</table>

- die fest vereinbarte Verbindungsart „geflanscht", unsichtbar auf der Zeichnung

- Armaturnummer, sichtbar auf der Zeichnung

- Bestellnummer, unsichtbar auf der Zeichnung

Gehen Sie dabei folgendermaßen vor:

1   Zeichnen Sie den Absperrschieber (Bild 12.6).

Bild 12.6:
Absperrschieber
geflanscht

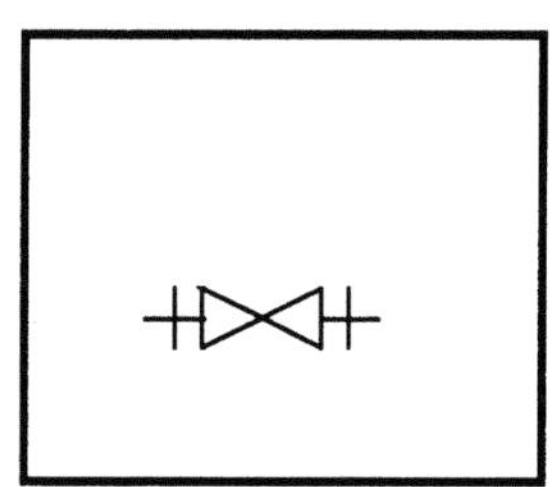

2   Plazieren Sie die Attribute Verbindungsart, Armaturnummer und Bestellnummer gemäß Bild 12.7 durch Anklicken der Schaltfläche „Punkt wählen". Für das Attribut Verbindungsart aktivieren Sie die Optionen „Unsichtbar" und „Konstant" im Dialogfeld „Attribute definieren" (Bild 12.8). Beim Attribut Armaturnummer wählen Sie für die Textausrichtung den Eintrag „Zentrieren". Das Attribut Bestellnummer ist als unsichtbares Attribut zu plazieren. Für die Attribute Armaturnummer und Bestellnummer können Sie eine Eingabeaufforderung festlegen.

Bild 12.7:
Attribute plazieren

Bild 12.8:
Attribut Verbindungs-
art definieren

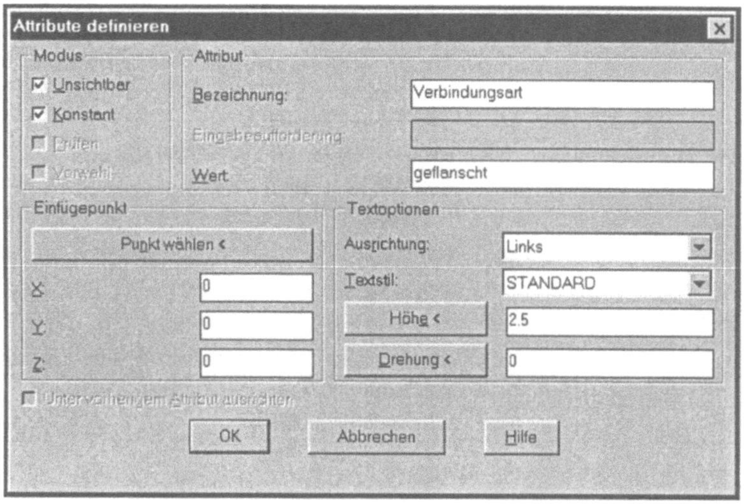

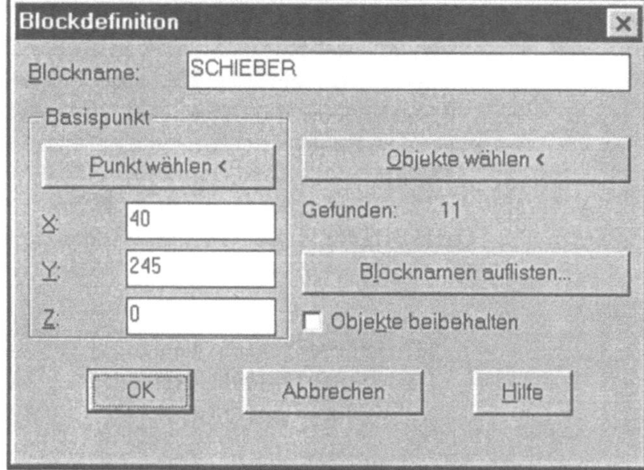

3 Erzeugen Sie den Block „Schieber" (Bild 12.9), wählen Sie bei der Blockdefinition sowohl die Grafik als auch die Attributdefinitionen. Beachten Sie, daß die Reihenfolge der Attributwahl auch die Reihenfolge der Attributabfrage festlegt!

Bild 12.9:
Block „Schieber" er-
zeugen

4 Wünschen Sie, daß der Block „Schieber" auch in anderen Zeichnungen zur Verfügung steht, erstellen Sie mit dem Befehl WBLOCK eine Blockdatei (Wiederholblock).

5 Fügen Sie den Block „Schieber" beliebig oft in Ihrer Zeichnung ein. Möchten Sie die Attributwerte in einem Dialogfeld eingeben, stellen Sie die Systemvariable ATTDIA auf den Wert 1, zum Anzeigen der unsichtbaren Attribute Verbin-

dungsart und Bestellnummer in der Zeichnung aktivieren Sie im Menü „Anzeige" die Option „Ein" für die Attributanzeige bzw. geben dafür den Befehl ATTZEIG ein.

```
Befehl: ATTDIA
Neuer Wert für ATTDIA <0>: 1
Befehl: ATTZEIG
Normal/Ein/Aus <Normal>: e (für Ein)
```

6   Erzeugen Sie mit einem Editor eine Dateischablone (z. B. `schieberliste.txt`). Diese Schablone enthält neben den Attributbezeichnungen auch ein Feld für den Blocknamen, damit jeder Datensatz durch den Eintrag „Schieber" gekennzeichnet wird:

```
bl:name         c008000
verbindungsart  c010000
armaturnummer   c008000
bestellnummer   n012000
```

Blockname, Verbindungsart und Armaturnummer werden als alphanumerische Felder definiert. Enthalten Ihre Bestellnummern auch Alphazeichen (Buchstaben), ist auch dieses Feld als alphanumerisches Feld zu vereinbaren.

7   Mit dem Befehl DDATTEXT (Bild 12.10) bzw. ATTEXT erzeugen Sie eine Extraktdatei. Wählen Sie als Dateischablone die Datei `schieberliste.txt` aus. Im Beispiel wurde für die Ausgabedatei der Name `schieber.txt` festgelegt. Die folgenden Beispiele zeigen je eine Datei im CDF- und im SDF-Format.

```
'SCHIEBER','geflanscht','AS001', 4008012
'SCHIEBER','geflanscht','AS002', 4008012
'SCHIEBER','geflanscht','AS003', 4008014


SCHIEBERgeflanschtAS001         4008012
SCHIEBERgeflanschtAS002         4008012
SCHIEBERgeflanschtAS003         4008014
```

Hinweis   Sie sehen am Beispiel der Datei im SDF-Format, daß genau die Spaltenzahl für die Attributwerte genutzt wird, den Sie in der Schablonendatei festgelegt haben. Bei kürzeren Werten erfolgt ein Auffüllen mit Leerzeichen. Dadurch entsteht eine tabellenähnliche Darstellung.

Um z. B. Ihre SDF-Ausgabedateien in Textverarbeitungsprogrammen zu verwenden, achten Sie auf eine geeignete Formatierung der Zeichenlänge in der Schablonendatei!

Bild 12.10:
Dialogfeld „Attributs-
extraktion"

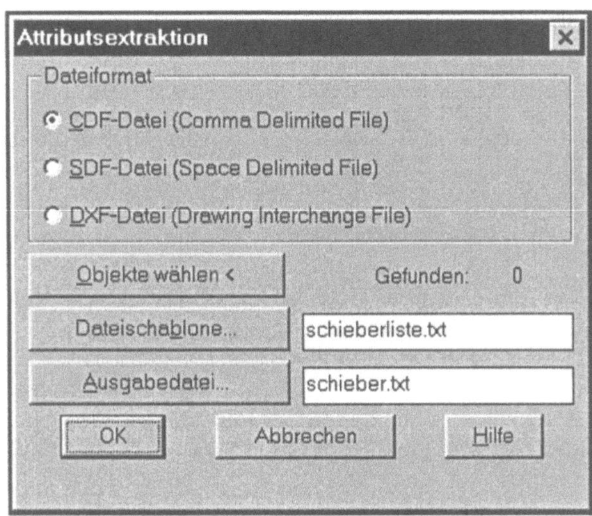

Vorlage- bzw. Prototypzeichnungen

Bevor Sie in einer neuen Zeichnung mit dem Zeichnen beginnen können, investieren Sie eine gewisse Zeit in Vorbereitungsarbeiten. Das betrifft beispielsweise das Einstellen der Einheiten, Limiten, Zeichnungshilfen wie Raster und Fang etc. Es wird Ihnen auffallen, daß sich bestimmte Einstellungen bei gleichartigen Aufgaben wiederholen. Es ist also sinnvoll, das Einrichten neuer Zeichnungen zu rationalisieren. AutoCAD bietet Ihnen diese Rationalisierungsmöglichkeit in Form der Vorlagedateien (Prototypzeichnungen). Jede neue Zeichnung bezieht ihre Anfangseinstellungen und -informationen aus einer Vorlage. Diese Anfangseinstellungen können Sie jederzeit in Ihrer aktuellen Zeichnung ändern, die Vorlage wird durch diese Änderungen nicht betroffen.

13.1 Vorhandene Vorlagen

Bild 13.1:
Startdialog mit Vorlagenauswahl

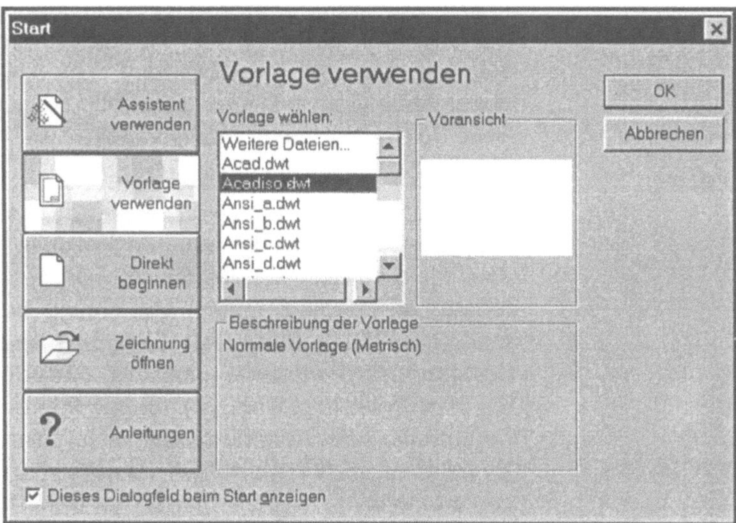

Die AutoCAD-Installation stellt Ihnen im Ordner „Template" bereits eine Reihe von verschiedenen Vorlagen zur Verfügung.

Sie können im Startdialog (Bild 13.1) von AutoCAD oder dem Dialogfeld „Neue Zeichnung erstellen" (Bild 13.2) eine passende Vorlage auswählen.

Bild 13.2:
Neue Zeichnung erstellen mit Vorlagenauswahl

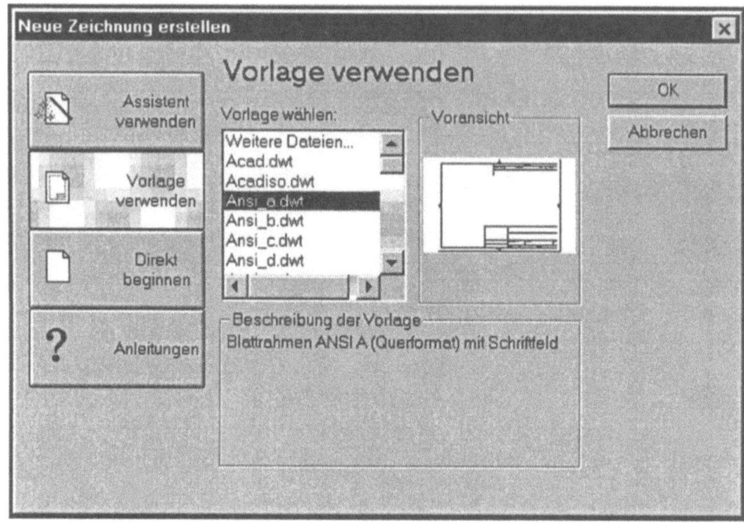

Schalter /t

Neben der Auswahl in diesem Dialog besteht die in Kapitel 3 beschriebene Möglichkeit, über den Befehlszeilenschalter /t jeder neuen Zeichnung eine Vorlage zuzuweisen. Prinzipiell ist jede vorhandene Zeichnung als Vorlage (Prototypzeichnung) verwendbar. Beachten Sie dabei, daß auch alle Informationen, also außer Anfangseinstellungen auch alle plazierten Objekte, in die neue Zeichnung übernommen werden.

acad.dwt

AutoCAD verwendet die Datei acad.dwt als Vorgabevorlage, falls Sie keine andere Vorlage wählen. Natürlich können Sie diese Vorgabevorlage und die anderen Vorlagen verändern. Das machen Sie am besten so, daß Sie die Vorlage als vorhandene Datei öffnen, die Modifizierungen vornehmen und anschließend die modifizierte Datei im Ordner „Template" speichern. Im Kapitel 2 des AutoCAD-Benutzerhandbuches „Organisieren eines Projektes/Verwenden von Vorlagen" finden Sie unter dem Punkt „Wiederherstellen der Vorgabevorlage" den Lösungsweg, falls Sie die Vorgabevorlage wieder auf ihre Standardeinstellungen zurücksetzen möchten.

13.2 Eigene Vorlagen

Die bereits vorhandenen Vorlagen können Sie um eigene Vorlagen erweitern. Speichern Sie in Ihren Vorlagen die für die Lösung Ihrer Aufgaben gültigen (Anfangs-)Einstellungen wie:

- Maßeinheiten und Genauigkeit,

- Limiten,

- Fang-, Raster- und Orthogonalmodus,

- Layerstruktur,

- Bemaßungs-, Schraffur- und Textstile sowie Linientypen.

Hinweis In den Vorlagen sollten auch die Schriftfelder, Rahmen und Logos für Ihre Zeichnungen im Papierbereich plaziert sein, damit das Gestalten des Layouts rationell und einheitlich erfolgt. Legen Sie Ihre Vorlagen ebenfalls mit der Extension `.dwt` im Ordner „Template" ab.

Neben dem Rationalisieren der Zeichnungseinrichtung können Sie durch Verwendung eigener Standardvorlagen die Durchsetzung von Werksnormen oder anderen Richtlinien für die Zeichnungsgestaltung vereinfachen. Sinnvoll ist das Verwenden identischer Vorlagen, falls z. B. an mehreren Stellen an einem Projekt gearbeitet wird. Bei einer Auftragsvergabe an externe Unternehmen sollten Sie auch an den Austausch von Vorlagen denken.

Beispiel Um eine Vorlage zu erzeugen, gehen Sie folgendermaßen vor.

1. Öffnen Sie eine vorhandene Zeichnung oder legen Sie eine neue Zeichnung an.

2. Legen Sie alle Einstellungen gemäß Ihren Vorgaben fest.

3. Fügen Sie bei Bedarf Zeichnungsrahmen inkl. Schriftfeld im Papierbereich ein.

4. Falls Sie eine vorhandene Zeichnung verwenden, löschen Sie alle nicht benötigten Objekte.

5. Wählen Sie im Menü „Datei" den Befehl „Speichern unter".

6. Wählen Sie im Dialogfeld „Zeichnung speichern" aus der Liste „Dateityp" den Typ Zeichnungsvorlagendatei (*.dwt).

7. Geben Sie im Feld „Dateiname" einen Namen für die Vorlage ein und klicken Sie auf „Speichern".

8. Tragen Sie im nun angezeigten Dialogfeld eine Beschreibung ein. Diese Beschreibung wird angezeigt, wenn Sie diese Vorlage aus dem Dialogfeld „Neue Zeichnung" bzw. dem Startdialog auswählen.

9.   Legen Sie fest, welches Maßeinheitensystem (Metrisch oder Britisch) von der Vorlage verwendet werden soll.

10.   Klicken Sie auf OK.

Die neue Vorlage wird im Ordner „Template" abgelegt.

Hinweis   Neben den Vorlagen (mit der Extension .dwt) können Sie auch jede beliebige andere AutoCAD-Zeichnung (also mit der Extension .dwg) als Prototypzeichnung verwenden. Dazu wählen Sie im Dialogfeld „Start" bzw. „Neue Zeichnung erstellen" die Schaltfläche „Vorlage verwenden". Klicken Sie in der Auswahlliste für die Dateien auf den Eintrag „Weitere Dateien ...". Im sich öffnenden Dialogfeld „Vorlage wählen" (Bild 13.3) ändern Sie die Auswahl auf den Dateityp Zeichnung (*.dwg). Navigieren Sie zu dem Ordner, in dem sich die gewünschte Prototypzeichnung befindet. Wählen Sie die Prototypzeichnung und klicken Sie dann auf „Öffnen".

Bild 13.3:
Dialogfeld „Vorlage wählen"

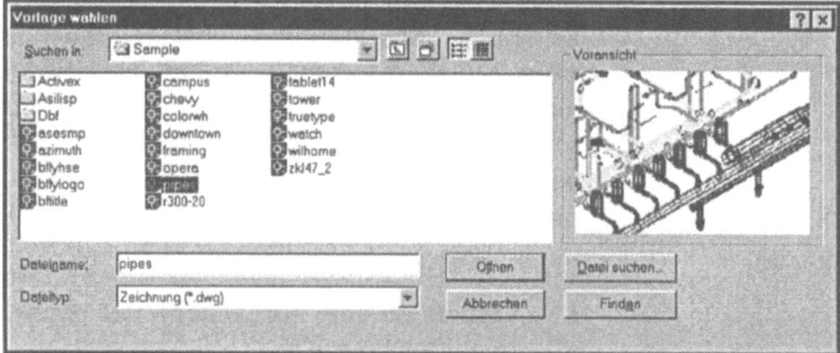

Die neue Zeichnung übernimmt sowohl ihre Anfangseinstellungen als auch die vorhandenen Objekte aus der Prototypzeichnung. Ein möglicher Anwendungsfall dieser Vorgehensweise ist die Fortführung eines Planungsprozesses durch Beginn einer neuen Planungsphase. So ist beispielsweise der Entwurf für ein Produkt dokumentiert und abgeschlossen. Die nächste Planungsphase besteht in der Detaillierung des Entwurfs. Durch die Verwendung des Entwurfes als Prototyp für die Detaillierung ergeben sich die Vorteile:

•   Die Konsistenz zwischen Entwurf und Detaillierung ist gewährleistet.

•   Der dokumentierte Projektstand für den Entwurf bleibt bestehen und wird durch die Detaillierung nicht beeinflußt.

14   Externe Referenzen

14.1   Grundlagen

Eine externe Referenz ist ein Verweis in einer Zeichnung auf eine andere (die referenzierte) Zeichnung. Im Gegensatz zu den Blöcken beeinflußt das Ändern der externen Referenz die Anzeige der referenzierten Elemente in der aktuellen Zeichnung. Ein Verweis auf eine externe Referenz wird in der aktuellen Zeichnung als ein einzelnes Element behandelt.

Vorteile

Ein großer Vorteil bei der Arbeit mit den externen Referenzen ist, daß sich die Datenmenge in der aktuellen Zeichnung reduzieren läßt. Weiterhin entspricht die Darstellung der referenzierten Objekte nach einer Änderung immer dem aktuellen Stand.

Durch diese Technik ist es beispielsweise möglich, einen Hauptdatenbestand an Zeichnungen unternehmensweit zur Verfügung zu stellen. Alle Zeichnungen, die Dateien aus diesem Bestand referenzieren, können zentral und automatisiert aktuell gehalten werden. Im Kapitel 23 „Organisation komplexer Projekte" wird auf den organisatorischen Aspekt dieser Technik vertieft eingegangen.

Arbeitsweise

Die Arbeitsweise mit externen Referenzen ist in Bild 14.1 beispielhaft dargestellt. Der Inhalt der Zeichnung 1 besteht aus einem Kreis und einem Rechteck. Der Inhalt der Zeichnung 2 sind die diagonalen Linien und der Verweis auf Zeichnung 1. Durch diesen Verweis werden auch die Elemente der Zeichnung 1 in der Zeichnung 2 dargestellt.

Bild 14.1:
Referenzierte Elemente

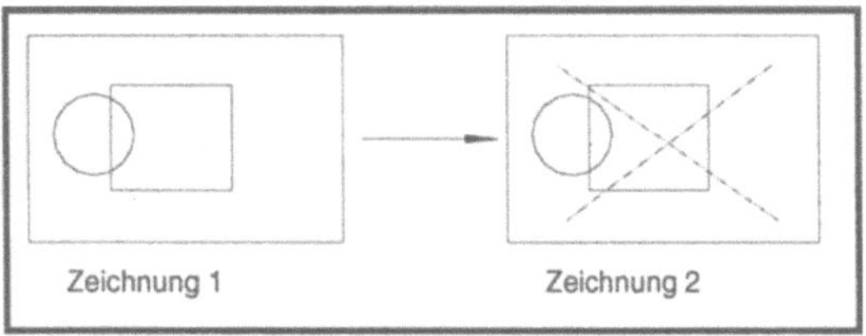

Wird Zeichnung 1 aktualisiert, ändert sich auch nach dem nächsten Aufruf die Darstellung in Zeichnung 2 (Bild 14.2).

Bild 14.2:
Aktualisierte Referenz

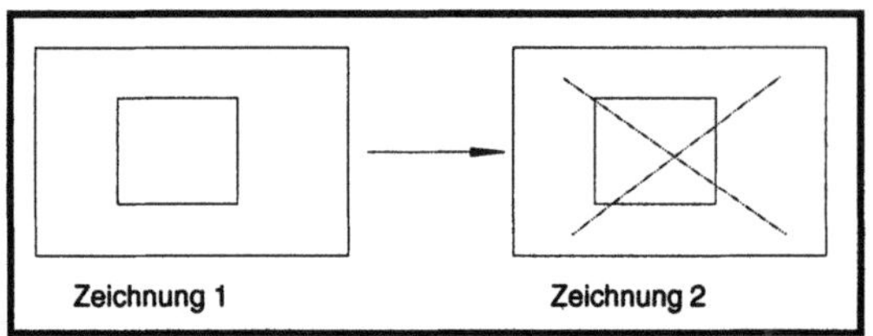

14.2   Steuerung externer Referenzen

Zur Steuerung externer Referenzen nutzen Sie den Befehl XREF oder den gleichlautenden Eintrag aus dem Menü „Einfügen" bzw. klicken Sie die entsprechende Schaltfläche im Werkzeugkasten „Referenz" an (Bild 14.3).

Bild 14.3:
Werkzeugkasten
Referenz

Der Befehlsaufruf öffnet das Dialogfeld „Externe Referenz" (Bild 14.4). Da der aktuellen Zeichnung noch keine Referenz zugeordnet wurde, ist nur die Schaltfläche „Zuordnen" aktiviert.

Bild 14.4:
Dialogfeld „Externe
Referenz"

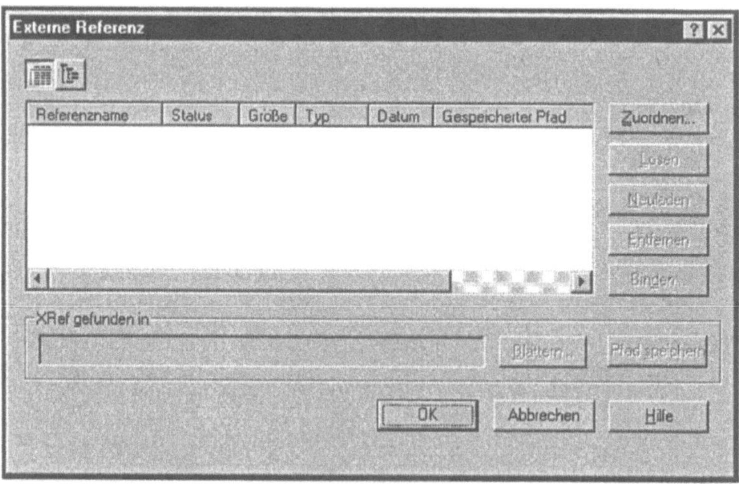

Nach Anklicken von „Zuordnen" können Sie eine Zeichnungsdatei als Referenz wählen (Bild 14.5). Im Beispiel ist das die Zeichnung pipes.dwg aus dem Ordner „Sample".

Bild 14.5:
Zeichnung auswählen

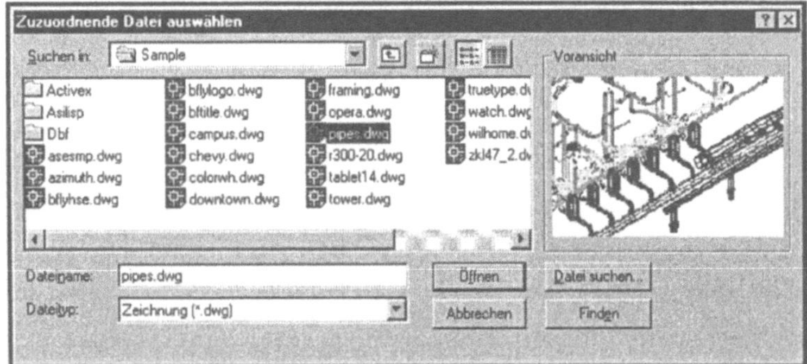

Nach dem Auswählen der Datei klicken Sie auf „Öffnen", es wird anschließend das Dialogfeld „XRef zuordnen" angezeigt (Bild 14.6).

Bild 14.6:
Dialogfeld „XRef zuordnen"

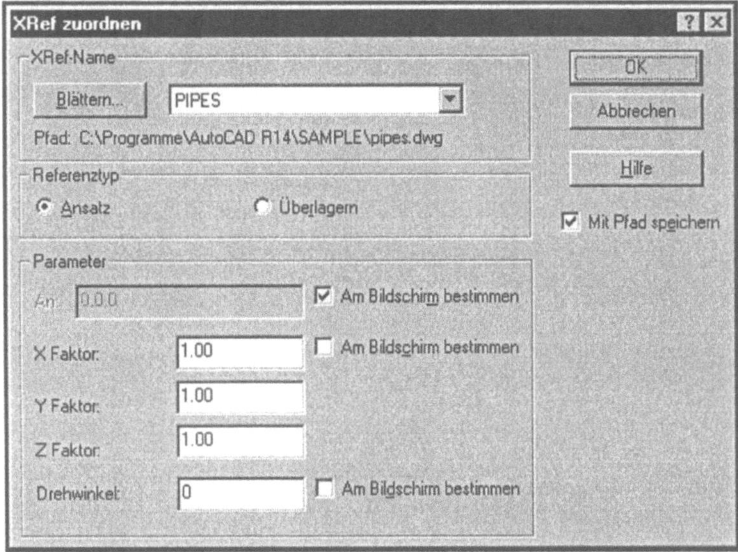

XRef-Name

Im Bereich „XRef-Name" sehen Sie die den Namen der ausgewählten Datei. Die Schaltfläche „Blättern" öffnet das in Bild 14.5 gezeigte Dialogfeld „Zuzuordnende Datei auswählen". Sie können weitere externe Referenzen für die aktuelle Zeichnung auswählen.

Referenztyp

Durch den gewählten Referenztyp „Ansatz" oder „Überlagern" legen Sie fest, wie die Referenzzeichnung behandelt wird, wenn die aktuelle Zeichnung in einer weiteren Zeichnung referenziert wird. Beim Referenztyp „Ansatz" wird die Referenz in der weiteren Zeichnung mit angezeigt (sie ist der aktuellen Zeichnung zugeordnet). Der Referenztyp „Überlagert" bedeutet, daß die Referenz nur in der aktuellen Zeichnung angezeigt wird und bei Referenzierung der aktuellen Zeichnung in einer weiteren Zeichnung keine Anzeige erfolgt. Der Unterschied wird im Bild 14.7 grafisch verdeutlicht.

Beispiel

Der Inhalt der Zeichnung 0 ist ein Kreis, Zeichnung 1 enthält ein Rechteck. Die Zeichnung 2 ist leer. Im oberen Bereich von Bild 14.7 ist die Zeichnung 0 der Zeichnung 1 zugeordnet (Referenztyp „Ansatz"). In Zeichnung 2 ist die Zeichnung 1 referenziert und die Elemente der Zeichnung 0 werden auch angezeigt.

Im unteren Bereich von Bild 14.7 überlagert Zeichnung 0 die Zeichnung 1 (es wurde der Referenztyp „Überlagert" gewählt). In der Zeichnung 2 ist wieder die Zeichnung 1 referenziert, die Elemente der Zeichnung 0 werden nicht angezeigt.

Bild 14.7:
Referenztypen

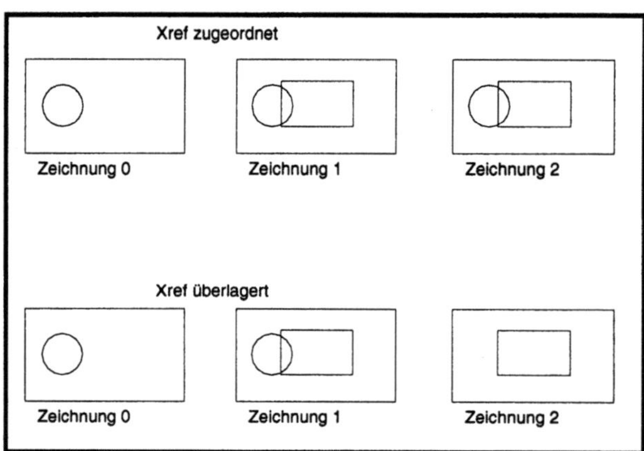

Pfad speichern

Die Option „Mit Pfad speichern" gibt an, daß der Verweis den gesamten Pfad der Zeichnung sichert. Ohne Speicherung des Pfades zur Referenzdatei muß sich diese Zeichnung im AutoCAD-Support-Suchpfad befinden, um gefunden zu werden. Sie sollten also diese Option aktiviert lassen.

Parameter

Die weiteren Parameter sind ähnlich den Einfügeoptionen bei den Blöcken. Im Feld „An" geben Sie den Einfügepunkt für die Referenzdatei an. X-, Y- und Z-Faktor bestimmen die Skalierung für die jeweilige Richtung. Der Drehwinkel bestimmt die Drehung um den Einfügepunkt. Für alle Parameter können Sie durch Aktivierung der Optionen „Am Bildschirm bestimmen" die gewünschten Werte auch interaktiv am Bildschirm bestimmen. Die Einstellungen der referenzierten Zeichnung weichen eventuell von den Einstellungen der aktuellen Zeichnungen ab, ggf.

müssen Sie die Zoom-Funktionen (Zoom alles) verwenden, um die referenzierte Zeichnung zu sehen Bild 14.8 zeigt die gezoomte Ansicht der referenzierten Datei `pipes.dwg`.

Bild 14.8:
Referenzierte Zeichnung

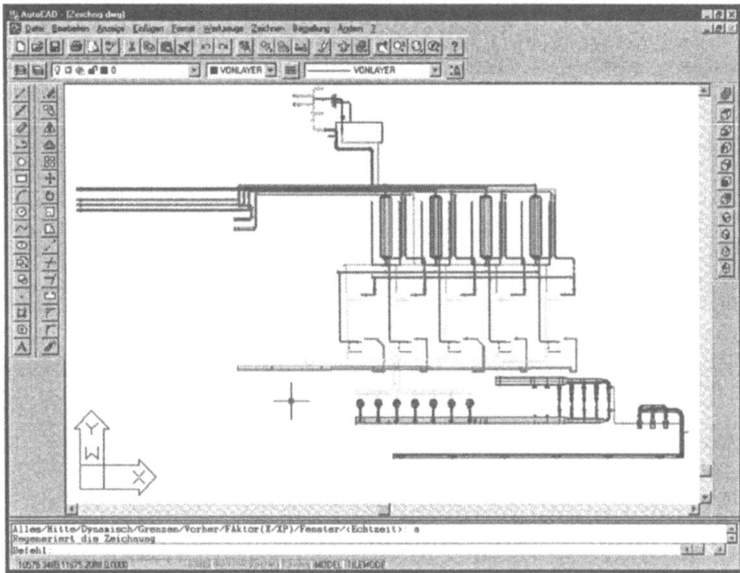

Geben Sie den Befehl XREF erneut ein, öffnet sich das Dialogfeld „Externe Referenz" aus Bild 14.4. In der Liste der Dateien erscheinen die referenzierten Zeichnungen. Wenn Sie eine Zeichnung auswählen, aktivieren Sie die weiteren Schalter auf der rechten Seite des Dialogfelds (Bild 14.9).

Bild 14.9:
Dialogfeld „Externe Referenz"

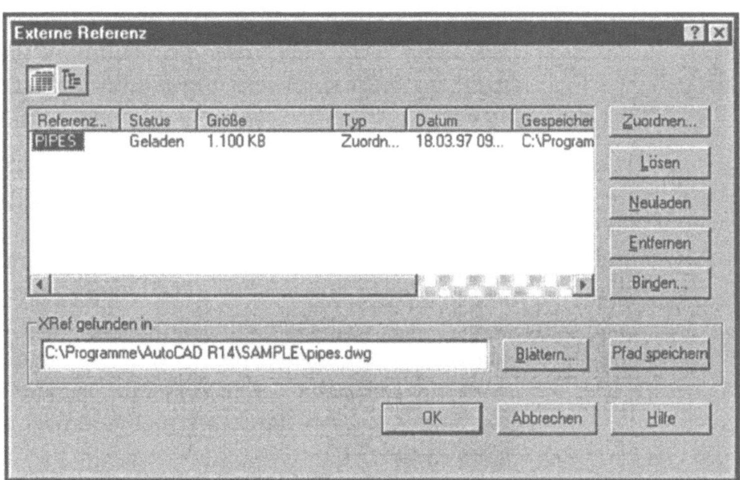

Lösen	Die Schaltfläche „Lösen" entfernt den Verweis auf die gewählte(n) Zeichnung(en). Das Lösen ist nur für direkt angehängte Referenzen möglich. Verschachtelte externe Referenzen (z. B. an eingefügten Blöcken hängende Referenzen oder zugeordnete Referenzen einer Referenzdatei) können nicht gelöst werden.
Neuladen, Entfernen	Durch das Neuladen wird die gewählte Referenz erneut eingelesen und die Darstellung aktualisiert. Auch beim Öffnen der Zeichnung erfolgt das Neuladen aller Referenzen. Durch Anklikken der Schaltfläche „Entfernen" erhält die externe Referenz den Status „entfernt". Die Zeichnung ist nach wie vor referenziert, wird aber nicht mehr angezeigt. Durch „Neuladen" wird die Zeichnung wieder sichtbar.
Binden	Die Schaltfläche „Binden" öffnet das Dialogfeld „XRefs binden" (Bild 14.10). Grundsätzlich wird durch das Binden die referenzierte Zeichnung in die aktuelle Zeichnung als Block eingefügt.

Bild 14.10:
Dialogfeld „XRefs binden"

Für den Modus dieser Einfügung wählen Sie den Modus „Binden" oder „Einfügen". Der Unterschied zwischen diesen Modi liegt darin, wie AutoCAD die Symboltabellendefinitionen (Layer, Linientypen, Blöcke, Textstile und Bemaßungsstile etc.) behandelt. Am Beispiel der Layer wird im folgenden der Unterschied zwischen Binden und Einfügen verdeutlicht.

Die Layer einer referenzierten Zeichnung sind in der Layersteuerung im Format „Zeichnungsname | Layername" dargestellt (Bild 14.11).

Wird die externe Referenz im Modus „Binden" in die aktuelle Zeichnung eingefügt, bleibt der Zeichnungsname in der Layerdefinition erhalten. Damit verhindern Sie eine Vermischung der lokalen Layer der aktuellen Zeichnung und der Layer referenzierter Zeichnungen, bei einer Vermischung können Elemente andere Eigenschaften wie Farbe oder Linientyp annehmen. Aus dem Format „Zeichnungsname | Layername" wird „Zeichnungsname0Layername". Die Nummer zwischen den $-Zeichen ist ein Zähler, der bei bereits existierenden Namen hochgezählt wird (Bild 14.12).

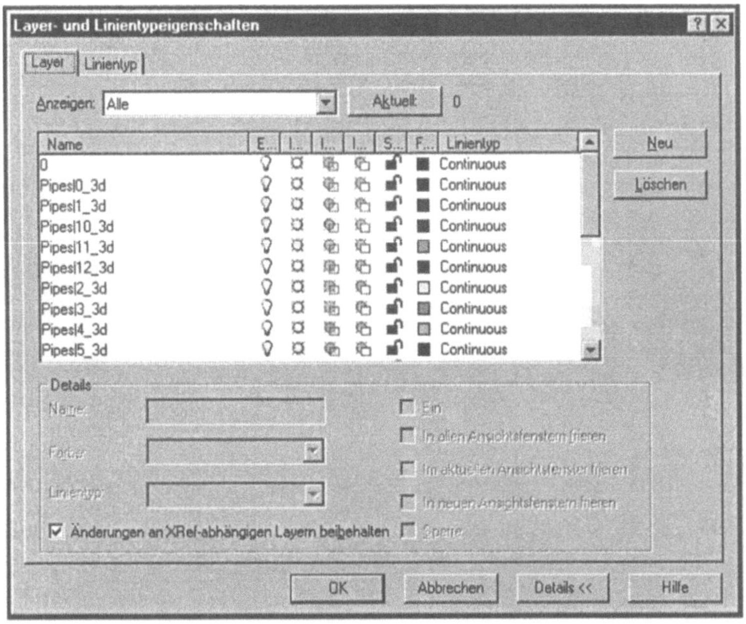

Bild 14.11:
Layerbezeichnungen
für Referenzen

Bild 14.12:
Layernamen nach
dem Binden

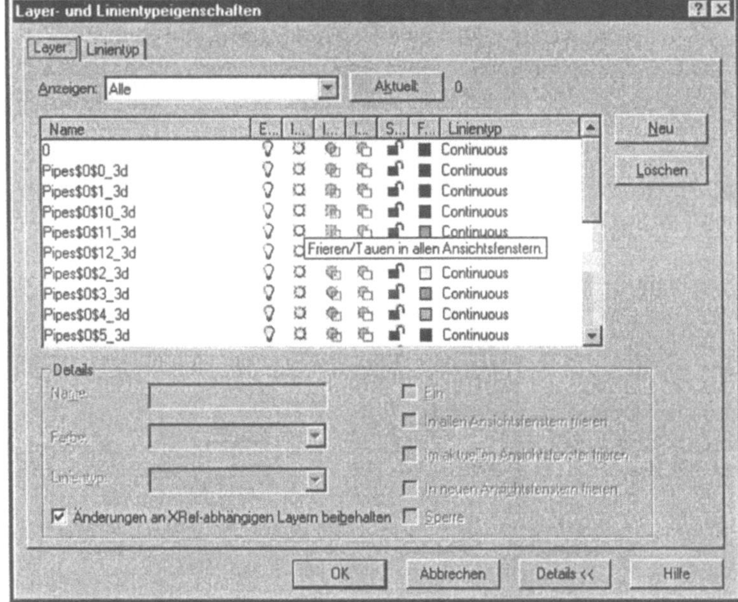

Beim Binden einer Zeichnung im Modus „Einfügen" wird das
Format der Layerbezeichnung von „Zeichnungsname | Layername"
in einen lokalen Layer mit dem Format „Layername" umgewan-

delt (Bild 14.13). Objekte aus der externen Referenz erben die Eigenschaften eines lokalen Layers, falls ein lokaler Layer mit identischem Namen vorhanden ist. Lokale und externe Layer werden also (wie bei der Blockeinfügung) vermischt.

Bild 14.13:
Layernamen nach
dem Einfügen

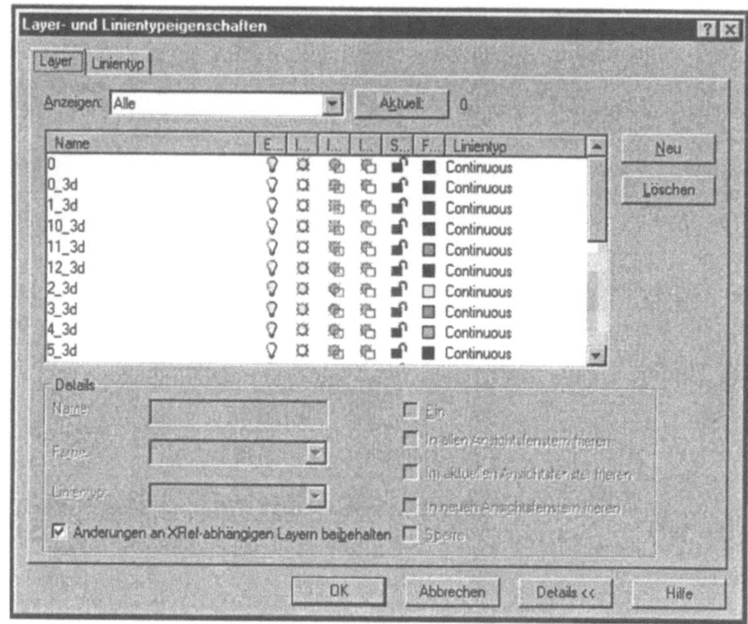

XBINDEN

Einzelne Symboltabellendefinitionen einer externen Referenz können Sie mit dem Befehl XBINDEN in die aktuelle Zeichnung einfügen. Im Menü finden Sie den Befehl unter dem Eintrag „Ändern/Objekt/XRef/Binden". Wie in einem Explorer können Sie den Elementbaum der einzelnen externen Referenzen öffnen oder schließen (Bild 14.14).

Bild 14.14:
Dialogfeld „Xbinden"

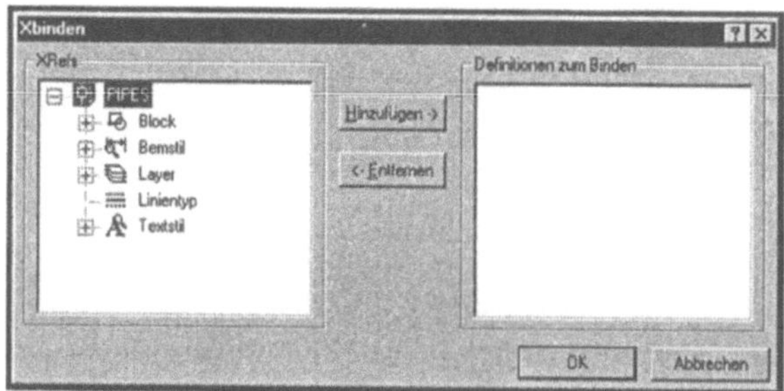

Mit den Schaltflächen „Hinzufügen" und „Entfernen" können Sie Blockdefinitionen, Linientypen, Layer, Text- und Bemaßungsstile einzeln in die aktuelle Zeichnung übernehmen. Einzelne Zeichnungselemente können nicht aus der referenzierten Zeichnung in die aktuelle Zeichnung übernommen werden.

XZUSCHNEIDEN

Der Befehl XZUSCHNEIDEN ermöglicht das teilweise Darstellen einer externen Referenz oder eines Blockes durch Festlegung einer Umgrenzung. Den Befehl finden Sie auch im Werkzeugkasten „Referenz/XRef zuschneiden". Eine mögliche Befehlsfolge sieht folgendermaßen aus:

```
Befehl: XZUSCHNEIDEN
Objekte wählen:1 gefunden (XRef angeklickt)
Objekte wählen: <Enter>
Ein/Aus/Schnittiefe/Löschen/Polylinie generieren/<Neue
Umgrenzung>: <Enter>
Auswahl:
Polylinie wählen/Polygonal/<Rechteckig>: <Enter>
Erste Ecke: Andere Ecke: (Rechteck zeichnen)
```

Sie haben eine Umgrenzung durch ein Rechteck erstellt, welches die Elemente der externen Referenz enthält, die in der Zeichnung sichtbar sein sollen (Abb. 14.15).

Bild 14.15:
Externe Referenz mit Umgrenzung

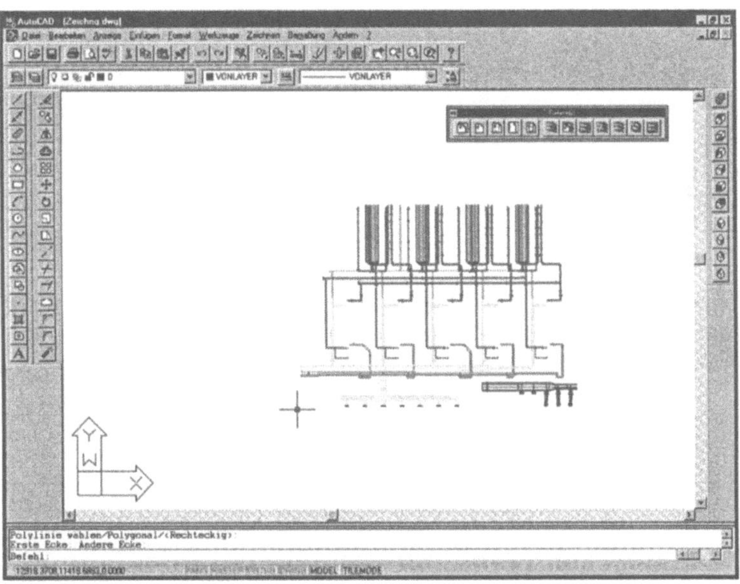

Mit den Optionen „Ein" und „Aus" steuern Sie , ob Sie nur die Objekte innerhalb der Umgrenzung oder alle sehen wollen. Die Umgrenzung bleibt erhalten.

Die Option „Schnittiefe" legt zusätzlich zur vorhandenen Umgrenzung noch die Tiefe der Darstellung fest (Sie machen aus
dem Umgrenzungsrechteck quasi einen Umgrenzungsquader). In
unserem Beispiel wechseln Sie dazu in die Ansicht von Südwest
und wählen die Schnittiefe mit dem Objektfang Endpunkt. Sie
werden aufgefordert, einen Punkt vorne und einen Punkt hinten
anzugeben. Diese Punkte wurden im Beispiel als Endpunkte an
zwei Rohrleitungen gefangen.

```
Befehl: XZUSCHNEIDEN
Objekte wählen: 1 gefunden
Objekte wählen: <ENTER>
Ein/Aus/Schnittiefe/Löschen/Polylinie generieren/<Neue
Umgrenzung>: s (für Schnittiefe)
Geben Sie Punkt vorne an oder [Abstand/Entfernen]: end
von
Geben Sie Punkt hinten an oder [Abstand/Entfernen]:
end von
```

Das Ergebnis vor und nach der Einstellung der Schnittiefe ist in
den Bildern 14.16 und 14.17 dargestellt.

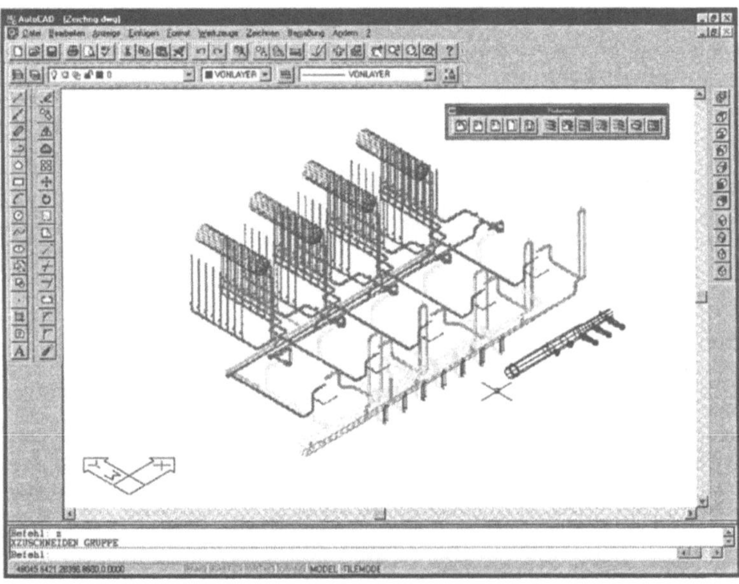

Bild 14.16:
Isometrische Anzeige
der Referenz mit
Umgrenzung

Die Option „Löschen" entfernt die eingestellte Umgrenzung mit
der eingestellten Schnittiefe.

Bild 14.17:
Isometrische Ansicht
der Referenz mit
Schnittiefe

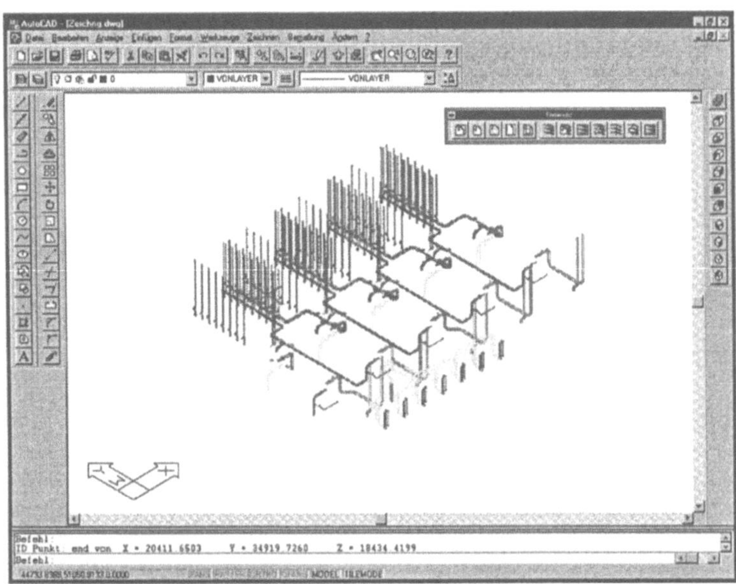

Mit der Option „Polylinie generieren" zeichnen Sie eine Polylinie
als Umgrenzung. Diese Polylinie kann mit Editierfunktionen bearbeitet und dann als neue Umgrenzung definiert werden. Diese
Polylinie darf offen sein, Kurvenlinien enthalten, sich aber nicht
schneiden. Im Bild 14.18 ist eine Polylinien-Umgrenzung definiert. Der Befehlsablauf lautet wie folgt:

```
Befehl: XZUSCHNEIDEN
Objekte wählen: 1 gefunden (Referenz wählen)
Objekte wählen: <Enter>
Ein/Aus/Schnittiefe/Löschen/Polylinie generieren/<Neue
Umgrenzung>: <Enter>
Auswahl:
Polylinie wählen/Polygonal/<Rechteckig>: w
Polylinie wählen: <Enter>
```

Die Eingabe von „W" verlangt die Wahl einer in der aktuellen
Zeichnung vorhandenen Polylinie. Bei der Eingabe von „P" für
die Option „Polygonal" werden Sie aufgefordert, ein Polygon als
Umgrenzung zu zeichnen.

Bild 14.18:
Polylinen-Um-
grenzung

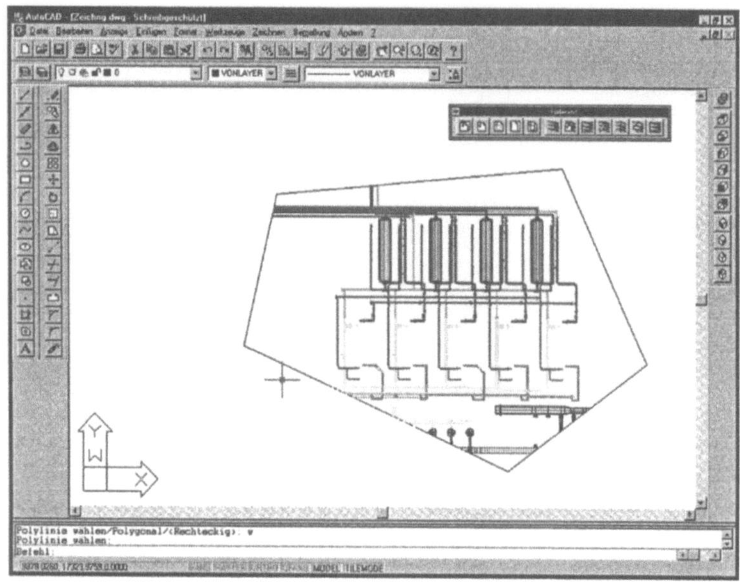

Rahmen

Der Menüpunkt „Ändern/Objekt/XRef/Rahmen" oder die Schaltfläche im Werkzeugkasten „Referenz/Zuschneide-Rahmen Externe Referenz" steuern die Systemvariable XCLIPFRAME. Die Variable kann die Werte 0 oder 1 annehmen, wobei 0 für „Rahmen
nicht anzeigen" und 1 für „Rahmen anzeigen" steht.

Visretain

Die Systemvariable VISRETAIN hat Einfluß auf die Layersteuerung bei referenzierten Dateien und kann die Werte 0 oder 1 annehmen. Hat die Variable den Wert 0, werden die Einstellungen
der Layersichtbarkeit von der Referenz übernommen, d.h. nach
jedem Neuladen der Referenz (oder Öffnen der aktuellen Zeichnung) überschreiben die Layereinstellungen der Referenz die der
aktuellen Zeichnung. Der Wert 1 (Standardeinstellung) bewirkt,
daß die Einstellungen der aktuellen Zeichnung eine höhere Priorität haben.

Dienstprogramme und andere nützliche Befehle

In diesem Kapitel wollen wir Ihnen AutoCAD-Funktionalitäten vorstellen, die der Informationsbeschaffung, der Übersichtlichkeit und Transparenz auf dem Bildschirm sowie der Regenerierung der Datenbestände dienen und damit die Produktivität und Effizienz Ihrer AutoCAD-Sitzungen erhöhen.

15.1 Informationsbeschaffung mit den Abfragebefehlen

Ein allgemeines Kennzeichen der Abfragebefehle ist, daß sie Positionen (Lage von Koordinaten) und die Beziehungen von Objekten abfragen. Damit dienen sie der Informationsbeschaffung. Typische Abfragebefehle sind LISTE, DBLISTE, ID, ABSTAND, FLÄCHE, STATUS, ZEIT.

Wenn Sie im Abroll-Menü „Anzeige", Menüpunkt „Werkzeugkästen" den Werkzeugkasten „Abfrage" aktivieren, finden Sie dort die Befehle LISTE, ID, ABSTAND, FLÄCHE sowie den Befehl MASSEIG, mit dem die Bestimmung der Massen von Volumenkörpern und Regionen möglich ist.

Der Befehl LISTE

Im Gegensatz zum Befehl DBLISTE , der die Daten der gesamten Zeichnung auf dem Bildschirm ausgibt, gestattet LISTE die Auswahl der Objekte, deren Daten auf dem Bildschirm auszugeben sind.

```
Befehl: LISTE
Objekte wählen:
```

Optionen des Befehls LISTE

Mit Hilfe der bekannten Objektwahlmodi können Sie die Objekte explizit spezifizieren, von denen Sie die Daten ausgeben lassen wollen. Neben der standardmäßigen Bildschirmausgabe besteht auch bei LISTE die Möglichkeit zur Druckerprotokollierung. Die Tastenkombinationen zum Abbruch bzw. zur Einschaltung der Druckerausgabe sind mit denen des Befehls DBLISTE identisch.

Der Befehl DBLISTE

Der Befehl DBLISTE gibt die Daten der Zeichnung in alphanumerischer Form auf dem Bildschirm aus.

```
Befehl: Dbliste
```

Optionen des Befehls DBLISTE

Der Befehlsname deutet auf das Listing der Objekte der Auto-CAD-Datenbank hin. Die Daten, die auf dem Bildschirm ausgegeben werden, sind vom konkreten Objekt abhängig. Stets enthalten im Listing sind der Name des Objektes, die zugehörigen Koordinaten und der Name des Layers, dem das Objekt zugeordnet wurde. Die Farbe des Objektes gehört ebenfalls zur Liste.

Datenausgabe

Oft sind in der Liste auch objektspezifische Zusatzinformationen, wie Kreisumfang und Flächeninhalt, Linienlänge, Anstiegswinkel u. a. enthalten. Das Ausgeben der Daten erfolgt Bidschirmseite für Bildschirmseite. Neben der Ausgabe der Daten auf dem Textbildschirm können Sie diese auch auf den Drucker umlenken. Das Druckerprotokoll kann über die Tastenkombination <STRG>+<Q> ein- und ausgeschaltet werden.

DBLISTE kann bei einer inhaltsreichen Zeichnung und besonders bei dreidimensionalen Modellen sehr viel Zeit in Anspruch nehmen. Sie können das Listing über die Tastenkombination <ESC> abbrechen oder, wenn Sie sich lediglich über die Daten einiger ausgewählter Objekte informieren möchten, den Befehl LISTE aufrufen und die gewünschten Objekte im einzelnen spezifizieren.

Beispiel

Angenommen, Sie haben einen Kreis mit dem Mittelpunkt (150,110) und dem Radius 100 gezeichnet und starten jetzt:

```
Befehl: DBLISTE
```

Dann schaltet der Rechner in den Text-Modus um und Sie erhalten folgende Ausschrift

```
Befehl:    DBLISTE
           KREIS    Layer: 0
           Bereich: Modellbereich
           Referenz = 75
           Mittel Punkt, X=  150.00 Y=  110.00 Z=   0.00
           Radius   100.00
           Umfang   628.32
           Fläche  31415.93
```

Der Befehl ID

Der Befehl ID gibt die Koordinaten eines mit dem Fadenkreuz spezifizierten Punktes zurück.

```
Befehl: ID
Punkt:
```

Optionen des Befehls ID

Das Resultat der Spezifikation eines Punktes in der Zeichnung sind seine dreidimensionalen Koordinaten:

```
X= <x-Koodinate> Y= <y-Koordinate> Z= <z-Koordinate>
```

Wenn Sie im 2D-Bereich arbeiten, wird die Z-Koordinate den Wert Null besitzen. Ansonsten wird der Wert der aktuellen Erhebung ausgegeben. Der Befehl ID arbeitet auch in der anderen Richtung, d. h. Sie können auch die Koordinaten eines (3D) Punktes erfragen, worauf AutoCAD einen Konstruktionspunkt setzt. Der Punkt existiert nur temporär; bis zum nächsten NEUZEICH bzw. NEUZALL (Kapitel 15.2.5).

Der Befehl ABSTAND

Mit Hilfe des Befehls ABSTAND können Sie die Daten einer durch Anfangs- und Endpunkte beschriebenen Strecke auf dem Bildschirm ausgeben lassen.

```
Befehl: ABSTAND
Erster Punkt:
Zweiter Punkt:
```

Optionen des Befehls ABSTAND

Der Befehl ABSTAND liefert Ihnen neben dem geometrischen Abstand der beiden Punkte noch den Winkel bezüglich der X-Achse bzw. der X-Y-Zeichenebene sowie die differentiellen Änderungen der Strecke in den Raumrichtungen.

Der Befehl FLÄCHE

AutoCAD ermöglicht standardmäßig die Berechnung von Flächeninhalten.

```
Befehl: FLÄCHE
Objekt/Addieren/Subtrahieren/<Erster Punkt>:
```

Optionen des Befehls FLÄCHE

Die Standardeinstellung erlaubt die Eingabe einer Folge von Punktkoordinaten, die, miteinanderverbunden, ein Polygon ergeben, dessen Flächeninhalt berechnet und ausgegeben wird. Sie können auch dreidimensionale Punkte spezifizieren, diese müssen allerdings in einer Ebene und parallel zur X-Y-Ebene des aktuellen Benutzerkoordinatensystem liegen.

Die Eingabefolge der Punktkoordinaten wird durch eine Leereingabe abgeschlossen. Neben der Berechnung beliebig geformter Polygone lassen sich mit FLÄCHE auch die Flächeninhalte von Kreisen und geschlossen Polylinien ausgeben. Die Option „Objekt" erwartet die Auswahl eines Kreises oder einer geschlossenen Polylinie.

```
Wählen Sie Kreis oder Polylinie:
```

Bei der Berechnung des Flächeninhalts einer geschlossenen Polylinie müssen deren Scheitelpunkte in einer Ebene liegen. Die Optionen „Addieren" und „Subtrahieren" steuern den Arbeitsmodus des Befehls FLÄCHE.

Bisher wurden nur die Flächeninhalte einzelner Flächen berechnet. Wenn der Flächeninhalt einer Fläche berechnet werden soll, die sich aus mehreren Teilflächen zusammensetzen, so aktivieren Sie eine der genannten Optionen. AutoCAD addiert bzw. subtrahiert die Teilflächen und berechnet so den Flächeninhalt. Der aktuelle Modus wird stets vor der Eingabeaufforderung auf dem Bildschirm ausgegeben.

Modi „Subtrahieren" und „Addieren"

Im Modus „Subtrahieren" wird der Flächeninhalt der Teilflächen von einer Gesamtfläche abgezogen, während im Modus „Addieren" die Summe der Teilflächeninhalte den Gesamtflächeninhalt ergeben. In beiden Arbeitsmodi sind die oben beschriebenen Auswahlmodi für die Teilflächen einsetzbar.

Mit einer Leereingabe, <ENTER>-Tastendruck, wird die Eingabe von Teilflächen beendet und die Berechnung des Flächeninhalts ausgeführt.

Bild 15.1:
Flächenberechnung von Rechteck und Kreis

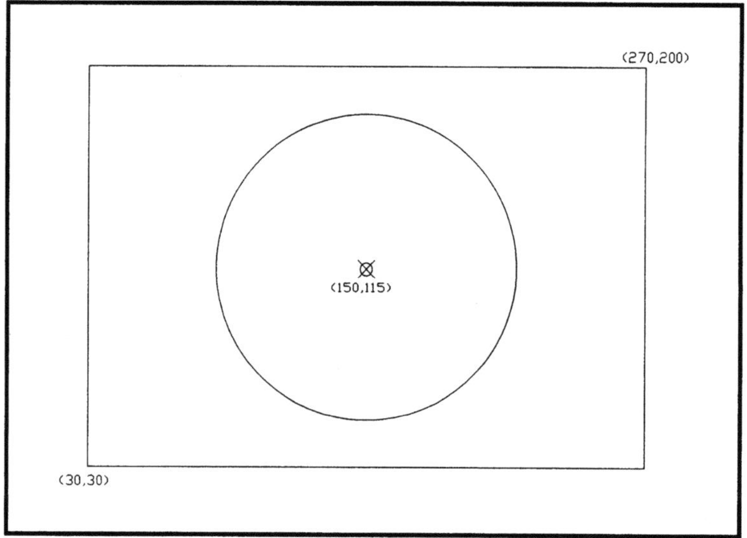

Beispiel

Zeichnen Sie ein Rechteck, das sich vom linken unteren Punkt (30, 30) zum rechten oberen Punkt (270, 200) erstreckt. Zeichnen Sie anschließend einen Kreis mit Mittelpunkt (150, 115) und dem Radius 65 (Bild 15.1).

Ermitteln Sie nun folgendes:

1.   Fläche des Rechtecks und des Kreises getrennt.

2.   Addition von Rechteck und Kreis.

3.   Subtraktion Rechteck minus Kreis .

Der Rechnerdialog und die Ergebnisse sind nachstehend dargestellt:

```
Befehl: FLÄCHE
Objekt/Addieren/Subtrahieren/<Erster Punkt>:    O
Objekte auswählen:              Rechteck angeklickt
Fläche = 40800.00, Umfang = 820.00


Befehl: FLÄCHE
Objekt/Addieren/Subtrahieren/<Erster Punkt>:    O
Objekte auswählen:              Kreis angeklickt
Fläche = 13273.23, Kreisumfang = 408.41


Befehl: FLÄCHE
Objekt/Addieren/Subtrahieren/<Erster Punkt>:       A
Objekt/Subtrahieren/<Erster Punkt>:                O
(Modus ADDIEREN) Objekte auswählen:       Rechteck
                                          angeklickt
Fläche = 40800.00, Umfang = 820.00
Gesamtfläche = 40800.00
(Modus ADDIEREN) Objekte auswählen: Kreis angeklickt
Fläche = 13273.23, Kreisumfang = 408.41
Gesamtfläche = 54073.23
(Modus ADDIEREN) Objekte auswählen:       <ENTER>
Objekt/Subtrahieren/<Erster Punkt>:       <ENTER>


Befehl: FLÄCHE
Objekt/Addieren/Subtrahieren/<Erster Punkt>:       A
Objekt/Subtrahieren/<Erster Punkt>:                O
(Modus ADDIEREN) Objekte auswählen:       Rechteck
                                          angeklickt
Fläche = 40800.00, Umfang = 820.00
Gesamtfläche = 40800.00
(Modus ADDIEREN) Objekte auswählen:       <ENTER>
Objekt/Subtrahieren/<Erster Punkt>:                S
Objekt/Addieren/<Erster Punkt>:                    O
(Modus SUBTRAHIEREN) Objekte auswählen:   Kreis
                                          angeklickt
Fläche = 13273.23, Kreisumfang = 408.41
Gesamtfläche = 27526.77
(Modus SUBTRAHIEREN) Objekte auswählen:   <ENTER>
Objekt/Addieren/<Erster Punkt>:           <ENTER>
Befehl:
```

Der Befehl STATUS

Mit dem Befehl STATUS können Sie sich über die gesetzten Schalter, die Zeichnungslimiten, die Einfüge-Basis, die Fang-Auflösung u.a. eingestellte Werte informieren.

```
Befehl: STATUS
```

Optionen des Befehls STATUS

Der Befehl STATUS hat keine weiteren Optionen. Nach seiner Aktivierung wird in den Textbildschirm umgeschaltet und Sie können sich in Form einer Tabelle über die Limiten der Zeichnung, die wirkliche Größe der Zeichnung, die Auflösung des Fangrasters und des Rasters selbst informieren.

Unter der Tabelle werden der aktuelle Layer und die aktuelle Farbe aufgelistet. In Form einer Liste werden alle aktuellen Schalterstellungen ausgegeben. Zu den ausgewerteten Funktionen gehören FÜLLEN, RASTER, ORTHO, QTEXT, FANG und TABLETT, die jeweils ein oder ausgeschaltet sein können.

Beispiel

Geben Sie einfach STATUS als Befehl ein und Sie erhalten eine Tabelle, die der nachfolgenden in etwa entspricht:

```
Befehl: STATUS
52 Objekte in Zeichng.dwg
Modellbereich Limiten sind    X: 0.00 Y: 0.00  (Aus)
                              X: 297.00  Y:  210.00
Modellbereich benutzt         X: 17.93   Y:   10.00
                              X: 288.05  Y: 210.00
Anzeige                       X: 0.00    Y:    0.00
                              X: 304.96  Y:  210.00
Einfüge-Basis ist      X: 0.00 Y: 0.00 Z: 0.00
Fangwert ist           X:   5.00 Y:     5.00
Rasterwert ist         X:   5.00 Y:     5.00
Aktueller Bereich:          Modellbereich
Aktueller Layer:            0
Aktuelle Farbe:             VONLAYER -- 7 (weiß)
Aktueller Linientyp:        VONLAYER -- CONTINUOUS
Aktuelle Erhebung:          0.00 Objekthöhe: 0.00
Füllen ein  Raster ein  Ortho aus  Qtext aus  Fang
aus  Tablett aus
Objektfangmodi:             Keiner
Freier Speicherplatz auf dwg-Laufwerk (C:): 339.2 MB
Freier Speicherplatz auf temp-Laufwerk (C:): 339.2 MB
Freier physischer Speicher: 0.9 MB (von 31.4M).
```

Der Befehl MASSEIG

Die Funktionalität MASSEIG berechnet die Masseneigenschaften von Regionen und Volumenkörpern und zeigt sie an. MASSEIG berechnet die Eigenschaften von zwei- und dreidimensionalen Objekten, die für eine Analyse der Merkmale gezeichneter

Strukturen wichtig sind. Der Aufruf kann aus dem Werkzeugkasten "Abfrage" oder über Tastatur erfolgen:
Befehl: MASSEIG
Objekte wählen:

Wirkung bei Regionen

Wenn Sie mehrere Regionen markieren, akzeptiert AutoCAD nur diejenigen, die mit der zuerst markierten Region koplanar sind. MASSEIG zeigt die Masseneigenschaften im Textfenster an und fragt Sie anschließend, ob Sie die Masseneigenschaften in eine Textdatei schreiben möchten:
In Datei schreiben? <N>:

Wenn Sie „J" eingeben, fordert MASSEIG Sie zur Eingabe eines Dateinamens auf.

Koplanare und nicht koplanare Regionen

AutoCAD zeigt für koplanare und nicht koplanare Regionen die folgenden Masseneigenschaften an:

- Fläche
- Umfang
- Begrenzungsrahmen
- Schwerpunkt

Koplanare Regionen

Wenn die Regionen mit der XY-Ebene des aktuellen BKS koplanar sind, zeigt AutoCAD die folgenden zusätzlichen Eigenschaften an:

- Trägheitsmomente
- Deviationsmomente
- Trägheitsradien
- Hauptträgheitsmomente und Richtung um Schwerpunkt

Volumenkörper

AutoCAD zeigt für Volumenkörper die folgenden Masseneigenschaften an:

- Masse
- Volumen
- Begrenzungsrahmen
- Schwerpunkt
- Trägheitsmomente
- Deviationsmomente
- Trägheitsradien
- Hauptträgheitsmomente und X-,Y-,Z-Richtungen um Schwerpunkt

Berechnungen, die auf dem aktuellen BKS basieren

Die folgende Aufzählung enthält die Parameter zur Steuerung der Einheiten, in denen Masseneigenschaften berechnet werden:

- DENSITY: Masse von Volumenkörpern
- LENGTH: Volumen von Volumenkörpern
- LENGTH*LENGTH: Fläche von Regionen und Oberfläche von Volumenkörpern
- LENGTH*LENGTH*LENGTH: Begrenzungsrahmen, Trägheitsradien, Schwerpunkt und Umfang
- DENSITY*LENGTH*LENGTH: Trägheitsmomente, Deviationsmomente und Hauptmomente

Der Befehl ZEIT

AutoCAD verfügt über einen internen Kalender. ZEIT liefert Ihnen einige Informationen bezüglich der aktuellen Zeichnung.

```
Befehl: ZEIT
```

Optionen des Befehls ZEIT

Nach dem Aufruf des Befehls ZEIT wird eine Tabelle auf dem alphanumerischen Bildschirm ausgeben. In dieser Tabelle werden neben der aktuellen Zeitangabe Angaben bezüglich des Erstellungsdatums und des benötigten Zeitaufwandes für die Zeichnung gemacht. Damit kann auch Ihr Vorgesetzter jederzeit nachkommen, wieviel Zeit Sie für eine Zeichnung verbraucht haben!

Geben Sie einfach ZEIT als Befehl ein und Sie erhalten eine Tabelle, die der folgenden entspricht!

Beispiel

```
Befehl: ZEIT
Aktuelle Zeit:        Montag, 19. Januar 1998 um
                      03:07:00:720
Benötigte Zeit für diese Zeichnung:
Erstellt:             Montag, 19. Januar 1998 um
                      01:49:47:320
Zuletzt nachgeführt:  Montag, 19. Januar 1998 um
                      01:49:47:320
Gesamte Bearbeitungszeit:      0 Tage 01:17:13.400
Benutzer-Stoppuhr (ein):       0 Tage 01:17:13.400
Nächste automatische Speicherung in: <noch keine Än-
derungen>
Darstellung/Ein/Aus/Zurückstellen:
Befehl:
```

Stoppuhr

Nach der Ausgabe der Tabelle und des Zustandes der Stoppuhr erhalten Sie die Möglichkeit, die Stoppuhr, die eine zusätzliche Zeitmessung vornimmt, ein- bzw. auszuschalten. Der Angabe der aktuellen Zeit folgt in der zweiten Zeile der Tabelle das Erstellungsdatum der Zeichnung. Dieser Zeitangabe schließt sich das Datum der letzten Änderung der Zeichnung an.

Gesamtzeit aller Sitzungen

Die „Zeit im Zeichnungseditor" gibt die Gesamtzeit aller Sitzungen wieder, die zur Erstellung der Zeichnung benötigt wurde. Neben dieser Stoppuhr, die Sie nicht beeinflussen können, besteht die Möglichkeit der individuellen Zeitmessung über eine weitere Stoppuhr. Die drei letzten Optionen beziehen sich auf eine weitere Stoppuhr, deren Zustand in der letzten Zeile der Tabelle notiert wird.

Die Option „Darstellung" zeigt die aufgeführten Daten in nachgeführter Form.

15.2 Regenerierungen

15.2.1 Inhalt einer Regenerierung

Der Gegenstand der Regenerierung ist die Aktualisierung der Vektordatenbank, in der die gesamte Informationsmenge des Modells der Zeichnung enthalten ist, und/oder der Rasterdatei, in der nur die zu visualisierenden Informationen stehen. Dazu stellt AutoCAD unterschiedliche Befehle zur Verfügung, die im weiteren erläutert werden.

Regenerierung der Vektorgrafik

Regenerierung der Vektorgrafik heißt, vereinfacht erläutert, daß die in der AutoCAD-Datenbank gespeicherten Objekte (Linien auf definierten Layern mit Attributen und Anfangs- und Endkoordinaten in Gleitkommadarstellung mit Verweisen auf Block- und Layertabellen) in eine Rasterdatei „übersetzt" werden, die für den Bildschirm visualisiert wird.

Rasterdatei

Diese Rasterdatei teilt der Grafikkarte mit, welches Pixel mit welcher Farbe gesetzt wird. Diese Information wird in der Anzeige- oder Displayliste gespeichert. Regenerierung der Rastergrafik heißt Bildneuaufbereitung der Anzeige- oder Displayliste.

Bildaufbereitung

Die Befehle REGEN, REGENALL und REGENAUTO bewirken eine Bildaufbereitung ab AutoCAD-Datenbank, während die Befehle NEUZEICH und NEUZALL die Bildaufbereitung ab Anzeige- oder Displayliste vornehmen.

Praxistips

Da bei komplexen Zeichnungen die Regenerierung lästig werden kann, weil Sie einige Rechenzeit und damit "Wartezeit" beansprucht, ist es wichtig, diese Zusammenhänge zu berücksichtigen. So geht natürlich eine Regenerierung der Rasterdatei wesentlich schneller als eine Regenerierung der gesamten Vektordatenbank und der Rasterdatei. Deshalb muß der Nutzer selbst entscheiden, ob wirklich eine Regenerierung der Vektordatenbank notwendig ist, d. h. zum Beispiel mit REGEN zu aktualisieren, oder ob es nicht ausreichend ist, mit NEUZEICH nur das Bild neu aufzubauen, oder ob nicht ganz und gar auf eine Regenerierung verzichtet werden kann.

15.2.2   Automatische Regenerierungen

Einige Befehle führen in jedem Fall zu einer Regenerierung der Vektordatenbank sowie der Rasterdatei. Solche automatische Regenerierungen werden durch folgende Befehle ausgelöst:

- ZOOM „Alles"
- ZOOM „Grenzen"
- AUSSCHNT „Holen"
- AUFLÖS
- DANSICHT

15.2.3   Befehle, die auf eine Regenerierung „warten"

Neben den Befehlen, die immer zu einer Regenerierung führen, gab es vor dem Release 14 mehrere Befehle, deren Wirkung auf dem Bildschirm erst nach einer Regenerierung sichtbar wurde. Das ist bei AutoCAD 14 weiterhin für

- QTEXT

notwendig. Eine automatische Regenerierung erfolgt nun auch bei folgenden Operationen:

- Neudefinition von Blöcken
- ÄNDERN Textstil
- LTFAKTOR

15.2.4   Realer und virtueller Bildschirm

Realer Bildschirm

Neben dem vorhandenen realen Bildschirm führt AutoCAD einen sogenannten virtuellen Bildschirm. Die Auflösung des realen Bildschirms ist abhängig von der installierten Grafikkarte, z. B.:

- VGA   :   640 x 480 Pixel
- SVGA   :   800 x 600 Pixel
- TIGA   :   1024 x 767 Pixel

Virtueller Bildschirm

Der virtuelle Bildschirm ist der interne Bereich, in dem AutoCAD schwenken und zoomen kann, ohne daß die Zeichnung regeneriert werden muß. Dafür verfügt AutoCAD 14 über mehrere Zehntausend Pixel/Zeile.

15.2.5 Befehlserläuterungen

Befehl NEUZEICH

    Befehl: NEUZEICH

Mit dem Befehl NEUZEICH wird der Bildschirm während der Editierarbeit neu aufgebaut. Der Befehl kann nach LÖSCHEN, KOPIEREN, SCHIEBEN u. ä. aufgerufen werden, wenn durch Elementbewegungen Rasterpunkte entfernt wurden oder die Zeichnung durch eine Überhäufung von AutoCAD-Konstruktionspunkten unübersichtlich geworden ist.

Grenzen der Anwendung

NEUZEICH bezieht sich in seiner Funktionsausführung nur auf den aktuellen Bildschirm. Dies ist dann von Interesse, wenn Sie den Bildschirm in mehrere Arbeitsfenster unterteilt haben.

Transparenter Befehl

Sie können NEUZEICH auch während der Arbeit aus anderen aktiven Befehlen heraus aufrufen, denn dieser Befehl ist transparent: ' NEUZEICH.

Befehl NEUZALL

    Befehl: NEUZALL

AutoCAD bietet Ihnen die Möglichkeit, die Zeichenfläche des Bildschirms in kleinere Bereiche einzuteilen. In diesen Ansichtsfenstern (Kapitel 10) können unterschiedliche Teile der Zeichnung mit beliebigen Vergrößerungsfaktoren dargestellt werden. NEUZALL baut im Gegensatz zu NEUZEICH den gesamten Bildschirm neu auf. Wenn Sie Ihre Konstruktionsarbeit auf mehreren Ansichtsfenstern durchgeführt haben, werden bei Aufruf dieses Befehls alle entstandenen Konstruktionspunkte entfernt.

Anwendung bei Ansichtsfenstern

NEUZALL ist ebenfalls ein transparenter Befehl. Durch Deaktivierung des KPMODUS verhindern Sie das Setzen von Konstruktionspunkten während der Editierarbeiten.

Befehl REGEN

    Befehl: REGEN

Dieser Befehl regeneriert zwar intern die gesamte Zeichnungsdatenbank, also die gesamte Zeichnung, baut jedoch nur das aktuelle Ansichtsfenster neu auf.

Befehlsoptionen

Ist der Füll-Modus auf „EIN" gesetzt, so wird nach dem Funktionsaufruf eine vollständig regenerierte Zeichnung im aktivierten Bildschirmausschnitt zu sehen sein.

Praxistip

Bei ausgeschaltetem Füll-Modus werden gefüllte Flächen nur als Rahmen dargestellt. Der Vorteil liegt in der schnelleren Regeneration der Zeichnung begründet, lange Zwangspausen während der Arbeit entfallen.

Befehl REGENALL

> Befehl: REGENALL

Dieser Befehl bewirkt die Regenerierung aller Ansichtsfenster des Bildschirms.

Befehlsoptionen

Wenn Sie in Ihrer Konstruktionspraxis in mehreren Ansichtsfenstern gearbeitet haben und sich einen Überblick schaffen wollen, bietet sich REGENALL zur vollständigen Regenerierung der auf dem Bildschirm dargestellten Zeichnung an. REGENALL regeneriert alle Ansichtsfenster des Bildschirms.

Befehl Regenauto

> Befehl: REGENAUTO
> Ein/Aus <Ein>:

Damit schalten Sie die automatische Regenerierung Ihrer Zeichnung ein bzw. aus.

Befehlsoptionen

AutoCAD reagiert auf die Änderung von Grundeinstellungen in der Zeichnung, wie beispielsweise der Neudefinition von Symbolen, mit einer Regenerierung. Durch die Regenerierung wird Ihre Zeichnung immer wieder aktualisiert. Nachteilig ist allerdings der große Zeitaufwand für die Aktualisierungen.

Durch Aufruf der Option „Aus" wird die automatische Regenerierung ausgeschaltet. Bei Befehlen wie ZOOM und PAN, die prinzipiell mit einer Regenerierung verbunden sind, kann im ausgeschalteten Modus durch eine zusätzliche Frage über die Regenerierung entschieden werden.

Optionen „Ein" und „Aus"

Die Option „Ein" fordert nach jeder signifikanten Änderung die Regenerierung der Zeichnung an. Vorteilhaft ist dabei, daß Ihre Zeichnung ständig den neuesten Stand anzeigt. Ist der Modus "Ein" geschaltet, wird die Zeichnung automatisch regeneriert. Dies hebt jedoch andere gesetzte Modi, z .B. FÜLLEN „Aus", nicht auf.

Arbeitsgeschwindigkeit

REGENAUTO ermöglicht eine höhere Arbeitsgeschwindigkeit; jedoch zu Lasten der kontinuierlichen Überprüfung Ihrer Zeichnung.

15.3	## Das Übersichtsfenster

Effizientes Arbeiten mit dem Übersichtsfenster

Das Übersichtsfenster dient Ihnen während der Arbeit an einer Zeichnung zur Orientierung. Es zeigt in einem getrennten Fenster eine Ansicht der Gesamtzeichnung an, so daß Sie einen bestimmten Bereich schnell suchen und erreichen können. Bei geöffnetem Übersichtsfenster können Sie zoomen und Bildausschnitte im Pan-Modus bewegen, ohne eine Menüoption auswählen oder einen Befehl eingeben zu müssen.

Papierbereich

Im Papierbereich zeigt das Übersichtsfenster nur die Papierbereichselemente einschließlich der Ansichtsfenstergrenzen an. Die Echtzeitaktualisierung des AutoCAD-Fensters vom Übersichtsfenster aus steht im Papierbereich nicht zur Verfügung.

Aufruf des Übersichtsfensters

Sie aktivieren das Übersichtsfenster aus dem Abrollmenü „Anzeige", Menüpunkt „Übersichtsfenster" oder durch Befehlseingabe über Tastatur:

    Befehl: ÜFENSTER

Das Übersichtsfenster wird geöffnet, und die gesamte Zeichnung wird dort angezeigt (Bild 15.2). Die aktuelle Ansicht wird durch eine breite Rechteckumgrenzung markiert. Das Übersichtsfenster verfügt über die Menüs

- Anzeige,

- Modus und

- Optionen.

Abrollmenü „Anzeige"

Über das Abrollmenü „Anzeige" können die Größenverhältnisse im Übersichtsfenster durch Vergrößern und Verkleinern der Zeichnung oder durch Anzeigen der gesamten Bildansicht geändert werden.

Gesamte Zeichnung im Übersichtsfenster

Wenn die gesamte Zeichnung im Übersichtsfenster angezeigt wird, werden Menüpunkt und Schaltfläche „Verkleinern" abgeblendet angezeigt und stehen nicht zur Verfügung. Wenn die aktuelle Ansicht das Übersichtsfenster nahezu ausfüllt, werden Menüpunkt und Schaltfläche „Vergrößern" abgeblendet angezeigt und stehen nicht zur Verfügung. Es ist möglich, daß beide dieser Bedingungen gleichzeitig zutreffen, so daß beide Optionen deaktiviert sind, zum Beispiel nach dem Befehl Zoom „Grenzen" (Bild 15.2).

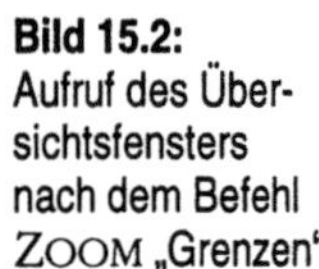

Bild 15.2:
Aufruf des Übersichtsfensters
nach dem Befehl
ZOOM „Grenzen"

Option „Vergrößern"	Mit der Option „Vergrößern" werden die Größenverhältnisse im Übersichtsfenster durch Vergrößern der Zeichnung um den Faktor „2" vom Mittelpunkt des aktuellen Ansichtsfensters aus geändert.
Option „Verkleinern"	Mit der Option „Verkleinern" werden die Größenverhältnisse im Übersichtsfenster durch Verkleinern der Zeichnung um den Faktor „2" vom Mittelpunkt des aktuellen Ansichtsfensters aus geändert.
Option „Global"	Die Option „Global" zeigt die gesamte Zeichnung und die aktuelle Ansicht im Übersichtsfenster an.
Abrollmenü „Modus"	Das Abrollmenü „Modus" schaltet vom Pan- in den Zoom-Modus und umgekehrt. Sie können zwischen den beiden Modi umschalten, indem Sie im Übersichtsfenster auf die rechte Maustaste klicken. „Pan" schaltet in den Pan-Modus. Im Pan-Modus wird die aktuelle Ansicht ohne Größenänderung bewegt.
	„Zoom" schaltet in den Zoom-Modus. Der Zoom-Modus ändert die aktuelle Ansicht, indem er Ihnen gestattet, zwei Punkte zu wählen, die die neuen Ecken der aktuellen Ansicht festlegen.
Abrollmenü „Optionen"	Das Abrollmenü „Optionen" stellt Umschalter für die automatische Anzeige des Ansichtsfensters und die dynamische Zeichnungsaktualisierung zur Verfügung.
Auto-AFenster	Falls „Auto-Afenster" diese Option aktiviert ist, wird automatisch die Modellbereichsansicht des aktuellen Ansichtsfensters ange-

zeigt. Ist Auto-Afenster nicht aktiv, kann AutoCAD das Übersichtsfenster nicht entsprechend dem aktiven Ansichtsfenster aktualisieren.

Dynamisch aktualisieren

„Dynamisch aktualisieren" steuert, ob AutoCAD das Übersichtsfenster während der Bearbeitung der Zeichnung aktualisiert.

15.4 Koordinatenfilter

Durch die Koordinatenfilter sind Sie in der Lage, aus den Objektfängen ein oder zwei Komponenten der X-, Y-, oder Z-Koordinate zu nutzen. Die fehlende bzw. fehlenden Koordinaten können aus einem anderen Koordinatenfilter ermittelt werden oder Sie geben sie explizit ein.

Im Beispiel wird eine Linie in ein Rechteck gezeichnet, die vom Mittelpunkt der linken vertikalen Linie bis zum Mittelpunkt des Rechteckes und von dort aus zum Mittelpunkt der horizontalen unteren Linie verläuft.

Bild 15.3:
Beispiel Koordinatenfilter

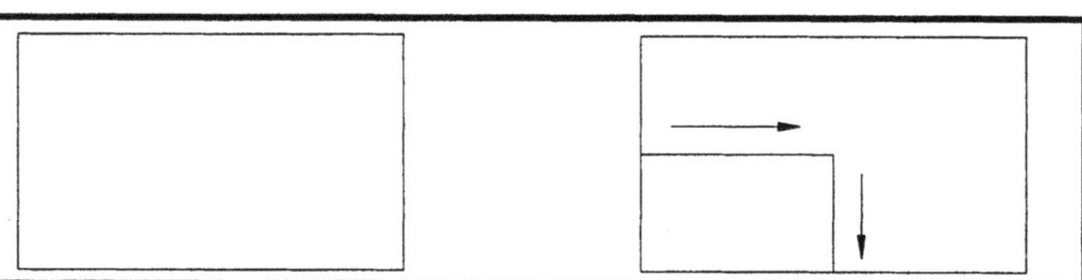

```
Befehl: LINIE Von Punkt: mit (Objektfang Mitte)
von (linke vertikale Linie wählen)
Nach Punkt: .x         (X-Wert)
von mit                (Objektfang Mitte)
von                    (untere horizontalen Linie wählen)
(benötigt YZ): @       (es fehlen Y- und Z-Koordinaten)
Nach Punkt: mit von    (Mittelpunkt der unteren horizon
                       talen Linie wählen)
Nach Punkt:            <ENTER>
```

„@" steht für die Koordinaten des letzten Punktes. In diesem Beispiel bezieht AutoCAD die Y- und Z-Koordinate aus dem letztem Punkt (Punkt der vertikalen Linie).

Im 2D-Bereich stehen Ihnen weitere geeignete Möglichkeiten zur Verfügung, die Punkte für die Konstruktion zu fangen. Im 3D-Bereich ist diese Methode oft notwendig, da die Koordinaten eines Punktes beispielsweise auf einer geneigten Fläche im Raum sehr schwer zu berechnen sind und Hilfskonstruktionen sehr aufwendig sind.

15.5 Objektwahlfilter

Mit Hilfe der Objektwahlfilter können Sie die Objektwahl selektiv gestalten. Der Befehl kann transparent aufgerufen werden. In unserem Beispiel im Bild 15.4 sind zwei Kreise und vier Linien dargestellt. Möchten Sie nur die Kreise löschen, können Sie beide einzeln wählen oder die Objektwahl mit einem Filter versehen, der nur die Kreise berücksichtigt.

Bild 15.4:
Objektwahl

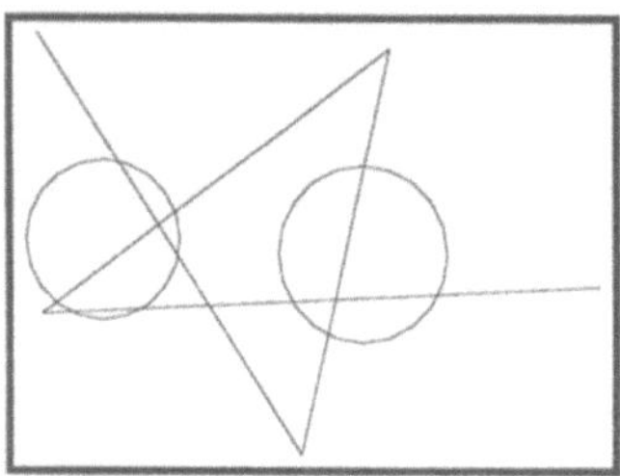

Rufen Sie den Befehl LÖSCHEN auf. Bei der Objektwahl geben Sie Filter als transparenten Befehl ein (Bild 15.5).

```
Befehl: LÖSCHEN
Objekte wählen: 'FILTER (Filter transparent aufrufen)
```

Bild 15.5:
Dialogfeld „Objekt-
wahlfilter"

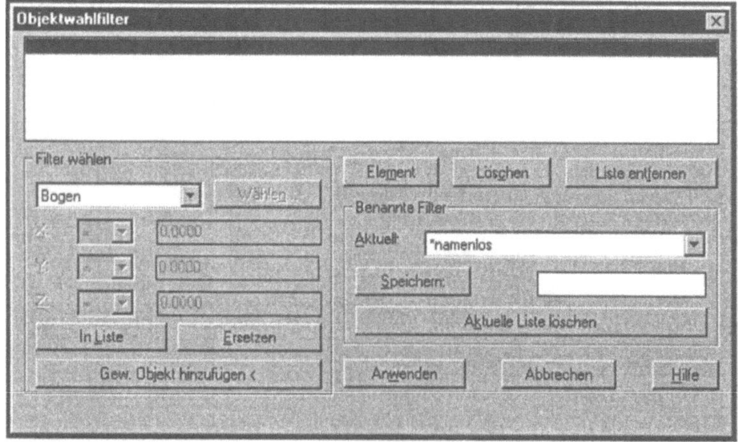

Wählen Sie die Schaltfläche „Gew. Objekt hinzufügen" und klicken Sie einen Kreis Ihrer Zeichnung an. Es werden in der Liste alle Eigenschaften des Objektes angezeigt. Wenn Sie diesen Filter anwenden, bedeutet es, daß nur der Kreis gelöscht werden würde, den Sie als Filter gewählt haben. Sicher ist das nicht sinnvoll, denn Sie hätten den Kreis auch einzeln wählen können. Sie können aber diese Liste bearbeiten, in dem Sie diese verallgemeinern. Wählen Sie einige Eigenschaften aus und betätigen Sie „Löschen" (Bild 15.6).

Bild 15.6:
Dialogfeld Objekt-
wahlfilter in Bearbei-
tung

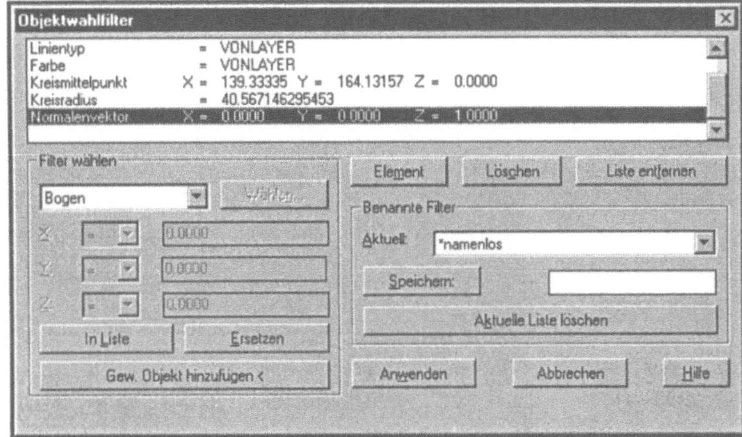

Sie können alle Eigenschaften entfernen, bis im Filter nur noch „Objekt=Kreis" steht. Klicken Sie auf „Anwenden", wählen Sie dann alle Elemente der Zeichnung durch „Kreuzen" oder „Fenster". Der Befehlsablauf sollte wie folgt aussehen (Bild 15.7):

```
Befehl: LÖSCHEN
Objekte wählen: 'FILTER
Objekt wählen:
(Mit „Anwenden" wurde Filter verlassen.)
Versieht Auswahl mit Filter.
Objekte wählen: Andere Ecke: 6 gefunden („Kreuzen")
4 waren herausgefiltert.
Objekte wählen:
Beendet gefilterte Auswahl. 2 gefunden
Objekte wählen: <ENTER>
```

Bild 15.7:
Darstellung nach
Löschen mit Filter

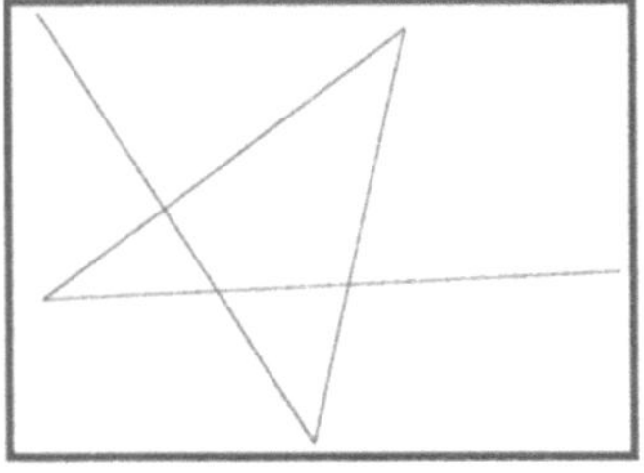

Rufen Sie erneut FILTER auf. Der letzte Filter wird Ihnen angezeigt (Bild 15.8). Mit der Schaltfläche „Liste entfernen" können Sie Ihre Filterliste löschen.

Bild 15.8:
Klappbox Filter wäh-
len

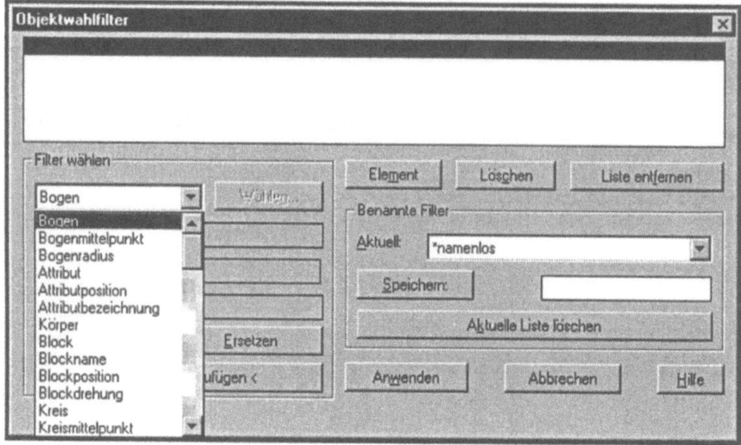

Optionen des Ob-
jektwahlfilters

Mit „Filter wählen" können Sie Objekteigenschaften in die Liste aufnehmen. Wählen Sie das Objekt Kreis aus der Klappbox und betätigen Sie „In Liste". Sie erzeugen den Filter, den Sie eben angewandt haben. Mit dem Schalter „Ersetzen" verändern Sie die Eigenschaften der Filterliste. Aktivieren Sie in der Liste die Eigenschaft „Objekt=Kreis" durch Mausklick, wählen Sie das Objekt Linie in der Klappbox und betätigen Sie den Schalter „Ersetzen". Sie haben die Eigenschaft „Objekt=Kreis" durch die Eigenschaft „Objekt=Linie" ersetzt.

Die Schaltflächen des Dialogfeldes werden in Abhängigkeit von den gewählten Eigenschaften aktiviert bzw. deaktiviert. Wählen Sie z. B. den Filter Linientyp, wird der Schalter „Wählen" aktiv. Damit sind Sie in der Lage, einen Linientyp aus der Liste der geladenen Linientypen wählen. Wählen Sie den Filter Kreisradius, wird die Fläche „X=" aktiviert. Sie können dort einen Radius eingeben, um beispielsweise alle Kreise mit einem Radius von 10 zu löschen. Sie können aber auch den Operand verändern. Klicken Sie auf „=", es wird eine Klappbox mit den möglichen Operanden angezeigt. Sie können so einen Filter schaffen, der alle Kreise wählt, deren Radius kleiner 10 ist.

Der Schalter „Element" aktiviert bei einer gewählten Eigenschaft die Filtereigenschaften unter „Filter wählen", um diese zu verändern. Die Schaltfläche „Liste entfernen" entfernt alle Eigenschaften aus der Filterliste. Unter benannte Filter können Sie Ihre Filterlisten verwalten.

Mit Hilfe dieser Filterlisten lassen sich Zeichnungen schnell „aufarbeiten", in dem Sie beispielsweise alle grünen Linien der Zeichnung wählen und auf den Layer „Grün" legen.

Die Skript-Technik

Erfordert die Arbeit mit AutoCAD mehrfach die Eingabe einer gleichartigen Befehlsabfolge, so ist mit der Skript-Technik eine Möglichkeit der Bündelung gegeben. In diesem Kapitel wird an Hand einfacher Beispiele diese Technik erläutert.

16.1 Treppenlinie

Eine Treppenlinie im Direktmodus von der Befehlszeile aus gezeichnet ergibt folgendes Protokoll (Bild 16.1).

Bild 16.1:
Treppenlinie, gezeichnet mit PLINIE

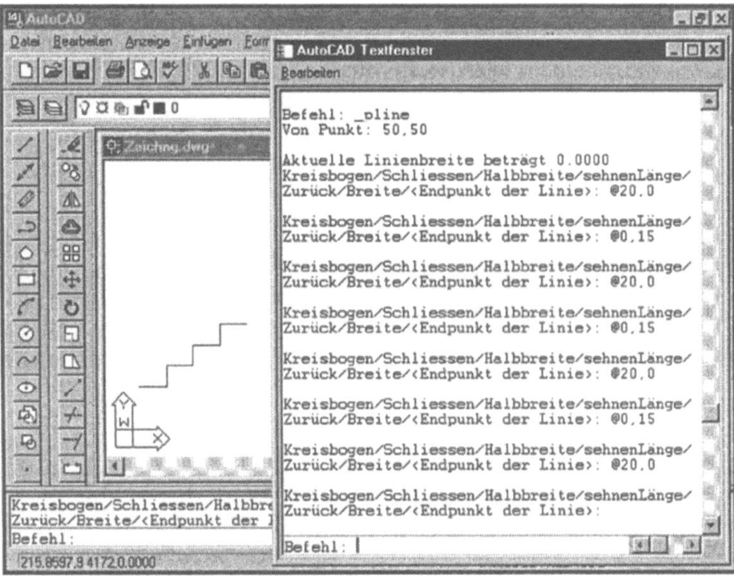

Dateikonventionen

Die Eingaben, zusammengefaßt und in einem Editor niedergeschrieben, ergeben die Skript-Datei (Bild 16.2). Diese Datei wird mit einem geeigneten Namen und der Datei-Kennung „.scr" abgespeichert.

Der Aufruf erfolgt in der Befehlszeile mit dem Befehl SCRIPT und <ENTER>. Steht die AutoCAD-Systemvariable FILEDIA auf „1", so kann die Skript-Datei über ein Dialogfeld ausgewählt werden.

Der Aufruf erfolgt aus dem Menü „Werkzeuge", Menüpunkt „Skript ausführen..." (Bild 16.3).

Bild 16.2:
Skript „Trepplin.scr"

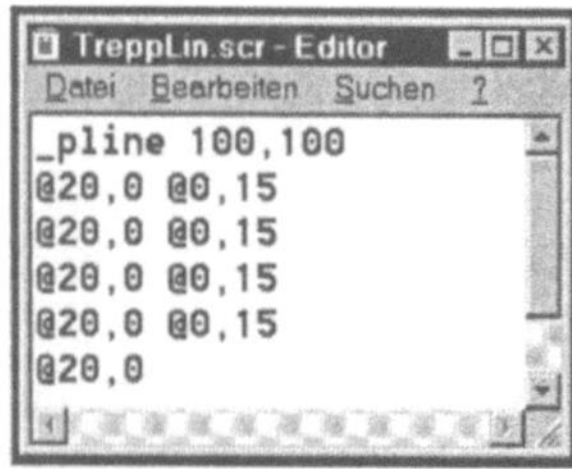

Bild 16.3:
Auswahl und Start
des Skriptes

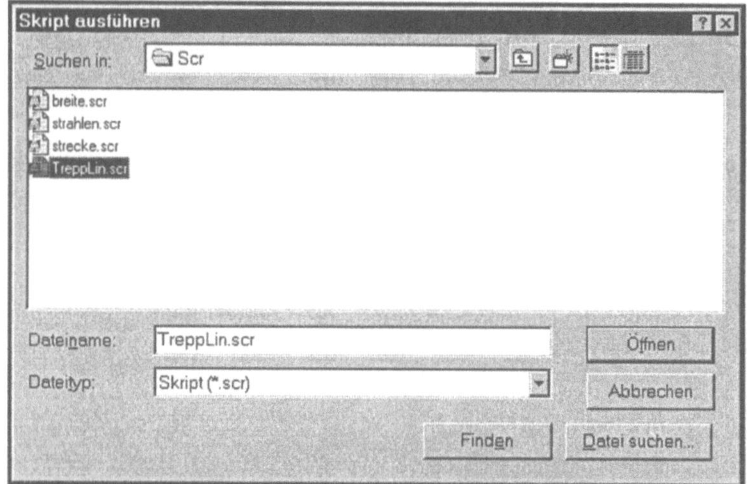

Befehl: FILEDIA

Steht Filedia auf „0", so ist der vollständige Pfad zur Datei anzugeben:

```
Befehl: FILEDIA
Neuer Wert für FILEDIA <1>: 0
Befehl: SCRIPT
Skriptdatei <F:\Programme\AutoCAD R14\Zeichng.scr>:
C:\PROG\SCR\TREPPLIN.SCR
```

Der Abschluß der Dateiauswahl (ÖFFNEN im Dialogfeld oder <ENTER> am Ende der Eingabe in der Befehlszeile) startet die Ausführung der in der Skript-Datei enthaltenen Befehlsfolge: die Treppenlinie wird vom Startpunkt aus gezeichnet.

Verwendung von
<ENTER> und „Leer-
zeichen" in Skript-
Dateien

Die Verwendung von <ENTER> und „Leerzeichen" in Skript-Dateien setzt besondere Sorgfalt voraus. Bei der Arbeit in Einzelschritten in der Vorbereitungsphase ist jede Eingabe mit <ENTER> oder „Leerzeichen" abzuschließen. In der Skript-Datei sind diese Eingaben im Falle des gewählten Beispiels (Ausnahme: letzte Zeile) ablesbar aus der Anordnung von Bild 16.2.

In der nachfolgenden Skript-Datei werden deshalb die Tastatur-Symbole „Leerzeichen" und <ENTER> vollständig angegeben.

Datei „TREPP-LIN.SCR"	PLINE"Leerzeichen"100,100<*ENTER*> @20,0"Leerzeichen"@0,15<*ENTER*> @20,0"Leerzeichen"@0,15<*ENTER*> @20,0"Leerzeichen"@0,15<*ENTER*> @20,0"Leerzeichen"@0,15<*ENTER*> @20,0"Leerzeichen"<*ENTER*>

16.2 Rotierender Strahl

Dieses Beispiel zeigt die Möglichkeit, Befehle

- zur zeitweiligen Unterbrechung des Ablaufs,
- zur Fortsetzung nach einer Unterbrechung sowie
- zur ununterbrochenen Wiederholung

in einer Skript-Datei anzuwenden.

Datei „STRAHL.SCR"

```
;Script zeichnet rotiernden Strahl
LINE"Leerzeichen"150,150"Leerzeichen"@100<90"Leerzeichen"<ENTER>
PAUSE"Leerzeichen"1000<ENTER>
LÖSCHEN"Leerzeichen"Letzter<ENTER>
LINE"Leerzeichen"150,150"Leerzeichen"@100<60"Leerzeichen"<ENTER>
PAUSE"Leerzeichen"1000<ENTER>
LÖSCHEN"Leerzeichen"Letzter<ENTER>
```

Die Datei ist an dieser Stelle unterbrochen. Bei der Eingabe sind die Winkel-Angaben schrittweise um 30 zu vermindern bis zum folgend dargestellten Abschluß.

```
..
Line"Leerzeichen"150,150"Leerzeichen"@100<240"Leerzeichen"<ENTER>
Pause"Leerzeichen"1000<ENTER>
LÖSCHEN"Leerzeichen"Letzter<ENTER>
RSCRIPT<ENTER>
```

Weitere Skript-Befehle	RSCRIPT	Wiederholt das zuletzt ausgeführte Skript
		(am Ende des Skriptes eingefügt, führt der Befehl zur Endloswiederholung)
	PAUSE [ms]	Unterbricht die Ausführung des Skriptes um die angegebene Zeit in Millisekunden

In der Befehlszeile kann ein Skript-Ablauf mit den Befehlen

<⇐>	Unterbricht die Ausführung des Skriptes

RESUME   Setzt die Ausführung des Skriptes fort

gesteuert werden.

Mit den folgenden beiden Befehlen

TEXTBLD   Aktiviert das Textfenster

GRAPHBLD   Aktiviert das Grafikfenster

wird erreicht, was im Direkt-Modus mit der Funktionstaste <F2> gesteuert wird.

;   Einleitung einer Kommentarzeile

16.3   AutoCAD-Befehle und Dialogfelder

Wird in eine Skript-Datei ein Befehl aufgenommen, der das Öffnen eines Dialogfeldes nach sich zieht, so wird die Bearbeitungsfolge unterbrochen. Erst nach Abschluß des Dialoges läuft der Skript weiter.

Steuerung durch Systemvariable

Durch Einstellen der Systemvariablen FILEDIA und CMDDIA jeweils auf „0" kann das Öffnen der Dialogfelder unterbunden werden; die erforderlichen Eingaben können in die Skript-Datei übernommen werden.

Auf diese Weise kann nicht bei allen AutoCAD-Befehlen, die ein Dialogfeld öffnen, verfahren werden.

Es gibt zusätzliche AutoCAD-Befehle, die diese Befehle bei gleichem Funktionsumfang substituieren und keine Dialogfelder öffnen.

Als Beispiel sei

LAYER   und   -LAYER

genannt. Der erste Befehl öffnet ein Dialogfeld, der zweite nicht.

16.4   Skript-Aufruf beim AutoCAD-Start

Eigene Systemeinstellungen

Es ist zweckmäßig, sich eigene Systemeinstellungen und eine Zeichnung mit Schriftfeld und den grundsätzlichen Projektdaten (Titel, Firma u. a.) in diesem beim Start bereitzulegen. Dieser Sachverhalt wurde mit Beispiel im Kapitel 7.3.4 erörtert.

Der Einfachheit halber beschränken wir uns auf die Treppenlinie. Das „neue" AutoCAD-TreppLin erhält im Eigenschafts-Dialogfeld in der Zeile „Ziel" zusätzlich zu

```
"F:\Programme\AutoCAD R14\acad.exe"
```

den Aufruf der Skript-Datei

```
/b C:\PROG\SCR\TREPPLIN.SCR
```
(Bild 16.4)

Bild 16.4:
Skriptaufruf beim
AutoCAD-Start

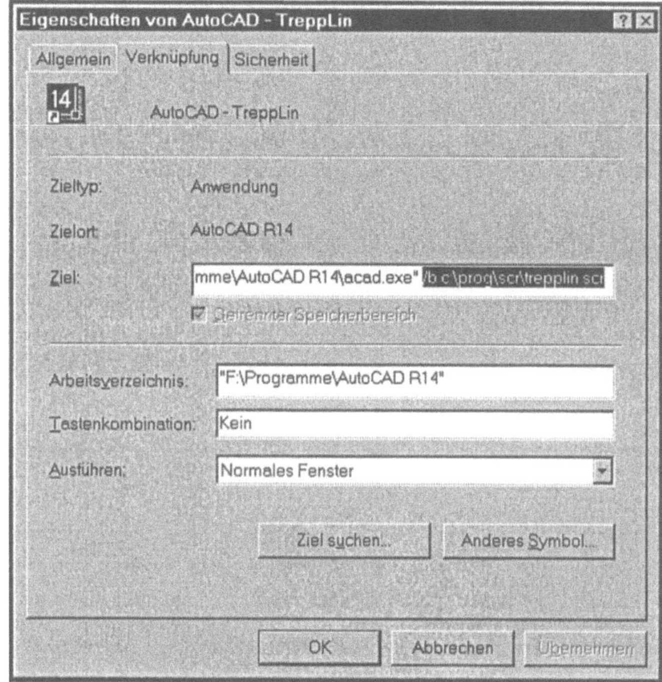

16.5 Grenzen der Skript-Technik

Skriptprogramme sind reine „Geradeaus"-Programme. Das Beispiel „Rotierender Strahl" erfordert bei der Ergänzung das mehrfache Kopieren einer Zeilengruppe, in der an einer Stelle jeweils die Winkelwerte gemäß der Vorgabe zu ersetzen sind. Es gibt keine Schleifen-Programmierung.

Es gibt aber weitere und mächtigere Programmierwerkzeuge für AutoCAD, die in den nächsten Kapiteln vorgestellt werden (z. B. AutoLISP). Fertige Skript-Dateien können aber von diesen aufgerufen werden:

Programmzeile aus.
AutoLISP

```
(command "Script" "C:/PROG/SCR/TREPPLIN.SCR")
```

Menü-Anpassung - Menüs und Werkzeugkästen

Beim Start von AutoCAD werden im Umfeld der bereitgestellten Zeichenfläche und der Befehlseingabezeile weitere Hilfen am Bildschirmrand angeordnet. Das betrifft

- die Menüzeile am oberen Bildschirmrand und

- die Reihe vordefinierter Button darunter sowie an den beiden Seitenrändern.

Datei acad.mnu

Die hierfür erforderlichen Informationen sind in der Datei acad.mnu (Menüdatei) enthalten, die standardmäßig voreingestellt ist. Diese finden Sie im Menü „Werkzeuge", Dialogfeld „Voreinstellungen" (Bild 17.1).

Bild 17.1:
Dialogfeld
„Voreinstellungen",
Registerkarte
„Dateien"

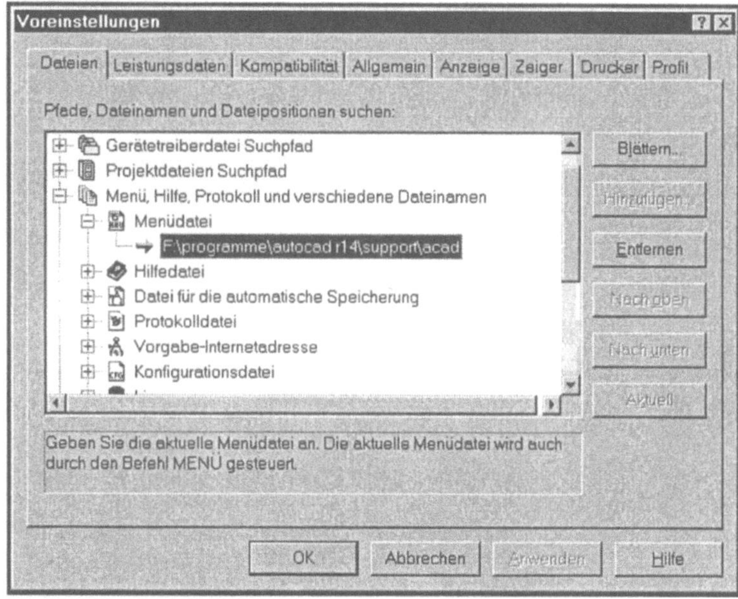

17.1 Stufen der Anpassung

Eine erste Stufe der Anpassung kann darin bestehen, die Anordnung und die Auswahl zu beeinflussen. Eine zweite Stufe der Anpassung ist das Hinzufügen von Menü-Titeln und Werkzeugkastenelementen.

17.2   Vorhandenes nutzen (1. Stufe der Anpassung)

17.2.1   Grundsätzliche Vorgehensweise

Verschieben der
Werkzeugkästen

Durch Anklicken der Werkzeugkästen (z. B. der am linken Bildschirmrand) können diese auf dem gesamten Bildschirm verschoben werden (linke Maustaste drücken, festhalten, verschieben, loslassen). Dabei sind nur die Bereiche Menüleiste und Befehlszeile ausgenommen.

Über den Weg Menü „Anzeige", Menüpunkt „Werkzeugkästen" kann das Dialogfeld „Werkzeugkästen" aufgerufen und die anzuzeigenden Werkzeugkästen können ausgewählt werden (Bild 17.2).

Bild 17.2:
Dialogfeld
„Werkzeugkästen"

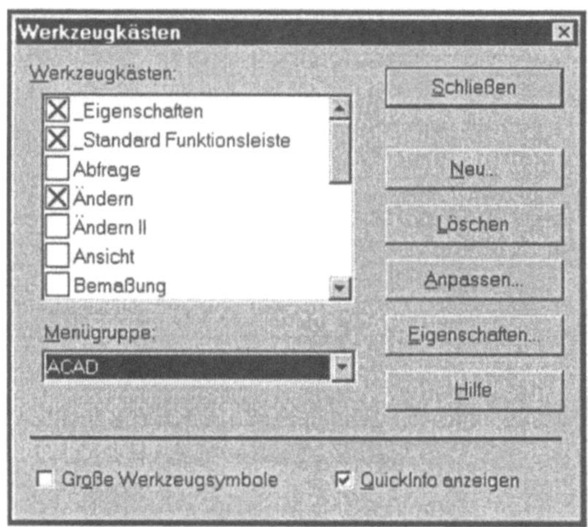

Von den Titeln der <u>Menüleiste</u> können einige ausgeblendet oder im System vorhandene hinzugefügt werden.

Praxistip

Über den Weg „Werkzeuge", „Menüs anpassen" kommt man zum Dialogfeld „Menüs anpassen" (Bild 17.3). Beachten Sie, daß die Systemvariable FILEDIA=1 sein muß.

Im rechten Listenfeld stehen die angezeigten Titel. Anwahl und Button „Entfernen", führt zum Ausblenden des angewählten Titels der Menüleiste. Das linke Listenfeld enthält alle in der Datei acad.mnu vorbereiteten Titel. Anwahl und Button „Hinzufügen" führt zum Anzeigen des Titels in der Menüzeile.

Die Änderung der Reihenfolge der Titel erfolgt in zwei Schritten. Der zu verschiebende Titel muß in dem Dialogfeld „Menüleiste anpassen" erst entfernt werden und wird dann an der neuen Position wieder eingefügt.

Bild 17.3:
Dialogfeld
„Menüs anpassen"

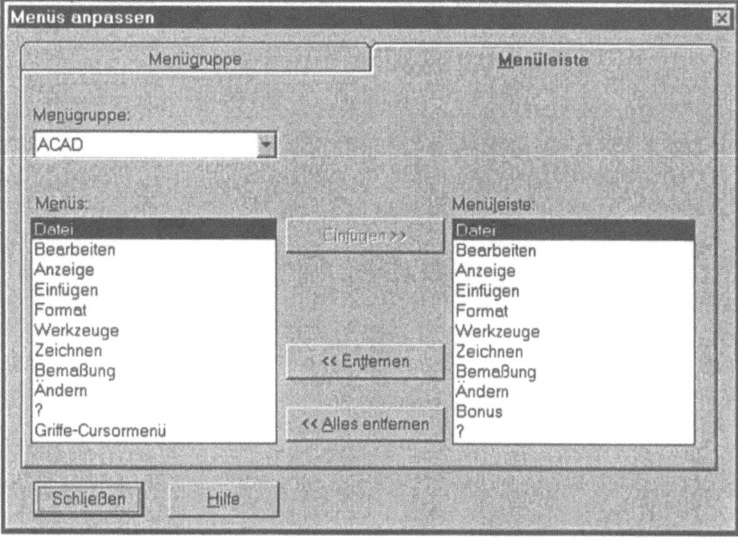

Bild 17.4:
Dialogfeld
„Voreinstellungen",
Registerkarte
„Anzeige"

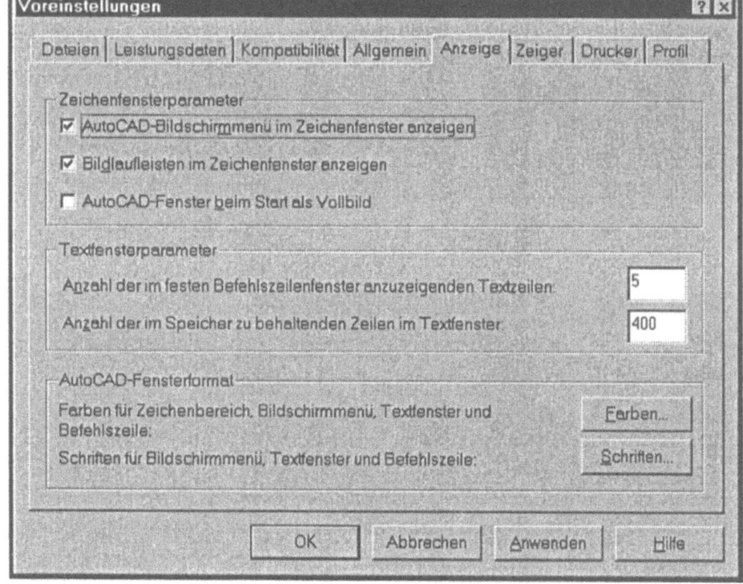

Einstellung
Seitenmenü

Das von früheren AutoCAD-DOS-Versionen bekannte Seitenmenü kann über den Weg „Werkzeuge", „Voreinstellungen", Registerkarte „Anzeige" auf den Bildschirm geholt werden (Bild 17.4).

17.2.2   Die Menü-Datei acad.mnu

In dieser Datei sind die Informationen enthalten, auf die bei der Anordnung bzw. Auswahl der Werkzeugkästen und der Titel der Menüleiste zugegriffen wurde. Die Menü-Datei umfaßt mehr Funktionalitäten als bisher behandelt wurden. Das geht aus der nachfolgend wiedergegebenen (kommentierten) Gliederung hervor.

`***MENUGROUP=ACAD`	Menügruppen-Name

`***BUTTONS1`
`...`
`***BUTTONS4`
	4 Tasten der Maus
	des Digitalisiertabletts

`***AUX1`
`...`
`***AUX4`
	Tasten der Standard-Maus
	1. Taste: linke Maustaste
	2. Taste: ⟨⇧⟩+linke MT
	3. Taste: ⟨Strg⟩+linke MT
	4. Taste: ⟨Strg⟩+⟨⇧⟩+li. MT

`***POP0`
    `**SNAP`
 	
`***POP1`
    `**FILE`
    `...`
`***POP2`
`...`
`***POP17`
	Abrollmenüs
	
	rechte Maustaste
	
	16 Abrollmenüs
	in der Menüzeile
	am oberen
	Bildschirmrand

`***TOOLBARS`
    `**TB_DIMENSION`
    `**TB_DRAW`
    `...`
	Werkzeugkästen

`***IMAGE`
    `**image_3DObjects`
    `**image_poly`
    `...`
	Bildmenü

```***SCREEN```
    ```**S```
    ```**ASSIST 3```
    ```**01_FILE 3```
    ```...```
	Bildschirm-
	Seitenmenü
	
	(am rechten Rand)

```***TABLET1```
    ```**TABLET1STD```
    ```[A-1]\ . [A-25]\```
    ```[B-1]\ . [B-25]\```
    ```...```
    ```[I-1]\ . [I-25]\```
 	
    ```**TABLET1_X```
    ```[A-1]\ . [A-25]\```
    ```...```
    ```[I-1]\ . [I-25]\```
    ```...```
```...```
```***TABLET4```
	Menüs auf dem
	Digitalisiertablett
	
	Gesamte Tablettfläche:
	  Zeilen A bis Y
	  Spalten 1 bis 25
	
	aufgeteilt in die Berei-
	che:
	
	Tablett 1 (A1,I25)
	Tablett 2 (J1,R17)
	Tablett 3 (J12,R25)
	Tablett 4 (Q1,Y25)

```***HELPSTRINGS```
```ID_3darray   [Erstellt eine```
             ```dreidimensio-```
             ```nale Reihe:```
             ```3DREIHE]```
```ID_3dface   [Erstellt eine```
             ```dreidimensio-```
             ```nale Fläche:```
             ```3DFLÄCHE]```
```...```
	Zuordnung
	der Hilfetexte zu den
	in den Menüs definierten
	Zeichenketten

```***ACCELERATOR```
```[CONTROL+"K"]$M=$(if,...```
```...```
```[CONTROL+"R"]^V```
 	
```ID_Copyclip [CONTROL+"C"]```
```ID_New   [CONTROL+"N"]```
```...```
```ID_U   [CONTROL+"Z"]```
	Tastenkürzel
	zur Systembedienung

17.3 Neues hinzufügen (2. Stufe der Anpassung)

17.3.1 Definitionen

Mit „Neues" sind neue Menü-Titel, neue Elemente (Button) für Werkzeugkästen aber auch Dinge gemeint, die aus der Gliederung der Datei acad.mnu hervorgehen (z. B. Tablett-Menüs, Bildmenüs u.a.).

Praxistip

Es ist davon abzuraten, Änderungen bzw. Ergänzungen in der Datei acad.mnu vorzunehmen. Der empfohlene Weg ist das Anlegen einer eigenen Menü-Datei in enger Anlehnung an die Datei acad.mnu.

Ein praktischer Weg ist das Kopieren ausgewählter Abschnitte aus der Datei acad.mnu in die eigene Menüdatei, die auf das eigene Problem zuzuschneiden ist. Diese Arbeit setzt die Kenntnis einiger Besonderheiten voraus, die exemplarisch am Beispiel erläutert werden.

17.3.2 Menü-Datei acadscr.mnu (Beispiel)

Im Dateinamen steht „SCR" für Script. Die Aufgabe umfaßt die Bereitstellung eines Menütitels „Script", über den Skript-Dateien ausgewählt und gestartet werden können (Voraussetzung: Benötigte Skript-Dateien müssen vorhanden sein).

Systemvariable
FILEDIA

Da in diesem Zusammenhang auch die Systemvariable FILEDIA gesteuert werden muß, wird dieses (zusätzlich) als Muster für die Button-Bereitstellung genutzt. Weiterhin wurde in das Beispiel ein Bildmenü aufgenommen. Das bietet die Möglichkeit zu zeigen, wie die Inhalte der (sichtbaren) 4x4-Matrix erarbeitet, gebündelt, gespeichert und wieder aufgerufen werden. Das Bild-Menü kann mehr als die angezeigten 16 Elemente aufnehmen.

Die Grobgliederung

```
***MENUGROUP=ACADSCR
***POP1
   **POP1-SCR1
   **POP1-SCR2
***TOOLBARS
    **SCRTOOLBAR
**SCRFILEDIA
***IMAGE
   **SCRDIAS
***HELPSTRINGS
```

spiegelt die Aufgabenstellung und die Ableitung von der `acad.mnu` wider.

Editieren der Datei im Textformat

Die Datei selbst wird je nach zu erwartendem Umfang in NOTE-PAD oder in WORDPAD im Textformat geschrieben.

Die Wiedergabe und Erläuterung der `acadscr.mnu` wird gemäß der Grobgliederung vorgenommen. Diese so herausgelösten Blöcke bleiben Bestandteil der Datei `acadscr.mnu`.

Syntax von Menüdateien

Ein Blick in die `acad.mnu` zeigt, daß eine besondere Syntax und bestimmte Regeln bei der Erarbeitung der eigenen Menü-Datei berücksichtigt werden müssen. Auf eine vollständige tabellarische Darstellung wird zugunsten einer Erläuterung im Zusammenhang mit der schrittweisen Entwicklung der Beispiel-Menü-Datei `acadscr.mnu` verzichtet.

Abrollmenü

Ausgehend von der Grobgliederung werden im ersten Schritt nur die Elemente hinzugenommen, die für das „äußere Bild", z. B. die Titel in der Menüzeile, im Abrollmenü und in den Untermenüs, zuständig sind.

```
***MENUGROUP=ACADSCR
***POP1
**POP1-SCR1
ID_Title        [/cScript1]
ID_SCRSWMENU2   [Menü Script2]
                [--]
ID_SCRFILEDIA1  [ausführen (&Dialog)]
ID_SCRFILEDIA0  [ausführen (&ohne Dialog)]
                [--]
                [->ausführen]
ID_Fünfeck      [Fünfeck]
ID_Sechseck     [Sechseck]
ID_Zwölfeck     [Zwölfeck]
ID_Kreis        [Kreis]
ID_TreppLin     [TreppLin]
ID_Strahl       [<-Strahl]
                [ausführen (über Bildmenü)...]
***HELPSTRINGS
ID_SCRSWMENU2   [Umschaltung zum Menü Script2]
ID_SCRFILEDIA1  [FILEDIA=1 und Auswahl über Dialog]
ID_SCRFILEDIA0  [FILEDIA=0 und Auswahl ohne Dialog]
ID_TreppLin     [zeichnet Treppen-Linie]
ID_Strahl       [zeichnet rotierenden Strahl]
ID_Fünfeck      [zeichnet Fünfeck]
```

```
ID_Sechseck      [zeichnet Sechseck]
ID_Zwölfeck      [zeichnet Zwölfeck]
ID_Kreis         [zeichnet Kreis]
```

[Script1]

⏎

In dem Ausschnitt bedeuten die Texte in eckigen Klammern „Ausschriften". Im Beispiel sind das Titel der Menüzeile, der Abrollmenüs und der Untermenüs. Der Zeilenwechsel wird auch in der Steuerung als Übergang zur nächsten Zeile genutzt.

Die Angaben in der ersten Spalte (am Zeilenanfang) sind Identitätskennzeichnungen (ID_.....) für die jeweilige Zeile. Hierauf beziehen sich die ***HELPSTRINGs, in denen Texte vereinbart werden, die bei Anwählen im Menü am unteren Bildschirmrand erscheinen.

[--]

Trennlinien zwischen Menütiteln werden in einer gesonderten Zeile durch zwei Bindestriche, eingefügt zwischen zwei eckigen Klammern, eingefügt.

[->ausführen]

Der Übergang von einem Titel im Abroll-Menü zu einem Unter-Menü wird durch den Titel der betreffenden „Absprungzeile" mit vorgesetztem Pfeil „->", eingeschlossen in eckige Klammern und in eine neue Zeile gesetzt, eingeleitet.

[<-Strahl]

Der Rücksprung erfolgt von der letzten Untermenüzeile (nicht in neuer Zeile) durch Vorsetzen des Rückkehrpfeils „<-" .

Der Rücksprung aus tiefer gestaffelten Untermenüs erhält soviel Rückkehrpfeile wie Hinpfeile zum Abstieg benötigt werden (entspricht Klammer-Regeln).

[S&cript1]
(/cScript}

Im Ausschnitt wurde die Möglichkeit, einen bestimmten Buchstaben eines Titels zu unterstreichen, nicht dargestellt. Die nebenstehenden beiden Möglichkeiten sind alternativ nutzbar. In der acad.mnu wurde (im Original) die erste Variante angewendet.

Zur Gestaltung der Menütitel gehört auch die Kennzeichnung von Titeln, die binäre Variable beschreiben. Sie erhalten auf den Bildschirm ein Häkchen, wenn die Variable auf „1" steht. Im Block **POP1-SCR2 sind zwei Zeilen enthalten, in denen das bedingungsabhängig gesteuert wird.

```
**POP1-SCR2
ID_SCRSWFILEDIA
[$(if,$(getvar,filedia),!.FILEDIA=1,FILEDIA=0)]
```

[!.FILEDIA=1]	Das Häkchen wird gesetzt. Die Angabe „=1" wiederholt lediglich diese Aussage.

Eine weitere Gestaltungsmöglichkeit besteht im Umschalten eines Menütitels von „kräftig" (aktiv) auf „blaß" (inaktiv).

[~ausführen]	Inaktiver Menütitel.
[$(if ....)]	Notation einer Bedingung (Makrosprache DIESEL). Es folgt eine Beispielzeile:

```
[$(if,$(=,$(getvar,filedia),0),~)ausführen (Dialog)]
```

Die Bedingung (=,$(getvar,filedia),0) bedeutet, daß „~" dann gesetzt wird, wenn die Variable FILEDIA den Wert „0" hat. Der Falschzweig der if-Konstruktion wird in diesem Beispiel nicht benutzt.

„Zweiter Schritt" Im zweiten Schritt werden zum äußeren Bild (erster Schritt) die eigentlichen Funktionen hinzugefügt. Wiedergegeben wird nachfolgend ein Ausschnitt

```
***MENUGROUP=ACADSCR

***POP1
**POP1-SCR1
ID_Title           [/cScript1]
...
ID_SCRFILEDIA1     [ausführen (&Dialog)]^C^C_FILEDIA 1 _SCRIPT
ID_SCRFILEDIA0     [ausführen (&ohne Dialog)]^C^C_FILEDIA 0 _SCRIPT
...
                   [ausführen (über Bildmenü)...]$I=ACADSCR.SCRDIAS $I=*
```

„^C^C" Auf den Titel in eckigen Klammern folgt häufig „^C^C", um Befehle in der Befehlszeile von AutoCAD abzubrechen. Daran schließen sich die erforderlichen Befehle (ohne Leerzeichen!) an: _FILEDIA 1. Das Leerzeichen hinter _ FILEDIA bewirkt in der Befehlszeile den Übergang zur Abfrage (0 oder 1). Das Leerzeichen hinter der 1 steht für die Bestätigung der Eingabe. Das nachfolgende SCRIPT (einschließlich des Zeilenwechsels) führt zum Aufruf einer Dialogfeld.

Aus der Menüdatei wird ein Ausschnitt der Zeile

$M=
Einleitung
Diesel-Makro

```
ID_Fünfeck    [Fünfeck]^C^C$M=$(if,$(getvar,filedia)+
              ,_FILEDIA 0 _SCRIPT C:/PROG/SCR/polyg5.scr _FILEDIA 1
              ,_SCRIPT C:/PROG/SCR/polyg5.scr)
```

wiedergegeben.

Die if-Konstruktion enthält einen „Wahr-Zweig" (Bedingung erfüllt) und einen „Falsch-Zweig".

```
$(if$(getvar,filedia)
          ,filedia 0  <Anwsgn>  filedia 1  // => WAHR
          , <Anwsgn>)                       // => FALSCH
```

FILEDIA wird geprüft

Der Ausgangszustand von FILEDIA wird geprüft. Hat die Größe den _Wert 1, wird im „Wahr-Zweig" der Wert auf 0 gesetzt. Der Aufruf von _SCRIPT führt (beabsichtigt) nicht zum Öffnen einer Dialogfeld. Danach wird die Variable wieder auf 1 gesetzt. Im „Falsch-Zweig" (FILEDIA=0) ist das Umschalten der Systemvariablen nicht erforderlich. Es erfolgt der Übergang zu den nachfolgenden Anweisungen. Die zweimalige Umschaltung im „Wahr-Zweig" gibt dem System die Voreinstellung von FILEDIA zurück.

Die letzte Zeile in dem Abschnitt **POP1-SCR1 der Menü-Datei enthält einen Menübefehl im Anschluß an die schließende eckige Klammer.

```
[ausführen(über Bildmenü)...]$I=ACADSCR.SCRDIAS $I=*
```

$I=

$I=ACADSCR.SCRDIAS weist auf den Abschnitt ***IMAGE und auf den Unterabschnitt **SCRDIAS . Mit $I=* wird dieses Bildmenü aktiviert (angezeigt).

Umschalten von Script1 auf Script2

Eine entsprechende Technologie wird angewendet, um am ersten Platz der Menüzeile von Script1 auf Script2 und umgekehrt umzuschalten.

```
***MENUGROUP=ACADSCR

***POP1
**POP1-SCR1
ID_Title        [/cScript1]
ID_SCRSWMENU2   [Menü Script2]^C^C$P1=ACADSCR.POP1-SCR2 $P1=*
...

**POP1-SCR2
ID_Title        [/rScript2]
ID_SCRSWMENU1   [Menü Script1]^C^C$P1=ACADSCR.POP1-SCR1 $P1=*
...
```

Bildmenü

Der Übergang zum Bildmenü kann nur aus einem anderen Menü aufgerufen werden.

Befehl MACHDIA

Die Bilder, die im Bildmenü eingeordnet werden, können z. B. über Skript-Dateien erzeugt werden. Mit dem Befehl MACHDIA und dem Zuordnen eines Dateinamens, z. B. `kreis.sld` (sld für slide = Dia) wird eine Dia-Datei angelegt. Alle entsprechenden Dateinamen werden in einer Textdatei in einer Spalte angeordnet. Die Textdatei erhält (im Fall für die `acadscr.mnu`) den Dateinamen `scrdias.txt`. Diese Datei bildet die Eingabe für das DOS-Programm SLIDELIB. Im DOS-Fenster wird über den Pfad

`\Programme\AutoCAD R14\Support\Slidelib.exe`

gegangen.

Start am DOS-Prompt

Am DOS-Prompt wird das Programm gestartet unter Hinzunahme der Dia-Text-Datei

`>SLIDELIB SCRDIAS.LIB <SCRDIAS.TXT    .`

Die Dia-Library

Im Ergebnis entsteht die SCRDIAS.LIB (Dia-Library). Diese Datei muß für den Zugriff von AutoCAD in den Support-Pfad kopiert werden. In der Menü-Datei `acadscr`.mnu wird im Abschnitt unter ***IMAGE, **SCRDIAS auf diese Datei mehrfach zugegriffen.,

```
***MENUGROUP=ACADSCR
...
***IMAGE
**SCRDIAS
[Skriptkatalog]
[scrdias(polyg5,Fünfeck)]^C^C...
[scrdias(polyg6,Sechseck)]^C^C...
[scrdias(polyg12,Zwölfeck)] ^C^C...
[scrdias(kreis,Kreis)]^C^C...
[scrdias(trepplin,Treppen-Linie)] ^C^C...
[scrdias(strahl,rotierender Strahl)]^C^C...

...
```

In runden Klammern steht der Name der Bild-Datei für ein Bild in der Bilder-Matrix, gefolgt vom Namen des Bildes für das Textfeld im Bild-Menü. In der ersten Zeile des Abschnitts steht mit

`[Skriptkatalog]`

der Text für die Kopfzeile des Bildmenüs (Bild 17.5).

Bild 17.5:
Dialogfeld
„Skriptkatalog"

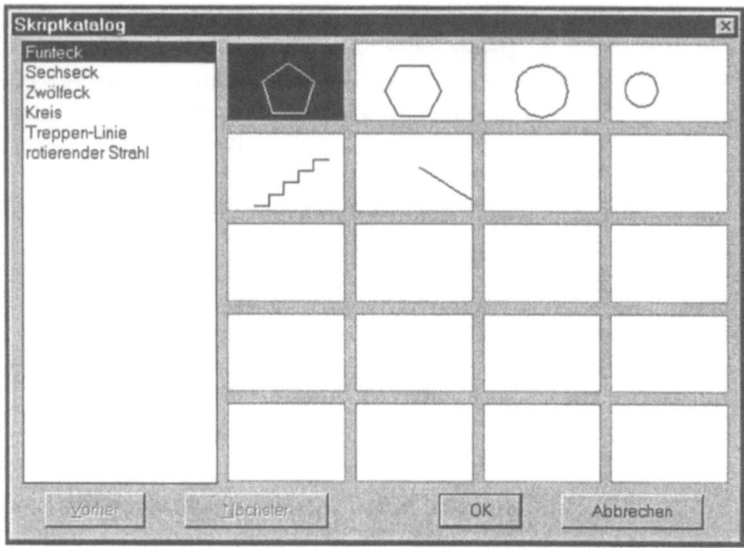

Menü-Datei
acadscr.mnu
laden

Es ist durchaus übliche Programmierpraxis, daß vor Abschluß der Bearbeitung - die Zeilen unter ***TOOLBARS sind noch zu erläutern (Erzeugen von Button für Werkzeugkästen) - die Datei acadscr.mnu in die Menge der Menügruppen einzuordnen und aus der neuen Menügruppe Elemente zum Zwecke eines Zwischentests in die Menüleiste einzuordnen (Bild 17.6).

Beim Laden der acadscr.mnu werden vom System drei weitere Dateien angelegt:

- acadscr.**mns**   (entspricht *.mnu, ohne Kommentare)
- acadscr.**mnc**   (compilierte Datei)
- acadscr.**mnr**   (Ressourcen-Datei)

Änderungen
in der *.mnu-Datei

Wenn nach einem Testlauf bzw. Änderungen in der *.**mnu**-Datei die *.mnu-Datei wieder bearbeitet werden soll, dann sind zuvor die drei Dateien *.mns, *.mnc und *.**mnr** zu löschen. Sie werden nach dem Laden der überarbeiteten *.**mnu**-Datei wieder automatisch erzeugt.

Praxistip

Wenn nach Änderungen in der *.mnu-Datei diese in AutoCAD wirksam werden sollen, muß man entweder

die Menügruppe in AutoCAD entladen und diese wieder neu laden (*.mnu laden, es werden *.mns, *.mnc, *.mnr neu erstellt)

oder

AutoCAD beenden, *.mns, *.mnc, *.mnr löschen und Auto-
CAD neu starten (AutoCAD findet nur noch *.mnu und erzeugt daraus *.mns, *.mnc, *.mnr).

Bild 17.6:
Dialogfeld
„Menüs anpassen"

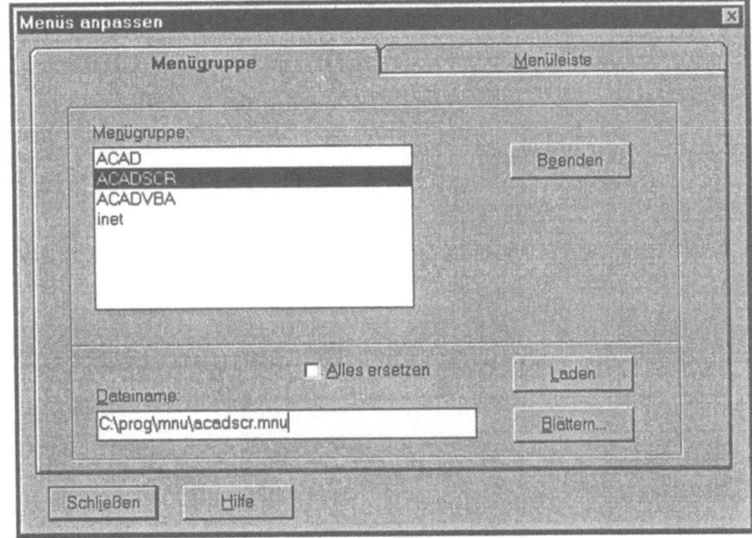

System-Registrier-
Datenbank

In der System-Registrier-Datenbank des Betriebssystems werden
von AutoCAD die Verweise auf die geladenen Menügruppen abgelegt. Beim Neustart von AutoCAD erfolgt ein Zugriff auf diese
(Bild 17.7).

Dieser beschriebene Ablauf gilt nicht in gleicher Weise bei der
Bearbeitung der Menü-Datei für Toolbars. Damit ist begründet,
warum das Speichern und Laden der Menü-Datei vorgezogen
behandelt wurde.

Werkzeugkästen
und Buttons

Für die Erarbeitung des Abschnittes ***TOOLBARS in der Datei
acadscr.mnu stellt AutoCAD eine über Dialoge steuerbare Methode bereit. Das Ergebnis wird automatisch in die acadscr.mns
eingefügt. Dieser neue Abschnitt ist aus der *.mns-Datei in die
*.mnu-Datei zu übernehmen. Die Fortsetzung läuft nach dem zu-
vor beschriebenen Muster.

Dialogunterstützte
Arbeit

Die dialogunterstützte Arbeit beginnt mit dem Aufruf des Dialogfeldes „Werkzeugkästen" über „Anzeige", Menüpunkt „Werkzeugkästen" oder durch Klick der rechten Maustaste auf einen
angezeigten Werkzeugkasten. Es ist die Menügruppe (im Beispiel: „ACADSCR") zu wählen (Bild 17.8).

Bild 17.7:
Registrierungseditor

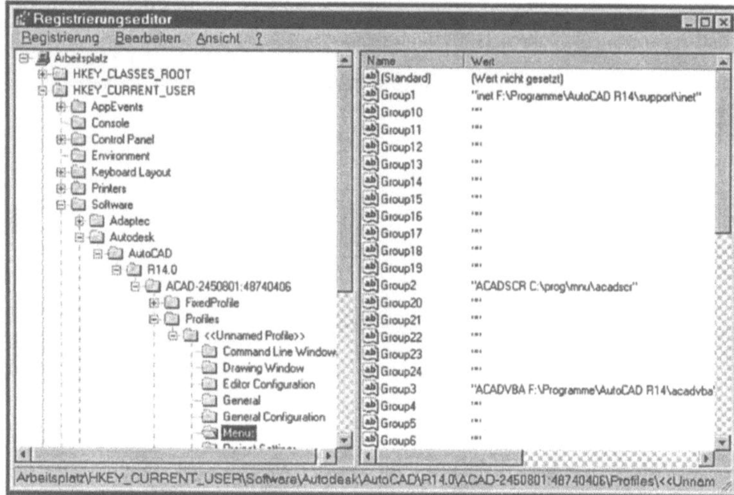

Bild 17.8:
Werkzeugkasten
„Menügruppenwahl"

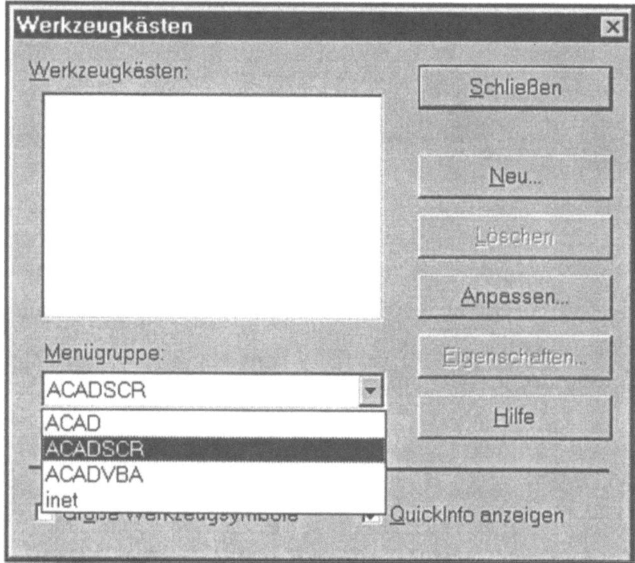

Anlegen einer
weiteren Toolbar

Über Button „Neu" beginnt das Anlegen einer weiteren Toolbar in der Menügruppe ACADSCR. Es ist der Name des neuen Werkzeugkasten anzugeben und mit „OK" zu bestätigen (Bild 17.9).

Button „Anpassen"

Mit dem Button „Anpassen" im Dialogfeld „Werkzeugkästen" erscheint ein weiteres Dialogfeld „Werkzeugkästen anpassen" mit verschieden Kategorien, aus denen Button-Funktionen ausgewählt werden können und durch Verschieben (linke Maustaste gedrückt halten) ein Werkzeugkasten plaziert wird.

Bild 17.9:
Werkzeugkasten
neu anlegen

Bild 17.10:
Werkzeugkasten
Kategorienwahl

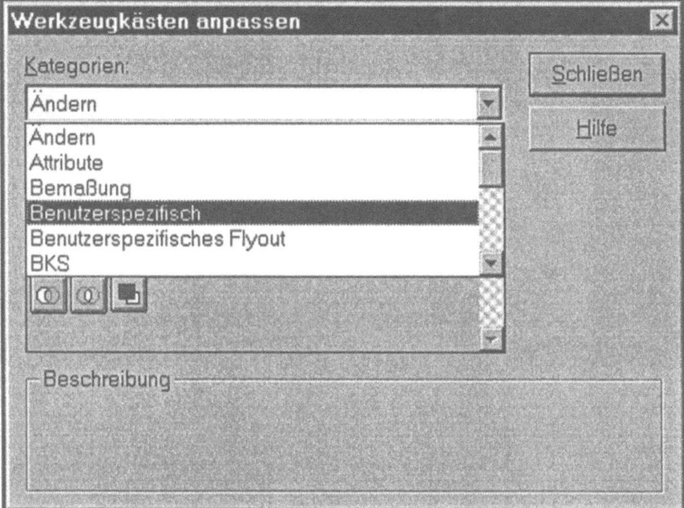

Im Beispiel entscheiden wir uns für die Kategorie „Benutzerspezifisch", um eine neue (eigene) Funktion zu erstellen (Bild 17.10).

Der erste dort dargestellte „Blank"-Button ist auf den neuen Werkzeugkasten SCRFILEDIA zu verschieben (Bild 17.11).

Durch Anklicken des Button mit der rechten Maustaste öffnet sich ein weiterer Dialog, in dem der Name des Buttons (erscheint später als gelber Kommentartext am Button) und der zugeordnete Befehlsablauf eingegeben werden (Bild 17.12).

Zur Wahl des Bildes auf dem Button kann ein Werkzeugsymbol aus einer Liste ausgewählt oder über „Bearbeiten" eine Bitmap-Datei erstellt werden. (Erstellte Bitmap's werden als Datei ***.bmp** gespeichert und können auch später ausgewählt werden, Bild 17.12.)

Bild 17.11:
Werkzeugkasten
„Blank-Button"
(1. Button)

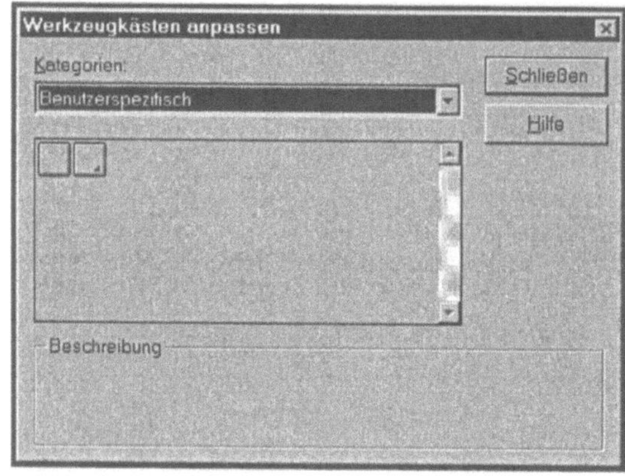

Bild 17.12:
Werkzeugkasten
„Button-Makro"

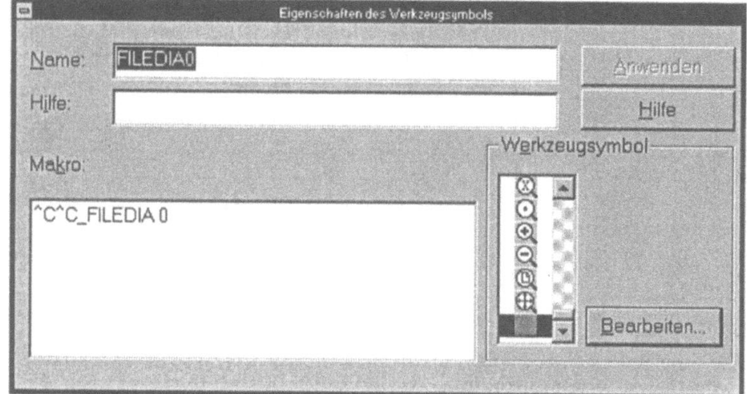

Nach „Schließen" des Werkzeugeditors und Anwahl von „Anwenden" in dem vorherigen Dialogfeld „Eigenschaften des Werkzeugsymbols" erscheint das Symbol auf dem Button (Bild 17.13).

Erzeugen von
Button „Filedia 1"

Auf die gleiche Art und Weise wird Button „Filedia 1" erzeugt. Im Bild 17.14 sind beide Button im Werkzeugkasten einschließlich des „gelben" Kommentarfeldes für einen Button dargestellt.

Fly-Out Button

Für das Beispiel eines Fly-Out-Button ist im Menü „Werkzeugkasten" die Auswahl „Neu" zu treffen, in dem nachfolgenden Dialogfeld „Neuer Werkzeugkasten" die Menügruppe („ACADSCR") zu wählen, ein Name zu vergeben und die Eingabe zu bestätigen. Als Kategorie wird analog zum ersten Fall „Benutzerspezifisches Flyout" gewählt. Aus dem Dialogfeld „Werkzeugkästen anpassen" wird der mit einem kleinen Schrägstrich versehene Blank-Button ausgewählt und auf den neuen Werkzeugkasten gezogen (Bild 17.15).

Bild 17.13:
Werkzeugkasten
„Button-Bild"

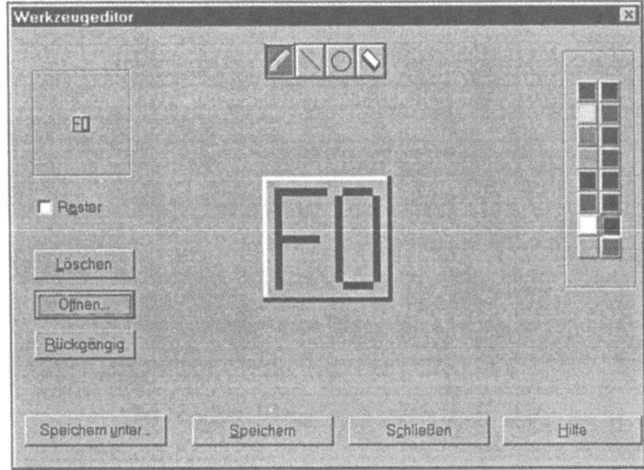

Bild 17.14:
Werkzeugkasten
„SCRFILEDIA"

Bild 17.15:
Werkzeugkasten
„Fly-Out-Button"
(2. Button)

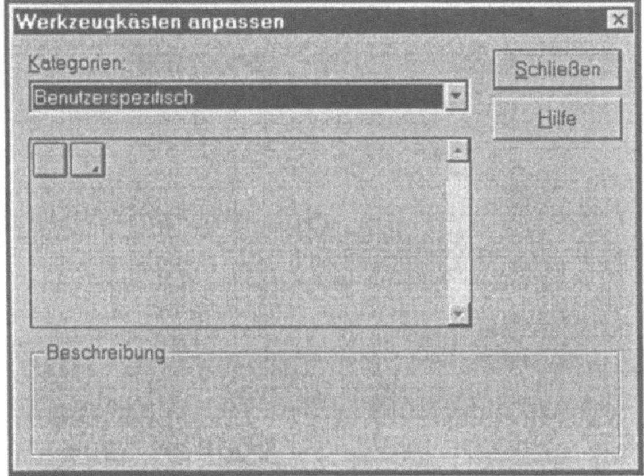

Durch Anklicken des Button mit der rechten Maustaste öffnet sich ein weiterer Dialog, der dem entspricht, indem eine Funktion (z. B. AutoCAD-Befehl) bzw. ein Makro eingetragen wurde. Im geöffneten Dialog wird stattdessen ein zugehöriger Werkzeugkasten angewählt (Bild 17.16).

Ausblenden „SCRFI-
LEDIA"

Der zuvor aufgerufene Werkzeugkasten „SCRFILEDIA" kann jetzt ausgeblendet werden (Bild 17.17).

Bild 17.16:
Dialogfeld „FlyOut-
Eigenschaften" und
zugehöriger Werk-
zeugkasten

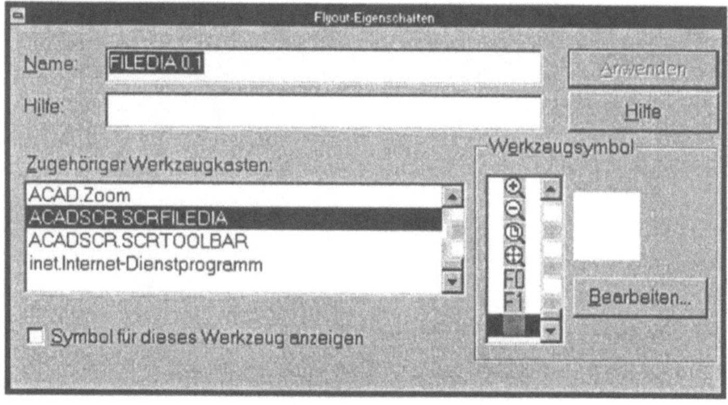

Bild 17.17:
Werkzeugkasten
ausblenden

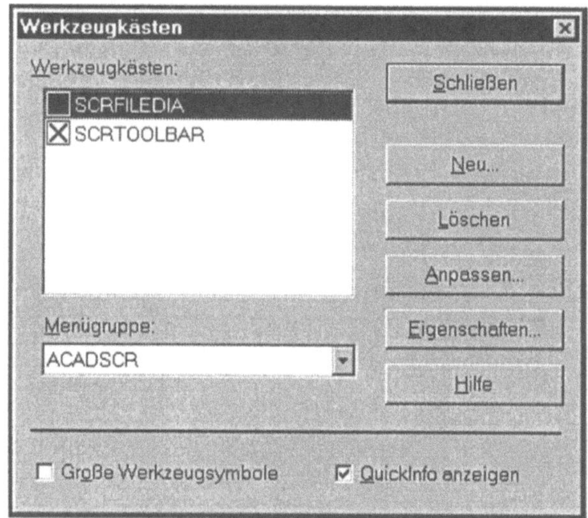

Erst danach sind die drei Dateien der acadscr.mnu, die *.mns,
die *.mnc und die *.mnr zu löschen.

Bild 17.18:
Werkzeugkasten
mit Fly-Out-Button

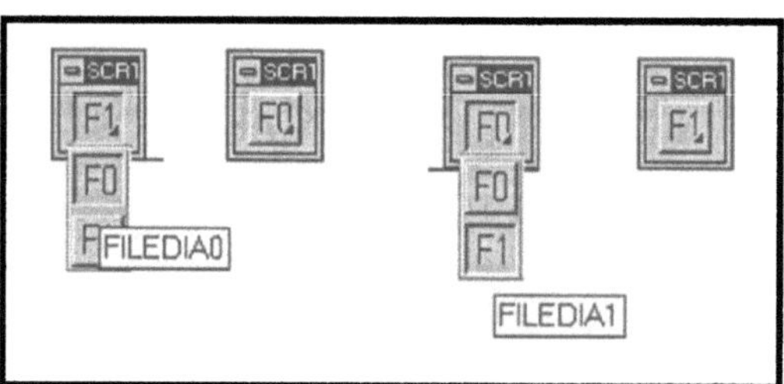

Die Programmierumgebung AutoLISP

18.1 Grundlagen zu AutoLISP

18.1.1 LISP-Arithmetik

Die Nutzung von AutoLISP bzw. von LISP erfordert ein Eingehen auf Besonderheiten, die so nicht von anderen Programmiersprachen (z. B. PASCAL, BASIC u.a.) bekannt sind.

Es gilt in LISP die Reihenfolge

$$\text{<Operator>} \qquad \text{<Operand>}. \qquad (1)$$

Für die trigonometrischen Funktionen

$$\sin x \qquad \cos x \qquad \tan x \qquad (2)$$

besteht Übereinstimmung in der Reihenfolge <Operator> <Operand> mit anderen Programmiersprachen.

Arithmetische Operationen In konsequenter Anwendung von (1) wird in LISP auch bei den arithmetischen Operationen Addition, Subtraktion, Multiplikation und Division der Operator vorangestellt (Präfix-Notation)

$$+\ 4\ 3 \qquad -\ 4\ 3 \qquad *\ 8\ 2 \qquad (3)$$

und damit der Unterschied zur geläufigen Reihenfolge, bei der der <Operator> zwischen den <Operanden> steht (Infix-Notation), markiert.

LISP-Konventionen Zur LISP-Konvention gehört noch, daß (1), (2) und (3) in Klammern zu setzen sind und (wie schon dargestellt) Leerzeichen zwischen <Operand> und <Operator> sowie zwischen den einzelnen <Operanden> zu setzen sind.

$$(1) \ \rightarrow \ (\text{<Operator>}\ \text{<Operand>}) \qquad (4)$$

$$(2) \ \rightarrow \ (\sin x) \qquad (\cos x) \qquad (\tan x) \qquad (5)$$

$$(3) \ \rightarrow \ (+\ 4\ 3) \qquad (-\ 4\ 3) \qquad (*\ 8\ 2) \qquad (/\ 8\ 2) \qquad (6)$$

Operatoren Bei den Operatoren „+" und „*" gibt es keine Mißverständnisse. Beim Operator „-" gilt, daß vom ersten Operand (Minuend) der zweite (Subtrahend) abzuziehen ist. Beim Operator „/" gilt, daß der erste Operand durch den zweiten zu dividieren ist.

Beispiele

In der herkömmlichen Schreibweise wird bei fortgesetzten (gleichartigen) Operationen der Operator wiederholt; bei LISP genügt der Operator am Anfang, gefolgt von der „Liste" der Operanden, die grundsätzlich nicht beschränkt ist.

$$(+\ 4\ 3\ 2) \qquad\qquad (-\ 8\ 3\ 2) \qquad\qquad (7)$$

$$(*\ 4\ 3\ 2) \qquad\qquad (/\ 8\ 2\ 2)$$

Hinweis

Ebensowenig wie vorher zur Verfahrensweise bei den Operatoren „+" (dort: fortlaufende Addition) und „*" (dort: fortlaufende Multiplikation) Erläuterungen erforderlich waren, muß jedoch für „-" und „/" vereinbart werden, daß jeweils der erste Operand derjenige ist, von dem die folgenden Operanden abgezogen werden bzw. derjenige, auf den die Division mit den folgenden Operanden angewendet wird.

Beispiele

Mit diesen Einsichten können mit AutoLISP, das in AutoCAD verfügbar ist, Berechnungen durchgeführt werden, indem in der Befehlszeile am unteren Bildschirmrand im Anschluß an den Eingabeprompt „Befehl:" Eingaben in der Art wie in (5), (6) oder (7) gemacht werden, die mit der Leertaste oder <ENTER> abzuschließen sind. Das Ergebnis wird im Anschluß an die Eingabe (bei Abschluß mit Leerzeichen) oder am Anfang der neuen Zeile (bei Abschluß mit <ENTER>) ausgegeben.

```
Befehl:    Befehl:    Befehl:    Befehl:          (8)
(+ 4 3 2)  (* 4 3 2)  (+ 4 3 2)  (* 4 3 2)
9          24         9          24

Befehl:    Befehl:    Befehl:    Befehl:
(- 8 3 2)  (/ 8 2 2)  (- 8 3 2)  (/ 8 2 2)
3          2          3          2
```

Ein Operand kann seinerseits wieder die Lösung einer „Aufgabe" sein nach dem Muster, daß in

```
(<OperatorA>                                     (9)
   <Operand1> <Operand2> <Operand3> ....)
```

Notation

z. B. <Operand2> ersetzt wird durch (<OperatorB> <Operand27>).

```
(<OperatorA>                                     (10)
   <Operand1> (<OperatorB>  <Operand27>)
   <Operand3>  ....)
```

Ein einfaches Beispiel nach (7)

$$(+\ 4\ 3\ (/\ 8\ 4)) \qquad\qquad (11)$$

zeigt den Ersatz des letzten Listenelements „2" durch den gleich-
wertigen Ausdruck (/ 8 4).

Variable als Operanden

Wie in anderen Programmiersprachen können die Operanden
auch Variable sein.

$$(+\ 4\ 3\ (/\ 8\ 4))\quad (+\ a\ b\ c) \tag{12}$$

Die Wertzuweisung an eine Variable erfolgt wieder mit der
Grundkonstruktion nach (1) bzw. (4)

$$(\text{<Operator>}\ \text{<Operand1>}\ \text{<Operand2>})\quad, \tag{13}$$

indem der <Operator> durch SETQ ersetzt wird; der <Operand1>
ist die Variable, der <Operand2> der Wert.

Wertzuweisung

Um aus (12) die erste Liste aus (7) zu erhalten, sind die Werte in
der Form

$$(\text{SETQ}\ a\ 4)\quad (\text{SETQ}\ b\ 3)\quad (\text{SETQ}\ c\ 2) \tag{14}$$

den Variablen zuzuordnen.

Auch dort gibt es eine „fortlaufende" Wertzuweisung, so daß

$$(\text{SETQ}\ a\ 4\ b\ 3\ c\ 2) \tag{15}$$

geschrieben werden kann.

Der Wert bei der Zuweisung kann auch als Ergebnis einer Berechnung entstehen (vergl. (9) und (10)). Damit ergibt sich für
das Volumen eines Quaders mit den Kantenlängen a, b und c
folgende Eingabe:

$$(\text{SETQ}\ V\ (*\ a\ b\ c))\quad. \tag{16}$$

Beispiele

Die „Variable" PI ist vom System her mit dem Wert von π (ge-
rundet: 3,1415926) belegt. Damit lassen sich folgende („kreis"-
spezifische) Zuweisungen formulieren

(SETQ r 3) Kreisumfang: (17)
            (SETQ U (* 2 PI r))

Kreisfläche: (18)
(SETQ A (* PI r r))

Kugeloberfläche: (19)
(SETQ O (* 4 PI r r))

Kugelvolumen: (20)
(SETQ V (* (/ 4 3) PI r r r)) .

Hierbei (Quader, Kreis, Kugel) wurden die berechneten Werte
den Variablen zugeordnet und in derselben Zeile oder in der

Folgezeile ausgegeben. Außerdem wurde das Quadervolumen vom Kugelvolumen überschrieben, da keine unterschiedlichen Variablennamen vereinbart wurden (z. B. VQ für Quadervolumen und VK für Kugelvolumen).

Wertrückgabe

Die Wertrückgabe erfolgt über EVAL als <Operator>. <Operand> ist die Variable, deren Wert zurückgegeben werden soll. Für die letzten Beispiele (17), (18), (19) und (20) ergibt sich:

```
(EVAL r)      3
(EVAL U)     18.8496
(EVAL A)     28.2743
(EVAL O)    113.097
(EVAL V)     84.823
```
(21)

Unter AutoLISP ist eine erheblich verkürzte Schreibweise zulässig

```
!<Variable>  ,
```
(22)

also ohne Klammern, ohne Leerzeichen zwischen <Operator> und <Operand> und statt des EVAL nur das „!"-Zeichen.

Die Auswertung für das Kugelvolumen nach (20) ergab ein falsches Ergebnis. Eine schrittweise Überprüfung führt auf den Ausdruck, der von LISP „falsch" ausgewertet wurde:

```
(/ 4 3) 1
```
(23)

Praxistip

Es ist also unbedingt erforderlich, LISP durch die Schreibweise der Zahlen mitzuteilen, ob es sich um Integer- oder Real-Zahlen handeln soll:

```
(/ 4.0 3.0) 1.33333
```
(24)

Hinweise zur Division

Dieses Problem tritt, bezogen auf die vier Grundrechenarten, nur bei der Division auf. Addition, Subtraktion und Multiplikation von Integer-Zahlen führen wieder auf solche. Die Division von Integer-Zahlen ergibt nur im Falle der „Teilbarkeit" wieder Integer-Zahlen. LISP erzeugt auch in den anderen Fällen „Integer-Zahlen" und läßt den Rest verschwinden.

Wird in (20) bei der Eingabe der Operanden für die Division (24) berücksichtigt, dann wird auch das Kugelvolumen „richtig" berechnet:

```
Kugelvolumen:
    (SETQ V (* (/ 4.0 3.0) PI r r r))
    113.097
```
(25)

18.1.2	**LISP-Vergleichsoperatoren, Verzweigungen, Schleifen**

Die LISP-Arithmetik kommt ohne das Gleichheitszeichen aus, das in der sonst gebräuchlichen Infix-Notation unumgänglich ist. Bedingungen für Entscheidungen werden als Vergleiche aufgeschrieben, die "T" (True) oder "nil" (im Sinne von False) als Rückgabe liefern.

Präfix-Notation

Es gilt nach wie vor in LISP die Präfix-Notation.

```
( <Vergleichs-Operator>                    (26)
      <Operand> <Operand> )
```

Vergleichsoperatoren

Die Vergleichsoperatoren sind:

$$
\begin{array}{lll}
= & \text{gleich} & (27)\\
/= & \text{ungleich} \\
< & \text{kleiner} \\
> & \text{größer} \\
<= & \text{kleiner oder gleich} \\
>= & \text{größer oder gleich} & .
\end{array}
$$

Beispiele

Gewöhnungsbedürftig in der Schreibweise sind die aus zwei Zeichen bestehenden Vergleichsoperatoren, insbesondere der Operator „/=" für „ungleich". In Beispielen wird gezeigt, daß auch mehr als zwei Operanden auf einen Operator folgen können.

```
(= 4 4) T              (< 4 5) T              (28)
(> 13 11 7) T          (/= 4 4) nil
(> 4 5) nil            (> 13 11 17) nil
```

Vergleichsausdrücke

Vergleichsausdrücke mit Variablen und Konstanten als Operanden bewirken in Programmen im Zusammenhang mit IF Verzweigungen und mit WHILE eine Begrenzung der Anzahl von Schleifendurchläufen.

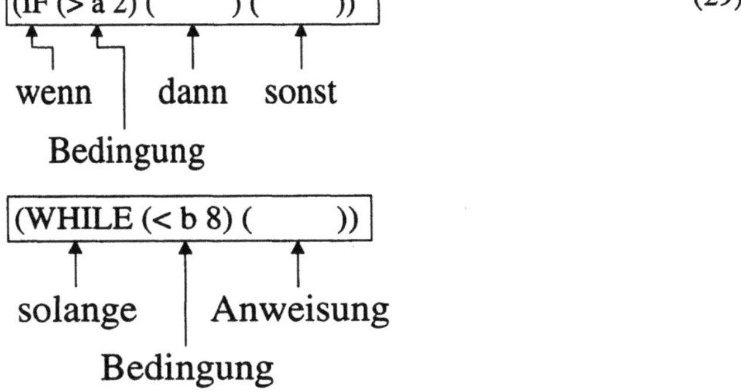

(29)

Ein Beispiel für WHILE ist im Programm „SCHNUR" enthalten (Kapitel 18.2.1). Dort werden „solange" Punktpaare aus einer Punktliste gelesen und dabei der jeweils erste Punkt aus der Liste entfernt, bis die Liste „leer" und damit die Schleifenbedingung nicht mehr erfüllt („nil") ist.

18.1.3   LISP-Programm, globale und lokale Variable

Aus (20) wird ein Programm bzw. eine Funktion „definiert" (zur Berechnung des Kugelvolumens) unter Anwendung des Schlüsselwortes DEFUN

kugvoll.lsp

```
(DEFUN KV()                              (30)
  (SETQ K (* (/ 4.0 3.0) PI))
  (SETQ RP (* r r r))
  (SETQ V (* K RP))
) .
```

(30) wird mit einem Texteditor geschrieben und mit einem Dateinamen, z. B. kugvoll.lsp abgespeichert.

Das Laden des Programms erfolgt von der Befehlszeile.

$$(\text{load }_{\!\!,,}c:/prog/autolisp/kugvoll") \quad KV \quad {}^{1} \qquad (31)$$

Soll das Kugelvolumen berechnet werden, so ist der Funktionsname (KV) in der Befehlszeile einzugeben.

$$(KV) \quad 113.097 \qquad (32)$$

Nach Abschluß der Eingabe wird das Kugelvolumen ausgegeben. Dabei wurde auf die vorher erfolgte Wertzuweisung r=3 in (17) zurückgegriffen; r war „global" vorhanden. Eine Abfrage aller Variablen ergibt

$$
\begin{array}{llll}
!r & 3 & !K & 4.18879 \\
!RP & 27 & !V & 113.097
\end{array} \qquad (33)
$$

d. h., daß auch die „inneren" <u>lokalen</u> Variablen, die für die Konstante K und auch die dritte Potenz des Radius RP eingeführt wurden, auch nach der Anwendung der Funktion noch „außerhalb", also <u>global</u> verfügbar sind.

Um zu erreichen, daß diese „Zwischenergebnisse", aber auch das Endergebnis V nur lokal zur Verfügung stehen, werden in der ersten Zeile von (30) in der Klammer hinter KV ein Schrägstrich, gefolgt von der Liste der lokalen Variablen, jeweils getrennt

---

[1] Im Gegensatz zur üblichen Schreibweise (z.B. DOS) mit „\" wird der „/" (wie auch in UNIX) verwendet.

durch Leerzeichen, eingefügt. [Zuvor werden die noch global vorhandenen Variablen K, RP und V auf nil gesetzt: (SETQ K nil RP nil V nil) *nil*].

kugvol2.1sp

```
(DEFUN KV(/ K RP V)                                    (34)
   (SETQ K (* (/ 4.0 3.0) PI))
   (SETQ RP (* r r r))
   (SETQ V (* K RP))
)
```

Nach Abspeichern (Dateiname kugvol2.1sp), Laden und Ausführen

$$(\text{load } „c:/prog/autolisp/kugvol2") \; KV \qquad (35)$$

$$(KV) \; 113.097 \qquad (36)$$

ergibt die Variablenabfrage

$$!r \; 3 \qquad !K \; nil \qquad !RP \; nil \qquad !V \; nil \qquad (37)$$

die Bestätigung, daß mit dem Vorgehen nach (34) erreicht wurde, daß K, RP und V nur noch lokale Variable sind.

Wird in die Klammern hinter dem Funktionsnamen vor dem Schrägstrich r eingefügt, so wird r damit ebenfalls zur lokalen Variablen und zusätzlich zum Übergabeparameter

Kugvol3.1sp

```
(DEFUN KV(r / K RP V)                                  (38)
   (SETQ K (* (/ 4.0 3.0) PI))
   (SETQ RP (* r r r))
   (SETQ V (* K RP))
) .
```

Abspeichern (Dateiname kugvol3.1sp), Laden und Ausführen ergibt kein Ergebnis

$$(\text{load } „c:/autolisp/prog/kugvol3") \; KV \qquad (39)$$

$$(KV) \; \textit{Fehler: falsche Anzahl Argumente} \qquad (40)$$
$$\textit{an eine Funktion}$$

Die Abfrage der Variablen ergibt dgl. wie vorher.

$$!r \; 3 \qquad !K \; nil \qquad !RP \; nil \qquad !V \; nil \qquad (41)$$

Soll das Kugelvolumen für einen Radius von 5 (also abweichend von der „globalen" Vereinbarung mit r=3) berechnet werden, so ist in der Befehlszeile KV mit dem Wert (Übergabeparameter) 5 aufzurufen.

$$(KV \; 5) \; 523.599 \qquad (42)$$

Eine Abfrage der Variablen ergibt das gleiche wie in (41).

Die globale Variable r mit dem Wert 3 ist erhalten geblieben und nicht mit dem Wert 5 überschrieben worden.

Eine echte Übergabe erfolgt, wenn KV mit der global definierten Variablen r aufgerufen wird

$$(KV \ r) \quad 113.097 \tag{43}$$

Es wird an dieser Stelle darauf verzichtet, im Programm den lokalen Wert des Radius zu verändern, um dann zeigen zu können, daß der globale Wert des Radius von den lokalen Änderungen unbeeinflußt bleibt.

Resüme

Das so erklärte KV ist letztlich ein LISP-<Operator> geworden, der, angewendet auf den <Operanden>, in unserem Falle auf den Radius, das Kugelvolumen zurückgibt. Dieses kann dann seinerseits an eine Variable, z. B. V1, mittels SETQ übergeben werden.

$$(SEQ \ r \ 1) \tag{44}$$

    (SETQ V1 (KV r))

    !V1 4.18879

18.2   AutoLISP und AutoCAD

18.2.1   Generelle Überlegungen

Verwendung von Variablen

Bei den bisherigen „Berechnungen" wurde einer Variablen jeweils <u>ein</u> Wert zugeordnet. Beim Übergang zu Aufgaben in der Fläche bzw. im Raum, also im grafischen Bereich, stößt man auf Größen (Variable), die durch mehr als eine Zahl festzulegen sind. Eine solche Größe ist der Punkt, der durch seine Koordinaten bestimmt ist. Wird einem Punkt z. B. die Zeichenkette „pkt" als Variablen-Name zugeordnet, so besteht die Aufgabe der Wertzuweisung darin, der Variablen pkt mehr als eine Zahl, im Falle des Punktes in der Ebene also zwei Zahlen zuzuordnen. Der Versuch, an die Variable pkt das Wertepaar (100,100) zu binden, in der Form

    (SETQ pkt (100 100)) ,

„LIST"

führt zur Fehlermeldung. In (100 100) wird das erste Element (also die erste „100") als Operator aufgefaßt und damit eine Auswertung versucht. Erst dann, wenn (LIST 100 100) eingefügt wird, wird die Wertzuweisung angenommen.

Eine Strecke wird durch Anfangspunkt und Endpunkt definiert.

```
(SETQ ap (LIST 100 100))
(SETQ ep (LIST 100 200))
```
(45)

Die Kontrolle ergibt

```
!ap (100 100)
```
(46)

Im Direktmodus von AutoLISP kann jetzt in der Befehlszeile

```
(COMMAND „PLINIE" ap ep)
```
(47)

eingegeben werden. Nach der Eingabebestätigung wird eine senkrechte Linie gezeichnet. Soll nach dem Endpunkt abgebrochen, also die Frage nach einem weiteren Punkt unterdrückt werden, ist (47) um die „leere Eingabe" (zweimal Anführungsstriche [ohne „Leerzeichen" dazwischen!]) zu ergänzen. Es wird

```
(COMMAND „PLINIE" ap ep „")
```
(48)

Der nächste Schritt ist die Definition einer AutoLISP-Funktion zum Zeichnen der o.g. Strecke. Zu diesem Zweck wird ein Auto-LISP-Programm mit einem Texteditor geschrieben

streckel.lsp
```
(DEFUN STRECKE ()
  (COMMAND „PLINIE" ap ep „")
)
```
(49)

und mit einem geeigneten Dateinamen abgespeichert. Dieses Programm kann nun von der Befehlszeile in den Arbeitsspeicher geladen

```
Allgemein:
  (LOAD „<Pfadbezeichnung> <Dateiname>")

konkret (z. B.)
  (LOAD „c:/prog/autolisp/streckel")
```
(50)

und von der Befehlszeile mit

```
STRECKE
```
(51)

und den in (45) global belegten Variablen ap und ep ausgeführt werden.

Hinweis
Sollen ap und ep nur lokale Variable im AutoLISP-Programm sein, so sind die beiden Variablen in Klammern hinter dem Funktionsnamen STRECKE einzufügen. Zuvor werden die beiden global erklärten Variablen ap und ep zu nil gesetzt [(SETQ ap nil ep nil) *nil*].

Das folgende Programm wird unter dem Dateinamen strek-
ke2.lsp abgespeichert.

strecke2.lsp

```
(DEFUN STRECKE (ap ep)                                    (52)
  (COMMAND „PLINIE" ap ep „")
)
```

Nach dem Laden kann es mit Listen, die konkrete Zahlenpaare
für den jeweiligen Punkt enthalten, in der Form

```
(STRECKE (LIST 100 100) (LIST 200 200))        (53)
```

aufgerufen und ausgeführt werden. Eine andere Möglichkeit besteht darin, zwei „externen" globalen Variablen a und b die Listen für jeden Punkt zuzuordnen

```
(SETQ a (LIST 100 100) b (LIST 200 200))       (54)
```

und durch den Aufruf in der Form

```
(STRECKE a b)                                  (55)
```

die Werte der Variablen a und b („call by value") den lokalen
Variablen ap und ep zuzuweisen. In beiden Fällen läßt sich
durch Aufruf der Variablen nachweisen, daß ap und ep global
nicht mehr verfügbar sind [!ap *nil*   !ep *nil*].

In der folgenden Variante des Programms STRECKE, Programmname strecke3.lsp,

werden ap und ep zwar wieder als lokale Variable, nicht aber als
„Übergabeparameter" erklärt. Die Variablen werden erst zur Aus-
führungszeit mit dem Schlüsselwort GETPOINT zur Wertzuweisung vorbereitet

strecke3.lsp

```
(DEFUN STRECKE (/ ap ep)                            (56)
  (SETQ ap (GETPOINT „\nAnfangspunkt: "))
  (SETQ ep (GETPOINT „\nEndpunkt    : "))
  (COMMAND „PLINIE" ap ep „")
)           .
```

Nach dem Laden dieses Programms kann es ohne Parameter in
der Form

```
(STRECKE)                                      (57)
```

aufgerufen werden. Auf die Aufforderung zur Eingabe der
Punkte wird wahlweise mit Zeigegerät oder über die Eingabe der
Koordinaten reagiert.

Die folgende Variante des Programms definiert mit den Hilfs-
mitteln von AutoLISP einen AutoCAD-Befehl, der nun ohne

Klammern (!) in der Befehlszeile genutzt werden kann. Die Variante unterscheidet sich nur durch „C:" vor dem Funktionsnamen STRECKE von (56)

strecke4.lsp

```
(DEFUN C:STRECKE (/ ap ep)                          (58)
   (SETQ ap (GETPOINT „\nAnfangspunkt: "))
   (SETQ ep (GETPOINT „\nEndpunkt    : "))
   (COMMAND „PLINIE" ap ep „")
)                    .
```

Wird dieses Programm (Programmname: strecke4.lsp) geladen, so kann es ohne Klammern in die Befehlszeile eingegeben werden.

STRECKE   (59)

Nach dem Abschluß der Eingabe reagiert es genauso wie das vorher beschriebene.

18.2.2 Ein zusammengesetztes Beispiel - „Schnurgerüst"

Bild 18.1:
Schnurgerüst

Fundamentplatte
(A,B,C,D)

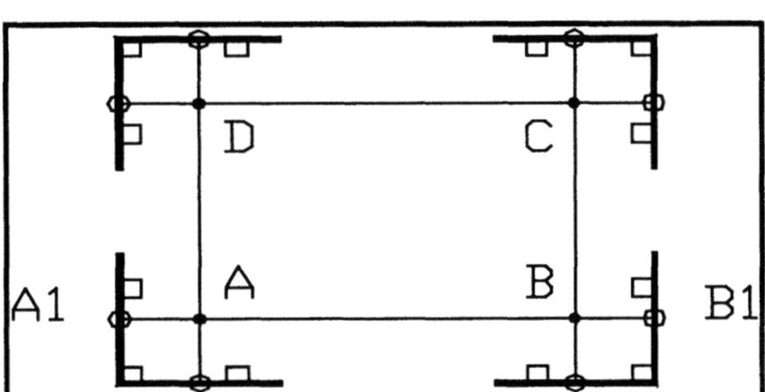

Bild 18.2:
Verlängerung

$v = \overline{AA1}$

$v = \overline{BB1}$

$\overline{AB} = ab$

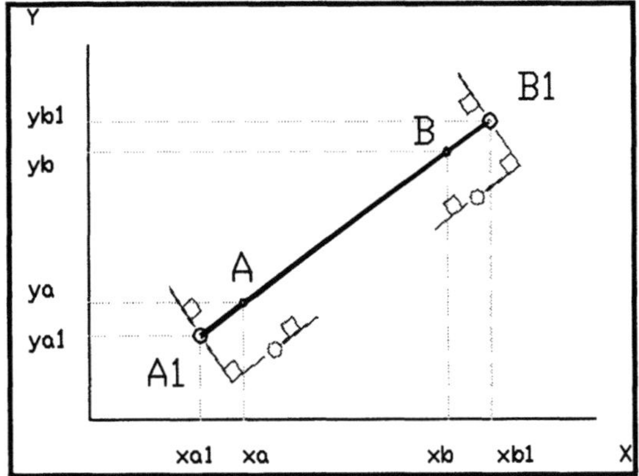

Bei dem folgenden Beispiel sei an die Schnüre gedacht, die über einer Baugrube (z. B. im einfachsten Fall rechteckig) gespannt sind (Bild 18.1).

Es kommt hierbei weniger darauf an, eine praxisnahe Anwendung vorzuführen, als darauf, nicht nur ein Rechteck unter Anwendung der STRECKE-Funktion, die mehrfach innerhalb des Programms aufgerufen wird, zu zeichnen. Ausgehend von den (z. B. vier) Eckpunkten des geplanten Fundamentes sind Strekken zu zeichnen, die die Befestigungspunkte der Schnuren verbinden. Diese Punkte müssen zuerst unter der Vorgabe, daß sie jeweils gleichweit von den Fundamenteckpunkten entfernt sind, berechnet werden („Verlängerung") (Bilder 18.2 und 18.3).

Bild 18.3:
Skizze zur Mathematik der Verlängerung

$v=\overline{AA1}$

$v=\overline{BB1}$

$AB=ab$

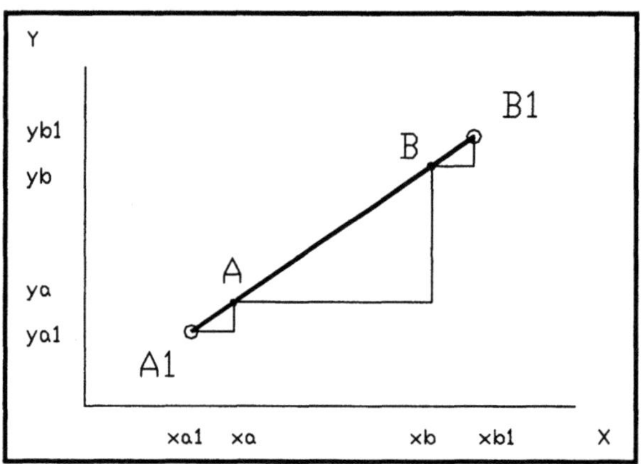

Um die Koordinaten dieser Punkte zu berechnen, werden Seitenverhältnisse in rechtwinkligen Dreiecken gleichgesetzt, die als Hypotenuse zum einen die bekannte Länge $\overline{AB}$ und zum anderen die vorzugebende Verlängerung

$$\overline{A1A} = \overline{B\,B1} = v$$

enthält:

$$\frac{x_A - x_{A1}}{v} = \frac{x_B - x_A}{\overline{AB}} = \frac{x_{B1} - x_B}{v} \tag{60}$$

$$\frac{y_A - y_{A1}}{v} = \frac{y_B - y_A}{\overline{AB}} = \frac{y_{B1} - y_B}{v} \tag{61}$$

In Vorbereitung auf die Schreibweise bzw. Eingabemöglichkeit im AutoLISP-Programm wird auf die in der Mathematik übliche Konvention, daß zwei nebeneinanderstehende Zeichen als multiplikativ verknüpft anzusehen sind, verzichtet: aus x_{A1} wird z. B. xa1.

Es gilt:

$$\overline{A\ B} = a\ b = \sqrt{(\ y\ b\ -} \qquad (62)$$

In (60) und (61) sind 4 Gleichungen für jeweils zwei Koordinaten der Punkte a1 und a2 enthalten. Aufgelöst ergibt sich:

$$xa1 = xa - v\frac{xb - xa}{ab} \qquad (63)$$

$$ya1 = ya - v\frac{yb - ya}{ab}$$

$$xb1 = xb + v\frac{xb - xa}{ab} \qquad (64)$$

$$yb1 = yb + v\frac{yb - ya}{ab}$$

Diese Arithmetik wird im AutoLISP-Programm realisiert:

schnur.lsp

Funktion zur Erzeugung einer Abbildung der über einer Baugrube gespannten Schnüren

```
(DEFUN SCHNUR(/ pt_ein strecke schn_ver zeichn)          (65)
  ; pt_ein, strecke, schn_ver, zeichn        lokale Funktionen

(DEFUN PT_EIN(/ ept pt liste)
  ; ept               Koordinaten des
  ;                   ersten Punktes        (Liste)
  ; pt                Koordinaten des
  ;                   Folgepunktes          (Liste)
  ; liste
  (SETQ ept (GETPOINT „\nErsten Punkt eingeben: "))
  (SETQ pt ept)
  (WHILE (/= pt „Ende")
    (SETQ liste (APPEND liste (LIST pt)))
    (INITGET 1 „Ende")
    (SETQ pt (GETPOINT „\nEnde/<nächster Punkt>: "))
  )

  (SETQ liste (APPEND liste (LIST ept)))
)
```

```
(DEFUN STRECKE(ap ep)
  ; ap                Anfangspunkt der
  ,                   Strecke Übergabe        (Liste)
  ; ep                Endpunkt der
  ,                   Strecke Übergabe        (Liste)
  ;
  (COMMAND „PLINIE" ap ep „")
)

(DEFUN SCHN_VER(a b v / a1 b1 xa ya xb yb xa1 ya1 xb1 yb1 ab)
  ; a                 Punkt  A Übergabe       (Liste)
  ; b                 Punkt  B Übergabe       (Liste)
  ; v                 Verlängerung Übergabe
  ; a1                Punkt  A1              (Liste)
  ; b1                Punkt  B1              (Liste)
  ; xa        ya      Koordinaten von Punkt A
  ; xb        yb      Koordinaten von Punkt B
  ; xa1       ya1     Koordinaten von Punkt A1
  ; xb1       yb1     Koordinaten von Punkt B1
  ; ab                Laenge ab
  ;
  (SETQ xa (CAR a) ya (CADR a))
  (SETQ xb (CAR b) yb (CADR b))
  (SETQ ab (SQRT (+ (EXPT (- ya yb) 2) (EXPT (- xa xb) 2))))
  ;
  (SETQ xa1 (- xa (* v (/ (- xb xa) ab))))
  (SETQ ya1 (- ya (* v (/ (- yb ya) ab))))
  ;
  (SETQ xb1 (+ xb (* v (/ (- xb xa) ab))))
  (SETQ yb1 (+ yb (* v (/ (- yb ya) ab))))
  ;
  (SETQ a1 (LIST xa1 ya1))
  (SETQ b1 (LIST xb1 yb1))
  ;
  (STRECKE a1 b1)
)
```

```
(DEFUN ZEICHN(/ pkt_li verl pt1 pt2)
  ; pkt_li                enthält anfangs alle Eingabepunkte,
  ;                       wird abgebaut          (Liste)
  ; verl                  Maß der Verlängerung
  ; pt1        pt2        zwei aktuelle Punkte
  ;                       aus Eingabepunktliste
  (SETQ pkt_li (PT_EIN))
  (SETQ verl (GETREAL „\nVerlängerung: "))
  (WHILE (/= (CADR pkt_li) nil)
    (SETQ pt1 (CAR pkt_li))
    (SETQ pkt_li (CDR pkt_li))
    (SETQ pt2 (CAR pkt_li))
    (SCHN_VER pt1 pt2 verl)
  )
)


  (ZEICHN)


)
```

Wesentlich ist im Beispiel die Demonstration des Zusammenspiels von globalen Variablen (Eckpunkte des Fundaments, Aufspannpunkte der Schnuren) und den lokalen Variablen (z. B. ap und ep der Funktion STRECKE). Von den zuvor beschriebenen Varianten wird „STRECKE.LSP" eingebaut.

Aufruf aus übergeordnetem Programm

Wird das so erzeugte Programm SCHNUR seinerseits innerhalb eines übergeordneten Programms aufgerufen, so ist es zweckmäßig, daß hinter dem Funktionsnamen alle noch möglichen globalen Variablen durch Deklaration mit „ / " und Auflistung dieser Variablennamen zu lokalen Variablen erklärt werden.

Bild 18.4: Struktogramm

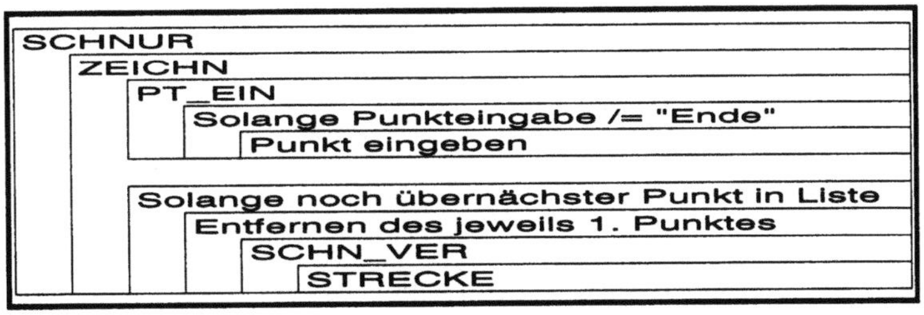

```
SCHNUR
  ZEICHN
    PT_EIN
      Solange Punkteingabe /= "Ende"
        Punkt eingeben

      Solange noch übernächster Punkt in Liste
        Entfernen des jeweils 1. Punktes
          SCHN_VER
            STRECKE
```

Die strukturellen Abhängigkeiten im Programm SCHNUR werden in den beiden Bildern 18.4 und 18.5 verdeutlicht. Diese Darstellungen dienen nur als Hilfe für das Lesen des AutoLISP-Programm-Listings.

Bild 18.5:
Grobstruktur des
Programmes
„Schnur"

SCHNUR
• ruft ZEICHN auf
und definiert alle
weiteren Funktionen
lokal
ZEICHN
• ruft PT_EIN auf
• fordert zur Einga-
be der Verlängerung
v auf
• für jeweils 2
Punkte der Liste wird
SCHN_VER   auf-
gerufen
PT_EIN
• fordert zur Ein-
gabe der Eckpunkte
auf
SCHN_VER
• berechnet die
Endpunkte der „ver-
längerten" Strecke
(A,B,v ® A1,B1)
STRECKE
• zeichnet Strecke
von A1 nach B1

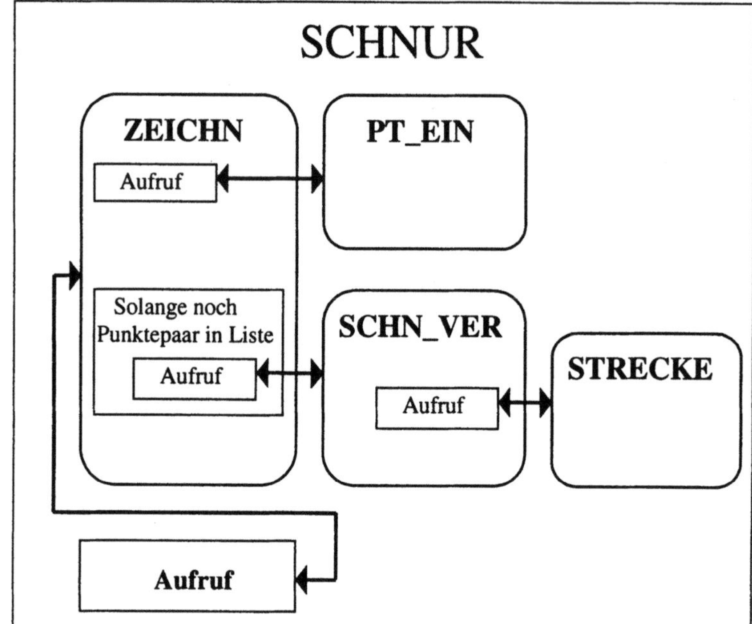

Nachfolgend wird an Beispielen gezeigt, wie das Programm geladen und für drei „Schnur-Gerüste" aufgerufen wird. Bild 18.6
stellt einen Bildschirm-Abzug mit diesen Beispielen dar.

Es folgen Auszüge aus der Protokolldatei von AutoCAD (Dateiname: `acad.log`), in der Programmaufruf und die Eingabewerte
der Beispiele in der Bild 18.6 wiedergegeben sind.

Programm laden

```
Befehl:(load „c:/prog/autolisp/schnur5")          (66)
        SCHNUR
```

Viereck

```
Befehl: (SCHNUR)                                   (67)
Ersten Punkt eingeben: 100,200
Ende/<nächster Punkt>: 100,250
Ende/<nächster Punkt>: 200,250
Ende/<nächster Punkt>: 200,200
Ende/<nächster Punkt>: e
Verlängerung: 30
```

Bild 18.6:
Beispiele zum Programm „Schnur"

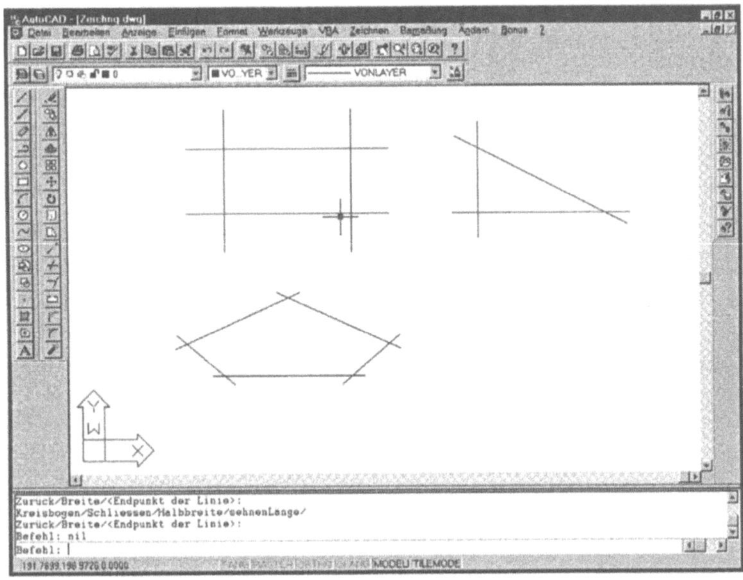

Dreieck

```
Befehl: (SCHNUR)                            (68)
Ersten Punkt eingeben: 400,200
Ende/<nächster Punkt>: 300,250
Ende/<nächster Punkt>: 300,200
Ende/<nächster Punkt>: e
Verlängerung: 20
```

Fünfeck

```
Befehl: (SCHNUR)                            (69)
Ersten Punkt eingeben: 100,75
Ende/<nächster Punkt>: 200,75
Ende/<nächster Punkt>: 230,100
Ende/<nächster Punkt>: 150,135
Ende/<nächster Punkt>: 70,100
Ende/<nächster Punkt>: e
Verlängerung: 10
```

19 Dialogfelder - Erstellung mit DCL

19.1 Einführung

Die Steuerung von AutoCAD über die Befehlszeile wurde mit AutoLISP fortgesetzt. Der Befehlsumfang konnte beträchtlich erweitert werden, es blieb aber beim Aufruf über die Befehlszeile.

Deshalb stellte AutoCAD für die Kommunikation mit dem Nutzer Dialogfelder bereit. Von der Nutzerfreundlichkeit dieser Dialogfelder konnten Sie sich beim Studium unseres Buches schon mehrfach überzeugen.

DCL Dialog Control Language

Zusätzlich zu AutoLISP ist eine Programmiersprache zum Erzeugen von Dialogfeldern in AutoCAD verfügbar (DCL Dialog Control Language).

Mit beiden, mit AutoLISP und DCL, können Dialogfelder erzeugt werden.

Bild 19.1:
Dialogfeld erzeugt mit DCL

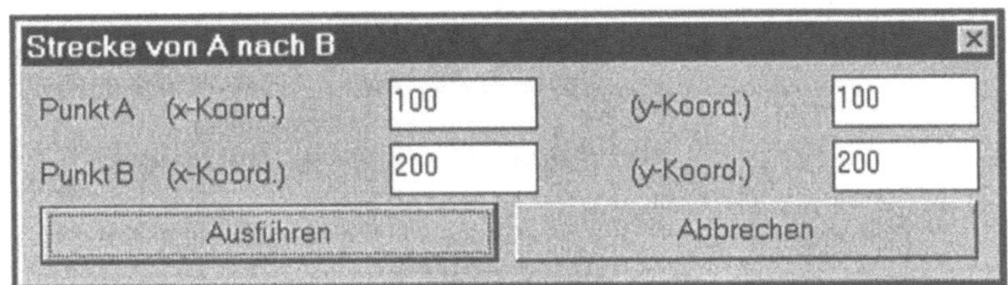

An dieser Stelle wurde als Aufgabenstellung die Lösung vorweggenommen. Es ist jedenfalls zweckmäßig, sich vor der Bearbeitung eine solche Skizze zurechtzulegen.

Das AutoLISP-Programm enthält den Befehl zum Zeichnen der Strecke. Von diesem Programm wird die Steuerung des DCL-Programms übernommen. Dazu gehört das Starten sowie das Auslesen der über Dialog eingegebenen Werte und der über Button eingegebenen Befehle.

19.2 Programmlistings - AutoLISP und DCL (Beispiel)

Beide Programme sind mit ausführlichen Kommentaren versehen.

strecke.lsp

```lisp
(DEFUN C:strecke_dcl (/ ax ay bx by a b dialog_return_value)
; ax   ay              Koordinaten von Punkt A
; bx   by              Koordinaten von Punkt B
; a                    Punkt A
; b                    Punkt B
; dialog_return_value Rückgabewert von Dialog

(DEFUN dialog_control (/ dialog_read dialog_file_handle)
  ; dialog_file_handle Zeiger auf Dialog-Datei
  (DEFUN dialog_read ()
    ;GET_TILE: holt aus DCL-Text-Feld Eintrag
    ;ATOF    : wandelt Text in Gleitkomma-Wert  (Ascii TO Flot)
    (SETQ ax (ATOF(GET_TILE „e_ax")))
    (SETQ ay (ATOF(GET_TILE „e_ay")))
    (SETQ bx (ATOF(GET_TILE „e_bx")))
    (SETQ by (ATOF(GET_TILE „e_by")))
  )
  ; Laden der Dialog-Datei
  (SETQ dialog_file_handle
    (LOAD_DIALOG „c:/prog/autolisp/dcl/strecke.dcl")
  )
  ; Auswahl des STRECKE_AB-Dialoges
  (NEW_DIALOG „STRECKE_AB" dialog_file_handle)
  ; Übergabe der LISP-Unter-Prog. „dialog_read" an Button „OK"
  ; und setzen der Rückgabe des Dialogs auf 1 wenn „OK" gewählt
  (ACTION_TILE „ok" „(dialog_read) (DONE_DIALOG 1)")
  ; Starten des Dialogs (auf Bildschirm) und
  ; Rückgabe in Variable „dialog_return_value" speichern
  (SETQ dialog_return_value (START_DIALOG))
  ; Entladen der Dialog-Datei
  (UNLOAD_DIALOG dialog_file_handle)
)

(dialog_control)
; Auswerten der Rückgabe des Dialoges
(if (= dialog_return_value 1)
  ; es wurde der „OK"-Button gewählt
  (PROGN
      (SETQ a (LIST ax ay))
      (SETQ b (LIST bx by))
      (COMMAND „_PLINE" a b „")
      (PRINT „Befehl ausgeführt")
  )
  ; der Dialog wurde auf andere Weise beendet
  (PROGN
      (PRINT „Abgebrochen")
  )
)
(princ)
)
```

strecke.dcl

```
// Dialogfeld Strecke von Punkt A nach Punkt B
STRECKE_AB:dialog
{
  // Kopfzeile
  label = „Strecke von A nach B";
// Eingabefelder
  :row                      // :row => Felder in einer Zeile
    {
    :edit_box
      {                     // Schlüssel-Name
       key = „e_ax"; // des Eingabefeldes für LISP

                           // Bezeichnung des Eingabefeldes
         label = „Punkt A      (x-Koord.)";
       }
     :edit_box
       {key = „e_ay";
        label = „             (y-Koord.)";
       }
    }
  :row
    {:edit_box
       {key = „e_bx";
        label = „Punkt B      (x-Koord.)";
       }
     :edit_box
       {key = „e_by";
        label = „             (y-Koord.)";
       }
    }

  // Befehls-Tasten
  :row
    {
    :button
      {                   // Schlüssel-Name
       key = „ok" ;  // der Befehlstaste für LISP

                           // Beschriftung der Befehlstaste
         label = „Ausführen";
       }
     :button
       {key = „cancel";
        label = „Abbrechen";
                           // Setzen der Cancel-Eigenschaft
        is_cancel = true;
       }
    }
}
```

AutoCAD gesteuert - ActiveX

In AutoCAD existiert eine Schnittstelle, über die Steuerungs-Software Zugriff erhält. Der Informationsaustausch erfolgt bidirektional.

20.1 Einleitung und Installation

Bild 20.1:
Installation
Visual Basic

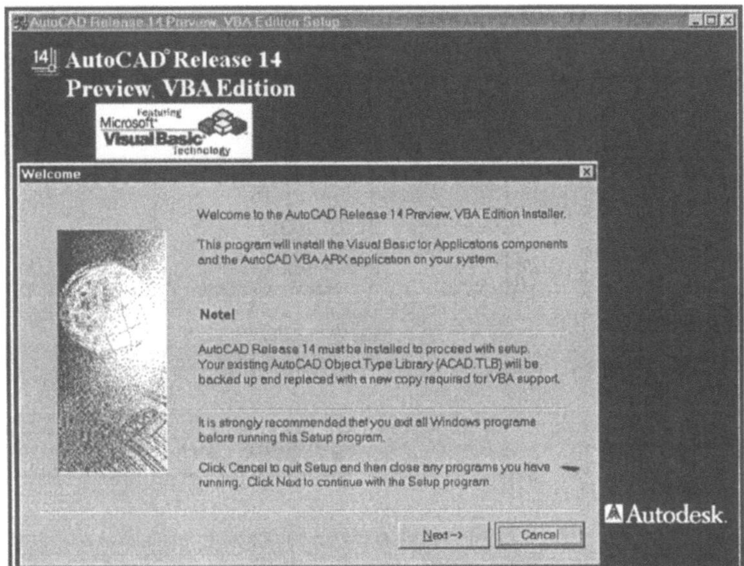

Bild 20.2:
Visual Basic
in AutoCAD

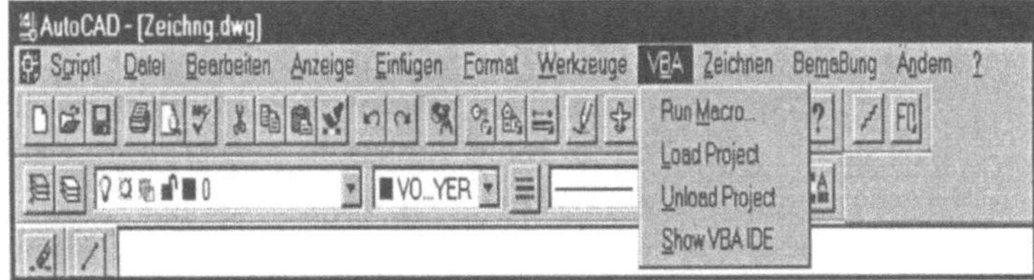

Eine geeignete Steuerungs-Software ist Visual Basic for Application (VBA). Autodesk liefert eine VBA-Version zusammen mit AutoCAD aus. Die Installation erfolgt auf der Betriebssystemebene von der CD über \VBAINST\SETUP.EXE (BILD 20.1).

Nach erneutem AutoCAD-Start ist VBA von der Menüzeile aus erreichbar (Bild 20.2).

Das Objekt der Automatisierung ist letztendlich nicht AutoCAD als Grafik-Software sondern es sind die Objekte, die mit AutoCAD erzeugt, verändert und verwaltet werden.

Der Registrierungseditor zeigt mit dem Eintrag „AutoCAD.Application" an, daß AutoCAD-Objekte mit der Steuerungs-Software kommunizieren können (Bild 20.3).

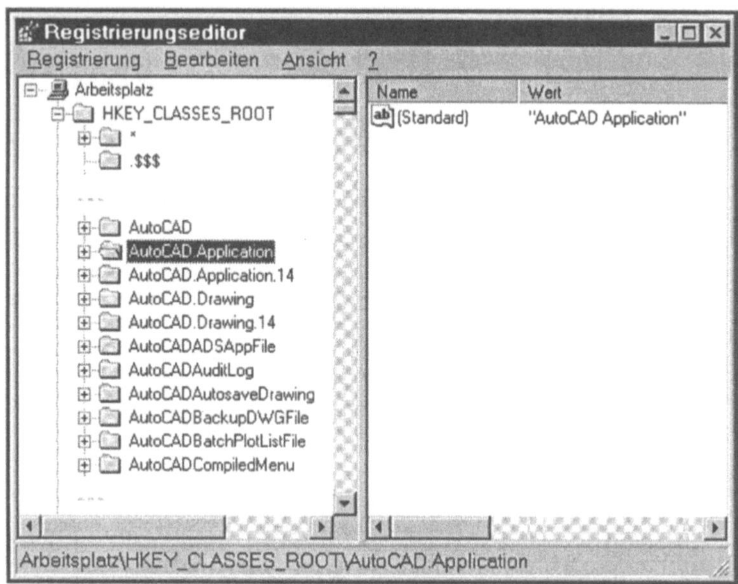

Sollte ein anderes VBA (z.B. aus ACCESS) als Steuerungs-Software angewendet werden, so muß zusätzlich im Dialogfeld "Verweise" (Menü "Extras", Menüpunkt "Verweise") AutoCADObjectLibrary aktiviert werden.

Der Weg über (Menü "Extras", Menüpunkt "Verweise") zum Dialogfeld ist in Access ist nur gangbar, wenn ein VBA-Fenster zur Quelltext-Erarbeitung geöffnet ist.

Damit ist der Weg zur Schnittstellen-Definitions-Datei „ACAD.TLB" gewiesen, in der die steuerbaren AutoCAD-Objekt-Typen definiert sind (Bild 20.4).

Bild 20.4:
Verweis
auf ACAD.TLB

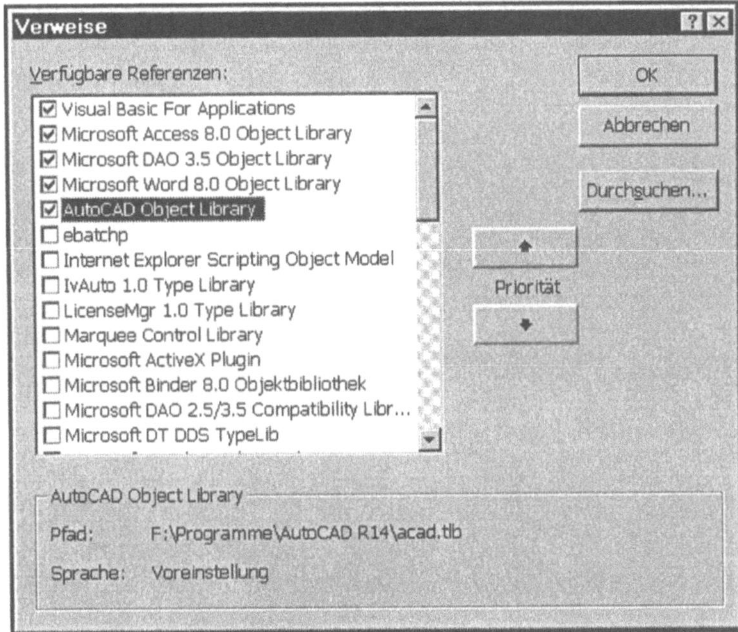

20.2   AutoCAD - Objekt - Modell

In AutoCAD wurden Objekte definiert und diesen Methoden und
Eigenschaften zugeordnet.

Im Bild 20.5 wird die hierarchische Struktur der Objekte gezeigt.

Objekte vom Typ Collection fassen unterschiedliche Objekte zusammen.

Collection

Die Collection hat Methoden, neue Objekte hinzuzufügen und
definiert auf die enthaltenen Objekte, z.B. durch Abfrage ihrer
Eigenschaften, zuzugreifen.

Die Collection kann Objekte aus unterschiedlichen Klassen aufnehmen. Die Klassenauswahl ist aber beschränkt. Im Falle der
ModellSpaceEntities-Collection sind es die Objekte aus den Klassen, die am äußeren Ast (rechte Spalte im Bild 20.5) hängen. An
nachfolgenden Beispielen läßt sich die Methode der objektorientierten Programmierung in VBA leichter nachvollziehen.

Bild 20.5:
Objekt-Modell

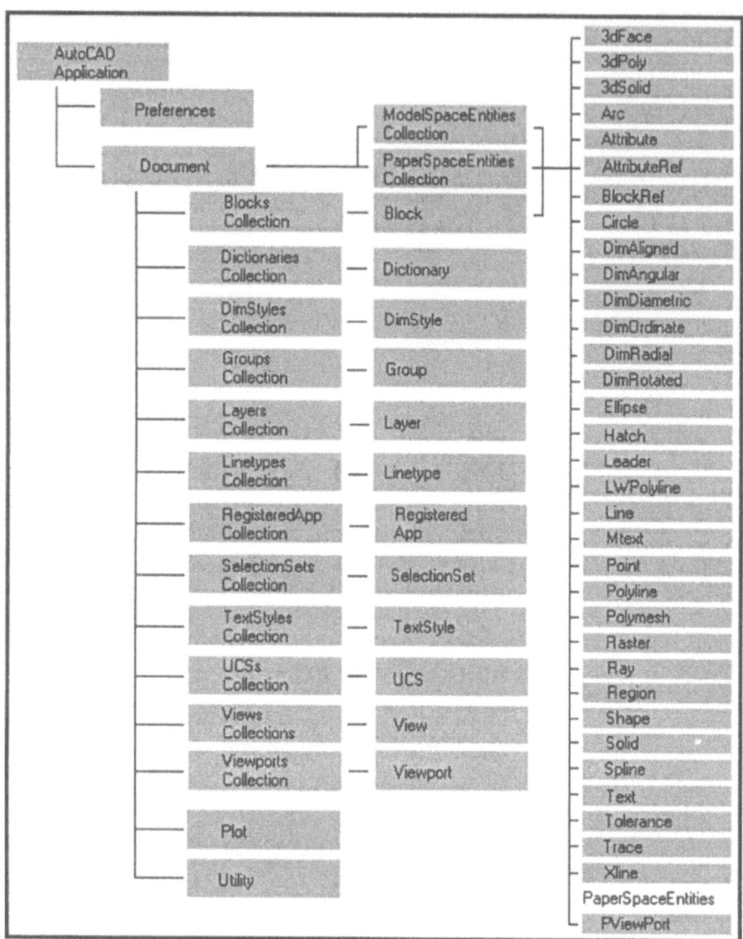

20.3   Anwendungs-Beispiele

20.3.1   Stufe (Objekterzeugung)

Es wird ein sehr einfaches Beispiel-Programm-Listing wiederge-
ben und abschnittsweise kommentiert, d.h., das Listing wird
mehrfach unterbrochen. Aus Layoutgründen können Zeilen um-
gebrochen dargestellt sein; im lauffähigen Listing gibt es keine
Umbrüche innerhalb einer Programmzeile.

Wie bei den anderen Beispielen bisher auch, liegt der Sinn nicht
im Ergebnis auf dem AutoCAD-Bildschirm sondern in der exem-
plarischen Demonstration von Methoden.

Beispiel

Gegenstand ist die Stufe, eine Polyline bestehend aus drei Geradenabschnitten. Im ersten Abschnitt erfolgt die Objekt- und Variablenvereinbarung. Die ersten vier Zeilen lesen sich wie ein Abstieg von der AutoCAD-Applikation bis zur AutoCAD-Polyline im Objekt-Modell. Die vier benötigten Punkte werden als Array ihrer jeweils drei Koordinaten vereinbart, 12 Elemente (0 bis 11):

1. Abschnitt

```
Sub Stufe()
    Dim acadApp As Object
    Dim acadDok As Object
    Dim acadModSpace As Object
    Dim acadPolyLine As Object
    Dim points(0 To 11) As Double
```

In den Zeilen werden die Objektverweise durchgeführt, ebenfalls in absteigender Folge. In der Kommentarzeile wird acadDok übergangen (alternativ verwendbar).

2. Abschnitt

```
Set acadApp = GetObject(, „AutoCAD.Application")
Set acadDok = acadApp.ActiveDocument
Set acadModSpace = acadDok.ModelSpace
'Set acadModSpace
     = acadApp.ActiveDocument.ModelSpace
```

Wertzuweisungen für den ersten Punkt, jeweils eine Zeile für eine Koordinate.

3. Abschnitt

```
points(0) = 50              'Punkt A
points(1) = 50
points(2) = 0
```

Wertzuweisung für die nachfolgenden Punkte jeweils in Bezug auf den vorangegangenen Punkt (rekursive Koordinatenfestlegung).

4. Abschnitt

```
points(3) = points(0) + 50  'Punkt B
points(4) = points(1) + 0
points(5) = points(2) + 0

points(6) = points(3) + 0   'Punkt C
points(7) = points(4) + 50
points(8) = points(5) + 0

points(9) = points(6) + 50  'Punkt D
points(10) = points(7) + 0
```

```
            points(11) = points(8) + 0
```

Um in AutoCAD eine Polylinie zu erzeugen, wird die Methode
„AddPolyline" der Collection „ModelSpace" (im Beispiel: „Acad-
ModSpace") verwendet, parametrisiert durch die Übergabe des
Arrays der Punkte (points), die in der Collection ein neues Ob-
jekt „Polyline" erzeugt. Zugleich wird ein Verweis auf die ent-
standene Polylinie in der Variablen „acadPolyline" gespeichert.

5. Abschnitt

```
Set acadPolyLine
    = acadModSpace.AddPolyline(points)
'Set acadPolyLine
    =acadApp.ActiveDocument.ModelSpace
    .AddPolyline(points)
```

Die Eigenschaft „Closed" des Objektes Polyline wird auf wahr
gesetzt und damit die Polyline geschlossen. Durch die Methode
„Update" werden die Änderungen abgeschlossen und die geschlossene Polylinie angezeigt. Um den Ablauf zu unterbrechen,
wird ein Meldungsdialog ausgegeben. Über „OK"-Button wird
die Ausführung fortgesetzt.

6. Abschnitt

```
acadPolyLine.Closed = True
acadPolyLine.Update
MsgBox „Geschlossen", 64, „Stufe"
```

Es folgt die Umkehrung, der letzte Schritt wird zurückgenommen.

7. Abschnitt

```
acadPolyLine.Closed = False
acadPolyLine.Update
MsgBox „Offen", 64, „Stufe"
```

```
End Sub
```

Die Aufgabenstellung wird nachfolgend modifiziert: Der erste
Punkt soll über Cursor gesetzt und vom System dem Startpunkt
für die Stufe zugewiesen werden.

Mit der Methode „GetPoint" wird der einzugebene Punkt erfaßt.
Diese Methode gehört zum Objekt (zur Klasse) „Utility". Sie liefert den Punkt nur in eine Variable vom Typ „Variant".

```
Sub Stufe2()
    ...
```

Austausch-Block
für 3. u. 4. Abschnitt

```
Dim StartPoint As Variant
Dim acadUtil As Object
Set acadUtil = acadDok.Utility
'Set acadUtil = acadApp.ActiveDocument.Utility
StartPoint
    = acadUtil.GetPoint(, „Startpunkt der Stufe?")

points(0) = StartPoint(0)    'Punkt A
points(1) = StartPoint(1)
points(2) = StartPoint(2)
...
End Sub
```

20.3.2 Kreis-Translation (Ändern von Objekteigenschaften)

Das Programm bewirkt das Auffinden von Kreisen in einer AutoCAD-Zeichnung, die Änderung der Farbe der Kreise und eine gemeinsame Lageänderung der Kreise in einer vorgegebenen Richtung um einen bestimmten Betrag.

„Verschiebungs-
vektor"

Der „Verschiebungsvektor" wird über zwei Punkte mit dem Cursor definiert. Nach Vorgabe des ersten Punktes hängt eine Gummibandlinie am Cursor, die nach Setzen des zweiten Punktes durch eine Linie ersetzt wird und als „Verschiebungsvektor" auf dem Bildschirm verbleibt, bis die Verschiebung der Kreise beendet ist.

```
Sub Kreis_Translation()
    Dim acadApp As Object
    Dim acadDok As Object
    Dim acadModSpace As Object

    Set acadApp = GetObject(, „AutoCAD.Application")
    Set acadDok = acadApp.ActiveDocument
    Set acadModSpace = acadDok.ModelSpace

    Dim StartPoint As Variant
    Dim EndPoint As Variant
    Dim acadUtil As Object
    Set acadUtil = acadDok.Utility
    StartPoint = acadUtil.GetPoint(, „Startpunkt?")
    EndPoint
        = acadUtil.GetPoint(StartPoint, „Endpunkt?")

    Dim ap(0 To 2) As Double
```

Punkteingabe
„Gummiband"

„Verschiebungs-
vektor"

Komponenten
des Verschiebungs-
vektors

Nach Kreisen aus der
Gesamtmenge su-
chen

Differentieller
Verschiebungsvektor

Verschiebungsvektor
gelöscht

```
            Dim ep(0 To 2) As Double
            ap(0) = StartPoint(0)
            ap(1) = StartPoint(1)
            ap(2) = StartPoint(2)
            ep(0) = EndPoint(0)
            ep(1) = EndPoint(1)
            ep(2) = EndPoint(2)
        Dim acadLine As Object
            Set acadLine = acadModSpace.AddLine(ap, ep)
            acadLine.Update

            Dim dx As Double
            Dim dy As Double
            Dim Steps As Integer
            dx = EndPoint(0) - StartPoint(0)
            dy = EndPoint(1) - StartPoint(1)
            Steps = 100

            Dim n As Integer
            Dim ent As Object
            Dim CenterPoint As Variant
            For n = 0 To Steps
              For Each ent In acadModSpace
                If ent.EntityName = „AcDbCircle" Then
                  ent.Color = acRed
                  CenterPoint = ent.center
                  CenterPoint(0) = CenterPoint(0) + dx / Steps
                  CenterPoint(1) = CenterPoint(1) + dy / Steps
                  ent.center = CenterPoint
                  ent.Update
                End If
              Next ent
            Next n

            acadLine.Erase
            acadApp.Update


        End Sub
```

AutoCAD Runtime Extension ARX

Mit dem Begriff in der Kapitelüberschrift wird eine weitere Programmierschnittstelle bezeichnet, über die AutoCAD-Objekte und das AutoCAD-System gesteuert werden können.

Vorteil gegenüber VBA

In der Programmiersprache C++ (bzw. Visual C++) wird die Aufgabenstellung formuliert. Erst die Transformation mit einem C++-Compiler liefert das Steuerprogramm. Auf diesem Schritt beruht die höhere Abarbeitungsgeschwindigkeit gegenüber (z.B.) einem VBA-Steuerprogramm, das interpretativ abgearbeitet wird.

21.1 Voraussetzungen

Für die Arbeit mit ARX werden vorausgesetzt
- Betriebssystem Windows NT 4.0
- Software Development Kit (SDK)
- C++-Compiler (Visual C++ 5.0)

Bild 21.1:
Installation von ObjectARX Release 2.02 aus OBARXSDK.EXE

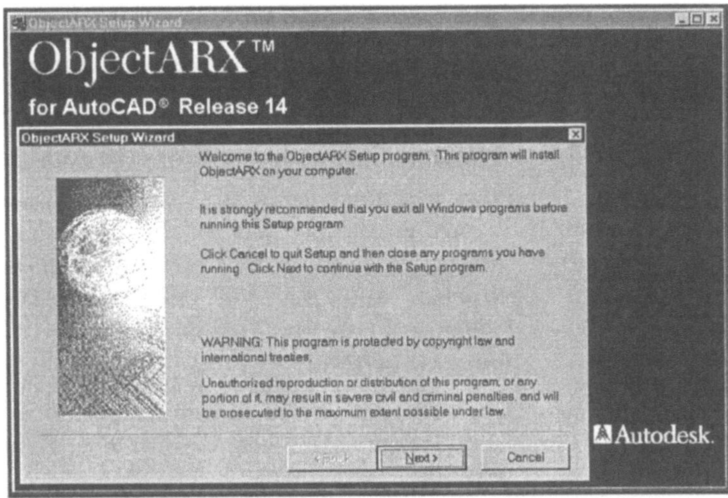

Das SDK ist seit 11/97 über http://www.autodesk.com erreichbar. Der Datenträger mit der Datei „OBARXSDK.EXE" wird eingelegt und auf Betriebssystemebene aufgerufen. Danach folgt man den Anweisungen der Installations-Routine (Bild 21.1).

Nach der Installation sind im gewählten Laufwerk folgende Pfade eingerichtet.

ARXLABS	Übungsaufgaben mit Lösungen
CLASSMAP	Zeichnung zur Klassenhierarchie (*.DWG)
DOCS	
DOCSAMPS	
INC	**zusätzliche** AutoCAD spezifische Include-Dateien (Bereitstellung der Funktionsprototypen; Header-Dateien)
LIB	**zusätzliche** AutoCAD spezifische Library-Dateien (compilierte Funktionen)
REDISTRIB	
SAMPLES	
UTILS	

Hinweis auf Pfade

Für die Erarbeitung des Programms sind die Inhalte der Pfade INC und LIB relevant.

Das C++-Programm nimmt eine Teilmenge der Include-Dateien auf. Außerdem muß eine „*.DEF"-Datei geschrieben werden, in der der Eintrittspunkt für AutoCAD in das C++-Programm vereinbart wird. Nach dem Compiler-Lauf werden im Linker-Lauf die den ausgewählten Include-Dateien entsprechenden Lib-Dateien eingebunden. Im Ergebnis entsteht eine   „*.ARX", die mit dem Aufruf ARX und l (für LADEN) in AutoCAD geladen wird.

Verfügbarkeit der definierten Funtionen

Danach stehen die in der „*.ARX" definierten Funktionen zur Verfügung. Mit ARX und „?" erhält man eine Liste der geladenen ARX-Programme. ARX und U (für UNLOAD) trennt die Verbindung zwischen AutoCAD und dem Programm. ARX und C (für COMMANDS) zeigt eine Liste der durch ARX-Programme definierten AutoCAD Befehle.

Die bisher bekannten Funktionen aus dem AutoCAD Development System (ADS) können über eine Schnittstelle in ARX eingebunden werden.

21.2   Einfaches, aber umfangreiches Beispiel / Quelltext

Wie in den bisherigen Kapiteln soll die Hemmschwelle für den Einstieg durch ein einfaches Beispiel herabgesetzt werden. Allerdings wird Verständnis für C++-Programme und für objektorientierte Programmierung vorausgesetzt. Umfangreich soll nicht als Gegensatz zu einfach verstanden werden.

Ziele des Beispieles

Ziel des Programmes ist die Erzeugung von AutoCAD-Befehlen und deren Modifikation. Gegenstand sind Linie, Polylinie und Kreis. Diese Wahl richtet sich nicht nach dem Nutzen für Auto-CAD, sondern am Nutzen für den Leser.

Blöcke

Das Programm gliedert sich grob in die Blöcke

- Erzeugung von Linie, Polylinie und Kreis (CR für CReate)

- Modifikation von Linie, Polylinie und Kreis (MOD für MO-Dify)

- Hilfsfunktionen zur Koordinatenerfassung und -umwandlung

- Einbindung einer ADS-Funktion

- An- und Abmelden von Kommandos an AutoCAD beim Laden und Entladen dieses ARX-Programms

- Interface-Teil, der auf Nachrichten von AutoCAD reagiert

Kommentierung

Nach dieser Grobgliederung richtet sich der nachfolgende kommentierte Quelltextausdruck, aus dem die Kommentare, die im Originalquelltext auf „//" folgen, in die normale Beschreibung übernommen werden.

21.2.1   Programmkopf

Der Programmkopf enthält die Include - Dateien:

Aus C

```
#include <string.h>
#include <math.h>
```

Aus ObjectARX

```
#include <aced.h>
#include <dbents.h>
#include <dbsymtb.h>
#include <adslib.h>
```

Für den Zeichenkettenvergleich wird eine Funktion definiert, in der auf Identität der Zeichenabfolge geprüft wird.

```
#define streq(s,t) (strcmp((s),(t))==0)
```

Es folgt eine Auflistung der Funktions-Prototypen:

ARX

```
void ent_cr( void );
void ent_mod( void );
AcDbEntity* selectEntity(
                    AcDbObjectId& eId, AcDb::OpenMode openMode );
void getZucs( AcDbDatabase * pDb, AcGeVector3d& v );
int getPoint( AcGePoint3d& pF, char* pMessage, AcGePoint3d& pT );
int getPoint( char* pMessage, AcGePoint3d& pT );
int sa_u2w( ads_point p1, ads_point p2 );
int sa_w2u( ads_point p1, ads_point p2 );
void initApp( void );
void unloadApp( void );
extern „C" AcRx::AppRetCode acrxEntryPoint(
                                AcRx::AppMsgCode msg, void* );
```

ADS

```
#define ExtFuncCount    1
// ADS - globale Variable
char *exfun[] = {„sqr"};
// ADS - Funktions-Prototypen
int funcload _((void));
int funcunload _((void));
int dofun _((void));
```

21.2.2   Erzeugung von Linie, Polylinie und Kreis (CR für CReate)

Dieser Abschnitt beginnt mit der Abfrage, welches von den drei Objekten ausgewählt wird. Es reicht die Eingabe des ersten Buchstabens. In „kw" wird das vollständige Schlüsselwort gespeichert.

```
void
ent_cr()
{
    int rc;
    char kw[20];
    ads_initget(0, „Linie Polylinie Kreis");
    rc = ads_getkword(„Zeichnen? (<Linie>/Polylinie/Kreis) ", kw);
```

Leereingabe

Bei einer leeren Eingabe (⏎ oder ⬚) wird auf Linie gesetzt.

```
if (rc == RTNONE) {
    strcpy(kw, „Linie");
    rc = RTNORM;
}
```

Fehleingabe

Bei Fehleingabe (kein über INITGET definiertes Schlüsselwort) wird die nachfolgende Meldung ausgegeben.

```
if (rc != RTNORM) {
    ads_printf(„Nichts gewählt.\n");
```

```
        return;
    }
```
Die aktuelle Zeichnung wird gewählt.

```
AcDbDatabase *pDb = acdbCurDwg();
```

Normalen-Einheitsvektor

Im nachfolgenden Abschnitt wird der Normalen-Einheitsvektor einer Ebene im Benutzer-Koordinaten-System (BKS, _UCS) über die Hilfsfunktion "GETZUCS" bestimmt.

```
AcGeVector3d normal;
getZucs(pDb, normal);
```

Definition Entity-Objekt

Im nächsten Schritt wird allgemeines Entity-Objekt definiert.

```
AcDbEntity *pObj;
```

Jeder der drei folgenden Abschnitte beginnt mit einem Zeichenkettenvergleich, bei dem mit dem eingegeben Schlüsselwort verglichen und das Programm im zugehörigen Abschnitt fortgesetzt wird.

Linie

```
if (streq(kw, „Linie")) {
```

Die zwei zur Definition der Linie benötigten Punkte werden über die Hilfsfunktion „GETPOINT" erfaßt.

```
AcGePoint3d p;
AcGePoint3d q;
rc = getPoint(„Linie von Punkt: ", p);
if (rc != RTNORM) { return; }
rc = getPoint(p, „nach Punkt: ", q);
if (rc != RTNORM) { return; }
```

Es wird einen neues Objekt „Linie" angelegt und ihm der Anfangs- und Endpunkt übergeben.

```
AcDbLine *pLine = new AcDbLine;
pLine->setDatabaseDefaults(pDb);
// Übergabe von Normalen-Einheitsvektor
// und der zwei Punkte an das Objekt Linie
pLine->setNormal(normal);
pLine->setStartPoint(p);
pLine->setEndPoint(q);
```

„Linie" wird zu „POBJ"

In der nächsten Zeile wird Linie zum allgemeinen Objekt „POBJ". Bei den weiteren zwei Abschnitten werden ebenfalls die speziellen Objekte (Polylinie und Kreis) zu dem allgemeinen Objekt, um beim Speichern in der Block-Tabelle für alle die gleichen Funktionen nutzen zu können

```
pObj = pLine;
```

Polylinie

```
}else if (streq(kw, „Polylinie")) {

    AcGePoint3d fp;
    AcGePoint3d sp;
    AcGePoint3d tp;
```

Eingabe von drei Punkten einer Polylinie:

```
// 3 Punkte der Polylinie erfassen
rc = getPoint(„Polylinie2D (3 Punkte) 1. Punkt: ", fp);
if (rc != RTNORM) { return; }
rc = getPoint(fp, „2. Punkt: ", sp);
if (rc != RTNORM) { return; }
rc = getPoint(sp, „3. Punkt: ", tp);
if (rc != RTNORM) { return; }
```

Anlegen
Feld-Objekt

Es wird ein Feld-Objekt angelegt, das die drei Punkte „SETLOGICALLENGTH"(3) enthält.

```
AcGePoint3dArray ptArr;
ptArr.setLogicalLength(3);
ptArr[0]=fp;
ptArr[1]=sp;
ptArr[2]=tp;
```

Anlegen
Neues Objekt

Neues Objekt vom Typ „Polylinie" wird angelegt. Dabei wird das Feld-Objekt, das die drei Punkte enthält, übergeben. Vereinbarungsgemäß werden zwischen den Stützpunkten nur Linien zugelassen.

```
AcDb2dPolyline *pPLine = new AcDb2dPolyline(
        AcDb::k2dSimplePoly, ptArr, 0.0, Adesk::kTrue);
// Farbe der Polylinie auf grün (3)
pPLine->setColorIndex(3);
// auf Layer 0
pPLine->setLayer(„0");
// offene Polylinie
```

Falls die Polylinie geschlossen ist, wird sie mit „MAKEOPEN"() geöffnet.

```
pPLine->makeOpen();
```

Mit "CLOSE" wird das Polylinie-Objekt abgeschlossen.

```
pPLine->close();
```

Wie beim Linien-Objekt erwähnt, erfolgt einen entsprechende Verallgemeinerung auch für die Polylinie.

```
pObj = pPLine;
```

Kreis

```
}else if (streq(kw, „Kreis")) {
```

Analog zu den beiden vorangegangen Abschnitten wird auch hier verfahren (Punkte erfassen, Objekt erzeugen, Objekt verallgemeinern).

```
AcGePoint3d p;
// Erfassen des Mittelpunktes des Kreises
rc = getPoint(„Kreis Mittelpunkt: ", p);
if (rc != RTNORM) { return; }
// Mittelpunkt einem ADS-Punkt zuweisen
// für Funktion ads_getdist
ads_point ptUCS = {p.x, p.y, p.z};

double r;
// Erfassen des Mittelpunktes des Kreises
rc = ads_getdist(ptUCS, „Radius: ", &r);
if (rc != RTNORM) { return; }

// neues „Objekt" vom Typ Polylinie
AcDbCircle *pCircle = new AcDbCircle;

pCircle->setDatabaseDefaults(pDb);

// Übergabe von Normalen-Einheitsvektor,
// Mittelpunkt und Radius an das Objekt Kreis
pCircle->setNormal(normal);
pCircle->setCenter(p);
pCircle->setRadius(r);

// Objekt Kreis (allg.)
pObj = pCircle;
// weiter unten: Objekt wird der Datenbank hinzugefügt
}
```

Linie, Polyline und Kreis im verallgemeinerten Objekt „POBJ" werden in der Zeichnungsdatenbank gespeichert.

Öffnen der Block-Tabelle

1. Öffnen der Block-Tabelle

```
AcDbBlockTable *pDbTable;
Acad::ErrorStatus es = pDb->getBlockTable(
                              pDbTable, AcDb::kForRead);
if (es != Acad::eOk) {
    ads_printf(„Block-Tabelle kann nicht geöffnet werden.\n");
    delete pObj;
    return;
}
```

2. Datensatz aus Block-Tabelle des Modellbereichs

```
// Datensatz (ACCESS: RECORDSET) zum Schreiben
// aus Block-Tabelle des Modellbereiches
AcDbBlockTableRecord *pDbRecord;
es = pDbTable->getAt(
                     ACDB_MODEL_SPACE, pDbRecord, AcDb::kForWrite);
if (es != Acad::eOk) {
    ads_printf(
            „Model-Space-Block kann nicht geöffnet werden.\n");
    if (pDbTable->close() != Acad::eOk) {
        acrx_abort(
                „Block-Tabelle kann nicht geschlossen werden.\n");
    }
    delete pObj;
    return;
}
```

Schließen Block-Tabelle

3. Block-Tabelle wird geschlossen (nicht die des Modellbereichs)

```
if (pDbTable->close() != Acad::eOk) {
    acrx_abort(
            „Block-Tabelle kann nicht geschlossen werden.\n");
}
```

Anfügen „POBJ"

4. Allgemeines Objekt „POBJ" wird an die Block-Tabelle des Modellbereiches angefügt.

```
// allg. Objekt (Linie, Polylinie, Kreis)
// an Modellbereichs-Block-Tabelle anfügen
es = pDbRecord->appendAcDbEntity(pObj);
if (es != Acad::eOk) {
    ads_printf(„Element anfügen fehlgeschlagen.\n");
    if (pDbRecord->close() != Acad::eOk) {
        acrx_abort(„Datensatz schließen fehlgeschlagen.\n");
    }
    delete pObj;
    return;
}
```

Schließen Objekt

5 Allgemeines Objekt und Block-Tabelle der Modellbereiches schließen.

```
if (pObj->close() != Acad::eOk) {
    acrx_abort(
            „Schließen des Objektes(allg.) fehlgeschlagen.\n");
}

if (pDbRecord->close() != Acad::eOk) {
    acrx_abort(„Datensatz schließen fehlgeschlagen.\n");
}
}
```

21.2.3 Modifikation von Linie, Polylinie und Kreis (MOD für MODify)

Wahl eines Objektes in der AutoCAD-Zeichnung durch die Hilfsfunktion „SELECTENTITY" und Zuweisung des erkannten Objektes dem allgemeinen Entity-Objekt-Typ.

```
void
ent_mod()
{
        int rc;
        AcDbEntity *pObj;
        AcDbObjectId eId;
        // Objekt aus Zeichnung wählen (zum Lesen)
        pObj = selectEntity(eId, AcDb::kForRead);
        if (!pObj) { return; }

        // if it is a circle or line,
        // modify start/center point:
        //
        AcDbLine *pLine;
        AcDbCircle *pCircle;
        AcDb2dPolyline *pPLine;
        // erkennen der Objekt-„Types"
        // wenn Objekt Kreis,
        // dann speziellen Objekt Kreis zuweisen
```

Abprüfen, ob allgemeines Objekt vom Typ Kreis, Linie oder Polylinie ist. Danach erfolgt Typ-spezifische Zuweisung. Ergibt die Prüfung keine mögliche Zuordnung, wird eine entsprechende Meldung ausgegeben.

Kreis

```
if ((pCircle = AcDbCircle::cast(pObj)) != NULL) {
    AcGePoint3d p;
    // Mittelpunkt speichern für Funktion „getpoint"
    p = pCircle->center();
    // neuen Mittelpunkt erfassen
    // mit „Gummilinie vom alten Mittelpunkt"
    rc = getPoint(p, „Neuer Mittelpunkt: ", p);
    // Kreis-Objekt zum Ändern öffnen
    pCircle->upgradeOpen();
    if (rc == RTNORM) {
        // neuen Mittelpunkt setzen
        pCircle->setCenter(p);
    }
    // Kreis-Objekt schließen
    pCircle->close();

} else if ((pLine = AcDbLine::cast(pObj)) != NULL) {
    ads_printf(„Linie erkannt ");
    AcGePoint3d p_alt;
    AcGePoint3d q_alt;
```

Linie

```
                              AcGePoint3d p_neu;
                              AcGePoint3d q_neu;
                              // alten Anfangs- und Endpunkt speichern
                              p_alt = pLine->startPoint();
                              q_alt = pLine->endPoint();
                              // alten Endpunkt neuem Startpunkt zuweisen
                              p_neu = q_alt;
                              // neuen Endpunkt erfassen
                              rc = getPoint(p_neu, „Neuer Endpunkt: ", q_neu);
                              // Linien-Objekt zum Ändern öffnen
                              pLine->upgradeOpen();
                              if (rc == RTNORM) {
                                  // neuen Anfangs- und Endpunkt setzen
                                  pLine->setStartPoint(p_neu);
                                  pLine->setEndPoint(q_neu);
                              }
                              // Linien-Objekt schließen
                              pLine->close();
```

Polylinie
```
                          } else if (
                                  (pPLine = AcDb2dPolyline::cast(pObj)) != NULL) {
                          ads_printf(„Polylinie erkannt \n");
                          AcGePoint3d pn;
                          // weiteren Endpunkt erfassen
                          rc = getPoint(„Weiterer Endpunkt: ", pn);
                          // Polylinien-Objekt zum Ändern öffnen
                          pPLine->upgradeOpen();
                              if (rc == RTNORM) {
```
Zusätzlicher Punkt wird an ein neues Stützpunktobjekt gegeben und das als neuere Endpunkt an die Polylinie angefügt.
```
                              AcDb2dVertex *vx = new AcDb2dVertex;
                              vx->setPosition(pn);
                              // Objekt Stützpunkt wird als neuer Endpunkt
                              // an Polylinie angefügt
                              pPLine->appendVertex(vx);
                              // Stützpunkt-Objekt schließen
                              vx->close();
                              }
                              // Polylinien-Objekt schließen
                              pPLine->close();
                          } else {
                              // erkannter Objekt-„Typ"
                              // kein Typ aus der Menge Linie, Polylinie und Kreis
                              ads_printf(
                                  „Kein Objekt(Linie,Polylinie,Kreis) gewählt.\n");
                          }
                      return;
                      }
```

21.2.4

Hilfsfunktionen zur Koordinatenerfassung und -umwandlung

Funktion zur Auswahl eines Objektes aus der AutoCAD-Zeichnumg mit Rückgabe eines allgemeinen Entity-Objektes:

```
// Funktion zur Auswahl einen Objektes
AcDbEntity*
selectEntity(AcDbObjectId& eId, AcDb::OpenMode openMode)
{
    ads_name en;
    ads_point pt;
    // ermitteln des ADS-Objektnamens
    int rc = ads_entsel("\nEin Objekt wählen: ", en, pt);
    if (rc != RTNORM) {
        ads_printf("Kein Objekt gewählt.\n", rc);
        return NULL;
    }

    // ObjektID aus ADS-Namen ermitteln
    Acad::ErrorStatus es = acdbGetObjectId(eId, en);
    if (es != Acad::eOk) {
        ads_printf(
            "Erhalten der Objekt ID aus ADS-Name fehlgeschlagen: "
            "Objekt-Name <%1x,%1x>, Fehler %d.\n", en[0], en[1], es);
        return NULL;
    }
    AcDbEntity* entObj;

    // allg. Objekt aus ObjektID
    es = acdbOpenObject(entObj, eId, openMode);
    if (es != Acad::eOk) {
        ads_printf("Objekt nicht geöffnet (Fehler: %d).\n", es);
    return NULL;
    }
    return entObj;
}
```

Normalen-Einheitsvektor bestimmen

Normalen-Einheitsvektor im aktuellen Benutzer-Koordinaten-System bestimmen:

```
void
getZucs(AcDbDatabase * pDb, AcGeVector3d& v)
{
    AcGeVector3d x = pDb->pucsxdir();
    AcGeVector3d y = pDb->pucsydir();
    // Normalen-Vektor:
    v = x.crossProduct(y);
    // Normalen-Einheitsvektor:
    v.normalize();
}
```

Funktion zum Erhalten eines Punktes mit „Gummiband" vom übergebenen Punkt:

```
// Funktion zum Erhalten eines Punktes
// mit „Gummiband"
int
getPoint(AcGePoint3d& pF, char* pMessage, AcGePoint3d& pT)
{
    int rc;
    // 2 ADS - Punktvariablen
    ads_point pFrom = {pF.x, pF.y, pF.z},
                pTo;

    // ADS-Funktion: ads_getpoint zum ermitteln eines Punktes
    // mit Übergabe des Basispunktes der „Gummilinie"
    // in Benutzer-Koordinaten
    if ((rc = sa_w2u(pFrom, pFrom)) == RTNORM
        && (rc = ads_getpoint(pFrom, pMessage, pTo)) == RTNORM)
    {
        // Erhaltenen Punkt in
        // Welt-Koordinaten umwandeln
        rc = sa_u2w(pTo, pTo);
        // ADS-Punkt nach ARX-Punkt (AcGePoint3d)
        pT.x = pTo[X];
        pT.y = pTo[Y];
        pT.z = pTo[Z];
    }
    return rc;
}
```

Funktion zum Erhalten eines Punktes ohne „Gummiband":

```
int
getPoint(char* pMessage, AcGePoint3d& pT)
{
    int rc;
    ads_point pTo;

    // ADS-Funktion: ads_getpoint zum ermitteln eines Punktes
    if ((rc = ads_getpoint(NULL, pMessage, pTo)) == RTNORM) {
        // Erhaltenen Punkt in
        // Welt-Koordinaten umwandeln
        rc = sa_u2w(pTo, pTo);
        // ADS-Punkt nach ARX-Punkt (AcGePoint3d)
        pT[X] = pTo[X];
        pT[Y] = pTo[Y];
        pT[Z] = pTo[Z];
    }
    return rc;
}
```

Funktion zur Umwandlung von BKS in WKS:

```
int
sa_u2w(ads_point p1, ads_point p2)
{
    struct resbuf wcs,ucs;
    wcs.restype    = RTSHORT;
    wcs.resval.rint = 0;
    ucs.restype    = RTSHORT;
    ucs.resval.rint = 1;
    // ADS-Funktion zur Koordinatentransformation
    return ads_trans(p1, &ucs, &wcs, 0, p2);
}
```

Funktion zur Umwandlung von BKS in WKS:

```
int
sa_w2u(ads_point p1, ads_point p2)
{
    struct resbuf wcs,ucs;
    wcs.restype    = RTSHORT;
    wcs.resval.rint = 0;
    ucs.restype    = RTSHORT;
    ucs.resval.rint = 1;
    // ADS-Funktion zur Koordinatentransformation
    return ads_trans(p1, &wcs, &ucs, 0, p2);
}
```

21.2.5   Einbindung einer ADS-Funktion

Definition externer ADS-Funktion:
(„sqr" mit Funktionscode i = 0)

```
int funcload()
{
    int i;
    for (i = 0; i < ExtFuncCount; i++) {
        if (!ads_defun(exfun[i], i))
            return RTERROR;
    }
    return RTNORM;
}
```

Definition externer ADS-Funktion zurücknehmen:

```
int funcunload()
{
    int i;
    for (i = 0; i < ExtFuncCount; i++) {
        ads_undef(exfun[i],i);
    }
    return RTNORM;
}
```

Aufruf der ADS-Funktion(en):

```
int dofun()
{
    struct resbuf *rb;
    int val;
    ads_real x;
    extern ads_real rsqr _((ads_real));
    // Funktions-Code holen
    if ((val = ads_getfuncode()) < 0)
        return 0;
    // Argument der Funktion
    if ((rb = ads_getargs()) == NULL)
        return 0;
    switch (val) {  // 0 für registrierte Funktion SQR
```

Wenn in AutoCAD (SQR ...) eingeben wurde, liefert die „ADS_GETFUNCODE" in „DOFUN" den Funktionscode der eingebenen Funktion. („SQR" = 0)

```
    case 0:
        // Argument in lokale Variable
        if (rb->restype == RTSHORT) {
            x = (ads_real) rb->resval.rint;
        } else if (rb->restype == RTREAL) {
            x = rb->resval.rreal;
        } else {
          ads_fail(
                „Parameter muß vom Typ Integer oder Real sein.");
          return 0;
        }
        if (x < 0) {
            ads_fail(„Parameter muß positiv.");
            return 0;
        }
```

Auslagerung der Berechnung in separate Funktion „RSQR":

```
        ads_retreal(rsqr(x));              // Aufruf der Funktion RSQR
                                           // zur Berechnung
                                           // und Rückgabe des Wertes
                                           // an AutoLISP

        return 1;

    default:
        ads_fail(„Nicht vorhandener Funktioncode.");
        return 0;
    }
}
```

Auslagerte separate Funktion „RSQR" zur Berechnung der Quadrat-Wurzel:

```
ads_real rsqr(ads_real x)
{
    double w0,w1,epsilon,relDiff;
    ads_real y;
    epsilon = 0.000001;
    w0 = 1;
    do {
        w1 = 0.5 * ( w0 + x / w0);
        relDiff = fabs( (w1-w0) / w1 );
        ads_printf(
                    „w1=: %2.10f w0=: %2.20f relDiff=: %2.20f \n",
                    w1,w0,relDiff);
        w0 = w1;
    } while (relDiff > epsilon);
    y = w1;
    return y;
}
```

21.2.6 An- und Abmelden von Kommandos an AutoCAD beim Laden und Entladen dieses ARX-Programms

An den Kommandostack von AutoCAD werden die neu erzeugten Kommandos angefügt. (Gruppenname, globaler Befehl, lokaler Befehl, Ausführungsmodus, Funktionszeiger)

```
void
initApp()
{
    acedRegCmds->addCommand(„CRMODOBJ", „ENT_CR", „ENT_ERZ",
        ACRX_CMD_MODAL, ent_cr);
    acedRegCmds->addCommand(„CRMODOBJ", „ENT_MOD", „ENT_MOD",
        ACRX_CMD_MODAL, ent_mod);
}
```

Kommandos der Gruppe „CRMODOBJ" werden aus dem Kommandostack gelöscht:

```
void
unloadApp()
{
    acedRegCmds->removeGroup(„CRMODOBJ");
}
```

21.2.7 Interface-Teil, der auf Nachrichten von AutoCAD reagiert

Hauptteil des Programms, enthält Eintrittspunkt für AutoCAD und reagiert auf Anforderung/Zustandsänderung von AutoCAD.

```
extern „C" AcRx::AppRetCode
```

```cpp
acrxEntryPoint(AcRx::AppMsgCode msg, void* pkt)
{
    switch (msg) {
    case AcRx::kInitAppMsg:
        ads_printf(„ARX - CrModObj - wird geladen.\n");
        acrxDynamicLinker->unlockApplication(pkt);
        initApp();
        break;
    case AcRx::kUnloadAppMsg:
        ads_printf(„ARX - CrModObj - wird entladen.\n");
        unloadApp();
    case AcRx::kInvkSubrMsg:
        ads_printf(
                „ARX - CrModObj - ADS Funktion wird ausgeführt.\n");
        dofun();
        break;
    case AcRx::kLoadDwgMsg:
        ads_printf(
                „ARX - CrModObj - AutoCAD öffnet neue Zeichnung.\n");
        funcload();
        break;
    case AcRx::kUnloadDwgMsg:
        ads_printf(
            „ARX - CrModObj - AutoCAD schließt eine Zeichnung.\n");
        funcunload();
        break;
//  case AcRx::kCfgMsg:
//      ads_printf(
//              „ARX - CrModObj -
//              AutoCAD wird konfiguriert (Befehl: Config).\n");
//      break;
    case AcRx::kEndMsg:
        ads_printf(
            „ARX - CrModObj -
            AutoCAD wird beendet (Befehl: _End).\n");
        break;
    case AcRx::kQuitMsg:
        ads_printf(
            „ARX - CrModObj -
            AutoCAD wird beendet (Befehl: _Quit).\n");
        break;
    case AcRx::kSaveMsg:
        ads_printf(„ARX - CrModObj -
            AutoCAD speichert
            (Befehle: _Save,_SaveAs,_New,_Open).\n");
        break;
    }
    return AcRx::kRetOK;
}
```

22 AutoCAD SQL Extension ASE

22.1 AutoCAD und Datenbanken

Die SQL Erweiterung von AutoCAD schafft die Voraussetzung, daß es mit Datenbank-basierenden Systemen kommunizieren kann. Innerhalb dieses Systems gibt es einen direkten und einen indirekten Weg. dBase III und ORACLE können auf direktem Weg über Treiber mit AutoCAD verbunden werden. Der indirekte Weg führt über ODBC.

ORACLE

Die Hierarchie der Tabellenverwaltung führt bei ORACLE zu einer mehrstufigen Zielbezeichnung, die entsteht, wenn die nachfolgend genannten Stufen, durch Punkte getrennt, mit konkreten Inhalten benannt werden:

- Datenbank-Management-System (ORACLE)
- Name der Datenbank (Catalog)
- Eigner der Datenbank (Schema, Owner)
- Tabellen-Name

ACCESS

Bei der Verwendung von ACCESS wird diese Struktur durch die Stufung über zusätzliche Tabellen realisiert.

22.2 AutoCAD und Access-Datenbank (Beispiel)

Die Interaktion zwischen AutoCAD und der ACCESS-Datenbank geht über die ODBC-Schnittstelle (indirekter Weg).

Aufgabe

Folgende Aufgabe wird den weiteren Betrachtungen zugrundegelegt: In einer AutoCAD-Zeichnung werden drei einfache geometrische Objekte dargestellt. Die Beschriftung wird in der Datenbank abgelegt. Zwischen beiden soll keine feste Verknüpfung installiert werden. Eine Änderung der Benennung in der Datenbanktabelle führt nach einer Aktualisierung (RELOAD) in AutoCAD zum Austausch der zuvor eingetragenen Bezeichnungen gegen die neuen Bezeichnungen, so wie sie in der Tabelle geändert wurden.

22.2.1   Aufbau der Datenbank („OBJEKTE.MDB")

Es wird eine Tabelle „ObjektNamen" angelegt, die eine „ID" und eine zugeordnete Bezeichnung aufnimmt.

Struktur der Tabelle ObjektNamen"

Feldname	Felddatentyp
ID	Zahl (Long Integer)
Bezeichnung	Text

Es folgt eine Beispiel-Belegung der Tabelle:

ID	**Bezeichnung**
1	Kreis
2	Linie
3	Fünfeck

Da Access keine Catalog- und Schema-Feature unterstützt, müssen Tabellen zur Verwaltung in einer Hilfs-Datenbank abgelegt werden.

22.2.2   Aufbau der Hilfsdatenbank („INFSCH.MDB")

Folgende Tabellen aus der Hilfsdatenbank emulieren die Catalog- und Schema-Funktion.

Struktur der Tabelle SCHEMATA

Feldname	Felddatentyp
CATALOG_NAME	Text
SCHEMA_NAME	Text

Struktur der Tabelle TABLES

Feldname	Felddatentyp
TABLE_CATALOG	Text
TABLE_SCHEMA	Text
TABLE_NAME	Text
TABLE_TYPE	Text

SCHEMATA

CATALOG_NAME	**SCHEMA_NAME**
NULL	C:\PROG\ASE\OBJEKTE

TABLES

TABLE_CATALOG	**TABLE_SCHEMA**	**TABLE_NAME**	**TABLE_TYPE**
NULL	C:\PROG\ASE\OBJEKTE	ObjektNamen	Base Table

Von der Tabelle „SCHEMATA" erfolgt über Spalte „SCHEMA_NAME" die Verknüpfung zur Tabelle „TABLES", Spalte „TABLE_SCHEMA" über den gleichartigen Eintrag

C:\PROG\ASE\OBJEKTE; der auf die Datenbank „OBJEKTE.MDB" zeigt. Mit dem Eintrag unter „TABLE_NAME" wird der Bezug zur Tabelle „ObjektNamen" in der Datenbank „OBJEKTE.MDB" hergestellt.

22.2.3   Einrichten der ODBC-Verbindung (Betriebssystem-Ebene)

Bild 22.1:
ODBC-Administrator-neue Datenquelle erstellen

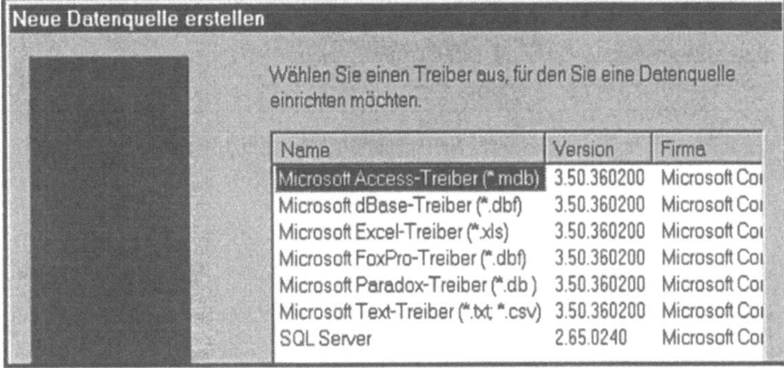

Der ODBC-Administrator wird über das Betriebssystem (über „Start I Einstellungen I Systemsteuerung I ODBC") gestartet (Bild 22.1).

Bild 22.2:
ODBC-Datenquelle „ODBC_ACAD_ACC" konfigurieren

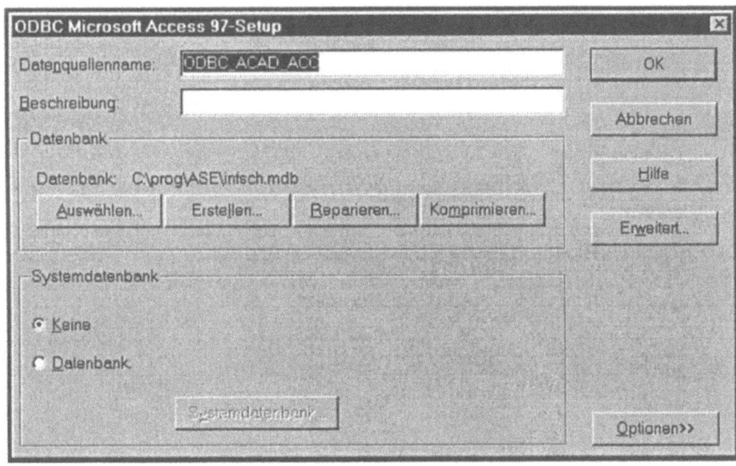

Im Administrator ist eine neue Datenquelle mit dem Namen „ODBC_ACAD_ACC" einzurichten, die auf dem Microsoft Access-Treiber basiert und sich auf die Datenbank „INFSCH.MDB" bezieht (Bild 22.2).

22.2.4

Einrichten der ODBC-Verbindung (AutoCAD-Ebene)

Erstellen eines neuen Environment mit Hilfe des externen Datenbank-Konfigurierungprogramms (Aufruf vom Betriebssystem: „Start | Programm | AutoCAD R14.0 | Externe Datenbank-Konfig."), das auf dem DBMS-Treiber ODBC basiert und „ODBC_ACAD_ACC" heißt (Bild 22.3).

Bild 22.3:
Neues Datenbank Environment für AutoCAD erstellen

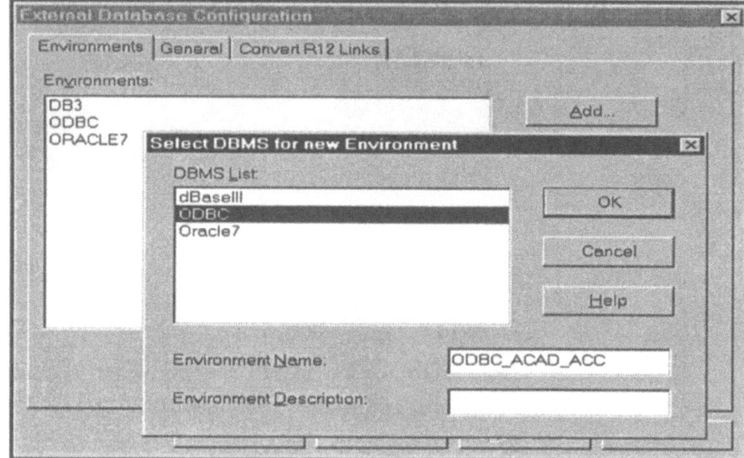

Im Anschluß daran ist im Dialogfeld „Information-Schema" auf die Hilfsdatenbank „INFSCH.MDB" zu verweisen (Bild 22.4).

Bild 22.4:
Datenbank Environment für AutoCAD konfigurieren

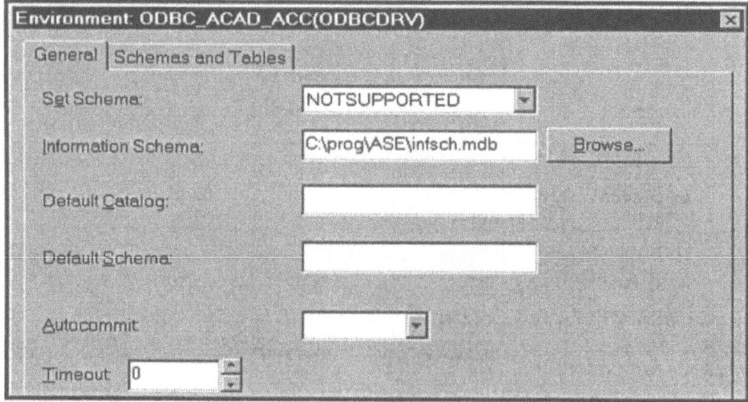

Die Einträge in den Dialogfeldern im vorigen Abschnitt (Betriebssystem-Ebene) müssen mit den korrespondierenden Einträgen in diesem Abschnitt namensgleich sein. Es handelt sich um die beiden Einträge „ODBC_ACAD_ACC" und „C:\PROG\ASE\INFSCH.MDB".

22.2.5 AutoCAD mit der Datenbank verbinden

Bild 22.5:
AutoCAD mit Datenbank verbinden

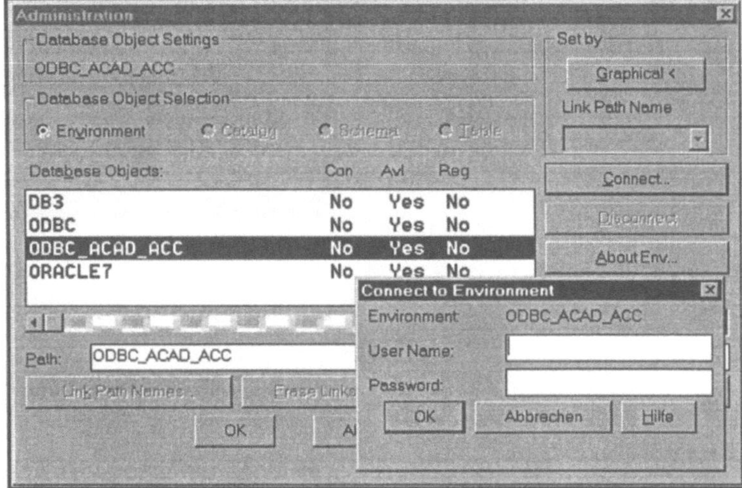

Aus der Menüleiste von AutoCAD wird der folgende Dialog über „Werkzeuge | Externe Datenbank | Administration" aufgerufen. Darin ist das neue Environment „ODBC_ACAD_ACC" anzuwählen und über „CONNECT" der Verbindungsaufbau zu starten. Das sich im Anschluß öffnende Dialogfeld „Connect to Environment" ist „leer" zu bestätigen (Bild 22.5).

22.2.6 Verknüpfungspfad (Link Path-Name) einstellen

Im aktuellen Environment ist über das aktuelle Schema eine Tabelle zu wählen (im Beispiel: „OBJEKTNAMEN") und danach der Button „LinkPathName" zu betätigen. In der Liste „KeySelection" ist in der ersten Zeile der Status auf „ON" zu schalten, im Textfeld „New" ist ein Name für den Verknüpfungspfad (im Beispiel: „OBJNAM") einzutragen und mit „Close" das Dialogfeld zu schließen (Bild 22.6).

22.2.7 Displayable Attribut in AutoCAD erstellen

Das Einfügen beginnt über den Aufruf des Dialogfeldes „Row" über „Werkzeuge | externe Datenbanken | Rows" (Bild 22.7).

Die Bedienungsfolge ist:

- LinkPathNamen anwählen,
- Condition eintragen (z.B. ID=1),
- mit Button „Open Cursor" die Abfrage ausführen.

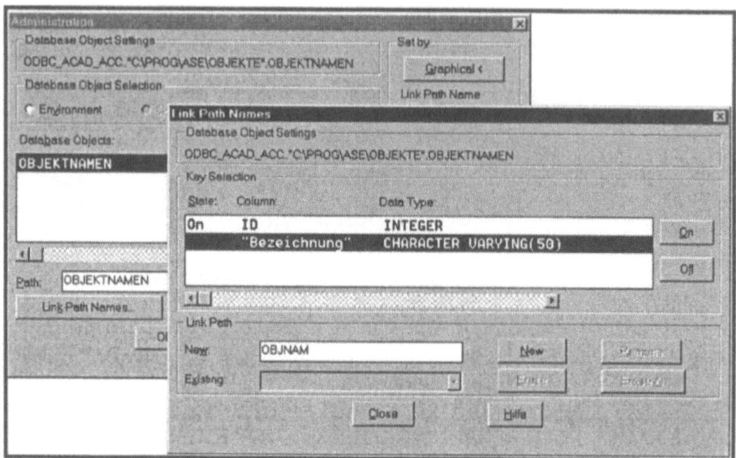

Bild 22.6:
Verknüpfungspfad
(Link Path Name)
erstellen

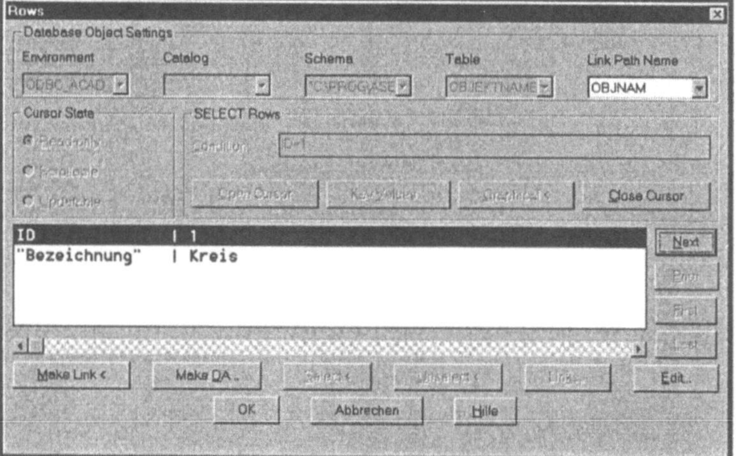

Bild 22.7:
Displayable
Attribut erstellen

Durch Ausführen von „MakeDA" wird ein Dialogfeld geöffnet, in der die anzuzeigenden Spalten einer Tabelle ausgewählt werden können (Beispiel: Bezeichnung). Das Dialogfeld wird geschlossen. Über Cursor wird die Eingabeposition für die Beschriftung eingegeben; die Beschriftung erscheint sofort (Bild 22.8).

Im Beispiel wurden die Eingaben noch für zwei weitere ID`s (= 2 und =3) durchgeführt (Bild 22.9).

Bild 22.8:
Displayable Attribut:
Auswahl der anzu-
zeigenden Felder

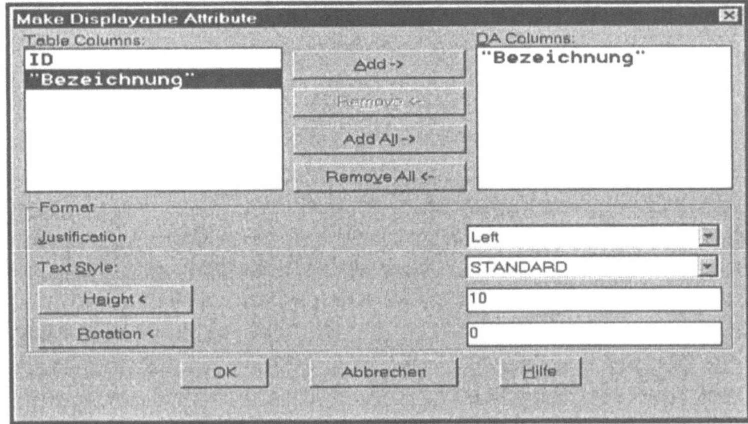

Bild 22.9:
Displayable Attribut
Beispiele

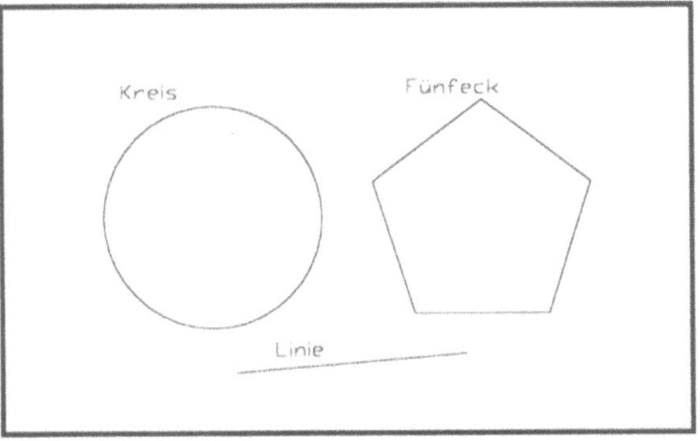

22.2.8

Ändern der Werte in der Datenbank mit Aktualisierung in AutoCAD

In der Tabelle „OBJEKTNAME" wurden die Bezeichnungen
durch entsprechende englische Ausdrücke ersetzt.

ID	Bezeichnung
1	circle
2	line
3	pentagon

Es ist wieder der Administrationsdialog über „Werkzeuge | externe
Datenbanken | Administration" aufzurufen. Betätigung von „Re-
load" und Wahl der zu aktualisierenden Attribute im AutoCAD-
Fenster bringt die geöffnete Box zurück, die mit „Close" geschlossen wird (Bild 22.10).

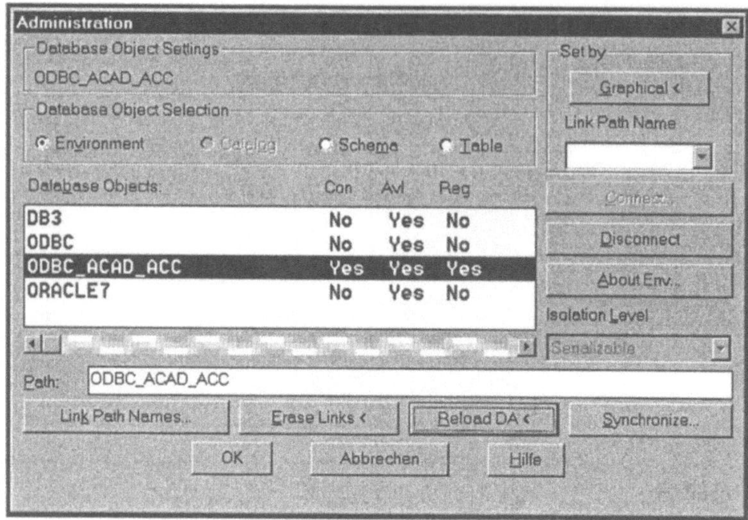

Simultan wird im AutoCAD-Fenster die Beschriftung ausgetauscht. Bild 22.11 zeigt die Beispiele nach der Aktualisierung.

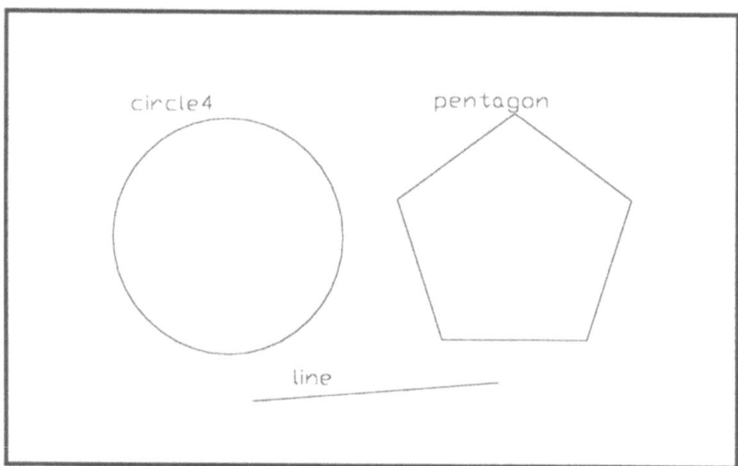

Alle Eingaben über Dialogfelder können auch unter FILEDIA=0 programmiert erfolgen (z.B. mit LISP-Programm).

Organisation komplexer Projekte

Bei der Bearbeitung von komplexen Projekten mit CAD müssen Sie bestimmte Grundbedingungen beachten. Größere Projekte werden oft von mehreren Planern oder Konstrukteuren aus verschiedenen Abteilungen oder auch aus verschiedenen Unternehmen bearbeitet. Dabei kommt es in vielen Fällen vor, daß unterschiedliche CAD-Systeme eingesetzt werden. Bei diesen Projekten müssen Rahmenbedingungen geschaffen werden, um den Aufwand bei der Erstellung und Weiterbearbeitung der Zeichnungen so gering wie möglich bzw. die Nacharbeit in einem vertretbaren Rahmen zu halten.

Bibliotheken

Wenn Sie ein Basis-CAD-System wie AutoCAD einsetzen, sind im Normalfall keine branchenspezifischen Symbole oder Konstruktions-Grundelemente im Lieferumfang enthalten. Es existieren aber Symbolbibliotheken bzw. Applikationen, die Sie extra erwerben und in Ihre Umgebung integrieren können. Standardbibliotheken werden von vielen Herstellern angeboten. Gelten aber spezielle Vorschriften, z. B. Werksnormen, die von Standards abweichen, müssen Bibliotheken für Symbole etc. in Eigenregie erstellt und verteilt werden. Beispielsweise sind im Unternehmen Zeichnungsrahmen nach DIN-Norm zu verwenden, aber schon die Plazierung des Firmenlogos im Schriftkopf erfordert eine Anpassung. Komplexere Geometrien, die beispielsweise oft verwendete Bauteile des Unternehmens darstellen, können aus mehreren Einzelsymbolen zusammengesetzt werden. Es ist aber sinnvoll, auch diese komplexen Geometrien in Bibliotheken zusammenzufassen.

Der Aufwand für diese erste Erstellung ist nicht unerheblich, zahlt sich aber bei entsprechender Organisation der Anwendung bald aus. Existieren im Unternehmen mehrere CAD-Installationen, muß nicht jeder Mitarbeiter die Zeichnungsrahmen entwerfen. Eine zentral gepflegte Bibliothek aller im Unternehmen verwendeten Zeichnungsrahmen schafft schon eine erhebliche Effizienz. Beispielsweise benötigt ein Mitarbeiter etwa zwei Stunden zur Erstellung eines Zeichnungsrahmen mit Attributen. Er wendet also 10 Stunden für die Erstellung der Rahmen von DIN A4 bis DIN A0 auf. Bei 10 Arbeitsplätzen wären das schon

100 Stunden oder ca. 12 Manntage. Dem stehen 10 Stunden Aufwand für die einmalige Erstellung und der Aufwand des Einbindens in eine entsprechende Bibliothek gegenüber. Bei mehreren Arbeitsplätzen wird die Effizienz entsprechend höher.

Ein großer Vorteil bei der Nutzung von zentralen Bibliotheken besteht in der Vereinheitlichung. Erstellen 10 verschiedene Mitarbeiter einen Zeichnungsrahmen, erhalten Sie im allgemeinen zehn verschiedene Rahmen. Auch bei Normteilen können Sie mit diesem Effekt rechnen. Eine weitestgehende Einheitlichkeit ist also nur über zentrale Bibliotheken zu erreichen.

Damit diese Bibliotheken auch effektiv genutzt werden, sollten Sie möglichst komfortabel gestaltet werden. Es reicht oft nicht aus, diese Bibliothek zu erstellen und die einzelnen Komponenten als Zeichnungsdateien zentral abzulegen. Schnell erreichen diese Bibliotheken in kurzer Zeit einen großen Umfang und man verliert die Übersicht. In AutoCAD z. B. lassen sich relativ schnell entsprechende Menüanpassungen vornehmen und so die Nutzung der Bibliotheken wesentlich vereinfachen. Noch komfortabler sind Programme, z. B. erstellt mit AutoLISP und DCL, mit deren Hilfe man über eine Voransicht oder über Suchkriterien das richtige Symbol findet und verwenden kann.

Datenaustausch

Der zur Zeit schwierigste Aspekt bei der CAD-Nutzung ist der Datenaustausch. Im Normalfall entwickelt nicht nur ein Konstrukteur alle Zeichnungen für ein Projekt. Bei dem heutigem Stand der Spezialisierung sind im Unternehmen mehrere Konstrukteure oder Ingenieure an einem Projekt beteiligt. Es können auch mehrere Unternehmen mit verschiedenen Applikationen eines CAD-Systems oder, sogar noch häufiger, mehrere Unternehmen mit Applikationen verschiedener CAD-Systeme zusammenarbeiten. Im Grunde klingt alles recht einfach, man verständigt sich auf ein Austauschformat, z. B. das DXF-Format, und tauscht die Zeichnungen aus.

Der Ärger beginnt damit, daß DXF-Format nicht gleich DXF-Format ist. Eine DXF-Format des Release 14 ist nicht gleich dem DXF-Format des Release 13, auch Release 12 hat wieder ein anderes DXF-Format. Andere CAD-Systeme haben oft eine DXF-Schnittstelle, von der Sie eventuell nicht genau wissen, zu welcher AutoCAD-Version diese Schnittstelle kompatibel ist. Im schlimmsten Fall weist die DXF-Schnittstelle des anderen CAD-Systems auch noch Fehler auf. Es existieren daher sogar spezielle

Programme zur Konvertierung von verschiedenen DXF-Versionen!

Solange es CAD-Systeme gibt, wird an genormten Schnittstellen gearbeitet bzw. spezifiziert. Bislang ohne durchschlagende Erfolge, so daß sich, trotz seiner Schwächen, das DXF-Format zu einem Quasi-Standard entwickelt hat.

Der größte Nachteil des DXF-Austausches liegt darin, daß im Normalfall nur die Geometrie und die Attributierung übertragen werden können. Arbeiten Sie aber mit Applikationen, hinterlegen diese Applikationen der Grafik meist eine spezielle Logik. Damit ist gemeint, daß beispielsweise eine Linie mit bestimmten Eigenschaften eine Gas- oder Elektroleitung ist und vom Programm als solche erkannt wird oder eine Wand sich aus verschiedenen Elementen zusammensetzt, die auch als Wand angesprochen werden können. Diese Logik zwischen verschiedenen Applikationen oder CAD-Systemen auszutauschen, ist im allgemeinen mit der DXF-Schnittstelle nicht möglich. In einigen Branchen existieren Schnittstellen, die diese Logik zu weiten Teilen mit umsetzen können z. B. in der Elektrotechnik die Verfahrensneutrale Schnittstelle (VNS). Einige CAD-Applikationen erlauben auch eine Übernahme von Daten mit Logik, wobei diese Übernahme, z. B. über Tabellen gesteuert, eine spezielle Abstimmung und daher eine sehr genaue Kenntnis der Datenstruktur von Quell- und Zielsystem erfordert.

Wir können an dieser Stelle nur einen Denkanstoß geben. Es ist Ihre Aufgabe, den Datenfluß und die Datenstrukturen bei der Erfüllung Ihrer Aufgaben zu analysieren und die Verluste gering zu halten.

Datensicherung

Die erstellten Zeichnungen zu einem Projekt stellen einen erheblichen Wert dar. Diese Werte lernen Sie schnell einzuschätzen, wenn Sie sich beispielsweise die CAD-Dokumentation einer Anlage von einer Fremdfirma erstellen lassen.

Datensicherung und Datenschutz sind unbedingt notwendig. Dafür existieren verschiedene organisatorische und informationstechnische Konzepte und Strategien. Moderne Betriebssysteme und zeitgemäße Backup-Hardware unterstützen Sie bei der Umsetzung dieser Überlegungen.

Beachten Sie, daß viele Applikationen mit Datenbanken arbeiten. Es kann zu inkonsistenten Daten führen, wenn eine Datensicherung nur für den grafischen oder den nichtgrafischen Teil der

Daten funktioniert. Sie sollten Ihr Datensicherungskonzept unbedingt einem praktischen Test unterziehen!

Zeichnungsverwaltung

Die Organisation Ihrer Zeichnungen zu den aktuell bearbeiteten Projekten können Sie über das Betriebssystem oder über externe Programme regeln. Einige Applikationen bieten auch eine integrierte Zeichnungs- bzw. Projektverwaltung an.

Bei der Zeichnungsverwaltung über das Betriebssystem (z. B. Microsoft Windows NT) verwalten Sie Ihre Zeichnungen über gemeinsame (freigegebene) Dateiordner und Zugriffsrechte. Sie können Projektverzeichnisse anlegen und einzelne Zeichnungen bestimmten Personen lesend oder schreibend zur Verfügung stellen. Beispielsweise kann festgelegt werden, daß Änderungen an den Lageplänen nur von bestimmten Mitarbeitern vorgenommen werden dürfen, die wiederum nicht die Schematas oder Detailplanzeichnungen bearbeiten dürfen. Eine solche Struktur muß gründlich durchdacht werden, damit sie sich bei der Arbeit nicht hinderlich auswirkt, aber die notwendigen Sicherheitsbeschränkungen berücksichtigt.

Komfortabler arbeiten Sie mit einer Zeichnungsverwaltung, wie beispielsweise dem Autodesk Work Center. Solche Programme steuern die Zugriffsrechte, haben eine Revisionsverwaltung und andere nützliche Hilfsmittel.

Wie Sie Ihre Zeichnungen am besten verwalten, hängt von der jeweiligen Struktur im Unternehmen, von der Zeichnungsmenge und anderen Faktoren ab. Über die Aufbewahrungszeit von Dokumenten zu technischen Anlagen gibt es gesetzliche Vorschriften. Nach Abschluß eines Projektes werden die Dokumente im Regelfall immer archiviert.

Hinweis

Arbeiten Sie mit externen Referenzen, sollten Sie Ihre Referenzen vor dem Archivieren in die Zeichnung einbinden, um ein ungewolltes Aktualisieren zu vermeiden!

Aufbau einer CAD-Projektumgebung

Im Bild 23.1 ist eine Möglichkeit einer vernetzten CAD-Projektumgebung dargestellt. Ohne ein funktionierendes Netzwerk ist eine effektive Projektierung heute undenkbar.

Im unteren Teil des Schemas sind die CAD-Arbeitsplätze dargestellt. Sie stellen hochwertige grafische Arbeitsplätze, z. B. leistungsfähige Doppelbildschirmlösungen, dar, an denen Ingenieure und CAD-Konstrukteure arbeiten. Im oberen Teil sind PC's dargestellt, an denen gelegentlich CAD-Zeichnungen bearbeitet werden oder an denen mit LT-Versionen Zuarbeiten erstellt werden (Satellitenarbeitsplätze). In der Mitte der Darstellung befindet sich ein Server, auf dem die Bibliotheken installiert sind und auf dem Zeichnungen archiviert werden. Der Server stellt auch die externen Referenzen zur Verfügung. An diesem Server wird die zentrale Datensicherung durchgeführt. Zur Ausgabe steht ein Plotter zur Verfügung, der über einen Plotserver verwaltet wird.

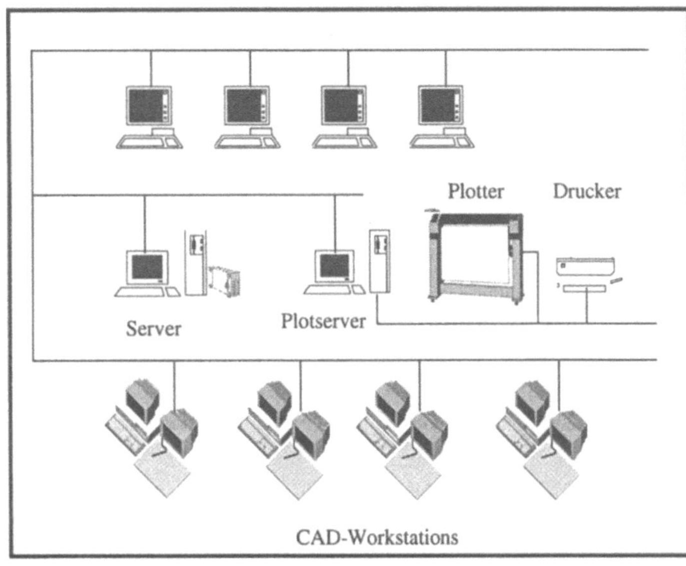

Bild 23.1:
Aufbau einer CAD-Projektumgebung

24   Nice to Have

Trotz der umfangreichen Funktionalität von AutoCAD 14 gibt es einige Funktionalitäten, die oft nützlich wären oder in manchen Fällen auch vermißt werden.

Minimaler Abstand zwischen beliebigen Elementen

Mit dem Befehl ABSTAND läßt sich lediglich der gewählte Abstand ermitteln. Im Taschenrechner (Calculator) kann der minimale Abstand zwischen einem Punkt und einer Linie ermittelt werden, nicht aber der minimale Abstand zwischen beliebigen Elementen. Der praktische Nutzen dieser Funktion liegt z. B. in der Überprüfung gesetzlich vorgeschriebener Sicherheitsabstände. Die Überprüfung solcher Abstände sollte auch für 3D-Modelle möglich sein.

Bemaßung

Eine typische Baubemaßung (hochgestellte Nachkommastellen, Abstand zwischen Maßlhilfslinie und Element) läßt sich mit AutoCAD nur schwer erzeugen. Applikationen wie z. B. ACAD-BAU bieten diese Funktionalität.

Bild 24.1:
Baubemaßung

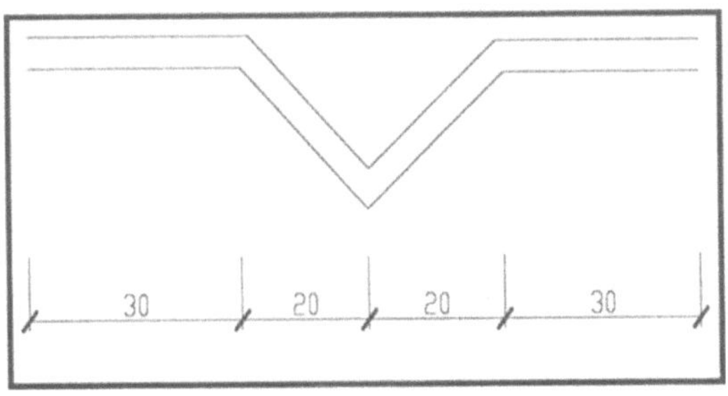

Externe Referenzen

Die Verwaltung der externen Referenzen ist erheblich verbessert worden. Es lassen sich aber keine Elemente aus der Referenzzeichnung in die aktuelle Zeichnung kopieren.

Fangfunktionen im 3D-Bereich

Die Fangfunktionen an Körpern sind erweiterungsbedürftig. Beispielsweise lassen sich auf der Oberfläche einer Kugel keine Punkte, wie beispielsweise ein Quadrant oder Tangente fangen. Der einzige Fangpunkt ist das Zentrum der Kugel.

Steuerung der Linienstärken

Auch in Version 14 ist die Einstellung der Linienstärken in der Bildschirmdarstellung traditionell nur bei Polylinien, Ringen und Bändern möglich. Die Steuerung der Strichstärken anderer

Elemente wird bei der Stiftzuordnung beim Drucken vorgenommen.

Hinzu kommt, daß auch die Druck-/Plotvoransicht diese Einstellungen nicht berücksichtigt.

Zeichnungen gleichzeitig bearbeiten

Um mehrere Zeichnungen gleichzeitig zu bearbeiten, muß Auto-CAD mehrmals gestartet werden. Somit gehen Systemressourcen verloren.

Ansichtsfenster-steuerung

Ansichtsfenster gibt es bei AutoCAD schon seit den ersten Versionen. Aber die Ansichtsfenster in der aktuellen Version entsprechen nicht dem, was man von einer Windows-Anwendungen erwartet. Die Steuerung ist sehr starr, erwarten würde man dynamische Ansichtsfenster ähnlich dem Übersichtsfenster, die durch Mausaktionen einzeln größenveränderlich sind. Damit könnte die Darstellung während der Konstruktion wesensentlich flexibler gestaltet werden.

Literaturverzeichnis

/1/ Friedel, T.; Lüneburg, W.; Reinemann, G.:
Planen und Entwerfen mit AutoCAD.
SYBEX-Verlag Düsseldorf, 1992.

/2/ Reinemann, G:
AutoCAD. Einführung in AutoCAD 12 / AutoCAD
unter Windows.
DIREKT COMPUTERSCHULUNG GmbH
im UVA-Verlag Berlin, 1993.

/3/ Galow, U.; Reinemann, G:
AutoSketch. Anwendung und Nutzung
von AutoSketch für Windows.
DIREKT COMPUTERSCHULUNG GmbH
im UVA-Verlag Berlin, 1994.

/4/ Reinemann, G.; Düvel, H.; Galow, U.; Enke, T.;
Schmidt, G. (Hrsg.: Reinemann, G.):
CAD mit ACAD-BAU.
Friedr. Vieweg & Sohn Verlagsgesellschaft mbH,
Braunschweig Wiesbaden, 1994.

/5/ Reinemann, G.; Briesovsky, J.; Galow, U.;
Schymura, O.; (Hrsg.: Reinemann, G.):
AutoCAD für die Haustechnik.
Friedr. Vieweg & Sohn Verlagsgesellschaft mbH,
Braunschweig Wiesbaden, 1996.

/6/ AutoCAD 14 Benutzerhandbuch.
Autodesk Development B.V.
Neuchatel, 1997.

/7/ AutoCAD 14 Installationshandbuch.
Autodesk Development B.V.
Neuchatel, 1997.

Anhang

A   **AutoCAD - Befehlsübersicht**

Hinweis: Transparenten Befehlen ist ein Apostroph vorangestellt (')

3D	Erstellt dreidimensionale Polygon-Netzobjekte
3DARRAY	Erstellt eine dreidimensionale Anord-nung
3DDREHEN	Bewegt Objekte um eine dreidimen-sionale Achse
3DFLÄCHE	Erstellt eine dreidimensionale Fläche
3DNETZ	Erstellt ein Freiform-Polygonnetz
3DPOLY	Erstellt eine Polylinie aus geraden Lini-ensegmenten im dreidimensionalen-Raum
3DSIN	Liest eine 3D Studio-Datei ein
3DSOUT	Exportiert in eine 3D Studio-Datei
3DSPIEGELN	Erstellt eine spiegelbildliche Kopie von Objekten an einer Ebene
ABRUNDEN	Rundet die Objektkanten ab.
' ABSTAND	Mißt den Abstand und den Winkel zwischen zwei Punkten
ACISIN	Liest eine ACIS-Datei ein
ACISOUT	Erstellt AutoCAD-Festkörperobjekte in einer ACIS-Datei
AFENSTER	Teilt den Grafikbereich in mehrere fe-ste Ansichtsfenster
AFLAYER	Bestimmt die Sichtbarkeit von Layern in Ansichtsfenstern
AMEKONVERT	Konvertiert AutoCAD Advanced Mode-ling Extension (AME)-Volumenmodelle in AutoCAD-Volumenobjekte

ÄNDERN	Ändert die Eigenschaften existierender Objekte
' APPLOAD	Lädt AutoLISP-, ADS- und ARX-Anwendungen
APUNKT	Legt die Blickrichtung für eine dreidimensionale Visualisierung der Zeichnung fest
ARX	Lädt und entfernt ARX-Anwendungen und bietet Informationen dazu
ASEADMIN	Führt Verwaltungsfunktionen für externe Datenbank-Befehle aus
ASEEXPORT	Exportiert Verknüpfungsinformationen für ausgewählte Objekte
ASELINKS	Handhabt Verknüpfungen zwischen Objekten und einer externen Datenbank
ASEROWS	Zeigt Daten in tabellarischer Form an, bearbeitet sie und stellt Verknüpfungen sowie Auswahlsätze her
ASESELECT	Erzeugt einen Auswahlsatz aus Reihen, die mit Textauswahlsätzen und/oder Grafikauswahlsätzen verknüpft sind
ASESQLED	Führt Structured Query Language (SQL)-Anweisungen aus
ATTDEF	Erzeugt eine Attributdefinition
ATTEDIT	Ändert die Attributinformation unabhängig von der entsprechenden Blockdefinition
ATTEXT	Extrahiert Attributdaten
ATTREDEF	Definiert einen Block um und aktualisiert zugehörige Attribute
ATTZEIG	Steuert die Sichtbarkeit von Attributen global
AUFLÖS	Bestimmt die Auflösung für das Generieren von Objekten im aktuellen Ansichtsfenster
AUSRICHTEN	Richtet Objekte gegenüber anderen Objekten in 2D und 3D aus.

AUSSCHNEIDEN	Kopiert Objekte in die Zwischenablage und löscht sie aus der Zeichnung
' AUSSCHNT	Sichert benannte Ansichten und stellt sie wieder her
BAND	Erstellt durchgezogene Linien
' BASIS	Setzt den Einfügebasispunkt für die aktuelle Zeichnung
BEM	Greift auf den Bemaßungsmodus zu
BEMAUSG	Erstellt eine ausgerichtete Linearbemaßung
BEMBASISL	Führt eine lineare, Winkel- oder Ordinatenbemaßung von der Basislinie der zuletzt erstellten oder gewählten Bemaßung weiter
BEMDURCHM	Erstellt Durchmesserbemaßungen für Kreise und Bogen
BEMEDIT	Bearbeitet Bemaßungen
BEMLINEAR	Erstellt lineare Bemaßungen
BEMMITTELP	Erstellt den Mittelpunkt oder die Mittellinien von Kreisen und Bogen
BEMORDINATE	Erstellt Ordinatenpunktbemaßungen
BEMRADIUS	Erstellt Radialbemaßungen für Kreise und Bogen
BEMSTIL	Erstellt und ändert Bemaßungsstile von der Befehlszeile aus
BEMTEDIT	Bearbeitet Bemaßungen
BEMÜBERSCHR	Überschreibt Bemaßungssystemvariablen
BEMWEITER	Führt eine Kette linearer, Winkel- oder Ordinatenbemaßungen von der zweiten Hilfslinie der zuletzt erstellten oder einer gewählten Bemaßung weiter
BEMWINKEL	Erstellt eine Winkelbemaßung
BEREINIG	Entfernt nicht verwendete benannte Objekte, wie beispielsweise Blöcke oder Layer, aus der Datenbank

BFLÖSCH	Ermöglicht es, daß ein anwendungs-definierter Befehl Vorrang vor einem internen Befehl von AutoCAD hat
BFRÜCK	Stellt systemeigene Befehle von Auto-CAD wieder her, die mit dem Befehl
BFLÖSCH	unterdrückt wurden
BILD	Fügt Bilder mit vielen Formaten in eine AutoCAD-Zeichnungsdatei ein
BILDANPASSEN	Steuert die Werte für Helligkeit, Kontrast und Fade der ausgewählten Bilder
BILDQUALITÄT	Steuert die Anzeigequalität von Bildern
BILDRAHMEN	Steuert, ob der Rahmen des Bildes auf dem Bildschirm angezeigt oder ausgeblendet ist
BILDSICH	Speichert ein gerendertes Bild in einer Datei
BILDZUORDNEN	Ordnet der aktuellen Zeichnung ein neues Bildobjekt und eine neue Definition zu
BILDZUSCHNEIDEN	Erstellt neue Zuschneide-Umgrenzungen für einzelne Bildobjekte
BKS	Verwaltet Benutzerkoordinatensysteme
BKSYMBOL	Steuert die Sichtbarkeit und die Plazierung des BKS-Symbols
BLOCK	Erzeugt eine Blockdefinition aus ausgewählten Objekten
BMAKE	Definiert einen Block mit Hilfe eines Dialogfeldes
BMPSICH	Speichert ausgewählte Objekte in einer Datei mit geräteunabhängigem Bitmap-Format
BOGEN	Erzeugt einen Bogen
BROWSER	Startet den in Ihrem Systemregister vorgegebenen Web-Browser
BRUCH	Löscht Teile von Objekten oder spaltet ein Objekt in zwei Teile auf

CLIPEINFÜG	Fügt Daten aus der Zwischenablage ein
COPYCLIP	Kopiert Objekte in die Windows-Zwischenablage
DANSICHT	Definiert Parallelprojektionen oder perspektivische Ansichten
DBEM	Erstellt und bearbeitet Bemaßungsstile
DBLISTE	Listet die Datenbankinformationen für jedes Objekt in der Zeichnung auf
DDATTDEF	Erstellt eine Attributdefinition
DDATTE	Bearbeitet die Variablenattribute eines Blocks
DDATTEXT	Extrahiert Attributdaten
DDBKS	Verwaltet definierte Benutzerkoordinatensysteme
DDCHPROP	Ändert Farbe, Layer, Linientyp und Höhe eines Objekts
DDCOLOR	Legt die Farbe für neue Objekte fest
DDEDIT	Bearbeitet Text- und Attributdefinitionen
' DDGRIPS	Aktiviert Griffe und legt ihre Farbe fest
DDINSERT	Fügt einen Block oder eine andere Zeichnung ein
DDMODIFY	Steuert die Eigenschaften bereits vorhandener Objekte.
' DDPTYPE	Bestimmt den Anzeigemodus und die Größe von Punktobjekten
DDRENAME	Benennt Objekte um
' DDRMODI	Legt Zeichnungshilfen fest
' DDSELECT	Bestimmt die Auswahlmodi für Objekte
DDUCSP	Wählt ein vordefiniertes Benutzerkoordinatensystem aus
' DDUNITS	Steuert die Anzeigeformate von Koordinaten und Winkeln und legt die Genauigkeit fest

DDVIEW	Erstellt Ausschnitte und stellt sie wieder her
DDVPOINT	Legt die dreidimensionale Ansichtsrichtung fest
DEHNEN	Dehnt ein Objekt bis zum Berührungspunkt mit einem anderen Objekt
DIFFERENZ	Erstellt eine zusammengesetzte Region bzw. einen zusammengesetzten Volumenkörper durch Subtraktion
DREHEN	Verschiebt Objekte um einen Basispunkt
DRSICHT	Zeigt die Draufsicht eines Benutzerkoordinatensystems an
DTEXT	Zeigt auf dem Bildschirm den Text an, der von Ihnen eingegeben wird
DWFOUT	Exportiert eine Drawing Web Format-Datei
DXBIN	Importiert speziell codierte Binärdateien
DXFIN	Importiert eine DFX-Datei
DXFOUT	Erstellt eine Datei der aktuellen Zeichnung im DXF-Format
EDGE	Ändert die Sichtbarkeit von Kanten eines dreidimensionalen Objekts
EIGÄNDR	Ändert Farbe, Layer, Linientyp, Linientyp-Skalierfaktor und Höhe eines Objekts
EIGANPASS	Kopiert die Eigenschaften eines Objekts auf ein oder mehrere Objekte
EINFÜGE	Fügt einen benannten Block oder eine benannte Zeichnung in die aktuelle Zeichnung ein
' EINHEIT	Legt das Anzeigeformat und die Genauigkeit für Koordinaten und Winkel fest
EINLESEN	Importiert verschiedene Dateiformate in AutoCAD

ELLIPSE	Erzeugt eine Ellipse oder einen elliptischen Bogen
' ERHEBUNG	Legt die Erhebung und Objekthöhe für neue Objekte fest
ERSTELLEN	Speichert Objekte in einem anderen Dateiformat
EXTRUSION	Erstellt durch Extrusion bereits vorhandener zweidimensionaler Objekte einen eindeutigen primitiven Festkörper
' FANG	Beschränkt die Cursorbewegung auf angegebene Intervalle
' FARBE	Legt die Farbe für neue Objekte fest
FASE	Schrägt die Kanten von Objekten ab
' FILTER	Erzeugt Listen, um Objekte anhand von Eigenschaften auszuwählen
FLÄCHE	Berechnet die Fläche und den Umfang von Objekten oder von definierten Flächen
FÜHRUNG	Erzeugt eine Linie, die Maßtext mit einer Funktion verbindet
FÜLLEN	Steuert das Füllen von Multilinien, Bändern, Festkörpern, Schraffuren mit kompakter Füllung und breiten Polylinien
' GRAPHBLD	Wechselt vom Textbildschirm zum Grafikbildschirm
GRUPPE	Erstellt einen benannten Auswahlsatz von Objekten
GSCHRAFF	Füllt eine umgrenzte Fläche mit einem Schraffurmuster
' HILFE ()	Zeigt die Online-Hilfe an
HINTERGRUND	Legt den Hintergrund Ihres Bildschirms fest
HOPPLA	Stellt gelöschte Objekte wieder her

' ID	Zeigt die Koordinaten einer Position an
' INFO	Zeigt Informationen über AutoCAD an
INHALTEINFÜG	Fügt Daten aus der Zwischenablage ein und steuert das Datenformat
' ISOEBENE	Bestimmt die aktuelle isometrische Ebene
' KAL	Wertet arithmetische und geometrische Ausdrücke aus
KANTOB	Erzeugt ein dreidimensionales Polygonnetz
KAPPEN	Schneidet eine Reihe von Volumenkörpern mit einer Ebene
KEGEL	Erstellt einen dreidimensionalen Festkörperkegel
KEIL	Erstellt einen 3D-Volumenkörper mit einer schrägen Fläche, die sich entlang der X-Achse verjüngt
KLINIE	Erstellt eine unendliche Linie
KMPILIER	Kompiliert AutoCAD-Symboldateien (.shp) und Postscript-Schriftdateien (.pfb)
KONVERT	Wandelt 2D-Polylinien und Assoziativschraffuren zum optimierten Format der Version 14 um.
KOPIEBISHER	Kopiert den Text der Befehlszeilenaufzeichnung in die Zwischenablage
KOPIEREN	Dupliziert Objekte
KOPIEVERKNÜPFEN	Kopiert die aktuelle Ansicht in die Zwischenablage, um sie mit anderen OLE-Anwendungen zu verknüpfen
' KPMODUS	Steuert die Anzeige von Markierungspunkten
KREIS	Erzeugt einen Kreis
KSICH	Speichert die aktuelle Zeichnung

KUGEL	Erstellt eine dreidimensionale Volumenkörperkugel
LADEN	Macht Symbole für die Verwendung mit dem Befehl SYMBOL verfügbar
LÄNGE	Verlängert ein Objekt
' LAYER	Verwaltet Layer
LICHT	Verwaltet Licht und Lichteffekte
LIMITEN	Setzt und steuert die Zeichnungsumgrenzungen und die Rasteranzeige
' LINIENTP	Erzeugt, lädt und setzt Linientypen
LINIE	Erzeugt gerade Liniensegmente
LISTE	Zeigt Datenbankinformationen für gewählte Objekte an
LOGFILEOFF	Schließt die Protokolldatei, die mit LOGFILEON geöffnet wurde
LOGFILEON	Schreibt den Inhalt des Textfensters in eine Datei
LÖSCHEN	Entfernt Objekte aus einer Zeichnung
LSBEARB	Ermöglicht das Bearbeiten von Landschaftsobjekten
LSBIBL	Ermöglicht die Verwaltung von Landschaftsobjekten
LSNEU	Ermöglicht das Hinzufügen realistischer Landschaftselemente, wie beispielsweise Bäume und Büsche, in Ihre Zeichnungen
' LTFAKTOR	Setzt den Skalierfaktor für Linientypen
MACHDIA	Erstellt aus dem aktuellen Ansichtsfenster eine Diadatei
MANSFEN	Erstellt verschiebbare Ansichtsfenster und aktiviert bereits vorhandene verschiebbare Ansichtsfenster
MAPPING	Ermöglicht das Zuordnen von Materialien zur Geometrie

MASSEIG	Berechnet die Masseneigenschaften von Regionen und Volumenkörpern und zeigt sie an
MAT	Verwaltet Rendermaterialien
MATBIBL	Liest Materialien in eine Materialbibliothek ein oder erstellt Materialien aus dieser
MBEREICH	Wechselt vom Papierbereich zu einem Ansichtsfenster des Modellbereichs
MEINFÜG	Fügt mehrere Instanzen eines Blocks in eine rechteckige Anordnung ein
MENÜ	Lädt eine Menüdatei
MENÜENTF	Entfernt ergänzende Menüdefinitionsdateien
MENÜLAD	Lädt ergänzende Menüdefinitionsdateien
MESSEN	Plaziert Punktobjekte oder Blöcke in bestimmten Intervallen auf einem Objekt
MLEDIT	Bearbeitet mehrere parallele Linien
MLINIE	Erstellt mehrere parallele Linien.
MLSTIL	Definiert einen Stil für mehrere parallele Linien
MTEXT	Erstellt Absatztext
MVSETUP	Ermöglicht das Einrichten einer Zeichnung
NEBEL	Stellt sichtbare Anhaltspunkte für den sichtbaren Abstand von Objekten zur Verfügung
NEU	Erstellt eine neue Zeichnungsdatei
NEUINIT	Initialisiert die Ein-/Ausgabe-Anschlüsse, das Digitalisiergerät, die Anzeige und die Programmparameter-Datei neu
' NEUZALL	Aktualisiert die Anzeige aller Ansichtsfenster

' NEUZEICH	Aktualisiert die Anzeige des aktuellen Ansichtsfensters
NOCHMAL	Wiederholt den darauf folgenden Befehl bis zum Abbruch
OBJEINF	Fügt ein verknüpftes oder eingebettetes Objekt ein
OFANG	Legt die Modi für den fortlaufenden Objektfang fest und ändert die Größe der Pickbox
ÖFFNEN	Öffnet eine vorhandene Zeichnungsdatei
' ÖFFNUNG	Steuert die Größe des Objektfang-Zielfensters
OLEVERKN	Aktualisiert, ändert und löscht bestehende OLE-Verknüpfungen
' ORTHO	Schränkt die Cursorbewegungen ein
' PAN	Verschiebt die Zeichnungsanzeige im aktuellen Ansichtsfenster
' PAUSE	Bestimmt eine zeitlich festgelegte Pause in einem Skript
PBEREICH	Wechselt vom Ansichtsfenster des Modellbereichs in den Papierbereich
PEDIT	Bearbeitet Polylinien und dreidimensionale Polygonnetze
PLINIE	Erstellt zweidimensionale Polylinien
PLOT	Plottet eine Zeichnung an einen Plotter oder Drucker oder in eine Datei
PNETZ	Erstellt kontrollpunktweise ein dreidimensionales Vielflächennetz
POLYGON	Erstellt eine gleichseitige, geschlossene Polylinie
PRÜFUNG	Überprüft die Korrektheit einer Zeichnung
PSFÜLL	Füllt einen zweidimensionalen Polylinienumriß mit einem PostScript-Muster
PSIN	Liest eine PostScript-Datei ein

PSOUT	Erstellt eine Encapsulated PostScript-Datei
PSZIEH	Steuert die Darstellung eines Post-Script-Bildes, während es mit PSIN an eine neue Position gezogen wird
PUNKT	Erstellt ein Punktobjekt
QUADER	Erzeugt einen dreidimensionalen, ge-füllten Quader
QUERSCHNITT	Verwendet den Querschnitt einer Ebe-ne sowie Volumenkörper zum Erstel-len einer Region
' QTEXT	Steuert die Anzeige und das Plotten von Text- und Attributobjekten
QUIT	Beendet AutoCAD
' RASTER	Zeigt im aktuellen Ansichtsfenster ein Punktraster an
RECHTECK	Zeichnet eine rechteckige Polylinie
' RECHTSCHREIBUNG	Prüft die Rechtschreibung in einer Zeichnung
REGELOB	Erstellt eine Regeloberfläche zwischen zwei Kurven
REGEN	Regeneriert die Zeichnung und zeich-net das aktuelle Ansichtsfenster neu
REGENALL	Regeneriert die Zeichnung und zeich-net alle Ansichtsfenster neu
' REGENAUTO	Steuert die automatische Regenerie-rung einer Zeichnung
REGION	Erstellt aus einem Auswahlsatz vor-handener Objekte ein Region-Objekt
REIHE	Erzeugt mehrere Kopien von Objekten in einem Muster
REINST	Legt die Render-Voreinstellungen fest
RENDER	Erstellt aus einem dreidimensionalen Draht- oder Volumenmodell ein pho-torealistisches oder ein realistisch schattiertes Bild

' RESUME	Setzt die Ausführung eines unterbrochenen Skripts fort
RING	Zeichnet gefüllte Kreise und Ringe
ROTATION	Erstellt einen Volumenkörper durch Rotation eines zweidimensionalen Objekts um eine Achse
ROTOB	Erstellt eine Rotationsfläche um eine gewählte Achse
RSCRIPT	Erstellt ein Skript, das fortlaufend wiederholt wird
SCHIEBEN	Verschiebt Objekte um einen bestimmten Abstand in eine bestimmte Richtung
SCHNITTMENGE	Erstellt zusammengesetzte Volumenkörper oder Regionen aus der Schnittmenge zweier oder mehrerer Volumenkörper oder Regionen
SCHRAFF	Füllt eine festgelegte Umgrenzung mit einem Muster
SCHRAFFEDIT	Verändert ein vorhandenes Schraffurobjekt
' SCRIPT	Führt eine Reihe von Befehlen aus einem Skript aus
' SETVAR	Zeigt die Werte von Systemvariablen an oder verändert sie
SHADE	Zeigt ein flachschattiertes Bild der Zeichnung im aktuellen Ansichtsfenster an
SHELL	Greift auf Betriebssystembefehle zu
SICHALS	Speichert eine unbenannte Zeichnung unter einem Dateinamen oder benennt die aktuelle Zeichnung um
SICHERN	Speichert die Zeichnung unter dem aktuellen oder einem angegebenen Dateinamen
SKIZZE	Erstellt eine Reihe von Freihand-Liniensegmenten

SOLANS	Erstellt verschiebbare Ansichtsfenster unter Verwendung orthogonaler Projektion, um Zeichnungen dreidimensionaler Volumenkörperobjekte in Mehrfach- und Abschnitt-Ansichten darzustellen
SOLID	Erstellt Polygone mit Flächenfüllung
SOLPROFIL	Erstellt Profilbilder von dreidimensionalen Volumenkörpern
SOLZEICH	Erstellt Profile und Abschnitte in Ansichtsfenstern, die mit dem Befehl SOLANS erstellt wurden
SPIEGELN	Erstellt eine spiegelbildliche Kopie von Objekten
SPLINE	Erstellt einen quadratischen oder kubischen Spline (NURBS)
SPLINEEDIT	Bearbeitet ein Spline-Objekt
STAT	Zeigt die Renderstatistik an
' STATUS	Zeigt Zeichnungsstatistiken, -modi und -grenzen an
' STIL	Erstellt mit Namen versehene Stile für Text, den Sie in Ihre Zeichnungen einfügen
STLOUT	Speichert einen Volumenkörper in einer ASCII- oder einer binären Datei
STRAHL	Erstellt eine einseitig unendliche Linie
STRECKEN	Verschiebt oder streckt Objekte
STUTZEN	Stutzt Objekte an einer Schnittkante, die durch andere Objekte definiert wird
SYMBOL	Fügt ein Symbol ein
SYSFENSTER	Ordnet Fenster an
SZENE	Verwaltet Szenen im Modellbereich
TABLETT	Kalibriert und konfiguriert ein verbundenes Digitalisiertablett und schaltet es ein und aus

TABOB	Erstellt anhand einer Grundlinie und eines Richtungsvektors eine tabellarische Oberfläche
TEILEN	Positioniert Punktobjekte oder Blöcke in gleichmäßigem Abstand über die Länge/den Umfang eines ausgewählten Objekts
TEXT	Erstellt eine einzelne Textzeile
' TEXTBLD	Öffnet das AutoCAD-Textfenster
TOLERANZ	Erstellt geometrische Toleranzen
TORUS	Erstellt einen ringförmigen Volumenkörper
TRANSPARENZ	Steuert, ob die Hintergrundpixel in einem Bild transparent oder deckend sind.
' TREESTAT	Zeigt Informationen über den aktuellen Raumindex der Zeichnung an
ÜBERLAG	Erkennt die Überlagerung zweier oder mehrerer dreidimensionaler Festkörper und erzeugt aus ihrem gemeinsamen Volumen einen zusammengesetzten 3D-Festkörper
ÜFENSTER	Öffnet das Übersichtsfenster
UMBENENN	Benennt Objekte um
UMGRENZUNG	Erzeugt aus einer umgrenzten Fläche eine Region oder Polylinie
URSPRUNG	Löst ein zusammengesetztes Objekt in seine Teilobjekte auf
VARIA	Vergrößert oder verkleinert ausgewählte Objekte gleichmäßig in X-, Y- und Z-Richtung
VERDECKT	Regeneriert ein dreidimensionales Modell mit unterdrückten verdeckten Linien
VEREINIG	Erstellt eine zusammengesetzte Region bzw. einen zusammengesetzten Volumenkörper durch Addition

VERSETZ	Erstellt konzentrische Kreise, parallele Linien und parallele Kurven
VORANSICHT	Zeigt an, wie die Zeichnung nach dem Drucken oder Plotten aussehen wird
VOREINSTELLUNGEN	Paßt die AutoCAD-Einstellungen an
WAHL	Nimmt ausgewählte Objekte in den vorhergehenden Auswahlsatz auf
WBLOCK	Schreibt Objekte in eine neue Zeichnungsdatei
WERKZEUGKASTEN	Ermöglicht das Anzeigen, Verdecken und Anpassen von Werkzeugkästen
WHERST	Stellt eine beschädigte Zeichnung wieder her
WIEDERGABE	Zeigt ein BMP-, TGA- oder TIFF-Bild an
WMFIN	Liest eine Windows-Metadatei ein
WMFOPT	Legt Optionen für WMFIN fest
WMFOUT	Speichert Objekte in einer Windows-Metadatei
XBINDEN	Bindet abhängige Symbole einer XRef (externen Referenz) an eine Zeichnung
XPLODE	Löst ein zusammengesetztes Objekt in seine Teilobjekte auf
XREF	Steuert externe Referenzen auf Zeichnungsdateien
XZUORDNEN	Weist der aktuellen Zeichnung eine externe Referenz zu
XZUSCHNEIDEN	Definiert eine XRef- oder Blockzuschneide-Umgrenzung und legt die vorderen oder hinteren Schnittflächen fest
Z	Macht den letzten Vorgang rückgängig
ZEICHREIHENF	Ändert die Anzeigereihenfolge von Bildern und weiteren Objekten

ZEIGDIA	Zeigt im aktuellen Ansichtsfenster eine Rasterbild-Diadatei an
ZEIGMAT	Listet den Materialtyp und die Zuweisungsmethode für das ausgewählte Objekt auf
' ZEIT	Zeigt eine Statistik der Zeichnung mit Datum und Zeit an
ZLÖSCH	Macht die Auswirkungen des vorangegangenen Befehls ZURÜCK oder Z rückgängig
' ZOOM	Vergrößert oder verkleinert die sichtbare Größe von Objekten im aktuellen Ansichtsfenster
' ZUGMODUS	Steuert die Art und Weise, wie gezogene Objekte angezeigt werden
ZURÜCK	Macht die Auswirkung von Befehlen rückgängig
ZYLINDER	Erzeugt einen dreidimensionalen massiven Zylinder

B   AutoCAD – Übersicht der Bemaßungsvariablen

BEMALT	Aus	Zusätzliche Anzeige von Alternativeinheiten
BEMALTD	2	Dezimalstellen für Alternativeinheiten
BEMALTU	25.40	Umrechnungsfaktor für Alternativeinheiten
BEMATDEZ	2	Dezimalstellen für Alternativtoleranz
BEMATNU	0	Nullen unterdrücken bei Alternativtoleranz
BEMAEINH	2	Einheitentyp für Alternativeinheiten
BEMAWNU	0	Nullen unterdrücken bei Alternativeinheiten
BEMANACH		Präfix und Suffix für Maßtext von Alternativeinheiten
BEMASSO	Ein	Assoziativbemaßung generieren
BEMPLG	0.18	Größe des Maßlinienkopfes (nur wenn BEMSLG=0)
BEMWEINH	0	Format für Winkeleinheiten (Typ)
BEMBLK		Name für gemeinsamen Pfeilblock
BEMBLK1		Name für ersten Pfeilblock
BEMBLK2		Name für zweiten Pfeilblock
BEMZEN	0.09	Größe Zentrumspunkt/Zentrumslinien
BEMFARM	VONBLOCK	Farbe der Maß- und Führungslinie
BEMFARH	VONBLOCK	Farbe der Hilfslinie
BEMFART	VONBLOCK	Farbe des Maßtextes
BEMDEZ	4	Anzahl Dezimalstellen für Längenmaße
BEMVML	0.00	Verlängerung der Maßlinie über die Hilfslinien
BEMIML	0.38	Maßlinien-Abstand bei Basislinien-Bemaßungen
BEMVEH	0.18	Verlängerung der Hilfslinie oberhalb Maßlinie

BEMABH	0.06	Abstand der Hilfslinie vom Eingabepunkt
BEMPASS	3	Anordnung von Maßtext und Pfeilen abhängig vom verfügbaren Platz zwischen den Maßhilfslinien
BEMABST	0.09	Abstand zwischen Text und Maßlinie
BEMAUS	0	Textausrichtung entlang der Maßlinie
BEMGFLA	1.00	Multiplikator für die Maßzahl bei linearen Einheiten
BEMGRE	Aus	Bemaßungsgrenzen generieren
BEMNACH		Präfix und Suffix für Maßtext der Standardmaße
BEMRND	0.00	Rundungswert für Maßzahlen
BEMPFKT	Aus	Getrennte oder gemeinsame Pfeilblökke verwenden
BEMFKTR	1.00	Skalierfaktor für die Größe der Bemassungsobjekte
BEMM1U	Aus	Erste Maßlinie unterdrücken
BEMM2U	Aus	Zweite Maßlinie unterdrücken
BEMH1U	Aus	Erste Hilfslinie unterdrücken
BEMH2U	Aus	Zweite Hilfslinie unterdrücken
BEMZUG	Ein	Zugmodus für Bemaßungen
BEMMAHU	Aus	Maßlinie außerhalb Hilfslinie unterdrücken
BEMSTIL	STANDARD	Aktueller Bemaßungsstil (schreibgeschützt)
BEMTOM	0	Text oberhalb der Maßlinie setzen
BEMTDEZ	4	Anzahl der Dezimalstellen für Toleranzmaß bei Standardmaßen
BEMTFAC	1.00	Skalierungsfaktor für Textgröße der Toleranzmaße
BEMTIH	Ein	Text innerhalb der Hilfslinien immer horizontal
BEMTIL	Aus	Text immer zwischen den Hilfslinien

BEMTM	0.00	Minus-Toleranz (Wert wird mit -1 multipliziert)
BEMTAL	Aus	Maßlinie immer zwischen den Hilfslinien
BEMTAH	Ein	Text außerhalb der Hilfslinien immer horizontal
BEMTOL	Aus	Nennmaß mit Toleranzen erzeugen
BEMVAUS	1	Vertikale Ausrichtung der Toleranz
BEMTP	0.00	Plus-Toleranz
BEMSLG	0.00	Länge von Schrägstrichen (0 ergibt Maßpfeile)
BEMTVP	0.00	Vertikale Textposition (nur wenn BEMTOM =0)
BEMTSTIL	STANDARD	Textstil für Maßtexte
BEMTXT	0.18	Texthöhe für Maßtexte
BEMTNZ	0	Nullen unterdrücken bei Toleranzmassen
BEMEINH	2	Einheitentyp für Längenmaße
BEMBTXT	Aus	Vom Benutzer im Zugmodus positionierter Text
BEMNZ	0	Null unterdrücken

Sachwortverzeichnis

MIX
Papier aus verantwortungsvollen Quellen
Paper from responsible sources
FSC® C105338

FSC
www.fsc.org

If you have any concerns about our products,
you can contact us on
ProductSafety@springernature.com

In case Publisher is established outside the EU,
the EU authorized representative is:
Springer Nature Customer Service Center GmbH
Europaplatz 3, 69115 Heidelberg, Germany

Printed by Libri Plureos GmbH
in Hamburg, Germany